Hannah Arendt
Heinrich Blücher
Briefe

SERIE PIPER

Zu diesem Buch

Die Briefe zwischen Hannah Arendt und ihrem Mann Heinrich Blücher gehören zu den intimsten und offensten Gesprächen, die von zwei Liebenden in diesem Jahrhundert dokumentiert sind. Als Arendt und Blücher sich im Frühjahr 1936 in Paris begegneten und sich ziemlich Hals über Kopf ineinander verliebten, wagte Hannah zum ersten Mal nach den traumatischen Liebesbeziehungen ihrer frühen Jahre, Vertrauen zu haben, erst tastend, dann sicherer. Sind sich die beiden Heimatlosen in finsteren Zeiten zunächst gegenseitig zum schützenden Zuhause geworden, so wird im Laufe der Jahre immer deutlicher, daß Blücher Arendts wichtigster Gesprächspartner ist. Die Sicherheit dieser Beziehung und ihre vorbehaltlose Partnerschaft ist der Boden für ihr Handeln. Diese Briefe sind das persönlichste Dokument aus dem Nachlaß der Philosophin, und sie zeigen eine bisher unbekannte Hannah Arendt: verletzbar, anhänglich, zärtlich.

Hannah Arendt (1906–1975) studierte Philosophie bei Husserl, Heidegger und Jaspers. 1933 emigrierte sie nach Paris und 1941 nach New York. Ab 1963 Professorin für Philosophie in Chicago, ab 1967 an der New School for Social Research, New York.

Heinrich Blücher (1899–1970) war Autodidakt, emigrierte 1933 nach Paris, 1941 nach New York. Lehrte ab 1950 an der New School for Social Research, seit 1952 als Professor für Philosophie am Bard College, New York.

Lotte Köhler, geboren in Rostock, zusammen mit Hans Saner Herausgeberin des Arendt-Jaspers-Briefwechsels. Seit 1990 Trustee des Hannah Arendt Blücher Literary Trust. Lebt in New York.

Hannah Arendt
Heinrich Blücher

Briefe
1936 – 1968

Herausgegeben und mit einer Einführung von
Lotte Köhler

Piper München Zürich

Von Hannah Arendt liegen in der Serie Piper außerdem vor:
Macht und Gewalt (1)
Vita activa (217)
Rahel Varnhagen (230)
Eichmann in Jerusalem (308)
Elemente und Ursprünge totaler Herrschaft (1032)
Zwischen Vergangenheit und Zukunft (1421)
Über die Revolution (1746)
Briefwechsel mit Karl Jaspers (1757)
Ich will verstehen (2238)
Im Vertrauen (Briefwechsel mit Mary McCarthy, 2475)
Vom Leben des Geistes (2555)
Das Urteilen (2560)

Über Hannah Arendt liegt in der Serie Piper vor:
Elżbieta Ettinger: Hannah Arendt – Martin Heidegger (1904)

Ungekürzte Taschenbuchausgabe
September 1999

Umschlag: Büro Hamburg, Andreas Rüthemann
Fotos Umschlagvorderseite: Lotte Köhler, New York
Gesamtherstellung: Clausen & Bosse, Leck
Printed in Germany ISBN 3-492-22835-6

Inhalt

Einführung

Unter den im letzten Jahrzehnt aus dem Nachlaß veröffentlichten oder im Erscheinen begriffenen Briefwechseln von Hannah Arendt (mit Karl Jaspers, Mary McCarthy, Kurt Blumenfeld, Hermann Broch, Martin Heidegger) nimmt die Korrespondenz mit ihrem Mann Heinrich Blücher eine besondere Stelle ein. In keinem der anderen Briefwechsel sprechen die Teilnehmer mit einer solch selbstverständlichen Vertrautheit und schrankenlosen Offenheit zueinander und schließen Themen und Personen ein, die sonst gar nicht oder nur in abgeschwächter, gemilderter Darstellung auftauchen. Ob sie über die persönlichsten menschlichen Dinge schreiben, ob über Kunstwerke, Städte und Natur oder über weltpolitische Ereignisse, sie sprechen die Sprache vorbehaltloser Partnerschaft.

So stellt dieser Briefwechsel durch seine Unmittelbarkeit eine aufschlußreiche Ergänzung zum bisher Veröffentlichten dar. Er ist vielleicht das persönlichste Zeugnis aus dem Nachlaß, das Hannah Arendt auch in ihrer Verletzbarkeit, in ihrer menschlichen Anhänglichkeit und weiblichen Zartheit erkennen läßt. Über drei Jahrzehnte dokumentiert er die dauerhafte Bindung einer erfüllten Lebensgemeinschaft, einer Liebesbeziehung und Ehe als Ort der Zuflucht in finsteren Zeiten.

Die Korrespondenten – sie war 29 Jahre alt, er 37 – lernten sich im Frühling 1936 in Paris kennen, wohin beide 1933 aus Berlin geflüchtet waren: Hannah Arendt nach kurzer Haft wegen angeblich illegaler Tätigkeit für eine zionistische Organisation, Heinrich Blücher als Mitglied der kommunistischen Partei auf dem Weg über Prag. Der Briefwechsel setzt kurz danach im August 1936 ein, als Hannah Arendt zur Gründung des jüdischen Weltkongresses nach Genf fuhr. Zu der Zeit waren beide noch mit anderen Partnern verheiratet, Hannah Arendt mit Günther Stern (Günther Anders) und Heinrich Blücher mit Natalie Jefroikyn (vgl. S. 299, Anm. 2). Sie konnten erst nach den 1937 und 1938 erfolgten Scheidungen im Januar 1940 heiraten.

Die Briefe der ersten Phase verraten bei allem Gefühlsüberschwang Unsicherheit über die Verläßlichkeit des gegenseitigen Engagements und Zweifel an der Möglichkeit einer dauernden Verbindung. So antwortet Arendt auf Blüchers Einladung, sich »in den dritten Sessel« zu setzen – auf dem zweiten hat sein bester Freund Platz genommen –, mit dem Einwand: »Du hast selbst gesagt: Alles spricht dagegen. Was ist dies ›alles‹ ...denn anderes, als daß wir keine gemeinsame Welt haben werden« (S. 45). Sie kommt aus der bürgerlich assimilierten Welt, und im Mittelpunkt ihrer Interessen und Tätigkeiten stehen zu der Zeit ihre Arbeit für die Youth Aliyah und damit zusammenhängende jüdische Angelegenheiten; Blücher ist nichtjüdischer, proletarischer Herkunft, und seine Pariser Tage sind mit Weltrevolutionsträumen und den Vorbereitungen auf Diskussionen mit kommunistischen Freunden ausgefüllt.

Das spiegelt sich bereits zu Beginn in deutlichen Stellungnahmen: Mit einer langen Epistel zur Judenfrage ruft Blücher als »bescheidener Schüler des großen Wunderrabbis« Karl Marx nach einer »jüdischen Kampftruppe gegen den Faschismus in Spanien«, er wünscht die »Volkwerdung« der Juden im Rahmen der kommunistischen Weltrevolution herbei und will Palästina durch jüdische Arbeiter, »zusammen mit den arabischen Arbeitern und Werktätigen«, »von den englischen Räubern« befreit sehen (S. 57 und 53 f.). Dem stellt Arendt nüchtern und realistisch historisch-politische Perspektiven entgegen. Es könne keine »Identifizierung« der Juden mit der internationalen Arbeiterklasse geben, denn die Juden seien kein Volk »wie andere Völker«, »klare eindeutige Interessenpolitik« sei vonnöten, und Palästina stehe »im Mittelpunkt unserer nationalen Aspirationen«, »weil das verrückteste aller Völker sich 2000 Jahre lang damit vergnügt hat, das Vergangene in der Gegenwart zu halten, weil ihm ›die Trümmer Jerusalems gleichsam im Herzen der Zeit gegründet sind‹ (Herder)« (S. 58).

Am Ende ihres Genfer Aufenthaltes sind zwar Hannah Arendts Zweifel an der Möglichkeit einer dauernden Verbindung »nicht weggepustet«, auch nicht die »Tatsache«, daß sie noch verheiratet ist. Aber für den Anfang scheint es genug: »Wir wollen es versuchen – um unserer Liebe willen« (S. 59). In den folgenden Jahren verblaßt die Bedeutung der gegensätzlichen Herkunftswelten vor dem Bewußtsein der Zusammengehörigkeit: »daß ich so schön klar weiß, wie ich zu Dir gehöre« (S. 77). In der Liebe zu Blücher findet sie Zuflucht und Schutz vor einer Grundbefindlichkeit ihres Lebens: dem immer wieder auftauchenden Gefühl der Ungeborgenheit, dessen frühestes Zeugnis die autobiographische Prosa-Skizze »Die Schatten« ist, die sie 1925 einem Brief an Heidegger beilegt. Darin zeichnet sie, von Schwermut bedrückt, in scheinbar distanziertem Ton ihre Gefühlswelt als von großer Verletzlichkeit bedroht und von der »Angst vor der Wirklichkeit... vor dem Dasein überhaupt« beherrscht. Zwölf Jahre später scheint diese Angst gebannt. »Liebster«, schreibt sie an Blücher, »ich habe immer gewußt – schon als Gör –, daß ich wirklich nur existieren kann in der Liebe. Und hatte gerade darum solche Angst, daß ich einfach verloren gehen könnte... Und als ich Dich dann traf, da hatte ich endlich keine Angst mehr... Immer noch scheint es mir unglaubhaft, daß ich beides habe kriegen können, die ›große Liebe‹ und die Identität mit der eigenen Person. Und habe doch das eine erst, seit ich auch das andere habe. Weiß aber nun endlich auch, was Glück eigentlich ist« (S. 83).

Heimatlos, ungeborgen, verloren sein in der Welt: Die Angst wird immer wieder aufbrechen – »ich bange mich unsinnig« (124), »man soll sich nicht trennen. Es ist Wahnsinn« (S. 128) – und findet Beruhigung nur im beschwichtigenden Zuspruch ihres Mannes, in den handgreiflich gegenwärtigen Briefen – »wie ich auf Deinen Brief gewartet habe, kannst Du Dir gar nicht vorstellen. Das ist das Band, das mir immer wieder klarmacht, daß ich nicht verlorengehen kann« (S. 337) – und in der Beschwörung ihres Zufluchtsortes: »Stups – um Gottes willen die vier Wände, die Du bist« (S. 208).

Bis zu welchem Exzeß sich Hannah Arendts quälende Erfahrungen emotioneller Unsicherheit steigern konnten, zeigt der »bitterböse Brief« (S. 205), den sie noch nach neunjähriger Eheerfahrung an Blücher schrieb, als er die verabredete Briefschreibzeit nicht eingehalten hatte. Sie könne nicht »so in der Welt wie ein verlorengegangenes Rad am Wagen herum... sausen, ohne jegliche Verbindung mit einem Zuhause, mit etwas, worauf Verlaß ist« (S. 200), und sie hält ihm, »verbittert« darüber, »wie es einem gehen kann«, das Beispiel ihrer Freundin Anne Weil vor Augen, die »ihr Leben lang« zwei Undankbare ernährt habe, Mann und Schwester.

Blücher, der zu dieser Zeit ziemlich krank gewesen war, ist tief getroffen durch die »merkwürdigen Vergleiche«, die ihm »metaphysisch unbegreiflich« sind, schließt aber dennoch nachsichtig und versöhnlich: »Sei nicht unruhig und unglücklich. Dein Haus hier steht und wartet auf Dich. Und keinerlei Gespenstersonate wird hier gespielt« (S. 204). In seinem nächsten Brief nimmt er das Thema wieder auf, gesteht: »Gewiß bin ich der Mann, der nicht fähig ist to make a living«, versichert ihr, daß »kein gesprochenes und kein geschriebenes Wort« zwischen ihnen stehe, und erinnert sie an seine eigene Heimatlosigkeit, die er »voll erfahren und akzeptiert« habe: »Ich... konnte immer sagen ›Wo ich bin, da bin ich nicht zu Hause‹. Dafür habe ich aber auch mir in dieser Welt hier..., mitten hier in ihr, ein ewiges Zuhause gegründet durch Dich und Freunde« (S. 212f.).

Auch kleine, alltägliche Anlässe können, wenn Blücher nicht zugegen ist, Hannahs emotionelles Gleichgewicht erschüttern und sie »wieder so verletzbar wie früher« werden lassen. So ist sie einmal »vollkommen bis zu Tränen verzweifelt... einfach verletzt« bei der Lektüre der, wie sie es nennt, »wirklich unerhört vulgären Kommentare« zu einem Gedicht in einer amerikanischen Nietzsche-Ausgabe (S. 337).

Man mag die in diesen Briefen hervortretende emotionelle Unsicherheit auf Hannah Arendts sensible Natur zurückführen und auf die Erfahrungen ihrer Kindheit: als Siebenjährige Verlust des Vaters, als Achtjährige bei Ausbruch des Ersten Weltkrieges Flucht, wenn auch zeitlich begrenzt, aus Königsberg nach Berlin. Daß beiden Ehepartnern für immer eine besorgte Einstellung zu den Ausbrüchen von »sogenannter Weltgeschichte« (S. 230, 453), wie sie ironisch sagten, blieb, ist die nur allzu begreifliche Folge der entscheidenden Erlebnisse ihres erwachsenen Lebens: der Flucht aus Deutschland, der Emigrationsjahre in Paris, der Erfahrung der Internierungslager 1939 und 1940 (vgl. S. 93–106), der Flucht aus Frankreich 1941 und des Neubeginns in Amerika, einem fremden Land mit fremder Sprache, als Staatenlose (bis 1951 bzw. 1952).

Selbst nach Jahren unbedrohten Lebens in den Vereinigten Staaten fühlten sie sich keineswegs sicher. Als im Mai 1952 der Deutschlandvertrag abgeschlossen wurde, fürchtete Blücher sogleich mögliche Störungsaktionen der Russen, durch die seine Frau »plötzlich in der Falle« sitzen könnte (S. 266), und Hannah beschloß, »unter diesen Umständen« nicht, wie geplant, nach Berlin zu fliegen (S. 280). Der Rücktritt Malenkows 1955 »erschreckt« Blücher, und Schlimmeres befürchtend, nennt er vorsorglich Bard als »Treffpunkt« »in irgendwelchem Ernstfalle« (S. 341). Bei der Nachricht von der Ungarischen Revolution überlegte Arendt, ob sie nicht »Hals über Kopf« abfliegen sollte (S. 453). Als der Vietnamkrieg sich in den sechziger Jahren verschärfte und sie meinte, innenpolitische Unterdrückung fürchten zu müssen, erwog sie nicht nur die Möglichkeit der Auswanderung in die Schweiz, sondern sogar auch die Rückgewinnung eines deutschen Passes. Dieser unterschwellig vorhandenen Vorstellung des Wiederflüchtenmüssens setzten beide Ehepartner die unbedingte Verläßlichkeit des »ewigen Zuhauses« in der bewahrenden Liebe und Freundschaft ihrer Ehe entgegen.

Hannah Arendts leichte emotionelle Störbarkeit, »der Schleier der Sorge«, der ihr oft »das schöne Tageslicht verhüllt«, ihre »Überempfindlichkeit« (S. 137) scheinen in auffallendem Gegensatz zu der selbstbewußten Unerschrockenheit ihres öffentlichen Auftretens zu stehen, entsprechen aber einer Seite ihrer Natur, die dieser Briefwechsel bezeugt: ihrer Scheu vor öffentlicher Exponierung, ihrer Vorliebe für ein ins Private zurückgezogenes Leben, das ihr die Konzentration auf produktive geistige Arbeit ermöglichte. »Kein Erfolg hilft mir über das Unglück, ›im öffentlichen Leben‹ zu stehen, hinweg« (S. 353). So gerne sie lehrte und mit ihren Studenten diskutierte – »es macht Spaß« (S. 360) –, dem täglichen Eingebundensein in den akademischen Lehrbetrieb und den damit verbundenen administrativen Aufgaben fühlte sie sich nicht gewachsen. »Ich kann nicht zu gleicher Zeit schreiben und lehren; dies sind zwei Tätigkeiten, die sich fundamental entgegenstehen und die ich zu verbinden nicht das Talent habe« (S. 384).

Was ihr bei öffentlichem Auftreten zu Hilfe kommt, sind gute Manieren ihrer Gesprächspartner. Die »äußerste Höflichkeit« der kalifornischen Studenten empfindet sie als »wahre Erholung« »nach der New Yorker und jüdisch-Brookliner Formlosigkeit«: »das ist halt doch wichtig für mich« (S. 338). Ein unverkennbar konservativer Zug drückt sich auch in ihr selbstverständlich gewordenen

Sitten aus; sie möchte nach dem Tode ihrer Mutter Schwarz tragen, was ihr »nicht mehr Modesache« ist, sondern »so eingefleischte Konvention, daß sie zweite Natur geworden scheint« (S. 158, 162). In eklatanter Opposition zu allen modernen Auffassungen steht ihre Überzeugung vom mangelhaften Status alleinstehender Frauen: »Glaub mir, mein Herz, die Weiber können nur in einer Ehe leben« (S. 471).

Während Hannah Arendts Leben und Person durch Biographie, Monographien, Briefwechsel und Interviews weitgehend bekannt und diskutiert sind, haben selbst Kenner ihrer Werke allenfalls eine vage Vorstellung von dem Menschen, mit dem sie den größten Teil ihres Lebens verbracht hat. Um so deutlicher lebt er in der Erinnerung derer, die ihn kannten, vor allem seiner Schüler, denen er in Gestalt und Gespräch als ein wiedererstandener Sokrates erschien. Noch fünfundzwanzig Jahre nach seinem Tode versuchen sie, der Nachwelt seine Lehren zugänglich zu machen, die als während der Vorlesungen festgehaltene Bandaufnahmen in der Bibliothek seiner Wirkungsstätte, des Bard College, liegen.

Blücher war ein politisch versierter Philosoph, der durch die Originalität seiner Gedankengänge und ihre glänzende Darbietung beeindruckte. Ein vielbelesener Autodidakt, eignete er sich – im Berliner Arbeitermilieu ohne seinen vor der Geburt des Kindes verunglückten Vater aufgewachsen – von Jugend auf eine erstaunliche philosophische und ästhetische Bildung an und ebensolche historischen Kenntnisse. Ein glücklicher Zufall – bei einem Vortragsabend in Alcopleys Malerklub in Greenwich Village waren im Februar 1950 die Redner über ein kunsthistorisches Thema ausgefallen, und Blücher konnte einspringen – versetzte ihn in die Lage, die Zuhörer durch seine mit überzeugender Rhetorik und der Geste des begnadeten Redners vorgetragenen Kenntnisse so zu beeindrucken, daß er zu weiteren Vorträgen eingeladen wurde. Im Herbst 1950 erhielt er denn auch, vermittelt durch Alfred Kazin (S. 227), einen Lehrauftrag an der New School for Social Research und begann dort seine Vorlesungen über Kunstgeschichte und Philosophie. Und was in Europa kaum denkbar wäre, wurde danach in Amerika möglich: Ein hochbegabter, durch kein Abitur ausgewiesener, durch keine Universität systematisch geschulter philosophischer

Amateur wurde Professor (1952–1967) am Bard College im Staate New York, das ihm nach seiner Emeritierung im Juni 1968 den Ehrendoktor verlieh.

Er lehrte Philosophie durch Philosophieren, ohne Manuskript, »jedes Wort im Kopf, mit einer Konzentration, die die ganze Klasse ergreift«, wie Hannah Arendt am 1. April 1951 voll Stolz an Kurt Blumenfeld schreibt. Im klaren Bewußtsein der Grenzen seiner Fähigkeiten, die das Talent zum diskursiven Schreiben ausschlossen, versuchte Blücher, seine »ungeheuerliche schriftstellerische Unbegabung immer aufs neue zu überwinden« (S. 117). Vor Beginn seiner Lehrtätigkeit bekannte er in einer bewegenden Passage eines Briefes: »Die gute Fee hat gesprochen, ›der Junge soll Urteilskraft haben‹, und die böse Fee hat unterbrochen und den Satz beschlossen, ›und sonst nichts‹. Dabei bleibt es wohl« (S. 211).

Um trotz fehlender Veröffentlichungen eine Vorstellung seines Denkens zu ermöglichen, das nur unvollständig im Briefwechsel zum Ausdruck kommt, aber für Hannah Arendts Entwicklung ihrer Gedanken von unschätzbarem Einfluß war, wird in dieser Ausgabe, den Briefen folgend, seine einzige gedruckte philosophische Rede mitgeteilt: »Eine Vorlesung aus dem Common Course« (vgl. S. 567–580).

Heinrich Blücher sah die Philosophie im Verlauf ihrer Geschichte unter einem doppelten Aspekt: auf der einen Seite als systembildende und Illusionen erzeugende, gültige Wahrheit beanspruchende, Herrschaft stabilisierende Metaphysik, auf der anderen als systeminfragestellendes, Illusionen zerstörendes, freies, kritisches Philosophieren. Die erstere Philosophie hat Tradition begründet und Geschichte gemacht: als Metaphysik der Schulen, als Magd der Theologie, als sich absolut setzende neuzeitliche Wissenschaft, als totalitäre Ideologie. Das freie Philosophieren, immer wieder durch Desillusionierung neu aufbegehrend gegen den Systemzwang, ist dagegen eher eine Möglichkeit und Aufgabe geblieben, zwar durch kritische Denker seit Sokrates und bis zu Kant und Nietzsche eindrucksvoll vertreten, aber ohne konkrete historische Kontinuität in Staat und Gesellschaft.

Blüchers frühe Briefe an seine Frau lassen erkennen, daß sich im Laufe der vierziger Jahre die Grundüberzeugungen seines Nachdenkens, auf denen seine sich anschließende Lehrtätigkeit als Professor für Philosophie sowohl an der New School for Social Research wie am Bard College aufbaute, immer deutlicher herausbildeten. Dazu gehörte insbesondere der Gedanke vom Ende der traditionellen abendländischen Philosophie nach einem langen historischen Prozeß der Auseinandersetzung mit sich selbst: »Die Philosophie wird beendet«, so im Brief vom 29. Juli 1948, »indem sie endlich die Wahrheit über die Wahrheit sagt und sich damit ihrer Illusionen begibt, auf weitere Traumproduktion verzichtet« (S. 159).

Die Preisgabe aller theologischen und metaphysischen Illusionen ist im gegenwärtigen Stadium der Geschichte gleichbedeutend mit der Erfahrung des Nihilismus: »Wir leben in einem nihilistischen Zeitalter« (S. 567). Darum ist die Konfrontation mit dem Nihilismus die unerläßliche Voraussetzung für einen geschichtlichen Neuanfang nach der großen Katastrophe. Sich ernsthaft mit dem Nichts einzulassen, um den Nihilismus zu überwinden, erfordert, sich nicht dem »Mythos des Nichts« zu unterwerfen, der abermals eine Illusion, einen weiteren metaphysischen Traum darstellt: »Wie gut kann man sich doch anbeten, wenn man an das Nichts glaubt« (S. 143). Nicht im theoretischen Denken, nur im verantwortlichen Handeln ist für Blücher der Nihilismus zu überwinden. Über ihn hinauszugelangen setzt voraus, durch ihn hindurchgegangen zu sein.

Schon 1946 hatte Heinrich Blücher in einem Brief an seine Frau betont, daß er es »philosophisch vollkommen ernst« meine, wenn er vom »Bruch mit dem ›abendländischen Denken‹« spreche (S. 144). Diese provozierende Rhetorik impliziert nichts geringeres als die radikale Forderung, daß die Philosophie der geschlossenen Systeme und absoluten Wahrheiten (Mythen als »Idol-logien« [S. 143], Theologie, Metaphysik, verabsolutierte Wissenschaft, alle modernen Ideologien) durch infragestellendes, Illusionen zerstörendes Philosophieren (sokratisches kritisches Neudenken im Bewußtsein des Nicht-Wissens) abgelöst werden müsse. Nicht anders sei der Menschheit in unserem Jahrhundert der Kriege und Revolutionen zu helfen. Denn es sei dies der Weg des Fortschritts im Bewußtsein der Freiheit, der allein die Voraussetzung auch der Etablierung politischer Freiheit werden könne. Die geschlossenen

Systeme und Ideologien bergen in sich das Potential der Tyrannei. Ihr Ausschließlichkeitsanspruch macht sie geeignet, als Werkzeuge politischer Macht und Gewaltherrschaft zu fungieren.

»Grundsätzliches Zweifeln und radikales Infragestellen aller Werte« (S. 142), das Selbst miteingeschlossen, wurde demzufolge Heinrich Blüchers leitender Impuls. Er hat die Desillusionierung des marxistischen Zukunftsentwurfs, dem er als aktiver Kommunist im Kampf gegen Nationalismus und Faschismus dienen wollte, in Deutschland wie noch in Paris, entschlossen für sich selbst vollzogen, als er in den vierziger Jahren die Träume von der Weltrevolution und das marxistische Heilsversprechen als totalitäre Ideologie durchschaute. Er blieb dabei, in Marx einen der einflußreichsten »wissenschaftlichen« Denker (S. 569) zu sehen, unentbehrlich für die kritische Analyse sozialer und ökonomischer Lebensbedingungen, aber: »Inzwischen haben wir gelernt, daß der Sozialismus (wenn auch nicht notwendigerweise) infernalische Verhältnisse herbeiführen kann« (S. 574f.).

Im Brief vom 29. Juli 1948, in welchem Heinrich Blücher Hannah Arendt seine neueren Gedanken vom notwendigen »Ende der Philosophie« mitteilte, gibt er als Beispiele für Illusionenzertrümmerung eine enthusiastische Schilderung der kritischen Energien Kants und Nietzsches. Diese zwei »Titanen« hätten den »Himmel der geistesmythischen Epoche der Menschheit« gestürmt und zerschlagen. Bei Kant war es der »äußere Seinshimmel der Wissenschaftsphilosophie«, bei Nietzsche der »moralische Seinshimmel«. Wie in einem »brainstorm«, schreibt Blücher, sei ihm darüber hinaus eine weiterführende Einsicht gekommen, auf die er hier nicht näher eingeht, die sich dem Brief aber indirekt entnehmen läßt. Denn er endet mit der lakonischen Auskunft: »Weit weg bin ich nun von den Titanen und den Giganten. Kant war ein Diener, Nietzsche ein Herr, Marx ein Despot und Kierkegaard ein Sklave. Und ich bin ein ›prospective citizen‹« (S. 159, S. 161). Es ergibt sich als Folge die Forderung nach einem völligen Neu-Lesen der Philosophiegeschichte auf die Verantwortung in Staat und Gesellschaft hin.

Die Rede vom »Neuland« seiner Einsicht (S. 161) bezog sich nicht so sehr auf die Philosophie und auch nicht auf die Politik, in der er seit langem erfahren war. Sie betraf das Verhältnis beider zueinander, das sich ihm genauer erschlossen hatte: die Unerläßlichkeit, daß von Worten zu Taten weiterzuschreiten sei, aus der theoretischen Betrachtung hinaus in die Wirklichkeit zwischenmenschlicher Beziehungen. Vom menschlichen Handeln in dieser sozialen Wirklichkeit kann es keine naturwissenschaftliche Theorie geben; die Antworten auf die Frage »Was sollen wir tun?«, die humanen Regeln des Umgangs von Mitmenschen untereinander können nur in dialogischer Praxis gefunden und etabliert werden.

Wie die Philosophiegeschichte, so sah Heinrich Blücher auch die Politikgeschichte unter doppeltem Aspekt. Einerseits ist die Politik das ganz große Übel der abendländischen Geschichte. Sie hat, unter Benutzung der theologischen und metaphysischen Systeme als Werkzeuge, immer erneut staatliche Herrschafts- und Unterdrükkungssysteme erzeugt, bis hin zu den Extremen unseres Jahrhunderts, zu den totalitären Gewaltdiktaturen mit ihrem Gefolge der Kriege und Revolutionen.

Demgegenüber steht der andere, entgegengesetzte Politik-Begriff, der Politik neu definiert und aufwertet als Möglichkeit und Herausforderung zur Herstellung gewaltfreier humaner Lebensformen. Während die Wissenschaft den höchsten Triumph unseres Jahrhunderts für sich beansprucht, stellt die geschichtsmächtig gewordene Politik »sein größtes und gefährlichstes Versagen dar« (S. 568). In kritischer Opposition dazu begreift Blücher sich »als einfacher citizen, der mit Sokrates davon überzeugt ist, daß die wichtigste Aufgabe des Menschen die Etablierung zwischenmenschlicher Beziehungen ist, die schließlich die ganze Menschheit umfassen werden, und das ist die Aufgabe der Politik« (S. 568 f.).

Daß sich das kritisch infragestellende, absolute »Wesenheiten« desillusionierende Philosophieren dem Politischen zu öffnen, in die Politik hineinzuwirken habe, wurde Blücher zu einem unverzichtbaren ethischen Postulat. Am Beispiel seiner heftigen Attacke gegen Jaspers' 1946 erschienene Schrift »Die Schuldfrage« läßt es sich in der Übersteigerung eines Zornesausbruchs besonders deutlich erkennen. Blücher sieht bei Jaspers »Wesenheiten« reflektiert: Christentum, Deutschtum, »edelste sokratische Ethik, aber ach, keinerlei Politik und demzufolge auch keine jetzt mehr verwendbare Ethik« (S. 150).

Der »erstaunliche politische Wille«, den Hermann Broch in Heinrich Blüchers »Sprung vom Traum ins Wachsein« (S. 143) wahrzunehmen gemeint hatte, kommt hier voll zum Tragen. Nicht die Suche nach dem »wahren Wesen« des Christentums, des Deutschtums, der inneren Wandlung ist für Blücher in der Schuldfrage angezeigt, sondern die Erkenntnis des »wahren deutschen Konflikts« (S. 147), der immer »in dem republikanisch-freiheitlichen Willen weniger gegen die kosakisch-knechtischen Neigungen vieler bestand« (ebd., vgl. S. 299 und S. 104). Es gehe darum, die »Fronten des wirklichen Bürgerkriegs unserer Zeit klar zu stellen, Republikaner gegen Kosaken, das heißt der Kampf des Citoyen gegen den Barbaren... Wir verlangen Umkehr vom kosakischen auf den republikanischen Weg, Taten der Solidarität für die Entwürdigten, Übernahme der Verantwortung für die Freiheit« (S. 147f.). Von Jaspers sagt Blücher, er sei »wirklich ein ganz bedeutender Gelehrter, aber ach, ein Gelehrter nur«. Und: »Ich habe nur des Politischen wegen so auf ihn geschimpft und des Deutschen wegen« (S. 150).

Blüchers Argumente sind unverkennbar eingegangen in die gleichzeitigen Briefe Hannah Arendts an Karl Jaspers, so beschwichtigend diese sich geben. »Mit Monsieur ausführlichst von neuem diskutiert«, heißt es da unter dem 17. August 1946: »Was nun folgt, müßte eigentlich im ›wir‹ geschrieben werden... Monsieur vor allem insistiert, daß ein Übernehmen der Verantwortung in mehr bestehen müsse als in dem Akzeptieren der Niederlage...«, es müsse »mit einer positiven politischen Willenserklärung an die Adresse der Opfer verbunden sein«. In den Briefen an ihren Mann kann Hannah Arendt sich auch schon einmal drastischer und respektloser über ihren verehrten Lehrer Jaspers äußern, ohne ein Blatt vor den Mund zu nehmen, wie etwa im Brief vom 10. Juli 1946: »Lies die Jaspers-Broschüren und sieh, wie erstaunlich der Bursche innerhalb von 9 Monaten zugelernt hat in der Beurteilung der Realität« (S. 145). Und entsprechend Heinrich Blücher, wenn er um Nachsicht bittet für seine derb-unverblümte Ausdrucksweise (»muckerisches nationalisierendes Gewäsch«, »kein Wunder, daß er redet wie ein Pfaffe«): »Liebste, sei mir nicht böse, aber mit wem soll ich ins Unreine quatschen« (S. 149).

Man merkt Blücher die Erleichterung darüber an, daß er, als 1958

Jaspers' Schrift »Die Atombombe und die Zukunft des Menschen« herauskommt, endlich politisch weitgehend zustimmen kann: »Das Buch von Jaspers scheint wirklich außerordentlich zu sein, indem hier gewissermaßen Kant zu unserer Zeit spricht. Es ist damit für die neue politische Notwendigkeit der Freiheit eine klare Wiederherstellung der unabdingbaren philosophischen Grundlage der Politik, ohne welche das neue Gebäude nicht errichtet werden kann. Aber der Begriff Republik muß neu und entscheidender gefaßt werden, wie Du weißt. So stehen wir denn mit Jaspers in der richtigen inneren Verbindung« (S. 488 f.). Das neue Buch sei »in vielen Partien ganz ausgezeichnet«, hatte auch Hannah schon in einem vorhergehenden Brief an ihren Mann befunden und über den Verfasser hinzugefügt: »Wenn er nur das Moralisieren lassen könnte, kann er aber nicht« (S. 482).

Im Winter 1949/50 las Blücher erstmals in einem der großen Hauptwerke von Jaspers, dem 1947 erschienenen ersten Band seiner »Philosophischen Logik«: »Von der Wahrheit«. Er las mit steigender Faszination und schrieb darüber an seine Frau, die auf ihrer ersten Europareise nach dem Kriege als Gast im Hause Jaspers wohnte und ihn dazu ermunterte. Auch wenn man die rühmenden Formulierungen in diesen Briefen relativiert (da ja Jaspers als mitlesender Adressat einbezogen war), bleibt bestehen, daß Blücher die Jasperssche Philosophie in die Reihe des sokratisch infragestellenden, desillusionierenden, systemkritischen »Philosophierens« hineinstellte, dem er selber nachstrebte. Er sah darin »den verborgenen tiefen Unterstrom der Aufklärung, das in Kant und Lessing hervorbrechende... Element der eigentlichen Freiheit... Als habe sich das Wesentliche des abendländischen Denkens wie in einer Spiralkurve von Plato über Augustin, den Kusaner, Kant und die Explosion Nietzsche herumgeschwungen, so steht dies Werk plötzlich wieder in äußerster Nähe zum Grundwesen des platonischen Denkens« (S. 198).

In diesem Sinne attestierte Blücher diesem während des Krieges geschriebenen Buch – »im Deutschland der Hitlerzeit herausgearbeitet« – auch die politische Relevanz: als Werk des Widerstandes. »Denn es ist jedenfalls die eigentlich metaphysische und damit größte und zentrale Leistung der Resistance. Die edelste und beste

Kraft der abendländischen Philosophie wird hier der Gefahr entgegengestellt und dabei gesichert, was ihr bleibender, ihr ewiger Wert war. Ich hatte diese Verpflichtung immer als eine notwendige Vorarbeit für meine Philosophie gefühlt« (S. 210).

Heinrich Blücher sucht den Philosophen als citizen, den »philosopher-citizen« (S. 579), weil er überzeugt ist, »daß niemand ein guter citizen sein kann, das heißt ein politisches Wesen, ohne auch ein Philosoph zu sein« (S. 577). Aufgabe der Philosophie sei es, »den Menschen aus einem bloßen Verstandeswesen in eine verantwortliche Person zu verwandeln« (S. 576). Für Blücher liegt hier eine Wechselwirkung zwischen Philosophie und Politik vor. Denn »die Vorbedingung für diese Tätigkeit« [»die Sokrates Philosophieren nannte«] »ist politische Freiheit, wie sie es für jede Form höheren Lebens ist« (S. 579). Die Signatur solcher Freiheit ist nicht Einheit, sondern Pluralität, Gleichheit in der Verschiedenheit. Daher die Aufgabe der Politik: Etablierung von Institutionen und Gruppierungen zur Absicherung gewaltfreier, dialogischer zwischenmenschlicher Beziehungen. Auf die von Blücher immer wieder gestellte Frage »Was sollen wir tun?« hätte auch er selbst antworten können (und hat es wohl öfter ausgesprochen): »Der Sinn von Politik ist Freiheit.«

Es dürfte nicht verborgen geblieben sein, daß wir uns an dieser Stelle längst im Bereich gemeinsamen Gedankenguts von Heinrich Blücher und Hannah Arendt bewegen. Als »philosopher-citizens« blieben sie ein Leben lang im häuslichen Gespräch. Er wurde ihr Lehrer und später Ratgeber in der Politik, und er war ihr kritischer philosophischer »Poltergeist« (S. 271). Am 11. September 1937 schrieb sie aus Genf an ihren Mann in Paris: »Stups der Kluge, Stups der Weise – quant à moi, je n'en comprends rien du tout, de la politique actuelle« (S. 79).

Mit Grund und mit Recht widmete sie 1951 ihr Totalitarismus-Buch Heinrich Blücher. Und auch danach fragte sie ihn immer wieder um seinen Rat im Politischen wie im Philosophischen. Ihr Brief an Jaspers vom 29. Januar 1946 ist vielleicht das sprechendste Zeugnis für diese produktive intellektuelle Partnerschaft: »Meine nichtbürgerliche oder literarische Existenz beruht darauf, daß ich dank meines Mannes politisch denken und historisch sehen gelernt habe und daß ich andererseits nicht davon abgelassen habe, mich historisch wie politisch von der Judenfrage her zu orientieren.«

Wie intensiv das philosophische Gespräch des Ehepaars Blücher geführt wurde, läßt sich ihrer periodisch veranlaßten Korrespondenz zwar entnehmen, doch lediglich in kontingenter und oft indirekter Form. Es ist die Eigenart dieser Briefe, daß sie angesichts der jahrzehntelangen Kontinuität des dialogischen Zusammenlebens der Eheleute bloß Teilstücke vermitteln, daß sie trotz aller gelegentlichen Ausführlichkeit nur Brücken sind, Notbehelfe, die den lebendigen Gedankenaustausch in Zeiten des Getrenntseins fortführen, aber nicht ersetzen können: »Die Bedürfnisse, sich schnell mal mit Dir zu besprechen, sind zu groß« (S. 63).

In den Jahren 1936 bis 1968 verließ Hannah Arendt Paris oder New York aus wechselnden Anlässen und beruflichen Gründen – zu Konferenzen, Forschungen, Vorträgen – und verbrachte Tage, Wochen, sogar bis zu vier Monate in verschiedenen europäischen Ländern. Die ungleichmäßige Folge und Länge der Zeitabschnitte der Reisen gibt dieser Korrespondenz im Unterschied etwa zu den Briefwechseln mit Jaspers, Blumenfeld oder Mary McCarthy einen mehr ausschnitthaften Charakter, der bestimmte – in Wahrheit durch Zufälle veranlaßte – Phasen und Ereignisse zu betonen scheint und andere vermissen läßt. So fehlt zum Beispiel die Spiegelung einer der schwersten Erschütterungen im Leben Hannah Arendts, der heftigen, negativen Reaktion der öffentlichen und persönlichen Kritik auf ihr Eichmann-Buch, weil die Blüchers das Ausmaß der Empörung erst nach ihrer Rückkehr von der gemeinsamen langen Europa- und Griechenlandreise im August 1963 erfuhren.

Auch der in Arendts Werken und Blüchers Vorlesungen deutlich wachsende gegenseitige Einfluß der Ehepartner auf ihrer beider Denken und Urteilen ist in den Briefen nur durch gelegentliche Bemerkungen dokumentiert. Blüchers erhebliche Einwirkung auf Arendts politisches Denken wurde bereits erwähnt. Er seinerseits meinte, bei seiner Arbeit für die Lehrtätigkeit nur dem Urteil seiner Frau »wirklich... trauen« zu können (S. 307), und fühlte sich bei »eigenen Bemühungen um neue Probleme... ganz nahe« an ihre »Gedankengänge... herangebracht« (S. 447). Der in den ersten amerikanischen Jahren durch Sprachschwierigkeiten zwangsläufig zur Ausschließlichkeit verurteilte kontinuierliche Gedankenaustausch – »ich lebe hier geistig nur mit Monsieur, ... wir sind einfach die einzigen, die uns etwas sagen können« (an Jaspers, 17. August 1946) – mündete später in eine von beiden selbstironisch verspottete gegenseitige Bewunderung. Als Blücher seiner »berühmten« Frau die Nachricht ihrer Einladung zu Princeton-Vorlesungen schickte (S. 263), antwortete sie ihm: »Ich mußte lachen, wie überzeugt wir gegenseitig voneinander und der ›Großartigkeit‹ des anderen sind« (S. 268).

Die unerschütterliche Überzeugung der Ehepartner von der verläßlichen Vernunft und Urteilskraft des anderen war in der frühen amerikanischen Zeit die Schutzwehr gegen die Unbilden eines ökonomisch ungesicherten Lebens. Zusammen mit Hannahs Mutter wohnten sie zu dritt in zwei kleinen möblierten Zimmern und hingen, abgesehen von monatlichen Unterstützungen verschiedener Hilfsorganisationen, weitgehend ab von Hannah Arendts Verdienst als Lektorin (Schocken), Direktorin (Jewish Cultural Reconstruction), Dozentin (Brooklyn College) und Journalistin (Aufbau, Partisan Review, Review of Politics etc.). Im Jahre 1949, als das Ehepaar bereits in ein eigenes Apartment umgezogen war, fühlte es sich gezwungen, während Hannahs monatelanger Abwesenheit einen Teil der Wohnung zu vermieten (S. 178). Selbst noch 1952 begründet sie die erneute Vermietung unter anderem mit »Geldpanik« (S. 298), und Blücher fühlt sich 1955 wie ein »Fürst« im Besitz geerbter gebrauchter Anzüge (S. 370). Als sich die Bezahlung von Artikeln verzögert, reagiert Arendt verärgert und zugleich trotzig: »wir werden uns schon auf unsere Weise durchschlagen« (S. 270).

Längst über das Alter hinaus, in dem man eine fremde Sprache leicht lernt, litten beide von Anfang an und jahrelang am Verlust der Muttersprache. Blücher klagte bitter, daß ihm »die Stradivari geklaut worden« und er nun gezwungen sei, eine »Bierfiedel« zu erwerben, »denn mehr kann eine andere Sprache für einen niemals werden« (S. 118). Hannah Arendt weiß, »es dauert Jahre, bis man in einer fremden Sprache seiner selbst wieder Herr ist« (S. 222), und noch 1952 bereitet die »Sprachenfrage« ihr bei aller Arbeitslust »ein bißchen Angst« (S. 316).

Zu den Schwierigkeiten der amerikanischen Anfänge gehört auch das gespannte Verhältnis, das Blücher und Hannahs Mutter zueinander hatten und das nach dem Tode der letzteren – 1948 während eines Besuches bei der Stieftochter in England – zur Sprache kam. Auf Hannahs Klage, daß sie das nie geplante, durch die Umstände erzwungene jahrelange Zusammenleben »wirklich nicht ändern« konnte (S. 157), gießt Blücher in scharfen Worten all seine angesammelte Erbitterung über die ständig fühlbaren, vielleicht nicht immer wortlos gebliebenen Vorwürfe der Mutter aus, die ihm seine mangelnde Fähigkeit, eine wesentlich zum Lebensunterhalt beitragende Beschäftigung zu finden, verübelte. Dabei bestätigte Blücher ihr »die beschränkte, aber starke Berechtigung des privaten bürgerlichen Gesichtspunkts« (S. 158f.).

Zwei Jahre zuvor hatte Blücher einen Brief an seine eigene Mutter »mit dem Vermerk ›Adressat verstorben‹« zurückerhalten (S. 139). In dem Versuch, ihrem Mann in seiner Trauer bei dem Überwinden von Schuldgefühlen des Nicht-genug-gegeben-Habens zu helfen, konstatiert Hannah Arendt nüchtern und hart, daß das »Eltern-Kind-Gespiele« zwangsläufig unmenschlich wird, »wenn die Kinder erwachsen werden«, und daß es »Unrecht« wäre, das eigene Leben der Mutter zu widmen, Sohn-Sein als »Lebensberuf« zu erwählen (S. 141).

Zum Verständnis der nach dem Kriege wiederaufgenommenen persönlichen Beziehungen Hannah Arendts zu ihren philosophischen Lehrern Jaspers und Heidegger trägt die offene Sprache der Briefe an Blücher nicht unwesentlich bei. Während Jaspers der Ort der Freundschaft und bergenden Verläßlichkeit wurde, blieb das Verhältnis zu Heidegger gespannt und verunsichert, geprägt durch die Erinnerung an die Zeit der frühen Liebe, belastet von Heideggers politischem Verhalten in der Vergangenheit, getrübt nicht zuletzt durch den Anblick der unüberbrückbaren Kluft zwischen Jaspers und Heidegger. »Meine Philosophen machen mir viel Kummer«, heißt es 1952 einmal im Brief Hannahs an ihren Mann (S. 253), und von einem der ersten persönlichen Gespräche nach dem Kriege berichtet sie ihm Jaspers' bedrückte Äußerung: »Der arme Heidegger, nun sitzen wir hier, die beiden besten Freunde, die er hat, und durchschauen ihn« (S. 186). Noch 1959 nennt sie Heidegger einmal ironisch den »Vogel aus dem schwarzen Wald« (S. 509).

Beide Blüchers haben Heideggers Nachkriegsschriften regelmäßig zur Kenntnis genommen und wiederholt mit respektvollen kritischen Kommentaren versehen. So Heinrich: »Heidegger arbeitet hier wie immer in erstaunlicher Tiefenschicht. Er ist noch immer auf Nietzsches Wegen... In der Philosophie gibt es eben, wie in der Kunst, ... das Phänomen der Qualität: und die ist nach wie vor hier erstrangig« (S. 222). Und auch Hannah: »Ganz ausgezeichnet, darstellend, interpretierend« (S. 543). Oder: »... mit einem Anflug von Verrücktheit. Dabei ist [Heidegger] sicher normal, nur eben seinem eigenen Denken (oder was immer das ist) irgendwie hilflos ausgeliefert... Macht übrigens wirklich herrliche Gedichte« (S. 223). Was sie aber nicht daran hinderte, gegenüber dem vertrautesten Menschen, ihrem Mann, wie sonst nirgendwo ohne Beschönigung die schärfsten Formulierungen über die Person Heidegger zu gebrauchen: »Das gleiche Gemisch von Echtheit und Verlogenheit oder besser Feigheit, wobei beides gleich ursprünglich ist« (S. 190); Heidegger, »der doch notorisch immer und überall lügt, wo er nur kann« (S. 208). Für Blücher ist der Fall Heidegger »eine richtige Tragödie, und ich leide an diesem metaphysischen Unglück, wie ich mich an dem Glücksfall Jaspers erfreue« (S. 228).

Mit ihren Bemühungen, zwischen Jaspers und Heidegger zu vermitteln, ist Hannah Arendt gründlich gescheitert: Es ist bis ans Lebensende zu keiner neuen Annäherung der beiden Philosophen gekommen. Hannahs Wiederaufnahme des persönlichen, wenn auch öfters stockenden Dialogs mit Heidegger blieb Jaspers weitgehend unbekannt. In zunehmendem Maße fühlte sie sich veranlaßt, den engeren Kontakt zu verschleiern. Ihre Laudatio auf Heidegger zu dessen 80. Geburtstag am 26. September 1969 (*Merkur*, Heft 10, 1969) hat Jaspers, der am 26. Februar des gleichen Jahres gestorben war, nicht mehr miterlebt.

Den beiderseitigen alten wie den gemeinsam gewonnenen neuen Freunden Hannahs und Heinrichs mag die Verbindung zwischen zwei Menschen von so ungleicher Herkunft und ursprünglich unterschiedlichen Interessen mit derart ausgeprägten, leicht erregbaren Temperamenten anfangs Rätsel aufgegeben haben. Sie konnten sich jedoch bald im geselligen Zusammensein durch eigene Anschauung von dem gelungenen Miteinander dieser Ehe überzeugen, in der keiner den Partner zu beherrschen suchte und jeder fürsorglich auf das Wohl und Fürsichsein des anderen bedacht war. Der gemeinsame Freund Randall Jarrell nannte in seinem Roman »Pictures From an Institution« die Ehe eines Paares, für das die Blüchers erklärtermaßen Pate gestanden hatten, eine »Doppelmonarchie«. Heinrich selbst beschreibt anläßlich der Brochschen Heirat und während des ersten monatelangen Getrenntseins von seiner Frau als das tragende Element der eigenen Ehe: den uneingeschränkten Respekt vor der Person des anderen, der diesen sein läßt in seinem Eigenen, forderungslos – in der »Einsamkeit, wie wir sie uns gegenseitig garantieren« und die »auf der stillschweigenden Grundlage der Zweisamkeit errichtet« ist (S. 177). Denn: »Unsere Ansichten über die großen Fragen des Lebens sind immer die gleichen« (S. 106).

Keineswegs stellte Blücher, den ihr gemeinsamer Freund Dwight Macdonald in einem Brief an Hannah vom 18. November 1970 »einen echten, unverbesserlichen Anarchisten im Wesen und Denken« nannte, das Musterbild des unverführbaren Ehemannes dar. Er war für die weiblichen Reize im näheren Freundeskreis durchaus empfänglich. Seine Frau wußte das oder ahnte es doch, hat es schmerzlich empfunden und sehr persönlich darüber nachgedacht. Ein bewegendes Zeugnis dafür ist eine längere Reflexion über die »Treue« aus dem Jahre 1950 in ihren unveröffentlichten »Denktagebüchern«. Dort unterscheidet sie die »gleichsam unschuldige Untreue«, die »im Weiter des Lebens und der Lebendigkeit vorgezeichnet« ist, von dem »großen Verbrechen der Untreue«, die »das Wahrgewesene…, das, was man selbst mit in die Welt gebracht hat«, »mordet«. Das erst ist »wirkliche Vernichtung, weil wir in der Treue und nur in ihr Herr unserer Vergangenheit sind: Ihr Bestand hängt von uns ab. Wenn es die Möglichkeit der Wahrheit und des Wahrgewesenseins nicht gäbe, wäre Treue Starrköpfigkeit; wenn es Treue nicht gäbe, wäre die Wahrheit ohne Bestand, ganz und gar wesenlos.« Auf die »Untreue im gewöhnlichen Verstande« mit »Eifersucht« zu antworten ist die »Perversion der Treue«, die »die Lebendigkeit aus der Welt zu schaffen« versucht und »Versteinerung« darstellt. Die wahre Untreue, die »einzige wirkliche Sünde, weil sie Wahrheit, gewesene Wahrheit, auslöscht«, ist »das Vergessen«.

Dieser Begriff der Treue zum »Wahrgewesenen« im »Weiter des

Lebens« ist für beide Blüchers eng mit der Vorstellung von der Kontinuität als der beglückenden, tragenden Kraft ihres Lebens verknüpft, die in der immer erneut sich bewährenden Verläßlichkeit der Ehe sichtbar wird wie auch im Festhalten an den Freunden: »nichts auf der Welt zählt wie Freunde« (Hannah Arendt an Kurt Blumenfeld am 19. Juli 1947). Bei ihrem »Jubelschrei von einem Brief« während ihres ersten Nachkriegsbesuchs bei Jaspers – »Ganz herrlich, wie ich es mir geträumt habe« (S. 179) – freut sich ihr Mann »über dieses große Ereignis Deiner Kontinuität« und fügt hinzu: »Wie herrlich sind die paar wesentlichen Dinge des Lebens. Auch daß Du mit Robert [Gilbert] sein wirst dieser Tage und so auch meine Kontinuität fortsetzt« (S. 183).

Zum weitverzweigten Freundeskreis des Ehepaares gehörten einmal beider Jugendfreunde, so auf Blüchers Seite die Berliner Freunde Robert Gilbert, Charlotte Beradt und der Maler Karl Heidenreich, auf Hannahs Seite Anne Weil, Kurt Blumenfeld, Hilde Fränkel, Hans Jonas; aus der gemeinsamen Pariser Zeit sind vor allem Charlotte und Chanan Klenbort zu nennen. Aufgrund der beiderseitigen großen Begabung für Freundschaft erweiterte sich der Kreis in New York rasch. Blüchers Interesse und Einfühlungsvermögen für die bildende Kunst gewannen ihm neue Malerfreunde wie Karl Holty und Alcopley. Nur wenige der vielen Menschen, die Hannah Arendt durch ihre verschiedenen Tätigkeitsbereiche an sich zog und denen sie sich freundschaftlich verbunden fühlte, blieben ihr in den New Yorker Jahrzehnten gleichmäßig nahe. Zu ihnen gehörten seit 1942/43 Rose Feitelson, die ihr bei der englischen Fassung ihrer Bücher und Essays half, und seit 1956 auch ich, seit sie mich mit der Bearbeitung ihres Rahel-Varnhagen-Manuskripts für den Druck betraut hatte.

Manche guten Freunde verlor sie durch den Tod – Walter Benjamin, Hermann Broch, Hilde Fränkel, Waldemar Gurian –, mit anderen nahm der gesellige Verkehr allmählich ab, so mit Alfred Kazin nach den fünfziger Jahren. In mehreren Fällen kam es über der Eichmann-Kontroverse – zumindest vorübergehend – zum Bruch (z. B. mit Blumenfeld und Jonas). Zu einigen Freunden blieb sie immer in respektvollem Abstand, wie zu ihrem Verleger William Jovanovich und Jaspers' Verlegern Helen und Kurt Wolff, während die enge Freundschaft mit Mary McCarthy leidenschaftlich und temperamentvoll auch über räumliche Entfernung hinweg bis zu ihrem Tode fortbestand. Von den ihr Nahestehenden, die sie seltener sah, mit denen sie aber brieflichen Kontakt hielt, sind vor allem W. H. Auden, Glenn Gray, Uwe Johnson, Johannes Zilkens und Hans Morgenthau zu erwähnen.

Auch auf ihren ausgedehnten Europareisen blieb Hannah Arendt mit manchen der zurückgelassenen Freunde in Verbindung, sei es direkt, sei es vermittelt durch ihren Mann, der ihr seinerseits regelmäßig von deren Tun und Lassen berichtete. Ein charakteristischer Zug ihrer Briefe an Blücher, von dem bislang noch nicht die Rede war, verdient dabei besondere Aufmerksamkeit: die hinreißende Unmittelbarkeit nämlich, mit der sie sich auf ihren Reisen Natur und Landschaft, Städten und Menschen zuwandte, um davon mitzuteilen. Die Gelöstheit und Lust, die in ihrer Weltaufnahme zu spüren sind, erscheinen ihr selbst erst möglich geworden auf dem verläßlichen Boden ihres wohlgegründeten Zuhauses: »Mir ist die Lust zum Reisen ja überhaupt erst gekommen, nachdem das Zuhause so ins Zentrum gerückt war, daß man darum herum die ganze Welt gruppieren konnte« (S. 448).

Beim ersten Wiedersehen mit Europa ist sie ungeachtet ihrer kritisch-analysierenden Äußerungen über die Nachkriegszustände überwältigt von dem Glück des Wiederfindens der wohlbekannten alten Welt. »Paris: mein Gott ist die Stadt schön.« An der Place des Ternes hätte sie »beinahe geheult, wieder einen Platz zu sehen« (S. 170). Auch in Deutschland löst die enge Vertrautheit mit der Landschaft trotz aller Vorbehalte und trotz des Gefühls von »Verloren«-Sein unter den Menschen ihr Entzücken aus: »unbeschreiblich herrlichstes! Wiedersehen« (S. 175).

Von den deutschen Städten ist es allein Berlin, Blüchers geliebte Heimatstadt – »ein einziges Trümmerfeld; nichts wiederzuerkennen« –, über das sie berichten kann: »was es noch gibt, sind die Berliner. Unverändert, großartig, menschlich, humorvoll, klug, blitzklug sogar. Dies zum ersten Mal wie nach Hause kommen« (S. 214) – und sie macht ihrem Mann, der im stillen auf das Überleben des alten Berliner Geistes »gehofft« hatte, eine große Freude damit (S. 218 f.). Ihr negatives Urteil über die Nachkriegsdeutschen, die

»von der Lebenslüge und der Dummheit« leben (S. 175), hat sich zwei Jahre später so weit differenziert, daß ihr zwar »alles, was über 20 Jahre alt ist..., hoffnungslos« erscheint, daß es, wie sie meint, »danach allerdings... anders« wird (S. 314).

Was schon ihre Briefe des ersten amerikanischen Sommers bei einer Neuengland-Familie so lebendig gemacht hatte, ihre Lebenslust und ihre Entdeckerfreude – »dieses Experiment... so aufregend neu und verrückt... lerne eine Unmenge... über das Land« (S. 109 und S. 115) –, kennzeichnet durchweg auch später ihre Reiseberichte. Vor allem ist es die »schöne, schöne Welt« (S. 336), über die sie immer aufs neue in Jubel ausbrechen kann und die auch die akustische Seite der Natur miteinschließt: Sie wünscht ihren Mann herbei, mit ihr zu hören, wie »die Frösche so herrlich quaken« (S. 306). Durch detaillierte Beschreibungen will sie ihn teilnehmen lassen an ihren Erlebnissen, so an der Eisenbahnreise von New York durch die grandiosen Landschaften des Westens nach Kalifornien, an ihrer ungeduldigen Erwartung, den Pazifik zu sehen, an ihrem Genuß des Klimas – »eine frische Sanftmut in der Luft« (S. 338) –, an der Bewunderung der ungeheuren Redwood-Bäume in ihrer »vollen Majestät« (S. 380).

Noch im selben Jahr reist sie nach Europa und fühlt sich angesichts der norditalienischen Städte glücklich, wieder in der alten Welt zu sein: »Europa ist hier irgendwie Wirklichkeit, und zwar nicht in der Herrlichkeit der errichteten Welt, der durchgebauten Landschaft – Weinreben zwischen den Bäumen wie Girlanden, alles mit allem verknüpfend –, sondern in der Alltäglichkeit des Lebens, der kleinen Trattoria, des winzigen Cafés im Städtchen« (S. 395).

»Wirklich blind vom Sehen« findet sie sich in Athen – »wußte nie, welche Seligkeit im Augen-haben liegt« – und unterscheidet präzise die griechische von der italienischen Landschaft: »in Delphi... Tempel und Landschaft so miteinander verschwistert, daß jede Säule die Ewigkeit der Natur in sich aufgenommen hat. Ungeheuer – gar nicht der Überschwang des Schönen wie in Italien, eher karg, aber [kraftvoll]... trotz allem Ruin nie traurig, nie die römische Melancholie, ...die Pinien und Zypressen hier viel heller...« (S. 407).

Und es klingt wie ein Lebensfazit, Zusammenfassung und kürzeste Formel ihrer Weltfreude und Daseinslust, wenn sie am 27.

Mai 1952 aus Lugano beglückt schreibt: »Wie schön die Erde ist« (S. 277).

Heinrich Blücher starb am 31. Oktober 1970 in New York. Er wurde auf dem kleinen Campus-Friedhof des Bard College in Annandale-on-Hudson, N. Y., beigesetzt. »Die Bard-Zeremonie: sehr anständig«, schrieb Hannah am 22. November an die Freundin Mary McCarthy, »besonders Shafer [Professor der Philosophie und Theologie am Bard College], der aus der ›Apologie‹ Sokrates' Worte über den Tod las und mit dem großen Satz endete: ›Wir müssen nun gehen, ich, um zu sterben, und ihr, um zu leben. Was besser ist, weiß allein der Gott.‹ Solcher Anstand und Geradheit. Und von einem Geistlichen. Der Friedhof ist ein Stück Wald mit Gedenksteinen hier und dort, nicht mal wirklichen Gräbern. Sehr gut, sehr richtig.«

Als Hannah Arendt fünf Jahre später, am 4. Dezember 1975, ihrem Mann im Tode folgte, wurde sie dort an seiner Seite bestattet.

New York, im Mai 1996 *Lotte Köhler*

Editorische Vorbemerkung

Diese Erstveröffentlichung einer Sammlung von Briefen, die Hannah Arendt und ihr Mann Heinrich Blücher lebenslang miteinander gewechselt haben, ist eine Auswahl-Ausgabe. Von den über vierhundert erhaltenen Briefen wurden zu diesem Zweck 304 Briefe ausgesucht, die ihrerseits an mehreren Stellen um unerhebliche Passagen gekürzt sind. Diese Kürzungen erscheinen als Pünktchen in eckigen Klammern, während Pünktchen ohne Klammern von den Briefschreibern stammen. In einigen Fällen machte der Personenschutz die Streichung von Äußerungen über Dritte erforderlich. Die der Ausgabe zugrundeliegenden Originalbriefe, die zu Beginn der Korrespondenz häufig mit der Hand, später größtenteils mit der Maschine geschrieben sind, befinden sich als Bestandteil des Hannah-Arendt-Nachlasses in der Library of Congress in Washington, D. C.

Orthographie und Zeichensetzung wurden durchweg dem modernen Gebrauch angeglichen. Versehentlich ausgelassene Wörter sind in eckigen Klammern hinzugefügt. Andere, im Text korrigierte Fehler werden in den Anmerkungen jeweils durch den originalen Wortlaut belegt. Fremdsprachige Begriffe oder Passagen, deren Verständnis nicht allgemein vorausgesetzt werden kann, wurden von der Herausgeberin in Anmerkung übersetzt. Stilistische Eigenheiten (»hier ist schön«), aber auch familiärer Jargon sind belassen worden.

Personennamen erhalten ihre biographische Erläuterung bei dem jeweils ersten Auftauchen im Text. Die erklärende Anmerkung ist im Personenregister durch Kursivdruck gekennzeichnet. Allgemein bekannte Persönlichkeiten oder solche, die in der Briefstelle selbst erläutert sind, erscheinen nicht in den Anmerkungen.

L. K.

Erster Teil:
August 1936 bis Oktober 1938

[Hannah Arendt arbeitete seit 1935 in Paris als Leiterin des französischen Zweiges der zionistischen Organisation Aliyah, die Kinder und Jugendliche auf ihr Leben in Palästina vorbereitete. Zur Gründung des Jüdischen Weltkongresses reiste sie im August 1936 nach Genf. In den Jahren 1937 und 1938 fuhr sie wiederholt zu Ferienbesuchen nach Genf und wohnte dort, wie schon 1936, bei einer Freundin ihrer Mutter.]

Paris, 5. 8. 36

Liebste,

ich bin von Clamart[1] nach Hause gefahren, setze das Gespräch noch etwas fort, weil mir Deine Stimme noch im Ohr ist, und schicke Dir diesen Brief an die Bahn, damit er Dich statt meiner nach Genf begleite. Er kann Dich im Zug nicht stören bei Deinen Dienstgesprächen[2] (was *ich* sicher getan hätte), soll aber Deinen ersten freien Augenblick zu Hause benutzen, um Dir guten Tag zu sagen.

[...]

Dabei: ich sehe mich um, nehme mein Material[3] vor und kann dabei eine »Bemerkung« Goethes nachprüfen. »Du hast mir all mein Gerät verstellt und verschoben«[4]? Ja und nein. Nämlich richtiger gestellt und näher herangeschoben. Fast so, daß es sich freundlich herzudrängt. Ich fasse mich also, um zuzufassen, und trommle

---

1 Südliche Vorstadt von Paris, wo Hannah Arendts und Heinrich Blüchers Freunde Weil wohnten.

2 Wer von der Youth Aliyah oder anderen jüdischen Organisationen H. A. nach Genf begleitete, läßt sich nicht mehr feststellen.

3 Anspielung auf H. B.s Vorbereitung zu Diskussionen mit kommunistischen Freunden.

4 Zitat aus Goethes Gedicht »Cupido, loser eigensinniger Knabe«.

schnell noch für heute abend eine Besprechung zusammen, um das »Gerät« einigen Holzköpfen um die komischen großen Ohren zu schlagen. Mir zum Spaß und zur »Feier« Deiner Abfahrt.

Möge es Dir gutgehen in Deinen »Büschen«[5]. Penn Dich in ihnen aus, komm gut in Form. Und dann sollen die Büsche zu brennen beginnen und Dir den Weg beleuchten.

Herzlichst und überhaupt

Dein Heinrich

Genf, 6. 8. 36

Ich war gerade dabei, meine »Büsche« schön zu ordnen, als Dein Brief die erste Bresche zu schlagen versuchte. [...]

[Jetzt] werde ich..., loyal wie ich bin, Dir mal die Büsche schildern, die Du so heroisch entschlossen bist, in Flammen zu stecken. Daß es nämlich Heroismus ist, wenn auch kein pessimistischer, wirst Du schon noch merken, Du naseweiser, stupsnäsiger Lausejunge.

Der erste große Busch ist die Tante oder Freundin.[1] Einen Kopf größer als ich, doppelt so dick – eher schon mächtig – und genau 35 Jahre älter als ich. Großartig in ihrer Art. Aber zugleich die erste Bresche. Nämlich keine Jüdin, was ich vergessen hatte. Es fiel mir erst wieder ein, als ich mit ihr streiten mußte, als sie mir anläßlich Spaniens[2] mit langen, nassen Tränen erklärte, daß sie sich so schämte, eine Deutsche zu sein. Gestritten habe ich nur, um nicht aus der Übung zu kommen. Sicher ist sicher: À part de cela[3] nämlich liebe ich sie mit einer ungestümen Zärtlichkeit. Beste Kindheitserinnerungen.

Selbige hat mir ein großes, schönes Zimmer mit großem Schreibtisch eingerichtet. Der Balkon geht aufs Rhonetal, dahinter eine

---

[5] Anspielung auf »Büsche« (vgl. auch S. 43 und öfter) nicht zu entschlüsseln.

[1] Martha Mundt, Freundin von H. A.s Mutter; in den dreißiger Jahren Angestellte des Bureau International du Travail des Völkerbundes in Genf.

[2] Gemeint ist der Spanische Bürgerkrieg (1936–39), in dem die Faschisten unter Franco vom nationalsozialistischen Deutschland unterstützt wurden.

[3] »Davon abgesehen...«

Bergkette, hinter ihr weiß-rötlich die Mont-Blanc-Gruppe. Pas mal![4]

Für Alkoholisches ist bestens gesorgt. Irgendeine meschuggene Freundin hat sich einen Weinberg zugelegt. Netter leichter weißer Wein. Sehr anheimelnd.

Und daß das alles, und noch vieles in der Art, was mir jetzt zu langweilig ist zu schreiben, sehr nötig war, wurde mir in der durchfahrenen Nacht klar. Mir war buchstäblich so, als ob mir einer die Haut vom Leibe gezogen hat. Bei der Gelegenheit war mir übrigens meine Äußerung betreffs »junges Mädchen für Dich« recht genierlich. Gemeint habe ich: hätte ich Dich vor 10 Jahren getroffen – Aber inzwischen bin ich leider gezwungen worden, bis zu einem gewissen Grade aufzuhören, eine Frau zu sein.[5] Und das tut mir leid für Dich.

Und nun beiß Deine Feinde! Mehr weiß ich für heute nicht. Nur noch, à propos Busch: aus Salzburg wird gerade ein Bruno-Walter[6]-Konzert übertragen: Schumann und Brahms, Wiener Philharmoniker.

[...]

H.

Paris, 7. 8. 36

Meine Liebe,

der erste Tag ohne Dich ist nun herum. »Ein Tag ohne Dich ist kein Tag«, meinte Arno Holz[1]. Insofern ein Tag auch ein organisch vom Eigenen heraus erfüllter Zeitraum sein soll, stimmt das sicherlich. Insofern er andererseits ein Zeitraum ist, in den man von außen eine ganze Menge Material hereinreißen und in ihm verankern kann, bleibt er wenigstens ein durch geschäftigen Lärm erfüllter und noch

---

4 »Nicht schlecht!«

5 H. A.s Ehe mit Günther Stern (Anders), 1902–1992, war bereits seit längerem brüchig geworden, als Stern im Juni 1936 nach Amerika fuhr.

6 Bruno Walter (eigentl. Bruno Walter Schlesinger), 1876–1962, Dirigent; wirkte in München, Berlin, Leipzig und Wien; seit 1940 in den USA.

1 Arno Holz, 1863–1929, Schriftsteller des Naturalismus.

leidlich gegliederter Zeitablauf. (So ist's mit dem Menschen von innen nach außen und von außen nach innen. Er kann eb'n beedet, spricht der Rebbe und sagt jo.)

Der Pariser Himmel ist der Ansicht, daß es in Anbetracht Deiner Abwesenheit keinerlei Grund zur Heiterkeit gibt. Ich stimme ihm zu und ertrage seinen wie meinen umwölkten Zustand mit Einsicht in die Notwendigkeit und, o Kantianerin, mit einem leisen Zusatz von Menschenwürde. Der Himmel nimmt, ungerecht, wie er schon ist, Dein Fernsein zum Anlaß, sich über Gerechte und Ungerechte auszuweinen. Ich dahingegen, nach dem »Gesetz in mir« *gezwungen*ermaßen zur Gerechtigkeit strebend, versuche, die Ungerechten zu einem isolierten Haufen zusammenzukehren, um mich über sie auszuhageln. Möge er die Erde befruchten und ich meine Feinde erschlagen samt ihren Häusern, Weibern, Kindern, Huren, Viechern, Gesindel und allem, was ihrer ist.

Statt also eine Reise mit Dir an mein besonntes Mittelmeer zu machen und mir das Fell einzubrennen, rede ich über die Pulverwolken, die rings um das Mittelmeer heraufziehen – zu Hornochsen, die, weil sie für die spanische Kampfarena nicht taugen, hier den Karren weiter in den Dreck ziehen dürfen –, und verbrenne mir wenigstens das Maul.

[...]

Gretchen, wie hältst Du's mit der Religion? Deinem alten Heinrich wollte ein heiliger Büroaffe der Partei[2] gestern einreden, daß er unbedingt ein »felsenfestes Vertrauen« in die Leitung der Partei haben müsse und dazu den »Glauben an die Richtigkeit der Beschlüsse«. Ich habe also deklariert, wie ich es mit der Religion halte: »Wenn ich glauben will, so glaube ich z. B. nicht einmal an Hitler oder einen beliebigen anderen Öldruckgötzen, sondern stracks an die ›unbefleckte Empfängnis‹. Das fordert wenigstens einen massiven Glauben heraus und ist dazu eine lustige Vorstellung, an der man jedesmal seinen Spaß haben könnte, wenn man gezwungen ist, die Empfängnis mit umständlichen Mitteln zu bewerkstelligen.« Nun hält man mich wohl mit Grausen für einen wahren Atheisten

---

[2] Gemeint ist die kommunistische Partei.

und wird sich anschicken, meinen Leib zu töten, um für meine Seele beten zu können. Und ich habe Dich nicht zur Hand, daß Du bezeugest, wie »religiös« ich bin, wenn auch man ein armer Heide.

Hier geht man dazu über, die Front Populaire[3] in eine Front Français zu überführen. Wörtlich und tatsächlich. Wenn nun also die Front Allemand entsteht usw. und keine Bastion internationale mehr gebaut werden könnte – ich ließe mich beschneiden und erklärte mich für die Front Juif.

Was der Nationalsozialismus ist, weiß ich aus dem Blubo[4]-Unterricht (dem praktischen: rin mit dem Arbeiterblut und dem Judenblut in die Erde): ein Miesgewächs des mit unschuldigem Blut getränkten Bodens, gesät und gezogen von Burschen, die jene Jauche in den Adern haben, die dem Boden eben fehlte, um Früchte der Zukunft zu tragen.

Was der nationale Sozialismus ist, weiß ich auch, von der Gewerkschaftspolitik im Kriege her: eine Viehtreibermethode der dikken, gemütlichen Sozialdemokraten, um die Unschuldslämmer auf den Boden der Schlacht zu bringen, um ihn usw. siehe oben.

Was der nationale Kommunismus in Frankreich werden kann, wenn man ihn laßt, das ist nicht auszudenken. Jedoch man laßt ihn nicht. Erstens ist der Kapitalismus vom Klassenmißtrauen gegen diesen Tiefseespuk nicht wegzukriegen, und zweitens ist das ein Homunkulus, dessen Retorte der Klassenkampf zertöppern wird. Zwar ertönt gegenwärtig in der »holden Feuchte« der Tränenseligkeit der Angst- und Heulmeier »seine Leuchte« noch mit wenig »lieblichem Getön« – morgen wird er, zertöppert, einen Gestank verbreiten, der seinen Anhängern die anbetungssüchtige schnoppernde Nase schließen und die gläubig geschlossenen Augen öffnen wird.

Der nationale Kommunismus ist so eine Art »Butterbrotpapier

---

3 In den Krisenjahren des französischen Parlamentarismus bildete Léon Blum als Ministerpräsident (Juni 1936–Juni 1937) das Kabinett des Front Populaire, das Radikalsozialisten, Sozialisten und Kommunisten vereinigte und schließlich 1938 durch ein bürgerliches Kabinett unter Daladier abgelöst wurde.

4 Blubo = »Blut und Boden«, ein Schlagwort der nationalsozialistischen Ideologie zur Verklärung des Bauerntums.

im Wald«. Laß es Dir also von einem der wackeren jüdischen Mehrer der »deutschen« Kultur, von Christian Morgenstern[5] erklären. »Ein Butterbrotpapier im Wald, da es beschneit wird, fühlt sich kalt« – »gewinnt – *aus Angst* – Gesicht, Gestalt« – »*aus Angst*« –. Erhebt sich nun zu einem kaum glaublichen Scheinleben, macht sogar einen kleinen Flugversuch – da ist das Ende schon nahe. Ein Specht, »ein Vogel groß und ganz voll Gier«, ist hinter ihm her. (Hier schaltet der Rebb', der's geklärt hat und Dir's erklärt, naiv ein »Nebbich[6], der Faschismus« [ein] !) »Kurzum, der wilde Specht verschluckt *das unersetzliche Produkt.*«

O Königin, das Leben wär' zu schwer, wenn's nicht so von Interesse wär'. So aber, o Königin, det Leben is janz scheen.[7] Du weißt: 51 % zu 49 %. Aber die überschüssigen 2 % für die Aktienmajorität der Freude – uff mir bezogen, für mir selbst sozusagen, o Königin, jloobe ick und fürchte ick – die 2 %, det bist Du selbst.

So grüße ich Dich denn und halte mir beide Daumen. (Statt sie Dir aufs Auge zu setzen.)

Dein Heinrich.

8. 8. 36

Lieber,

der Genfer Himmel kennt Dich nicht und weiß nicht, daß Du abwesend bist – hält Dich nur für nicht vorhanden, was ein Irrtum seinerseits ist. Kurz: er strahlt. Und ich auch. Erstens aus Vorliebe und Sympathie für die Realitäten, die einem keiner nehmen kann, und zweitens aus Vorliebe und Sympathie für Dich, und drittens, weil mich Dein Brief *vollkommen* gefreut hat. Sitzend also in einem kleinen Café, glücklich entwischt allen Verpflichtungen, äußerlich sehr comme il faut, singe ich innerlich (siehe den klärenden Rebbe):

---

5 Christian Morgenstern, 1871–1914, war nicht Jude; das Gedicht »Ein Butterbrotpapier im Wald« aus den »Galgenliedern« ist leicht verändert zitiert.
6 Nebbich (jiddisch): Umgangssprachlich für »Nun wenn schon! Was macht das!«
7 Vgl. Schiller, *Don Carlos*, 4,21: »Königin! – O Gott! das Leben ist doch schön.«

»winkend mit der kleinen Zeh:
O Himmel, strahlender Azur
Enormer Wind die Segel bläht.
Laß Wind und Wellen fahren, nur
Laß uns um Sankt Marie die See.« [1]

(Dies ist gleichzeitig ein Bekehrungsversuch zu Brecht.)

Im übrigen ist heute das erste größere Unglück passiert. Meine Freundin erklärte, in der Küche Zwiebel schneidend, als ich m. E. sehr en passant mich nach den Post-Stunden erkundigte: »Kind, du bist verliebt.« Heftiger Protest meinerseits. Darauf sie: »Aber das schadet doch nichts.« Worauf ich wütend das Thema wechselte!

In einer halben Stunde fängt der Kongreß [2] an. Verhandlungssprache: Jiddisch und – Hebräisch, welch letzteres nach all meinen sehr trüben Erfahrungen bezüglich Erlernung [3] keine Sprache, sondern ein nationales Unglück ist! Also, laß Dich man lieber nicht beschneiden.

Hier redet man – d. h. Kurt Rosenfeld [4] auf Grund Pariser Nachrichten – vom Krieg. Was meinst Du dazu? Das würde mir, uns, doch sehr mal à propos [5] kommen.

Wenn ich zurückkomme, ist Dir sicher schon ein Hahnenkamm gewachsen, und Du bist dann ja auch vollkommen vorbereitet für Spanien und Hahnenkämpfe.

Manchmal scheint es mir, daß ich Dir ein bißchen viel zugemutet

---

[1] Der Schluß der 5. Strophe von Brechts »Ballade von den Seeräubern« lautet:

Und die, die übrig bleiben, lachen
Und winken mit der kleinen Zeh:
O Himmel, strahlender Azur!
Enormer Wind, die Segel bläh!
Laßt Wind und Himmel fahren! Nur
Laßt uns um Sankt Marie die See!

[2] Bezieht sich auf das erste Treffen zur Gründung des jüdischen Weltkongresses.

[3] H. A. hatte am jiddischen und hebräischen Unterricht teilgenommen, den Chanan Klenbort (vgl. S. 96, Anm. 2) am Institut d'Agriculture et Artisanat erteilte und den die Youth Aliyah ermöglichte.

[4] Kurt Rosenfeld, 1877–1943, Jurist; 1920–1930 Mitglied des Reichstags, führender Vertreter der Linksopposition der SPD.

[5] »ungelegen«.

habe. Mit Duzen und Spazierengehen am Quai. Im Grunde aber habe ich die unverschämte Hoffnung, daß man Dir alles zumuten kann, d. h. Dich so behandeln kann, wie man sich selbst behandelt.

Die Kongreßteilnehmer kann man einteilen in Messias-Bläser[6] und Klärer. Ich gehöre zu den letzteren mit einem großen Zuschuß von Chochme-Macherei, zu deutsch: Klugscheißer.

Bei der gestrigen Pressekonferenz und auch in einigen Presse-Communiqués spricht man von allen möglichen Unterdrückungsformen, ökonomischer und juristischer, politischer Art. Aber daß wir in Polen pogromiert werden, kein Wort! Wer soll es denn sagen, wenn nicht wir. Aber dafür ist heute abend offiziell der polnische Regierungsvertreter am Völkerbund da! So wie uns vor 3 Jahren die deutschen Juden das Maul gestopft haben, so werden es jetzt die polnischen tun. Und zum Schluß wird uns alle der Teufel holen.

[...]

Und ob Du die Klaue lesen kannst! Oder ob ich tippen soll.

And so on.

H.

Paris –

In Berlin hat ein schwerer Brocken eingeschlagen. Genossen, deren Gesicht mir greifbar nahe ist in jedem Zug und seinem lebendigwechselnden Hinüberspielen in andere Züge, sind in die Keller der Gestapo eingeschlossen worden.

Der Einschlag reißt ein schwarzes Loch in den Tag, und der Luftdruck der Explosion haut mich in die finsterste Ecke hin. Da kauert man mit gestauchten Knochen, die Stunden hocken fragend und dumpf um einen herum und wollen nicht weitergehen.

Als ich dann endlich Licht einschalte, kann ich denken, was Marx über die Opfer der Pariser Kommune gesagt hat: »Sie sind eingeschreint in das große Herz der Arbeiterklasse.« So ist's und sei's.

Doch da ich heute nicht allein bin, und ich will heute nicht allein sein, und weil ich doch seit Du da bist einmal reden will, denn nun

---

[6] Die in Erwartung des Messias stehenden gläubigen Juden.

kann ich's versuchen, so hätte ich unter uns dreien noch was dazu zu sagen.

Es sind drei Sessel im Zimmer. Wenn Du wieder den nehmen willst, auf dem Du das letzte Mal neben mir gesessen hast, so kann Robert [1] den andern nehmen.

Ich will zuerst einen alten Traum vom Herzen haben. Ich träumte ihn, als X hingerichtet war. (X hatte ein Holzbein, und die engeren Genossen hatten die Partei gezwungen, ihm ein besonders gutes zu kaufen, weil er selbst ein Mann war, geschnitzt aus dem besten Holze, aus dem, das man nicht kaufen kann. Er hatte vor Jahren sein Bein für unsere Sache gelassen, so wie nun seinen Kopf.)

Es war ein hohes Blutgerüst errichtet, das an den Himmel stieß, ohne ihn jedoch zu [be]rühren. Eine lange Treppe erstieg das Gerüst mit den zahllosen kleinen Schritten der Stufen und in einigen großen Sprüngen der Etagen. Oben schickte sich der Henker an, zu einem Messer zu greifen. Auf den Boden der Plattform geworfen, lag vor ihm der gefesselte X. Und nun, die ganze Treppe hinauf, stieg, Mann an Mann, ein langer Zug von Genossen zur Rettung heran. Ich sah und wußte, daß sie zu spät kommen müßten; denn sie alle, Mann für Mann – hatten ein Holzbein. So dröhnten sie zwar gewaltig empor, und der energische Gleichtakt ihrer Schritte hallte aufrüttelnd über die Erde hin, ohne sie jedoch zu erwecken. Die eigene Hilfe aber durch die kletternden Genossen mußte wegen ihres Gebrechens zu spät kommen. Da lief ich los und schrie: Laßt mich, laßt mich! Es war, wie wenn in der Marschkolonne der Infanterie der Befehl kommt »Rechts ran!«, wenn die Artillerie vorbei- und nach vorne vorgezogen wird. Alles ließ links von sich Raum; und im Gleichtakt der Holzbeine schrien sie als Sprechchor:

Laßt Hein
Vorbei
Er hat zwei Bein!

[1] Robert Gilbert, 1899–1978, Schriftsteller und Komponist, mit dem H. B. seit 1917 eng befreundet war.

Und ich lief an ihnen vorbei, die Treppe hinauf, lief, wie ich einst als Junge gelaufen war, als ich den Preis für meine Stafette herausholte, lief mit allen meinen Leibeskräften, weil ich aus ganzer Seele lief. Kam an, warf mich über X, der Henker stieß mit seinem langen Messer gerade zu; der Stich ging mir ins Bein. Wie mir die Sinne schwanden, erwachte ich mit den Worten: »Nun sind die andern alle ran.« –

X ist tot. Ich und wir alle haben ihn nicht retten können. Doch mir scheint, daß wir ständig in Training bleiben sollten, um für jeden andern, den sie haben oder noch kriegen, aus aller Kraft laufen zu können.

Als Hans Westermann im Gefängnis in Hamburg erschlagen wurde, er war der Beste in Hamburg neben André, war als Matrose zu uns gekommen schon im Krieg und stand in jedem Kampf immer ganz weit vorn; sie schlugen diesen harten Schädel ein, weil er ein gutes Gehirn enthielt, das scharf an unsere Interessen dachte, sie zertrümmerten dieses gerade Rückgrat, weil es fähig gewesen war, für uns die schwersten Verantwortungen zu tragen –

Als ich erfuhr, daß Karl O. im Ölbad lag, weil kein Fleck mehr heil an ihm war –

Als mir der Junge aus Charlottenburg von 10 Burschen buchstäblich totgetrampelt wurde –

Als mir dem Jungen aus Moabit mit Eisenstangen der Brustkorb eingeschlagen wurde, weil sie ein Herz zerstören mußten, das so ausschließlich für uns schlug –

Als andere Gefangene mir die Nachricht herausschickten, daß Paul J. eine Nacht lang geschrien hat, Ihr müßt wissen, daß er voll stiller Stärke war, und ich sage, wenn er geschrien hat, ich weiß nicht, wie wir bestehen sollten –

und wenn ich dann mit Genossen zusammensaß und wir an sie dachten, und später immer wieder, wenn wir uns fragen mußten: ist der oder der vielleicht doch zusammengebrochen –,

dann habe ich immer einen Spruch in mich hineingewürgt, den ich nun, wo wieder Freunde sitzen, Euch aussprechen will, weil ich Dir versprochen habe, alles zu sagen.

Wenn wir ein »stilles Glas« leeren wollten auf die alle und dazu sagen:

Auf den Mann, der jetzt nach unsern Namen durchfoltert wird, Genossen, und sie nicht nennt. Daß ihm die Zigaretten nicht ausgehen, daß sein Fiebertraum voll sei von all den geliebten Gesichtern seiner Frau, und daß seiner alten Mutter das Herz nicht breche.

Und wir, wir wollen nicht vergessen.

[Genf,] 11. 8. 36

Ich bin beunruhigt, weil ohne Nachricht oder besser: weil ich keine Bestätigung meiner Briefe habe und nicht weiß, ob sie in Deine Hände gekommen sind.

Dies soll Dich *keineswegs* verpflichten zu schreiben. Nur bestätigen!

In Eile, Unruhe und sehr bewölkt.

H.

Paris, 12. 8. 36

Liebste,

es war wirklich dumm, daß ich vergaß, Dir Deine Briefe zu bestätigen. Ich habe sie alle und »bestätige« sie aus ganzem Herzen. Ich mußte natürlich längst wieder zur Tagesordnung übergehen, hatte aber einen ganzen Tag lang es einfach nicht übers Herz gebracht, den letzten schwarzen Brief an Dich abzuschicken. Dann mußte ich es doch.

Ich muß mich, Gott sei Dank, hier herumprügeln, daß die Fetzen fliegen.

[...]

Nun, Deine »Klaue«. Ich habe mich rasch eingelesen, entziehe mir aber wenigstens diese Deine »Hand« nicht. Ich sehe mit Freude, wie die fallenden Zeilen des ersten Briefes im zweiten sich heben, leider nur etwas, und träume davon, das mit einer Sache in Verbindung bringen zu können, die Deine Freundin Dir so sicher auf den Kopf zugesagt hat. Und hoffe, daß die »Büsche« glimmen. Könnte ich doch mit dem schönen »enormen Wind« hineinblasen. Bitte wundere Dich nicht weiter, daß Du nun eine andere Schrift von mir siehst. Die andere hatte ich mir in der Zeit, die Du ja kennst, krampfhaft aufgerichtet, weil mir diese hier damals zu einem lustlosen Brei zu zerfließen drohte. Da Du nun »all mein Gerät' verstellt und verschoben«[1] hast, nämlich richtiggestellt und zurechtgeschoben, so kann ich es auch mit der Schrift wieder versuchen.

Es ist schön, daß Du es da so schön hast mit Zimmer, Bergen und Wein.

Daß Du aber gar singst, Dich über meine Briefe freust, mit mir sympathisierst, ja Vorliebe für mich bekundest, besonders wenn hier Vorliebe anders zu fassen wäre, etwa als ein Vorstadium von Liebe, das wärmt.

Ja, natürlich sollst Du mir alles zumuten, was Du Dir zumuten kannst, und sollst mich so behandeln, wie Du Dich behandelst – nur sollst Du Dich eben etwas besser behandeln; das aber will ich wenigstens tun: Dich etwas besser behandeln als Du Dich selbst. Bedaure mich nicht wegen der 10 Jahre usw. Ich weiß, was ich habe und was Du als Frau bist und weiter sein und weiter werden wirst, laß das doch mich beurteilen, denn was kannst Du davon schon wissen.

[...]

Nach alter Väter Weise hat er sich's [das Liebesgedicht[2]] für den Hausgebrauch für Dich mühsam zurechtgepfiffen – und hätte das alles auch vielleicht einfach mit den Worten sagen können, die ihm auf eine alte Weise des Volkes einfielen: Liebste, ich liebe Dich. Worauf sich vielleicht reimt:

Heinrich

---

[1] Vgl. S. 33, Anm. 4.

[2] Von H. B. als »Tribut« an die »Tradition« bezeichnet, nicht aufgenommen.

[Genf,] 12. 8. 36

Mein lieber Freund –

Das just ist ja die Frage: ob ich mich nämlich in den dritten Sessel, den Du mir so großzügig zur Verfügung stellst, setzen kann. Nichts und niemand legitimiert mich dazu. Und wenn meine wirklich beste Freundin[1], die nur leider schon 100 Jahre tot ist, mal gesagt hat: »Darum ist es ja nur so schrecklich, eine Jüdin zu sein, weil man sich immer legitimieren muß«[2] – so bin ich der Ansicht: daß man sich nie legitimieren kann noch darf. Legitimieren tun *immer* nur die andern. Und nicht irgendwelche anderen, meinetwegen die Chinesen, sondern die, mit denen man in dem gleichen historischen Raum lebt. Und diese anderen haben nicht gewollt. Und haben in meinem persönlichen Fall sich auch noch die Mühe genommen, es mir höchstpersönlich klarzustoßen.

Und wenn Du mich nun auch höchst beglückender- und höchst unbequemerweise gezwungen hast, Vertrauen zu haben, so doch nur zu Dir und nur unter 4 Augen. 6 Augen – das ist für mich bereits die Fremde. Und ich gehöre nicht in eine Tradition oder einen Zusammenhang, aus dem mich jeder Federstrich wieder auslöschen kann. In diesen Zusammenhang habe ich mich in sehr bewußter Distanz nur 1933 gestellt für eine kurze Zeit, weil Leute wie ich nötig waren für primitivste Sicherheitsdinge.[3]

Sieh mal, Du hast selbst gesagt: Alles spricht dagegen. Was ist dies »alles« – abgesehen von den Vorurteilen und von den Schwierigkeiten und von den kleinen Ängsten – denn anderes, als daß wir keine gemeinsame Welt haben werden. Daß ich eben nicht werde mit in den Süden kommen können[4] – etcpp.

---

[1] Rahel Varnhagen, 1771–1833, deutsch-jüdische Literatin; ihr Salon in Berlin war lange Zeit Treffpunkt der Romantiker und später der Schriftsteller des »Jungen Deutschland«. Ihr Briefwechsel und ihre Erinnerungsblätter gehören zu den wichtigsten Dokumenten der ausgehenden Romantik. Vgl. S. 63, Anm. 2 (2. Brief).

[2] In einem Brief an Rebekka Friedländer aus dem Sommer 1806 heißt es: »Was ist es garstig, sich immer erst legitimieren zu müssen! Darum ist es ja *nur* so *widerwärtig*, eine Jüdin zu sein!«

[3] Anspielung auf ihre illegale Arbeit für die deutsche zionistische Organisation; vgl. ihr Interview in: Günter Gaus, *Zur Person*. München 1964, S. 18.

[4] Vgl. S. 36.

Das sollte ein richtiger Brief werden. Aber ich wurde unterbrochen. Heute Dein Brief. Und nun mag ich nicht mehr. Weiß aber wenigstens, daß Du alles bekommen hast.

[...]

Und heute muß ich in aller Eile einen Artikel[5] fabrizieren.

Krieg aber nebenbei den Brief mit den 3 Sesseln im Zimmer nicht aus dem Kopf.

Habe aber außerdem manches Sachliche, wo ich Dich um Rat fragen möchte. Kommt mir selbst ganz komisch vor: habe nie jemanden um Rat gefragt.

Schön, daß Du die Klaue lesen kannst. Kann nämlich sonst – außer meiner Mutter – niemand.

Deine beiden Schriften sind viel ähnlicher als Du weißt, lieber dummer Junge.

Ich schreib' im Kongreß, habe kein Papier mehr und mache infolgedessen Schluß.

H.

[Genf,] 19. 8. 36

Lieber,

Du hast einen Brief von mir nicht erhalten[1], den ich am Freitag schrieb und der *beide* Briefe von Dir beantwortete. In dem ferner ein Brief einer französischen Freundin an mich lag – Angabe einer Stellung. Er war also ziemlich dick. Ich kann jetzt die Beantwortung nicht nachholen, weil der Kasten in wenigen Minuten geleert wird und Du doch nicht länger warten sollst.

So ein Quatsch: Ich meinerseits nämlich dachte, mein Brief hat Dir nicht gefallen, deshalb schreibst Du nicht. Und war halb verbockt und ¾ verzweifelt. Und nun lach, mein Junge, wie ich lache.

Ich schreibe Artikel am laufenden Band.[2] Sie werden Dir nicht gefallen. Aber ich schick' sie Dir alle.

---

[5] Nicht zu ermitteln.

[1] H. B. hatte beunruhigt um Nachricht gebeten.

[2] Nicht zu ermitteln.

Ich bin ein bißchen verwirrt und verrückt, daß nun alle meine Spinnereien nicht wahr sind und Du noch da bist.

Liebster, ich glaub', ich liebe Dich. Im Ernst. Und sehe langsam, sehr langsam ein, daß es gegen Liebe keine Gründe geben sollte.

Wenn ich nur nicht so verflucht gute Gründe hätte.

Das ist nur ein ganz klein bißchen mehr als 3 Zeilen.

Zwecks Entschädigung küsse ich Dir Mund und Nase.

H.

[Genf,] 20. 8. 1936

Liebster,

ich bin sehr zufrieden, daß ich wieder schreiben und mich ausquatschen kann. Mit gleicher Post schicke ich Dir die verfluchten 3 Artikel, von denen einer an die »Weltbühne«[1] und einer ans »Tagebuch«[2], und einer *sehr* heimlich unter amerikanischem Namen an eine amerikanische Zeitung gegangen ist. Letzteren nur für Dich und bitte vernichten. Bitte bestätigen! Die beiden anderen hingegen schicke doch bitte an meine Freundin: Mme Anne Weil, 1 Avenue René Samuel, Clamart/Seine, weiter. Einfach per Drucksache, ohne Kommentar.

Daß ich Dir diese Sachen schicke – liegt lediglich im Sinne meiner Advocatus diaboli-Rolle, was Du gleich verstehen wirst, wenn Du sie liest. Mir scheint nämlich, daß es gar keine bessere Methode des Abratens geben kann!

Daß Du den Brief nicht erhalten hast, laß Dich nicht bekümmern. War *sicher* unleserlich adressiert. An Kummer dieser Art bin ich leider gewöhnt. Aber daß Du unruhig warst, ist mir *zu* abscheulich. –

---

[1] *Die Weltbühne, Zeitschrift für Politik, Kunst und Wirtschaft*, 1905 von S. Jacobsohn in Berlin gegründet, 1933 im Prager Exil als »Neue W.« weitergeführt, seit 1946 in O.-Berlin von C. v. Ossietzky und H. Leonhard herausgegeben.

[2] *Tagebuch*, 1920 gegründete politische Wochenschrift, ab 1927 von L. Schwarzschild allein herausgegeben. 1933 eingestellt. Bis 1939 von L. Schwarzschild als *Das Neue Tagebuch* in Paris fortgeführt.

Ich tue heute gar nichts – herrlich. Nicht mal baden, denn es ist abscheuliches Wetter. Habe Briefe zu schreiben und drücke mich selig, indem ich an Dich schreibe.

Meine Freundin ist im Begriff, sich zum heiligen Franziskus auszubilden, wobei ihr alle Bettler und Schnorrer von Genf treulich zur Seite stehen. Ansonsten vertragen wir uns blendend. Nur ist sie so gut zu mir, daß es mich fast bedrückt. Mir schien immer, daß ich an einer Mutter schon reichlich genug habe – mit zweien wird es schwierig werden.

Aber daß ich so ins Quatschen komme, ist nur Schuld der Stunde: 10 Minuten vor der Post. Also Schluß!

Der Postbote hat mir *nichts* gebracht. Also, Lieber, ich werde mal meine advocatus diaboli-Künste lassen und Dir – da ich mir bisher auch nicht das Allergeringste selber zurechtpfeifen kann, nur der Tradition folgend, genau explizieren, warum ich einen richtigen Brief brauche:

»Kenne wohl der Männer Blicke,
Einer sagt: ›Ich liebe, leide!
Ich begehre, ja verzweifle!‹
Und was sonst ist, kennt ein Mädchen.

Alles das kann mir nicht helfen,
Alles das kann mich nicht rühren.
Aber, Hatem, Deine Blicke
Geben erst dem Tage Glanz.
Denn sie sagen: *Die* gefällt mir,
Wie mir sonst nichts mag gefallen.«[3]

H.

[3] Vgl. Goethe, *West-östlicher Divan*.

Paris, 21. 8. 36

Liebste,

Dein Brief kam gestern; ich kann wieder atmen und wie nun atmen; tief in mich hinein mich füllen mit Deiner Liebe. Das wärmt. Nun liegt der Schnaps nicht mehr auf Eis in Genf, sondern rinnt durch mein Geblüt.

Der dicke, schon verloren geglaubte Brief plumpste mir, verspätet, erst heute durch den Türspalt. Wie sollte er, von Zweifeln so beschwert und in die Schlamperei der drei französischen Feiertage geraten, auch rechtzeitig ankommen? Gut, daß er sich nicht beeilt hat, so konnte ihn die Melodie »Liebster, ich glaube, ich liebe Dich« überholen. Du glaubst es? Und im Ernst. Du, auch ich glaube es Dir, und ich habe es noch keiner geglaubt. Ich habe es von vielen gewußt – und doch keiner geglaubt. Dir glaube ich es; wenn ich es doch erst von Dir wüßte.

Indem der zweite dem ersten vorbeireiste, geschah es zum zweiten Mal, daß Deine Tat Deinem vergrübelnden Worte voranging. Denn ich dachte immer an »Deinen Tag«, weil es der Tag meines Lebens war. Und wenn Deine zweifelnden Briefe kamen, so sagte ich mir: Was willst du viel nach ihren verquälten Worten forschen, du, dem die Siegel ihrer ganzen Tat für immer auf den Lippen brennen?

Denn eins weiß ich: Es kann keinen dauernden Widerspruch zwischen Tat und Wort bei Dir geben. Du bist aus einem Guß. Doch da es ein lebendiger Guß ist, so konnte das Leben Deine Teile in eine äußerste Spannung zerren. Nur um so fester werden sie zusammenschnellen.

Nun, da Du meine Frau bist, darf ich wohl so weich sein, Dir zu sagen, daß ich mich nach Dir sehne?…

[…] Du hast mit Deinen Küssen in den Mund eines Golem einen Zettel gelegt, auf dem geschrieben steht: »Liebster, ich liebe Dich!« Und nun singt er herum und springt umher – wenn auch mit schwerer Zunge und tolpatschigen Füßen.

Dies getan, besinnt er sich auf seine anderen Aufgaben, denn er hat eine ganze Bibliothek voller Aufträge im Maul und wackelt los.

Er tat einige Untaten hier, über die er Dir das nächste Mal Rechenschaft geben wird.

Dann aber fand er da einen Zettel, sehr störend zwischen den Zähnen, der ihm besonders dringend schien, ihn besonders angeht, da er doch seine eigene Existenz einer jüdischen Sage verdankt. Auf dem Zettel steht: »Denk an die Juden, Lausebengel! Dir das beste ihrer Weiber schnappen und nicht an sie denken, könnte Deinem steinernen Gemüte wohl so passen?« Was tut ein braver Golem? Er denkt, soweit ihm Dank und Gedank' gegeben. Egoistisch, wie er aber ist, verbindet er das Angenehme mit dem Nützlichen und schreibt seine Epistel an die Juden seinem jüdischen Weibe:

Der Brief über den jüdischen Krieg.

Die Briefe des jungen Marx über die Judenfrage, die O. Heller[1] zu einem breiten Quark ausgetreten hat, können für die Politik der internationalen Arbeiterklasse nicht richtunggebend sein. Marx ringt hier mit der »Idee« des Geldes, so wie Jakob mit Gott rang. Da ein Ringen mit dergleichen Gepenstern immer auf ein Ringen mit sich selbst hinausläuft und da man immer stärker ist als man selbst, so kann in solchem Kampfe die verrenkte Hüfte nicht ausbleiben. Die verrenkte Hüfte als Ergebnis in diesem Falle ist die aus dem titanenhaften Drang des jungen Marx zur Konkretisierung des Abstrakten geborene Fehlidee der Identifizierung des jüdischen Volkes mit dem Gelde. Marx hat die wirksamsten Kompressen des dialektischen Materialismus auf seine verrenkte Hüfte gelegt, und so ist festzustellen, daß sein Wuchs nicht gelitten hat.

Die genaue Analyse der Äußerungen des erwachsenen Marx und seines Freundes Engels in einem gelegentlichen Wiederauftauchen der jüdischen Frage ist eine der dringendsten Aufgaben der Arbeiterpartei. Weiter sind Franz Mehrings[2] streitbare Artikel gegen den, damals noch unscheinbaren, Antisemitismus in Deutschland zu verwerten. Rosa Luxemburgs Stellung zur Judenfrage im Rahmen ihrer von Lenin bekämpften Irrtümer in der Frage der Befreiung des polnischen Volkes vom Zarismus. Lenins völlig mißverstandene

---

[1] Otto Heller, kommunistischer Journalist und Schriftsteller.

[2] Franz Mehring, 1848–1919, Schriftsteller und Politiker, Mitbegründer der KPD.

Haltung zur Judenfrage in Polen (Bund)[3], Poale Zion[4] muß konkret im Rahmen einer Politik der Mobilisierung der im zaristischen Rußland unterdrückten Völker für den dort ausschlaggebenden Kampf der russischen Arbeiter beleuchtet werden. Die Lage der polnischen Juden im vom Zarismus unterdrückten polnischen Volk damals und ihre Lage unter dem polnischen Faschismus heute. Außerdem war Lenin kein Prophet und konnte die *völlig neue* Stellung der Judenfrage unter den Verhältnissen der zum Faschismus hochgereckten imperialistischen Konterrevolution nicht voraussehen.

Holen wir die Zitaten-Arbeit und die genaue Ableitung der Methode also so schnell wie möglich nach. Wollen aber doch schon gleich einen vorläufigen Blick in das Maul des Pferdes tun.

Die neue Lage: Der sterbende Nationalismus schickt sich mit Hilfe einer Spritze von Rassenwahn zu seiner mörderischen Euphorie an. Das ideelle Ferment dieser Giftmischung ist der Antisemitismus. Die konkrete Folge ist, daß die Juden in der kapitalistischen Welt hingemordet werden, weil sie Juden sind. Das könnte ein wirkliches Volk aus ihnen schaffen, aus der Notwendigkeit heraus, die bitterste Leib- und Seelennot zu wenden. Wir haben damit zu rechnen, daß ganze Scharen von Juden durch die Länder hin- und hergeworfen werden. Tatsachen sind hartnäckige Dinge. Wenn die Revolutionäre sich gestatten, sie zu übersehen, werden sie sich die Knochen an ihnen stoßen.

Ist der Antisemitismus das Ferment des Rassenwahns, so kann wirklich diese eine konkrete Frage in eines der Fermente der Weltrevolution dialektisch sich verwandeln. Was wird hier für ein herrliches rebellisches Dynamit angehäuft. Wir müssen es auf Quantität und auf Qualität der Sprengkraft genau untersuchen (genauer statistischer Überblick notwendig).

Werden die jüdischen Volksmassen gezwungen, ein Volk zu werden?

Wenn ja, wie? Wenn die Chance da ist, müssen wir die nationalre-

---

[3] Bund: Jüdische Arbeitervereinigung in Litauen, Polen, Rußland, gegründet 1897.

[4] Poale Zion: Jüdische Arbeiterpartei, 1897 in der polnisch-zionistischen Bewegung entstanden, 1916 in die II. Internationale aufgenommen.

volutionären Elemente gegen den Imperialismus bei ihnen entwikkeln. Sie zeigen auf den ersten Blick eine Besonderheit: Wenn die wenigstens insofern bereits verwirklichten unterdrückten Völker, die ein eigenes Land haben, noch eine gewisse Strecke ihrer nationalen Revolution mit ihrer Bourgeoisie zusammengehen können, bis zu deren Verrat, scheint dem auserwählten Volke der Juden, durch die Assimilierung ihrer Bourgeoisie an die verschiedensten imperialistischen Bourgeoisklassen, schon im Beginn des Weges der Bruch mit ihrer Bourgeoisie geboten. In einem außerordentlich komplizierten Prozeß, zerstückelt wie der Leib des Osiris[5], hätten sie sich als nationale Revolutionäre in den Gang der Weltrevolution einzuschalten.

Wir zeichnen jetzt als beispielhafte Skizze eine Kristallisierung um einen konkreten Fall:

Warum wollen die Juden nicht nach Spanien? Sie sind gut geschaffen fürs Mittelmeer. Als sie dort durch den Handel vermittelten zwischen den Völkern, nahm man das verbindende Mittel meist, um miteinander anzubinden. Warum nicht jetzt vermitteln, wo die Revolution zur Verbindung der Völker des Mittelmeers werden kann?

Aber dazu müßte sich eben ein Kader der Juden zusammenfinden, das sehen will, daß die Sache des jüdischen Volkes untrennbar ist von der Sache der Arbeiter-, Bauern- und Kulirevolutionen gegen den Imperialismus, ein Kader, das entschlossen ist, sich mit dieser Sache auf Gedeih und Verderb zu verbinden. In Spanien, wo sie der finstere Geist der Reaktion einst vertrieben hat, hätten sie begehren sollen, sich wieder zusammenzufinden, um in die vorderste Reihe des Kampfes gegen dieselbe Reaktion zu treten, die nun die Vernichtung der Arbeiter und Bauern Spaniens betreibt. Es gibt genug Gelegenheit für die Juden, eine eigene Tat zu tun. Aber man muß für den Fortschritt kämpfen und sich nicht von der Reaktion mißbrauchen lassen. Haben nicht die Juden allen Grund, sich überall dem Faschismus todesmutig entgegenzuwerfen? Warum ist denn

[5] Osiris, ägyptischer Gott, der nach einer Fassung des Mythos ermordet und zerstückelt wird.

keiner auch nur auf die Idee gekommen, das Recht auf den Einsatz einer eigenen jüdischen Kampftruppe gegen den Faschismus in Spanien zu fordern? Statt von Hitler zu lernen, daß sie aus seinem bösen Spaß, sie seien identisch mit dem revolutionären Marxismus, endlich einen grandiosen Ernst machen sollten, unternehmen sie widerlich schwatzhafte Versuche, seiner Fabel über die Weisen von Zion einige klägliche Unterlagen nachträglich zu liefern durch Weltkongresse der Dummen in Genf, die in Wirklichkeit Angelegenheiten der Schlauen von London sind. Lieber also gucken sie, pfiffig statt mutig, dem Hitler seine verrückte Methode der nationalen und rassistischen Verhetzung ab und kreischen in Genf: Juda erwache! Auf diesen Ruf kann ihnen wie den Deutschen und allen, die so brüllen werden, das Echo der Geschichte nur antworten: Verrecke!

Ein Volk will sich gebären? So soll es die Freiheit umarmen. Die Juden haben ihren nationalen Befreiungskampf, schon aus geographischen Gründen, von vornherein im internationalen Maß zu führen. Dazu aber muß die Masse dieses herrlichen internationalen Sprengstoffes davor bewahrt werden, daß man sie im Nachttopf einer jüdischen Schnorrerinternationale in Scheiße verwandelt. Sie sollen stolz werden und nichts geschenkt wollen. Ihre Bourgeoisie korrumpiert sie. Vor allem aber in Palästina – da wollen sie gleich ein ganzes Land geschenkt haben. Das wird aber ebensowenig geschenkt wie ein Weib; es muß gewonnen sein. Und wenn es doch scheinbar geschenkt wird, so hat man die Schmach der Sklaverei dafür in Kauf zu nehmen. Hier will man einer jüdischen Masse ein Land erschleichen, von hintenherum, so als ein kleiner Zwischenprofit, der bei der großen Landfresserei des englischen Imperialismus als Brosamen von der Herren Tische fällt. Wohl bekomm's, und besonders der Speichel der Verachtung, mit dem die Herren der Welt solchen Mitfressern das Mahl würzen werden. Ein ganzes Land als Geschenk haben wollen, aus Wohltätigkeit sozusagen, ist es nicht, als ob man eine Frau, die einen nicht lieben kann, veranlassen wollte, einem doch um der jüdischen oder christlichen Barmherzigkeit willen beizuschlafen? Und nun vollends ein Land, ein ganzes Land, zum Geschenk haben wollen von einem Gangster, der es selbst erst einmal richtig stehlen muß? Sich zum Hehler des englischen Räubers machen? Gewiß, so kommt man in barbarischen Zeiten wohl auch zu einer Frau, aber man bekommt auch ihre ganze Verachtung mit in den Kauf und ihren unauslöschlichen Haß.

Wir können es nicht haben, daß die Juden, nach langem Aufenthalt im Abendlande und nach vieler rühmlicher Anteilnahme am Kampf um die fortschreitende Entwicklung der Freiheit, nun in den Orient zurückgehen, um dort die alte Barbarei mit der modernen zu vereinen, sondern wir wollen, daß sie in das Morgenland zurückkommen als die Bringer des nun endlich aus dem Westen zurückkehrenden Lichts, mit dem letzten Worte der Freiheit auf den Lippen, mit der Parole der Befreiung alles Ausgebeuteten und Unterdrückten durch und mit dem großen Kampf der einzigen bis zu Ende revolutionären Klasse, der modernen Arbeiterklasse.

Aber auch wir machen Blödsinn in Palästina. Ehre den jüdischen Arbeiterrevolutionären, die dort für unsere Parolen fallen; doch es werden wohl meist hochgesinnte Intellektuelle sein, denn sie sind eine schöne Nachblüte des deutschen Idealismus. Unsre Parolen sind ganz gut, es fehlt nur die eine: Jüdische Arbeiter und Werktätige! Laßt uns zusammen mit den arabischen Arbeitern und Werktätigen das Land von den englischen Räubern und der mit ihnen verbündeten jüdischen Bourgeoisie befreien. Dann aber werdet ihr euren Anteil bekommen, und die Revolutionäre der ganzen Welt werden ihn euch garantieren. Das ist materialistische Arbeiterpolitik.

Weiter: Wenn auch die spanische Gelegenheit ungenützt vorübergehen sollte, es wird um das Mittelmeer herum und in der ganzen Welt nicht an Gelegenheiten fehlen, sich für die Freiheit zu schlagen. Man könnte solchen jüdischen Freiheitslegionen sogar am besten gleich ein Rundreisebillett für die ganze Welt aushändigen. Ja, es gibt eine Möglichkeit für die Juden, ihrer Sache einen nationalrevolutionären, fortschrittlichen Charakter zu geben, das ist der konsequente Kampf gegen Faschismus und Imperialismus in der ganzen Welt an der Seite der Arbeiter, Bauern und der unterdrückten Völker. Denn sie sind ja selber ein unterdrücktes und gequältes Volk, weil sie ein noch nicht verwirklichtes Volk sind. Wenn dieser Homunkulus nun gern »entstehen« möchte, so folge er getrost dem

Goetheschen Rezept für solche Männlein und zertrümmere beherzt seine Retorte.

Die »Schnorrerinternationale« organisiert Berufsschulung für Juden? Ihr einziger Verdienst; da kann man Hammer und Sichel führen lernen. Ein Beruf aber ist, der den Juden seit ihren heroischen Zeiten immer gefehlt hat, der des Soldaten. Jetzt aber wird er ihr notwendiger Beruf, ihre Berufung zum Kämpfer. Wenn den jüdischen Kämpfern in solchem Kampfe, wo sie für uns in die Bresche springen werden, erst ein paarmal begeistert von den Arbeitern, Bauern und Kulis zugerufen worden ist: »Die Juden an die Front!« – dann sind die Juden ein Volk geworden. Wenn das Radio der Welt erst ein paarmal verkündet haben wird: Mordechai Veiteles, Zugführer des 1. Zuges der 2. Kompanie des 1. jüdischen Freiwilligenbataillons – gefallen vor Saragossa –, dann werden diese jüdischen Namen einen starken Klang haben, der das dreckige Grinsen auf den Fratzen der Reaktionäre gefrieren läßt zu feiger Furcht.

Und wenn wir alle die Freiheit befreit haben werden, dann wird die Zeit sein, wo wir diesen Juden sagen *müssen*: Seht an, wir haben zusammen die ganze Welt gewonnen. Wenn ihr nun euer eigen Teil davon wollt, um euch dort weiter zu verwirklichen, so nehmt es euch, o durch die Weltrevolution auserwähltes und ausgesiebtes Volk – die Geschichte hat euch gewogen und gewiegt befunden. Seid bedankt und gebauscht.[6]

Das ist »gefährlich«, Freunde? Das könnte wohl gar Hitler verstimmen? Gerade darum bin ich geneigt, der Sache zu trauen. Ich bin kein Percy Heißsporn mehr. Aber angesichts unserer Politik der vollgeschissenen Hose, die alle Herzen lähmt mit ihrem Gestank und die Köpfe hinter blinde Gasmaskenbrillen zwängt, während die Sintflut des Nationalismus steigt und steigt, bin ich gewillt, gerade den anscheinend »gefährlichsten« Mitteln am ehesten zu trauen.

Hier verwandelt sich der Golem wieder in den Rebbe, der's geklärt hat und es Dir erklärt. Es war doch ohnehin klar, daß der ganze Golem nichts ist als eine Maskenlist des Rebbe selbst? Und der Rebbe spricht: »Es steht geschrieben im Talmud: An dem Tag, der

---

[6] »Bauschen« = füllig werden, gedeihen.

da sein wird vor dem Tag, an dem erscheinen wird der Messias, an dem Tag, der da ist gesetzt vor den Tag, an dem die Kinder Israel werden sein erlöst, an dem Tag vorher also wird erscheinen der Bolschew. Er wird tragen in der Hand Hammer und Sichel. Er ist nämlich bestimmt, der Bolschew, zu bereiten den Weg dem Messias. Doch werden die Juden bis zu dem Tag, so ist es beschlossen als die letzte der Prüfungen, geworden sein ein Volk von Messiasbläsern. Sie werden gefallen sein in den Wahn, zu stehn mit der Schofar in der Hand, um zu tuten, wenn die Arbeit wird sein getan. Wenn nun nicht erstehen wird an dem Tag eine Judith[7] in Israel und ein Judas Makkabi[8], die den Juden werden schlagen aus der Hand die Traumtute und ihnen geben in die Hand Hammer und Sichel, zu helfen dem Bolschew, zu zertrümmern mit dem Hammer die Feste des Imperialismus und zu trennen ab mit der Sichel das Haupt des Kapitalismus – so werden die Juden verdammt sein, zu ersaufen in der Sintflut des Nationalismus. Und der Messias, welcher ist gewesen verkappt als der Bolschew am Vortag, wird stehn enthüllt als der Messias auf dem Dach der Welt und wird erklären alle Völker für auserwählt – und allein verstoßen werden sein die Juden.«

So steht es, spricht der Rebbe, im Talmud. Doch frage ihn nicht nach der Seitenzahl. Er ist ein besonders gescheiter Rebbe: Er hat gar nicht erst nachzusehen. Denn er hat geklärt: »Alles, was war, ist und sein wird – steht im Talmud. Wenn ich mir also was ausdenk' – was kann ich mir schon groß ausdenken, als was nicht auch steht im Talmud? Was soll ich also schlagen nach im Talmud, wenn ich kann sagen gleich, aus der Chochme[9], was da steht im Talmud?«

Einer, der einmal gerne ein deutscher Philosoph hatte werden wollen, bemerkt Dir dazu: Gleichsam als ein erhabenes Gleichnis

---

[7] Im apokryphen alttestamentarischen Buch Judith schlägt Judith zur Rettung ihres Volkes dem gegnerischen Feldherrn Holofernes das Haupt ab.

[8] Judas Makkabi aus dem Priestergeschlecht der Makkabäer, der das jüdische Volk von der syrischen Fremdherrschaft zu befreien suchte; Wiederherstellung des jüdischen Staates unter seinen Brüdern, 142 v. Chr.

[9] Chochme: jiddisch für Weisheit.

ist den Juden ein Buch gegeben, in dem alles steht, was da war, ist und sein wird in der Welt. Aber das Buch ist nur ein kabbalistisches Zeichen für das Leben selbst. Und da sitzen sie nun, die Armen, und stieren mit kurzsichtig gewordenen Augen in das Buch und sehen nicht das Leben.

Nur ihr einer wahrer Wunderrabbi, Karl Marx, hat scharfsichtig mit der Glut seiner Kämpferaugen durch die Schrift hindurchgesehen und das große Buch des Lebens selber aufgeschlagen.

So küßt Dich ganz und gar ein bescheidener Schüler des großen Wunderrabbis

Dein Mann.

[Genf,] 24. 8. 36

Mein geliebter Wunder-Rabbi –

Deinem Brief über den jüdischen Krieg sollte ich eine Epistel über die Völker (Gojim) folgen lassen. Aber das kommt später. Erst werde ich mal streiten. Und das einmal aus angeborenem Trieb zur Zersetzung – bei anderen Völkern nennt man es Kriegerischkeit –, und zweitens, weil ich infolge dieser und einiger anderer Atavismen nicht an Wunder glaube. Und ein Wunder wäre es, wenn die Juden nach Spanien gingen – kein Wunder, wenn sie einmal nach Deutschland gehen werden. Weil nämlich die »Reaktion«, die sie vor bald 500 Jahren von dort vertrieb, *nicht* dieselbe ist, die heute Herr Franco ausgebrütet hat. – Darüber hatte ich hier sehr ernste Gespräche mit einem Mann, der bereits einmal – im russischen Bürgerkrieg – Bataillonsführer war und der im Jahre 1926 auf offener Straße den Pogrom-Helden Petljura[1] niederschoß und der dann verstand, aus einem Prozeß gegen ihn einen Prozeß gegen den getöteten Petljura zu machen, und der sich seither rumschlägt und quält mit vielen Dingen und so naiv ist wie ein neugeborenes Baby, aber immerhin in den Kongreß, zu dessen Helden man ihn machen wollte, nicht den Fuß setzte. Der nämlich geht schließlich und endlich nicht nach

[1] Bei H. A. »Petliakow«. Simon Wassiljewitsch Petljura, 1879–1926, ukrainischer Politiker, in Paris von Schalom Schwarzbard erschossen.

Spanien – obwohl er daran beinahe krepiert. Und das heißt konkret: Bundesgenossenschaft? Ja. Überall und sicher, wo unsere Interessen direkt im Spiel sind. Identifizierung? Nein. Denn wir sind keine Missionare, und wir dürfen den Völkern nicht das »Heil« bringen. Nicht in Palästina, wo es überhaupt keine jüdischen kommunistischen Arbeiter, sondern nur weltbeglückende kommunistische Intellektuelle gibt, noch sonst wo. Klare, eindeutige Interessenpolitik! Voilà.

Das Maul des Pferdes aber scheint mir noch etwas komplizierter. Denn: Der Golem irrt, wenn er meint, die Juden seien ein Volk, oder ein sich verwirklichendes Volk, wie andere Völker. Im Osten sind sie bereits heute ein Volk – ohne Territorium. Und im Westen weiß der Kuckuck, was sie da sind. (Mich eingeschlossen!) Die einen also braucht man nicht zu zwingen, und die andern wird man nie zwingen können. Ich bin die einzige deutsche Jüdin weit und breit, die Jiddisch gelernt hat.[2] Trotz Hitlern. Und, Du kluger Wunder-Rabbi, *warum* ist Antisemitismus ausgerechnet das Ferment? Und seit immerhin recht langen Jahren? Das werden wir wohl »klären« müssen. Und auch Palästina. Lieber Gott, Du hast leider recht. Aber: Wenn es sich um erobern handelt – contra Geschenk –, so scheint mir ein Feldzug gegen Sumpf, Malaria, Wüste und Steine, denn so sieht ja unser Gelobtes Land aus, auch ganz anerkennenswert. Mit irgendeinem Territorium, das uns eines Tages die Weltrevolution schenken könnte, ist uns nicht gedient, wenn wir ein Volk werden wollen. Denn das ist nun einmal unausweichlich verbunden mit unserer Vergangenheit. Und Palästina steht nicht deshalb im Mittelpunkt unserer nationalen Aspirationen, weil dort vor 2000 Jahren Herrschaften lebten, von denen wir in irgendeinem Sinne abstammen sollen, sondern weil das verrückteste aller Völker sich 2000 Jahre lang damit vergnügt hat, das Vergangene in der Gegenwart zu halten, weil ihm »die Trümmer Jerusalems gleichsam im Herzen der Zeit gegründet sind«[3] (Herder).

Die Geschichte des Rebben aus dem Talmud ist herrlich. Aber,

---

[2] Vgl. S. 39, Anm. 3.

[3] J. G. Herder, *Die Denkmale der Vorwelt*. I. Stück.

Du weißt doch, dies halsstarrige Völkchen beschäftigt sich mit Tuten, um sich zu üben, jeden Messias fortzugraulen. *Jeder* ist der falsche. Und der Bolschew – gewiß erst nur der Vorläufer; aber die augenblicklichen Erfahrungen sprechen gegen ihn. Pardon! Sicher ist nur eines – und das steht wirklich im Talmud oder sonst irgendwo: »Der Messias wird nicht eher kommen, als bis nicht alle am Tisch sitzen.«

So, Geliebter, das ist meiner Epistel erster Teil. Zu der ich nur noch hinzufügen will, daß ich glücklich mit der Deinigen bin, und – Pardon – stolz. Stolz, daß Du zu mir gehörst. Und ich so 'ne Epistel kriege.

[...]

Daß ich Dich liebe – das hast Du schon in Paris gewußt, wie ich es wußte. Wenn ich es nicht sagte, so weil ich Angst hatte vor den Konsequenzen. Und was ich heute dazu sagen kann, ist nur: Wir wollen es versuchen – um unserer Liebe willen. Ob ich Deine Frau sein kann, sein werde, weiß ich nicht. Meine Zweifel sind nicht weggepustet. Auch nicht die Tatsache, daß ich verheiratet bin. (Entschuldige, Geliebtester, so viel brutale Direktheit – wenn Du kannst.) Ich werde noch direkter werden, weil diese Dinge zu schreiben zwar fast unmöglich, aber immer noch möglicher ist, als sie zu sagen. Ich habe unsere Ehe vor drei Jahren lösen wollen – aus Gründen, die ich Dir vielleicht einmal erzähle. Und hielt für die einzige Möglichkeit: passive Resistenz, Kündigung aller ehelichen Pflichten. Das war mein Recht, schien mir. Aber nicht mehr. Trennung wäre darauf die natürlichste Konsequenz des andern gewesen. Die dieser andere zu ziehen nie für notwendig hielt. Meine passive Resistenz hielt ich ebenso aufrecht wie der andere die Vorstellung, mit mir verheiratet zu sein. Und das bis zum heutigen Tage. Bis jetzt war das alles ziemlich egal. Ich habe nicht viel von der Hölle, die das Zuhause war, gemerkt. Denn ich arbeitete wie ein Pferd, war fast nie zu Hause. Und mir war alles Persönliche nur noch zu einer Nervenfrage geworden.

Daß ich Dich liebe – das geht keinen Menschen mehr etwas an. Aber gerade deswegen vernichtet es auch nicht die – wenn Du willst – nur noch äußerlichen Prätentionen des anderen.

Ich weiß nicht, ob Du das verstehen wirst. Und es scheint mir eine ungeheuerliche Belastungsprobe, Dir diese Dinge so nackt auf den

Tisch des Hauses zu legen. Aber ich kann nicht anders. Weil Illusionen ja wirklich für uns beide sinnlos sind.

Ich suche nach einem Wort, das die Bitterkeit dieser Zeilen mildern könnte. Und finde nichts – als daß ich Dich liebe.

[…]

Mir ist das Zurückkommen noch vollkommen unrealistisch, obwohl ich Dich so nahe fühle, als ständest Du hinter meinem Stuhl.

»Hätt' ich aller Wünsche Gewalt«[4]

Deine
H.

Zürich, den 23. 11. 36

Liebster,

habe trotz allem gut geschlafen. Das Coupé leerte sich langsam, ich hatte erst eine halbe, dann eine ¾ und dann die ganze Bank für mich. Folge: der Basler Zoll- und Paßkontrolleur hatte äußerste Mühe, mich wieder ins Leben zurückzurufen.[1]

Hier ging es aber auch gleich los. Sehr schlechte Nachrichten. Es sind 18 Jahre beantragt, d. h. 3 Jahre mehr als das gesetzliche Minimum für Mord. Grimm[2] ist zugelassen. Curti[3] sträubt sich gegen einen 2. Verteidiger. Kurz: mies mal Juden.

Die Vorzüge von Zürich genieße ich trotzdem, nämlich guten Kaffee, sehr gutes Frühstück, sehr gutes Zimmer mit allem, was dazugehört – und, da ich doch sentimental bin: alle Leute sprechen deutsch. Und ich schon ein bißchen befangen, einen Kaffee auf deutsch zu bestellen.

---

[4] Zeile eines Volksliedes.

[1] Im November fuhr H. A. im Zusammenhang mit dem von der Ligue Internationale contre l'Antisémitisme organisierten Bemühen, David Frankfurter, geb. 1909, bei einem Prozeß im November/Dezember 1936 zu verteidigen, für eine Woche in die Schweiz. Frankfurter hatte am 4. Februar 1936 in Davos den Naziführer Wilhelm Gustloff ermordet und wurde zu achtzehn Jahren Haft verurteilt. Nach seiner Amnestie 1946 emigrierte er nach Palästina.

[2] Prof. Dr. Friedrich Grimm war der Kläger der Witwe Gustloffs im Zivilprozeß gegen Frankfurter.

[3] Bei H. A. »C.«; Dr. Eugen Curti war der Hauptverteidiger Frankfurters.

Und daneben Goethe – merci![4] Wo so ziemlich alles drinsteht, was die kleine Welt betrifft. Z. B. auch das:

»Schwer erhalten wir uns den guten Namen, denn Fama
Steht mit Amorn, ich weiß, meinem Gebieter, in Streit.
[…]
Immer die mächtige Göttin, doch war sie für die Gesellschaft
Unerträglich, denn gern führt sie das herrschende Wort.
Und so war sie von je, bei allen Göttergelagen,
Mit der Stimme von Erz, Großen und Kleinen verhaßt.«[5]

[…] Diese Nichtigkeiten schreibe ich trotz aller Eile! Als pädagogische Tat. Damit Du siehst, wie man es macht. Wenn man sich nichts mehr zu sagen hat – Du geliebter Trottel…

Deine H.

Paris, 25. 11. 36

Liebste,

leider ist heute kein Brief von Dir da, und ich hoffe, daß das nur auf Deine Arbeitslast zurückzuführen ist. Ich schrieb Dir nach Zürich zwei Briefe und schließe nun mit diesem dritten nach Genf, weil ich Dich ja bestimmt am Freitag bei mir zu haben hoffe.

[…]

Es ist gut, daß nun die Wiederkunft naht, denn ich komme mir schon lange genug wie ein Held vor und wünsche, wieder ein Ehemann zu sein. Außerdem erwartet man natürlich Belohnungen für treues Ausharren und ist im Gefühl: »Ein guter Mann kriegt auch was Guts.«[1]

Indem ich trachte zu verwirklichen, was meine Väter wollten, was verteufelt mühsam ist, weil ihre Söhne alle ausgesucht Rindviecher zu sein scheinen, erhole ich mich damit, daß ich weiterhin zu erwerben suche, was ich von meinen Vätern ererbt. Man staunt im-

---

[4] Blücher hatte offensichtlich H. A. einen Goethe-Gedichtband mit auf die Reise gegeben.

[5] Goethe, *Römische Elegien XIX*.

[1] Zitat aus Wilhelm Buschs *Maler Klecksel*.

mer wieder über die Dimensionen dieser Schatzkammer. Augenblicklich habe ich die Staatstheorien des Absolutismus beim Wickel und verheddere mich in den reichen Perlenschnüren. Aber, wie Hegel sagt, »bewaffnet nun mit dem Begriffe der Dialektik, brauchen wir uns ferner vor keiner Untersuchung mehr zu scheuen«. Schöne Zeit, als man das noch glaubte und nun loszog, mit dem Begriffe der Dialektik bewaffnet, um das Goldene Vlies zu scheren. Damals brachte man wenigstens noch neue Begriffshülsen zurück. Seitdem sich nun aber die Söhne mit der Bewaffnung durch das bloße Wort Dialektik begnügen, erobern sie mit dem Pappschwert nur noch leere Phrasen. Unsereiner sucht die Dialektik in den Dingen selbst und wird als Intellektueller verschrien, während die scholastischen Helden vom pappernen Schwert sich als Realpolitiker anpreisen. Es ist alles wie um und um gedreht in dieser Zeit der chronischen Pleiten, und man ahnt nicht, was man alles werden kann in den Augen der andern. Das Neueste ist, daß sich die Krumme Lanke[2] in antisemitischen Schimpfereien übt und meine Ansichten für die talmudischen Ausgeburten eines typischen jüdischen Intellektuellen erklärt. Auf die Entgegnung, ich sei doch nun mal keiner, hat er die klassische Erwiderung: Das mache gar nichts, ich sei eben total verjudet. Schön?

So trägt die große Welt auch mal zur Erheiterung bei mit Dingen, über die man harmlos im ersten Moment aus vollem Halse loslacht, um dann, vergiftet von der Pest der Barbarei, die in solche heiteren Knallbonbons eingeschlossen ist, in tiefe Trauer zu sinken. Drum lebe mir doppelt die kleine Welt, in der Du und ich die Gesetze machen.

[...]

Viele Küsse

Heinrich

---

[2] Berliner See, der hier wohl für einen nicht mehr zu identifizierenden Berliner (jetzt Pariser) Bekannten steht.

Paris, 15. 2. 37

Liebstes,

ich habe noch keine Nachricht von Dir, bitte schreib gleich. Obgleich ich mir die Tage mit Besprechungen[1] vollgestopft habe, entbehre ich Dich an allen Ecken und Kanten. Nicht nur, daß ich morgens kratze und erstaunt bin, Dich nicht vorzufinden, sondern auch im Laufe des Tages sehe ich mich einige Male unwillig um, ob Du denn immer noch nicht da bist. Die Bedürfnisse, sich schnell mal mit Dir zu besprechen, sind zu groß – und deshalb soll man eben in diesen trostlosen Zeiten seinen Trost nicht auf Reisen gehen lassen.

Die Arbeit geht im Augenblick gut. Einige wenige Leutchen beginnen, Spuren von Vernunft zu zeigen. Ich rede wie ein Buch und organisiere wie ein Rechenbrett.

Chérie, mon petit, sei nett zu der Mutt[2], doppelt, für mich mit. Grüß sie sehr. Erhol Dich, geh spazieren. Grüße auch die Genferin[3]. Ich bin hübsch kaputt und eile ins Bett. Keine Post für Dich, nur Einladung zum jüdischen Ball.

Viele Küsse

Dein Heinrich

Genf, den 15. II. 37

Lieber Liebster –

alles verlief wunschgemäß. Seit gestern befinde ich mich im Schoße der Familie[1], was zwar erheiternd, aber nicht ersprießlich ist. Da ich ja bekanntlich nicht nein sagen kann, bin ich für den Nachmittag bereits zum Spazierengehen engagiert – möchte lieber arbeiten[2] und

---

1 Mit den kommunistischen Freunden.

2 Martha Beerwald, verw. Arendt, noch in Königsberg wohnend, war nach einem Besuch bei H. A. in Paris mit ihrer Tochter nach Genf gefahren.

3 Martha Mundt.

1 Gemeint sind H. A.s Mutter und ihre Freundin Martha Mundt.

2 H. A. arbeitete an den beiden letzten Kapiteln ihres Rahel-Varnhagen-Buches, das erst nach dem Zweiten Weltkrieg erschien, zuerst in englischer Übersetzung: *Rahel Varnhagen. The Life of a Jewess.* London 1958, danach auf deutsch: *Rahel*

am liebsten mit Dir spazieren, wenn schon partout spaziert werden muß. Herrliches Wetter nb.! [...]

Ich mag nun nicht mehr so allein ohne ersichtlichen Sinn und Zweck mich in der Welt rumtreiben. Mir fällt so ziemlich alles und jedes auf die Nerven. Habe diesmal kein Zimmer für mich, kann mich also nicht absentieren. Einziger Ersatz ist die wirklich erstklassige Küche – und natürlich auch, daß die beiden »Mütter« so glücklich sind, mal mit mir zusammen à trois zu sein. Nimmt einen natürlich gefangen.

Teurer Stups! Sei ein braver Katz und warte geduldig – ohne Mondscheingelüste –, bis das ohnehin nur verärgerte Mädchen wieder heimkehrt zu den häuslichen Penaten, in Gestalt der beiden Spirituskocher, des Grammophons und der Platten.[3] Bis dahin kümmere Dich um selbige Penaten, indem Du Dir hier und da was vorspielst und mich vermißt. In der Zwischenzeit lerne Französisch! Unregelmäßige Verben im Schlaf und durch die Nas!

Schlaf schön und arbeite gut. Denk an mich und vergiß nicht das Küssen.

Deine Hannah.

[Genf,] 17. 2. 37

Liebster,

inzwischen hast Du Nachricht von mir wie ich von Dir. Aber Du sollst französisch schreiben! Ich habe Angst, es zu tun, weil ich fürchte, dann wirst [Du] schlechterdings nichts mehr lesen können.

Ich komme mir hier nach wie vor zwangsverbannt vor, mit schlechtem Gewissen, da die beiden »Mütter« die schönste Zeit ihres Jahres verleben. Habe mir aber inzwischen das Leben doch ein wenig erträglich gemacht und lese mit großer Freude in der Deut-

---

Varnhagen. Lebensgeschichte einer deutschen Jüdin aus der Romantik. München, Piper, 1959.

[3] Im Sommer 1936 hatte H. A. für sich und Blücher ein Zimmer in einem Hotel in der rue Servandoni gemietet; vgl. S. 170.

schen Ideologie[1], wo alle, die nicht genug von den ollen Griechen wissen, ordentlich eins auf die Nase kriegen, wie es sich gehört. Daneben stärke ich mich mit Wermut am Vormittag, mit Chianti zu Mittag, mit kleineren Vergnügen, die wechseln, am Nachmittag, dann wieder Chianti zum Abendbrot. Und am Abend: Schnapstrinken. Kurz: Deine Schnapsdrossel. [...]

Nett bin ich, soweit ich es vermag. Aber spazierengehen ist mehr ein Unglück. Ich bin so maßlos maulfaul. Red Du man wie ein Buch, ich ärger mich natürlich doch, daß ich nie dabei bin.

Wo ißt Du Mittag? Nach dem Abendbrot wage ich nicht zu fragen. Ich erkundige mich hier eifrig nach neuen Rezepten. Daneben – d. h. neben Kochbüchern, für die ich wie für Kursbücher ein Faible habe – lese ich den Faust.

Leb wohl, Liebster. Schlaf Dich nach Möglichkeit aus! Es küßt Dich

Deine Hannah

Paris, 17. 2. 37

Liebste,

[...]

Meine Liebste, Schönste, Beste, ich plage mich sehr mit meinen Kameraden herum. Es ist, als ob man mit lauter Ertrinkenden zu tun hat, die einen als Strohhalm betrachten wollen. Ich rede ihnen vernünftig zu und arbeite für sie Vorlagen aus, nach denen sie denken lernen sollen; sie lernen den Dreck einfach auswendig und glauben an ihn. Uff!

Hannah, ich langweile mich, wenn Du nicht da bist. Ich bin so an Dich gewöhnt, es ist, als ob man Luftmangel litte, verstehst Du das? Ich rede nicht ein privates Wort mit den Leuten, sie langweilen mich alle. Ich lasse Fragen stellen und beantworte sie schnell, um nach Hause zu rennen – und Dich nicht vorzufinden.

Die Spaltungen in der Bewegung[1] werden immer größer, der

---

[1] Karl Marx / Friedrich Engels: *Deutsche Ideologie*. 1845; gedruckt erst 1926.

[1] H. B. hatte sich Ende der zwanziger Jahre der von Heinrich Brandler gegründeten

Kampf immer blinder. Bei mir wird jetzt eine richtige aristokratische Disziplin eingeführt, der Ton der Diskussion ist direkt schon vornehm geworden. Mal sehen, wie weit wir damit kommen. Jedenfalls lernen sie, ihre Worte abzuwägen. Man braucht geschulte Irrenwärter für die kommenden Auseinandersetzungen. Ich ersaufe in dieser sogenannten praktischen »Arbeit«, die für die meisten nur ein Betäubungsmittel ist und also recht unpraktisch. Zeit für Theorie muß ich mir buchstäblich stehlen. Dabei kommen wir ohne sie jetzt nicht einen Schritt vorwärts. Daß die Menschen immer dann am liebsten losrennen wollen, wenn unbekanntes und dunkles Gelände vor ihnen liegt, ist einfach Panik, die sie obendrein als Heldenmut bezeichnen. Ich bin aber entschlossen, so feige zu sein, erst einmal ein Licht anzuzünden. Wenn man das getan haben wird, dann wird es wohl schwer halten, die Helden auch nur einen Schritt vorwärts zu bringen. So hat man seine Sorgen, wenn man nicht bei der SPD ist oder bei der KP, denn diese feiern Feste und sind zufrieden.

Liebste, ich liebe Dich und küsse Dich vielmals.

Dein Heinrich.

Grüß die Mutt, ich denke oft an sie mit Freude.

Paris, 19. 2. 37

Liebste,

ich habe Dir 3 Briefe geschrieben und von Dir erst einen erhalten. Gestern habe ich aus Wut zum ersten Male nicht geschrieben. Heute noch keine Nachricht. Die Wut hat sich in Angst verwandelt. Ich bin eine Beute der unendlichen Befürchtungen und kann nicht arbeiten. Schreibe *sofort*. Hoffentlich gibt es keine triftigen Gründe für Dein Schweigen. Bloß nicht. Wenn aber nicht, so mache ich Dir hier den ersten großen Krach unserer Ehe. Verlasse Dich darauf. Kannst Du Dir denn gar nicht vorstellen, wie das weh tut? Und hast Du denn nicht auch das Bedürfnis, mir etwas zu sagen? Ich bin jetzt wütend über diese ganze Reise.

Kommunistischen Partei Deutschlands-(Opposition) (= KPO) angeschlossen, die sich von der KPD abgespalten hatte.

Ach Quatsch, wenn bloß nichts los ist. Was ist denn bloß los? Bist Du krank?

Schreib sofort!

Ich haue Dich kräftig durch und gebe Dir einen Kuß trotz alledem.

Dein Heinrich.

Genève, le 20 Février 1937[1]

Mon chéri –

je n'aime pas me lever sans trouver une lettre! C'est pour la première fois que le facteur ne m'a rien apporté. Probablement faute du facteur qu'il faudrait changer s'il manque une autre fois à ses devoirs les plus primitifs.

Je t'écris en français pour te punir en toute tendresse. Car tu sais, mon bien-aimé, que je t'aime de tout mon cœur et tout mon corps. (L'âme n'y joue aucun rôle faute d'existence.)

Sale temps qu'il fait. Tant pis – je n'aurai pas à me promener. Gros avantage, tu sais. Je n'aime pas me promener sans toi.

Je lis Heine, Deutschland[2] – et je dois t'avouer que je ne le connaissais que très peu.

Maintenant je vais me chercher un ver de vermouth sec – denn, wer Sorgen (lies: Sehnsucht) hat, hat auch Likör – et je vais essayer de surmonter mon cafard tout en espérant que le deuxième courrier m'apportera une toute petite lettre.[3]

Liebster – sehr viele Küsse, nicht wahr?

Deine H.

---

[1] Diesem Brief waren ein französischer Absatz in dem Brief von H. B. (S. 65) und eine französische Antwort mit Verbesserung seiner Fehler von H. A. vorausgegangen.

[2] Heinrich Heine: *Deutschland. Ein Wintermärchen.*

[3] »Mein Liebster – ich mag gar nicht aufstehen, wenn ich keinen Brief vorfinde. Es ist das erste Mal, daß der Briefträger mir nichts gebracht hat. Wahrscheinlich ein Fehler des Briefträgers, den man wechseln muß, wenn er noch einmal seine primitivsten Pflichten vernachlässigt. Ich schreibe Dir auf französisch, um Dich in aller Zärtlichkeit zu bestrafen. Denn Du weißt, mein Liebster, daß ich Dich von ganzem

Paris, 21. 2. 37

Liebste,

wie ich die Reproduktion des Rembrandt[1] heute mit dem Original verglich, mußte ich feststellen, daß sie ihn sich in der Reproduktion ein wenig auf das zurechtgefälscht haben, was sie bei Rembrandt mißverstehen und deshalb an ihm so schätzen; weil es ihn ungefährlich macht und bequem zu bequatschen, ohne ihm nachsinnen zu müssen; nämlich sie haben ihn auf das »schöne« Helldunkel und den »schönen« goldbraunen Ton gebracht. Gerade dieses Bild ist härter, klarer, realer. Der Körper dieser Aphrodite (denn auch das ist eine) ist keineswegs durch diesen »schönen« Goldton idealisch überlogen, sondern ist der wirkliche Körper einer reifen Frau, mit wahren Spuren einer stark zupackenden Liebe schon gezeichnet. Und gerade das, die Geschichte dieses Körpers, macht seine Schönheit aus und weckt die Sehnsucht nach so wohl benutztem Besitz. Dieser Körper ist nackt, aber ein solcher darf nur nackt sein (fürs Publikum), weil das Gesicht ihn ganz beherrscht. Noch Tizians Venus darf nackt sein aus Körperrecht allein, denn es ist der Körper nur als Natur und darum in ihrer Blüte; und da ist denn das Gesicht nur ein Teil des Körpers, wenn auch sein edelster. Hier aber herrscht das Gesicht.

Denn hier ist keine Aphrodite wie die vor ihr gewesenen. Keine Göttin wie bei den Griechen und doch auch Göttin. Keine natürliche Geliebte, wenn auch eine göttliche, wie in der Renaissance; und doch auch Geliebte. Sie ist angetan wie eine Dienerin der Venus, wie eine Hetäre, trägt Schmuck auf dem nackten Körper. Doch

---

Herzen und von ganzem Leibe liebe. (Die Seele spielt keine Rolle mangels Existenz.)

Schlechtes Wetter draußen. Na, da brauche ich nicht spazierenzugehen. Hat ja viel für sich, wie Du weißt. Ich gehe nicht gern ohne Dich spazieren.

Ich lese Heine, Deutschland – ich muß gestehen, daß ich es kaum kannte.

Jetzt geh' ich mir ein Glas trocknen Wermut holen – denn, wer Sorgen (lies: Sehnsucht) hat, hat auch Likör – ich werde versuchen, meinen Ärger zu überwinden in der Hoffnung, daß die zweite Post mir einen ganz kleinen Brief bringt.«

[1] Reproduktion von Rembrandts Gemälde: Bathseba mit Brief von König David in der Hand, 1654. H. A. hatte eine Reproduktion mit nach Genf genommen.

nur keine Täuschung. Sieh, wie das Gesicht dominiert. Dies ist niemand anders als die Ehefrau (gefaßt als Frau Rembrandt persönlich), die hier die Toilette der Venus macht, um gleich nachher ihrem Mann Geliebte, Göttin, göttliche Geliebte und kunsterfahrene Hetäre zu sein – aber nur ihrem Mann, wohlverstanden. Denn sie hat ein Gesicht, sie ist ein Mensch mit Geschichte. Du kannst sie morgen wiedertreffen, bürgerlich gekleidet, wie sie auf den Markt geht, Du kannst ihr als Mutter begegnen – und schließlich wirst Du sie nach einigen Jahren, in den schweren Zeiten ihres Mannes, sehen können, wie sie Dir, durch den Schleier der Trübsal hindurch, und schon mit mühseligen Fältchen im Gesicht, das unzerstörbare frauliche Lächeln der Kampf- und Leidensgefährtin des Mannes zeigt (Bildnis der Hendrickje Stoffels im Louvre). Hier sinnt sie noch über das Glück nach, das sie gleich überfluten wird, und nimmt als selbstverständlich den Hilfsdienst zur Liebe entgegen, den das Alter ebenso selbstverständlich bietet. (Das Bild könnte zu jetziger Stunde in Genf gemalt sein demnach.)

So ist der große Beitrag Rembrandts für die Befreiung der Frau; er macht sie zum Gefährten des Mannes, führt sie in die Geschichte ein, beweist, daß sie eine Geschichte hat, indem er deren Spuren in die Porträts ihrer verschiedenen Lebensstufen hineinzeichnet.

Die Griechen träumten den ersten Traum der Freiheit, in unschuldiger Unwissenheit auf dem Nacken der Sklaven stehend, von dem sie hinunterzusehen wußten in den Hades der Geschichte, wo ihre Schatten doch für immer nur unser eigen Fleisch und Blut kräftigen. Damals mußten die Frauen fast den Sklaven gleichen (überhaupt ist die Frau erst ganz frei, wenn alle frei sind), und die Griechen stellten die Frauen als Göttinnen dar, wozu selbstverständlich dann die Hetären die Modelle abgaben. Das Mittelalter kennt die Frau in der Kunst nur als verklärte Mutter Gottes und Heilige; die Modelle werden wohl die bis zur Bleichsucht veronanierten Nonnen gewesen sein.

Rafael konterkariert dieses Ideal, indem er die wirkliche Jungfrau seines Landes und die Mutter zur Himmelskönigin erhebt, wodurch sie noch immer zu sehr über der Landschaft und damit über der Erde schwebt. Im übrigen erhebt er wie Tizian seine Geliebten zur Venus, wodurch sie schließlich zu einer genauen Mischung von

Tier und Göttin werden. Von Lionardo kann man auch hier nicht reden; er »zaubert« wieder. Sonst emanzipieren die Maler der Renaissance die Frau, indem sie ihr, in angezogenem Zustande, das Gesicht einer selbständigen (aber auch »kommunikationsfähig« gewordenen) Persönlichkeit malend bestätigen, das sich die Frauen der Reichsten durch Bildung erworben hatten.

Rembrandt entdeckt die Frau, verherrlicht die Frau und zeigt, wie sie dabei Göttin, Geliebte, Weib und Hetäre bleiben kann. Er gibt ihr die »Freiheit des Christenmenschen« mit der Sinnlichkeit des Heidenmenschen. Nur daß leider die »Freiheit des Christenmenschen« eben sich nur als die Freiheit des Bürgers erwies und also die Freiheit der Frau nur für die kleine Welt hier gilt. Weiter aber sind wir noch nicht, wir sind es, die weiter kommen sollen.

So, Geliebte, sehen einige große Schritte auf dem Wege zur Befreiung der Frau aus, sofern sie sich in der Kunst der Malerei getreulich spiegeln. Dein Mann hat es sich, als er heute ohne Dich durch den Louvre gehen mußte, ein bißchen überlegt, um es Dir zu schreiben, was Dir und ihm das Gefühl geben soll, Du seiest in andrer Art eben doch dabei gewesen.

Zum »Goldton« und verniedlichten »Helldunkel« des Meisters: So, wie in der mittelalterlichen Malerei und weit hinein in die Renaissance gewissermaßen das eine göttliche Licht sich in seine unendlichen Farben ergießt und die Finsternis gleichsam mitschafft, so nebenbei, ähnlich wie Gott den Teufel, mehr zum Kontrast – wenn in der Renaissancemalerei sich die Farben verselbständigen und auseinanderbreiten –, so tritt bei Rembrandt nun der Teufel gleichmächtig gegen Gott (wie fast bei Luther), der Mensch gewinnt die Möglichkeit, zu entscheiden und den Ausschlag zu geben; Licht und Finsternis treten in den Kampf wie Himmel und Hölle bei Milton. So sind alle Farben bei Rembrandt (und deshalb sind es fast keine eigentlichen »Farben« mehr) gewissermaßen ein bestimmtes Spannungsverhältnis, eine bestimmte Kampfsituation von Schwarz und Weiß – und die spärlichen Elemente eines harmonischen Friedens der beiden, ihre Synthese, das sind jene herrlichen Goldtöne. Das hat es unter anderm mit dem »Helldunkel« und dem »Goldton« auf sich – die Herrschaften haben allen Grund, sich die Sache ästhetisch zu verniedlichen, so wie sie allen Grund hatten, sich die ungeheuren Spannungen Beethovens (bei dem die Dinge ganz ähnlich liegen, merkste was?) durch ihre Dirigenten in einen wagnerischen Ton- und Lärmrausch verwandeln [zu] lassen.[2]

Liebste, wie ich nun so von einem unserer Väter und seiner Arbeit spreche, merke ich, wie sehr ich über uns spreche und vor allem über Dich. So daß ich in eine angenehme Verwirrung darüber gerate, was hier wohl Ursache, was Wirkung sei, indem ich nämlich nicht mehr unterscheiden kann, ob es mehr so ist, daß alles Licht, das ich in der großen Welt ausfindig machen kann, sich auf Dich richtet, Dich mir erklärt und verklärt, oder mehr so, daß alles Licht, das mir warm aus Dir hervorstrahlt, dazu hilft, mir die schönen Dinge der großen Welt zu erleuchten. Doch, daß ich glücklich solches nicht mehr unterscheidend schreiben will und brauche – weil beides mir in lebendige Bewegung ausläuft und, umeinander ineinander führend, sich zu einer schönen Spirale in stetiger Erweiterung aufwärts umschwingt.

Du, Meine, weißt Du noch, daß ich der Mann bin, der das Lot hat, Deine Tiefe auszuloten – der den Anker hat, sich in Dir zu verankern – der den Erdbohrer hat, der alle die lebendigen Quellen der Lust aus Dir hervorspringen macht – der den Pflug hat, Dich so durchzupflügen, daß alle nährenden Säfte in Dir lebendig werden?

Du, Hannah, sehnst Du Dich auch nach mir, wie ich mich sehne nach meinem Meer, nach meinem Hafen, nach meinen Quellen, nach meiner eigenen Erde?

Ich küsse Dich um und um, küsse mich an Dich heran, in Dich hinein; ich will wieder in die Arme, zwischen die Beine, auf den Mund, auf die Brüste, in den Schoß meiner Frau.

Dein

Heinrich.

---

[2] Randbemerkung gegen Ende der Rembrandt-Ausführungen: »Manches schrieb ich auch für die Mutt, wenn Du magst, erzähl es ihr.«

Paris, 22. 2. 37

Liebste,

Du bist ganz und gar gerechtfertigt, denn heute wurde mir Dein Brief vom Mittwoch mit dem vom Sonnabend zusammen nachgeliefert. Diese Post hat sich also mit mir einen ähnlichen schlimmen Scherz erlaubt wie damals. Du Armes hast die Prügel also ganz unverdient bekommen, aber es war ja alles aus Liebe – und ein wenig hast Du sie doch verdient, denn wie kannst Du Rückfälle in die Mädchenzeit haben und fürchten, mir mit dem Überschwang Deiner Liebe »lästig« zu fallen. Du *mußt* doch wissen, daß es der Schwung Deiner Liebe ist, der mich *ent*lastet, daß ich diesen Überschwang ersehne, nie genug davon bekommen kann. Ich müßte mich ja meiner Glut zu schämen beginnen, wenn nicht auch Du mir ganz die Deine zeigst. Ich will, daß Du Dich mir ganz und gar und schrankenlos hingibst, ich will, daß Du alle Schleusen öffnest; laß doch diesen herrlichen starken Strom Deiner Liebe voll auf mich los; ich schwimme ja in ihm, er trägt mich ja, er reißt mich doch nur vorwärts. Laß Dich doch ganz los, hab' keine Weiberangst, bist doch *mein* Weib, ich liebe Dich ja genauso, ich stammle es Dir ja auch immer wieder vor – und so suche ich auch in Deinen Briefen diese hervorgestoßenen Worte der Liebe und lese sie wieder und wieder. Hannah, wir brauchen uns doch nicht zu genieren, das ist doch unsere große Liebe. Nur rein mit aller Kraft.

Deine Lektüre: Kochbuch, Deutsche Ideologie und Faust – das bist Du ja ganz, Du tolle Marke; wie ich das liebe. Glaub schon, daß die beiden »Mütter« da mit Dir im 7. Himmel sind, wär ja auch noch schöner. Aber leider kann ich nun meine sieben Himmel nicht einen Tag länger als vorgesehen (!) für die Benutzung selbst der Auserwähltesten offen halten, ich muß sie wieder schließen und sie allein bewohnen. Das Gesetz mit Dir klären, die Welt mit Dir durchhecheln (richten) und mit Dir – mit dem »Leviathan« spielen. Sauf' nicht zu viel. Betrink' Dich lieber endlich mit mir. –

[...]

Dienstag müßtest Du Post gehabt haben? Daß Du mir bestimmt Mittwoch-Abend hier bist!

Liebe Liebste, liebe mich, denn ich liebe, Liebste, Dich.

Du, Du, Du – her zu mir.

Dein Heinrich.

Rembrandt[1] heute abgegangen nebst einer Venus für die Mutt, die Du mir herzlichst grüßen sollst.

[Genf,] 23. II. 37

Lieber Geliebtester,

ich habe mir auch noch einmal den Rembrandt besehen – den ich gut kenne. Und bin mit Dir in den Louvre gegangen, mit Recht träumend, da ja nur die Realität des nächsten Sonntags träumend.

Rembrandt ist der, der nicht Schönheit malt, weder Götter noch Fratzen, weder die Mutter Gottes mit dem Heiligenschein noch die unendliche und tierische Vielfalt des Genos Mensch, sondern das menschliche Antlitz. Damit hat er nicht nur die Frau befreit, aber auch den Menschen nicht »befreit«, sondern in der Menschlichkeit seines Lebens zu zeigen gewagt. Vor allem in der Menschlichkeit seiner Vergänglichkeit, die weder der erbarmungslose Zerfall heidnischer Schönheit noch das Zeichen der puren Kreatürlichkeit, »der Sünde Sold« ist. Das alles ist sinnlos, wenn es Geschichte gibt. Dann ist alles eben Erfahrenheit; und die Diskrepanz, die er oft sucht zwischen Jugend und Schönheit und verfallenem Alter (siehe im Louvre den Titus, der dem alten Evangelisten über die Schulter schaut, oder, am schönsten, Saul und David im Haag), endet immer mit dem Triumph des Alters, will heißen, des wahrhaft Menschlichen, das zeigt, daß der Mensch ein Leben hat und erfahren wird, ein Wissen erwirbt um dieses Leben.

So oder ähnlich steht es auch mit unserer Bathseba: Hier ist die Alte nur Dienerin, gleichsam ohne eigenen Valeur. Und diese Diskrepanz ist nur äußerlich. Die richtige Diskrepanz liegt zwischen Körper und Gesicht der Bathseba selbst. Sie wird aber – Liebster, Religionsstunde! – zu einem höchst zweideutigtraurigen Zweck ge-

[1] H. A.s Mutter hatte um eine weitere Reproduktion des Gemäldes gebeten.

schmückt. Ihr Mann nämlich, Herr Uri, befindet sich auf Befehl des Königs David an der Front, und David hat sie zur Nacht befohlen. Hier emanzipiert sich also das Gesicht, und damit der Mensch, von dem schönen und gebrauchten Körper, der in seiner eigentümlichen Mürbheit alle Spuren von Vergänglichkeit aufweist. Gerade weil er keineswegs vollkommen schön ist, ist er menschlich und kann vom Gesicht »dominiert« werden. Gerade wenn der Mensch sich von Gott und Teufel so weit emanzipiert hat, daß er nicht mehr ihr Spielball ist, wenn er nicht mehr nur Schicksal *ist*, und das würde heißen jeden Augenblick ihm unterworfen, mit ihm wechselnd, von allem Gegenwärtigen beherrscht und aufgesogen, erst wenn er sich hiervon emanzipiert hat, *hat* er Schicksal, das aus dem blinden Zufall zu menschlich erfahrbarem und begreifbarem Glück und Unglück wird.

Lieber, Liebster, Heinrich, mein Ein und Alles, Meiner überhaupt – ich kann nicht mehr weiter schreiben, weil ich nur noch denken kann, daß ich Dich morgen wieder habe, bei mir und in mir.

[...]

Deine Hannah.

Morgen Mittwoch: 22:30 gare de Lyon.

Genève, 6. 9. 37

Liebster –

dies ist die erste halbe Stunde allein. Ich bin aber auch mehr tot als lebendig. Es ist alles im ersten Hinsehen ein bißchen schwierig. Aber nicht weiter wichtig. Mehr anstrengend.

Morgen kann ich schon – siehe *reine* Möglichkeit – die erste Post haben. Und darauf warte ich. Nämlich 1. auf Briefe und 2. auf berechtigtes Warten und sinnvolles auf den Briefkasten achten.

Soeben guten Chianti getrunken. Voilà das Positive. Und natürlich meine Alte[1], die ich heute ein wenig zurechtstucken mußte, die aber doch all right ist. Erzählt *sehr* interessant von Deutschland.

[1] Martha Arendt war wiederum zu Besuch nach Genf gekommen.

Unzufriedenheit, die sich zu spontanen Manifestationen auswächst. Par exemple: Reichspfarrer Müller[2] predigt und erklärt, daß Hitler Christus sei. Darauf verläßt die Gemeinde die Kirche, und er muß sie flehentlich bitten zu bleiben. Oder: eine Telefonzelle in Berlin mit an Schiller gemahnenden freiheitlichen Aufschriften. Davor solche Menschenansammlungen, daß die gesamte Zelle entfernt werden muß. Ansonsten in Deutschland bereits so schlechte Ernährung, daß Unterernährungskrankheiten sich häufen.

Stups, liebster Katz, wo ziehst Du rum? Ärger Dich nicht! Kränk Dich nicht! Das kannst Du Dir nur leisten, wenn ich da bin. Ich knülle mir nachts mein Kissen voller Illusionen zusammen, um besser einschlafen zu können.

Das Wetter ist gut, und morgen fange ich mit Arbeiten[3] an. Dann ist alles gleich besser.

2 Tage sind rum. Die verbleibenden 19 sind ein schwer ersteigbarer Berg. Immerhin, 2 macht 10%!

Lieber Liebster, arbeite und iß! Das ist die Hauptsache. Und schreib mir. Ja?

Deine Hannah.

Meine Mutter läßt schön grüßen.

[Dem folgenden Brief von H. B. vom 9. 9. 37 ging ein nicht aufgenommener Brief von H. A. voraus, in dem sie schrieb: »Meine Schwester haben sie [die Nazis] auf eine wirklich infame Manier brotlos gemacht. Sie wird Anfang 1938 auswandern und wird Geld brauchen.«

Es handelt sich um ihre Stiefschwester Eva Beerwald, geb. 1902, Zahntechnikerin von Beruf.]

---

[2] Ludwig Müller, 1883–1945, evangelischer Theologe, 1933 Bischof in Preußen und Reichsbischof, gehörte zu den Deutschen Christen, dem nationalsozialistischen Flügel der protestantischen Kirche.

[3] Vgl. S. 63, Anm. 2 (2. Brief).

Paris, 9. 9. 37

Liebstes,

wenn Du dort Dich morgen wieder in einen Löwen verwandelst, wird die Mutt denken, ich mache Dich nicht glücklich, und wird sich gegen mich wenden. Also blamier mich nicht. Daß Du abends dafür ein Hammel bist, ist auch nicht schön von meinem Klugchen. Zähme den Löwen einfach dadurch, daß Du ihm den Hammel zum Fraße hinwirfst.

[...]

Die Auseinandersetzungen[1] schleppen sich hin. Jetzt wird B[randler][2] als schweres Geschütz ins Treffen kommen. Wird lustig werden.

Wetter feucht, Nerven nicht sehr in Ordnung, Kopf einigermaßen klar, Herz ohne Befund. Wie langsam bestimmte Zeiten gehen und immer die, die man beschleunigen möchte. Wie in der kleinen, so in der großen Welt.

Ich glaube, England beginnt, den Krieg langsam und mit undurchdringlicher Pokermiene vorzubereiten. Ob Mussolini sich wirklich aus dem Spiel rausbluffen kann? Ob Stalin jetzt mitblufft und den Engländern dabei unter dem Tisch leise auf den Fuß tritt? Schlimm, wenn das Spiel so undurchsichtig wird für die, die es in jedem Fall zu bezahlen haben.

Mein Gutes und Geliebtes, sei ein Lamm für die Mutt – und für mich – Du wirst schon.

Die Fränze[3] sagt, Du hast phantastisch schöne Beine. Ich höre es mit Freude und finde, daß sie einen erstklassigen Geschmack hat, nämlich meinen.

Ich küsse Dich ganz und gar.

Dein Heinrich

[...]

---

[1] Mit den kommunistischen Freunden.

[2] Heinrich Brandler, 1881–1967, Parteifunktionär; Mitbegründer der Spartakusgruppe, seit 1918 Mitglied der KPD. Organisation der »rechten« Parteiopposition KPD/Opposition, Emigration nach Frankreich; 1941 nach Kuba, 1949 Rückkehr nach Deutschland.

[3] Fränze Neumann, Freundin von H. B.s Freund Dr. Fritz Fränkel.

[Genf,] 10. 9. 37

Liebster,

[...]

Mit den beiden Alten komme ich zwar ganz gut aus, muß mir aber mein Alleinsein zwecks Arbeiten schwer erkämpfen. Weißt ja, wie kribbelig das macht. Abends lese ich ihnen Faust II vor, was für die Martha [Mundt], glaube ich, eine wahre Poenitenz ist.

Diesen Brief par exemple schreibe ich jetzt zum 3. Male unterbrochen. Stups, ich bin imstande zu unendlichen Philosophemen, betreffend die Schädlichkeit der Trennung überhaupt. Ich will sie Dir ersparen.

Heute ist genau der 6. Tag, morgen ist ein Drittel abgedient. Uff!

Aus Palästina Nachrichten über neuen Terror. Der Teilungsplan[1] scheint viel Lärm um nichts gewesen zu sein. Mir ist obermies. – Bei Goldmann[2] werde ich mich noch anstandshalber melden. Verschiebe es noch. Habe als Ausrede die Hohen Feiertage[3]. Die Martha [Mundt] will partout in die Synagoge. Ohne mich.

Mir ist ganz elend, wenn ich mir vorstelle, wie Du allein da rumkrauchst. [...]

Lieber Liebster, das einzig Gute ist, daß ich so schön klar weiß, wie ich zu Dir gehöre.

Deine Hannah

Paris, 11. 9. 37

Liebste,

ich bin eigentlich neugierig auf Deine Philosopheme über eine so konkrete Sache wie die Trennung überhaupt. Da Philosophie Dein Fach, solltest Du mir eigene Anstrengungen in dieser Frage ersparen.

---

[1] Eine britische Kommission hatte eine Dreiteilung Palästinas vorgeschlagen (Peel-Plan), die von den Arabern abgelehnt wurde.

[2] Nahum Goldmann, 1894–1982, geb. in Rußland, aufgewachsen in Königsberg, zionistischer Politiker und Schriftsteller; seit 1935 Vertreter der Jewish Agency for Palestine beim Völkerbund in Genf.

[3] Gemeint ist Rosch Ha-Schana, das jüdische Neujahrsfest.

Daß der [Mundt] der Faust II nicht langt, sondern sie außerdem noch in die Synagoge muß, das ist wirklich echte Theaterleidenschaft. Da können wir halt nicht mit. Wie geht es der Mutt? Ist sie glücklich mit Dir? Liebste, ich entbehre Dich sehr doll, und es ist nur für die Mutt, daß ich so was überhaupt auf mich nehme.

[...]

Über Palästina kann ich nichts sagen, denn in der englischen Politik gibt es plötzlich Rätsel. Es ist im Augenblick die Geheimdiplomatie sehr undurchsichtig geworden. Die gegenseitige Abhängigkeit der Mittelmeer- und Pazifik-Fragen macht ein richtiges Knäuel aus der Weltpolitik. Die tanzt jetzt jeden Tag haarscharf am Krieg vorbei. Der Ton der Engländer ist mir *zu* leise geworden, so höflich sind sie manchmal, kurz bevor sie mit der Faust in die Fresse fahren.

[...]

Kleines, Liebes, Gutes, Einziges, Braves, Schönes; das sollen lauter Küsse sein, die Dich auf viele geliebte Stellen treffen sollen, damit sie sich alle nach mir sehnen. Bist Du noch ein Gutes? Kein Löwe, sondern ein Pferdchen?

Arbeite gut, schlaf gut, iß gut, damit Du mir Freude machst, und sei über und über umarmt von Deinem Mann und Stups

Heinrich.

Herzliche Grüße für die Mutt, der ich so sehr zugeneigt bin. [...]

[Genf,] 11. 9. 37

Lieber Liebster,

stell Dir vor, ich bin ganz allein in der Wohnung, garantiert allein, die beiden sind auf dem Markt. Habe soeben voller Freude die Wohnung inspiziert. Alles in Ordnung.

Da ich eigentlich sofort bei Dir sein möchte und das immerzu, will ich immer allein sein, weil ich es dann ein klein bißchen bin. Und daher die Verwandlung in den diversen Tierarten. Aber ich werde mich schon ein klein wenig umgewöhnen bzw. Vernunft annehmen – alles hat ein Ende.

Der Brief von Lotte [Sempell] ist nett: Sei nicht mäkelig beim Essen! Das schickt sich nicht für einen artigen Katz in der Fremde!

Halt Deinen Bauch in Ehren! Ein richtiger Katz knurrt nur zu Hause und streicht sein gesträubtes Fell hübsch glatt, wenn er auf Besuch geht.

[...]

Stups der Kluge, Stups der Weise – quant à moi, je n'en comprends rien du tout, de la politique actuelle.[1]

Sehr gute Einrichtung, daß Deine Briefe immer mit der ersten Post kommen. Nachher schlage ich mich schon so durch den Tag durch.

Ich wiege mich jeden Tag, um die Linie für Stups zu erhalten. Vorläufig noch alles all right.

[...]

Gestern war ich mit meiner Alten in der Stadt – bummeln, Kaffee trinken, Kuchen essen. War sehr nett. Wenn sie vergnügt ist, hat sie noch etwas vom Charme junger Mädchen. Das habe ich gern an ihr.

Der Faust schreitet vorwärts. Daß Mephisto nicht des Fausts Seele bekommt, ist bereits klar im 2. Akt, wo Homunkulus zu der klassischen Walpurgisnacht führt – ein Gebiet, in dem der Teufel ganz hilflos zum »armen Teufel« wird. Seitdem Faust zu den »Müttern« gegangen ist – statt von Mephisto immer nur zu den »Viechern« geführt zu werden –, d. h. in die fernere Vergangenheit, der wir doch *enger* verbunden sind, Antike, kann Mephisto nur noch Hokus-Pokus machen. Mephisto bleibt des Chaos Sohn, dies auch der negative Ursprung des Christentums, sowie Gott die Welt aus dem Nichts geschaffen hat. Faust läßt ihn stehen und findet in Helena die »einzigste *Gestalt*«. Da hat das Nichts keine Macht mehr über ihn, sondern nur das von Menschen Gemachte. Und sei es so lächerlich wie Homunkulus, der ja doch seine Existenz der Wissenschaft verdankt und daher den Weg zeigen kann.

Lieber Liebster, ich küsse Dich und zähle die Tage und sehe im Briefkasten nach und freue mich und küsse Dich.

Deine Hannah.

[1] »Was mich anlangt, ich verstehe überhaupt nichts von der aktuellen Politik.«

[Genf,] 13. 9. 37

Lieber Liebster,

heute ist wieder ein guter Brieftag. Und außerdem Beginn einer neuen Woche, also sehr sichtbarer Fortschritt. Mir sind vor lauter Sehnsucht alle Philosopheme vergangen. Ich will nach Haus, zu Stups, ein Pferdchen sein, kein Löwe mehr, will viele Küsse kriegen, will ins Jackett kriechen, will Arm in Arm spazierengehen, will mich über seine Meckereien ärgern and so on. Und sitze statt dessen hier, laß mich verwöhnen, fühle Verpflichtungen, bin bestürzt über unangebrachte Liebe – nur hin und her ein Bummel mit der Mutt durch die Stadt oder wirklich entzückend kindliche kulinarische Programme für den Fall von Hitlers Sturz. Was man da alles kochen wird.

Die Mutt hat sich mit Deutschland im allgemeinen wieder ganz ausgesöhnt und träumt nur noch von meiner Rückkehr. Sie tut mir dann immer heftig leid.

Arbeiten tue ich regelmäßig und ganz gut.[1] [...] Hat die Nyoner Konferenz[2] mehr erreicht, als Rußland aus dem Mittelmeer zu verjagen? Schließlich kann es Rußland doch ganz lieb sein, so par force majeure wieder rauszukommen.

[...]

Lieber Liebster, Stups und Katz, Meiner, sei klug und weise – ärger Dich über niemand, denk viel an mich, freu Dich, wie ich mich freue, und sei ganz überall hin geküßt von

Deiner Hannah

---

[1] Vgl. S. 63, Anm. 2 (2. Brief).

[2] Auf der Konferenz von Nyon am Genfer See vom 10.–14. 8. 1937 beschlossen Mittel- und Schwarzmeermächte (außer Italien) die Verteilung eines Patrouillendienstes im Mittelmeer zur Bekämpfung des »Piratentums«, vor allem des Kampfes italienischer U-Boote gegen sowjetische Schiffe mit Zufuhr für das republikanische Spanien.

Paris, 13. 9. 37

Liebstes,

[...]

Mit Br.[andler] bin ich also doll zusammengerasselt. Es war erfrischend, sich mal wieder mit einem Mann rumzukeilen, der Argumente hat. Ich fürchte aber, sie langen nicht. Der Streit wird weitergehen, und ich muß jetzt richtig loslegen. Bei einigen Punkten sind Kompromisse nötig und möglich. Im Kurs muß ich auf Verschärfung der Stellungnahme dringen.

[...]

Deine Faust-Deutung ist eine der schönen von den vielen möglichen, die alle richtig sind. Doch selbst die »einzigste Gestalt« muß sich in der Folge, da sie Gespenst geworden, dem Herrn der Gespenster, dem als häßlichste Gestalt auftretenden Sohn des Chaos unterwerfen, um von ihm den rettenden Rat zu holen. So tut denn die Negation ihr schöpferisches Werk, und Mephisto ist wie der alte Hegel selbst, der die einzige Gestalt dem deutschen Geiste ins Brautbett legt.

Meine geliebte, »einzige Gestalt«, komm man schnell wieder zu mir zurück.

Ich liebe Dich über und über, um und um, durch und durch.

Dein Heinrich

Grüße, viele Grüße. Sehr herzliche Grüße für die Mutt.

Paris, 15. 9. 37

Liebstes Kleines,

[...]

Richtig, die Konferenz [1] hat Rußland aus dem Mittelmeer herausgeholfen und den Engländern und den Franzosen richtig reingeholfen. Stalin wird hoffen, reingelegt, d. h. so festgelegt, daß die Engländer Rußland im Far East nötig haben. Man wird sehen.

---

[1] Konferenz von Nyon, vgl. S. 80, Anm. 2.

Gestern habe ich mit Benji[2] zum ersten Male Schach gespielt und ihn in einer langen und interessanten Partie besiegt. Er war ganz Gentleman. Vorher machte er die richtige Feststellung, daß der Temps [französische Tageszeitung] in einem Leiter[3] dem Hitler u. a. einen »antisémitisme sectaire« vorgeworfen habe, und fügte treffend hinzu: »Wir sind also so weit, daß der Antisemitismus eines herabsetzenden Beiwortes bedarf, um verworfen zu werden.«

Geliebte, jetzt sind erst 11 Tage herum. Die Zeit kriecht. Junggesellengewohnheiten sind fast unvermeidlich, wenn ich nicht in Gesellschaft gehen will, was ja noch schrecklicher ist. Die Sitzungen[4] dauern lange, und ich komme oft erst um 2 ins Bett. Drei Wochen sind eigentlich zu lange, aber sie sind nun mal bewilligt.

Ich denke viel an Dich, mein Kleines, und entbehre Dich auf Schritt und Tritt.

Grüße und Küsse in großer Zahl.

Heinrich

Hat die Mutt was gegen mich? Grüß sie trotzdem.

[Genf,] 16. 9. 37

Liebster –

eben kam Dein Brief. [...]

Liebster, am liebsten käme ich gleich. Ich weiß auch, daß 3 Wochen zu viel sind, und wußte es schon vorher. Aber que faire? Meine Mutter *kann* diesmal nicht nach Paris. Wann sie wieder einen Paß bekommt, wissen die Götter.[1] So lange ich lebe, hat sie für mich immer alles möglich gemacht. Was soll ich tun? Du hast keinen Begriff, was das alles für sie bedeutet. Wie lange sie wieder davon wird leben müssen. Gegen Dich hat sie nicht nur nichts, sondern läßt stets grüßen, was ich natürlich ebenso prompt vergesse. [...]

---

[2] Benji war der Kosename des Ehepaares für den Schriftsteller Walter Benjamin, 1892–1940, mit dem sie befreundet waren.

[3] Leitartikel.

[4] Mit den kommunistischen Freunden.

[1] Martha Arendt emigrierte im Frühling 1939 nach Paris.

Ich überlege hin und her und weiß nicht, wie ich es anders hätte einrichten können.

Heinrich, bitte versteh doch: Ich habe den Eindruck, Du nimmst irgendwas übel, nein nicht irgendwas, sondern daß ich so lange bleibe.

[...]

Sehr stolz bin ich, daß Du Benji besiegt hast. Spricht für meine Schule und – na ja, Stups der Große, Stups der Weise.

Lieber Liebster, liebe mich,
denn ich liebe, Liebster, Dich.

Liebster, was soll ich denn tun? Außer, einen solch törichten und idiotischen Brief schreiben wie diesen.

Deine Hannah.

[...]

[Genf,] 18. 9. 37

Mein lieber Geliebtester, Einziger, Liebster –

ich bin sehr stolz und sehr glücklich, daß ich nachts bei Dir war.[1] Sieh, Liebster, ich habe immer gewußt – schon als Gör –, daß ich wirklich nur existieren kann in der Liebe. Und hatte gerade darum solche Angst, daß ich einfach verloren gehen könnte. Und nahm mir meine Unabhängigkeit. Und bei der Liebe der andern, die mich für kalt erklärten, dachte ich immer: habt ihr 'ne Ahnung, wie gefährlich das ist und für mich wäre.

Und als ich Dich dann traf, da hatte ich endlich keine Angst mehr – nach jenem ersten Schreck, der eigentlich noch ein Kinderschreck war und sich nur erwachsen aufspielte. Immer noch scheint es mir unglaubhaft, daß ich beides habe kriegen können, die »große Liebe« und die Identität mit der eigenen Person. Und habe doch das eine erst, seit ich auch das andere habe. Weiß aber nun endlich auch, was Glück eigentlich ist.

Mein liebster Dummer – ich denke natürlich gar nicht an Dich,

---

[1] H. B. hatte in einem Brief vom 17. 9. 37 von einem Traum berichtet.

sondern habe Dich eigentlich minütlich gegenwärtig, weil ich mich sehne und auf den Briefkasten laure und überhaupt ohne Dich einfach ein Scheusal bin.

Heute kam mein Scheidungsurteil[2] an. Damit werde ich viel Laufereien haben. Bin aber gewissermaßen froh – lach, ich bin kindisch –, meinen alten Namen wieder zu haben. –

[...]

Von der Mutt schrieb ich dir schon. [...] Sie sieht die Ungesichertheit meines Lebens und will mir hier ein Zuhause schaffen, irgendeine Rückendeckung. Und ich bin in ihren Augen wie ein störrisches Pferd. Voilà, c'est tout. – Eben kommt sie und sagt, vergiß nicht zu grüßen, was ich hiermit tue.

Liebster, ich küsse Dich vom Scheitel bis zur Sohle.

Deine Hannah.

Paris, 19. 9. 37

Mein Wunderbares, Schönes, Liebliches, meine Freude,
mein Stolz, mein Garten aller meiner Lust, –

heute bin ich eine Stunde im Luxembourg herumgegangen und habe nichts als Dich in meinen Sinnen und in meinem Denken getragen, alle Wege des Parks führten auf Dich zu, alle Herrlichkeiten der Natur, wie ich sie liebevoll besah, gruppierten sich gefällig, um Dich in ihren Mittelpunkt zu stellen. Hannah, es ist schwer, nüchtern zu bleiben, wenn man so verliebt ist wie vor einem Jahr; fast noch mehr. Denn noch immer ist mein Begehren so frisch wie meine Liebe. Wie das alles weiter und weiter wächst und man es doch erträgt. Und dann kommt so ein Brief von Dir hinzu, der mich einfach rasend macht vor Jubel. Ich habe Dir gezeigt, was Glück ist? Ich mache Dich glücklich wie Du mich? Denn Du bist doch mein Glück, also habe ich Dir etwa Dich gezeigt? Du wurdest die Du bist? Ich auch. Ich habe Dich also, mein Kleines, aus einem Mädchen zum Weib gemacht? Wie wunderbar – wie habe ich das bloß gemacht, denn ich wurde ja erst durch Dich richtig

---

[2] Vgl. S. 35, Anm. 5.

zum Mann. »Ein tiefer Blick in die Natur! Hier ist ein Wunder, glaubet nur.«[1]

Meine geliebte Frau, Du bist Deinem Mann alles, was ein Weib einem Mann sein kann. (Natürlich sind hier nur Erscheinungsformen des Weibes gemeint, dem man beischlafen kann. Also nicht etwa Engel, Mutter, Tochter und dergleichen.) Und dann bist Du das alles und noch etwas mehr. Meine Frau, ich weiß nicht, was das »mehr« ist, das kann man nicht erklären.Da Du das Ganze meiner Liebe bist, das alle diese in sich schließt, so handelt es sich eben um das Mehr, das das Ganze der Summe der Teile voraus hat. »Das bleibt ein Himmelsrest, zu haben herrlich.«[2] Weißt Du nun genau, was Du bist? Du bist mein, ich bin Dein und das so hin und wieder, in ewiger seliger Vermischung – bis wir uns in unserem Kinde überhaupt nicht mehr werden auseinanderhalten können. So ist's in gutgeratenen Kindern der Liebe, z. B. in Dir, wo ich nie weiß, ob der Geist Deines Vaters in Dir das Herz Deiner Mutter hat oder das Herz Deiner Mutter den Geist Deines Vaters. Liebste, Du, Du – na ja, wir zwee beede und ick. Stimmt's oder hab ick recht?

Ich küsse Dich über und über und um und um, ich bemächtige mich Deiner ganz.

Dein Heinrich

Grüß die Mutter, wohlgeratenes Kind.

Paris, 16. 4. 38

Liebste,

[...]

Die amerikanische Botschaft soll in den letzten Tagen einigen Deutschen und Österreichern auf telegraphische evidence[1] hin Einwanderung gegeben haben. Ohne weiteres.

---

[1] Goethe, *Faust I*, V. 2288f.

[2] Umbildung von Goethes *Faust II*: »Uns bleibt ein Erdenrest / Zu tragen peinlich«, V. 11954f.

[1] Um welche Art »evidence« – Beweismaterial – es sich handelt, bleibt unklar.

[...]

Karl[2] hat einen trostlosen, ganz verzweifelten Brief geschrieben. Andererseits läuft hier das Gerücht, dort seien alle Ausländer freigelassen, und den Spaniern werde der Prozeß gemacht. Wir versuchen alles für K. Ich bin heute zu allen möglichen Herren gelaufen. Minka[3] zerreißt sich förmlich. Es scheint gräßlich in Spanien zuzugehen. Die Kommunisten fliehen vor den Faschisten und erschießen vorher Tausende, die bis zuletzt mit ihnen gemeinsam gekämpft haben. Die Generäle treiben die Truppen absichtlich in aussichtslose Lagen.

Laß mich schließen. Kuß und Gruß

Dein H.

Genf, den 17. 4. 38

Mein Liebster,

[...]

Ich hatte Nachricht von meiner Mutter, daß ein Onkel, den wir alle sehr lieben, kurz vor seiner Auswanderung verhaftet ist! Näheres werde ich vielleicht in P. erfahren können. Seit ich allein und von Dir weg bin, weiß ich erst, wie traurig ich bin.

Ungerecht, wie der Mensch ist, nehme ich der Martha ihr ruhiges, gesichertes Leben übel, meiner Mutter wegen. [...]

Donnerstag ist höchste Zeit für Nach-Hause-kommen, sonst werde ich melancholisch.

Ich küsse Dich ganz gründlich

Deine H.

[...]

---

2 Karl Heidenreich, 1901–1965, Maler; Freund von H. B., der zu dieser Zeit in Spanien war und später nach New York emigrierte.

3 Minka Huber, geb. Jefroykin, Ehefrau von Peter Huber, einem Freund H. B.s

[Genf,] 16. 10. 38

Teurer Monsieur,

Die Reise[1] war sehr schön, gutes Wetter, ungeheizter Zug, Bouvard et Pécuchet[2], das weitaus größte, was Flaubert geschrieben hat: das faustische Streben der Langeweile, die Hoffnungslosigkeit des Positivismus. Richtig ein Alterswerk, sehr grotesk, sehr komisch und ganz nihilistisch.

Hier bin ich also glücklich eingelaufen. Herrliches Wetter, geheizte Wohnung! – durchaus das Wichtigste auf Erden – alles sehr gut, herzlich, in Butter. Wir haben ein sehr großes Programm, sowohl was Essen wie was Spazieren angeht. Ersteres begann gestern abend mit Huhn und wird heute mit Hasenbraten fortgesetzt. Zweites beginnt heute nachmittag.

Stups, vergiß nicht, je t'en prie, die Zeitung zu bezahlen und die Londoner Unterschrift! – Soeben habe ich an meine Schwester[3] geschrieben, die mir große Zores macht. Hier kann sie bestimmt nicht hin. La question ne se pose même pas.[4] Kannst ihr aber in der Brutalität auch nicht schreiben. Fast ist es mir lieb, daß sie ja ohnehin kein Visum bekommt. Hoffentlich bleibt das nicht doch noch auf mir hacken. [...]

Iß ordentlich, geh spazieren! Ärger Dich nicht! Genieß das Strohwitwertum! Grüß man alle schön.

Gruß und Kuß

Deine Hannah.

---

1 H. A. war wiederum zu Besuch bei Martha Mundt in Genf.

2 Gustave Flauberts (1821–1880) Roman *Bouvard et Pécuchet* erschien 1881.

3 Eva Beerwald emigrierte kurz darauf 1938 nach England.

4 »Es kommt gar nicht in Frage.«

[Paris,] Sonnabend [22. 10. 38]

Mien leiwe Deern,

[...]

Benji ist da und gibt sich außerordentlich vernünftig. Ich habe heute mit ihm lange gesprochen. Er ist stark jüdisch interessiert, hält von unserer Sache[1] sehr viel und möchte gern mittun und wirklich mit*tun*. Gestern gab [er] auf eine direkte Frage die fast rührende Antwort: Ich lerne Jude, weil ich endlich begriffen habe, daß ich einer bin. Das ist ja deutlich genug und eine anständige Kapitulation.

[...]

Morgen soll Robert [Gilbert] kommen. Ich freue mich, daß er raus[2] ist, ja freuen ist zu wenig, ich bin ganz glücklich, daß er außer Gefahr ist.

[...]

Geh spazieren, denk an mich, sei gegrüßt. Bist meine ganze Liebe.

Kuß

Dein Mann.

[...]

[Genf,] 22. 10. 38

Liebster –

gestern war ich in den Bergen. Kalt, aber schön, vor allem viel Wald! Jura. Mittelgebirge ist keine schlechte Erfindung des lieben Gottes. In 2 Tagen bin ich endlich zu Hause. Morgen beginnen wir mit Ente Abschied zu feiern.

Heute habe ich für alles restliche Geld Goldstücke gekauft. Ich mag mir für eine Zeit nicht mehr den Kopf zerbrechen. [...]

Was die Juden angeht, so bin ich wegen Jerusalem und auch sonst

---

[1] Bezieht sich auf H. B.s Arbeit mit kommunistischen Freunden.

[2] Aus Deutschland.

in größter Sorge. – Es kann einem sooo mies werden, daß man fast schon wieder fröhlich werden könnte.

Diese Karte wird kaum vor mir eintreffen, Dich nur erinnern, daß ich nun wirklich Montag abend fällig bin – aber von nichts abhalten!

So viel Küsse, als auf einer offenen Postkarte gerade noch convenable sind –

Deine H.

Zweiter Teil:
September bis Dezember 1939

[Bei Ausbruch des Krieges wurden alle männlichen deutschen Emigranten in Paris im Olympia-Stadion in Colombes im Norden der Stadt interniert und später auf einzelne Lager in der Provinz verteilt. Heinrich Blüchers französisch geschriebene Briefe – nur solche wurden aus Zensurgründen befördert – sind erhalten, nicht aber Hannah Arendts Briefe an ihn. Anfang Dezember wurde er entlassen und konnte nach Paris zurückkehren. Von den 23 Briefen sind 11 von der Herausgeberin übersetzte Briefe aufgenommen.]

Olympia-Stadion in Colombes
[Anfang September 1939]

Mein Kleines,

ich habe zwei Nächte auf einem schönen Rasen geschlafen. Cohn[1] und ich fanden diese Nächte sehr schön, wenn auch recht kühl.

Ich bin gesund und munter und heute im Stadion namentlich erfaßt worden. Der Zettel von der Polizei gilt als Gestellungsbefehl.

Ich habe hier alle Kameraden wiedergefunden – einschließlich des unglücklichen Benji[2]. Man munkelt von einer Besuchserlaubnis für Sonntag, aber das ist recht unwahrscheinlich angesichts dieser riesigen Menge. Registration usw. – das alles wird mindestens noch einige Tage dauern.

Hier wird sich niemand für unsere Ehe[3] interessieren. Man muß abwarten. Das Militärische geht vor.

Bis jetzt wissen wir nichts. Das ganze Militär und die Aufseher sind sehr freundlich. Mir fehlt nichts außer meinem Messer, mei-

---

1 Alfred Cohn, gest. 1954, Jugendfreund von Walter Benjamin.

2 Walter Benjamin wurde später im Lager Clos St. Joseph in Nevers interniert.

3 H. A. und H. B. waren zur Zeit des Briefes noch nicht verheiratet; die Ehe wurde am 16. Januar 1940 geschlossen.

nem Feuerzeug und all meinen Streichhölzern. Ich habe beschlossen, mir einen Bart wachsen zu lassen.

Meine Kleine, mach's gut, wie ich auch. Es ist gut, unter den Sternen an Dich denken zu können.

Ich umarme Dich

Dein H.

Man kann Pakete mit der Post schicken. Meine Gruppe hat die Nummer 38.

[Colombes, September 1939]

Mein Kleines,

es gibt viele »Gerüchte« über unser Schicksal hier – also glaube ich gar nichts und harre der Ereignisse mit Geduld (die braucht man). Es heißt, daß wir Mittwoch in ein anderes Lager in der Provinz kommen – es heißt ebenfalls, daß wir noch wochenlang hier bleiben werden. All das interessiert mich fast nicht mehr, weil ich es doch nicht ändern kann. Es gibt keine Besuchserlaubnis – und das glaube ich gerne –, es ist fast unvorstellbar, wie man das durchführen wollte.

Ich darf nur jeden Sonnabend schreiben. Es heißt, daß man Pakete an uns schicken kann, aber nur mit der Post. Also: wenn möglich: Rotwein, Zigaretten, Schokolade. Niemand weiß, was man von uns will. Man wird sehen. Alles nicht leicht, aber es wird gehen.

Liebling, ich liebe Dich von ganzem Herzen.

H.

[Villemalard,] 18. 9. 39

Liebling,

ich bin glücklich, Deinen Brief bekommen zu haben, und ich bin so einverstanden mit Dir, daß ich nichts hinzuzufügen habe.

Jetzt sind wir in einem neuen Lager untergebracht. Adresse: H. Bl. Villemalard par Fossé, Loire et Cher, Camp de Rassemblement. Alles ist in Ordnung hier. Du kannst mich Sonntag besuchen, aber nur für 30 Minuten, 12:00–12:30. Lohnt kaum die große Reise – aber für einmal wird's gehen.

Ich brauche noch:

1. meine Skistiefel
2. mein Winterjackett
3. eine Hose (Manchester Samt, beige oder braun)
4. meine Winterstrümpfe
5. 2 Hemden
6. ein Küchenmesser (ohne Spitze!) rostfrei
7. Kochgeschirr
8. […] zum Kopfwaschen
9. meine kleine Pfeife (die ich als Geschenk von Dir habe)
10. den Tabakbeutel

Malard ist 7 ½ km von Blois entfernt. Man muß eine Rückfahrkarte nach Blois nehmen und sich dann auf dem Bahnhof mit den andern Besucherinnen zusammen weiter zurechtfinden.

Meine Kleine, ich denke immer an Dich und warte auf Dich.

Herzliche Grüße Euch beiden.

H.

[Villemalard,] 29. 9. 1939

Mein Liebling,

ich habe Dein großes Paket schon gestern bekommen – Du siehst, die Verbindung klappt jetzt perfekt. Ich habe mich sehr über all die kleinen Dinge aus unserer Wohnung gefreut, und ich fühle mich ein bißchen von Dir umsorgt. Die zweite Pfeife ist gut für Alfred Cohn, der mir ein guter Kamerad geworden ist. Heute ist Dein mit der Maschine geschriebener Brief gekommen – nun habe ich 2 Briefe und 2 Postkarten erhalten.

Meine Kleine, es gibt keinen Grund, sich Sorgen zu machen. Ich bin nicht besonders gesprächig, weil das in Kriegszeiten unangebracht ist. Vor allem sollte man nicht so viel Aufhebens von sich machen. Natürlich gibt es hier genügend Leute, die nur an ihr kleines Privatschicksal denken –, und angesichts dessen war ich ein wenig in das andere Extrem gefallen.

Hier sind einige »Details«: Wir befinden uns im schönen Land der Loire mitten in einem ganz kleinen Dorf, das ich durch Cézanne lieben gelernt habe. Wir sind wie Soldaten im Manöver untergebracht, das heißt ziemlich primitiv, aber absolut ausreichend. Morgens bekommen wir Kaffee und zweimal am Tag eine Mahlzeit, bestehend aus Suppe, Gemüse und Fleisch. Brot und Wein sind inbegriffen. Am Morgen (Wecken um 6:30) arbeiten wir ein wenig, um unser Quartier zu verschönern, und jeden Nachmittag findet ein kleiner Spaziergang am Ufer eines ganz kleinen Flusses statt, wo ich eine Stunde sitzen bleibe, um an Dich zu denken, mitten in der Sonne; denn wir haben noch schönes Wetter. Nachmittags arbeitet jeder für sich. Ich gehe schon um halb acht ins Bett.

Ich freue mich, daß Ihr gesund und munter seid, Ihr beiden[1], und ich hoffe, daß man Dir noch Deine Reisegenehmigung gibt. Das von hier aus zu regeln ist nicht möglich. Man muß noch warten. Ich weiß wohl, daß Du Dein Möglichstes tust, und ich bin ruhig und warte in Geduld auf die Entscheidung der Regierung über unser Schicksal. Herzliche Grüße an Charlotte und Chanan.[2]

Ich werde Dir das nächste Mal am Dienstag schreiben und Dir noch einige »Details« mitteilen. Ich weiß, daß Du Dein Bestes tust, um Dich nützlich zu machen, und Du weißt, daß ich das auch tue. Im Augenblick brauche ich keine Bücher. Ich habe noch meinen Descartes. Ich kann in der Woche über 50 Francs verfügen – und ich habe noch 200 Francs in Reserve beim Lagerkommandanten. Wenn ich Geld brauche, werde ich darum bitten.

Ich liebe Dich von ganzem Herzen und umarme Dich.

H.

Umarme Mutt.

---

[1] Gemeint sind H. A. und ihre Mutter, die im April 1939 aus Königsberg nach Paris geflüchtet war.

[2] Charlotte, geb. Sempell, geb. 8.2 1909, deutsche Historikerin; lebte seit Herbst 1932 in Paris, heiratete den aus Polen emigrierten Juden Chanan Klenbort, der unter dem Namen Ayalti jiddische Romane und Kurzgeschichten veröffentlichte, und floh mit ihm und ihrem am 13. November 1939 geborenen Sohn Daniel nach Uruguay und von dort 1946 nach New York. Die ganze Familie war mit dem Ehepaar Arendt-Blücher befreundet.

Villemalard, 3. 10. 39

Meine Kleine,

ich schreibe Dir zweimal die Woche, und ich habe Dir in meinem Brief vom Freitag alle Einzelheiten mitgeteilt, um die Du mich gebeten hast. Ich hoffe, Du bist jetzt ein bißchen zufriedener.

Ich war so glücklich, Anne[1] am Sonntag zu sehen und zu hören, daß bei Euch alles in Ordnung ist, daß Du noch die Möglichkeit hast, Dich nützlich zu machen, und daß Mutt an den Ereignissen solchen Anteil nimmt. Wenn wir noch einige Zeit hier bleiben, hoffe ich, daß die Frage der Reisegenehmigung sich in den nächsten Wochen regeln wird. Ich bin ganz Deiner Meinung. Vielleicht fangen wir bald unsern Militärdienst an. In dem Fall wird die Gelegenheit, sich zu sehen, leichter werden.

Anne [Weil] hat nicht gewußt, daß Alfred Cohn sich hier befindet. Ich versteh' das nicht, weil ich zweimal in meinen Briefen von ihm gesprochen habe. Ich habe Anne gebeten, seiner Frau ein Gesundheitsbulletin zu liefern. Es geht ihm besser, als man erwarten konnte.

Gestern nachmittag haben wir am Ufer unseres kleinen Flusses gesessen, wo ich immer Zeit finde, an Dich zu denken. Ich stelle mir Dich mitten in unserer kleinen Wohnung vor, und ich fühle mich Dir so nahe, mein Herz, daß ich vor lauter glücklichen Erinnerungen im Inneren noch viel wärmer geworden bin als durch die schöne Oktobersonne außen.

Chérie, ich liebe Dich, und ich werde es Dir immer wieder sagen, weil ich nur durch ständiges Wiederholen die Stärke meines Gefühls zum Ausdruck bringen kann.

Einige Kameraden haben das Lager verlassen, um den Bauern zu helfen. Ich werde es auch tun, wenn sich die Gelegenheit bietet. Wir andern machen die kleinen Arbeiten, die Du jetzt sowohl durch Anne wie durch meinen Freitags-Brief kennst. Wir warten auf unsere Mobilmachung.

---

[1] Anne Weil, geb. Mendelssohn, mit der H. A. seit ihrer Jugend befreundet war, besaß die französische Staatsangehörigkeit und erlangte daher die Besuchserlaubnis vor H. A.

Zwei oder drei Stunden am Tag finde ich immer noch Gelegenheit, mich mit meinen Descartes und meinem Kant zu beschäftigen, und ich mache immer meine kleinen Entdeckungen. Ich weiß noch nicht genug, um mich auf französisch über philosophische Fragen auslassen zu können, aber ich werde es in der nächsten Zeit einmal versuchen trotz der Gefahr, mich ein wenig lächerlich zu machen.

Ich bin froh, daß Charlotte [Klenbort] vernünftig ist und daß sie jetzt eine Klinik für ihre Entbindung gefunden hat.

Mein Kleines, Du brauchst Dich nicht zu »schämen«, weil Du Dich zwischen Bettücher schlafen legst. Denn genau deshalb fühle ich mich um so glücklicher in meinen Decken.

Ich liebe Dich von ganzem Herzen.

Dein

H.

[Villemalard,] 17. 10. 39

Mein Liebling,

ich bin noch so glücklich.[1] Besonders, wenn ich an diesen großen Schatz der Liebe denke, der in den drei glücklichen Jahren unseres Ehelebens[2] gewachsen ist. Im Glanz Deiner Augen sehe ich noch den Widerschein dieser Zeit, und ich weiß ihn auch in den meinen. So verstehe ich, was der Dichter H. von Hofmannsthal meint, denn ich habe wirklich etwas, an das ich denken kann.

Hier führen wir unser gewohntes Leben. Es kann sein, daß das schöne Wetter mit dem zunehmenden Mond zurückkommt. Ich fühle mich besser[3], und der Arzt hat mir die Erlaubnis gegeben, in zwei Tagen an dem kleinen Nachmittagsspaziergang teilzunehmen, um zu sehen, wie gesund ich wirklich bin und wie mein Körper reagiert. Das Land an der Loire ist mitten in der Weinlese. Die wird sehr schön werden, wenn die Sonne bleibt. Ich habe einen Brief von zwei jungen jüdischen Kameraden bekommen, die bei der Weinlese

---

[1] Am Sonntag, dem 15. 10. 39, hatte H. A. Blücher im Lager besucht.
[2] Vgl. S. 93, Anm. 3.
[3] H. B. hatte zu der Zeit ein Nierenleiden.

mitmachen. Sie sind sowohl mit den Bauern wie mit dem Essen sehr zufrieden. Bei uns gehen die Verbesserungsarbeiten voran.

Ich hoffe, daß Du jetzt meine Briefe von letzter Woche bekommen hast. Es ist wirklich sehr ärgerlich, daß die Post nicht regelmäßig funktioniert. Aber so ist nun mal der Krieg, und ich denke wie Du an all die Französinnen, die mit Beklemmung auf Post warten. Die Postverbindung wird mit der Zeit auch besser.

Der Kuchen von Mutt ist fabelhaft. Das ist eine große Freude für mich. Er ist wirklich mit Liebe gebacken. Tausend Dank. Herzliche Grüße an Charlotte [Klenbort] und an Madame Poujollon.[4]

Ich umarme Dich und küsse Dich tausendmal. Denn ich liebe Dich von ganzem Herzen.

Dein

H.

[Villemalard,] 31. 10. 39

Liebling,

es ist mir noch immer ganz warm ums Herz und klar im Kopf. Ich danke Dir vielmals.[1] Wie tröstlich es ist, Dich heil und gesund zu wissen. Meine Schöne, welches Glücksgeschenk, ein Gefühl zu haben, von dem man so stark fühlt, daß es das ganze Leben lang hält und sich nicht ändern wird, es sei denn, daß es noch zunimmt. Du weißt es ja.

Wir hatten gestern Vollmond (erinnerst Du Dich?), und wir haben heute noch einmal den schönen Sonnenschein dieses Landes. Es wird viel gearbeitet, um unser Lager zu reorganisieren, denn der November steht vor der Tür. Und ich habe schon heute abend ein Bett und warte ungeduldig auf die Schlafsäcke. Aber das ist meine einzige Ungeduld, und das ist doch nicht schlimm, nicht wahr? Was

---

[4] Madame Poujollon, die Witwe eines Pariser Polizeipräfekten, mit der Charlotte Klenbort befreundet war und die sich besonders um H. B.s baldige Entlassung bemühte.

[1] H. A. scheint am vorhergehenden Sonntag wieder einen Besuch im Lager gemacht zu haben.

meine Krankheit anlangt, so werde ich alles tun, um gesund zu werden, aber das braucht viel Geduld bei einem alten Leiden. Die Leibbinde aus Wolle, die Madame Cohn [2] für mich gemacht hat, ist wundervoll. Tausend Dank. Ich hatte einige kleine Nierenkoliken, aber der Arzt hat sie gelindert. Ich bemühe mich, einige leichtere Arbeiten zu verrichten, aber es gibt Tage, wo ich strikte Ruhe brauche. All das wird sich schon regeln nach Art der Franzosen und ihres gesunden Menschenverstandes, dessen Wurzeln ich noch mit tiefer Freude bei Descartes suche.

Gestern habe ich einen ganz kleinen Spaziergang mit Cohn gemacht und gesehen, daß es ganz gut geht. Ich habe jetzt genug Zeit, um an Dich zu denken, und ich habe viel über Dich nachzudenken und immer noch mehr, ganz einfach, weil ich Dich von ganzem Herzen und mit allen meinen Sinnen liebe.

In diesem Augenblick meldet man mir, daß Dein Paket angekommen ist. Wir sind glücklich. Wir werden also heute abend in unseren Schlafsäcken schlafen – das verwandelt mein Quartier hier ein bißchen in eine Art Dépendance unserer Wohnung, und daran zu denken tut gut.

Kants Werke zur Moral sind mir ein großes Vergnügen. Jedesmal, wenn man neue Dinge und neue Menschen versteht, versteht man plötzlich einige Themen der großen Meister der Philosophie viel besser.

Mit all meinen Sinnen,
von ganzem Herzen,
mit all meinem Verstand

Dein Heinrich

Herzliche Grüße an Mutt, der Kuchen ist sehr gut.

[2] Alfred Cohns Frau.

[Villemalard,] 6. 11. 39

Chérie,

ich habe eben plötzlich Deine nach Colombes[1] geschickten Briefe und Karten bekommen, und ich lese sie, mit großer Bewegung, immer wieder. In einem dieser alten Briefe, die für mich immer aktuell bleiben werden, bemerkst Du, daß Liebesbriefe immer eine gewisse Monotonie haben. Sicher, aber was für eine erstaunliche Monotonie. Eine Monotonie wie das Rauschen des Meeres. Je mehr man ihm lauscht, desto mehr möchte man hören. Eine so elementare Monotonie, daß sie in ihrem »grandiosen« Rahmen allen unendlichen Variationen einer ganzen Welt, eines ganzen Lebens Raum gibt. So lese ich Deine Liebesbriefe, und darum muß ich sie so viele Male wiederlesen.

Ich habe auch Deine Karte von Montag bekommen, und Juliette[2] hat mich besucht. Sie ist wirklich nett, aber wenn ich mich nicht täusche, gibt sie sich ein bißchen zu optimistisch. Ich kann es noch nicht beurteilen, und bevor ich eine Entscheidung treffe, pflege ich gründlich zu überlegen. Die Ankunft der Schlafsäcke habe ich Dir schon bestätigt, aber ich tue es noch einmal mit all dem Vergnügen, das sie uns bereiten. Wir haben unsere Betten fertig, und wir schlafen sehr gut. Die Schlafsäcke und der Pelz erweisen sich als große Wohltat für meine Nieren.

Aber was noch besser ist: Endlich habe ich mich an den Tisch gesetzt, um Dir zu schreiben, und nachher werde ich lesen – an diesem selben Tisch, der sich jetzt in unserem Quartier befindet und den der nette Herr Knaus gemacht hat, der sich als einer der besten Kameraden des Lagers erweist. Morgen oder übermorgen werden wir auch einen Heizofen haben. Du siehst, nach und nach wird's schon.

Ich habe Dich um Winterkleidung für die Brüder Loinger, die Brüder Rehbock und M. Lippschitz gebeten. Das sind gute Jun-

---

[1] Gemeint ist das erste große Internierungslager, vgl. S. 93.

[2] Juliette Stern, die Frau eines französischen Industriellen, leitete die finanziellen Geschäfte der Youth Aliyah, für deren Büro H. A. Secrétaire générale war. Die beiden Frauen waren befreundet.

gens. Besonders die beiden Loingers, von denen der eine für Palästina das Schreinerhandwerk erlernt hat. Die Größen für die Loingers sind 43 und 44, für die Rehbocks 43. Vater Loinger, der Näheres hören möchte, wird Dir einen Besuch machen. Herr Hamiel braucht keine materielle Unterstützung mehr, aber ich bitte Dich, tu alles, um die Behörden auf die Anständigkeit dieses noblen jungen Mannes aufmerksam zu machen und auf seine Verdienste um Frankreich.

Es ist möglich, daß wir Mittwoch eine Bescheinigung des Lagerkommandanten bekommen, mit der man in Paris eine Reisegenehmigung bekommen kann.

Mein Liebling, hier kommt unsere »Monotonie«: Ich liebe Dich von ganzem Herzen, mit meinem ganzen Verstand, mit all meinen Sinnen. Ich fühle mich Dir ganz nahe, und trotzdem fehlst Du mir an allen Ecken. Ich suche Dich jeden Tag und finde Dich nur in meinem Herzen, aber das ist wenigstens absolut sicher. Und deshalb hege ich die Hoffnung, Dich bald selbst zu finden. Ich habe Geduld, Chérie, lauf Du mir nicht davon!

Ich umarme Dich.

Dein H.

[Villemalard,] 24. 11. 39

Meine sehr Geliebte,

ich habe wirklich bis jetzt alles getan, um meine Genehmigung zu bekommen. Und zwar wegen des Auswahlverfahrens, das jetzt angefangen hat. Ich hoffe, daß Du schon mit Alfred [Cohn] gesprochen hast, der einer der ersten ist, die davon profitiert haben.[1] Ich kann noch nichts über den Verlauf dieses Verfahrens sagen, aber es scheint mir, daß die Männer mit französischen Frauen zuerst drankommen. Es ist möglich, daß man sich dann mit den Kranken befassen wird, die sich wie ich auf einer zweiten Liste des Lagerarztes befinden. Also, Chérie, ich bitte Dich noch einmal um Geduld. Wenn das Verfahren beendet ist, wird die Frage der Genehmigung von neuem aktuell, und alles wird sich regeln.

---

[1] Alfred Cohn war bereits entlassen und wieder in Paris.

Ich habe Deinen Brief vom 16. bekommen und bin wie immer mit Dir völlig einer Meinung. Ich habe mich schon fünfmal – und das aus vollem Herzen – bereit erklärt, meine Pflichten gegenüber Frankreich zu erfüllen um meines Asylrechts willen entsprechend der Notverordnung für die Flüchtlinge aus Deutschland. Ich hoffe, daß unser Fall bald von der Regierung entschieden wird. Angesichts all der Sorgen, die in Kriegszeiten viel drängender sind als unsere, muß man Geduld haben.

Chérie, es ist jetzt kalt hier, aber ich bewundere die schöne Winterlandschaft im Sonnenschein. Gestern bin ich ein bißchen in Villemalard spazierengegangen, und ich hatte viel zu denken. Besonders an Dich. Denn auch ich fühle Dich noch um mich, und das oft so nahe, daß ich versucht bin, mit Dir zu sprechen, um Dich an den Landschaftseindrücken und an meinen Gedanken teilnehmen zu lassen. Ich liebe Dich, mein Herz, ich liebe Dich, ich weiß nicht mehr, wie ich Dir sagen soll, wie sehr.

Ich umarme Dich

Dein H.

[Villemalard,] 28. 11. 39

Mein Liebling,

mit besonders großer Freude habe ich diesmal Dein Päckchen bekommen. Einmal, weil ich sehe, daß Cohn heil und gesund in Paris angekommen ist. Und dann, weil der Inhalt des Pakets, besonders die Oliven, mir mit ihrem Geschmack immer unsere glücklichen Tage in Avignon und an der Côte d'Azur in Erinnerung rufen. Tausend Dank, meine Kleine. Der Gesundheitsbericht: Ich habe acht Tage im Bett gelegen, und jetzt sind die Koliken wieder einmal vorüber. Ich hoffe, daß die Pause lange dauern wird. Jetzt muß ich gut essen, und das tue ich auch. Die Ärzte-Kommission hat mich zum zweiten Mal abgelehnt. Diesmal wurden nur die Behinderten entlassen. Wollen mal hoffen, daß die Koliken wenigstens einige Wochen Ruhe geben. Der Lagerarzt ist entschlossen, mich ein drittes Mal vorzuführen. Aber Du weißt, daß ich nicht mit individuellen Lösungen rechne. Also dränge ich niemals.

Was die »großen« Fragen anlangt, das heißt groß in bezug auf ein Lager, so scheint mir die Lösung langsam näherzukommen. Ich sehe noch nicht ganz klar und deutlich, aber für die Männer bis 40 wird es wahrscheinlich bald die Möglichkeit geben, in eine Legion von Ausländern einzutreten oder in eine Art Fremdenlegion, einen Ableger der echten Legion, ausgestattet mit allen Rechten des französischen Soldaten. Wir warten noch auf die endgültigen Bestimmungen. Für die, die untauglich sind, und die gibt es in großer Zahl, denn die medizinischen Stellen verlangen, daß man total gesund ist, wird es vielleicht Gelegenheit geben, sich in einer Freiwilligen-Arbeitsabteilung für Frankreich nützlich zu erweisen. Diejenigen, die über 40 sind (wie ich), haben noch keine Anweisung bekommen. Es heißt, daß sie einer Zentralkommission in Paris unterstellt sind. Ich hoffe, daß man allmählich für jeden, der wirklich ein »Mensch guten Willens« ist, einen Platz findet, wo er endlich etwas tun kann, um der Zivilisation gegen die Barbarei zu helfen.

Nun aber zu den großen Fragen, die alle angehen: Nachdem ich auf meinem Krankenbett viel nachgedacht habe, hat sich meine Grundansicht über die europäische Lage noch verfestigt. Wie Napoleon auf St. Helena vorausgesagt hat, steht Europa vor der Frage, ob es von den Kosaken oder von den Republikanern beherrscht werden will. Genau darum geht es. Jetzt stehen die ersten Kosaken am Ufer des Rheins, und die letzten sind noch in Moskau. Dies ist die größte Gefahr aller Zeiten für die menschliche Zivilisation. Und nun, da M. Daladier[1] angesichts dieser Situation gesagt hat: »Jetzt übernimmt Frankreich das Kommando«, da bleibt für einen Ausländer guten Willens nur diese Parole mit dem Wort zu ergänzen: »Ja, denn das braucht die Welt!«

Unter diesen allgemeinen Gesichtspunkt muß man alle andern besonderen Gesichtspunkte stellen. Damit ein jeder seine Pflicht erfüllt.

In dieser ersten Phase des großen Krieges, der im Zeichen des Nervenkrieges steht, müssen wir alle ruhig und gefaßt bleiben, so wie das französische Volk.

---

[1] Édouard Daladier, 1884–1970, von 1938 bis 1940 französischer Ministerpräsident.

Also, meine Kleine, Geduld und noch einmal Geduld. In einigen Tagen hoffe ich, die Bescheinigung für Dich zu bekommen, und in einigen Wochen werde ich Dich endlich wiedersehen. In den Tiefen meines Wesens ist eine Fähigkeit durchzuhalten, die ihre Wurzeln in der Liebe zu Dir hat und die sich durch mein ganzes Wesen und durch mein ganzes Leben zieht. Ich liebe Dich mit all meinen Sinnen, mit all meinem Verstand und mit meinem ganzen Herzen.

Ich umarme Dich

Dein H.

Herzliche Grüße an Mutt, an Charlotte [Klenbort] und ihr Baby. Dies ist im Bett geschrieben, verzeih die Schrift.

[Villemalard,] 4. 12. 39

Mein Liebling,

ich habe Deine Briefe und das kleine Paket bekommen. Ich bin entzückt über Deine Kunst des Kuchenbackens und besonders natürlich über den speziellen Kuchen. Ich verstehe sehr gut, daß Du Dir Sorgen machst, aber Du täuschst Dich, Chérie. Ich tue alles, um mich zu pflegen. Der Lagerarzt weiß sehr viel und tut sein Bestes, aber ich weiß die Anweisungen meines Pariser Arztes sehr wohl zu schätzen, und befolge sie, weil er meinen Fall natürlich besser kennt als jeder andere. Aber die Verordnungen des Lagerarztes sind doch fast dieselben, meine Kleine. Ich wollte Dir bisher keine Einzelheiten über meine Krankheit berichten, denn man soll seine Frau nicht beunruhigen. Aber Alfred [Cohn] hat, wie ich sehe, Geschichten erzählt, und jetzt ist es besser, Dir die Fakten zu geben. Seit zwei Wochen ungefähr liege ich im Bett. Seit sechs Wochen schon hat mir der Arzt alle Arbeit verboten. Ebenso nehme ich weder an den Appellen noch an den Spaziergängen teil. Wenn ich Dir von Spaziergängen geschrieben habe, so handelte es sich nur um einige Schritte ums Haus. Der Lagerarzt besteht seit langem darauf, mich in die Krankenabteilung zu legen. Ich hatte mich lange gewehrt, um den Kranken den Platz nicht wegzunehmen, denn die Abteilung war besetzt. Aber die letzte Verschlimmerung meiner Koliken hat meinen Aufenthalt in der Krankenabteilung notwendig gemacht. Alle meine Mahlzeiten werden streng nach meinen Diätvorschriften gekocht. Das sind die Fakten.

Ich habe die Medikamente bekommen, und ich schwöre Dir, daß ich sie nehme. Der Lagerarzt will mich nochmal der Ärzte-Kommission vorstellen. Aber genug von dieser traurigen Krankheit, meine Kleine.

Da ich im Bett liege, habe ich immer Zeit an Dich zu denken, und immer von neuem komme ich zu der überraschenden Erkenntnis, daß ich Dich von ganzem Herzen liebe. Und das wird immer so bleiben. Du weißt das seit den drei Jahren unseres gemeinsamen Lebens, aber die Gründe dafür vermehren sich jeden Tag. Einer der stetigen Gründe ist die Tatsache, daß ich Dich nicht ein einziges Mal für »einen Idioten« habe halten können. Ein anderer dieser stetigen Gründe ist, daß ich seit Beginn unserer Bekanntschaft die Dinge nicht mehr ohne Beziehung zu Dir habe sehen können. Ich fühlte plötzlich, Du bist nicht mehr allein, mein Alter. So war es immer, und so wird es bleiben. Laß mich noch ein bißchen schwatzen, um Dir ein Vergnügen zu machen, mein Herz. Denn ich bin ja nicht bei Dir, und nur so kann ich Dir Komplimente machen. Nun noch ein Hauptgrund für meine Liebe: Unsere Ansichten über die großen Fragen des Lebens sind immer die gleichen. Es gibt keine Differenzen zwischen uns. So ist es, und so wird es bleiben.

Meine Kleine, mein Liebling, ich bin glücklich, wenn ich daran denke, daß Du die Meine bist. Und ich denke viel, Chérie.

Ich umarme Dich

Dein H.

Dritter Teil:
Juli bis August 1941

[Im Mai 1941 kamen Hannah Arendt und ihr Mann per Schiff aus Lissabon in New York an. Sie telegraphierten sogleich an Günther Stern, der bei der Beschaffung der Einreisepapiere geholfen hatte: »Sind gerettet. Wohnen 317 West 95. Hannah. 1941 May 23.« Hannah Arendts Mutter konnte Lissabon erst mit einem späteren Schiff verlassen und traf am 21. Juni in New York ein. Sie bezog ein zweites möbliertes Zimmer, das Blüchers, von verschiedenen Hilfsorganisationen unterstützt, im selben Haus dazumieteten.

Vom 18. Juli bis 15. August 1941 war Hannah Arendt durch die Vermittlung der »Self-Help for Refugees« bei einer amerikanischen Familie in Winchester, Massachusetts, als eine Art Au-pair-Gast.]

21. Juli 41
92 Arlington Street
Winchester, Mass.

Meine Lieben[1],

Ihr werdet hoffentlich einsehen, daß ich nicht doppelt Briefe schreiben kann, andererseits ist dieses Experiment hier so aufregend neu und verrückt, daß es schon einen ausführlichen Bericht lohnt. Ich habe extra bis heute gewartet, um einen klareren Überblick zu bekommen, will aber jetzt, um nichts vorwegzunehmen, mit dem Anfang beginnen.

Noch ehe wir aus New York heraus waren, hatte die Dame neben mir die notwendige Zeit gefunden, mir ihre ganze Lebensgeschichte in allen Details anzuvertrauen, so daß wir in den Vororten zu der weiteren Verwandtschaft übergehen konnten. Als wir in Boston ankamen, war mir keine Nichte oder Kusine mehr fremd, und auch meinen Versuchen, sie alle zu verwechseln, wußte sie standhaft zu

[1] Gemeint sind H. A.s Mann und ihre Mutter.

begegnen. Auch ihre politischen Ansichten sowie die des weiblichen Teils ihrer Familie – Männer haben hier offensichtlich in so wichtigen Angelegenheiten nicht mitzureden – wurden mir auseinandergelegt. Es ist immer das Gleiche: we don't want the war, and we don't like the English. Im übrigen bemühte sie sich wirklich rührend, mir die Landschaft, die Städte und alles sonstige genau zu erklären. Wir teilten brüderlich Bonbons, Zigaretten und Kirschen und verabschiedeten uns in Boston, nachdem sie mir noch genau beschrieben hatte, welche besonders guten Gerichte ich in meiner Familie verlangen sollte, wenn ich sie erst näher kennengelernt hätte. In Boston empfing mich ein junges Mädchen, Miss Long, Sekretärin vom Committee[2]. Nach einiger Zeit Warten erschien ihr boyfriend, ein polnischer Jude, der uns mit seinem oder ihrem Wagen glücklich hierher fuhr.

Das Häuschen, das meine Leute bewohnen, ist wirklich hübsch und eine Art Wohnmaschine mit Books. Winchester ist eine unendlich weit ausgedehnte Gartenstadt, die nur aus Einfamilien-Häusern besteht. Jeder, der es sich hier nur irgend leisten kann – und der allerkleinste Mittelstand wie meine Familie kann es bereits –, wohnt hier außerhalb der Arbeitsstadt. Wir wohnen direkt am Waldesrand. Es ist himmlisch still und ruhig. Natürlich machen Garten und Zubehör trotz allem so viel Arbeit, daß praktisch – d. h. für den Mann – die Vorteile der Wohnmaschine mehr als aufgewogen sind. Mein armer Mr. Giduz hat den ganzen Sonnabend und Sonntag schwer gearbeitet. Die Wohnung besteht aus 4 Zimmern, von denen eins Wohnzimmer der Frau, eins Wohnzimmer des Mannes, eins Schlafzimmer und eins Gästezimmer (jetzt mein Zimmer) ist. Das erstaunlichste Möbel ist ein Flügel, der immer offen ist und den keiner spielen kann. Auf dem Notenpult stehen 6 Hefte mit Gesangsnoten, die Dame des Hauses singt, nicht einmal falsch, aber Gott schütze uns alle. Es sind eine Menge Bücher da: im Schlafzimmer die über die Kunst der Liebe, im Klavierzimmer sehr wenig Romane und sehr viel politisches Zeug, alles über Pazifismus und

---

[2] Komitee der Self-Help for Refugees, einer Agentur der United Jewish Appeal Federation of Jewish Philanthropies in New York.

ein paar historische Sachen, im Wohnzimmer des Mannes über Architektur und ein paar gute Lexika (um auf mich vorbereitet zu sein, wurde ein dickes englisch-deutsches Lexikon neu hinzuerworben), in meinem Zimmer zusammengestellt, was sie sich vorstellten, was mich interessieren könnte (gut zusammengestellt), und in der Küche die reichhaltige Bibliothek über food, an dem man nicht unmittelbar zugrunde geht. Darüber später. In jedem Zimmer befindet sich außerdem ein Stuben-, ein Außenthermometer, ein Barometer und ein bis zwei elektrische Uhren, die alle gehen. Mutts Paradiesvorstellung.

Nun zu den Einwohnern: Die Dame des Hauses, englischer Abstammung, Methodistin, rotblond, etwas dicklich, ungefähr meines Alters, recht gut angezogen, erzählte mir bereits am Abend meiner Ankunft, daß sie zu einem Klub gehört, dessen Ziel es ist, jeden Sonntag in den Wald zu marschieren und dort Vögel zu besichtigen und zu identifizieren. Und daß sie bereits beim ersten Blick gesehen habe, daß ich ein hiker sei (Wandervogel), wonderful. Auf eine mysteriöse Weise habe ich mich der ersten Vogelschau entziehen können, aber sie kam gestern mit dem pompösen Resultat von 62 verschiedenen Vogelsorten sehr glücklich nach Hause. Im übrigen ist sie keineswegs dumm und keineswegs unbegabt, durchaus in der Art von M'chen[3], nur ohne ihre Vitalität. Im Jahre 1928 war sie zu einer Friedenskonferenz in Europa. Ihre Meinung über Paris teilte sie mir unter dem Siegel des Vertrauens mit: Es sei schmutzig, und alle Leute zankten sich. Aber Holland und Deutschland sind schön. Sie ist gegen jeden Krieg und sicherlich bereit, dafür auf die Barrikaden zu steigen. Sie kann erstaunlich gut predigen, aber auch lehren, was für mich sehr nützlich ist. Sie ist ferner bereit, für gesunde Nahrung in den Tod zu gehen. Gesunde Nahrung ist: 1. kein Fleisch, 2. kein gebratenes Fett (Gallendiät), 3. viel Gemüse, möglichst roh, 4. kein weißes Brot. Erfolg ist, daß Mr. G. und ich gestern bereits, da sie nicht da war, mit Speck und Eiern unsern Tag begannen, um dann zu Mittag ein Riesenhuhn ganz allein aufzufressen. Es war eine Leistung. Aber zu pommes frites konnte ich ihn nicht überre-

---

[3] Nicht zu ermitteln.

den. Er ist jetzt noch erstaunt, daß er an der Küche seiner Mutter nicht glatt im zartesten Alter zugrunde gegangen ist. Es ist ein miracle. Aber das von mir gebratene Huhn hat ihm wundervoll gefallen, nur daß ich von der Gurke zwecks Gurkensalat die Haut abgeschält hatte, war natürlich ein schwerer Verlust für sein Wohlbefinden. Er ist ein kleiner, rotblonder Mann, den ich auf Anhieb für einen Antisemiten hielt. Inzwischen hat sich herausgestellt, daß ich nicht der »französische« und er nicht der deutsche Typ ist: sondern ich Jude und er gleichfalls, nämlich polnischer Abstammung – geboren in Amerika, vollkommen und ganz akzentfrei deutsch sprechend. All das ist ihm etwas unheimlich, und seine Frau teilte mir das Faktum mit. Ne Art von schwerem Geheimnis. Sie gehören einer abgesplitterten Gruppe der Unitarier an, die an nichts mehr glauben, in keine Kirche mehr gehen und zu der jede Konfession gehören kann. Ich habe den Verdacht, daß da nur Juden sind. Na, abwarten. Seine politischen Meinungen sind die seiner Frau, obwohl er unvergleichlich gescheiter und vernünftiger ist. Ein guter copain. Er gibt sich eine viehische Mühe mit mir und hat das dunkle Gefühl meiner Überlegenheit und die sehr amerikanische Angst, ausgelacht zu werden. Viel Sinn für Humor. Seine Frau schwebt in dauernder Angst, ich könnte was übelnehmen oder etwa denken, sie beuteten mich aus. Dies ist nun der Gipfel der Komik. Denn ich tue genau so viel oder so wenig, wie ich in jeder befreundeten Familie helfen würde. Und dies gegen den Widerspruch des Hauses. Sie hingegen tun wirklich ihr Äußerstes und sind einfach rührend. Typisch ist auch noch, daß der Mann, obgleich ein starker Raucher, nicht im Hause rauchen darf, sondern nur im Garten. Ich darf natürlich überall rauchen. Das schwerste Problem ist, abends ins Bett zu kommen, da beide sich bis in die Nacht hinein zu unterhalten wünschen. Es ist für mich wurscht, da ich aufstehen kann, wann ich will. Die beiden aber verlassen bereits gegen ½ 8 Uhr das Haus. Und kommen erst gegen ½ 7 wieder. –

Über den Tageslauf ist wenig zu berichten: Ich lese und lerne und gehe spazieren. Sonnabend/Sonntag ist das nicht möglich, nicht wegen Arbeit, sondern wegen Unterhaltung. Gestern nachmittag fuhr Mr. G. mich durch die ganze Umgebung – außerordentlich schön und lieblich, und abends gingen wir zu einem Freiluftkonzert von dem hiesigen ausgezeichneten philharmonischen Orchester, die jeden Abend spielen und zu dem sich über 20000 Menschen eingefunden hatten. Sehr viel Jugend. – Ich denke, das reicht fürs erste. Bitte, bitte schreibt.

Gruß und Kuß

Hannah.

[New York,] Mittwoch [23. 7. 41]

Mein geliebtes Schnupperchen,

ich freue mich, Dich in Deinen Schilderungen so anschaulich herumlaufen zu sehen; und in neue Verhältnisse hineinschnuppernd teilst Du mir nette Erfahrungen mit, die ich verdiene, indem ich Dich entbehre, also sauer genug. Ich meinerseits bin, schwitzend und sorgenvoll über der Rede[1] für den Gedenktag des ersten Weltkriegsausbruchs brütend, in der Dir bekannten Umgebung[2] leicht genug vorzustellen. [...]

Salomon[3] bin ich bereit, vieles nachzusehen, und ein höflicher, nervöser Mann kann gegenüber sehr unhöflichen, ruhigen Leuten leicht in eine zu weit gehende Höflichkeit geraten, die in Unterwürfigkeit abrutscht. Er erkundigt sich so liebevoll nach Dir, daß Du gut tun würdest, ihm einige Zeilen mit netten Reden über seine Arbeit[4] zu schreiben. Obgleich, ich sah es heute an der Behandlung des mir sowieso höchst unangenehmen Dilthey[5], diese soziologischen

---

1 H. B. verfaßte für das Committee for National Morale Artikel und Reden über deutsche Kriegsgeschichte, die im Radio verlesen wurden.

2 H. A., ihr Mann und ihre Mutter hatten in der 95. Straße in New York zwei möblierte Zimmer gemietet, aus denen das Ehepaar erst im Sommer 1949 in eine eigene Wohnung umziehen konnte, 130 Morningside Drive. Martha Arendt starb 1948 auf einer Schiffsreise zu ihrer Tochter Eva Beerwald nach England. Vgl. S. 109.

3 Albert Salomon, 1891–1966, seit 1935 in den Vereinigten Staaten; Professor für Soziologie an der New School for Social Research in New York.

4 Bezieht sich vermutlich auf Albert Salomon: *The Tyranny of Progress*. New York 1955.

5 Wilhelm Dilthey, 1833–1911; als Psychologe Schöpfer einer Verstehenslehre »geschichtlicher Seelenvorgänge«; als Philosoph Begründer der Erkenntnistheorie der Geisteswissenschaften.

Typologie-Versuche wirklich mehr ein neuer Ritus sind, den mißglückte Priester einzuführen trachten, als eine Förderung der Vernunft. Ich kann in all der Selbstrealisierung, Selbstbewußtwerdung and so on nichts anderes sehen als die neue Formel des Individuums: »Geheiligt werde *mein* Name.« Und wenn man dem Plato endlich nachgewiesen haben wird, daß er nur zu seiner Zeit so denken *konnte*, wie er zu ihr denken *mußte*, so wird er für diese Frechheit sich dadurch gerächt haben, daß er kraft seiner Existenz in dieser unserer Zeit die Herren verhindert haben wird, so gedacht zu haben, wie sie zu ihrer Zeit zwar nicht gemußt, aber immerhin gekonnt hätten.

Bald wollen wir's wieder zusammen überdenken und überschlafen.

Kuß und Kläpschen

H.

[Winchester, Mass.,]
Donnerstag [24. 7. 41]
(Datum weiß ich nicht mehr)

Meine Lieben –

Ihr werdet ja inzwischen meinen ersten ausführlichen Brief erhalten haben. Ich konnte nicht früher schreiben, weil das Wochenende mir keine freie Minute läßt. Desto freier bin ich die Woche über. Hier hat sich inzwischen nichts geändert. Ich bin eben Gegenstand von einer ganz großen Mizweh[1] – und Mutt hat ganz unrecht, derartiges abzulehnen. Zu tun habe ich nach wie vor so gut wie nichts, und wenn ich hier und da mich nützlich erweise, ist die Familie rührend dankbar und leicht beschämt. Gestern wurde ich ins Kino geführt, es war ziemlich gräßlich und nicht uninteressant. Mit meinem Englisch ist es so lala, ich beginne einen Teil dessen zu verstehen, was nicht zu mir gesprochen ist, aber das Selbstsprechen ist lamentabel.

Dienstag war ich erst bei Mrs. Epstein, die mir sofort vorschlug

[1] Mizweh: jiddisch für »gute Tat«.

zu versuchen, mir eine scholarship für das Sozialarbeiterinnen-Examen an der hiesigen Schule zu verschaffen. Der Spaß dauert 9 Monate, und danach ist man wohl ziemlich sicher, eine Stelle zu bekommen. Bitte, Monsieur, äußere Dich, je t'en prie. Mir ist natürlich ziemlich mies davor.

Daß die Radiosache klappt, freut mich sehr. Nicht wegen Job – oder nur auch wegen Job. Mal was Sinnvolles. [...] Wie ist die Vorlesung von Salomon? Sein Manuskript ist gar nicht uninteressant, wenn auch... Also die deutsche Soziologie bereitet eine neue philosophische Reflexion vor im Sinne einer Typenlehre. Dies ist seiner Weisheit scheint's letzter Schluß. Wie gesagt, wo Jaspers [2] vor mehr als 20 Jahren anfing. Allerdings ist jener da auch nicht viel weiter gekommen. Dies sei zu unserer aller Unehre gesagt.

[...]

Bin nachträglich sehr froh, daß ich mich zu diesem Experiment entschlossen habe. Lerne eine Unmenge, mehr noch über das Land als die Sprache selbst. Es ist nicht gerade tröstlich. Zeitungen und Radiospeeches geben hier ein ganz falsches Bild, vor allem, was die Einstellung zum Kriege anlangt. Vor allem die New Yorker Presse, die ja ganz in jüdischen Händen ist. Faktisch will kein Mensch den Krieg, und kein Mensch sieht ihn ein oder versteht auch nur im mindesten, worum es geht. Dabei wird mir immer klarer, daß dies Völkergemisch ohne Europa verloren ist. Für uns jedenfalls. Hier bist Du noch in der dritten Generation, was Deine Vorväter waren. So erzählt meine Madame z. B., daß ein Schwede in ihr Office kam – seine Eltern waren bereits hier geboren.

So – nun ziehe ich mit Büchern und allem Heil und Deil in den Garten. Heiß ist es hier auch, gerade richtig für mich. Arme Mutt.

Chérieschen –. Es grüßt und küßt Euch

Eure H.

---

2 H. A. s philosophischer Lehrer Karl Jaspers, 1883–1969.

[Winchester, Mass.,] [ca. 25. 7. 41]

Liebster,

ich sehne mich gräßlich nach Dir. Ich bin *sehr* gerührt, daß Du in die Kurse[1] gehst.

Und freue mich *sehr*, eigentlich ungeheuer auf die Broschüre.[2]

Und bin deprimiert, daß die »Rahel«[3] perdue ist. Und wütend. Liebster, Du hast sie nicht mal gelesen! Sic transit gloria mundi!

Mit vielen großen und kleinen Küssen

Deine

[New York,] Sonnabend [26. 7. 41]

Ma Belle,

Deine Briefe sind ja sehr lustig, und ich bin froh, daß Du es so getroffen hast. [...]

Ich muß mit der Maschine weiterschreiben, weil alles vor Schweiß klebt. Die scholarship[1] halte ich für Blödsinn, weil Du gerade zugelassen sein wirst, wenn Du nicht mehr zugelassen werden darfst. Außerdem dürfte diese Art von Studium nur ein Derwisch oder ein hochbegabter Imbecile aushalten. Zur »Rahel« möchte ich nur richtigstellen, daß ich sie nicht nur gelesen habe, sondern so entzückt von ihr war, daß ich ihre Vollendung[2] förmlich erzwang. Aber die ursprüngliche Verletzung des Autors scheint ja sehr tief zu sitzen, wenn sie noch heute die Fakten vergißt.[3]

---

[1] H. B. hatte berichtet, daß er Englisch-Kurse besuche.

[2] Die von H. B. geplante Broschüre kam nicht zustande.

[3] Bezieht sich auf H. A. s Rahel Varnhagen-Buch; vgl. S. 63, Anm. 2 (2. Brief). Vermutlich hatte einer Postsendung ihres Mannes eine Nachricht aus Paris oder aus der Schweiz beigelegen, daß das dort zurückgelassene Manuskript verloren sei. Wiedergefunden, wurde es nach dem Kriege an H. A. geschickt; vgl. S. 139, Anm. 12.

[1] Vgl. S. 114f..

[2] H. A. vollendete ihr Buch, an dem bei ihrer Auswanderung noch zwei Kapitel fehlten, auf Drängen von H. B. und Walter Benjamin.

[3] »Verletzung« bezieht sich auf die unglückseligen Umstände bei der Entstehung und Bewahrung des Manuskripts.

Die Ansichtskarten aus dem Museum[4] sind sehr schön, aber hier im Metropolitan gibt es eines der schönsten griechischen Pferde und vier erstklassige Cézannes.

Ich bin in rasender Aufregung, weil mit einer neuen Arbeit für den Funk beschäftigt, die mir wieder so viel Mühe macht, als sollte ich eine Broschüre schreiben. Ich fürchte, daß gerade ich gezwungen sein werde, mir einen eisernen Fleiß anzugewöhnen, um meine ungeheuerliche schriftstellerische Unbegabung immer aufs neue zu überwinden.

Mit Salomon, mein Liebling, ist's schrecklich, wie der kluge und nette Mann sich gezwungen glaubt, seinen Schülern gegenüber unterwürfig zu sein, statt mit der Faust auf den Tisch zu schlagen. Aber er und Weib und Kinder hängen von Statistik über Klassenbesuch und von all diesen mechanischen Tests über die heilige efficiency ab, die das geistige Leben ersticken und den Menschen den Mut zu einer Überzeugung nehmen. Ich halte zwar das Mäuslein, das der seit langem kreißende Berg der deutschen Soziologie da gebären will, auch für sehr komisch. Aber in der Reihe der amerikanischen soziologischen Mäuslein sollte es doch noch das Recht haben, ebenso aufgeblasen mitzupiepen. Der gute Mann sieht sich gezwungen, mich zu einem Herrn Doktor zu degradieren, um mich offiziell als einen Schüler mehr im record zu haben. Wenn sich aus diesem ganzen Sportbetrieb endlich der Championphilosoph der Welt im Radio vorstellen wird, wird die Welt sich wohl selbst endlich den von ihr so sehr ersehnten Beweis geliefert haben, daß der Mensch ein zum Denken völlig unfähiges Wesen ist und diese Beschäftigung endgültig aufgeben darf. Ich bemühe mich, dem armen Mann, der da die Melodie der tiefsten Verzweiflung auf dem letzten Loche bläst, durch Lob und Aufhetzung zur Chuzpe etwas aufzurichten. Er kann für Dich nichts tun, weil es mir sehr zweifelhaft erscheint, ob er für sich etwas tun kann. Also versuche ich, für ihn etwas zu tun.

Wenn die großen Journalisten unserer Zeit sich nicht endlich entschließen, die wenigen wirklich begabten Professoren vom Hoch-

[4] H. A. war in Boston gewesen.

schulbetrieb loszukaufen und sie sich in Ruhe auf ihre vier Buchstaben setzen zu lassen, wenn die Schlagerkomponisten nicht einige begabte Komponisten ernähren werden und die Hollywoodstars nicht auf die Idee kommen, etwas für wirkliche Dichter zu tun, wird die Kultur in einem nie dagewesenen Jux enden.

Mein Vielgeliebtes, es ist schön, ein eigenes Zimmer zu haben, wenn auch Du eins hast, das dicht daneben liegt. Sonst ist es merkwürdigerweise gar nicht so schön, wie man glauben sollte.

Ich freue mich, daß Du bald wieder da sein wirst, bereichert in jenem unnötigen Wissen, das die einheimischen Schulkinder umsonst mit auf die Welt bekommen, weil nicht einmal sie damit sich eine Existenz gründen können. Wenn einem schon die Stradivari geklaut worden ist und wenn man schon gezwungen ist, unwahrscheinliche Preise für den Erwerb einer Bierfiedel zu zahlen, denn mehr kann eine andere Sprache für einen niemals werden, so soll man wenigstens ablehnen, das Studium neu zu beginnen, nur um eine Lizenz für die Erlaubnis zum Gebrauch einer Bierfiedel zu erhalten. Vielleicht kriegt man seine Geige mal gepumpt.

Mein Herz, ich bin nur wütend über die Zumutungen, die man an Dich stellt, und diese Wut habe ich sehr nötig, um bei dieser Hitze zu arbeiten.

Mit Kuß und Klaps

Dein Stups.

[Winchester, Mass.,] den 28. 7. 41

Meine Lieben –

[…]

Da ich viel zu begierig bin, weiter zu berichten, werde ich Euch nicht mit Nicht-Schreiben für Eure abscheuliche Faulheit strafen. Sondern, weiter im Text. Donnerstag abend erzählte mir Madame, daß der Mann geschlagene elf Jahre arbeitslos war und daran beinahe verrückt geworden ist. Und dies, obwohl sie durch ihren Verdienst genug zum Leben und auch zum Auto und zum Abzahlen des Häuschens hatten. Die Wirkungen der Arbeitslosigkeit sind ganz die gleichen, wie die wir kennen, auch wenn keine unmittelbaren Nahrungssorgen dazutreten. Er weigerte sich zu essen und ähnliche Geschichten. Sie war oft nahe daran, wegzulaufen. Und hat keine Kinder haben können, großer Kummer. Er hat, obwohl eigentlich weit überdurchschnittlich an allen möglichen Dingen interessiert, jahrelang einfach geschlafen. Das ist auch der Grund, warum ich ihn erst für eine Art Nazi hielt. So stark wirkt das psychologische Faktum. Seit 6 Monaten arbeitet er wieder, aber kann jeden Moment entlassen werden. Wie ihm ist es hier vielen Hunderttausenden von Familien gegangen, und man kann das Land überhaupt nicht begreifen, wenn man nicht sich das Faktum der Arbeits- und Erwerbslosigkeit ständig vor Augen hält. Er hat alles nur Erdenkliche versucht, ist aber völlig unfähig, auch nur das Geringste zu verkaufen, hat keine salesmanship, worauf sie sehr stolz ist. Jetzt geht es besser, er erholt sich auch langsam, hat aber einen schweren Knacks natürlich weg. Immerhin die besten Jahre seines Lebens. Ich war sehr beeindruckt von der Geschichte, vor allem davon, daß sie, kaum ging es auch nur ein bißchen besser, sich schon um einen Refugee bemühte und fand, nun müßte man aber schleunigst auch etwas tun. Doch eigentlich großartig.

Über Weekend fuhr sie weg zu ihren Eltern, die nicht sehr weit von hier entfernt in einem ganz kleinen Nest – Dorf – wohnen. Aber davon später. Den Freitag abend benutzte der Mann, mir die ganze Geschichte auf seine Weise nochmals zu erzählen. Er kommt aus einem ganz merkwürdigen Milieu. Beide Eltern Juden, der Vater russischer, die Mutter aus Leipzig. Wir sprechen kaum Deutsch, aber wenn er sächselt, werde ich falsch. Beide Eltern ganz assimiliert, der Vater an die deutsche Sozialdemokratie, die Mutter gut bürgerlich. Weiß faktisch nichts von Juden, keine Mache. Ist aber nicht getauft und ist zu »independent«, um irgend einer Kirche oder Partei angehören zu wollen. Für ihn ist interessanterweise Kirche und Partei das gleiche. Er hat sehr viele Züge von unserm Stehkragenproletariat, ist natürlich Sozialist – sie verkehren auch nur mit solchen –, mit etwas Ressentiment gegen die Arbeiter. Er verehrt die Frau über alles, hat auch allen Grund, hat aber Angst vor ihrer, wie er selbst sagt, puritanischen Strenge mit sich und anderen. Freitag abends machten wir noch eine kleine Spazierfahrt durch diese wirklich ganz bezaubernde Gegend. Ganz Boston ist umgeben von solchen kleinen Gartenstädten wie Winchester. Auch die Arbeiter wohnen vorzugsweise in diesen kleinen Einfamilienhäusern, und Ihr würdet staunen, wenn Ihr die sogenannten »ärmeren« Gegenden sehen würdet.

Gestern waren wir zu Besuch bei den Eltern der Frau, und das war wirklich sehr bemerkenswert. Ihr Vater kommt aus einer ganz wohlhabenden Familie, war aber als Kind so schwächlich, daß man ihn laufen ließ, da man annahm, er würde doch nicht am Leben bleiben. Worauf er beschloß, sein Leben zu genießen mit Jagen, Reiten und Sichrumtreiben. Er blieb nicht nur leben, sondern ist ein außerordentlich kräftiger, großer und sehr schöner Mann. Er war sein ganzes Leben lang Arbeiter, in den verschiedensten Berufen. Metallarbeiter, Schuhfabrik und vor allem beim Bau von Schifferkähnen, einer der Haupterwerbszweige der Gegend. Wenn er genug Geld hatte, lief er weg und trieb sich rum mit Jagen und Fischen und auch Lesen. Schließlich haben ihm 5 Kinder etwas Stetigkeit beigebracht. Alle 5 Kinder haben von ihm eine große Unabhängigkeit geerbt. Die Alten wohnen mitten auf dem Lande mit etwas Gartenland in einem schönen Haus mit elf Zimmern. Du verstehst: ganz einfache Leute, wie die Tochter mir warnend vorher sagte. Die Familie ist seit dem 17. Jahrhundert im Lande. Beide Eltern von einem außerordentlich hohen moralischen Niveau, auffallend beim ersten Blick, sehr liebenswert. Wie Carenous[1], nur reicher und gebildeter. Sehr eindrucksvoll. Der alte Mann bestellt seinen Garten allein und wirkt wie ein sehr vornehmer gentleman. Zwei unverheiratete Töchter im Haus, von denen die eine Volksschullehrerin und die andere Klavierlehrerin ist. Abends wurde musiziert, es war gerade erträglich. Das ist ein Kapitel für sich. Aber hat auch was Rührendes. Wir gingen in den Wald spazieren, d. h. die drei Schwestern und ich, mit Operngläsern bewaffnet, zwecks Vogelschau. Ich sah mit bloßen Augen eine herrliche, wilde Katze, viel Brombeeren und Blaubeeren, und das ging auch.

[1] Nicht zu ermitteln.

Die Leute waren reizend zu mir und sehr interessiert. Gesprächsthema natürlich: Out of the night.[2] Der Unterschied zwischen diesen alteingesessenen Familien und den Neuzugewanderten, wozu ich gemäß hiesiger Sitte auch noch die dritte Generation rechnen will, ist ungeheuer verblüffend. Das sind einfach verschiedene Welten. Dies dürfte der verfeinerte Kolonialtyp sein, großartig. Wenn es nur recht viele davon gäbe. Sehr puritanisch, aber ohne alle Vorurteile, ganz und gar tolerant, nicht selbstgerecht, sehr viel »Preußisches«. Pflicht wird mit einem sehr großen P geschrieben. Der Mann hat alle Ehrenämter inne, die das Dorf zu vergeben hat. Man lebt sehr einfach, aber die Tochter hat natürlich ihren Wagen. Und allen Komfort. Dafür ja aber auch gar keine Bedienung.

So Kinder: um ½ 11 kommt der Briefträger und nimmt diesen Brief mit. Wenn Ihr jetzt nicht ausführlich schreibt, soll Euch der Teufel frikassieren. Morgen bin ich in Boston mit Bertchen Segal verabredet. Großes evenement.

Ich muß noch nachtragen: Der Mann sagte mir gestern, daß bis zum vorigen Krieg er sich als Amerikaner gefühlt habe, *sein* Washington etc. Und auf meine erstaunte Frage, wie es nun sei, meinte er, es habe sich eben alles geändert. Nicht wegen Jude, das weiß wohl kaum ein Mensch. Aber man dürfe z. B. nicht wissen, daß er noch Deutsch könne. Hübsche Aussichten, was?

Seid gegrüßt und geküßt von

Eurer H.

[...]

---

[2] »Heraus aus der Finsternis«; bezieht sich vermutlich auf die Flucht des Ehepaares aus Europa.

[Winchester, Mass.,] Montag [28. Juli 41]

Mein Liebster –

[...]

Ich bin ganz glücklich mit Deinem Brief vom Sonnabend, mein armer schwitzender, der keinen Appetit hat. Schwitzen hin und schwitzen her, schreiben mußt Du, mein Guter, sonst rück ich hier aus und mach eine grauenhafte mess. Zur Feier Deines Briefes stürzte ich ans Klavier und spielte rasch mal: »Er ist gekommen, in Sturm und Regen, ihm schlug beklommen mein Herz entgegen...«[1]. Könntest Du Noten, würde ich's Dir aufmalen, aber ich denke, Du kennst das Lied auch so. Es klang schauderhaft, ist aber ein sehr wahrhaftiges Beispiel aller ganz reinen Ausdruckskunst. Falls Kunst nichts anderes sein sollte, so war es ganz vollkommen.

Gott sei Dank, daß Du gegen diese verrückte Sozialarbeitersache bist. Ich war ganz verzweifelt über so viel Tüchtigkeit und guten Willen, und alles auf mein armes müdes Haupt. Nun werde ich mich dort halt nicht mehr blicken lassen können. [...] Mein Englisch ist zwar nicht gerade präsentabel, aber ich verstehe nun so ziemlich alles, vor allem von den Leuten hier, die sehr viel mehr Englisch sprechen als Amerikanisch, und kann mich zur Not auch ausdrücken.

Die Sache mit Albert [Salomon] habe ich schon dunkel vermutet. Wie schrecklich und wie gut, daß ich nicht da bin: Ich kann eine unterwürfige Geste nie vergessen oder verzeihen. Und er war so das Gegenteil von alledem. Und haßte es so an anderen. Und wollte deshalb nie Professor werden. Und bitte, glaub mir, das war ein sehr feiner Bursche, wenn auch nie übermäßig begabt. Was er aber auch wußte und womit er ganz zufrieden war. Er war so frei von Ressentiment wie kaum ein Mensch. Bitte, bitte halt es ihm zugute. Manchmal bin ich glücklich, daß Jaspers nicht da ist und nicht rausgegangen ist.

Bitte sei nicht wütend über irgendwelche Zumutungen. Das ist nicht so schlimm. Und mit meinen Leuten stehe ich sehr gut, sehr kameradschaftlich. Sie haben mich ehrlich gern, und Du weißt, wie

---

[1] Die ersten Zeilen eines Gedichtes von Friedrich Rückerts *Liebesfrühling*, vertont von Robert Schumann.

wichtig das für mich ist und wie leicht ich zu kaptivieren bin. Macht nichts, nicht wahr?

Ich zähle trotzdem heimlich die Tage, habe aber noch nicht den Mut gefunden, den Leuten zu sagen, daß ich Mitte August abhaue. Weiß noch nicht, wie ich es ihnen beibringen soll.

Mein Liebster, mein Einziger, kluger und weiser Stups, ich küsse Dich vor allem auf den Bauch, wo es am weichsten ist.

Deine H.

Hier im Museum sind eine Masse schöne Sachen, vor allem griechische Skulptur und herrliche Vasen, die schönsten, die ich kenne. Aber sehr wenig Photos. Es ist auch Rembrandts Vater da und ein herrliches Frauenbildnis von Manet, das ich Dir gerne geschickt hätte, um Dich, was Manet anlangt, eines Besseren zu belehren.

[Winchester, Mass.,] 1. 8. 41]

Ja, Liebster, mit dem Salomon hast Du ganz recht. Mag sein Mäuschen auch noch mitpiepen. Aber wirklich und herrlich recht hast Du mit der platonischen Rache. Der Gedanke an sie ist das einzige, was einen trösten kann. Aber das alles hilft mir auch nicht viel, denn das Lesen des Albertschen Manuskriptes ist so rasend langweilig, daß mir alles andere darüber gleichgültig wird. Mein altes Vorurteil gegen alle methodologischen Streitereien ist bestätigt. Ich kann es einfach nicht ertragen. Und er hat es fertig gekriegt, selbst aus Max Weber[1] einen öden, dämlichen Methodologen zu machen. Natürlich müßte ich ihm ein paar freundliche Worte schreiben, aber sie bleiben mir im Halse bzw. in der Feder stecken. Vielleicht, Stups, bitte schön, vielleicht... fällt Dir was ein. Bitte, bitte, bitte...

Jedenfalls bin ich nun entschlossen, in diesem herrlichen Lande des Jux eher vor Hunger zu krepieren als zu so einer Jammergestalt zu degenerieren. Könnte es wohl auch nicht. Habe aber doch Angst gekriegt. Brrrrrr.

---

[1] Max Weber, 1864–1920, Sozialwissenschaftler; trat für eine wertfreie Forschung in der Wissenschaft und eine verstehende Soziologie ein, unter Verwendung von Idealtypen als logische Konstruktionen.

Günther [Stern] schreibt, Brecht ist angekommen. Er geht zu ihm wie seit eh und je. Na, wenn das schon sein mußte, dann sollte es wenigstens Benji[1] sein. Kann aber auch dagegen nichts machen. Was [Günther Stern] anlangt, scheint er noch genau da zu stehen, wo er 1932 auch nicht gerade angekommen war. Für die »Rahel«[2] ist gar keine Aussicht, und ich bin ehrlich verzweifelt und wütend. Aber noch mehr deprimiert.

[...]

Ich bin so neugierig auf Deine »Werke«, daß ich am liebsten sie Dir wieder heimlich aus der Tasche ziehen möchte.

Hier ist es seit Tagen kühl und regnet. Ich bange mich unsinnig und beginne, mich selbst für eine Art standhaften Zinnsoldaten zu halten. Hast Du mal was von Kurt[3] gehört? Er müßte jetzt eigentlich schon in Ferien sein.

Lerne man hübsch Englisch, trotz meiner im Brief an Mutt beschriebenen Erfahrungen. Ein bißchen braucht man doch. Ich lese gerade Meredith, Diana of the Crossways[4], ganz herrliches Buch.

So, mein Liebster, – ach Stups, ich will nach Hause. Hab es so satt.

Küsse

Deine

[New York,] Sonnabend [2. 8. 41]

Liebes Schnupperchen,

ich freue mich, daß Dich meine etwas bitteren Scherze wieder aufgemutzt haben. Hoffentlich hast Du dort besseres Wetter, als wir es hier haben. Heute ist ein Tag, wo man glaubt, man hat alles Hirn-

---

[1] Vgl. S. 82, Anm. 2. Die Blüchers hatten noch im Oktober 1940 in Südfrankreich vom Selbstmord Benjamins am 26. September 1940 an der spanischen Grenze erfahren.

[2] Vgl. S. 116, Anm. 3 (1. Brief).

[3] Kurt Blumenfeld, 1884–1963, führender Zionist; H. A. hatte ihn in ihrer Heidelberger Zeit bei einem seiner Vorträge kennengelernt und war seitdem mit ihm befreundet. Vgl. Hannah Arendt Kurt Blumenfeld ... *in keinem Besitz verwurzelt Die Korrespondenz*. Herausgegeben von Ingeborg Nordmann und Iris Pilling. Hamburg 1995.

[4] George Meredith (1828–1909): *Diana of the Crossways*. 1885

schmalz verloren und wird auch nie wieder welches haben. Ich hatte ursprünglich die Hoffnung, in der Zeit unserer Trennung eine Masse Zeugs zu schreiben – es ist aber nicht viel draus geworden. Ich murkse seit einer Woche an einer Arbeit für die »Decision«[1] und habe heute glücklich alles Geschreibsel weggeschmissen und fange unentwegt von vorne an.[2] Es soll eine Studie zur »Psychologie« des politischen Soldaten werden. Vielleicht ist es darum noch nichts geworden, weil ich gleichzeitig an einer Beschreibung des neudeutschen Imperialismus rumkorkse, die den Titel haben soll: Der neue Turm zu Babel. Es ist ein gefährlich Thema, und ich bin auch schon mitten drin in der Sprachverwirrung. Außerdem habe ich noch die größten Bauchschmerzen, ob ich unter Herrn Klaus Mann schreiben will, ja ob ich überhaupt ihn auch nur aufzusuchen gedenke, obgleich ich ihm schon angemeldet bin. Mein Herz, sei mir nicht böse, und hab noch ein wenig Geduld mit mir. Ich werde schon noch einen Ausweg aus allen meinen Bedenklichkeiten finden.

Mit dem Englischen geht's gar nicht schlecht. Die Lehrerin ist unverändert herrlich, und ich mache wirkliche Fortschritte. Sprache und Land interessieren mich täglich mehr, und ich hoffe, bald ein brauchbares und nicht allzu oberflächliches Urteil zu haben. Mit der Sprache mußt Du mir schon noch helfen.

Salomon war sehr erfreut, einen Brief von Dir zu haben. Es war auch Zeit, ihn glücklich zu machen, denn er kommt vor Unsicherheit um und ist einfach rührend in seiner Hilflosigkeit. Mit den Schülern geht's jetzt besser. Er wendet brav meine Rezepte an und fragt sie zwischendurch nicht unsicher schüchtern und fast unterwürfig Yeeeees?, sondern versucht, mit der Faust auf den Tisch zu schlagen und seine Pointen einzuhämmern. Und sie beginnen zuzuhören, weil sie sich denken, daß der da vielleicht wirklich etwas will, außer den blödsinnigen Versuch machen, Geschichte zu lehren. Aber er will nicht mehr. Daß Max Weber nicht nur ein soziologischer Beckmesser war, sondern ein lebendiger Politiker, scheint ihm nicht einmal aufgefallen zu sein. Wenn er drei Worte darüber

---

[1] Klaus Mann, 1906–1949, gab die Zeitschrift *Decision* 1941–42 heraus.

[2] Zu H. B.s Schreibschwierigkeiten vgl. S. 211, Anm. 1.

sprechen würde, wären seine Schüler sicher begeistert. Es wäre den Jungen nützlicher zu wissen, daß Weber ein Säufer war, weil ihm der Gram um sein Land das Herz abfraß, und ihnen dann einiges über Politik als Beruf zu erzählen, als ihnen den Methylalkohol der Idealtypenschemata einzutrichtern, mit dem sich Weber ins Grab gesoffen hat. Aber wir werden den Salomon schon noch aufpulvern, er ist ein so netter Kerl.

Mein Gutes, Geliebtes, denk nicht schlecht von Deinem herumschwankenden Stups. Ihm geht zu viel durch den Kopf, und er hofft dennoch, es alles klar zu kriegen. Da verderben sie sich den Magen mit dem praktizierten Aberglauben von Soziologie und Psychoanalyse, und dann rennen sie nach dem Abführmittel der religiösen Gefühle und nach der Klistierspritze der human behavior.

Was sie brauchen, ist Philosophie, die den Wissenschaften den Aberglauben austreibt und sie an ihren Platz zurückprügelt. Da ist man vom Seminar ausgekniffen[3], um nicht Arschpauker zu werden, und in ein Zeitalter hineingeraten, wo alles von Pfaffen, Lehrern, Wissenschaftlern und also überhaupt von Besserwissern gemacht wird und wo kein Mensch mehr etwas kann, und deshalb ist kein Funken Vernunft in der Sache, denn Vernunft ist ein Können und nicht ein Wissen von dem, was Gott oder die Vorfahren oder die Masse oder der Teufel könnten, wenn sie wollten.

Es sind alles Pfaffen und Arschpauker, und sie geben alle Rezepte. Es ist zum Speien, dieses Herumkramen in den Kleiderschränken der Jahrhunderte, um einen angeblich für eine so und so geartete Zeit wie die unsere typischen historischen Lumpen herauszuzerren und ihn den Menschen umzuhängen. Sie können alle die »Uniform ihres Jahrhunderts« nicht finden, die doch in jedem Konfektionsladen massenhaft feilsteht.

Mein Herz, laß Dich's nicht verdrießen, der Spuk geht zu Ende, und wir werden noch lachen über den ganzen Maskenball, den die Spießer sich da veranstaltet haben, falls man sie bloß verhindern kann, aus dem Karneval wieder in Sack und Asche zu flüchten bis zum nächsten Mal.

---

3 H. B. hatte nach Abschluß der Volksschule ein Lehrerseminar besucht.

Ich sitze am Fenster, und die Stadt wird mir täglich phantastischer und in ihrer Phantastik menschlicher. Hier ist eine große Chance für die Menschheit, gerade hier.

Es ist Dir hoffentlich ganz klar, daß ich Dich liebe? Mir wird's nur täglich klarer. Komm man bald zurück und laß Dich küssen.

Heinrich.

[Winchester, Mass.,] Sonnabend [2. 8. 41]

Liebster Stups –

heute früh bekam ich den beiliegenden Unglücksbrief.[1] Ich bin ganz verstört über die Chuzpe und die naive Unverschämtheit, mir das auch noch zu schreiben. Aber das ist ja das mindeste daran. Ich nehme an, daß die Schweinebande[2] der gleichen Meinung ist und sie das Manuskript[3] einfach unterschlagen werden. Es ist noch ein Glück im Unglück, daß ich es habe. Ich war schließlich verpflichtet, es ihnen zu geben, wissend, daß Benji ihnen ein Exemplar geschickt hatte, das nur nicht angekommen ist. Stups, bitte, bitte, sag was. Ich bin ganz allein und so schrecklich verzweifelt und verängstigt, daß sie es nicht drucken wollen. Und so wahnsinnig wütend, daß ich sie alle miteinander glatt morden könnte. Benji zahlt etwas teuer für Ruhe und Sicherheit. Lieber Gott – mit so was Dämlichem hat man sich auch noch abzugeben. G. [Günther Anders] ist offensichtlich komplett verkommen. Von mir aus.

Wenn man wenigstens nach Palästina schreiben könnte, vielleicht

---

1 Es handelt sich vermutlich um einen Brief von Günther Stern, in dem er berichtete, daß Walter Benjamins letztes Manuskript vorläufig nicht veröffentlicht würde.

2 Vermutlich Max Horkheimer, 1895–1973, und Theodor W. Adorno, 1903–1969, beide Philosophen und Soziologen, die mit dem Institut für Sozialforschung 1933 nach Genf, 1934 nach New York emigrierten.

3 Das Manuskript wurde 1942 in mimeographierter Form in dem Gedenkbuch *Walter Benjamin zum Gedächtnis* für das Institut für Sozialforschung von Horkheimer und Adorno herausgegeben, 1950 veröffentlicht: Walter Benjamin: »Über den Begriff der Geschichte«. In: *Die neue Rundschau*, 61. Jg., 1950, 4. Heft, S. 560 bis 570.

könnte Scholem[4] die Sache anständig bei Schocken[5] herausbringen – der nb. [in] New York ist. Dazu müßte ich aber erst wissen, daß die Hornochsen die Sache nicht nehmen. Und das werden sie, gemein wie sie sind, nie sagen. Sondern einen hinhalten. Einen Vortrag über Loyalität gegen toten Freunde wird man ihnen ja wohl nicht halten können. Die werden sich rächen, wie sich Benji im Grunde durch Schreiben dieser Sache gerächt hat.

Ich gab Salomon das Manuskript zur Einsicht. Frag ihn doch mal nach seiner Meinung. Und grüß ihn schön. Ich schreibe ihm dieser Tage. Muß mich aber unbedingt erst abkühlen.

Liebster, Einziger, man soll sich nicht trennen. Es ist Wahnsinn. Sic.

Deine

Deine.

[New York,] Montag [4. 8. 41]

Liebe kleine Meine,

ich hatte mir die Stellung der Herren Literaten zu [Walter Benjamins] Testament nie anders vorgestellt und bin also nicht erstaunt und schon gar nicht erschrocken: aber nur, weil ich nach langen Erfahrungen mit den Kapuzinern endlich gezwungen war, in geistigen Dingen der Graf Robert von der Normandie[1] zu werden, der in seinem Leben nie erschrak. Dagegen ist es verständlich genug, daß Du erschrickst, herrlich, bezaubernd und süß, aber wie Du es tust, nämlich mit der blitzschnellen Reaktion Deiner prächtigen Wut.

---

[4] Gerhard (Gershom) Scholem, 1897–1982, jüdischer Religionshistoriker, 1933 bis 1965 Professor an der Hebräischen Universität von Jerusalem. War mit Benjamin und H. A. befreundet.

[5] Vgl. S. 137.

[1] Bei H. B. irrtümlich »Robert«; die ersten Zeilen von Uhlands Gedicht »Graf Richard Ohnefurcht« lauten:

Graf Richard von der Normandie
Erschrak in seinem Leben nie.

»Kapuziner« verweist ironisch auf die »Ordensbrüder« der Frankfurter Schule, Horkheimer und Adorno.

Ich sehe Dich mit deinen funkelnden Augen und heftigen Gebärden da vor mir stehn – und weiß, daß und wie ich mich im nächsten Augenblick über Dich werfen werde, rasend stolz, Dich zu besitzen.

Aber sieh mal, das alles ist doch Pfaffengezänk, und sie rächen sich doch nur an dem toten Papst, weil er ihrer Gilde eine sie alle degradierende Bulle hinterlassen will, die die Anforderung stellt, ihn heilig zu sprechen, und dabei zu wissen, daß der Heilige sich über sie mokiert hat. Benji hat zuerst dunkel gefühlt, daß er und alle Pfaffen aus dem Paradies vertrieben sind, nämlich aus der paradiesischen Funktion, in der sie jahrhundertelang gesessen haben, organisiert, um die Menschheit zu verhindern an der vollen Realisierung der Einsicht, daß sie wirklich und wahrhaftig aus dem Paradiese vertrieben ist. Nun aber ist die Zeit, wo die Menschheit das ahnt und gewillt ist, den Gedanken voll zu realisieren; sie macht gerade noch den letzten wahnwitzigen Versuch, das Paradies in der Form einer Bluthölle hier auf ihrem Boden zu verwirklichen, und wenn sie davon genug haben wird, muß man mit ihr vernünftig zu reden beginnen. Damit möchte ich den Anfang machen, und schon der Anfang würde genügen, den Beruf des Pfaffen aufzuheben. Einstweilen trösten sich die Herren damit, daß sie ihre eigenen gestrigen und ihre gegenseitigen heutigen Götzen anspucken. Man darf in die Schußrichtungen dieses »Kampfes« nicht hineingeraten. Die einen glauben, den Beruf wieder sichern zu können, indem sie ihre Versuche, das Paradies auf Erden zu schaffen, bußfertig bereuen und das Paradies wieder als im Jenseits liegend verkünden, die anderen wollen nun erst recht ein neues Paradies auf Erden und fangen damit an, das Paradies im Jenseits nun diesmal wirklich endgültig als nicht existent erweisen zu wollen. Benji versucht eine Synthese, um die Hölle auf Erden direkt vom Paradiese her mit Hilfe der Teufelskunst des dialektischen Materialismus zu leiten. Allen aber trieft das Ressentiment aus dem Maule, daß es ihren Göttern gefallen hat, ihre Priester brotlos zu machen.

In diesen speichelsprühenden theologischen Debatten passiert es denn auch, daß die »Kategorie« des Fortschritts mitbespuckt wird für den schäbigen Preis von 100 Dollar und durch ihren Tod ein

Auto schaffen soll.[2] Das ist mir alles eine Hexenkunst. Da sehen die Kapuziner gar nicht, daß sie unsere Väter bespucken, aber wie könnten sie, da sie geschlechtslos sind, Respekt vor dem Geschlecht haben. Hätten sie, statt die Gedanken der Väter als Doktrin zu predigen, den Respekt aufgebracht, wirklich einmal jahrelang ihre eigenen Gedanken zurückzusetzen und dem Willen der Väter zu dienen, und hätten sie nicht umgekehrt nur getrachtet, den Gedanken der Väter ihre eigenen Einfälle unterzuschieben, so wäre zu merken gewesen, daß unsere Väter zwar recht romantische Kerle waren und, von der Technik besoffen, zum ruchlosen Optimismus wie zum ruchlosen Pessimismus neigten, daß sie aber nicht nur großspurige, sondern auch großartige Männer waren, die den unbändigen Willen hatten, die Einsichten unserer Großväter (18. Jahrhundert) zu verwirklichen. Man ist mit seinem Vater nicht fertig, wenn man ihn erst angebetet und dann angespien hat und nun hingeht, um die Welt aus dem Nichts neu zu schaffen, sondern man hat ihn erst überwunden, wenn man ihm lange genug gehorcht hat, um seinen Willen festzuhalten, indem man sich gezwungen sieht, gerade deswegen seine Mittel zum alten Eisen zu werfen. So habe ich wieder bei den Großvätern, bei Leibniz, Lessing und Kant angefragt, was sie wohl von ihren Söhnen halten. Die Enkel werden sich mit ihnen darüber einigen können, und erst dann werden wir wissen, woran wir sind.

[...]

Kleine Meine, es ist so brav, daß Du Deinen Willen ausführst und Deine Zeit dort abmachst, und es ist so schön, daß Du so unter der Trennung leidest. So habe ich beides, ich habe Dich so unabhängig und frei, wie ich Dich als Mensch mag, und ich habe Dich so abhängig, wie ich Dich als Weib will. Und daran kann ich mich freuen, nämlich weil Du ja bald nach Hause kommst.

Mit Kläpschen und Küssen und mit einem breiten Grinsen bin ich Dein Dir wohlzugeneigter

Stups Heinrich.

[...]

---

[2] Anspielung konnte nicht entschlüsselt werden.

[Winchester, Mass.,] Mittwoch [6. 8. 41]

Liebster –

Dein Brief war ein richtiger Trost, so wie ich ihn brauchte. Aber wirklich, ich bin nicht Graf von der Normandie und erschrak in meinem Leben oft zu Tode – wovon man sich erfahrungsgemäß auch wieder erholt. Vielleicht werde ich mir mal den Schrecken abgewöhnen können – liegt aber noch in weiter und sehr nebelhafter Ferne; die Wut jedenfalls nie. Und diesmal war es *auch* eine moralische. Tote können sich schlecht wehren. – Ja, Stups, laß uns die Väter ehren und mit ihnen fertig werden. Mit den Großvätern wird man sich dann schneller einigen können. Diese hochtrabenden Kinder-Revolten, die die Verzweiflung geboren hat, daß einem selbst doch nichts mehr einfällt, sind wirklich nur degoutant.

[...]

Ich lese Shaw, amüsant. Wenn schon Flachkopf, dann wenigstens so. Dies, um mich zu erholen von einem wirklichen Schreck, ich habe Watsons Behaviorism[1] mir angesehen. Lesen kann man das nicht. Dagegen ist Freud geradezu ein tiefer Denker, ach, ein Genie, der liebe Gott. Das ist wirklich der comble[2]. Seelenerlösender Quatsch, gegen die Christian Science erhabene Weisheit predigt. Und das nimmt hier jeder ernst. Und auch in europäischer Psychologie hoch angesehen und geachtet.

[...]

Gruß und Kuß, und ich komme nun ganz bald.

Deine H.

[1] John Broadus Watson, 1878–1958, amerikanischer Psychologe, Mitbegründer des sog. Behaviorism (Verhaltensforschung). J. B. Watson: *Behaviorism*, 1925; *Ways of Behaviorism*, 1928.

[2] Französisch: Gipfel.

[Winchester, Mass.,] Dienstag [12. 8. 41]

Mein geliebter Stups –

ich bin fast traurig, daß ich durch Nachhausekommen nun keine Briefe mehr bekomme. Kannst Dir gar nicht vorstellen, wie glücklich ich mit Deinem letzten, langen, wütenden Brief war. Ja, vielleicht erleben wir es noch, daß der Humbug ein Ende nimmt und daß man wieder mit einiger decency über ernste Dinge sprechen kann.

[...]

Also, mein Liebster, ich komme Gott sein Dank und endlich Freitag. Der Bus geht hier morgens 8 : 15 ab und soll an dem Bahnhof, von dem ich abfuhr, um 5 : 40 ankommen. Ich habe so viel noch zu tun, daß ich nicht mal dazu kommen werde, die Tage zu zählen. Außerdem nutzt meine Familie mich noch gründlichst aus; ich muß bis spät in die Nacht sämliche Welträtsel vom Versailler Vertrag bis zur Unsterblichkeit der Seele lösen. Wie die morgens zur Arbeit fahren können, ist mir ein Rätsel. Gestern waren wir bei sehr netten Schotten eingeladen. Der sehr begabte, Philosophie studierende Sohn stürzte sich auf mich wie ein hungriger Wolf auf seine Beute. Er hat irgendwo mal den Leo Strauss[1] kennengelernt, und seine Seele dürstet. Und begabt ist er auch, und wirklich genau wie unsere Jungens waren. Aber akkurat. Er macht seine Thesis[2] über Kants Ethik – eigentlich was für Dich – und quält sich unendlich mit den deutschen Büchern ab. Ich sah mir seine Bibliographie durch und konnte ihm eine ganze Anzahl von Blödsinn erlassen, wofür er so glücklich und dankbar war, daß er morgen bereits hier herauskommen will mit einem Freund, der auch – na und so weiter und so ferner. Ich denke, er wird gelegentlich nach New York kommen, schon um Leo Strauß wiederzusehen. Dann wirst Du ja sehen. Er kennt die Personalverhältnisse der neueren deutschen Philosophie in- und auswendig. Wirklich sehr komisch. Um sich auf den Abend vorzubereiten, hatte das arme Kind sich tagelang mit meinem Au-

---

[1] Leo Strauss, 1899–1973, deutsch-jüdischer Historiker und Philosoph; emigrierte 1938 in die USA, lehrte später an der University of Chicago.

[2] Examensarbeit.

gustin[3], der hier in der Harvard-Bibliothek ist, herumgequält. Mit meinem Englisch ging es ganz gut. Den Leuten ist es wirklich ganz egal, was du aus dieser Sprache machst. Wenn sie dich nur verstehen.

Sonntag war die Familie – Eltern und Schwestern – hier, und die Sache artete zu einem großen Festdinner aus. Das heißt, meine Lady arbeitete schwer, und ich bestritt die Unterhaltung. Es ist genau, wie ich mir meinen Beruf als Dienstmädchen immer vorgestellt habe.

[...]

Liebster, ganz bald. Dieser Brief ist auch gleichzeitig für Mutt. Es grüßt und küßt Euch Eure

H.

---

3 Hannah Arendts Dissertation, *Der Liebesbegriff bei Augustin*. Berlin 1929.

Vierter Teil:
August 1945 bis August 1948

[Von 1945 bis 1947 unterrichtete Hannah Arendt europäische Geschichte in der Graduate Division am Brooklyn College. Außerdem arbeitete sie von 1946–48 als Lektorin im Schocken Verlag, geleitet von Salman Schocken (1877–1959), der den 1931 in Berlin gegründeten Verlag nach seiner Emigration ab 1945 in New York als Schocken Books Inc. neu aufbaute.

In diesen Jahren verbrachte sie die Sommerferien mit Julie Braun Vogelstein in Hanover, New Hampshire.]

[Hanover, New Hampshire,]
Mittwoch [August 1945]

Mein Liebster,

ich war schon ganz traurig und ein bißchen besorgt (modo judaico), daß ich gar keine Post hatte. So ein schöner Brief[1]. Du wirst schon noch schwimmen lernen und wieder schwimmen können, wenn ich Dir auch nicht viel helfen kann, weil mir ja meist der Schleier der Sorge das schöne Tageslicht verhüllt oder bzw. und [weil] der blödsinnige, von Jugend anerzogene Zwang, vor aller Welt außer vor Dir immer so zu tun, als ob alles immer in bester Ordnung sei, den besten Teil meiner Kraft kostet. Und da letzteres auch noch zu allem Unheil nichts ist als jener Gott so verhaßte Stolz gemischt mit einer bei den Menschen gar nicht angebrachten Überempfindlichkeit, so rebelliert mein keineswegs besseres Ich auch noch dagegen, was die ganze Sache höchstens noch verschlimmert.

Hier[2] ist sehr schön, ganz liebliche und unaufregende Landschaft. Habe mein eigenes Zimmer in einem Nachbarhaus. [...]

---

[1] Nicht erhalten.

[2] Hanover, New Hampshire, ist gemeint.

Julie[3] spricht zumeist mit ihrer natürlichen Stimme, arbeitet viel, ist quicklebendig und durchaus erträglich. [...]

Der Ort ist wie alle hier; aber die Bibliothek[4] ist wirklich großartig. Hierhin müßte man für ein paar Jahre sich zurückziehen können, man hätte nahezu alles, was man an Büchern braucht, kann alles nach Hause nehmen, hat kleine Pavillons zum Lesen. Aber denke nicht, daß ich viel arbeite. Gar nicht. Habe etwas Léon Bloy[5] gelesen, sehr widerwärtig und recht interessant. Es ist doch bemerkenswert, wie das Christentum bzw. der Katholizismus seit de Maistre[6] nur noch Publizisten hervorbringt. Nicht einen wirklichen Theologen. Von Kunst ganz zu schweigen.

Auch Péguy[7] lese ich, zum Teil sogar mit Vergnügen. Sehr gute Arbeit über Bergson[8]. Solltest Du Dir auch gelegentlich ansehen.

Gratuliere zu Whitehead[9] – der übrigens Engländer ist. – Mir ist seit der Atomzertrümmerung[10] noch unheimlicher zumute als vorher. Was für ein gefährliches Spielzeug in der Hand dieser Narren, die die Welt regieren. Ja, Potsdam[11] war ganz großartig. Hier hörte ich von einem Brief aus Berlin, von einem Deutschen, der schrieb, daß es früher nicht möglich gewesen sei, den Leuten auch nur die Möglichkeit einer Niederlage klarzumachen, und daß es jetzt ganz

---

3 Julie Braun Vogelstein (1883–1971) Kunsthistorikerin, Schriftstellerin. Sie war die dritte Frau des Sozialpolitikers Heinrich Braun (1854–1927); H. A. hatte sie 1943 in New York kennengelernt. Frau Braun Vogelstein, die 1936 in die USA emigrierte, pflegte für sich und ihre Nichte Hertha Vogelstein ein Sommerhaus in Hanover, New Hampshire, zu mieten.

4 Vermutlich die Bibliothek des Dartmouth College.

5 Léon Bloy, 1846–1917, französischer Schriftsteller.

6 Joseph de Maistre, 1753–1821, französischer Schriftsteller und Philosoph.

7 Charles Péguy, 1873–1914, französischer Schriftsteller. Auf de Maistre und Péguy nimmt H. A. Bezug in ihrem in diesem Sommer entstandenen Essay »Christianity and Revolution« in: *The Nation*, 161, Nr. 2, 22. September 1945.

8 Henri Bergson, 1895–1941, französischer Philosoph.

9 Alfred North Whitehead, 1861–1947, britischer Philosoph und Mathematiker.

10 Die erste Atombombe detonierte am 16. Juli 1945 auf einem Versuchsgelände bei Los Alamos in New Mexico, USA. Die zweite und dritte wurden am 6. und 9. August 1945 über Hiroshima und Nagasaki, Japan, abgeworfen.

11 Am 2. August 1945 wurde das Potsdamer Abkommen zwischen den USA, der UdSSR und Großbritannien getroffen, das Beschlüsse zur Regelung der Nachkriegsprobleme betraf.

unmöglich ist, ihnen klar zu machen, was diese Niederlage eigentlich diesmal bedeute. Wenn erst alle »politisiert« sind, interessiert sich eben niemand mehr für Politik.

[...] – Ansonsten einen Brief aus Palästina. [...] – Die »Rahel«[12] ist abgeschickt worden und wird mit Gottes gnädiger Hilfe wohl ankommen. Ist vielleicht schon da? Die Mutt schrieb von einem Paket aus Palästina?

[...]

Nun werde ich in das nicht von Dir gemachte und daher höchst ungastliche Bett steigen. Die Grillen zirpen, sonst hört man keinen Laut. Selbst die Hunde halten es für nicht der Mühe wert, zu bellen.

Sei nicht zu freundlich zu den Menschen, damit Du nicht Schaden an Deiner Seele nimmst und ich nicht in einen zu schlechten Ruf komme.

Die Deine

[New York, Anfang Juli 1946]

Liebste,

Du weißt, daß ich den Schlag seit langem erwartet habe und mich dagegen zu festigen suchte. Nun er gefallen ist, trifft er mich doch schwer. Der Brief an meine Mutter kam mit dem Vermerk »Adressat verstorben« zurück. Wir wollen nicht reden jetzt. Ich werde erst ein paar Tage lang mir selber einiges zu erzählen haben. Jedenfalls weiß ich jetzt, daß es nur mein schlechtes Gewissen war, das mich nach Deutschland zog und mich in meinen Entschlüssen lähmte. Erst jetzt stehe ich sachlich zu der Frage. Und das heißt: Ich würde nur gehen wollen, wenn ich hier absolut gar nichts und dort sehr viel machen könnte.

Broch[1] läßt Dich sehr grüßen. Er will Deine historischen Arbei-

---

[12] Es handelt sich um das Exemplar, das H. A. 1933 ihrer Freundin Käte Fürst gegeben hatte, die es 1936 bei ihrer Emigration mit ihrem Mann nach Palästina mitnahm. Vgl. Hannah Arendt/Kurt Blumenfeld, »...in keinem Besitz verwurzelt« [siehe S. 124, Anm. 3], S. 24.

[1] Hermann Broch, 1886–1951, österreichischer Schriftsteller; lebte seit 1938 in den USA und war dort mit dem Ehepaar befreundet.

ten studieren und hört politisch bereits sehr auf mich. Ich mache ihm seine wissenschaftlichen Träume ein bißchen schwerer und bin rücksichtslos. Er wird Deine Unterstützung nötig haben.

Hilde[2] habe ich tüchtig gezaust und ihr die Lage klar gemacht. Sie hatte eine Stellung für $ 35 beim OWI[3] ausgeschlagen. Ein Kind. Ich nehme an, sie wird keine Stellung mehr ausschlagen jetzt. Aber sei ruhig, es ging alles sehr humoristisch ab, und sie läßt sich gern von einem Mann zausen. Ich habe ihr klargemacht, daß, wenn auch die Welt ungerecht sei, die Ungerechtigkeit aber keinesfalls darin gefunden werden könne, daß Leute wie sie und ich, die sich für Dinge außerhalb des Jobs so unverschämt offensichtlich mehr interessieren, vom Boss nicht so sehr begeistert angesehen werden. Wir versuchen, die guten Leute zu hintergehen, ob nun aus privaten Liebes- oder aus sachlichen Politik- und Philosophiegründen. Wenn uns die Hochstapelei nicht glückt, sollen wir wenigstens nicht über Ungerechtigkeit jammern. Na ja, und so weiter in diesem Ton. In den Refugeedienst kommt sie nicht hinein, weil die die amerikanische social worker Ausbildung verlangen. Natürlich kann das gute Kind entzückenderweise nicht begreifen, daß die Welt wirklich eine solche ist, in der Leute, die einem Geld zahlen, dafür den besten Teil unseres Lebens verlangen.

Freue mich, daß mit Dir dort alles zum besten steht. Grüß Julie [Braun Vogelstein].

Ich bin sehr traurig. Es ist gut zu wissen, daß wir beide noch einige Tage auf dem Lande zusammen haben werden, bevor die Arbeit wieder anfängt. Und überhaupt: wie gut, daß Du bist, mein Liebling.

Dein Heinrich.

---

2 Hilde Fränkel, nach dem Kriege Sekretärin von Paul Tillich am Union Theological Seminary in New York; mit H. A. seit deren Aufenthalt in Frankfurt/M. 1930/31 befreundet.

3 OWI = Office of War Information.

[Hanover, New Hampshire,] Montag [8. 7. 46]

Liebster –

gräm Dich nicht, und mach Dir nichts vor. Dies ist doch in erster Linie ein befreiender Schlag und kann Dir gar nichts anderes sein. Was willst Du Dir denn noch groß erzählen außer dem, was Du Dir seit eh und je erzählt hast. Was hättest Du denn ändern können, es sei denn, Du hättest Dich mit 15 Jahren entschlossen (denn das ist ja doch das Alter, in dem man solche Entschlüsse faßt), ein Sohn zu sein. Und das wäre nicht nur Unrecht, sondern auch unmenschlich gewesen – wie all dies Eltern-Kind Gespiele automatisch wird, wenn die Kinder erwachsen werden. Daß die Mutter keinen andern Lebensinhalt hatte, ist weder Deine Schuld, noch hättest Du es ändern können. Glaub mir, ein »guter Sohn« zu sein ist ein Lebensberuf. Dann hättest Du vielleicht früher schreiben können; und das hast Du doch offenbar nicht gewollt. Warum, weiß ich nicht; denn an die politischen Gründe glaub ich, ehrlich gesagt, nicht. Finanziell hättest Du nicht helfen können, und es ist ja wohl auch nicht nötig gewesen. Ich weiß, ich bin »wie die Axt«; aber ich habe Angst, daß Du Dich wieder in irgendeine Melancholie fallen läßt, wofür dies ja auch nur ein Anlaß wäre.

Schön, daß Du mit Broch gesprochen hast. Ich lese hier, wo es schlechtweg alles gibt, seine älteren Romane, die teilweise recht schön sind, teilweise ganz ungewöhnlich und dann doch größtenteils nicht sehr belangvoll; so daß der »Vergil« [1] wie ein Wunder erscheint. Sag ihm das aber bitte nicht.

[...]

Hier ist wunderschön. Und sehr erholsam. Es ist kühl, so daß man gerne in der Sonne sitzt. Wir gehen täglich spazieren; ich lese Tocqueville und Shakespeare und murkse an den Menschenrechten [2] verzweifelt rum. Die Geschichte krieg und krieg ich nicht klar.

[...]

Morgen und übermorgen schicke ich Dir die Jaspers-Broschü-

---

[1] Hermann Broch: *Der Tod des Vergil*. New York 1945.

[2] H. A. arbeitete bereits an ihrem Totalitarismus-Buch.

ren.[3] Bin neugierig, was Du dazu sagen wirst. Will daher noch nichts sagen. Werde ihm heute oder morgen schreiben.

[…]

Liebster, Du machst mir Sorgen – was Du ja weißt. Wozu also sich darüber äußern.

Tausend Küsse

Deine, Hannah.

[…]

[New York, 9. oder 10. 7. 46]

Liebste,

ich gräme mich nicht, und ich mache mir schon gar nichts vor. Ich war traurig, habe, wie es sich gehört, ein wenig Schiwe gesessen[1], dabei einzusehen versucht, wie viel mehr sie mir Liebe gegeben hat als ich ihr und wie viel ich also weiterzugeben hätte, wenn ich nicht in diesem schäbigen Zustande der Schuld zu bleiben gedenke, und wie mein Vermögen dazu wohl bestellt sein mag. Was ich mir zu erzählen hatte, betraf Sachliches, nämlich gerade diese meine idiotische Verwechselung und Vermischung unklarer persönlicher Gewissenssüchte und ideeller Absichten.

Sonst hast Du völlig recht und bist bestimmt weniger eine Axt, als ich es bin. Als Vorwand für Melancholie werde ich es nicht nehmen, erstens, weil ich gar nicht melancholisch bin. Ich glaubte es nur zu sein, weil die Anzeichen so ähnlich waren. Aber grundsätzliches Zweifeln und radikales Infragestellen aller Werte begreift als seinen Mittelpunkt das Selbst mit ein und hat also mit Verzweiflung wenig zu tun, so ähnlich es ihr sehen mag. Der Verzweifelte zweifelt nicht an sich, und die Sinnlosigkeit der Welt erscheint ihm nur als Unangemessenheit zu dem eigenen Sinn, an den er fest und steif glaubt. Und Melancholie, sofern sie mehr ist als Verzweiflung, nämlich eine Form von Wahnsinn, glaubt eben auch an einen ge-

---

[3] Karl Jaspers: *Die Idee der Universität*. Berlin 1946. Karl Jaspers: *Die Schuldfrage*. Heidelberg 1946.

[1] Jiddisch: stille Trauerarbeit einhalten.

wähnten Sinn, an dem sie alles mißt. Der radikale Zweifler ist davor am besten geschützt.

Wer sich mit dem Nichts ernsthaft einläßt, und nicht nur so nihilistischer Weise als einer Möglichkeit des Geistes, wer sich mit ihm einläßt, um in ihm das Sein zu finden, hat keine Lust, seine Erfahrungen mit dem Nichts in Form etwa geistvoller platonischer Monologe der staunenden Mitwelt zur Kenntnis zu bringen. Wenn es gelänge, aus dem Nichts selbst die auf prinzipieller Ungewißheit und Unsicherheit gegründete eine Möglichkeit der Wirklichkeit herauszuholen, so wäre dem mageren Ergebnis schon anzusehen, welchen Proben es ausgesetzt wurde, ehe man es als das Etwas anzubieten wagte.

Ich nähere mich dem einen Etwas langsam an. Diese »Lähmung« war nur das Schweben zwischen Traum und Wachen, oder besser, der Versuch des Halbwachen, den Traum zu erfassen und zu brechen. Denn das Nichts ist auch nur ein Traum, der Mythos, von dem alles mythische Denken beginnt und in dem es wiederum endet. Denn die Nihilisten träumen ja weiter, statt sich umzubringen, sie träumen so sehr das Nichts um sich herum, daß sie sich selbst nur um so herrlicher und gewisser träumen können. Alles ist nichts wert, nur ich (Camus) bin der Wert. Wie gut kann man sich doch anbeten, wenn man an das Nichts glaubt. Alle Mythen sind Wunsch- und Angstträume des Menschen, im Mythos des Nichts und des Selbst sind sie auf ihre reine Grundform gebracht und zeigen sich allesamt als »Idol-logien«. Wunsch- und Angstträume aber bergen Willensgehalte. Das Negieren, das ich im Halbschlaf praktizierte, hatte den Zweck, die Willensgehalte aus dem mythischen Philosophieren herauszuschmelzen. Ich habe nun ein paar Körner in der Hand, denen man noch nicht ansieht, ob sie Gold sind oder Dreck. Ich werde nun daran rumpolieren, um das rauszukriegen. Wieviel Bilder haben wir uns doch von der Wirklichkeit Gottes gemacht, auch das, ihn als Nichts vorzustellen, alles nur, um ihm nicht ins Auge sehen zu müssen, d. h. um nicht sich mit seiner tatsächlichen Möglichkeit zu konfrontieren.

Broch sieht zwar in meinem Sprung vom Traum ins Wachsein einen erstaunlichen politischen Willen und sozusagen einen taktischen Trick, ahnt aber zu seinem Heile noch nicht, daß ich es philosophisch vollkommen ernst meine mit dem Bruch mit dem »abendländischen Denken«.

Mach Dir keine Sorgen um mich, Liebste, oder besser, mache sie Dir, aber nur ein wenig, denn es ist so schmeichelhaft für mich. Und hier nun das Bild des Philosophen[2], um den Du Dir keine Sorgen zu machen brauchst, Jaspers persönlich. Ist er nicht entzückend? Und wie er doch gar nicht wie Goethe aussieht, sondern ein wenig wie Karl Breuning[3], was ihn verdammt ehrt. Aus dem Briefe seiner Gattin ersiehst Du, daß er sich bei Dir philosophisch verstanden und wohlgeborgen eingereiht findet in das, wozu er gehören möchte. Dein Herz wird wohl vor Freude erröten, und ich bin sehr glücklich mit Dir.

[...]

Bedaure Dich wegen der Menschenrechte. Fürchte, daß darüber nichts Gründliches gesagt werden kann, ohne vorher neue Gründe gesagt zu haben. Hoffe aber, Du bringst ein Meisterstück der Andeutung heraus.

[...]

Übrigens Broch sehnt sich wirklich nach politischer Aktion. Möchte gern Anlehnung haben für seine Arbeit über Massenpsychologie[4], möchte Kontrolle, Koordination, möchte gern mal wir sagen können usw.

Wenn einem die Selbstverständlichkeiten des Lebens selbst fragwürdig geworden waren, so reichte ja wohl oft die Stärke nicht, sie trotzdem zu handhaben; wenn sie langsam beginnen, einem antwortsmöglich zu scheinen, ist vielleicht noch einige Hoffnung. Eines aber war mir immer selbstverständlich geblieben, daß ich Dich liebe, aber das, weil es sich so aus Dir selbst versteht.

Gruß und Kuß und auf bald.

Heinrich.

---

[2] Es handelt sich vermutlich um die »kleinen snapshots«, die H. A. in ihrem Brief an Jaspers vom 9. Juli 1946 erwähnt. Vgl. *Hannah Arendt–Karl Jaspers Briefwechsel*, München 1985.

[3] Nicht zu ermitteln.

[4] Hermann Broch, *Gesammelte Werke*, Bd. 9: *Massenpsychologie* (Schriften aus dem Nachlaß). Hrsg. und eingeleitet von Wolfgang Rothe. Rhein-Verlag, Zürich 1959.

[Hanover, New Hampshire,] Mittwoch [10. 7. 46]

Liebster –

bin so gut erholt, daß ich eigentlich schon wieder nach Hause traben möchte. Heißt aber nicht, daß es hier nicht sehr schön wäre. Die Jaspers-Broschüren gehen mit gleicher Post an Dich ab. Habe endlich Briefschulden einigermaßen erledigt. Lies die Jaspers-Broschüren und sieh, wie erstaunlich der Bursche innerhalb von 9 Monaten zugelernt hat in der Beurteilung der Realität.

[…]

Die letzten Bände der »Schlafwandler«[1] haben schon starke Indizien auf den »Vergil« – aber in einer so, ich möchte sagen, verquatschten Form, daß ich immer noch nicht ganz verstehe. Kannst Du Dir das nicht mal gelegentlich durchsehen? Die drei Bände nehmen Dir nicht mehr als einen Tag. Man kann überfliegen.

[…]

Vergiß nie, den Broch zu grüßen. […]

Die Deine.

Hannah.

[Hanover, New Hampshire,] den 11. 7. 46

Stups,

dies ist kein Brief, sondern ein Kursbuch. Jeannette[1] schrieb reizend, und wir müssen selbstverständlich fahren.[2]

[…]

Falls Du alles nachprüfen willst – was ja sehr unwahrscheinlich ist, aber wenn Gott will, schießt ein Besen –, dann hol Dir in Grand Central die folgenden timetables: 1. The New York New Haven and Hartford; 2. Boston and Maine; 3. Boston and Albany. I had a

---

[1] Die später unter dem Titel *Die Schlafwandler* vereinigten Romane Hermannn Brochs sind: *Pasenow oder die Romantik*, Zürich 1931; *Esch oder die Anarchie*, Zürich 1939; *Huguenau oder die Sachlichkeit*, Zürich 1932.

[1] Jeannette Baron und ihr Mann Salo Baron (vgl. S. 161, Anm. 1) besaßen ein Haus in Canaan, Connecticut.

[2] Es folgen ausführliche Angaben über Zugverbindungen.

wonderful time figuring it all out – wobei natürlich passieren kann, daß ich woanders lande.

Hier ist immer noch schön. Gestern langer Spaziergang. Dann Jaspers' Schuldbuch[3], das ich heute nacht gelesen habe und das heute noch an Dich abgeht. Darüber später.

Stups, halt die Ohren steif, und mach's gut. Und denke über die timetables nach und *schreib* –

Grüß die Mutt.

Mit der besten Sorte von Küssen

Hannah.

[New York,] Montag [15. 7. 46]

Liebste,

Dein Kursbuch muß mir genügen, da ich erst am Sonnabend fahren kann. [...]

Was Du über die »Schlafwandler« schreibst, ist sicher richtig. Broch ist erst ganz kürzlich in das erwachsene Stadium gekommen und noch nicht recht sicher darin. Er hat sich, wie er selbst einsieht, in viele intellektuelle Spielereien jahrelang verloren.

Nun muß ich etwas sagen, was mir sehr schmerzlich ist. Die Schuldbroschüre von Jaspers ist trotz aller Schönheit und Noblesse ein verdammtes und verhegeltes, christlich-pietistisch-muckerisches nationalisierendes Gewäsch. Wie ich Dir schon sagte, dient die ganze Schuldfrage nur als christlich scheinheiliges Gequatsche, bei den Siegern, um sich selbst besser zu dienen, und bei den Besiegten, um sich weiter ausschließlich mit sich befassen zu können (und sei es auch nur zum edlen Zwecke der Selbsterhellung). In beiden Fällen dient die Schuld dazu, die Verantwortung zu vernichten. Dies war immer ihre Funktion, von der Erbsünde angefangen. Man war bereit, sich vor Gott ununterbrochen schuldig in den Staub zu bücken, wenn man nur ihm auf diese Weise die Verantwortung in die Schuhe schieben konnte. Dieses ganze ethische Reinigungsgebabbel bringt Jaspers dahin, sich solidarisch in die deutsche Volks-

---

[3] Vgl. S. 142, Anm. 3.

gemeinschaft sogar mit den Nationalsozialisten zu begeben statt in die Solidarität mit den Entwürdigten. Er wünscht anscheinend wie Hasso[1] to redeem the German people.[2] Mit der Vexierbrille des romantischen Volksbegriffes auf der Nase wird das wahre deutsche Wesen gesucht, das sich vom falschen deutschen Wesen wahrscheinlich nur dadurch unterscheidet, daß es womöglich noch wesenloser ist. Und um dieses Gespenst zu finden, wird auf Hegelsche Weise die echt lutherische Knechtschaft akzeptiert. Dieses ganze innerdeutsche und innerlichhandelnde Volksgemeinschaftsversöhnungsgerede kann nur den Nazis dienen. Es wird dieser christlich-nationale Unsinn natürlich den Besatzungsmächten sehr gefallen. Denn es zielt auf den inneren Frieden und auf Ordnung ab. Wenn Jaspers das wahre deutsche Wesen sucht, findet er niemals den wahren deutschen Konflikt, der immer in dem republikanisch-freiheitlichen Willen Weniger gegen die kosakisch-knechtischen Neigungen Vieler bestand. In Deutschland war endlich die Gelegenheit gegeben, die Fronten des wirklichen Bürgerkrieges unserer Zeit klar zu stellen, Republikaner gegen Kosaken[3], das heißt der Kampf des Citoyen gegen den Barbaren, der wirkliche und permanente Bürgerkrieg. Die Kosaken hatten ihren Teil dieses Krieges in Deutschland verflucht gut durchgeführt, bis zur völligen Ohnmacht hatten sie ihre Gegner gebracht. Kaum gibt es etwas Luft durch den glücklichen Umstand der auswärtigen Befreiung, und schon haben wir das Versöhnungsgerede, um nur ja uns davon abzuhalten, jetzt zum Gegenangriff vorzugehen. Schön, die ganze deutsche Bevölkerung ist politisch jetzt in Gefangenschaft. Das ist für uns immerhin ein besserer Kampfboden als die Naziherrschaft. Was hindert uns, den Kosaken unsere Fesseln in die Fressen zu schlagen? Statt dessen fordert Jaspers zur liebenden Verständigung auf und zum Miteinanderreden, um das eigentlich deutsche Wesen festzustellen. Die Debatte kann solange gehen, bis die Kosaken wieder Kraft gewinnen

---

[1] Hasso von Seebach, geb. 1909; war vor dem Kriege in die USA emigriert, kehrte im Dezember 1945 nach Deutschland zurück; das Ehepaar lernte ihn im Hause von Julie Braun Vogelstein kennen und war mit ihm befreundet.

[2] »die Schuld des deutschen Volkes mit abzutragen«.

[3] Vgl. S. 299.

und uns den Schädel einhauen, damit ein für alle mal klarstellend das deutsche Wesen: deutsch ist, was unmenschlich ist. Wir haben nicht zu fragen, was deutsch ist, sondern was recht ist. Die innere Wandlung des Deutschen ist uns piepe, sie wird ihn nur wieder unter die Herrschaft der Unwandelbaren bringen. Wir verlangen Umkehr vom kosakischen auf den republikanischen Weg, Taten der Solidarität für die Entwürdigten, Übernahme der Verantwortung für die Freiheit. Ein guter Kampf ist das wahre Reinigungsmittel für bedreckte Seelen, und vielen kann dadurch eine Chance gegeben werden. Persönlich kann man sich nachher immer noch an Jaspers wenden für die innere Reinigung. Mir ist die äußere wichtiger. Die Deutschen haben sich nicht aus der Schuld zu retten, sondern aus der Schande. Es ist mir wurscht, ob sie einst alle in der Hölle braten oder nicht, wenn sie nur noch etwas tun, um die Tränen der Entwürdigten und Erniedrigten zu trocknen, und für die Freiheit fallen. Wir jedenfalls könnten dann sagen, wir haben Verantwortung übernommen und wiedergutgemacht, ihrer Seele möge Gott gnädig sein. Jaspers sucht das Seelenheil der Deutschen und sein eigenes, kein Wunder, daß er redet wie ein Pfaffe. Nur ein Mann seiner Intelligenz kann das noch auf philosophische und protestantische Weise versuchen. Die mehr Tumben werden schnell sehen, daß ihnen, wenn sie das wollen, mit der katholischen Kirche besser gedient ist, und so kehren denn die gläubigen Schafe in einer pietistisch Kierkegaardschen Kurve zur Kirche zurück, wo die wohlmeinenden Kosaken der Seele sie so mächtig machen, daß sie den Bösmeinenden bereit bleiben für die neuerliche Abschlachtung.

Liebling, dies maßlose Geschimpfe mache ich nur, weil ich bereit bin, Jaspers die von ihm gewünschte liebende Kommunikation zuteil werden zu lassen. Ja, er hat eine Menge Realitätsbewußtsein bekommen. Aber in der Politik gilt: Und wenn ich mit allen Tatsachen der Welt reden könnte und hätte der Galle nicht, so wäre ich ein papiernes Schwert und ein pappener Schild. Jaspers macht sich zu einem weisen Heiligen und Märtyrer. Es scheint den Weisen in Deutschland und Juda unmöglich zu sein, sich zu fightern zu machen. Diese ganze Schulddiskussion spielt sich zu sehr vor dem Angesicht Gottes ab, ein Trick, der es erlaubt, schließlich sogar die moralischen Urteile denen zu verbieten, die die Herren Lumpen nicht direkt in liebender Kommunikation umfassen wollen. Nun, vor Gott sind wir alle Sünder. Aber vor uns selber gibt es Unterschiede zwischen Ehre und Schande. Laßt uns also über Schande reden. Das ist ein weltlich Ding und kann bekanntlich mit Blut abgewaschen werden.

Hoffentlich kannst Du mir zeigen, daß ich ungerecht bin. Sicher bin ich es. Ich bin so zornig, und Jaspers hat so wenig Zorn der freien Rede, daß es ein Jammer ist. Seine Wahrhaftigkeit und Redlichkeit sind herrlich. Aber sie bleiben im Geistigen stecken. Der Geist vermag wohl zu erhellen, aber er merkt es nicht, wenn er bereits ins Verklären gerät. Der deutsche Mensch und das deutsche Kollektiv sind solche verklärten Lügenwesen. Aus dieser »Geschichtlichkeit«, die immer zeigen soll, was man oder ein Volk ist, kommt man nie in die Politik, die sehen will, was diese denken und tun.

Liebste, sei mir nicht böse, aber mit wem soll ich ins Unreine quatschen? Schreib mir, wie ich Dich in Canaan treffen soll.

Grüße, Küsse, Kläpschen

H.

[New York,] Dienstag [16. 7. 46]

Liebste,

ich nehme also den Zug, der mich Sonnabend um 4 : 02 nach Canaan bringt, wo Du dann ja schon seit einigen Stunden voller Ungeduld warten wirst. [...]

In der »Wandlung« ist ein guter Aufsatz von Jaspers über den biblischen Glauben[1], und ich habe auch die Universitätsschrift[2] gelesen. Alles das ist nobel, groß und rührend. Der letzte Humanist versucht da die Folgen des Nihilismus noch aufzuhalten. Schöne

---

[1] Karl Jaspers: »Von der biblischen Religion«. In: *Die Wandlung*, Jg. 1 / 1945–46, S. 406–413.

[2] Vgl. S. 142, Anm. 3.

Wälle, dennoch nutzlos gegen die Sintflut. Es ist in ihm etwas dem großen Versuche des Cusaners zu seiner Zeit nahe Verwandtes. Die schönste Katholizität. Er ist wirklich ein ganz bedeutender Gelehrter, aber ach, ein Gelehrter nur. Edelste sokratische Ethik, aber ach, keinerlei Politik und demzufolge auch keine jetzt mehr verwendbare Ethik. Es sei denn für zurückgezogene, in sich, Individuen. Trotzdem kann er für viele reinigend und erhellend wirken, für andere aber auch falschen Trost und falsche Sicherheit geben. Ich habe nur des Politischen wegen so auf ihn geschimpft und des Deutschen wegen. Du weißt, daß ich es in diesem Falle nicht böse meine, sondern sehr gut? Gerade bei ihm sollte ich nicht fünfe grade sein lassen? Aber man muß heute wissen, was eine Waffe ist und was nicht.

[...] Mit Robert [Gilbert] hatte ich einen ganzen Tag, sprach mit ihm auch über Deinen Liebesbegriff des Augustin[3]. Er sagte, das »Ich will, daß Du seist« sei das größte und schönste Liebesgedicht der Welt. Sein Buch[4] kommt in München heraus. [...]

Im allgemeinen wird hier alles teurer, ich frage mich, wie wir unsere freien Tage finanzieren, denn ich höre wilde Gerüchte über märchenhafte Ferienpreise. Aber wir werden schon durchkommen.

Schön, daß Du Dich schon so gut erholt fühlst, aber Du mußt noch mehr, ja Du solltest ein Übermaß von Ruhe haben. Faulenze und brate in der Sonne. Ich habe nun zaghaft begonnen mit dem Büchlein[5], an das ich immer denke. Es ist noch nichts, wie zu erwarten war, aber es klärt sich. Ich krabble mich von allen Seiten zugleich (sie hat neun) an die Sache heran.

Liebste, schimpf nicht, ich schreibe doch einigermaßen, habe Dir alles Mitteilenswerte geschrieben. Es wird allerdings Zeit, daß wir wieder sprechen können, über Jaspers und so. I begin to feel a little lonely. Also Sonnabend.

Grüße, Küsse, Kläpschen and all my love

Heinrich

---

3 Vgl. S. 133, Anm. 3.

4 Robert Gilbert: *Meckern ist wichtig – nett sein kann jeder*. Berlin 1951.

5 Das Projekt kam nicht zustande.

[Hanover, New Hampshire,] den 21. Juli 1947

Liebster Stups,

nichts wirklich, nichts ist zu berichten. Ich bin froh, daß die Backe besser ist. Die Post war in der Tat sehr gemischt. Mir ist sehr mies, daß ich diese Einladung, über Jaspers zu schreiben, nicht annehmen kann[1]; aber ich kann doch wirklich nicht. Ich werde den Waetjen, oder what is his name, empfehlen. Was denkst Du darüber?

Reizendes kleines Gedichtchen von Broch[2] lege ich bei zwecks Amusement. Und auch eine Novelle von Sapper[3], die wirklich begabt ist. Und damit Du auch was vom Hausdichter hast, kommt das Folgende:

Herr der Nächte.
Dunkelgolden
Glänzt er abends aus dem Strome,
wenn ich von dem Hügel
laufend lechze
mich zu betten in der Kühle.
Herr der Nächte.
Voller Ungeduld harr ich deines Traums, der Nacht.
Tag an Tag reiht sich
zur Kette,
die doch jeder Abend sprengt.

Herr der Nächte.
Schlag die Brücke
von den Ufern übern Strom,
daß, wenn ich vom Hügel
laufend lechze,
mich zu betten in die Kühle,
noch im letzten Sprung, mich fange
auf der Brücke

---

[1] Adolf Frisé hatte H. A. aufgefordert, für das Buch *Denker und Deuter im heutigen Europa* (Oldenburg/Hamburg 1954) den Artikel über Jaspers zu übernehmen.

[2] Nicht erhalten.

[3] Theodor Sapper, 1905–1982, österreichischer Schriftsteller.

zwischen Ufern, zwischen Tagen
überm Glanze Deines Golds.

Sonst ist alles in bester Ordnung. Ich schreibe an den Ausnahmejuden[4] herum und ärger mich, daß sie nicht besser waren, so daß sie jetzt noch so sehr aufpoliert werden müssen, ohne daß eigentlich Neues zu sagen ist. Es ist halt immer das gleiche: Übersetzte Sachen klingen einem Autor abscheulich in den Ohren.

Morgen fahren Hertha und Julie für einen Tag irgendwelche Freunde zu besuchen. Darauf freu ich mich unbeschreiblich, obwohl ich nicht sagen kann, daß mir jemand speziell auf die Nerven ginge. Und dennoch. Einen ganzen Tag ganz und gar mutterseelenallein – gorgeous.

Lesen tu ich ein bißchen Joyce[5] immer noch und viel spazierengehen. Nehme auch ab, wenn auch nicht mehr so rasch, und muß unbedingt noch 5 Pfund loswerden.

[…]

Wetter ist hier herrlich mit viel Himbeeren und den ersten Brombeeren.

Bang Dich gehörig nach mir, und genieße, daß Du mal allein bist, alles möglichst zusammen.

Deine.

Deine.

[New York, ca. 25. Juli 1947]

Liebste,

Du hast meinen Zustand genau erraten. Ich bange mich sehr nach Dir und genieße meine Einsamkeit, beides zusammen. Daß das möglich ist, scheint mir ein Ergebnis von langer Liebe zu sein.

---

[4] Bezieht sich auf Hannah Arendt: »Die verborgene Tradition«. In: *Sechs Essays*, Heidelberg 1948, S. 81–111. Der Essay war ursprünglich auf englisch erschienen, vgl. H. A.: »The Jew as Paria: A Hidden Tradition«. In: *Jewish Social Studies* 6 (1944), Nr. 2, S. 99–122.

[5] James Joyces berühmter Roman *Ulysses* (1914) konnte erst 1943 nach Aufhebung des Obszönitätsgesetzes in den Vereinigten Staaten erscheinen, ein Jahr nach dem Tode des Schriftstellers.

Das Gedicht des Hausdichters ist sehr schön, wenngleich ich es nicht ganz verstehe; aber es hat einen nächtlichen Reiz und prägt sich stark ein. Es ist so viel von Dir darin, man sieht Dich richtig laufen.

Sapper finde ich nur leidlich talentiert und recht unreif. Viel talentierter, wenn gleichfalls ein bißchen unreif, ist Delmores »Genesis«[1].

[...]

Ich krauche weiter im Labyrinth des abendländischen Geistes herum und notiere die Spuren meines Minotaurus, welches der Mythos selbst ist. Und ich will meine Leitideen gerne für den Ariadnefaden halten, solange ich weiß, daß Du das andere Ende hältst und ich wieder zu Dir gelangen kann.

Grüße, Küsse und Kläpschen

Heinrich.

[Hanover, New Hampshire,] 11. 7. 48

Ich sitze in einem neuen extra für mich gekauften Liegestuhl und lasse mich braten. Knie ist so gut wie gut. Faulheit ungeheuer. Koffer war natürlich nicht da, ich kriege ihn aber heute irgendwie. Julie geht es gut.

Stups: kümmer Dich man um Broch[1], ich bin unruhig. [...] Kahlers[2] Telefonadresse in Princeton: 1269.

Deine Hannah.

---

[1] Delmore Schwartz, 1911–1966, amerikanischer Schriftsteller; seine Erzählung *Genesis* erschien 1943.

[1] Hermann Broch war am 17. Juni 1948 gestürzt und hatte einen Schenkelhalsbruch erlitten.

[2] Von 1942 bis Ende 1947 wohnte Broch in Princeton im Hause des Germanisten Erich von Kahler, 1885–1970, der 1938 in die Vereinigten Staaten emigriert war.

[New York,] 16. 7. 48

Liebe Hannah,

[...]

Broch geht es leidlich. Man hat auf Deinen Brief hin noch mal mit dem Arzt gesprochen. Er hält die Sache dauernd unter Röntgenkontrolle, sagt, es sei ein so günstiger Bruch, daß Operation unnötig wäre. Hat Experten herangezogen, die das gleiche sagen. So können wir nur hoffen, sie mögen auch recht haben.

Ich arbeite »fleißig« auf der Bibliothek, habe aber bisher leider nicht viel gefunden.[1] Es wird schwerer sein, als Du glaubtest, aus der Sache etwas Interessantes zu machen. Aber ich versuche, und es kommen mir gewisse Ideen. Die Reisenden haben einen Wust von Narreteien geschrieben, die Dichter sind viel weiser und mit dem Wesentlichen befaßt. Aber das Problem ist, wie soll man Kunst in Bruchstücken geben, was nur bei klassischer Kunst wirklich möglich ist, wie die Überreste beweisen. In zwei Wochen werde ich mehr wissen.

[...]

Elliot[2] behauptet, daß Mrs. Bernard und alle diese deutsch-amerikanischen Juden von Dir geradezu fasziniert sind. Grüß Julie herzlich.

Es ist funny, wenn man plötzlich niemanden mehr hat, zu dem man eigentlich zu sprechen wünscht. I miss you.

Dein Heinrich.

---

[1] Hannah Arendt plante offensichtlich (vgl. S. 155 f.), einen Sammelband Amerika betreffend herauszugeben, für den ihr Mann Vorarbeiten leistete.

[2] Elliot Cohen, 1899–1959, Redakteur von *Commentary* seit Gründung der Zeitschrift 1945.

[Hanover, New Hampshire,] 22. 7. 1948

Liebster,

ich nehme an, die Kriegspanik[1] ist ein wenig abgeflaut, jedenfalls scheint das so nach den hiesigen Zeitungen. [...]

Heute von Mutt ein Brief an Hertha [Vogelstein], aus dem hervorgeht, daß sie bis einen Tag vor Schluß der Reise ganz gesund war und die ganze Sache ihr eher Spaß gemacht hat.[2]. Sie hat uralte Bekannte wiedergetroffen, na usw. Der Brief von Eva [Beerwald] ist noch nicht hier, ich habe gleich telegrafiert, um beiden ein gewisses Gefühl der Sicherheit zu geben.

Gestern habe ich für die Magnes-Leute[3] ein zweites Memo hier fertig gemacht, der Sekretär hat mich auch bereits angerufen. Nun werde ich sehen. [...]

Ansonsten: Anliegend ein Brief von Kurt Wolff[4], den ich Dich bitte nicht wegzuwerfen. Könntest Du, es wird ein furchtbares Problem sein, die Psychopathologie[5] – steht irgendwo in meinem Zimmer – nach der angegebenen englischen Adresse per Einschreiben schicken?

[...]

Ich arbeite viel, zumeist Buch[6], aber auch Magnes. Was das Amerika-Buch[7] betrifft, so wird es schon werden, weil es ja werden

---

1 Im März 1948 wurde der Alliierte Kontrollrat der Stadt Berlin durch den Auszug der Russen lahmgelegt. Am 26. 6. 1948 begann die sowjetische Blockade der Stadt, die bis 12. 5. 1949 dauerte und während der die Westsektoren der Stadt durch die Luftbrücke der Amerikaner und Briten versorgt wurde.

2 Hannah Arendts Mutter war mit dem Schiff nach England gefahren, um ihre Stieftochter Eva Beerwald zu besuchen.

3 Judah Leon Magnes, 1877–1948, Kanzler und erster Präsident der Hebräischen Universität in Jerusalem; war der Vorkämpfer der jüdisch-arabischen Verständigung und Gründer der Ikhud-Partei. Im Sommer 1948 arbeitete H. A. für die Magnes-Gruppe, die durch die Vereinten Nationen die Israel-Politik beeinflussen zu können hoffte.

4 Kurt Wolff, 1887–1963, deutsch-amerikanischer Verleger; seit 1941 in New York, wo er 1942 den Pantheon Verlag gründete; ab 1961 gab er zusammen mit seiner Frau die »Helen and Kurt Wolff Books« im Verlag Harcourt Brace & World, New York, (ab 1970 Harcourt Brace Javanovich) heraus.

5 Karl Jaspers: *Allgemeine Psychopathologie*. Berlin 1913.

6 Ihr 1951 veröffentlichtes Buch *The Origins of Totalitarianism*.

7 Vgl. S. 154, Anm. 1.

muß. Vielleicht solltest Du erst mal nur Klassiker lesen, Goethe, Chateaubriand, Sealsfield[8], Kleist, Voltaire etc. Man braucht nicht eigentlich schlimm zu kürzen, da ich nicht die Absicht habe, mehr als 10 bis 12 Autoren zu Wort kommen zu lassen, und bereits angekündigt habe, daß ich ca. 400 bis 500 Seiten brauche. Reisebeschreibungen brauche ich nur für die Einleitung, gerade wegen des Kontrastes. Und da ist eigentlich auch nur Tocqueville, Matthew Arnold[9] und Bryce[10] wirklich wichtig. Martin Chuzzlewit[11] lese ich nb. gerade selbst, also quäle Dich mit dem nicht auch noch ab. Sorry, aber kann es nicht ändern.

[...]

Im übrigen, pan-movements[12] und kein Ende. Ich muß bis zum 1. August fertig werden, vor allem, weil ich anfange, mich mit der Sache zu langweilen.

An Krieg glaube ich vorläufig nicht, vor allem deshalb, weil wir ja weder ein apartment[13] genommen haben noch eins in Aussicht haben. Das einzige, was für Krieg spricht, ist, daß Julie gerade ihr Buch[14] drucken will. Das ist ein böses Omen.

Schreib! Gruß und Kuß

Hannah.

[Hanover, New Hampshire,] den 27. Juli 1948

Liebster,

ich bekam eben ein Telegramm aus England: Mother died sleeping last night.

Ich bin natürlich zugleich traurig und erleichtert. Vielleicht habe

---

[8] Charles Sealsfield, 1793–1864, Romanschriftsteller, eigentlich Karl Anton Postl.

[9] Matthew Arnold, 1822–1888, englischer Schriftsteller.

[10] James Bryce, 1838–1922, britischer Historiker und Diplomat.

[11] Ein Roman von Charles Dickens, 1812–1870.

[12] Bezieht sich auf H. A. s Arbeit am Totalitarismus-Buch, dessen 8. Kapitel lautet: »Continental Imperialism: die Pan-movements«.

[13] Erst im Sommer 1949 zogen H. A. und ihr Mann aus ihren möblierten Zimmern in eine eigene Wohnung: 130 Morningside Drive.

[14] Julie Braun Vogelstein: Art. *The Image of the West. New York 1952.*

ich nichts in meinem Leben so schlecht gemacht wie diese Angelegenheit. Ich konnte die Forderung nicht einfach ablehnen, weil sie aus Liebe kam und aus einer Unbedingtheit, die mir immer großen Eindruck gemacht hat. Ich konnte sie aber natürlich auch nie erfüllen, weil diese Radikalität nur einer Radikalität der Zerstörung meiner selbst und aller meiner Instinkte entsprochen hätte. Ich habe meine ganze Kindheit und meine halbe Jugend aber doch mehr oder weniger so getan, als ob es für mich das Leichteste und Selbstverständlichste auf der Welt sein würde, sozusagen das Natürliche, allen Erwartungen zu entsprechen. Vielleicht aus Schwäche, vielleicht aus Mitleid, aber ganz sicher, weil ich mir nicht zu helfen wußte.

Wenn ich an Dich dabei denke, wird mir schwindlig. Die alte Frau Mendelssohn[1] hat mal gesagt, nun liebt man einen Menschen wirklich und kann ihm doch nicht helfen. Ich konnte es alles wirklich nicht ändern und habe Dich nicht einmal bewußt betrogen, weil ich ja in einem immer entschlossen war, nämlich nie mit Mutter zusammenzuziehen. Da kamen dann eben die Gasöfen – wie Robert sagen würde, die Weltgeschichte.

Das ist nun alles und ist sicher nicht genug.[2]

Ich habe gerade festgestellt, daß ich von Mutts besten Bekannten nicht die Adressen habe. Mir scheint, Du solltest eine Annonce in den »Aufbau[3]« geben, das wird uns viel Unannehmlichkeiten ersparen, und da ich ja vorerst ohnehin nicht zu Hause bin, kann man es ruhig riskieren. Ich möchte vorschlagen:

Am 27. Juli starb in England im Alter von 74 Jahren
Martha Beerwald, verw. Arendt, geb. Cohn

Hannah Blücher-Arendt	Eva Beerwald
New York	37 Kensington Park Garden London W 11

[1] Vermutlich die Mutter von Anne Weil, geb. Mendelssohn, H. A.s Jugendfreundin.
[2] Ein leicht geändertes Zitat: Bertolt Brecht: *Gesammelte Werke*, Frankfurt 1967, Bd. 8, S. 815.
[3] Vgl. S. 195, Anm. 2.

Mach es nicht zu groß, aber auch nicht zu klein, und spar nicht.

Ich würde ganz gern ein paar Monate Schwarz tragen; ist Dir das unsympathisch? Bitte, sag es; es ist mir nicht sehr wichtig.

Ich möchte Jeannette[3] eigentlich abschreiben, was meinst Du? Und statt dessen lieber gleich von hier aus noch für ein paar Wochen an die See gehen, vielleicht Long Island, Nordspitze. Soll sehr hübsch sein.

Deine Hannah.

[New York,] 29. 7. 1948

Liebes,

das ist nun alles, und es ist genug. And just forget about it. Du hast Dein Bestes getan, und sie würde nie genug gehabt haben, denn wenn man die passive Liebe eines Schwamms hat, fühlt man sich immer trocken. Ich habe nichts gegen Schwarz, gebe aber zu bedenken, daß Du als das Modell eines »prospective citizen« an die amerikanischen Bräuche denken solltest und mit Kleidung gerade: lieber ein Narr mit der Mode als ein Narr gegen die Mode.

Was Du getan hast und in welcher Klemme Du warst, kann ich gerade nur zu gut verstehen. Ich brauche mir ja nur vorzustellen, wie es mit meiner verwitweten Mutter gekommen wäre, die recht ähnliche Anlagen hatte, falls nicht ihre Verrücktheit mir von vornherein die ganze Mutterliebe als eine Art von Irrsinn verdächtigt hätte, was natürlich ganz falsch ist, mir aber in meinem speziellen Falle sehr half, nicht in Deine Lage zu geraten.

Soweit mir zu helfen war, hast Du mir geholfen, trotz allem, und besser wäre mir wohl auch unter anderen Umständen nicht zu helfen gewesen. Hitler und Stalin hatten mehr getan, als uns Deine Mutter aufzuhalsen, mir war meine persönliche Unbekümmertheit zum Teufel gegangen, ich fing an, ein schlechtes Gewissen zu bekommen, und die Heirat hat das verstärkt. Die Alte hat es nur unerträglich gemacht. Sie hatte mir die beschränkte, aber starke Berech-

[3] Jeannette Baron hatte das Ehepaar wiederum in ihr Sommerhaus in Canaan, Conn., eingeladen.

tigung des privaten bürgerlichen Gesichtspunkts, die ich ja immer kannte, etwas zu deutlich vor Augen geführt.

Eigentlich rasend gemacht aber hat mich ihr dauerndes Blutsaugen an Dir und der totale Mangel an Respekt vor Deiner unglaublichen Leistung. Und obendrein war sie diejenige, die Dich einfach bedenkenlos wie einen Mann nahm, mehr als jeder andere furchtsame Dummkopf in unserer Umgebung. Doch hast Du sicher recht, es hat in ihr einmal ein großes, echtes und eindeutiges Gefühl gegeben, das schließlich in eine Flut von trüben Sentimentalitäten aufgelöst worden ist.

Wenn Du mich unbedingt dort haben willst, werde ich natürlich kommen. Aber ich möchte eigentlich nicht mehr. Mir ist etwas Merkwürdiges passiert. Nämlich ein jäher und rasender Anfall oder besser Überfall von Produktivität. Ich hatte mich brav und nichtsahnend völlig auf den amerikanischen Traum beschränkt, fing an, mich nebenbei allein und gelangweilt zu fühlen. Und dann kam der »brainstorm«. Ich hatte mich von meiner Arbeit brüsk abgewendet in einem Augenblick, wo ich wohl kurz vor einem Durchbruch stand, so brach denn die Arbeit einfach durch mich durch und warf mich über den Haufen.

Als ich abbrach, war ich gerade im großen Ganzen mit der »Philosophie« fertig, d. h. ich wußte, daß an ihr nur noch ein wenig zu machen war, um ihre Kritik an sich selbst zu einer tödlichen zu machen und dann zu meiner Sache überzugehen. Die Philosophie wird beendet, indem sie endlich die Wahrheit über die Wahrheit sagt und sich damit ihrer Illusionen begibt, auf weitere Traumproduktion verzichtet. Zwei Titanen haben den Himmel der geistesmythischen Epoche der Menschheit (nicht nur den des Abendlandes, ich war mir längst vor Jaspers klar, daß Laotse und die Inder mit Plato in einem Topf sitzen), den Himmel, der sich am reinsten im griechischen Seinsbegriffe spiegelte, gestürmt und zerschlagen. Kant den äußeren Seinshimmel der Wissenschaftsphilosophie, was ihn derartig erschöpfte, daß er den inneren Seinshimmel der Moralphilosophie noch einmal auf äußerste und abstrakteste verfestigte, wahrscheinlich aus Angst vor der eigenen Courage. Und dabei war er mit der Urteilskraft bereits auf Neuland herübergestolpert. Seine Vernichtung der Wissenschaft ist von dieser selbst und auch von

Jaspers weitergeführt worden und braucht nur noch das Tüpfelchen aufs i. Und ich weiß wie. Nietzsche riß den moralischen Seinshimmel gründlich ein, macht jedoch mit seiner Herrenmoral einen ängstlichen Rückzieher. Aber es ist mir eine Kleinigkeit, seine Herrenmoral als den wesentlichen dialektischen Bestandteil der Sklavenmoral nachzuweisen und sie gewissermaßen nachträglich von ihm selbst vernichten zu lassen. Sein zweiter Fehltritt, der des armen, lebenshungrigen Kranken, der mutig gegen sich selbst spricht, nämlich sein Versuch, mit dem Willen zur Macht einen neuen Seins- oder diesmal Erdenhimmel aufzurichten, ist nur insofern sehr ernst zu nehmen, als er hier einfach die Wahrheit gesagt hat, nämlich über den Grundtraum der Erwerbsgesellschaft. Aber was hat das die-Wahrheit-Sagen mit der Wahrheit zu tun? Und darum schließlich sein Verzweiflungssprung in den Wahnsinn, daß die Täuschung und der Irrtum eben die Wahrheit sei, weil nämlich lebensnotwendig. Beim Einsturz des Seinshimmels durch die Titanen eilten die Giganten herbei, um mit den Trümmern ihre Kurzweil zu treiben. Marx wollte den Seinshimmel einfach über die Erde legen, und so wollten es die kleineren Ideologen aller Sorten. So sind wir denn auch nahe daran, unter Blut und Qualm zu ersticken. Was hierüber noch zu sagen ist, weiß ich auch. Kierkegaard baute aus den eingestürzten Blöcken eine enge Höhle, in die er sein moralisches Ich zusammen mit einer monströsen Art von Gott einsperrte. Dazu kann man nur Prost Mahlzeit sagen. Dieses privateste »Sein«, das ist allerdings zu retten, als ein systematisches Sterben nämlich. Doch kann ein Fußtritt die psychologische Bauchhöhle des eigenen Ich aufsprengen, nämlich der Nachweis, daß es dieses sichere moralische Ich gar nicht gibt, daß das Gewissen lügen kann. Bleibt Jaspers, der mit dem Umgreifenden des Seins eine große, runde, reine kristallklare Käseglocke über den Stinkkäse der Tatbestände stülpt, eine transparente Glasglocke, wo wir transzendierend immer gewissermaßen fast mit der Nase auf Gott stoßen, wenn wir uns nur tapfer existierend entschließen, die liebende Kommunikation der Insekten oft genug zu unterbrechen, um mit dem Kopf einzeln oder in Kommunikation beharrlich gegen die Käseglocke zu bumsen. Nun, diese Käseglocke werde ich mit liebendem Respekt einfach beiseite stellen, nicht ohne zu bemerken, daß sich in ihrer Reinheit synkretisch noch einmal das Abbild der ganzen untergegangenen Sonne gespiegelt hat.

So weit so gut, und so weit war ich. Die Traumhimmel und die Ersatzhimmel hatte ich weggezogen, und nun sollte der Himmel der reinen weltlichen Möglichkeit sich unverstellt zeigen. Pustekuchen. Immer wieder zogen mir die Schwaden der übriggebliebenen Begriffsdämpfe darüber hin. Dann kam der brainstorm. In zwei Tagen und einer Nacht habe ich hintereinander weg das neue begriffliche Ganze, die Einheit meiner Absicht gesehen. Und nun endlich glaube ich mir, daß ich Neuland gefunden habe. Ich kenne den Kontinent nun, den ich entdecke. Nun will ich auf ihm landen. Oder vielmehr mir erst eine Landkarte machen. Weit weg bin ich nun von den Titanen und den Giganten. Kant war ein Diener, Nietzsche ein Herr, Marx ein Despot und Kierkegaard ein Sklave. Und ich bin ein »prospective citizen«.

Nun wäre es mir also lieb, denn ich finde jeden Tag Neues, wenn ich nicht Menschen sehen müßte, will auch gerade jetzt keine neuen Bäume kennenlernen. [...] Baron[1] ...versuche doch, am 14. für einige Tage dorthin zu gehen. Entschuldige mich dort, und dann nach Long Island. Ich werde inzwischen versuchen, ob Du nicht für 14 Tage zu Gumperz[2] kannst. Dort ist es wunderbar, und Du kannst an die See kommen, ohne dort den ganzen Tag zu schmoren. Und auf dem Grundstück kann man ganz ungestört arbeiten. Ich könnte dann dort zweimal für drei bis vier Tage zu Dir rauskommen. Was sagst Du dazu? Willst Du es nicht, so schreib mir, und wir werden uns anders arrangieren. Aber wenn Du willst, komme ich auch nach Hanover. Think it over.

Mit viel Liebe

H.

---

[1] Salo Baron, 1895–1989, jüdischer Gelehrter; 1930–63 Professor für jüdische Geschichte, Literatur und Institutionen an der Columbia University, New York; Präsident der Organisation Jewish Cultural Reconstruction, für die H. A. von 1948–52 als »executive director« arbeitete; Herausgeber der Vierteljahresschrift *Jewish Social Studies*.

[2] Julian Gumperz, 1899–1972, amerikanischer Financier; Wirtschaftswissenschaftler, studierte in Berlin, leitete dort bis zu seiner Emigration den Malik Verlag; mit dem Ehepaar Blücher befreundet.

[Hanover, New Hampshire,] den 4. August 1948

Lieber,

natürlich kommst Du nicht. Dein Brief klingt sehr großartig, und dies hier würde Dich doch aus der Arbeit rausbringen. Bei mir funktioniert das anders. Ich habe trotz allem gut gearbeitet; heute nur Briefe-schreiben, wovor ich mich bisher gedrückt habe.

Beiliegend Schocken-Scheck. Bestätige doch bitte gleich, daß Du ihn erhalten hast. Von den Magnes-Leuten immer noch kein Scheck; mir ist Mahnen zum Kotzen, werde aber wohl doch müssen. Denn ich habe bereits recht viel für sie getan, habe eigentlich laufend damit zu tun. Durchaus in angenehmer Weise.

[...]

Barons werde ich doch absagen. Ich graule mich zu sehr, und Tod der Mutter werden sie verstehen. Schwarz, Liebster, ist für mich nicht mehr Modesache – oder so eingefleischte Konvention, daß sie zweite Natur geworden scheint. In Sachen Tod werde ich mich wohl nie akklimatisieren, hat auch nichts mit dem prospective citizen zu tun; Gott soll uns schützen, zu dieser Gesellschaft zu gehören. Ob ich zu Gumperz gehen soll, weiß ich nicht recht. Sicher, wenn Du es für besser hältst; ich fürchte mich ein wenig vor der sehr einsamen und, wie mir scheint, sehr komplizierten Lydia[1]. Du weißt doch, Landpomeranze etc.

Hast Du den Jaspers[2] nach England geschickt? (Meine Maschine ist mir im Garten runtergefallen; sie war ganz verbogen, ich habe sie wieder mit List und Tücke zurechtgebogen; aber sie macht immer noch kleine Schwierigkeiten. Es war ein gräßliches Erlebnis.)

Wie war es bei Broch? [...]

Ich möchte eigentlich, wenn möglich, nicht länger als bis Sonntag in New York bleiben. Und dann eventuell bis kurz vor Labor Day wegbleiben. Einverstanden?

Gruß und Kuß, Liebster,

Deine.

---

[1] Lydia Gumperz, geb. St. Clair, gest. 1970, Schauspielerin, Ehefrau von Julian Gumperz.

[2] Vgl. S. 155, Anm. 5.

[New York,] 5. August 1948

Liebe,

ja, ich habe das Paket nach England längst abgeschickt. Der Scheck ist eingetroffen und auf der Bank. Bei Broch bin ich gewesen und habe mehrere Stunden mit ihm über Julies Buch gesprochen.[1] Er liest es sofort und will schnell Bescheid sagen, was er denkt. Bei Bollingen[2] aber kann er erst im September etwas tun, weil der Leiter dort für so lange verreist ist. Er ist eigentlich nicht der Meinung, daß man noch gesondert an Wolff herantreten solle, will aber sehen, ob ein Gutachten, das von mir oder offiziell von Dir käme, nicht zusätzlich nützen könne. Erst muß er sich ein Urteil bilden. Er ist furchtbar neugierig auf das Buch und hofft, selbst viel daraus zu lernen.

Ich habe den Eindruck, daß der Arzt[3] doch weiß, was er tut. Der Verband sieht recht geschickt aus. Broch arbeitet den Hofmannsthal[4] fertig und sieht wohl aus, ist gänzlich ausgeruht und unnervös. Und behauptet, sich großartig zu befinden. Die Kosten sind bis Oktober von der Versicherung gedeckt, und er gedenkt anscheinend eisern bis dann drin[5] zu bleiben. Man kann es sehen, der Mann hat zum ersten Male seit vielen Jahren seine Ruhe und ist glücklich. Habe auf sein Heiligsein[6] weidlich geschimpft, und er sieht es ein. Sagt, er habe dadurch die so wichtigen letzten zehn Jahre fast gänzlich verloren. Knopf[7] will seinen Roman[8] haben. Ich redete ihm sehr zu. Aber er will natürlich gänzlich umarbeiten. Im Oktober

---

[1] Vgl. S. 156, Anm. 14.

[2] Die Bollingen Foundation ist gemeint.

[3] Brochs Arzt.

[4] Hermann Broch: »Hofmannsthal und seine Zeit«. In: *Selected Prose of Hugo von Hofmannsthal*. Hg. von James Stern. New York 1951, London 1952, München 1965.

[5] Das heißt im Krankenhaus.

[6] »Sein Heiligsein« bezieht sich vermutlich auf Brochs Neigung, seine Zeit und Kraft bedenkenlos andern zu widmen, wie er selbst sagt, immer »für andere zur Stelle sein« zu müssen (Brief vom 15. Februar 1949).

[7] Gemeint ist das New Yorker Verlagshaus Alfred A. Knopf.

[8] Hermann Broch: *Der Versucher (Bergroman)*. Aus dem Nachlaß hg. von Felix Stössinger. Zürich 1953.

will er nach New York ziehen. Über Busch[9] kein Wort, nur ein Stoßseufzer über Frauen im allgemeinen.

Kahler hat eine Professur an Cornell erhalten. Ist zufrieden, wird immer nur ein Semester lesen und dann in Princeton für sich arbeiten. [...]

Schreib gleich, ob Du Dein großes Zimmer zum 13. frei haben willst. Oder willst Du den Mieter ertragen, weil Du am Sonntag schon weiter willst? Ich erwarte Dich 9:20 Grand Central.

Ich habe mir das mit Gumperz nachträglich auch so gedacht und noch nicht gefragt. [...] Aber wo willst Du hin bei den Preisen? Na, wir werden das sehen. Natürlich bin ich einverstanden, daß Du bis Labor Day Ferien machst. Du mußt doch sowieso dauernd arbeiten, sollst Du doch wenigstens frische Luft dabei haben, solange es nur geht. Holty[10] scheint Heidenreich eine Ausstellung wirklich zu besorgen. Er selbst geht September für ein Jahr an ein College in Georgia.

Natürlich sollst Du Schwarz tragen, ich habe das mit der »Mode« nicht so gemeint, wollte auch nicht, daß Du Dich hiesigen Sitten anpaßt, dachte nur, es würde Dir lästig sein, angestarrt zu werden.

[...]

Gruß und Kuß und Kläpschen

H.

[Hanover, New Hampshire, ca. 7. August 1948]

Liebster,

eben Dein Brief. [...]

Was Du von Broch schreibst, klingt ja alles sehr gut. Hoffentlich gefällt ihm Julies Arbeit.[1] Ich wäre schon recht erleichtert, muß ich sagen, wenn wir einen Verleger für die Arbeit hätten.

---

9 Brochs spätere zweite Frau, Annemarie Meier-Graefe, die Witwe des Kunstkritikers; im Freundeskreis Busch, Buschi, Bouchi genannt.

10 Karl Holty, amerikanischer Maler; mit dem Ehepaar befreundet.

1 Vgl. S. 156, Anm. 14.

Daß Broch bei Knopf ist, ist großartig. Erstens, weil er von Wolff weg ist, der ihn ja doch nicht besonders gut behandelt; er hat für die »Schlafwandler«[2] überhaupt nichts getan. Dann aber auch, weil er ja nun den andern Roman[3] irgendwie fertig machen muß. Und das wird ja doch besser sein als alle Erkenntnistheorien.

[...]

Bitte, sage doch niemandem, daß ich über weekend in New York bin. Heute kam bereits ein Brief, der darauf anspielte. Ich werde vielleicht jemanden von der Magnes-Gruppe sehen müssen, möchte mir aber sonst ziemlich alles schenken. Wenn es geht. Wenn nicht, denn nicht.

Wohin, weiß ich auch noch nicht. Hatte gehofft, Du würdest etwas ausfindig machen. Durch Broch oder Gumperz. Sonst müßte ich auf gut Glück fahren, wofür ich dann zum mindesten eine Landkarte und einen timetable brauchte. Vielleicht kannst Du einen allgemeinen timetable für die Long Island Railroad besorgen, die haben oft auch kleine Landkarten dabei. Kommst Du vielleicht für ein oder zwei Tage mit? Oder zu sehr in der Arbeit? Ich habe ein Kapitel[4] fertig gemacht, drücke mich vor dem zweiten gerade ein bißchen herum. Aber nicht schlimm.

[...]

Arbeite gut. Gruß und Kuß

Deine H.

---

[2] Die englische Übersetzung der 1931/32 veröffentlichten Trilogie, die unter dem Titel *Die Schlafwandler* den zweiten Band der Hermann Broch-Gesamtausgabe von 1952 bildet, war in Kurt Wolffs Pantheon-Verlag erschienen: Hermann Broch: *The Sleepwalkers*. New York 1947.

[3] Broch: *Der Versucher*.

[4] Ihres Totalitarismus-Buches.

Fünfter Teil:
November 1949 bis Juni 1951

[Neben ihrer Lehrtätigkeit am Brooklyn College und ihrer Arbeit im Schocken-Verlag war Hannah Arendt von 1944 bis 1946 »research director« der Conference on Jewish Relations und von 1949 bis 1952 »executive director« der 1948 gegründeten Organisation Jewish Cultural Reconstruction, deren Aufgabe in der Auffindung und Rückführung jüdischer Bücher, Manuskripte und Kultgegenstände bestand. Im Auftrag dieser Organisation fuhr sie im November 1949 zum erstenmal nach ihrer Emigration aus Deutschland und Flucht aus Frankreich wieder nach Europa.]

Paris, le 28 Nov. 49

Liebster –

was soll ich nun eigentlich schreiben? Ich bin immer noch völlig durchgedreht. Also vielleicht am besten einfach in chronologischer Folge.

Fliegen war ganz unbeschreiblich herrlich. Man ist mitten im Himmel, d. h. bewegt sich so selbstverständlich in der Luft wie ein guter Schwimmer im Wasser. Man hat keine Angst, kein Schwindelgefühl, weil das Nach-vorne-gezogen-werden bzw. das Fliegen selbst einem ein anderes Bezugssystem verleiht; selbst ich kann ganz friedlich auf die Erde runtersehen, ohne Angst zu fallen oder Sucht zu springen, weil die Erde als fester Bezugspunkt nicht mehr existiert. Man muß sehr aufpassen, um überhaupt zu merken, wann das Flugzeug die Erde verläßt oder sich wieder auf ihr niederläßt. Wir hatten drei Stunden Verspätung, warum weiß ich nicht; wir blieben einfach ganz unprogrammäßig drei Stunden in einem schäbigen, scheußlichen Wartesaal in Gander[1] stecken, irgendwo in Kanada, wo es bitterkalt und gut geheizt war. Dann Irland, erster Eindruck von Europa, kleine unregelmäßige Felder mit Büschen

[1] In Gander, im Nordosten der kanadischen Insel Neufundland, mußten damals die Propellerflugzeuge von und nach Europa zum Tanken landen.

eingezäunt, alles noch ganz frisch grün und wunderbar schön und friedlich.[2]

[...]

Hingegen Weil[3]: kahlen Hauptes mit Schnurrbart; ganz kontaktlos und unerträglich herrschsüchtig geworden. Annchen [Weil], als ob sie nur halb hingehörte. Sie sagte selbst in der ersten Offenheit der Aufregung: wie ein Apfel, der aus dem Korb gefallen ist. Annchen bei sich zu Hause wie ein dickes unglückliches Kind, sonst lebendig und charmant wie immer. Wie man mit dem ewigen Besserwissen und Alles-bereits-Wissen überhaupt leben kann, ist mir schleierhaft. Er ist beinahe aggressiv gegen sie, wenigstens in meiner Gegenwart, vermutlich aus reinem Neid, weil ich es so offenkundig mache, daß ich nur Annchens wegen im Grunde komme. Käte[4] absolut unverändert, und zwar bis zur Unheimlichkeit.

Und nun Paris: mein Gott ist die Stadt schön. Du kannst dich unmöglich richtig besinnen. Als ich an der kleinen lausigen place des Ternes hereinkam, hätte ich beinahe geheult, wieder einen Platz zu sehen. Und dann: wie ein Wunder, nichts macht einen so müde wie in New York. So wenig Menschen auf der Straße, schlendern, einfach im Himmel. Heute durch die rue Servandoni mit William Phillips[5], die hier viel netter und lebendiger sind, habe unsere Principautés Unies[6] besucht, wo ich mit offenen Armen empfangen wurde. Große Wiedersehensfreude: Les locataires de 19.[7] Das ist natürlich die andere Seite der Medaille der Unfreundlichkeit: Wenn sich mal einer entschließt, dich zu kennen, kennt er dich für ewig. Madame, ganz unverändert, Monsieur senil. Jean mit sehr hübscher Frau. Katze vielleicht, aber nicht sicher, neu.

---

[2] Es folgt ein Bericht über das Wiedersehen mit Freunden und einer Kusine.

[3] Eric Weil, geb. 1904, Philosoph; emigrierte 1933 nach Paris, von 1945–56 Professor an der Ecole Pratique des Hautes Etudes der Sorbonne; Ehemann von Anne Weil.

[4] Käte Mendelssohn, Schwester von Anne Weil.

[5] William Phillips, Herausgeber der *Partisan Review*; das folgende »die« bezieht sich auf ihn und seine Begleitung.

[6] Principautés Unies = Vereinigte Fürstentümer; gemeint ist das Hotel, in dem H. A. und ihr Mann bis zum Mai 1940 wohnten.

[7] »die Mieter von Zimmer 19«.

[...]

Frankreich: Scheinbar unverändert, in Wahrheit in pieces. Immer noch die beiden Völker – die Arbeiter und die kleineren und mittleren Bourgeoisien. Letztere noch hassenswerter. Sofern sie arm sind, von einer ausbrechenden unmittelbaren Feindseligkeit, Irritiertheit. Das reiche Lumpengesindel um die Kriegsgewinnler vermehrt, die sich nicht mal zu benehmen verstehen. Niemand investiert Kapital, alle Wohnungen gehen zugrunde, weil seit einem Jahrzehnt nichts gemacht wurde, die Heizung nicht funktioniert, na und so weiter. Preise genau so hoch wie in New York, Kleidung und Schuhe eher teurer. Wie die Leute hier mit ihrem Einkommen leben können, ist mir absolut schleierhaft, der Grund ist natürlich die Mietsfreiheit.[8] Ein ganz unmöglicher Zustand, bei dem sich aber alle Welt offenbar zufrieden gibt, weil sich die Grundtatsache Frankreichs, mit den guten Dingen des Lebens irgendwie sich zufriedenzugeben, nicht geändert hat.

(Jetzt ziehe ich ins Bette.)

[Paris,] den 29. Nov.

Ist es in New York auch so dunkel um ½ 9 morgens? Mir scheint, wir haben ganz vergessen, wie solche Sachen hier waren. Ich warte auf Frühstück. Heiß Wasser im feudalen Badezimmer funktioniert nur in Stunden, wenn es wahrhaft unwahrscheinlich ist, daß irgendwer baden könnte.

Ich weiß nicht, wann ich wieder zum Schreiben kommen werde. Jedenfalls fahre ich Donnerstag abend hier ab und bin ab Freitag morgen in Wiesbaden. Könntest Du Hilde diesen Brief zeigen? Ich habe doch keine Zeit für mehrere solche Episteln.

Deine Hannah

---

[8] Gemeint sind die niedrigen Vorkriegsmieten.

New York, 8. 12. 49

Liebste,

kurzer Brief nach Frankreich (Aiglon[1]) scheint nicht angekommen zu sein. Enthält nichts als bewegliche Klage über Abwesenheit von Madame, gesungen von Monsieur. Wird, fürchte ich, noch oft genug wiederholt werden. [...]

Nun zum Ernst des Lebens. Es tost zu viel Leben und Sterben um mich herum, als daß ich richtig zur Philosophie käme. Broch[2] hat geheiratet – und »ich kann sagen, ich sei dabei gewesen«[3]. Beradt[4] ist gestorben und begraben, was ihr[5] zwar Erlösung bedeuten mag, aber doch erst mal viel Schmerz gab, denn man lebt nicht umsonst so lange zusammen. Und nun das Schreckliche: Joshua Starr[6] ist aus seiner Existenz kurzerhand ausgestiegen und hat, seiner selbst und der Welt überdrüssig, sich des Körpers und des Geistes mittels Leuchtgas entledigt. Und dies, nachdem er gerade seit einer Woche bei der Voice of America [...] gearbeitet hat. Seiner Frau, die ihm ein kosiges Heim geschaffen und einen Kreis zu bilden versuchte, hat er mitgeteilt, daß er »upset and sorry« sei, aber »I just can't go on«. Baron hat beim Begräbnis gesprochen, ist sehr erschüttert. Alles scheint guilt feelings zu haben, [...] Das Begräbnis war schrecklich, weil ja keiner die Wahrheit sagen wollte. Baron konnte auch nur über das sprechen, was der Mann alles geleistet hat, und das, was er war, davon war nie die Rede. Aber schließlich ist ein Selbstmord immer ein Protest, und Starr hat sich also entschieden, sich endgül-

---

[1] frz. junger Adler, hier: Luftpost.

[2] Hermann Broch heiratete am 5. 12. 1949 seine zweite Frau Annemarie Meier-Graefe, die Witwe des Kunstkritikers, genannt Busch (vgl. S. 164, Anm. 9).

[3] In Goethes »Campagne in Frankreich« heißt es anläßlich der Kanonade von Valmy, 1792: »Von hier und heute geht eine neue Epoche der Weltgeschichte aus, und ihr könnt sagen, ihr seid dabei gewesen.« Hamburger Ausgabe, Bd. 10, S. 235.

[4] Martin Beradt, 1881–1949, Berliner Rechtsanwalt und expressionistischer Schriftsteller; Emigration über London nach New York (1940).

[5] Charlotte Beradt, geb. Aron, 1901–1986, Journalistin; in zweiter Ehe mit Martin Beradt verheiratet.

[6] Joshua Starr, 1907–1949, Historiker, der erste Direktor der Commission on European Cultural Reconstruction.

tig nicht zu adjustieren. So war es »Death of a small historian«, der aber eben nicht ein Salesman sein konnte und wollte. Man hätte sagen sollen, daß er wahrscheinlich mehr gegen sich als gegen die von uns geschaffene Welt protestiert hat, sich aber irrte, denn es hätte für ihn in der Welt Platz sein sollen. And that he was essentially a sweet boy and that it all had turned into pure bitterness. Nun, seit er soweit verirrt und verbittert war, daß er wie mit Dir bei Schocken und mit Baron in seinem letzten Job unfähig geworden war, seine Freunde von seinen Feinden zu unterscheiden, so mußte er wohl sterben. Er hatte wohl genug von Jobs, denen er nicht gewachsen war. Gut, er war steril, aber er hatte die Größe, fake zu hassen, und sah sich wohl wieder vor der Notwendigkeit, ihn[7] im State Department zu machen. Es war nicht, daß er keinen Job hatte oder finden konnte oder kein Geld hatte, sondern daß er nie seinen Platz fand; und die schöne Wohnung, die ihm seine Frau, die absolut gebrochen ist, geschaffen hatte, war mehr, als er je wollte, aber eben nicht das, was er wollte. Rose[8] ist absolut erschüttert, trauert furchtbar und fühlt sich schuldig, hatte sich aber vorher völlig mit ihm ausgesöhnt. Sie scheint ihn doch sehr gern gehabt zu haben, hat sich aber immer vor ihm gefürchtet, war auch die erste, die sofort Selbstmord vermutete. Liebste, ich weiß, Du hattest den Jungen sehr gern, und Du weißt, daß er mir im Grund sympathisch war, doch bitte trauere nicht zu sehr, es war unabänderlich in jedem Falle. Schon die Heirat scheint ein Verzweiflungsschritt gewesen zu sein. Er hat den Tod lange in sich herumgetragen und konnte nicht mehr mit ihm leben.

Unsere Hilde, ich gewinne sie lieber und lieber, sehe ich so oft sie kann, und wir sprechen viel, besonders über Dich, was ihr das Liebste ist. Der Ihrige[9] macht noch immer hie und da einen faux pas, und

---

7 »ihn« bezieht sich auf »fake« = Schwindel, Vorspiegelung. Starr scheint eine Position im amerikanischen Außenministerium in Aussicht gehabt zu haben.

8 Rose Feitelson, geb. 1914, ab 1965 Lektorin im American Jewish Committee; mit dem Ehepaar seit deren Ankunft in New York befreundet.

9 Gemeint ist Paul Tillich, 1886–1965, evangelischer Theologe; seit 1929 Professor für Philosophie an der Universität Frankfurt; emigrierte 1933, lehrte 1933–55 am Union Theological Seminary in New York. Hilde Fränkel war mit ihm liiert.

das ist dann schlimmer und schlimmer. Sie arbeitet für ihn, und ich rede ihr zu, den Abschluß des Buches[10] zu erleben. Sie sieht noch immer gut aus, klagt aber über ständig zunehmende Atemnot und muß viel spritzen.[11] Im übrigen ist sie diese Woche schrecklich von ihrer törichten Schwester geplagt.

Ich sehe, daß Du verflucht viel zu tun hast, anscheinend. Hilde zeigte mir Deinen Brief. Du mußt mir nicht schreiben, bevor Du wirklich kannst, Du weißt das. Außerdem ändert Schreiben ja nichts an Deiner Abwesenheit. Die Klage über diese wird im nächsten Brief ausführlicher gesungen werden. Du weißt nicht, wie kahl das Haus ist ohne Dich. Und ich möchte fast niemand auch nur über die Schwelle lassen, bis Du zurück bist.

Überanstrenge Dich nicht, es sind ja nur Bücher.[12]

Mein Liebling, mach's gut.

Heinrich

[Bonn,] 14. 12. 49

Liebster,

ich sitze in Bonn – was abgesehen vom Bundesrummel eine hübsche Stadt ist. Gestern endlich Dein Brief mit Joshuas [Starr] Tod. Ich erfuhr es im Büro in Wiesbaden, sagte sofort: Selbstmord. Es ist traurig, aber auch nicht mehr – obwohl ich diesen melancholischen Jungen gern hatte. So endet – könnte man bösartig sagen – das Streben nach dem Höheren, [...].

[...] Gestern nacht habe ich an Baron den ersten wirklichen Bericht fertig gemacht, da am Montag eine Direktoren- und Budget-Sitzung ist. Es war eine Heidenarbeit, in so kurzer Zeit genug Informationen zu sammeln, um zu wissen, was möglich und was unmöglich ist. Ich war nahezu jeden Tag in einer anderen Stadt – Wiesbaden, Frankfurt, Würzburg, Nürnberg, Erlangen, Heidelberg – und hatte buchstäblich von morgens bis nachts Verabredungen. Die

---

[10] Bezieht sich auf H. A.s Totalitarismus-Buch.

[11] Hilde Fränkel litt an Lungenkrebs und starb 1950.

[12] Bezieht sich auf H. A.s Arbeit für die Jewish Cultural Reconstruction.

Fahrten waren die einzige Erholung, und auch da war ich oft nicht allein. Trotzdem bin ich nicht sicher, ob ich geschrieben habe, was er erwartete. Vielleicht tippst Du mal vorsichtig an.

[...]

Weißt Du eigentlich, wie recht Du hattest, nie wieder zurück zu wollen? Die Sentimentalität bleibt einem im Halse stecken, nachdem sie einem erst in die Kehle gestiegen ist. Die Deutschen leben von der Lebenslüge und der Dummheit. Letztere stinkt zum Himmel. Wenn du hier eine Woche lang sämtliche Zeitungen von rechts bis links gelesen hast, dann bist du reif für die Rückfahrt. Und alles im Tone der Schadenfreude geschrieben. Wahr ist, daß *jeder* gegen den Krieg ist. Das drücken die Zeitungen etwa so aus: Seht Ihr, nun wollt Ihr auf einmal, daß wir Soldaten werden[1]; aber hä, hä, jetzt sind wir gerade Pazifisten. Nicht wahr ist, daß es hier viele Nazis gibt. Sie sehnen sich halt nach Hitlern ohne Krieg zurück, verstehen überhaupt nichts – die Studenten so wenig wie die Arbeiter.

Wenn ich müde bin, fühle ich mich ganz verloren. Dabei diese täuschende Vertrautheit von allem – Landschaft (unbeschreiblich herrlichstes! Wiedersehen), Städte, die man plötzlich wieder erinnert, weil die Füße so gut Bescheid wissen; Menschen, die ein Leben haben und mit denen darum Intimität möglich ist. Alles täuschend. Es wird *rasend* gearbeitet, die Ruinen sehen aus wie das Heidelberger Schloß: schön sauber gefegt, und, soweit sie nicht renoviert werden, auf die Touristen-Besichtigung wartend. Das Land ist arm, aber lebt eher besser als Frankreich.

Privatadresse habe ich nebbich nicht, weil ich dauernd mit military travel-orders auf der Bahn sitze und keinen Anspruch auf permanentes Quartier habe. Das wird sich erst ändern, wenn ich Mitte Januar zurückkomme. Das heißt, dauernd umpackend aus Koffern leben, kein Vergnügen.

Gestern im Bundeshaus, sogenannte demokratische Fraktion. Die einzige Stelle in Deutschland, wo die Leute über ihre Füße stol-

---

[1] Bezieht sich auf die geplante Wiederbewaffnung der Bundesrepublik Deutschland im Rahmen der NATO.

pernd aufgeregt und unfreundlich nichts tun. Ein reines Affentheater.

So, das war ein erholsames Mittagessen. Habe heute am hellen Vormittag 2 Stunden geschlafen.

Deine H.

Gurian[2]: Schicke: »Imperialist Character« und »Totalitarian Propaganda«[3]. Schicke mir bitte per Flugpost nach Basel die »Concluding Remarks«[4]. Soll in Paris, Collège Philosophique, sprechen. Lies Hilde vor, was Du für richtig hältst. Habe schlechtes Gewissen.

[New York,] 15. 12. 1949

Liebste,

so eine Geheimheirat[1] wie die Brochsche kann natürlich keine rauschende Festlichkeit hergeben, doch haben wir drei am Abend mit Hinzuziehung seines merkwürdig flachbewegten Freundes Pick[2] einen guten Champagner getrunken, und ich habe, wenn auch ein Aufschwung zur Festrede nicht angezeigt schien, statt dessen doch als magische Formel meine Definition der Ehe gegeben: Die Ehe verdoppelt alles. Es ist eine wahrhaft lebendige Formel, denn sie enthält genau soviel Ernst und Ironie wie das Leben selbst. Wer möchte wohl ein einfaches Leben leben, wenn er ein doppeltes haben kann, und andererseits, wer glaubt denn, er könne so etwas wirklich wagen? Die Frauen natürlich sind tollkühn und freuen sich

---

[2] Waldemar Gurian, 1902–1954, deutscher Publizist; emigrierte 1937 in die Vereinigten Staaten, wo er Professor für Politische Wissenschaften an der Universität Notre Dame, Indiana, und Herausgeber der *Review of Politics* war.

[3] »The Imperialist Character« und »Totalitarian Propaganda« sind Kapitel aus H.A.s 1951 erschienenem Buch *The Origins of Totalitarianism*. Das erstere erschien 1950 in *The Review of Politics*.

[4] »Concluding Remarks« ist das letzte Kapitel des Totalitarismus-Buches.

[1] Vgl. S. 172, Anm. 2.

[2] Robert Pick, 1898–1978, Wiener Schriftsteller; 1938 Emigration in die Vereinigten Staaten, Lektor im Knopf Verlag.

dessen mächtig, wie denn selbst die indolente Buschi[3] den naiv rührenden Ausdruck für ihren Jubel fand, ungefähr zehnmal stupid zu wiederholen, sie sei so glücklich, daß mein Name auf dem Heiratsdokument stünde. Wie kann man so etwas heiraten, und wie könnte man so einem Weibchen ablehnen, es zu heiraten? Broch ist weit gefaßter dem fait accompli gegenüber als der Drohung, gebraucht aber leider das Wort Lebensabend, und zwar mit Hofmannsthalscher Schwermut aus den vollen Sorgen rinnend.

Wie immer es aber mit meiner Formel sei, eines ist richtig. Hat man einmal angefangen, doppelt zu leben, so halbiert einen die Trennung. Du hast keine Ahnung, und auch ich hatte keine richtige, wie du mir fehlst. Es gab diesmal keine Freude am Alleinsein, nicht einen Tag lang. Das Haus schien mir am selben Abend hoffnungslos und leer, doch war ich noch mit der Angst um Dich zu sehr beschäftigt. Am nächsten Morgen aber, nachdem mir die Fluggesellschaft die Ankunft bestätigt hatte, wußte ich mit Nietzsche: Ein anderes ist Einsamkeit und ein anderes Verlassenheit.[4] Einsamkeit, wie wir sie uns gegenseitig garantieren, und Einsamkeit, in der wir uns gemeinsam der Welt gegenüber befinden mögen – beide Arten sind auf der stillschweigenden Grundlage der Zweisamkeit errichtet. Ein ganz ähnliches Wunder wie das des Hervorgehens der Eigenständigkeit (im Unterschiede von der hohlen Selbständigkeit) aus dem Zusammenstehen.

Ein anderes aber ist Verlassenheit, wenn auch nur in der Form des vorübergehenden Zurückgelassenseins. Es scheint schwer, Entfernungen und ihre Wirkung richtig zu beurteilen. Sie müssen jeweilig mit einem der Situation genau angepaßten Maßstab gemessen werden. Warum ist ein vierwöchiger Aufenthalt von Dir bei Julie oder vielleicht gar ein dreimonatiger (dies aber ist keineswegs sicher) eine Einsamkeit, die sich als Stimulans der Zweisamkeit auswirkt und so als Freude empfunden werden kann, und warum ist Dein Aufenthalt in Europa so, daß er eine Angst sofortiger Verlassenheit erzeugt? Die Zeit ist hier nicht das Maß der Entfernung, die Flugstun-

---

3 Vgl. S. 164, Anm. 9.

4 »Ein anderes ist Verlassenheit, ein anderes Einsamkeit« heißt es bei Nietzsche: *Also sprach Zarathustra. Dritter Teil, Die Heimkehr.*

den von dort sind kaum länger als die Eisenbahnstunden von da. Das Maß wäre eher die telefonische unmittelbare Erreichbarkeit. Mehr aber noch die Disponierbarkeit über den anderen. Man könnte Dich sofort herbeirufen, und da obendrein es Erholung ist und nicht wie diesmal Gebundenheit in Pflicht, so würde eventuell schon eine Laune genügender Grund dafür sein. Kurz, es gilt die innerräumlichen Entfernungen zu messen – und nun weiß ich es. Natürlich gilt das für mich mehr als für Dich. Du bist erstens im Wirbel und hast zweitens den festen Bezugspunkt zum Haus. Ich aber bin allein im Haus zurückgeblieben, und der Wirbel ist mir keine Richtung.

Um dies zu schließen: So kommt es denn, daß man schon am nächsten Morgen weiß: das, was da heut nicht kommt, das, was da sonst morgens etwas unwillig gegen deine Tür bumst und dich ins Wache zurückholt, ist irgendwie dein Leben selbst, and make no mistake about that.

Es war mir schwer und widerwärtig, an Vermieten des Hauses auch nur zu denken, obgleich ich damals so fest entschlossen und vernünftig war. Dennoch habe ich es betrieben und hatte aus den erwähnten Gründen viel Trubel und kein Glück. Nun zieht der Maler Krauskopf mit Weib und Baby ein und zahlt wenigstens 50 Dollar im Monat. Dein Schlafzimmer wird ihr Aufenthalts- und mein Schlafzimmer als ihr Schlafraum zurechtgruppiert. Fremde auf dem Korridor, wo ich Dich trappen hören möchte morgens früh. Ich schlafe im Office.[5] Nun ist Holty über Weihnachten hier, und ich möchte ihn gerne aus dem Hotel zu mir nehmen, da er gar kein Geld hat. Hoffentlich borgt mir der Krauskopf für diese Zeit meine blaue Couch, die er gelegentlich zum Schlafen im Aufenthaltsraum (Dein Schlafzimmer) benutzen möchte, wenn sein Baby ihm zu sehr schreit. Ich mußte diese Leute nehmen, weil sie erstens Unterkunft sofort brauchten und auf die Zeitbedingungen eingingen, denn sie müssen nach einem Apartment sowieso suchen.

Holty läßt Dich sehr grüßen. Er ist künstlerisch sehr gut in Fahrt.

---

[5] Ein Zimmer der Wohnung war als H. A.s Büro eingerichtet.

Baron hat mir Deine Geschäftsbriefe zu lesen gegeben, und ich habe mit schwindelndem Kopf begriffen, daß ich nicht viele Briefe von Dir erwarten kann. Ich war dort zum Supper eingeladen, und beide waren sehr nett zu mir. Ich brachte Rosen mit, benahm mich so nett wie nur irgend möglich, riß nicht das Wort an mich, sondern organisierte eine Unterhaltung und brach früh genug auf, um Baron noch einige Abendstunden zur Arbeit zu lassen. (Du siehst, die Zweisamkeit wirkt sich doch aus.) [...]

Ja, Hilde. Sie ist tapfer nach wie vor. Wir essen zusammen, werden Sonntag bummeln und ins Kino gehen. Sie sehnt sich sehr nach Dir, spricht gern über Dich, freut sich riesig über Deine Blumen. Leider wird die Atemnot größer, und obendrein gewöhnt sich ihr Magen nicht an das Morphin. Es tut weh, es mitanzusehen, doch denke nicht, daß ich mich benehmen werde wie der jüdische Krankenwärter[6] (Zweisamkeit). Eine entscheidende Veränderung der Physiognomie ist nicht da, auch arbeitet sie noch, besonders für Tillich. Wenn ich Dich auch nicht ersetzen kann, ich springe für Dich ein, wo immer ich kann.

Nun, Liebste, mach's gut und laß Dich nicht verrückt machen. Und verschaffe Dir genügenden Schlaf, vergiß das niemals, Du weißt, wie wichtig es für Dich ist. Wie ist es mit Deiner Ernährung?

Looking at you[7]

Heinrich

Basel, den 18. Dezember 49

Liebster –

dies nur, um zu sagen, daß alles in wunderbar schönster Ordnung ist. Ganz herrlich, wie ich es mir geträumt habe. Ganz selbstverständlich und ungezwungen. Ohne alle Hemmungen. Jaspers[1] ganz

---

6 Bezieht sich auf einen von H. A. gelegentlich zitierten Witz über den jüdischen Krankenwärter, der sich mit dem Satz »Hab *ich* eine Nacht gehabt!« beklagt.

7 Wie Rick in dem Film »Casablanca« wiederholt sagt.

1 Dieser Besuch bei Jaspers, der sich bei all ihren Europareisen jedesmal wiederholte, war H. A.s erstes Wiedersehen mit ihrem Lehrer seit dem Frühling 1933.

jung und lebendig und zu allem aufgelegt. Sie im Grunde sehr nett und auch sehr jugendlich.

Habe keine Zeit, bin gleich wieder unten von Jaspers erwartet. Viele, viele Stunden des Gesprächs. Es hört doch kaum einer so zu. Ist ganz aufnahmebereit. Beklagte sich aber doch, daß Du nie geschrieben hättest. Ich erklärte, was für ein Ekel Du seist. Er höchst begierig, Dich kennenzulernen. Du solltest doch einmal vielleicht? schreiben, über die »Wahrheit«.[2] Es haben nicht viele Menschen das Buch gelesen.

Er zeigte mir seinen Briefwechsel mit Heidegger.[3] Jaspers von großartigster Offenheit in der ersten Anklage. Heidegger sich alles sagen lassend und verzweifelt glücklich, daß Jaspers wieder schreibt. Recht rührend, aber nicht nur; auch wieder verlogen. Ich erzählte Jaspers offen, wie es mit Heidegger und mir bestellt gewesen sei.[4] Er: Ach, aber das ist ja sehr aufregend. Ganz unnachahmlich in der Selbstverständlichkeit der Reaktion.

[...]

Uff. Deine

H.

New York, 20. 12. 49

Liebster Schnupper und Strubbel,

endlich kam Dein langer Brief und sagte, was ich schon aus dem Geschäftsbrief ersah, wie Du da zwischen den Städten herumschwirrst und auf der Eisenbahn lebst. Du mußt und mußt dafür sorgen, daß Du genügend Schlaf hast, und mußt Dich erstklassig ernähren. Hoffentlich hast Du genug Zeit für Basel, denn von Jaspers erhoffe ich mir Wunder der Erholung und Freude für Dich.

Wenn Du zurückkommst (ein Gedanke, den ich gern und oft

---

[2] Karl Jaspers: *Von der Wahrheit. Philosophische Logik*. Erster Band. München 1947.

[3] *Martin Heidegger – Karl Jaspers Briefwechsel 1920–1963*. Herausgegeben von Walter Biemel und Hans Saner. Frankfurt/München 1990.

[4] Gemeint ist H. A.s Liebesbeziehung mit Martin Heidegger (1889–1976) während ihres Studiums in Marburg, Wintersemester 1924/25 bis Wintersemester 1925/26.

denke, und im italienischen Restaurant, wo sie sich dauernd nach Dir erkundigen, werde ich getröstet mit den Worten »business is business and 3 months go by fast«), wenn Du also zurückkommst, mußt Du das Schiff nehmen. Es ist ja sehr schön, was Du da über Fliegen schreibst, doch ist eben die Sicherheit ein schönes trügerisches Gefühl, und mir passiert zu viel ringsherum. Die Eindrücke desjenigen, der auf dem Flugplatz zurückbleibt, sind ganz andere. Er sieht das Aufsteigen, für ihn ist das Ding da doch nur eine Art gebrechlicher Blechkiste, in die der betreffende Schnupper eingepreßt scheint wie eine Sardine. Und vor allem das unheimliche Tempo, mit dem das Ding wie abgeschossen losgeht. Du wurdest da förmlich von mir weggerissen, nicht mal richtig winken kann man, und in zwei Minuten warst Du aus dem Gesichtskreis in die Himmelsbläue verschwunden und mir »zu sehr in Gottes Hand«. Und man fragt sich erbittert, warum irgendein Mensch es so verdammt eilig haben könne. Ich hoffe, Du hast meinen zweiten langen Brief, der ebenfalls nach Wiesbaden ging, erhalten. Dann wirst Du verstehen, warum ich Dich auf einem Schiff wissen will.

[...]

Hier sind die Mieter eingezogen, das Baby schreit nur wenig. Sie benehmen sich nett. Aber es ist irgendwie nicht mehr unsere Wohnung. Du wirst ja aber kommen und alles wiederherstellen und alles Fremde vertreiben. Holty habe ich für die Weihnachtswoche aufgenommen. Er hat mir den großen Reiter[1] geschenkt, und wir sind überhaupt dicke Freunde, es ist sehr schön. Ein neuer wirklicher und richtiger Kumpel. Er läßt Dich sehr, sehr grüßen und spricht in hohen Tönen von Dir, obgleich Dir das ja weniger schmeicheln wird, als daß sonst der jüdische Zeitungsfritze, der italienische Kneipwirt, der deutsche Bäcker und selbst der französische Super sozusagen ununterbrochen sich nach Dir erkundigen. So werde ich in Deine Beliebtheit hineingezogen.

[...]

Ich versuche, die Augustinsche Willenstheorie umzuschmeißen, wobei ich verdammt acht gebe, alle Steine sorgfältig aufzuheben.

---

[1] Bezieht sich auf ein Bild von Holty.

Ein fundamentaler Denker wie Plato oder Kant. Da sind Steine, die man umschmeißen muß, aber nicht brechen oder verwerfen kann. Du solltest sehen, was ich aus seinem Liebesbegriff[2] gemacht habe, und gleichermaßen aus dem Erosbegriff des Plato.

Als ständige Erholung lese ich Jaspers' Von der Wahrheit, das mir immer lieber wird, und die alten Sachen von Melville[3], die mir Alfred[4] borgt. Kazins sehe ich und höre gute Musik bei ihnen. Alles scheint in Ordnung zu sein bis auf weiteres. Er redet mir zu viel davon, wie man Dein Buch edieren könnte. Hoffentlich verfällt er nicht der satanischen Lust des Rewritens.[5] Sollte er, so werde ich ihm einiges über die unbeholfene Schönheit jedes wirklichen Stils erzählen und über die Hübschheit, die die Eunuchen den Sätzen zu geben wissen, um ihnen den Sinn zu nehmen.

[...]

Broch läßt grüßen, alle lassen grüßen, den beliebten, aber auch geliebten Schnupper

und ich natürlich, ich vor allen

Heinrich

Hier haben die guten Leute aus den Catskills[6] uns die beste Aufnahme geschickt, die von uns beiden gemacht worden ist, denke ich. Wir haben eine gemeinsame Laubkrone auf den Häuptern und sehen aus, als ob wir uns wie Bolle fühlen. So ein neues Jahr wünsche ich Dir und mir.

Grüße sehr herzlich die beiden Jaspers, und freue Dich mit ihnen des Lebens. Du weißt, was ich ihm alles wünsche für seine noch weittragenden Entwürfe.

---

[2] Vgl. S. 133, Anm. 3.

[3] Hermann Melville, 1819–1891, amerikanischer Schriftsteller, »Moby Dick«.

[4] Alfred Kazin, geb. 1915, amerikanischer Schriftsteller; mit dem Ehepaar befreundet.

[5] rewriten = umschreiben; Kazin half H. A. »sehr mit dem Englisch« ihres Totalitarismus-Buches, wie sie in einem Brief an Jaspers vom 11. Juli 1950 schreibt.

[6] Das Ehepaar scheint im Sommer 1949 zum erstenmal in Palenville in den Catskills gewesen zu sein, wo sie später häufig Sommerferien verbrachten. H. B. legte das Foto seinem Brief bei; vgl. S. 184f.

New York, 24. 12. 49

Liebste,

wie schön ist Dein Jubelschrei von einem Brief.[1] Ich bin durch und durch froh über dieses große Ereignis Deiner Kontinuität und glaube genau zu wissen how you feel. Und ich bin dabei. Wohin ich auch gehe für die Feiertage (Chanan, Gumperz), ich werde doch in Basel sein. Wie herrlich sind die paar wesentlichen Dinge des Lebens. Auch daß du mit Robert [Gilbert] sein wirst dieser Tage und so auch meine Kontinuität fortsetzt. Von Robert kam lang verspätet eine Karte aus München, wo er uns beiden und ausdrücklich auch Dir seine »ewige Liebe« bestätigt.

... Um Dich weiter Deiner Kontinuität zu versichern: vom Bäkker, Grocer, Zeitungsmann, habe ich Dir berichtet und alles klang echt. Nun Hilde, Chanan [Klenbort], Julie, Lotte [Beradt], Carol Kazin, Alfred, Copley[2], Gumperz, Baron, Jeannette, Tillich, Rose [Feitelson], Busch [Annemarie Broch], Broch, Rosenberg[3], Holty, Kristeller[4]: Alles bittet mich, Dir die herzlichsten Grüße zu bestellen und es ja nicht zu vergessen. Und es ist erstaunlich, wie sie sich alle anstrengen, die konventionelle Phrase so zu forcieren, daß sie gezwungen ist, zu zeigen that they mean it. Carol sagte mir ganz versonnen und beiseite, daß sie wünschte, sie hätte Dich viel eher in ihrem Leben gekannt, aus vielen Gründen egoistischer Art, aber auch einfach, weil sie Dich dann eben nun schon eine lange Zeit gekannt haben würde. Alfred war erleichtert, daß ich ihm versicherte, Du könntest mir nur sehr selten schreiben. Er schreit nach einem Brief von Dir. (Was für ein netter und doch so femininer Junge, Carol wies ihn zurecht, aber er maulte weiter, wenn auch beruhigt und komisch.) Hans Jonas[5] rief hier an, er ist Professor in

---

[1] Vgl. S. 179f.

[2] Alfred L. Copley (Künstlername: Alcopley), 1910–1992, Arzt und Maler; geb. in Dresden, seit 1937 in New York; mit dem Ehepaar Arendt-Blücher befreundet.

[3] Harold Rosenberg, 1906–1978, amerikanischer Kunst- und Literaturkritiker.

[4] Paul Oskar Kristeller, geb. 1905, Philosophiehistoriker, Spezialist der Renaissance; seit 1939 in den Vereinigten Staaten.

[5] Hans Jonas, 1906–1993, Philosoph und Religionshistoriker; emigrierte 1933 nach England, 1935 nach Palästina; 1949 nach Kanada, war ab 1955 Professor an der

Kanada. Wird wiederkommen, will bis zum Sommer dort bleiben, dann wohl in den Staaten sein Heil suchen. Auch er läßt Dich grüßen. Baron scheinen Deine Worte über Joshua [Starr] wohlgetan zu haben. Jeannette sagte mir außerdem, wie sehr zufrieden er mit dem Report[6] ist, den er für einen der besten hält, die er je gesehen. Er wiederholte mehrere Male »She is a good girl«, mit massiger Unterstreichung des good.

Du siehst, Du siehst. Und von mir weißt Du, und ich habe es Dir schon geschrieben. Ich will nur hinzufügen, daß Du zu dumm bist, um zu wissen, daß Du Dein Glück dort in diesen Feiertagen zum Teil eben auch verdient hast, hauptsächlich dadurch, daß Du am Wesentlichen festzuhalten verstehst. Und daß alles auch davon kommt, daß Du eben ein erstaunliches Wesen und ein Glücksfall bist für viele. Nicht zu reden von dem, der sowas im Hause hat und es jetzt im Hause vermißt. (Aber doch auch ein Deibelchen.)

[...]

Wie gut es ist, Dich dort bei Jaspers zu wissen, wo Du doch eben auch ein bißchen zu Hause bist. Ich freue mich mit Euch und wünsche allen ein gutes neues Jahr, jedem in seiner Kontinuität.

so long, Liebling

Heinrich

[Basel,] den 26. 12. 49

Liebster –

Deine beiden Briefe fand ich hier vor und war ganz selig. Natürlich bin ich im Wirbel, aber verlassen kann man sich gerade im Wirbel fühlen, und ich muß Dich in der Nähe wissen, sonst geht eben einfach gar nichts mehr. Das Bild[1] ist vorzüglich, und Jaspers, nachdem er Dich unters Vergrößerungsglas genommen hatte, steckte es sofort in die Tasche und sagte, er müsse Dich doch kennenlernen,

---

New School for Social Research in New York. Mit H. A. seit dem gemeinsamen Studium in Marburg (1924) befreundet.

[6] H. A.s Bericht über die Ergebnisse ihrer Forschungen für die Jewish Cultural Reconstruction.

[1] Vgl. S. 182, Anm. 6.

ob Du das nicht einsehen könntest. Aber das wird schon noch werden, denn Jaspers wird, so Gott will, trotz dieser verfluchten Krankheit[2] gut und gern 90 Jahre alt werden können. Er ist von einer erstaunlichen Jugendlichkeit. Wir sprechen jeden Tag viele Stunden miteinander, ganz vertraut und ich ganz unbefangen. Er hat seine Jugendgeschichte[3] geschrieben, und im Grunde ist es eine Bauerngeschichte. Ich erzähle Dir dann davon. Ähnlichkeit mit Dir sehr komisch und frappant, so in den Grundhaltungen.

Broch: Sage ihm, ich kann nicht schreiben. Selbst in dieser sogenannten Ferienwoche werde ich feste arbeiten müssen, um alles aufzuarbeiten und die nötigen Briefe zu schreiben. Ich schreibe heute und morgen an Baron: Kurz gesagt, ich habe vielleicht zuviel erreicht, ich weiß es selbst nicht. Die Gesellschaft deutscher Bibliothekare wird an ihre Mitglieder appellieren, gleiches wird für die Museen geschehen. So weit so gut. Dann aber sagte mir der Präsident dieser Gesellschaft in München, daß er fände, man solle noch eine Regierungsverordnung herausgeben, und die bereite ich gerade vor. D. h. eine Verordnung der deutschen Länderregierungen. Daß auch dies glücken könnte, scheint irgendwie merkwürdig. Schließlich bin ich ja nicht nach Deutschland gefahren, um die deutsche Gesetzgebung zu ändern. Nun aber kommt das Merkwürdigste: Einer der Museenfritzen, ein reizender Kunsthistoriker, sagte voller Empörung: ich müßte zu Heuss gehen und verlangen, daß man nicht nur wiedergibt, was man hat, sondern Reparationen erteilt. Dies ist ein alter Gedanke von Baron, den wir aufgegeben hatten, weil die amerikanische Regierung davon absolut nichts wissen wollte. Was soll ich nun machen? Vermutlich werde ich doch zu Heuss gehen. Ich habe mit den meisten noch guten Kontakt, sie haben Vertrauen zu mir, ich spreche noch ihre Sprache. Schrecklich sind nur die sog. deutschen Juden, die Gemeinden sind Raubgemeinschaften, alles verwildert und in äußerster Vulgarität und Gemeinheit. Wenn ich nicht mehr kann, flüchte ich mich zu den amerikanischen jüdischen Organisationen. Sonnabend war ich noch

---

[2] Jaspers litt an inoperabler chronischer Bronchiektasie.

[3] Karl Jaspers: *Schicksal und Wille. Autobiographische Schriften*. München 1967.

rasch wieder in Nürnberg, um dort alles zu besprechen. Das ist dann manchmal wie zu Hause.

Ängstige Dich nicht wegen des Fliegens. Ich werde nur nach Berlin fliegen müssen, alles andere ist ebenso bequem mit Eisenbahn, zweiter Klasse Schlafwagen, zu erreichen. Die Nachbarn sind natürlich wichtig, grüß bitte alle Welt, und ärgere Dich nicht über die Distanzlosigkeit des Schnuppers. [...]

Augustins Liebesbegriff: Ich bin sehr gespannt, irgendwann werde ich schon noch wieder dazu kommen, richtig zu lesen. Vorläufig unmöglich.

Alfred: Sag ihm doch, er möchte Verbesserungsvorschläge jetzt schon notieren und Zettel in das Manuskript[4] legen. Wenn ich zurückkomme, muß alles schnell gehen, damit der Verlag drucken kann. Ich will die Geschichte endlich wirklich hinter mir haben.

Über Holty habe ich mich sehr gefreut. Letzten Sonntag war ich mit Robert in Zürich, Elke[5] war gerade nach Deutschland abgereist. Er war erst ganz fremd, taute dann schnell auf. Er ist in einem wüsten Betrieb drin, muß dauernd mehrere Stücke zu gleicher Zeit schreiben, ist im Grunde unglücklich, wird es aber sicher wieder schaffen. Er führte mich aus mit Wein und Café, ich hatte ihn besonders gern, und er tat mir von Herzen leid.

[...]

Jetzt muß ich rasch (Du siehst immer die arabische Eile) zum Bahnhof, um nach New York zu kabeln, dann zu Jaspers, der mich erwartet und den ich immer fürchte zu überanstrengen. Übrigens, ich vergaß: Als wir über Heidegger sprachen und ich ihm die Wahrheit gesagt hatte, sagte er plötzlich: Der arme Heidegger, nun sitzen wir hier, die beiden besten Freunde, die er hat, und durchschauen ihn. Ich schicke Dir ein Bildchen, das bei weitem das beste ist, das ich kenne. Laß von dem Catskills [Foto] noch eins für uns kommen. BITTE.

Liebster!

Deine –

---

[4] Gemeint ist das Manuskript des Totalitarismus-Buches.

[5] Elisabeth (»Elke«) Gilbert, 1900–1987, Übersetzerin englischsprachiger Literatur (u. a. von Virginia Woolf), Ehefrau von Robert Gilbert.

[Basel,] den 28. 12. 49

Stups –

um allen verzweifelten Leseübungen zuvorzukommen, tippe ich rasch ab, was Jaspers mir eben für Dich gab: »Erlauben Sie mir diese Anrede. Denn Sie [sind] doch in der Tat hier mit anwesend, in verborgener Begleitung des lieben Besuches. Ihre Hannah ist unglaublich munter. Bisher haben sich bei ihrem Unternehmen ihr alle Türen geöffnet, so daß der Erfolg ihr selbst ein wenig unheimlich ist. Nun erzählt sie nicht nur davon, sondern von den bösen Jahren, den Schrecken und den wundersamen Glücksfällen, und wie Sie zu zweien alles gemeistert haben, fest zu Hause in dem freien geistigen Reich, erfüllt von der Gegenwart und mitdenkend tätig an der Zukunft. Meine Frau und ich sind sehr froh. Wo nicht nur Standhalten und Vertrauen, sondern der Schwung schaffenden Tuns so sichtbar sind wie in Hannah, da wird man selber mutiger. Solche Wirklichkeit ist doch die eigentliche Wirklichkeit heute.

Es wäre schön, wenn wir uns einmal träfen und sprächen. Die nächste Reise nach Europa machen Sie doch zu zweien? Jetzt kenne ich Sie nur im Spiegel der Hannah, der in direkter Mitteilung wenig hergibt, in indirekter um so mehr. Sie sprechen mich an auch als Deutscher. Die Deutschen sind selten, man sucht sie und freut sich jedes einzelnen.

Ich grüße Sie mit meiner Frau sehr herzlich. Und alle guten Wünsche für das neue Jahr!«[1]

Liebster, der Brief vom 24. ist schon da. [...] A propos Aufträge: Laß doch an Jaspers auch noch die Parabeln, wie wir sie auswählten in der Schocken-Bücherei, mitgehen; wir sprachen über Kafka, und ich möchte gern, daß das möglichst komplett in dieser herrlichsten Bibliothek irgendwo steht. Ferner: Kannst Du mir etwa 6–8 Exemplare von den deutschen Essays[2] nach Wiesbaden schikken? Ich möchte sie ein paar Leuten schenken. Vielleicht ist es

[1] Vgl. *Hannah Arendt–Karl Jaspers Briefwechsel. 1929–1969*. Hrsg. von Lotte Köhler und Hans Saner. München/Zürich 1985, S. 179f. – Die Anrede »Lieber Herr Blücher« fehlt bei H. A.

[2] Hannah Arendt: »Sechs Essays«. In: *Schriften der Wandlung* 3. Heidelberg 1948.

besser, gleich 10 zu schicken. Liegen im Büro, gleich rechts, noch verpackt, wie sie aus Deutschland kamen.

Sternberger[3] hat sich mit Bermann[4] verkracht, sag es bitte Broch. Brochs Aufsatz[5] wird aber noch erscheinen, ebenso mein Brecht.[6] Ob die Bande je zahlen wird, ist eine andere Frage. Grüß Alfred und Carol [Kazin] von ganzem Herzen, sie sollen nicht böse werden; sag ihnen, es hat keinen Sinn, sie würden sich doch wieder mit mir vertragen müssen. Wenn ich mich mal wirklich befreunde, ist doch bekanntlich nichts mehr zu machen. Schimpfen aber dürfen sie. Sag Elliot [Cohen] einen Gruß, aber nur wenn es Dir nicht zu widerwärtig ist; ich müßte schreiben, kann aber nicht; er soll wissen, daß seine Frage – does Germany still exist – mich dauernd begleitet. Irgendwann einmal werde ich eine artikulierte Antwort haben.[7] Siehst Du Harold [Rosenberg]? Über Holty und den Reiter[8] habe ich mich ungeheuer gefreut. Was für ein herrliches Bild. Denk auch ein bißchen an die Sache mit Heidenreich.[9] Jaspers hat sehr energisch auf mich eingeredet wegen Lebensversicherung und hat natürlich vollkommen recht.

Eben geht der Gong zum Mittagessen. Nachmittags wird feste gearbeitet. Basel als Stadt ist entzückend. Und nach Deutschland denkt man mit Aufatmen und Staunen: Und gar nichts kaputt.

Deine

---

3 Dolf Sternberger, 1907–1989, Politologe und Publizist; 1934–43 Redakteur der *Frankfurter Zeitung*, ab 1945 Herausgeber der *Wandlung*; seit 1960 Professor für politische Wissenschaften in Heidelberg; war mit H. A. und Jaspers befreundet.

4 Gottfried Bermann-Fischer, Verleger; Herausgeber der *Neuen Rundschau*.

5 Hermann Broch: »Trotzdem: Humane Politik«. In: *Die neue Rundschau*, Jahrgang 1950, Erstes Heft, S. 1–31.

6 Hannah Arendt: »Der Dichter Bertolt Brecht«. In: *Die neue Rundschau*, Jahrgang 1950, Erstes Heft, S. 51–67.

7 Die »Antwort« war: Hannah Arendt: »The Aftermath of Nazi-Rule: Report from Germany«. In: *Commentary* 10 (1950), S. 342–353. Deutsch: »Ein Besuch in Deutschland, 1950: Die Nachwirkungen der Nazi-Herrschaft«. In: *Befreiung: Zeitschrift für Politik und Wissenschaft* (1982), Nr. 26, S. 17–36.

8 Vgl. S. 181, Anm. 1.

9 Anspielung darauf, mögliche Unterstützung für Karl Heidenreich zu finden.

[London,] den 3. Januar 1950

Liebster –

dies ist nur rasch ein Lebenszeichen, daß ich also glücklich in London angelangt bin und noch etwas atemlos, überhaupt hier zu sein. Gestern nachmittag und abend mit Eva [Beerwald], heute noch verhältnismäßig ruhig; erfahrungsgemäß ist der erste Tag immer der friedlichste. Gestern bereits ein wenig durch London gelaufen, und heute will ich rasch versuchen, so viel zu sehen, wie ich nur kann – denn ab morgen, usw. Die Stadt ist monströs großartig und häßlich. Aber quicklebendig, was nach den europäischen Erfahrungen sehr auffällt. Es wird gearbeitet, aber nicht wie in Deutschland, bis man absolut dämlich ist, nicht als intoxication[1]. Alles sehr ruhig, leise, freundlich; sehr vieles Amerikanische ist simply Anglo-Saxon. Zum Beispiel die Polizisten, gleiche attitude – wirklich zum Schutz des Publikums.

Bei Jaspers bis zur letzten Minute immer vertrauter und auch beinahe vertraulicher. Sie haben mich beide rührend verwöhnt. Über die Frau lieber mündlich; die Beziehung ganz und gar rührend und echt. Sie ist leicht herzkrank, mir scheint nicht schlimm, sie ist schließlich über 70. Er in dauernder Besorgnis, paßt auf wie ein Schießhund und bemüht sich doch, sie in Ruhe zu lassen. Ich habe ihn sehr, sehr viel allein gelassen, jeden Tag viele Stunden. Er ist sehr einsam, im Grunde nur, weil er mit rücksichtsloser Unerbittlichkeit sich alles vom Leibe hält, dem er nicht traut. Und er traut mit Recht sehr wenigen. Er sieht überall »Zauberei« und will doch eben »Magie von seinem Pfad entfernen«[2], würde auch das Zauberwesen ohnehin nicht erlernen können. Eine ganz »unmoderne« (modern im schlechten Sinn) Figur; wie direkt von Kant erzeugt und alles andere übersprungen habend.

Ich habe ihm von Dir erzählt, soweit man das kann. Sein Brief an Dich ist sehr bezaubernd, ganz spontan, weil er so »Lust« hatte. Wenn Du ihm doch ein paar Zeilen über die »Wahrheit«[3] schreiben

---

1 »Rausch«.

2 In Goethes *Faust* heißt es: »Könnt' ich Magie von meinem Pfad entfernen,/ Die Zaubersprüche ganz und gar verlernen,/ ...« V. 11404f.

3 Vgl. S. 180, Anm. 2.

könntest. Es hat sie fast keiner gelesen. In Deutschland ist wieder alles von Heidegger überschwemmt. Die »Holzwege«[4] werde ich schicken oder mitbringen. Ob ich [Heidegger] sehen werde, weiß ich noch nicht, überlasse alles dem Zufall. Seine Briefe an Jaspers, die er mir zu lesen gab, alle wie früher: das gleiche Gemisch von Echtheit und Verlogenheit oder besser Feigheit, wobei beides gleich ursprünglich ist. Mir ist bei Jaspers die Lust auf Heidegger ein wenig vergangen. Es bleibt doch immer wieder dasselbe: das Gesetz, wonach Beziehungen angetreten sind.

Wichtig ist natürlich, daß Jaspers so im großen ganzen mit mir doch zufrieden ist. Wenn wir nun noch eine Lebensversicherung nehmen, wäre er ganz einverstanden.

Von Hilde hatte ich einen überwältigenden Brief. Siehst Du, das hält stand, auch wenn man aus dem New Yorker Trubel sich gelöst hat. Sehr wenige sonst, obwohl ich mit Lust an das Zurückkommen denke. Ich bange mich nicht nur nach den 4 Wänden, sondern auch nach Amerika.

Bis Sonntag hier, dann Paris. [...]

Deine –

[Paris,] den 11. 1. 50

Liebster –

seit Basel keine Zeile; nichts in London und bisher auch nichts in Paris. Wenn ich morgen auf dem Joint[1] keine Nachricht finde, werde ich wohl wieder einmal telegrafieren müssen. Das gibt mir eine Unruhe, die Du wohl schwer begreifst. Ich kann mich in der Welt nicht so rumtreiben – wie ich es mit gesichertem Rücken doch sehr, sehr gerne tue –, wenn Du nicht schreibst. Einmal die Woche ist genug; aber das muß auch immer da sein.

Über London habe ich noch nicht ans Büro, d. h. Baron berichtet. Komischerweise habe ich auch von dort her überhaupt keine Post

---

[4] Martin Heidegger: *Holzwege*. Frankfurt 1950.

[1] American Joint Distribution Committee, amerikanisch-jüdische Hilfsorganisation; hauptsächlich in Europa tätig.

und bin darum in der Arbeit etwas gehandicapt, d. h. kann meine Korrespondenz, vor der mir ohnehin graust, nicht erledigen. To make a long story short: Ich kann in die britische Zone erst nach dem 15. Februar wegen der augenblicklichen Verhandlungen über einen British Trust Fund.[2] Das wird aller Wahrscheinlichkeit [nach] heißen, daß ich etwa zwei Wochen länger hier bleiben muß. Sicher nicht mehr, eher weniger. Ich werde Sonnabend oder Sonntag an Baron wieder offiziell berichten, möchte erst alles hier erledigt haben, bevor ich schreibe, und werde dann wohl vorschlagen, daß ich erst Mitte März abfahre.

London war einfach überwältigend – das Herz der Welt eben doch einmal gewesen. Ich schrieb in Stichworten an Hilde, besinne mich nicht mehr, möchte mich aber doch nicht wiederholen. Lies den Brief. Hier viele Menschen: Annchen [Weil] jeden Abend, immer besser und vertrauter. Cohn-Bendit[3] – reizend, aber vollkommen erledigt; dabei der alte Charme und auch Klugheit. Ohne die Frau wäre er längst verkommen. Handelt mit Autographen, ohne etwas davon zu verstehen. Heute Nina Gourfinkel[4], ganz unverändert, wie alles in Frankreich. (England ganz anders, ganz lebendig, arm aber zufrieden, ohne alle Ressentiments, sehr humorvoll und eigentlich durchaus cheerful.) Die Franzosen produzierten nicht wegen des Marshall-Planes[5], d. h. nehmen das als Entschuldigung; so gut wie keine Eisen- und Stahlproduktion. Das Marshall-Geld geht in private Taschen. Die Korruption ist phantastisch, die Schlamperei auch; wo das eine anfängt und das andere aufhört, weiß kein Mensch mehr. Mein französisches Visum z. B.: Man hat es dreimal (angeblich) nach New York telegrafiert, und zwar als ich bereits hier saß. Verlangt jetzt von Annchen, sie soll 3 oder 4 Telegramme bezahlen. Sie versucht, anhand der Geschichte durch Re-

---

[2] Vermutlich für die Jewish Cultural Reconstruction.

[3] Erich Cohn-Bendit, Rechtsanwalt, mit H. A. und ihrem Mann seit ihrer Pariser Zeit befreundet.

[4] Nina Gourfinkel, gebürtige Russin, Schriftstellerin; war für jüdische Hilfsorganisationen tätig; mit H. A. befreundet.

[5] Der Marshall-Plan (1948–51) war das amerikanische Hilfsprogramm für den Wiederaufbau der europäischen Staaten.

gierungsfreunde eine reguläre Enquete zu machen. Es ist vollkommen verrückt.

Der Malraux[6] zum 29. ist abgegangen, aber erst der 2. Band, der 1. ist augenblicklich ausverkauft und muß gesucht werden. Du wirst ihn ein paar Tage oder Wochen später bekommen. Bitte bestätige, da ich beide Bände bereits bezahlt habe. Ich schicke auch wieder Zeitschriften, au petit hazard[7]. Doch immer ganz interessant, mal reinzugucken.

Freitag und Sonnabend werde ich mich mit unseren Büchern[8] amüsieren.

Ich hatte einen reizenden Brief von Carol [Kazin]. Bitte, sage beiden that I love them dearly, but when could I write? Ich bin immer unterwegs, und sie werden doch nicht annehmen, daß ich in London mit Parthenonfries und griechischen Vasen (die schönsten der Welt) Briefe schreiben kann. [...] In London war ich mit Eva [Beerwald] im Old Vic Theater. Ganz schön, sehr kultiviert, sehr ironisch. Werde Dir auch schicken einen Roman von Virginia Wolff[9], Orlando, der mir außerordentlich englisch vorkommt. (Lesen kann ich immer in der Bahn, das heißt nicht, daß ich schreiben könnte.) Ich muß doch auch Zeitungen lesen. And once in a long while be silent in a chair.

Ich sollte eigentlich wieder über Jaspers schreiben, kann aber heute nicht. (Annchen [Weil] muß jeden Moment hier erscheinen, um mich nach Clamart[10] zu holen.) Morgen gehen wir ins Theater zu Camus, Les Justes.[11] Das muß doch auch sein. Und dann natürlich Paris, wo ich mich urplötzlich wieder so auskenne wie eh und je.

[...]

---

6 André Malraux, 1901–1976, französischer Schriftsteller und Politiker; vermutlich handelt es sich um die Bände *La Psychologie de l'Art, I: Le Musée Imaginaire*, Paris 1947, und *La Psychologie de l'Art, II: La Création artistique*, Paris 1946.

7 »auf gut Glück«.

8 Das Ehepaar hatte bei der Flucht aus Paris seine Bücher zurücklassen müssen.

9 Virginia Woolf, 1882–1941, englische Schriftstellerin; ihr Roman *Orlando* erschien 1929.

10 Südlicher Stadtteil von Paris, wo Anne Weil wohnte.

11 Das Drama *Les Justes* wurde 1950 in Paris uraufgeführt.

Stups, Du alter Sünder, schreib mir man. Und grüß New York und die Freunde. [...]

Deine

[New York,] 17. 1. 50

Liebste,

wie kannst Du Dich nur so ängstigen? Hilde hat Dir oft geschrieben und hat jedesmal ausdrücklich bestätigt, daß ich all right bin; wir haben das so verabredet, und ich sehe sie ja sehr oft. Mein längeres Schweigen hat viele Gründe. Erstens bin ich um Neujahr in eine tagelange Halbjahrhundertsrechenschaftsgebung hineingestolpert, machte schließlich einen Entwurf für Dich, zerriß ihn aber dann als zu unklar. Zweitens herrschte in Deinen Angaben über jeweiligen Aufenthalt Verwirrung, und Anruf beim Office sowohl wie vom Office bei mir machte die Sache nur noch verwickelter. Schließlich trösteten wir uns damit, daß Du ja jedenfalls Mitte Januar in Wiesbaden sein würdest. Drittens bat mich Hilde mehrmals, noch nicht über sie zu berichten, weil wir erst abwarten wollten und Dich nicht unnötig beunruhigen sollten. Sie wollte auf keinen Fall, daß ich Dir mitteile, was ich nun, da sie seit heute wieder im Office[1] ist, dennoch tue, Du aber bitte sie nicht merken lassen sollst: nämlich, daß es eine Reihe von beunruhigenden Verschlechterungen mit ihr gegeben hat, über die ich auch mit Tillich beriet. [...] Jetzt scheint es erst mal wieder zu gehen. Sie will immer für mich Dinner machen, ich aber sehe sie meistens nachmittags. Zweimal aber hat sie ganz stolz gekocht. Neujahrsabend war ich bei ihr. Sie wollte aber um acht ins Bett.

So war ich denn um die Mitternachtsstunde mit Broch und Busch in dem neuen Studio, das sie in Carnegie Hall[2] gemietet hat, beisammen. Es war ein geruhiger Abend, und wir sprachen von Dir. Auf dem Nachhauseweg verfiel ich dann in Halbjahrhundertsabrechnung für viele Tage und Nächte. [...]

---

[1] Als Sekretärin im Union Theological Seminary.

[2] Gemeint ist das Gebäude, in dem sich auch der große Konzertsaal befindet.

Die Mieter sind nett und es geht. [...] Übrigens, wie geht es Dir denn mit der Kälte? Hast Du warme Zimmer, oder was macht der Po? Hier nämlich ist der Oilburner eingebaut, und es ist gemütlich warm jetzt. Vorgestern aber hätte Dir der Stups glatt verbrennen können. Nachts um drei brannte die Küche unter der unsrigen. Ich war glücklicherweise noch an der Arbeit und roch mit einigen Nachbarn den Braten. Der Super war aus, aber sein Schwiegersohn, ein Junge von 17 Jahren, und Charles zeigten sich als wahre Helden.[3] Als ich den Brand lokalisiert und, unsere Räume waren schon dicht voll Rauch, die Feuerwehr angerufen und das Baby samt seinen erschreckten Eltern nach unten gefahren hatte, hatten sich die beiden Bengels schon in die brennende Küche auf dem fünften Stock hineingewagt und bekämpften das Feuer mit Wassergüssen. Die Feuerwehr war genau fünf Minuten nach dem Anruf hier – und die Jungens hatten das Feuer schon fast gelöscht, gerade bevor es die Gasleitung erreichte. Die Küche ist völlig ausgebrannt. Bei uns keinerlei Schaden.

Robert hat mir einen vorzeitigen Geburtstagsbrief geschrieben, der großartig und rührend ist. Er war so froh, Dich einmal dort zu haben. Und schreibt begeistert von Dir.

[...]

Der Brief von Jaspers[4] war ja wirklich ganz herrlich. Darüber im nächsten Brief. Hilde hat Dir die dumme Kritik Hooks[5] geschickt? Aber er muß doch anerkennen, obgleich er nichts versteht. Mit Jaspers haben die einen schweren Stand. Ich mache mir Notizen zu »Von der Wahrheit«, um ihm vielleicht doch darüber etwas Vorläufiges sagen zu können. Es ist ein großartiges Buch.

Lieber Schnupper, sei nicht bös auf mich, ich will zwar nicht von so vielen Leuten gern gehabt werden wie Du, dafür aber sehr von Dir. Ich freue mich, daß Du anscheinend doch das Herumgondeln

---

3 Der Hausmeister und seine Gehilfen.

4 Vgl. S. 187.

5 Sidney Hook, 1902–1989, amerikanischer Philosoph, hatte eine Kritik über Jaspers' Buch *The Perennial Scope of Philosophy*, New York 1949, veröffentlicht, das eine Übersetzung von Karl Jaspers: *Der philosophische Glaube*, München 1948, war.

auch ein wenig genießen kannst und soviel Freunde siehst. Und Basel, das scheint ja ganz wunderbar gewesen zu sein.

Dein

Heinrich

[New York,] 26. 1. 1950

Liebste,

dieser Brief hätte dem anderen auf dem Fuße folgen sollen, doch ging in New York eine garstige Darmgrippe um und spähte nach anfälligen Därmen. Natürlich richtete sie sich behaglich eine Woche lang in meinem Bauche ein und hat mich nun mit etwas schwachen Knien und Händen zurückgelassen. Der gordische Knoten Deiner wechselnden Adressen wird langsam scheußlich. Du mußt, wie aus Deinen Briefen an Hilde hervorgeht, mindestens zwei ihrer Briefe nach Paris, die auch mein Nichtschreiben erklärten, nicht bekommen haben. Mein letzter Brief ist nach Wiesbaden gegangen, an die Museumsadresse, ich ersehe aber aus Deinem Brief an Hilde, daß Du dort jetzt eine andere Adresse hast. Leider kann Hilde die nicht recht lesen. Soll das Military Club heißen? Ich konnte noch nicht ausgehen, werde aber morgen versuchen, das zu entziffern. So schreibe ich also diesen Brief hier an Sternbergers Adresse und hoffe, daß er Dich dort am 30. erreicht.

[...]

Ach so, Broch. Er hatte einen langen Brief an den Uhse[1] vom »Aufbau«[2] geschrieben und war wunder wie stolz, was er da alles großartig gesagt habe und wie er gewissermaßen da die Brüder und so weiter. Da er mein Urteil wollte, habe ich mich entschlossen, es ihm einmal zu geben. I gave him hell. Erst habe ich ihm gezeigt, daß alles mißverständlich ist, daß er keine Ahnung hat, was Totalitaris-

---

1 Bodo Uhse, 1904–1963, Schriftsteller, Journalist; emigrierte 1933 nach Paris, 1939 in die USA, ging 1948 nach Ost-Berlin, 1949–58 für die Wochenzeitung *Aufbau* tätig.

2 *Aufbau. Reconstruction. An American Weekly Published in New York*, die seit 1934 publizierte Wochenzeitung der deutsch-jüdischen Einwanderer. Sie wurde ursprünglich in deutscher, später teilweise in englischer Sprache gedruckt.

mus ist, und habe ihm alle seine netten United Nations-Erfindungen erbarmungslos als unpolitischen Mist charakterisiert. Dann habe ich ihm gesagt, der Beweis für sein unpolitisches Denken sei, daß er auf seinem eigenen Gebiete keinen politischen Stand mache. Ein Brief von ihm an die Totalitären Friedensposaunisten habe wenig zu enthalten als die Frage, ob sie wirklich dächten, daß er für die von ihnen ermordeten Schriftsteller in den Spalten ihrer Zeitschrift als Ersatz einspringen würde, und habe ihm Knappertsbusch[3] vorgehalten, der das Bruno Walter-Konzert nicht übernommen hat und der höchsten Stelle anheimstellte, ihn am A- zu lecken. Kurz, es war eine Schlächterei von über einer Stunde. Busch war begeistert. Broch gab alles zu, erklärte, ich hätte ihm das ganz großartig klargemacht, es sei einfach die Wahrheit, und er wolle sich doch immer nur [ein]mischen, weil er es nicht aushalten könne, den Dingen ihren Gang zu lassen. Er schenkte mir ein Pfund Tabak und war ungeheuer nett zu mir. Nun druckst er seit zwei Wochen an dem Brief an Uhse herum und tut mir schrecklich leid. Na Liebling, das mußte ja einmal kommen, und mich tröstet nur, daß Du es nicht hast tun müssen. Schon ich habe entsetzlich gelitten und dabei gesehen, wie gern ich ihn habe. Natürlich war ich auch sehr rücksichtsvoll und zeigte ihm die schreckliche Situation des Intellektuellen und wie großartig sein eigentlicher politischer Wille sei. Aber usw. Nun hoffe ich, er wird sich finden. Ich denke, ich sehe ihn diese Woche wieder. Sie lassen grüßen wie alle. Und alle wollen Dich so schnell wie möglich zurückhaben, es ist rührend. Und ich bin mit allen ganz einverstanden.

Ich will versuchen, den nächsten Brief so zu senden, daß er Dich bei Jaspers erreicht. Und dann auch über ihn und Dich mehr sprechen, als ich heute könnte.

Die Tage sind seltsam leer ohne Dich.

Heinrich

---

[3] Hans Knappertsbusch, 1888–1965, besonders als Wagner-Dirigent bekannt; 1922 bis 38 und 1954–58 in München, 1938–45 in Wien.

[New York,] 29. 1. 50

Liebste Frau,

heute hatte ich vor, mich sentimentaler Romantik einfach hinzugeben, Geburtstag[1] mit Dir zu feiern, indem ich den größten Teil des Tages darauf verwenden wollte, Dir lang und breit von allem möglichen zu schreiben, besonders auch über Jaspers und sogar über sein Buch[2], das Ganze dann Dir nach Basel zu senden, damit es Dich dort in einem Teil Deines Hauses fände – denn dies ist ja das Haus der Heimatlosen, es ist überall da, wo die Freunde sind.

Nun mußt Du statt dessen den Willen für die Gewährung nehmen, wenigstens vorläufig – weil ich einfach zu schwach auf den Beinen und im Kopfe bin. Ich war, als ich Dir zuletzt schrieb, angeblich gerade von der Darmgrippe kuriert, aber schon als ich den Brief zur Post gebracht hatte, kamen noch viel schmerzhaftere Anfälle, und am Abend wußte ich, daß ich Nierenkoliken hatte, ich erkannte den Schmerz wieder, er ist unverkennbar. Na, und gestern war denn der Nierenstein endlich heraus, nachdem er mich zwei Tage lang wieder mal mit der Hölle bekannt gemacht hatte. Allerdings hat mir diesmal Tannenbaum[3], der den Schmerz für seinen persönlichen Todfeind hält und ihn einfach fanatisch bekämpft, die Sache ungeheuer erleichtert. [...]

Viele Bücher und Ansichtskarten sind von Dir gekommen, und ich habe sie heute hier alle um mich herumliegen, während ich rauchend, die Pfeife schmeckt wieder, im Sessel sitze und Dir meine Gedanken sende. Der 2. Band Malraux[4] ist da, und in meinem jetzigen Zustande wird er als Anguckebuch benutzt, es ist herrlich. Viele kleine Schriften von Jaspers.[5] Ich konnte während der Krankheit zumindestens den Vortrag über Nietzsche und das Christentum[6] lesen, der so hell und warm ist, wie das Licht in Griechenland

---

[1] Heinrich Blücher wurde am 29. 1. 1899 geboren.

[2] Vgl. S. 180, Anm. 2.

[3] Dr. Herman Tannenbaum war der langjährige Arzt des Ehepaares.

[4] Vgl. S. 192, Anm. 6.

[5] Welche Schriften H. B. im einzelnen erhalten hatte, läßt sich nicht mehr feststellen.

[6] Karl Jaspers: *Nietzsche und das Christentum*. München 1946.

sein soll. Was doch Lieblingsworte bei einem Denker alles besagen. Erinnerst Du Dich, wie ich Dich einmal auf das bei Jünger stets wiederkehrende »hoher und grausamer Genuß« aufmerksam machte? So muß ich jedesmal hier irgendwie beglückt lächeln, wenn Jaspers wieder das Wort erhellen über die Zunge rutscht. Je mehr ich in sein zusammenfassendes Werk, die Logik[7], eindringe, um so deutlicher wird es mir, wie der, entschuldige den altmodischen und romantischen Ausdruck, »teure Mann« es fertiggebracht hat, den verborgenen tiefen Unterstrom der Aufklärung, das in Kant und Lessing hervorbrechende eigentliche und von allem Zauberwesen des Pantheismus wie der christlichen Nachgeburten gereinigte Element der eigentlichen Freiheit, rein zu bewahren und den Unterstrom ans Tageslicht heraufzuleiten. So wird die Aufklärung zur Erhellung, zum Selbstverständigungsprozeß des zum Menschen werdenden Menschen gemacht, die Funktionalität des vernünftigen Selbstbewußtseins in Bewegung gesetzt, eine lebendige Orientierung *im* Sein ermöglicht statt eines Wissens über das Sein, in treuer Verwaltung des Willens von Kant, dem Glauben wirklich Platz geschaffen, nämlich ihm der unendliche Weg durch die Schöpfung hindurch zum Schöpfer gewiesen, wo der Mensch, kraft der Existenz und vermöge der fast im Platonischen Erossinne wieder erfaßten Vernunft, transzendierend durch die Weisen des »Umgreifenden« durchgreifend, sich gewissermaßen durch das Sein schwingt. Als habe sich das Wesentliche des abendländischen Denkens wie in einer Spiralkurve von Plato über Augustin, den Kusaner, Kant und die Explosion Nietzsche herumgeschwungen, so steht dies Werk plötzlich wieder in äußerster Nähe zum Grundwesen des platonischen Denkens, und es ist fast, als sollte man sagen: bis hierher hat es das abendländische Denken gebracht. So hat es eine merkwürdige und doch ganz scheinbare Verwandtschaft mit Hegel. Es benutzt die Errungenschaften des abendländischen Denkens natürlich nicht als Meilensteine, die zu der in Jaspers verkörperten Wahrheit führen, es setzt sie auch nicht in neues Licht, das hatte Kant getan, und Nietzsche hatte sie bis zur explosiven Weiß-

---

[7] Vgl. Anm. 2.

glut gebracht, sondern es mobilisiert diese Elemente aufs neue, entfaltet sie in diese Funktionalität (denn es ist *mehr* als »Systematik«) des vernünftigen Selbstbewußtseins. So steht es, damit hat er recht, ganz in der Tradition, wäre aber dennoch berechtigt gewesen, nicht, dieser formal zuliebe, den Titel »Logik«, sondern, ihr weiterhelfend, wirklich den im Text erwähnten Titel »Systematik des vernünftigen Selbstbewußtseins« offen zu tragen. Zur Nachzeichnung der Weisen des Umgreifenden wäre viel zu sagen. Ich will heute nur darauf hinweisen, wie er auch hier aus der verborgenen tiefsten Tradition kommt. Die Überschneidungen, die er sieht, sind in dem Goethewort vorgeahnt: In der Natur ist alles, was im Geiste ist, und etwas darüber. Im Geiste ist alles, was in der Natur ist, und etwas darüber. Außerdem wird Dir die Interpretation von Nathan dem Weisen helle Freude machen. Das ist erst die wahre Entdeckung des eigentlichen Gehalts bei Lessing.

Ich kann nicht mehr, muß mich wirklich schonen. Der Brief von Jaspers war herrlich.[8] Als träte er leise, selbstverständlich und völlig natürlich zu dem Unbekannten plötzlich ins Zimmer. Wie ein symbolischer Akt seiner »Kommunikation«. Ich freue mich, daß es ihm so war, als sei ich dort in Basel anwesend gewesen. Wenn er nur wüßte, wie er all die Jahre hier bei uns immer anwesend war, mitbefragt im Urteilen über alles und in moralischen Dingen oft wie ein Maßstab angelegt an den Lauf der Dinge. Ich könnte ihm das alles nicht schreiben, Du weißt, wie direkt und unbefangen ich mich von Mann zu Mann äußern kann und daß ich im Schriftlichen, vielleicht gerade deshalb, immer ins Indirekte hineinfalle. So sage ihm hiervon, was Du magst, und vor allem richte ihm meinen Dank aus.

Liebste, mach Dir keine Sorgen um mich, ich bin wirklich über den Berg, muß mich nur ein wenig erholen jetzt. Freue Dich dort mit Jaspers, und ich freue mich hier mit Euch. Empfiehl mich bitte auch seiner Frau, und bitte sie alle, nachsichtig mit mir zu sein.

Nun will ich ein wenig schlafen, denn ich sehe Broch, und dann

---

[8] Vgl. S. 187.

wieder ins Bett. Und zwischendurch wird ein riesiges Mahl gegessen nach dieser Hungerkur.

Ich bin an diesem Geburtstage eigentlich ganz zufrieden, geboren zu sein. Wie hätte ich Dir sonst begegnen können?

Heinrich

[...]

Heidelberg, den 30. 1. 50

Heinrich:

Dein Brief[1] hat nicht viel geholfen. Weißt Du denn wirklich nicht mehr, daß wir verabredet hatten, daß Du einmal wöchentlich schreiben sollst? Und die Ausrede mit den Adressen ist doch Unsinn: warum kann Hilde mich überall prompt erreichen und Du nie und nirgends. Daß Du nicht einmal ein paar Zeilen der Erwiderung an Jaspers gefunden hast! Und nicht eine einzige Antwort auf meine Briefe, nicht eine Bestätigung. Hast Du den Kafka an Jaspers geschickt?[2] Hast Du mir Exemplare meiner Essays[3] nach Wiesbaden geschickt? Hast Du einen certified check nach Basel gesandt? So viele Fragen, so viele fehlende Antworten. Ist der Malraux[4] angekommen?

Mir ist das Herz sehr schwer. Ich kann diesen völlig fehlenden Sinn für die primitivsten menschlichen Verantwortungen und Verpflichtungen nicht verstehen. Ich kann nicht verstehen, daß Du so wenig Einbildungskraft hast, daß Du Dir absolut nicht vorstellen kannst, wie mir zumute ist, so in der Welt wie ein verlorengegangenes Rad am Wagen herumzusausen, ohne jegliche Verbindung mit einem Zuhause, mit etwas, worauf Verlaß ist. Ich schreib Dir das alles genau so bitter und, wenn Du willst, erbittert, wie es sich mir darstellt und darstellen muß.

---

[1] Vgl. S. 193 f.

[2] H. A. hatte in ihrem Brief vom 28. 12. 49 (vgl. S. 187 f.) darum gebeten, die Kafka-Gesamtausgabe, die bei Schocken erschienen war, als Weihnachtsgeschenk an Jaspers zu schicken.

[3] Vgl. S. 187, Anm. 2.

[4] Vgl. S. 192, Anm. 6.

Hinzu kommt, daß mir in Paris aufs schönste vordemonstriert worden ist, wie es einem gehen kann, wenn man diese verfluchte Großzügigkeit in den Knochen hat. Ich habe wirklich keine Lust mehr, einfach mitzuspielen, einfach alles zu übersehen und weiter zu wurschteln. Wenn Dir die Beziehung zu mir noch nicht einmal die Überwindung zum regelmäßigen Nachricht-geben wert ist, was soll ich da sagen? oder vielleicht tun? Ich habe Dir meine Ansicht über all die Sachen oft gesagt, nie geschrieben, weil ich nicht wollte, daß ein geschriebenes Wort zwischen uns steht. Aber diesmal kann ich nicht mehr und kann nicht anders.

Was Paris angeht, so läßt sich die Sache sehr einfach referieren: Nachdem Annchen [Weil] ihr Leben lang Weil und Kätchen [Mendelssohn] ernährt hat, versuchen die beiden augenblicklich mit allen Mitteln (dazu gehörte z. B., daß Kätchen mit mir sprach, wahrlich ein Mittel!), sie aus der Familie rauszugraulen, wobei ihnen noch nicht einmal die primitiven Besitzverhältnisse – wem gehört die Wohnung und die Möbel – klar sind. Ich habe Annchen nichts gesagt, weil sie glaubt, Kätchen liebe sie noch. Weil verdient augenblicklich durch die berühmte Bourse Nationale[5], das ist eine Art Lebensstellung; also ist die Zeit gekommen.

Sternbergers warten unten auf mich, ich muß schließen. Meine Adresse ist: Alexanderstraße 6–8. Military Club. Wiesbaden. Mir wird alles regelmäßig nachgeschickt. Bin immer noch jeden Tag woanders. Sonnabend den 4.–6. in Basel bei Jaspers.

Hannah

[New York,] 4. 2. 50

Liebste,

nachdem sich nun glücklich ein zweiter, noch kleinerer Stein und etwas mehr Nierengries durch mich durchgewurstelt haben, kann ich Dir ja erzählen, daß es ziemlich höllisch gewesen ist und daß ich seit dem 28. Dezember heute den ersten völlig schmerzfreien Tag habe. [...]

---

[5] Gemeint ist ein französisches Staatsstipendium.

Zu der Geburtstagsgabe der Steine fügt sich heute Dein harter Brief an. Den ich ja wohl verschuldet haben mag. Daß Dir das Herz schwer ist, macht mir meins schwer, besonders, da ich es verschuldet haben soll.

Ich habe Dir erklärt, wie es mit Hilde stand und warum sie Dir alleine schreiben wollte, dazu kam mein Zustand. Nun aber weiß ich nicht mehr, was mit den Briefen los ist. Einer ging nach Wiesbaden, alte Adresse, den scheinst Du zu haben. Ein anderer ging an Sternbergers Adresse und hätte vor Dir dort eintreffen müssen. (In diesem lag der Check, Du hattest nichts von Basel angegeben.) Ein dritter Brief ging an Jaspers' Adresse und müßte ebenfalls vor Dir dort sein. Ein vierter Brief, dem Deine Calling Cards[1] beiliegen, ging nach Wiesbaden, neue Adresse.

Deine Aufträge sind bis auf zwei, worüber ich Dir schrieb, alle umgehend erledigt worden. [...]

Bleibt mein Brief an Jaspers, der mir schwer auf der Seele liegt. Aber erstens wollte ich ihm etwas über das Werk sagen, und das ist recht schwierig, und zweitens konnte ich meine Gedanken nicht bei dem Werk halten wegen schwachem Kopf. Als ich endlich an einem Entwurf bastelte, erfuhr ich, daß Du in Basel sein würdest, und wählte den leichteren Weg, erst mal Dir einiges über das Werk zu sagen, gewissermaßen Dir eine Art Skizze einreichend, die Du ihm nach Deinem Ermessen mitteilen könntest.[2] Wenn Du das darin angedeutete für mitteilenswert hältst, will ich dann in dieser Linie ihm ausführlicher schreiben.

Um so schlimmer, daß ich Dir das Herz schwer gemacht habe, wenn es Dir Annchens wegen ohnehin schwer genug ist. Das ist ja wirklich furchtbar und irgendwie ganz unglaubhaft. Traurig macht mich aber sehr, daß Du in Deiner Panik über dieses Trauerspiel Dich zu merkwürdigen Vergleichen fortreißt. Dieses Verhalten von Weil ist mir in einem solchen Maße fremd und mondhaft, daß ich eher annehmen möchte, Du irrst Dich da, und irgend etwas ganz Fürchterliches, und Annchen nicht unschuldig daran, sei dort pas-

---

[1] Visitenkarten.
[2] Vgl. S. 197–200.

siert, oder alle drei seien entweder undurchsichtig pervertiert oder einfach verrückt. Denn eines nämlich, was aus Deiner Erklärung hervorgehen würde, ist mir einfach organisch, um nicht zu sagen metaphysisch unbegreiflich – daß ein Mensch sollte imstande sein, mit irgendeinem anderen Menschen, und sei er noch so nett, den er nicht aus dem Grunde liebt, länger als vier Wochen zusammenzuleben. Sollte einer so dumm sein, nicht zu wissen, mit was er da zahlt? Daß er sich in seelische Sklaverei verkauft? Und daß ihm jede Kraft der Transzendenz verlorengehen müßte? Was mich anbetrifft, so könnte mich eine junge und nette millionenschwere Dame dazu nicht bringen. Mein inneres Gestörtsein durch einen so lieben Menschen, wie Mutt es war, hätte sich um kein Jota gebessert, wenn Mutt uns auf großem Fuße ernährt hätte. Da dies wirklich zu meiner Grundstruktur gehört, stehe ich Deinen Andeutungen in solcher Richtung immer mit einem traurigen Lachen gegenüber und bin eigentlich nicht mal recht fähig, sie auch nur anzuhören. Und das ist sicher keine Psychose. So sieh doch mal, selbst im Falle Weil, etwas genauer hin, vielleicht ist er doch nicht einfach ein dummes Monster. Wenn aber doch, dann sollte man die beiden wirklich zum Psychoanalytiker schicken, damit sie in ihrem eigenen Seelenwust ersaufen können.

Hilde geht es schlecht, einer der Gründe, warum ich Dich nicht auch noch mit meinem Kranksein hatte beschweren wollen, wobei leider nur herauskam, daß ich unfähig war, mich dann auch wie ein anscheinend Gesunder zu geben und fröhliche Briefe zu schreiben. Sie also quält sich sehr. Die Schmerzen werden so heftig, daß sie mehr und mehr Morphin nehmen muß. Und sie sagt, sie lebe dadurch nur noch wie ein Tier. Sie ärgert sich zwar noch, wenn er [Tillich] von seiner Tour fast nicht schreibt, aber sie sagt, noch schlimmer sei, daß sie sich eigentlich nicht mehr ärgern könne, denn sie sei nicht mal mehr an seinem Kommen interessiert, nur noch am Kommen der Morphiumspritze. Sie kann meistens nicht mehr lesen, weil sie es nicht mehr aufnehmen kann. Der einzige Trost scheint das Radio zu sein, sie hat es dauernd laufen und hört der Musik zu. Ich sitze bei ihr am Abend und sehe, wie sehr sie sich danach sehnt, so nett und gut sie zu mir ist und so sehr ich sie auch zu unterhalten trachte, daß ich gehen möge und sie mit Morphium ins Bett kann. Gelegentlich hat sie noch für ihn geschrieben, war auch noch einige Male wieder für ein paar Stunden im Office. Ihr Gesicht hat sich trotz Magerkeit, die sie übertrieben darstellt, nicht entscheidend verändert. Vor zwei Tagen sah sie sogar überraschend prächtig aus. Gestern ist sie nach Philadelphia gefahren, um das andere Enkelkind noch mal zu sehen. Da sie mich ausdrücklich bittet, sich bei mir ausklagen zu dürfen, sich auch ruhig bei mir ausweint, ist es möglich, daß sie mir gegenüber ihren Zustand doch noch etwas schlimmer darstellt, als er tatsächlich schon ist. Ich rede ihr jedenfalls noch immer leise und eindringlich zu, weiter am Leben zu bleiben. Versuche sogar, sie wieder mal mit mir ins Kino zu kriegen. Sie will es versuchen. Sie ist fest davon überzeugt, daß sie Dich nicht mehr wiedersehen wird, und ich bestreite es energisch, glaube auch wirklich, sie wird noch mindestens ein halbes Jahr leben. Ich werde Dir bald weiter über sie berichten, denn ich zweifle, daß sie Dir alles schreibt. Sie will Dich nicht beunruhigen. Jetzt, in diesen Tagen seiner Abwesenheit biete ich ihr täglich an, sie zu besuchen. Doch macht sie nur mäßig davon Gebrauch, fürchtet sich stets, mich von irgend etwas abzuhalten. Ich habe sehr mit ihr geschimpft, daß sie mich in der Nacht des ersten großen Blutsturzes nicht einfach aus dem Bett geholt hat, und glaube, daß sie nun weiß, daß ich jederzeit für sie da bin. Es ist schrecklich traurig, Liebste, so ohnmächtig dem langsamen Sterben eines Menschen zusehen zu müssen, besonders, wenn man ihn so gern hat. Sie ist wie ein liebes kleines Mädchen, dem Leid geschieht.

Sei nicht unruhig und unglücklich. Dein Haus hier steht und wartet auf Dich. Und keinerlei Gespenstersonate[3] wird hier gespielt.

Heinrich

---

[3] Anspielung auf August Strindbergs (1849–1912) Kammerspiel *Gespenstersonate*.

[Basel,] den 5. 2. 50

Liebster,

nun hast Du mitten in die Nierenkolik auch noch meinen bitterbösen Brief bekommen und überhaupt keinen Geburtstagsbrief, nur ein Telegramm. So geht es mit alten Eheleuten und alten Sündern. Dabei ist wahr, daß ich Hildes Brief nach Frankreich auch nicht bekommen habe, Du also eine prächtige Entschuldigung hast – aber auch nur prächtig.

Eben hier in Basel angekommen und Deinen Brief vorgefunden. Außerdem in Wiesbaden den über Broch bekommen. – Aber erst die Nierensteine: Wie erklärt Tannenbaum es sich? Jaspers gleich ganz fachmännisch: Das ist nicht schlimm, wenn der Stein rauskommt, sonst kann es eine Vereiterung geben, dann muß die Niere raus, damit ist Alfred Weber[1] auch 86 Jahre alt geworden. Alles ganz schnell und gleichsam in einem Atem. – Tachles: Was kann man tun? Welche Diät? Tannenbaums Einstellung zu Schmerzen ist die jüdische Einstellung zum Körper – bei weitem das Vernünftigste, was wir hervorgebracht haben.

Deinen Brief[2] habe ich gleich in den auf Jaspers bezüglichen Stellen abgeschrieben, damit beschäftigt er sich augenblicklich, daher bin ich rasch an die Maschine gelaufen.

Broch. Bin im Grunde sehr erleichtert, daß Du ihm die Meinung geflüstert hast. Ich kann es nicht, eher sterben. Dafür hält er mich auch mit Recht für einen falschen Fünfziger. Vielleicht bringst Du ihn dazu, sich auf seine alten Tage mit Dichtung zu beschäftigen. Denk an die herrliche Liebesgeschichte.[3] – Wer kann heute schon noch sowas schreiben. Ich bin noch ganz glücklich, wenn ich daran denke.

Hilde: Sehr traurig, aber doch wohl zu erwarten. Ich schreibe von hier, wo ich endlich ein wenig Ruhe habe. Habe mir aber jetzt

---

[1] Alfred Weber, 1868–1959, Nationalökonom und Soziologe; Bruder von Max Weber; seit 1904 Professor in Heidelberg.

[2] Vgl. S. 197–200.

[3] Gemeint ist die Geschichte der Magd Zerline in Hermann Brochs Roman *Die Schuldlosen*. München 1950.

ein Auto[4] für 2 Wochen organisiert, was die Sache doch etwas weniger anstrengend macht. Verfluchte Angelegenheit, in die ich mich da eingelassen habe. Aber alles eben doch der Mühe wert.

Gestern war ich in Frankfurt und Heidelberg. Habe in Frankfurt gebucht für die Queen Mary am 15. März, werde also am 20. oder 21. mit Gottes gnädiger Hilfe endlich, endlich wieder zu Hause sein. Graue mich vor Paris. Einer, nein der Hauptgrund, warum ich so durcheinander und verzweifelt war, ohne Nachricht zu bleiben.

Inzwischen wieder unten gewesen, viele Orangen gegessen, viel gesprochen, über dies und jenes. Ganz unbeschwert, laß mich so gehen, wie sonst nur zu Hause. Jaspers ganz glückselig mit Deinem Brief. Fühlt sich verstanden und sagt doch gleich: Ja, wenn ich wirklich so wäre, so wollte ich eigentlich sein. Er hat es ganz getroffen. Und ob Du nicht doch kommen wolltest, hier wohnen, ganz bequem. Und so weiter.

Ich wollte eigentlich noch viel schreiben, bin aber so hundemüde. Außerdem von Folgendem beunruhigt: Hörte in Heidelberg eine absolut unerhört widerliche Geschichte, die Heidegger jetzt gegen Jaspers angerichtet hat[5], jetzt wo er auf der anderen Seite versucht, mit allen Mitteln versucht, sich wieder zu befreunden. Werde am Montag in Freiburg sein, sein müssen, habe aber nicht mehr die allergeringste Lust, den Herrn[6] wiederzusehen. Jaspers weiß von nichts. Soll ich es ihm sagen? Soll ich nicht? Ich weiß nicht. Ratlos.

Dies Rumgehetze in der Welt wird langsam unerträglich. Meine nächsten Wochen: Freiburg, Baden-Baden, Rastadt, Wiesbaden, Koblenz, Kassel, Marburg, Wiesbaden. Dann Flug nach Berlin am 15.2. Dann 2 Wochen britische Zone. Dann Wiesbaden und über Frankreich zurück. Vielleicht, d. h. wenn ich ohne Schwierigkeiten ein Transitvisum bekomme, noch einmal Basel.

Liebster, pfleg Dich gut, tu was die Ärzte sagen, wenn es Dir vernünftig klingt. Iß viel und reichlich. Die sog. Darmkolik war ja

---

4 Es handelt sich um einen Fahrdienst; H. A. konnte nicht Auto fahren.

5 Vgl. S. 208, S. 225 und S. 280.

6 Gemeint ist Martin Heidegger, den H. A. seit ihrer Studienzeit und ihrer Liebesbeziehung mit ihm nicht wiedergesehen hatte.

wohl bereits der Nierenstein. Grüß Broch hunderttausendmal und Busch auch. Ich laufe immer piekfein mit ihrem Schal rum. Küß die Hilde.

Deine

H.

Check ist angekommen! Thanks. Jaspers sagt gerade, er würde Dir selbst schreiben.

Wiesbaden
Alexandrastraße 6–8
Military Club,
den 8. 2. 50

Liebster –

eben im Wagen hier angekommen. Den hatte ich mir für 10 Tage organisieren können, morgen muß er leider schon zurück. Leider? Es heißt, daß ich zwei Tage ruhig hier bleiben »muß«, ein Vorteil.

Aber die Nierensteine – deshalb schreibe ich noch spät am Abend. Kann man da denn absolut nichts machen? Ich habe Angst, daß Du die weiterhin produzierst, obwohl es ja doch die ersten seit Deiner Jugend sind. Aber warum bloß? Du hättest lieber schreiben sollen, zwei Zeilen, was los ist, als mich so sitzen lassen. Denn Liebster, Du bist entschuldigt, aber eins steht fest: 4 Wochen lang habe ich von Dir absolut nichts gehört!

Inzwischen hast Du sicher die Briefe aus Basel von Jaspers[1] und mir erhalten. Du kannst Dir sein Glück gar nicht vorstellen. Dies war so wichtig für ihn. Es war wieder herrlich, und ich hatte es nötig, wie sich herausstellen sollte. Denn von dort fuhr ich nach Freiburg, und [Heidegger] erschien sehr bald im Hotel. Wir haben, scheint mir, zum ersten Mal in unserm Leben miteinander gesprochen, mit dem Resultat, daß ich selbst da an meinen verflixten Stups denken mußte, der alles richtig beurteilen kann. Heute früh kam

---

[1] Karl Jaspers an Heinrich Blücher, 5.2.1950. Vgl. *Hannah Arendt – Karl Jaspers Briefwechsel 1926–1969*. München 1985, S. 182f.

dann noch eine Auseinandersetzung mit seiner Frau[2] – die macht ihm seit 25 Jahren, oder seit sie auf irgendeine Weise die Bescherung aus ihm rausgekriegt hat, offenbar die Hölle auf Erden. Und er, der doch notorisch immer und überall lügt, wo er nur kann, hat ebenso offenbar, d. h. wie sich aus einem vertrackten Gespräch zu dritt ergab, nie in all den 25 Jahren geleugnet, daß dies nun einmal die Passion seines Lebens gewesen sei. Die Frau, fürchte ich, wird so lange ich lebe, bereit sein, alle Juden zu ersäufen. Sie ist leider einfach mordsdämlich. Aber ich werde versuchen einzurenken, soweit ich kann. Er hat mich mit Publikationen und Manuskripten überschüttet; nur sprechen können, nur verstanden werden. Dabei ist er berühmter als je, ohne das im mindesten zu verstehen oder, sagen wir, zu realisieren. Die Schweinerei mit Jaspers werde ich noch rechtzeitig einrenken können, bevor Jaspers etwas erfährt. Denn dann ist Jaspers meine einzige Hoffnung.

Aber jetzt muß ich ins Bett. Ich fahre oder vielmehr fliege wahrscheinlich Sonnabend nach Berlin. Will aber in einer Woche wieder hier sein. Dann englische Zone und am 15. März Schiff von Cherbourg. Vorher natürlich nochmals Basel, wahrscheinlich auch Freiburg, werde aber versuchen, mir [Heidegger] hierher kommen zu lassen.

Hoffentlich hast Du mit Paris auch recht – j'en doute. Werde mir aber alles gehorsamst[3] nochmals besichtigen. […]

Stups – um Gottes willen die vier Wände, die Du bist.

Deine

Hannah

[Der Brief vom 9. Februar 50 schließt unmittelbar hier an, da auf demselben Briefbogen.]

9. 2. 50

Eben Flugkarte für Berlin gelöst und Hotel – Parkhotel, Berlin-Dahlem (vermutlich sündhaft teuer) reservieren lassen. Unsere

---

[2] Elfride Heidegger, geb. Petri, 1893–1992.

[3] Bezieht sich auf H. B.s Bemerkungen zu Anne Weil auf S. 202 f.

Schlattenschamesse[4] kennen nur das Beste, und ich kann ja nicht in Berlin ankommen und nicht wissen, wohin in den Trümmern.

Heute wunderbarste Ruhe hier, sogar ein bißchen gelesen. Ganz allein – hörbares Uff. Schreib nicht nach Berlin, sondern hierher, wo ich nächsten Sonnabend wieder einlaufe.

[...]

Beruflich alles in Ordnung. Ich leicht gelangweilt. Und immer neue und mehr Menschen.

Und die Vergangenheit, die auch wieder keine ist. Man soll die Zeit nicht überschätzen. Die Freiburger Sache war gespenstisch: die Szene mit der Frau, die vor genau 25 Jahren vielleicht fällig gewesen wäre und die abgehandelt wurde, als gäbe es keine Zeit.

Aber am 15. März fahre ich ab und habe 5 ½ Tage Zeit, sofern Du mir genug von dem Dramamin besorgst und ich nicht dauernd kotze, oder mir die Knochen breche, mir alles genauestens zu überlegen.

Bis dahin leicht verdummt

die Deine

[...]

[New York,] 14. 2. 1950

Mein Liebes,

es geht mir besser, bin aber immer noch schwach. Befolge eine genaue Diät, die nach Analyse der Steine gearbeitet ist, muß mich vor jeder Anstrengung hüten, was mir schwer wird. Viel liegen, viel trinken. Immer noch ein schweres Gefühl in den Nieren und müde, müde. Nach einigen Wochen wird nochmals genauere Untersuchung gemacht. Tannenbaum ist wirklich ganz großartig. Und alles das, wo ich mich philosophisch so gut in Fahrt befinde wie selten und am liebsten die Nächte durcharbeiten würde.

Jaspers' Brief und vor allem seine Bemerkung zu Dir – ein großes

---

4 Schlattenschamesse: Schalottenschammes setzt sich zusammen aus Schalotten, d. h. einer Zwiebelart, und Schammes, jiddisch für Synagogendiener. Hier: Bürokraten.

Ereignis für mich. Ich habe immer nur den Grundwillen von Philosophen verstehen wollen, ihr eigentlichstes inneres Anliegen, denn ich wollte nicht irgendein Erbe antreten, was jeder sollte und können sollte, sondern diesen Willen und ihre Verpflichtung auf mich nehmen. Glaubte immer, Plato, Augustin, Kant und Nietzsche in diesem Sinne erfaßt zu haben. Nun habe ich eine reale Bestätigung, daß ich das im Falle Jaspers gekonnt habe. Ich arbeite mir jetzt eine längere Würdigung dieses großartigen Werkes für ihn aus. Der wird mich vielleicht wirklich sogar in schriftliche Kommunikation zwingen, aber wer kann auch so intensiv kommunizieren wie der, und das steckt wohl an. Heute nur noch: Es ist mir, und das ist die einzige Konzession, die ich ihm machen kann in bezug darauf, daß ich ihn »auch als Deutscher anspreche«, es ist mir also ein innig tröstender Gedanke, daß gerade dieses Werk im Deutschland der Hitlerzeit herausgearbeitet worden ist. Denn es ist jedenfalls die eigentlich metaphysische und damit größte und zentrale Leistung der Resistance. Die edelste und beste Kraft der abendländischen Philosophie wird hier der Gefahr entgegengestellt und dabei gesichert, was ihr bleibender, ihr ewiger Wert war. Ich hatte diese Verpflichtung immer als eine notwendige Vorarbeit für meine Philosophie gefühlt. Nun bin ich dessen ledig und kann beglückt einfach verweisen. Zum eigentlich Radikalen zu springen, ohne vorher das Extremistische beiseite gesetzt zu haben, schien mir immer unmöglich und unwürdig. Jaspers hat es auf seinen Platz verwiesen. Und diesem Individuum mitsamt seinem Kollektiv, das wir als Produkt der abendländischen Geschichte haben und das uns die Person zersetzt, die Menschheit unmöglich macht und den Menschen zu vernichten droht, wird hier der Vorwand entzogen, sich als die Konsequenz des Grundwillens seiner wahrhaft großen Denker auszugeben, ihm wird mit deren Hilfe ein Handbuch zur Selbstverständigung des Menschen gegeben und so jedem Individuum die Möglichkeit geschaffen, sich in der Gottesnähe festzuhalten und die Konsequenzen des abendländischen Wollens zu vermeiden, Widerstand zu leisten, nicht mitzumachen, den Blickpunkt der Wahrheit nicht zu verlieren. Das ist das letzte Abschiedswort der abendländischen Philosophie, und es wird dauern. Und so hat er seinen unfreiwilligen Elfenbeinturm zur Festung umgestaltet, die mit den besten

Waffen starrt, dem Feinde Widerstand zu leisten. Das ist im Bezirk des abendländischen Seinsbegriffes noch geleistet worden, und das ist ganz großartig und ungemein tröstlich. Ich aber, der ich das Sein aus dem Seinsbegriff selbst her umformen möchte, bin nun an meine Arbeit gegangen, weil ich uns von diesem Widerstand her in den Angriff bringen will. Und brauche mich nun nicht dem Verdacht auszusetzen, das Alte zerstören zu wollen, habe diese Festung im Rücken, kann von ihr aus erst mal Ausfälle machen, um dann weiter in den Kampf zu kommen. Und verfahren, wie es Aufgabe des Philosophen ist, das Wunder des Seins nicht zu erklären, sondern es weiter zu entfalten, damit es uns tieferreichenden Sinn und höhergreifenden Willen ermögliche.

Ja, die Zeit, da hast Du's nun. Nun wirst Du verstehen, daß ich stets hinter sie zu kommen trachte, daß sie aus Arbeitsgründen mein Feind ist, der mir oft genug in den Rücken fällt. Ja, wir brauchen sie nicht zu sein, wir können sie haben, wenn wir von unserer Dauer her sie fassen und in die Ewigkeit zwingen, in jene Ewigkeit, in der wir leben können für unsere begrenzte Dauer, um sie, wenn möglich, weiterzugeben an andere Träger, die sie weitertragen, in jene Unendlichkeit hinein und stets über sie hinaus, die selber nie Ewigkeit werden kann. Dein verflixter Stups. Ja, die gute Fee hat gesprochen, »der Junge soll Urteilskraft haben«, und die böse Fee hat unterbrochen und den Satz beschlossen, »und sonst nichts«.[1] Dabei bleibt es wohl.

Denn die Gaben geben die Götter, und unser ist kein Verdienst. Aber vielleicht gibt Gott, der die Götter gemacht und beauftragt hat wie auch uns, uns auch persönlich etwas mit. Die eigentliche Freiheit nämlich, daß wir entscheiden können, wieweit wir verstehen wollen, wieweit wir unsere Gaben anwenden wollen. Auf die Götter gibt uns das Sein viele Blicke frei, und ich werde sie alle zeigen, auf Gott nur einen, diesen. Daß wir fähig sind, im anderen Menschen uns und in uns den andern[2] zu vermuten, zu suchen und zu erkennen, und daß wir dazu gewillt sind, hier liegt der Ursprung der

---

[1] Bezieht sich auf H. B.s Schreibschwierigkeiten; vgl. S. 125, Anm. 2.

[2] Bei H. B. Schreibfehler: »und uns im andern«.

Freiheit. Und wenn wir sie gewinnen, so können wir hier meinen Begriff der Menschenehre fundieren, der uns weiterbringen soll als der der Menschenwürde. Jaspers ist auch hier nahe mit diesem großen, »daß ich mir in meiner Freiheit geschenkt bin«. Hier ist der Blick auf Gott frei. Von hier aus kann ich der bisher einzig ehrenhaften Nietzscheschen Position: »Ich weiß nicht, ob Gott ist oder nicht, aber ich will, daß er nicht sei, er darf nicht sein, der Freiheit des Menschen wegen« meine Position entgegensetzen: »Ich weiß nicht, ob Du bist oder nicht, aber ich will, daß Du seist, der Freiheit des Menschen wegen, die der Danksagung bedarf, aber auch der Hilfe.« Der Hilfe nicht, weil sie zu klein, sondern weil sie zu groß ist. Unendlich sind die Möglichkeiten des verstehenden Herzens, und nie tun wir genug, und darum wäre ein Gebet wirklich erlaubt, ohne eine weitere unverschämte Forderung an Gott zu enthalten: Herr, gib mir ein verstehendes und weises Herz. Wir brauchen kein Sündengefühl, um angesichts der ewigen Möglichkeiten dieser unserer Freiheit unsere Unzulänglichkeit zu fühlen, den Wundern gerecht zu werden. Und Bitte wäre hier erlaubt. Und ob er uns dann segnet oder nicht, ob es hier und hier allein direkten Eingriff von ihm gibt oder nicht, allein die Bitte oder ihre gefühlte Notwendigkeit oder Statthaftigkeit wären imstande, uns im Bewußtsein unserer Schwäche festzuhalten und unsere Kraft immer wieder zu entfalten. Doch hier ist mögliches Verdienst, das einzige, das wir uns zurechnen könnten. Und diese von Gott selbst gegebene Gabe ist jedem gegeben, ob sonst die Götter ihm Gaben reichten oder nicht. Hier ist das Zentrum menschlicher Schöpferkraft, und wer es ergreift, mag selbst noch die Gaben der Götter dazugewinnen. Unbeirrbar festhaltend daran, hat jedenfalls zum Beispiel der ursprünglich nicht so mit metaphysischen Gaben der Götter bedachte Jaspers schließlich dieses Werk hier geschrieben und nicht der begabtere Heidegger, der nur gerade an diesem Einen beständig vorbeiging. Soviel von den Wundern der Götter und Gottes für heute.

An Gelegenheiten, mich in diesem Verstehen zu üben, fehlt es mir nicht. Gewiß bin ich der Mann, der nicht fähig ist to make a living, aber manchmal will mir's scheinen, als sei ich der Mann, der niemals Zeit dazu hatte. In fünf seelische Krisen, der Reihenfolge nach eine fürchterlicher als die vorige, bin ich hineingezogen, und alle Beteiligten erwarten Hilfe von mir, ich habe Grund, dieses Gebet zu sprechen. Copley, Bearden[3], Alfred und Carol, Hilde, Appelbaums[4]. [...]

Doch dieser Brief muß weg, da er Dich Sonnabend in Wiesbaden erreichen soll. Ich berichte alle die Fälle morgen oder übermorgen.

Sei ruhig, es steht nichts zwischen uns, kein gesprochenes und kein geschriebenes Wort. Ich liebe Dich und bin Dir ganz nahe. Du hast recht mit den Wänden. Ich habe wohl, und das unterscheidet mich von Jaspers, die Heimatlosigkeit als erster voll erfahren und akzeptiert und konnte immer sagen »Wo ich bin, da bin ich nicht zu Hause«. Dafür habe ich aber auch mir in dieser Welt hier, und nicht in einer überirdischen Zionsheimat, mitten hier in ihr, ein ewiges Zuhause gegründet durch Dich und Freunde, so daß ich auch sagen kann: Wo einer oder einige von Euch mit mir versammelt sind, da ist meine Heimat, und wo Du mit mir bist, da ist mein Haus.

[...]

Ich sehe Dir schon entgegen.

Heinrich

Berlin, den 14. 2. 50

Liebster –

es ist kaum zu glauben, aber ich bin doch wieder in Berlin – wieder meint, nach 17 Jahren. Ich bin wahnsinnig besetzt, muß aber schreiben. Grumach[1] kam mich vom Flughafen abzuholen, und wir sind dauernd zusammen. Entzückende ostpreußische Frau, bezauberndes Kind, 13, nachdenklich, ganz frei und offen, kindlich auf der Schwelle, aber schon große Diskussion mit mir in der Konditorei vor Bergen von Kuchen und Schlagsahne über Religion und Zionismus. Ganz wie es sein soll – denn der Boden zeugt sie wieder, wie

---

3 Romare Bearden, Maler und Graphiker; mit Karl Holty und H. B. befreundet.

4 Kurt Appelbaum, Pianist, und seine Frau Anne.

1 Ernst Grumach, 1902–1967, klassischer Philologe; 1949–1957 Professor an der Humboldt-Universität in Berlin; Jugendfreund H. A.s.

von je er sie gezeugt.[2] Ernst dichtet wieder, anbei Abschrift eines Gedichts zur Feier unserer 30jährigen Freundschaft. Sonst in vielem fragwürdig, aber im Grunde ganz in Ordnung. Ich jedenfalls schwimmend und vergnügt.

Denn Berlin: Stups, von Spandau bis Neukölln ein einziges Trümmerfeld; nichts wiederzuerkennen; wenig Menschen auf der Straße, wie ein ungeheuer weitausgebreitetes Dorf. Gestern im Wagen durch ganz Berlin. Alexanderplatz, Lützowufer, Tiergarten (das Unheimlichste die stehenden Statuen, wie Gespenster im leeren Feld), Potsdamer Platz, Leipziger Straße, Friedrichstraße bis herunter zur Oranienburger und dem Friedhof in Weißensee. Aber: was es noch gibt, sind die Berliner. Unverändert, großartig, menschlich, humorvoll, klug, blitzklug sogar. Dies zum ersten Mal wie nach Hause kommen. Beispiele: der Schaffner auf dem Autobus: Wieviel kostet es? Er: Viel zu teuer für Sie, aber ich mach es billiger, nur 20 Pf. Oder durch die Trümmer fahrend: Mein Chauffeur, 20jähriger Junge, hübsch und nett: die Ostzone können Sie gleich erkennen; da hängt so viel Quatsch rum (er meint Fahnen und Plakate). Wir kommen an einem Stalin-Plakat vorbei: Stalin der große Freund des Volkes. Darauf er: Tja, wir haben bereits so 'nen großen Freund des Volkes gehabt; und das hat er denn seinem geliebten Volk hinterlassen (auf die Trümmer weisend). (Dazu mußt Du wissen, daß niemand, aber positiv niemand in ganz Deutschland je die Trümmer mit Hitler in Beziehung bringt.) Er hat kommentiert am laufenden Band, auch das ganz ungewöhnlich. Z. B. wir kommen vor den HO-Geschäften[3] vorbei, wo man alles ausgestellt sieht und kein Mensch was kaufen kann, weil ja keiner das Geld hat. Darauf er: Sehen Sie, das ist die Schande von Berlin! Man zeigt den Leuten alles, und dann können sie es nicht kaufen. (Ebenfalls zum ersten Mal in ganz Deutschland, daß jemand versteht, was für eine Schande die blühenden Geschäfte in diesem Trümmerfeld sind.) Wir waren natürlich dick befreundet. Beim Abschied – er machte

---

[2] Zitat aus Goethes *Faust*, 2. Teil, V. 9937f.

[3] HO: Abkürzung für Handelsorganisation, Name von Geschäften im Ostsektor Berlins und in der DDR.

Überstunden für mich, die er nicht bezahlt bekommt – gebe ich ihm zwei Päckchen Zigaretten. Auf sowas sagt man heute in Deutschland: Ich bin so frei. (Z. K.) Der Berliner sagt: Das ist aber wirklich nicht nötig. Toute la différence y est.[4]

Trotzdem: das ganze ein Wahnsinn, mit den Zonen: phantastische Differenz zwischen den Zonen. Im Ostsektor nichts aufgebaut, aber in die Oper wollen sie jetzt zum Ärger der Bevölkerung ein paar Millionen reinstecken. Große Arbeitslosigkeit. Leute verbissen, schlechter gekleidet, verhungert, noch mit Säcken auf'm Rücken. Dann, um die Ecke, alles besser. Verrückt. Dann die Währungsdifferenz und die daraus folgende Differenz der Preise. Ein und das gleiche Heft für Irenchen (Tochter von Grumach) kostet 2,– im Westen und 0,30 im Osten. Nichts, aber nichts läuft. Wie man das weiter durchhalten soll, schlechterdings unverständlich. Nur Berliner auf der ganzen Welt können so was überhaupt mitmachen. Während des Blockadewinters[5] kriegte man Kohlen in Hülle und Fülle im Ostsektor, so gut wie keine bei den Westmächten. Kein Berliner ist rübergegangen, sich die Kohlen zu holen, die die Russen ihnen flehentlich anboten. Für sie war es eine hochpolitische Angelegenheit; aber die Berliner wollten nicht, zogen es vor zu frieren, um den Amerikanern eine Chance zu geben. Unbegreiflich, aber wahr. Im übrigen: Kein Mensch hat Geld, unglaubliche Armut. Alles ein Problem. Aber ich kann jetzt verstehen, warum so manche Leute im Westen mir immer wieder sagten, sie möchten nur in Berlin wohnen. Nur da gibt es noch so was wie Deutschland. Mir ist das Herz warm, und ich denke an Dich und bin wie von einem Alpdruck, dem Alpdruck des Suchens und Nicht-findens, befreit.

Gestern bei Lasky im »Monat«,[6] für den ich Amerika darstellte. Sehr lustig. Ich erklärte ihm rasch ein bißchen Deutschland, auch sehr lustig. Heute Lunch und Dinner mit ihm.

Gestern auch bei der Gemeinde, business recht gut, d. h. hoffent-

---

4 (Z. K.) bedeutet »Zum Kotzen«. – »Das ist der Unterschied.«

5 Vgl. S. 155, Anm. 1.

6 Melvin J. Lasky, geb. 1920, amerikanischer Publizist; 1943–45 Kriegshistoriker des amerikanischen Heeres in Frankreich und Deutschland; später Gründer und Mitherausgeber der Zeitschrift *Der Monat*.

lich. Ich schreibe Ende der Woche an Baron. Habe 'ne ganze Menge aufgestöbert und verhandele jetzt. Der dortige Rabbiner kennt mich per Namen, war sehr geschmeichelt, daß ich kam. Das wird helfen. Ich bin nett zu ihm und lunche morgen mit ihm. Dafür wird er mir einen amerikanischen Wagen organisieren.

Ich wohne piekfein in Dahlem, 5 Minuten vom Breitenbachplatz entfernt. Da sieht es noch verhältnismäßig normal aus. Auch die Forststraße. Freitag fliege ich zurück, falls ich mich nicht noch im letzten Moment entschließe, bis Sonnabend früh zu bleiben und mir »Mutter Courage« von Brecht anzusehen. Lasky will mich mitnehmen. Übrigens hab' keine Angst: ich bin nicht unvorsichtig.

Nun noch das Gedicht von Ernst [Grumach], auf das ich natürlich stolz bin:

»Viel gehender in allem und viel mehr
verbunden nun den Horizonten
nähern wir uns entwachsen dem besonnten
Tal der Jugend dieser sehr
geklärten Landschaft, aber jetzt entschwindend
das Alte, das uns längst entschwunden,
in seinem vollen Sinne erst empfindend,
als hätten wir zu uns nur heimgefunden.

Wer löst den Widerspruch und wer erklärt uns seinen wahren
Sinn? Nur wer sein Herz noch kennt nach dreißig Jahren,
da er sich ihm von Anfang fest verband –
denn hielten wir uns nicht in diesem Zugewandten,
wir schweiften lange nur in einem Unbekannten,
Verirrte nur in einem fremden Land.«

Du siehst – in Ostpreußen hält man etwas auf Kontinuität. Ich habe keine Zeit, an Hilde auch noch zu schreiben. Zeig ihr den Brief, wenn Du magst. Sie soll doch auch mit dabei sein.

Deine

Wiesbaden, den 19. 2. 50

Liebster –

gut, daß Dein Brief gestern kam, und er war herrlich. Hast Du eine Abschrift, damit Du Teile für den Brief an Jaspers verwenden kannst? So wie der Brief ist, kann ich ihn ja nicht gut zeigen, und er läßt sich auch nicht so leicht zum Gebrauch redigieren wie der, den Du wohl schon mit dieser Absicht nach Basel schriebst.

Heute schreibe ich nur schnell, um zu melden, daß ich friedlich aus Berlin wieder hier angekommen bin und morgen nach Hannover, Lübeck, Hamburg, Köln, Bonn, Kassel etc. weiterfahre. Bitte schreib ruhig an die Wiesbadener Adresse, die mir Post nachschickt.

Die Nierensache scheint doch böser, als Du dachtest. Bitte, sei vernünftig, und laß Dir nicht eine Operation aufreden, wenn es nicht absolut notwendig ist. Tannenbaum allein wäre mir, ehrlich gesagt, nie maßgebend. Und bitte, bitte, verplempere nicht Deine Zeit mit den verrückten Seelenkrisen der anderen. Dann wäre es schon besser to make a living. Ganz bestimmt. Statt sich von Anne Appelbaum zum 150. Mal den breakdown und die Beichte vorspielen lassen. Das endet nur mit Pumpen.

Berlin endete sehr lustig mit einem Angebot, ein Semester an der Hochschule für Politik zu lesen, und, als ich sagte, das kann man sich überlegen, eine halbe Stunde später höchst amtlich, Angebot einer regulären Professur. Dies, damit Du was zu lachen hast. Lasky vom Monat sagte: If you don't leave right away you will run the whole show in no time. Der Anfang davon war Ernst Tillich, Neffe von Paulus [Tillich], den ich halb zufällig traf und der mich in sein Kolleg schleppte (das tue ich immer gern, sehr lehrreich), wo er mir ziemlich schleunigst und höchst überraschend das Wort erteilte und ich also nun anderthalb Stunden mit ca. 130 Studenten mich amüsierte. War sehr nett. Die Studenten hochzufrieden mit viel Getrampel. Tillich mit Handkuß und Kalbsaugen. (Das ist ostpreußisch, was ich wieder perfekt spreche, nachdem ich die entzückende Frau von Grumach täglich gesehen habe.) Daß ich außerdem wirklich alles, was Beine hat, oder beinahe alles, in Berlin mit größtem Vergnügen gesehen habe, schrieb ich wohl schon. Ach, Stups, es lebe Berlin und die Grafen Koks von der Gasanstalt, die reichlich versorgt [sorgenvoll] und doch im Innern unbekümmert in einer Stadt leben, die vom architektonischen Standpunkt nicht mehr existiert. Robert [Gilbert] hat nur zu recht gehabt.[1]

Hier ein bißchen Ruhe und natürlich Bericht schreiben. Daneben in die »Holzwege« von Heidegger reingeguckt: höchst beachtlich. Werde ja mitbringen. Vieles erstaunlich und vieles so falsch und verrückt, daß man es nicht glauben möchte. Im übrigen natürlich höchst bewegtes Innenleben, eine wahre Orgie, aber doch auch nicht so, daß ich untergehe. Werde schon irgendwie wieder in New York erscheinen.

Habe seit Ewigkeiten nichts mehr von Baron gehört und bin dieserhalb leicht bekümmert. Vielleicht siehst Du mal Jeannette oder auch beide und klopfst vorsichtig auf den Busch.

[...] Jetzt drängt sich alles schon sehr zusammen, da ich ja noch einmal nach Basel will. Kann halt nicht genug kriegen. Dazu Heidegger, alles höchst zeitraubend. Mach's gut (sagen die Berliner immer noch bei jeder sich bietenden Gelegenheit). Und werde nun mal schleunigst gesund.

Deine

New York, 22. 2. 1950

Liebste,

Hilde hat Dir, seit sie weiß, wann Du kommst, nicht mehr geschrieben: nicht weil es ihr unmöglich ist, so schlecht es ihr auch geht, sondern, wie sie sagt, weil sie Dir schon so entgegensieht, Dein Kommen näher glaubt, als es tatsächlich noch ist, und ein Briefschreiben Dich gewissermaßen wieder ferner rücken würde. So fühle auch ich, aber ich überwinde es, weil ich schwer »gesündigt« habe und Du es nicht verstehen würdest.

Deine Briefe aus Berlin und nachträglich über Berlin haben mich

---

[1] Er war wohl davon überzeugt, daß die Berliner, wie H. A. auf S. 214 schreibt, »unverändert, großartig, menschlich, humorvoll, klug, blitzklug sogar« geblieben seien.

sehr getröstet. Du weißt, ich hatte das immer gehofft und erwartet, es aber Dir gegenüber immer weniger festzuhalten gewagt, weil ich unsicher geworden war, und so hatte ich selbst Robert seine »Illusionen« über Berlin auszureden versucht. Er wird über Deinen Befund maßlos glücklich sein.[1]

[...]

Nun zuerst »business«. Dein Verleger[2] hat Dein Manuskript Alfred [Kazin] nach nochmaligem Lesen mit der Bemerkung übergeben, er sei »convinced of the greatness of the book«. Es soll bis Ende März für den Drucker fertig gemacht werden. Alfred hat mir auf meine besorgten Anfragen hin versichert, daß er nur wenige Änderungen vorhabe und in keinem Fall Deinen Stil zu ändern wünsche. Die »Philosophische Bibliothek«, die nicht einmal Belege von Jaspers' Buch[3] bisher gesendet hat, rief an, um Dir mitzuteilen, daß sie einen englischen Verleger für das Buch haben. Das wird Dich wie Jaspers freuen, und es freut auch mich, weil ich der Meinung bin, daß gerade Jaspers in den angelsächsischen Ländern besser einwirken kann als jeder andere, wenn man ihn nur recht nach vorne bringt. Seine klare und vorsichtige Kritik des wissenschaftlichen Aberglaubens sowohl wie seine großzügige Behandlung der Religion machen hier Eindruck. Nicht umsonst hat Hook ihn respektvoll behandeln müssen[4]: Wenn der deutsche Ernst vornehm und maßvoll auftritt, statt laut und rabauzig, macht er immer großen Eindruck. [...]

Deine Erfolge in Berlin belustigen und erfreuen mich. Doch nun höre auch vom »erfolgreichen« Stups. Ich ging zu einer Versammlung des neuen Künstlerklubs[5] in Greenwich Village und sollte dort

---

1 Robert Gilbert und H. B. waren in Berlin geboren und aufgewachsen.

2 Harcourt Brace and Company war der Verleger von Hannah Arendt: *The Origins of Totalitarianism*. New York 1951.

3 Karl Jaspers: *Der philosophische Glaube*. München 1948, erschien unter dem Titel *The Perennial Scope of Philosophy* 1949 in New York verlegt von der Philosophical Library.

4 Vgl. S. 194, Anm. 5.

5 Der Künstlerklub, The Club, wurde 1949 von zwölf Künstlern gegründet, zu denen Alcopley und später seine Frau gehörten und der in der 8th Street in Greenwich Village tagte.

eine Diskussion über Malraux's Buch[6] zwischen Shapiro[7] und Joseph Frank[8], der eine gute Review des Buches für Partisan geschrieben hatte, zu hören bekommen. Vierzig bis fünfzig waren versammelt. Und dann erschienen die Redner nicht. Plötzlich verhindert. Motherwell[9] und Harold[10], die die Verantwortlichen waren und gleichfalls hatten mitreden sollen, blieben gleichfalls weg, Harold plötzlich nach Washington befördert, und Motherwell aus Angst, einfach verhauen zu werden. So they got hold of me and I ran the whole show. Es war ein überwältigender Erfolg. Jeder hatte gescheite Fragen zu stellen, jeder war mit meinen Antworten zufrieden, bis tief in die Nacht. Sie konnten einfach nicht aufhören. Am 2. März muß ich nun eine Lecture über Stil geben. Einige Begeisterte wollen einen Agenten für fünf Lectures anschleppen, weil sie mich gerne über ganz Amerika jagen möchten, um der neuen Kunst Bahn zu brechen. Na, ich will mein Bestes versuchen, vielleicht ist hier eine Chance für »making a living«. Ich habe ja in dieser verdammten Krankheitszeit nur wenig arbeiten können, außerdem hat mich Jaspers' Buch sehr aufgehalten, so herrlich es war zu versuchen, dieser Sache voll gerecht zu werden und sich in ihr erst mal zu verlieren.

Mit meinen »Fällen« hast Du nicht ganz recht. Da Priester nicht mehr da sind und auch keine Lebenserfahrung, und gar schon metaphysische, mehr haben, da die Psychoanalytiker noch keine metaphysischen Psychologen und Menschenkenner geworden sind, wer also soll helfen, wenn nicht »the oddest man alive«? Die meisten Fälle habe ich nun hinter mir. Hilde hatte einen Film mit mir gesehen, der genau das Problem eines Sterbenden enthielt, zu dem, obgleich er sonst ein verschlossener und eben harter Kerl war, plötz-

---

6 Vgl. S. 192, Anm. 6. Der dritte Band erschien 1949.

7 Meyer Shapiro, 1904–1996, Kunsthistoriker; Professor an der Columbia University in New York.

8 Joseph N. Frank, geb. 1918, später Professor für Englische Literatur an der Universität Princeton. Bei H. B. »Philip« Frank.

9 Robert Motherwell, 1915–1991, amerikanischer Maler mit Repräsentation in amerikanischen und europäischen Museen. Nach mündlicher Aussage Alcopleys nicht Mitglied des Clubs.

10 Harold Rosenberg war nach Alcopley nicht Mitglied des Clubs.

lich alle sich wie Freunde benehmen. Da kamen die Zweifel. Na, Tillich und ich haben sie wieder zu Verstand gebracht. Das ist gar nicht so leicht, weil Morphium zwar nicht den Charakter zerstört, ihn aber so lähmt, daß selbst bei einem so großartigen und davon so sehr entfernten Menschenwesen die in uns allen ständig sitzende Selfpity geradezu herausgepreßt wird. Hinzu kommt, daß Morphium streitlustig macht. Was Kazins anlangt, so habe ich Alfred gut geschützt gegen den Schock, habe von ihm herausgepreßt, daß er auch etwas erleichtert gewesen ist, habe für beide die Sache so klar gemacht, daß Alfreds Schreiben, und das wird ihn aufrecht halten, nicht gelitten, sondern Vorteil davon erfahren hat; er ist auf dem Wege, seine Vergangenheit zu vergessen, haßt seine Selfpity, will nicht mehr sentimental sein, findet Wege zu Freunden. Vor allem habe ich Separation durchgesetzt, so daß sich beide die Sache in unvergifteter Luft nochmal klarmachen können. Alfred hofft wohl, sie zurück- und besser zu gewinnen, ich fürchte, er irrt sich; so mag noch trouble kommen später, aber in jedem Falle wird er nicht irreparabel verletzt sein. Er war sehr hysterisch, nahm aber bei mir wieder brav Haltung an. Die Appelbaumsche Situation hast Du wie ich ganz mißverstanden, weil Anne nie erzählt hat, was sich wirklich begeben. Kurt zeigt Zeichen einer reellen Psychose. (Sich vom Zahnarzt in den Mund gucken zu lassen ist unanständig.) Ich versuche, ihn zu Fromm[11] zu bringen, aber er hat den wirklichen Widerstand, von dem die Psychoanalytiker sonst nur so reden; er wird wohl demnächst anfangen, uns für irrsinnig zu halten. Ich will nicht, daß diese Begabung in die Irrenanstalt geht. Leider ist Goldstein[12] ein Taper gewesen und hat ihn nur mehr geschreckt, außerdem führt er dauernd unsere Argumente gegen die Psychoanalyse an, der Arme. Man soll nie zu andern reden, wie man zu sich redet, und hier haben wir Unheil anrichten helfen.

Aber zerbrich Du Dir nicht den Kopf, ich will alles versuchen. So bitte, sei mir nicht böse, dies ist wirklich alles andere als Zeitverplemperung.

---

[11] Erich Fromm, 1900–1980, Psychoanalytiker.

[12] Kurt Goldstein, 1878–1965, Psychiater und Neurologe; Emigration 1936, u. a. seit 1936 Professor für Psychologie am City College of New York.

Die »Holzwege« habe ich gelesen, Broch gab sie mir. Heidegger arbeitet hier wie immer in erstaunlicher Tiefenschicht. Er ist noch immer auf Nietzsches Wegen. Und versucht nun, unter Plato zurück, den abendländischen Seinsbegriff zu untergraben und zu sprengen, das Neue hofft er dort zu finden, wo nichts zu finden ist als sein Nichts, das ihn an der Nase herumführt. Konnte man von Jaspers' Buch sagen, »das hat die abendländische Philosophie erreicht«, so muß man von Heideggers sagen, »und dahin hat sie sich verlaufen«, verbiestert auf den Wegen im tiefen Walde. Tragisch, aber höchst bezeichnend und wichtiger als alles seichte optimistische oder pessimistische Gerede der Zeitgenossen. In der Philosophie gibt es eben, wie in der Kunst, wenn auch nicht in so entscheidender Weise, das Phänomen der Qualität: und die ist nach wie vor hier erstrangig.

Dein »Innenleben«. Wie gut, wie gut, wenn wohl auch schwer genug.

Looking at you, Liebes[13]

Heinrich

[Wiesbaden,] den 2. März 1950

Liebster –

ich habe mich so gefreut über die Greenwich Village Sache. Und auf englisch – ja es dauert Jahre, bis man in einer fremden Sprache seiner selbst wieder Herr ist. Auch wenn man nicht, wie unser teurer Stups sich außerdem noch den Luxus einer Melancholie leistet.

Aus Berlin fand ich hier bereits die Anfrage vor, worüber ich im Winter lesen wolle. Dabei habe ich keineswegs fest zugesagt, habe aber offenbar den Studenten so gut gefallen, daß alle so tun, als sei es perfekt. Ich antworte vorläufig mal gar nicht. Wir werden dann alles besprechen. Berlin! Alles, was ich schrieb, ist eher zu wenig, weil Du Dir ja vorstellen mußt, daß dies Völkchen sich gegen ganz Deutschland, ein über die Maßen verrottetes Land, und unter den furchtbarsten Lebensbedingungen so gehalten und erhalten hat. Und

[13] Vgl. S. 179, Anm. 7.

trotzdem fürchte ich, wird alles vergeblich sein. Aber dann auch wieder: Man kann ja doch nie wissen. Typisch Berlin noch dies: Mein Fahrer erzählt mir von den gräßlichen absurden Geschichten zwischen Ost- und Westsektor in der gleichen Stadt. Und meint abschließend: Tja, da muß man viel Spaß verstehen. (Kleine Pause und hörbares Nachdenken und dann): Unheimlich viel Spaß sogar.

Ich lege einen Brief von Carol [Kazin] bei, der Dich angeht. Denen scheinst Du ja so ungefähr das Leben gerettet zu haben. Sag Ihnen beiden, ich könnte nicht schreiben, aber ich freute mich auf sie, getrennt so wie früher zusammen, und würde erzählen. Und sie sollen es gut machen. (Die Berliner sagen immer noch beim Abschied: Mach's gut. Während der Bomben sagten sie: Bleib übrig.)

Meine Erfolge bewegen sich doch immer mehr in die Richtung: Kalbsaugen. Für die Deutschen bin ich auch in vorgerückten Jahren noch höchst attraktiv. In Köln ein junger Arzt[1], der mich einmal im Eisenbahnzug auf meinen Namen (am Koffer) hin ansprach. Je blonder, je doller. Sehr lustig, und ich so weise, wie es mir möglich ist.

»Holzwege«: Ich fürchte, Du hast recht, und ich weiß nicht recht, was und ob man etwas tun kann. Der letzte Aufsatz mit Fug und Ruch, über Parmenides, für mich mit einem Anflug von Verrücktheit. Dabei ist [Heidegger] sicher normal, nur eben seinem eigenen Denken (oder was immer das ist) irgendwie hilflos ausgeliefert. Wie nb. auch allem andern. Macht übrigens wirklich herrliche Gedichte. Läßt Dich grüßen.

Broch: Hat einen unwahrscheinlichen Aufsatz[2] über Kahler hier veröffentlicht – Kahler, der große »Seher«. Hat das Luder uns natürlich vorenthalten. Und mit Recht. Am besten: sich nicht wissendig tun. Aber wütend bin ich doch. Obwohl ich ja ähnlich sündige.

Liebster, bald trabt das Pferdchen in den Stall. Hat sich weidlich

---

[1] Dr. Johannes Zilkens, geb. 1917; aus der Bekanntschaft wurde eine Freundschaft.

[2] Hermann Broch: »Geschichte als moralische Anthropologie. Erich Kahlers ›Scienza Nuova‹«. In: *Hamburger Akademische Rundschau*, Jg. 3 (1948/49), S. 406–16. Englisch: Hermann Broch: »History als Ethical Anthropology«. In: *Erich Kahler*. New York 1951, S. 18–30.

rumgetrieben und wird ein wenig ramponiert ankommen. Macht aber nichts.

Buchtermin: Wie ich es schaffen soll, weiß ich nicht. Ist aber sicher so am besten. Nur rasch. Baron hat schon verschiedene Sitzungen anberaumt. Ich werde mich auf dem Schiff ausschlafen.

Ich bin: am 11./12. in Basel, am 13. in Paris –

Annchens Adresse!

Deine

Nürnberg, den 7. 3. 50

Stups –

falls ich nicht mehr schreiben sollte, komme ich dennoch wie vorgesehen an. Falls ich aber doch noch irgendwo und irgendwann eine Minute finde, komme ich auch wie vorgesehen an. Und schreiben ist also sinnlos. Ich sitze hier augenblicklich im Büro unserer teuren JRSO[1], um mich zu verabschieden, und warte, daß wir alle zusammen Abendbrot essen gehen. Leiste mir den Luxus des Schreibens. Habe eine blödsinnig verfahrene und ganz schlaflose Nacht hinter mir und ebenfalls hinten einen noch blödsinnigeren Hexenschuß, der mich außerordentlich geniert, im Sinne von peinlich ist. Aber sonst ganz gesund und munter. Dies beides keineswegs ernst zu nehmen, nur aus Spaß geschrieben.

Heute früh stieg ich in Stuttgart um und hörte plötzlich eine Stimme sehr bekannt, die sagte: N'aie pas peur, mon petit,[2] vor mir stand Annchen [Weil], die aus dem Zug, in den ich einstieg, gerade ausgestiegen war, für zwei Tage zum Dolmetschen nach Deutschland beordert war und mich ausgerechnet sofort auf dem Bahnhof treffen mußte. Es war ziemlich phantastisch. Sie behauptete natürlich, daß sie das so und nicht anders erwartet habe. Du kennst ja Annchen. Hat mich doch geärgert. Aber ich war zu verschlafen, um zu reagieren. Dann entschwebte sie, sehr anständig verdünnt und

---

[1] JRSO: Jewish Restitution Successor Organization, ein Zweig des Joint Distribution Committee; vgl. S. 190, Anm. 1.

[2] »Erschrick nicht, mein Kleines.«

auch sonst recht elegant mit zwei jüngeren Herren den Bahnsteig entlang. Und ich weiß immer noch nicht, ob ich schlief oder wachte. Aber die Wahrscheinlichkeit ist für Wachen.

Hier alles in bester Ordnung. Wie ich fertig werden soll, ist mir schleierhaft, aber Freitag fahre ich. Punktum. Muß mich auch noch impfen lassen, sonst lassen einen die Amerikaner erst nach Ellis Island[3] abkarren – was ja wahrlich keine schlechte Idee wäre.

Erreichen wirst Du mich wohl kaum noch. Höchstens bei Annchen, wo ich Montag früh bin. Ich bin sehr glücklich, Jaspers sprechen zu können, weil ich wenigstens in der Richtung einige ebenso schlagende wie verrückte, aber doch immerhin erfreuliche Aufklärungen zu bieten imstande bin. Die Schweinerei, von der ich schrieb, hat wirklich nicht stattgefunden.[4] Uff. Es hat genug wirklich stattgefunden, um uff sagen zu können. Daß [Heidegger] zu Jaspers plötzlich nicht mehr gegangen ist, kam daher, daß er gerade eingesehen hatte, was er eigentlich angestellt hatte, und sich schämte. Ganz verblüfft, daß Jaspers das anders hätte auffassen können. Nämlich als Boykottierung wegen jüdischer Frau.[5] Hat auch faktisch in den Jahren viel mit anderen in ähnlicher Lage verkehrt; war nie auf die nächstliegende Erklärung gekommen.

[Wiesbaden,] den 9. 3. 50

Soweit war ich gerade, als ich zum Abendessen und Weiterverhandeln abgeholt wurde. Inzwischen Frankfurt und wieder zurück nach Wiesbaden. Mein Hexenschuß unverändert, aber reagiert in geradezu ekelerregender Weise auf Atophan. Ergo Gicht. Kann man auch nichts machen. Damit zu packen ist ein eigentümliches Vergnügen, von dem ich mich gerade ausruhe.

Ferner habe ich noch rasch Hasso [von Seebach] gesehen, mit meinem Schlattenschammes[6] konferiert, mich von den Amerika-

---

3 Kleine Insel im Hafen von New York, von 1892–1943 Einreisekontrollstelle für Einwanderer.

4 Vgl. S. 206, Anm. 5.

5 Gertrud Jaspers war Jüdin.

6 Vgl. S. 209, Anm. 4.

nern verabschiedet, mit einer Dame aus Berlin verhandelt, den Kultusminister besucht, Bücher und Papiere gepackt (schicke ich per Postpaket), neuen Koffer gekauft (es ist alles aus dem Leim) und warte jetzt auf das Walroß[7], das bereits überall nach mir runtelefoniert und telegrafiert hat. Morgen früh geht es dann via Freiburg und Basel nach Paris. Alle Fahrkarten habe ich glücklich versammelt. Hier ist himmlisches Wetter; vielleicht habe ich Glück mit der Überfahrt. Bloß ein paar Tage Ruhe, bevor der Trubel wieder losgeht.

Von Dir, wie ich eben an der Postausgabe erfuhr, wieder mal rein und ratzekahl gar nichts. Stups, vergiß bloß nicht, mich abzuholen; ich habe so ein vages Gefühl, ich würde Dir das ernsthaft übelnehmen.

Jetzt werde ich zu Ende packen. Für morgen früh habe ich mir noch die Hella[8] bestellt, die ich wohl ein paar Stunden Eisenbahnfahrt mitnehmen werde. Grüß man alle schön und sieh zu, daß mir keiner eine Szene macht wegen des ja nun wirklich sehr konsequenten Nicht-schreibens.

Deine

[New York,] 8. 3. 1950

Liebste und Beste,

nun sind es nur noch Tage, und fast bin ich versucht, einfach über diese hinwegschlafen zu wollen. Was mir immerhin auch anderswie gut täte, denn ich bin so furchtbar erschöpft. Die Kälte tut den Nieren gar nicht gut, und wenn ich auch keine Koliken habe, so bin ich doch dauernd gestört und immer müde. Ich habe zwei Wochen lang mit allen Menschen nur telefonisch verkehrt. Im übrigen war meine zweite Lecture im Künstlerklub wieder ein großer Erfolg, obgleich

---

[7] Vermutlich H. A.s Freund Waldemar Gurian, vgl. S. 270, Z. 8ff.: die »gigantische Gestalt« kommt »angeschwommen«.

[8] Hella Jaensch und H. A. gingen in ihren ersten Schuljahren gemeinsam in eine Klasse und waren miteinander befreundet. Nach dem Krieg hat H. A. bei ihrem ersten Deutschlandbesuch die Schulfreundin wieder ausfindig gemacht.

ich über sehr schwierige metaphysische Probleme der Ästhetik sprach. Morgen habe ich die dritte Vorlesung, die sich mit dem Stil unserer Zeit befassen wird. Nun habe ich mich dadurch richtig in Fahrt gebracht, daß ich seit einem Monat nur an meiner Kunsttheorie arbeite. Ich glaube, ich habe große Fortschritte gemacht. Außerdem bringt mich diese Methode für die Vorlesungen richtig auf Touren, und die Leute fangen an, Dinge zu sehen und zu verstehen, die bisher gar nicht im Bereich ihrer Möglichkeiten zu liegen schienen. Daher die Begeisterung. Broch gab mir einen alten Aufsatz über Kitsch[1], der die Gefahr seiner Einstellung besonders deutlich zeigt. Dieses ethische Gerede in der Kunst bringt den Kitsch direkt in sie hinein. Wir müssen uns viel Mühe mit ihm geben, bevor er uns entwischt nach Frankreich.[2] Die Ehe scheint viel harmonischer zu verlaufen, als zu erwarten war. Busch ist plötzlich voller Vernunft und Verständnis und redet niemand mehr tot. Alfred will versuchen, bei der New School für mich Reklame zu machen, damit ich dort Vorlesungen halten kann über Kunst.[3] Sonst habe ich mit dauernder Jobsuche Zeit verloren. Nichts glückt, trotz vieler Interviews. Du, ich glaube, allen diesen Leuten bin ich aufs tiefste verdächtig. Die maßvollsten Dinge, die ich sagen kann, erschrecken sie, je ruhiger und bescheidener ich auftrete, für um so hochmütiger halten sie mich. Sie sind alle so clever und respektabel geworden und sehen auf mich herab, obgleich sie sich fürchten. Ich komme mir vor wie ein Pestkranker. Sie haben ein schlechtes Gewissen, und ich scheine es durch bloße Anwesenheit zu verstärken. Zudem halten sie mich wohl alle für leise verrückt. Warum bin ich ihnen nur wieder nachgelaufen. Aber ich will ja keine Chance auslassen und zersplittere mich dadurch völlig. Außerdem konnte ich es bisher einfach nicht glauben, daß alle diese Leute mich im Grunde einfach hassen. Aber es ist so. Nicht Kazin, nicht Rosenberg, aber sonst fast alle. Ich brauche die vier Wände mit Dir viel, viel mehr, als Du sie brauchst.

---

[1] Hermann Broch: »Der Kitsch«. *Dichten und Erkennen. Essays*. Bd. I. Zürich 1955, S. 342ff.

[2] Brochs Frau Annemarie hatte ein Haus in der Provence.

[3] Vgl. Alfred Kazin: *A Lifetime Burning in Every Moment*. New York 1996, S. 107: »I got the New School to try him out.«

Meine Fälle sind alle erledigt, und an Appelbaum kommt wohl niemand mehr heran. Hilde ist nun erschreckend im Abmagern. Sie liegt fest zu Bett, hat eine Rippenfellentzündung, verursacht durch den wachsenden Druck. Fühlt sich ganz elend, hofft aber, Dich noch zu sehen.

Die Sache mit Heidegger ist eine richtige Tragödie, und ich leide an diesem metaphysischen Unglück, wie ich mich an dem Glücksfall Jaspers erfreue. Beide haben mich noch tiefer in die eigene Spekulation hineingestoßen, und ich arbeite ohne jede Unterbrechung, soweit meine Müdigkeit mich läßt. Das alles wird im Moment ein wenig fieberhaft, aber ich hoffe, es normalisiert sich wieder. Ich bin wie von Angst gejagt. Doch machen mir meine Entdeckungen in der Theorie der Kunst Freude. Ich glaube, ich habe da einen ganz entscheidenden Schritt gemacht. Wenn Du nur erst hier wärest. Ja, ich schreibe auf, versuche es wenigstens unablässig. Denke laut heraus. Reading my own mind.

Hannah, Liebste, Du schreibst nie, wie Du Dich körperlich fühlst. Bist Du sehr überanstrengt? Es war doch eine richtige Hetzerei? Deine Begeisterung über Berlin tut mir so wohl. So hatte ich doch recht? Nun ruh Dich gut aus auf dem Schiff und Meeresstille und glückliche Fahrt. Mir ist, als ob ich Dich immer sehe, mein Gott wie gut, daß es Dich gibt.

Ich lasse das Haus für Dich putzen.

Heinrich

[...]

[Das Ehepaar Blücher verbrachte zusammen mit Alfred Kazin und Rose Feitelson im Juni 1950 Ferienwochen in Manomet an der Küste von Massachusetts, H. B. fuhr als erster nach New York zurück.]

[New York,] July 2d, 1950

Liebste,

ich bin sanft mit dem Yankee Clipper[1] hier eingetrudelt und habe große Mähler zu mir genommen. Die Stadt ist noch immer nicht zu heiß, und ich fühle mich wohl in der Wohnung.

Harcourt Brace hat noch keine Fahnen[2] vom printer, sie werden bis zum 1. August alles, was einläuft, dorthin schicken. Ich schicke Dir ihren Katalog mit der Ankündigung Deines Buches nach. Leider bist Du dort als Mitarbeiter von »Politics«[3] statt »Review of Politics«[4] angeführt, auch hätte man »Commentary« des empfindlichen Cohens wegen nicht vergessen sollen.

Meine Herren[5] hier hatten noch keine Zeit für mich, die beschäftigten Wichtigtuer, aber ich sehe sie morgen. Alfred scheint Carol große Dinge über seinen herrlichen Aufenthalt mit uns erzählt zu haben.

Ich hoffe, Du freust Dich Deiner Ferien wie bisher und mehr.

So long und Kläpschen und Kuß

H.

[Manomet, Mass.,] den 26. 7. 50

Liebster –

[...]

Sodom und Gomorrha[1] sind in full swing. Richards[2] Freund ist eingetroffen mit einem richtigen Flitscherl von einem Jungen, und Richard windet sich vor Peinlichkeit. Ich höchst amüsiert. Alle ma-

---

1 Name des Zuges, mit dem H. B. aus dem Ferienaufenthalt nach New York zurückgefahren war.

2 Die Fahnen des Totalitarismus-Buches.

3 *Politics* war eine von Dwight Macdonald herausgegebene Zeitschrift.

4 *The Review of Politics* war eine von Waldemar Gurian herausgegebene Zeitschrift.

5 Vermutlich wollten »Herren« der New School H. B. interviewen, der im Herbst 1950 mit seinen Vorlesungen dort begann.

1 H. A.s Ausdruck für Homosexuelle.

2 Richard Plant, 1910–1998, geb. in Frankfurt, Germanist; emigrierte über die Schweiz in die Vereinigten Staaten.

chen der Mrs. Franc[3] den Hof, und das Essen ist bereits erheblich besser.

Ich habe endlich heute das Lawrence-Kapitel[4] an Lasky für den »Monat« nach Berlin geschickt. Habe keine Lust, irgend etwas zu tun – wegen politischer Situation.[5] Es kommt einem alles so sinnlos vor, sobald die sogenannte Weltgeschichte wieder auf Touren läuft.

Wie ist New York? Sehr heiß? Hier ist schön. Die Fotos auf dem Croquetplatz sind nichts geworden, dafür aber habe ich, mehr Glück als Verstand, von Dir das einzig gute Porträt gemacht, das existiert.

Deine

[Indiana, Ende November 1950[1]]
Mittwoch

Liebster,

alles in bester Ordnung, mündlich mehr und ausführlich. 7 Stunden Verspätung! Gurian in Panik, aber alles hatte gewartet, bis wir direkt vom Zug angerast kamen. Sehr lustig. – Heute nochmals richtiger Vortrag, wieder über Totalitarismus, wegen sehr starkem Interesse auf dem Campus und in der Fakultät.

Alles wurscht wegen Kriegspanik.[2] Morgen abend fahre ich nach Chicago, weil am Nachmittag Gilson[3] spricht, den ich mir anhören möchte. Über Duns Scotus.[4]

---

3 Pensionsbesitzerin.

4 Bezieht sich auf ein Kapitel des Totalitarismus-Buches: Hannah Arendt: »Der imperialistische Charakter: Eine psychologisch-soziologische Studie«. In: *Der Monat*, 2. Jg., Heft 24, S. 509–522.

5 Am 26. Juni 1950 hatte der Korea-Krieg begonnen.

1 H. A. hielt Ende November an der Universität Notre Dame, an der Waldemar Gurian lehrte, Vorträge. Die Datierung ergibt sich aus einem Brief an Jaspers vom 25. Dezember 1950.

2 Korea-Krieg.

3 Etienne H. Gilson, 1884–1978, französischer Philosophiehistoriker, Spezialist des Mittelalters; lehrte am Pontifical Institute of Medieval Studies in Toronto und an der Sorbonne.

4 Johannes Duns Scotus, um 1266–1308, schottischer Theologe und Philosoph.

[…]
Gruß und Kuß

Hannah.

[H. A. ist im Juni 1951 schon in den Ferienort der Blüchers vorgefahren.]

[Palenville[1], Juni 1951]

Lieber Liebster,

Du warst zwar ein bißchen brummig, wie es ja auch in New York nicht anders zu erwarten ist, aber war doch schön, Dich zu hören. Hier ist wirklich ganz und gar Paradies, alldieweil ich so ziemlich der einzige »Kurgast« nicht nur bei Henns[2], sondern im ganzen Ort zu sein scheine. Die Leute gucken auf mich, um sich Hoffnung zu machen. Die erste Schwalbe. Tags arbeite ich, abends sitze ich für ein Stündchen mit Henns auf der porch[3] und besehe das Gewitter und tröste sie, daß ich nicht lonely bin (was Madame weiß und er nie verstehen wird). Zum Spazierengehen ist es zu heiß und drückend, auch haben wir dauernd kleine Gewitterschauer.

[…]

Bring mir bitte mit: 1. Mein Telefon-Diary aus dem Office (nicht das Adressenbuch), das Diary, wo einige Adressen stehen, die ich vergessen habe. 2. Meinen Lipstick aus der kleinen beigen Tasche, die irgendwo rumliegt. 3. Mein Taschenmesserchen, aus der schwarzen Büchse auf dem Schreibtisch. 4. Wenn irgend möglich aus irgendeinem Drugstore Nod, anti-noise[4], ein paar. 5. Den Descartes, Dünndruckausgabe.

Dann besprich mit Lotte folgendes: Henns haben einen Hi-Fi-Apparat mit Lautsprecher, aber nur eine Platte. Da wir dieser Sache

---

[1] Ein Dorf in den Catskill Mountains nördlich von New York, wo H. A. und ihr Mann mit Freunden häufig Sommerferien verbrachten.

[2] Name der Pensionsbesitzer.

[3] Veranda.

[4] Eine Art Ohrenstöpsel wie Ohropax.

ohnehin ausgesetzt sein werden, empfiehlt es sich, scheint mir, ein paar Platten mitzubringen. Wir könnten hier reguläre Konzerte für das Dorf veranstalten, das aber würde vermutlich nur mich entzükken. Ihr seid ja nicht so menschenfreundlich. Jedenfalls: Könnte man vielleicht die Strauss-Walzer, die Henns gerne möchten, erst mitbringen und ihnen dann als Abschiedsgeschenk geben. Und ansonsten, was Ihr für richtig befindet. Nicht zu viel. Richte Dich nach Lotte; mir ist alles recht. Vielleicht Brandenburgische Konzerte? Haydn? Bißchen Mozart – Zauberflöte? Enfin – Ihr werdet sehen. Dies wagte ich nicht am Telefon vorzubringen.

Zum 4th of July wird hier eine ungeheure Menschenmenge erwartet. Falls Lotte rauskommen will, muß man es vorher wissen.

Komm man bald!

Deine H.

Sechster Teil:
März 1952 bis August 1953

[Vor dieser Europa-Reise, die von März bis Mitte August 1952 dauerte, hatte Hannah Arendt ein Guggenheim-Stipendium beantragt, um in europäischen Bibliotheken für eine Studie zur Ergänzung ihres Totalitarismus-Buches arbeiten zu können, die den Titel »Totalitarian Elements of Marxism« haben sollte. Außerdem arbeitete sie inoffiziell noch weiter für die Commission on Jewish Cultural Reconstruction und hielt Vorträge in verschiedenen Städten. Gegen Ende ihres Aufenthaltes verbrachte sie Ferientage mit dem Ehepaar Jaspers in St. Moritz im Engadin.]

[French Line, Ile de France,] Mittwoch, 26. 3. 52

Liebster –

rasch einen Wackelgruß, der morgen von England weggeht. Die Überfahrt ist mindestens so stürmisch wie vor zwei Jahren. An Arbeiten nicht zu denken. Tant pis. Ich lasse mich von dem großen Atem des Meeres auf und ab schaukeln und bewundere den Menschen, der die Erfindung des Schiffes machte. Bis heute war immer Sonne und eher warm, so daß man draußen auf offenem Deck in der Sonne liegen konnte. Heute regnet es leider, und dann fangen einem die Menschen an auf die Nerven zu gehen. Meine Kabinen-Nachbarin – ein typisch neu-amerikanisches Gewächs, dumm, uninteressiert, außer an Kleidern, ewig gelangweilt; hat noch nie Frühstück im Bett serviert bekommen und fragte mich ganz ängstlich, wie man das bestellt. Sollst bloß sehen, wie sie beim 3. Male bereits das ganz entzückende kleine französische Mädchen rumkommandierte. Es gibt einem einen Vorgeschmack. Ansonsten noch ein paar nette Neu-England-Ladies, alt-amerikanisch, stoisch und neugierig und voll von Programmen. Die eine, College Professor at Barnard, außergewöhnlich nett, wohnt um unsere Ecke, Morningside Drive, und steigt im Hotel d' Angleterre ab – komisch, nicht wahr?

Roses Blumen! Die ganze Kabine voll von Tulpen und Löwenmaul. Bei jeder Bewegung des Schiffes heben und senken sich die Tulpenstengel. Wie geht es ihr? Ich schreib' vermutlich erst wieder in *Basel*. Wir haben große Verspätung, und Paris wird eine böse Hetze werden.

Du siehst an der Handschrift: Dies ist ein Wackeltopf. Aber Meer und Himmel und Wolken und Sonne – und sonst nichts, ist so, daß man alles gerne in Kauf nimmt.

Liebster, bang Dich, aber nicht zu sehr.

Deine.

[New York,] 29. 3. 52

Liebste,

diesmal war schon gleich der erste Tag nach Deiner Abfahrt recht scheußlich zu ertragen. Wie gut doch gute Gewohnheiten sind. Ich bin so eingewöhnt mit Dir, daß Du mir irgendwie täglich fehlst. Es wird langsam besser, weil ich erst jetzt dazu komme, die Abwesenheit überhaupt zu akzeptieren, zu realisieren und mit ihr zu rechnen. Doch da ist die Wohnung, in die Du so eingewohnt bist, daß Du zwar aus ihr weg sein kannst, nicht aber aus ihr wegzudenken bist.

Dies ist kein Klagelied, sondern ein Gruß.

Sonst läuft alles erträglich ab. Die Kurse[1] sind in gutem Gang, die Studenten voller Leben und ich voller Arbeit. [...]

Wie ist Paris? Genieße diese Reise, da sie mich ja Deine Abwesenheit kostet, doppelt, und, wenn es Dir auch schwer fällt, gehe sorgsam mit Dir selber um.

Viele herzliche Gedanken

Heinrich

---

[1] Seit 1950 lehrte H. B. Philosophie an der New School for Social Research in New York. Die Verbindung war durch seine Erfolge beim Künstlerclub und durch Kazin zustande gekommen; vgl. S. 219f., S. 226f.

Paris, den 30. März 1952

Liebster –

wenn Du diesen Brief gelesen hast, wirst Du wissen – ich weiß auch nicht was. Sagen wir, entweder daß ich verrückt bin oder daß ich im letzten Moment heillos verrückte Sachen doch nicht mache. Kurz und gut: Ich habe soeben meinen Palästina- und Griechenland-Trip gekanzelt.[1]

Gründe wie folgt – besser in chronologischer als in logischer Reihenfolge –: Wir kamen mit erheblicher Verspätung hier an, und auf dem Reisebüro erfuhr ich, daß ich keinerlei Hoffnung für einen Flugplatz für meine geplanten Daten habe, alldieweil in Israel Pessach[2] sich tut. Sie waren höchst pessimistisch überall, und ich hätte Gott weiß wie lange (zu lange) oder wie kurz (zu kurz) in Basel sitzen müssen in der Hoffnung, daß wer anders stirbt. Ferner (ich muß aufpassen, daß mir die Chronologie nicht durcheinanderrutscht, schließlich bin ich ein Historiker, und diesmal scheint mir überhaupt, daß mein ganzes Prestige in jeder Hinsicht auf dem Spiel steht): Annchen [Weil] und Paris: nämlich Annchen, die todtraurig war, daß ich immer weniger Zeit hatte, und woran liegt mir schließlich mehr – Annchen oder Mespoche[3]? Und Paris, das mich plötzlich wahnsinnig reizte, hier wieder einmal ein paar Wochen wirklich zu leben und nicht wie ein angeschossener Hase durchzurasen, um in der ganzen Welt Schlittschuh zu laufen. Will ich noch einmal Europa in die Fingerspitzen bekommen (und gerade jetzt will ich), muß ich hier versuchen, 4 Wochen zu bleiben und eine ganze Reihe von Menschen zu sehen und dabei ruhig zu arbeiten. (Ich vergaß: Die Flugzeuge gehen nur noch über Genf, nicht mehr über Zürich, so daß mein Züricher Aufenthalt entweder ins Wasser gefallen wäre oder von der Jasperschen Woche abgeknapst worden wäre.) Ferner: Ich fand hier einen Brief von der Mespoche vor, in der sie mir mit-

---

[1] abgesagt (Eindeutschung von »cancelled«)

[2] Das Passah-Fest zum Gedenken an den Auszug aus Ägypten.

[3] H. A.s Schreibung für Mischpoche, Mischpoke, jiddische Bezeichnung für Verwandtschaft. Bezieht sich auf die Familie ihres Vetters Ernst Fürst, 1910–1996, der mit seiner Frau Käte Fürst, geb. Levin, geb. 1911, 1935 nach Palästina ausgewandert war.

teilen, daß sie für Pessach ich weiß nicht wie viele Mitglieder der Familie (ich glaube 15) eingeladen habe, quite proud, you know; well I just could not see myself with my whole baptized family around the pessach table! Ferner – und dies nun ist der offizielle Grund, liebster Stups, denk an Deinen socially minded[4] Schnupper: Brief von Njuta[5], den Du mir nachschicktest, der die Indiensache nochmals unterstreicht – so daß ich, falls alles glatt geht, 1954 oder Ende 53 sowieso über den Nahen Osten fliegen werde.

Liebster, bitte, bitte, schimpf nur ein bißchen. An Geld verlier ich nicht mehr als ca. 25.– bis 30.–, abgesehen natürlich davon, daß ich mehr als 300,– Dollar spare. (Griechenland soll irrsinnig teuer geworden sein wegen run away inflation.) Ich hätte natürlich immer und gleich auf Dich hören sollen und bin sehr zerknirscht, aber doch auch sehr erleichtert. Hinzu kam, daß ich auf der Reise nicht habe arbeiten können wegen ziemlichen Seeganges und halber Seekrankheit. Also wieder eine Woche futsch. Dann sieht alles von hier aus anders aus: weiter und schwieriger. Leicht ist alles nur, wenn man direkt durchfliegt; sonst sind auf dieser Tour häufig Fahrplanänderungen. Versteh, bitte, Liebster, versteh, es sieht alles anders von hier aus aus; und irgendwie hatte ich mir diesmal nichts recht klargemacht – nur das Technische, und das war falsch wegen Pessach.

Alfred und seine sehr reizend gewordene Ann[6] mit Annchen [Weil] waren am Bahnhof natürlich, und heute bin ich den ganzen Tag rumgelaufen, halb Spaß und halb trip cancelling. Jetzt abends nach Clamart.[7] Graus mich ziemlich. Alfred ist entzückend und so freundschaftlich (mein Bild prangt in seinem Zimmer) wie immer. Er wird Dir wohl auch ein paar Zeilen schreiben, damit Du Dich nicht über meinen Geisteszustand ängstigst.

---

4 »ganz stolz, verstehst Du? Na ja, ich sah mich einfach nicht im Kreise meiner ganzen getauften Familie am Passah-Tisch sitzen« – »socially minded« = hier: »an menschlichen Beziehungen interessiert«.

5 Njuta Gosh, eine in Indien lebende Kusine von H. A.

6 Alfred Kazin und seine spätere Frau Ann Burstein (H. A. schreibt häufig fälschlicherweise »Anne«).

7 Die Weils wohnten dort mit Annes Schwester Käte Mendelssohn zusammen.

Schluß. Jetzt wirst Du Dich entweder scheiden lassen oder nicht. Besser nicht. Sag den Leuten, d. h. informier *sofort* Baron und Bertha[8], daß ich keine reservation bekommen konnte und daß ich mich entschloß, die Sache aufzugeben, weil Einladung nach Indien mich ohnehin in etwa 1½ bis zwei Jahren dahin bringen wird. Oder sonst noch was Glaubwürdiges: besprich es mit Rose. Trau Dir da nicht zuviel zu!

Meine Adressen: Ich fahre Montag abend nach Basel, bleibe dort bis zum 8. Fahre dann für zwei Tage nach Zürich und von dort zurück nach Paris. Bleibe in Paris bis Anfang Mai. Ich werde wieder im Hotel Lutetia wohnen, weil das immer noch das beste und billigste ist. Alles übrige ist teurer und unvergleichlich schlechter. Du kannst aber auch American Express schreiben. Das klappt sehr gut.

Sag Baron noch, daß ich mehr Zeit als vorgesehen für research in Bibliotheque Nationale brauchen werde.[9] Nur wenn Du das für acceptable hältst. I *am* ashamed of myself. JDC[10] konnte ich gestern nicht mehr erreichen, wir kamen zu spät an, darum bleibe ich bis Montag, um einen Wochentag zu haben für den Fall des Falles. (Baron knows what that means.)

Nach Palästina habe ich telegrafiert und werde morgen schreiben, auch an Scholem.

Liebster –

Deine

[Paris,] 31. 3. 52

Liebster –

rasch noch eine Zeile, bevor ich fahre. War eben beim Joint[1] – alles in Ordnung. Nächste Woche sind die Leute von der Jewish Claims Conference[2] alle hier – und so bin ich. Denke am 10. oder 11. zu

[8] Bertha Gruner, H. A.s Sekretärin.
[9] H. A.s Arbeit für die Jewish Cultural Reconstruction betreffend.
[10] American Joint Distribution Committee, vgl. S. 190, Anm. 1.
[1] Vgl. S. 190, Anm. 1.
[2] Conference on Jewish Material Claims against Germany: Zusammenschluß von 13

rück zu sein. Wohnen werde ich doch im Hotel d'Angleterre, wo ich ein ordentliches Zimmer schließlich erwischt habe, mit WC! und cabinet de toilette für 800 frcs tout compris. Dies ist *sehr* billig jetzt. Alles ist eher teurer als in New York! Also, mein Herz, der nächste Sonnabend-Brief wird ans Hotel d'Angleterre, rue Jacob adressiert!, wo ich, sauf imprévu[3], ca. 4 Wochen bleiben will. Habe große Arbeitspläne und große Lust, mal wieder in Paris zu arbeiten.

[...]

Morgen Jaspers – freue mich, bin vergnügt, gut ausgeschlafen und unternehmungslustig. Gestern Louvre. Abends Buschi[4], die wohl doch noch Chagall heiraten wird. Lustig, nicht wahr? Über Annchen ein andermal. Traurig; gut, daß ich hierbleibe!

Deine.

[Basel,] den 5. 4. 52

Liebster –

den ganzen Tag debattiere ich mit mir selbst, ob ich telegrafieren soll oder nicht, oder noch nicht. Warum läßt Du mich wieder ohne Nachricht? Warum? Heute ist Sonnabend, ich hätte Deinen ersten Brief am Dienstag haben müssen und hatte gehofft, heute Deine Reaktion auf meine verrückt (gar nicht verrückt!) geänderten Reisepläne zu haben. Nun paß mal auf: so geht es *nicht*. Ich weiß Deine Gründe nicht, spekuliere – Guggenheim[1] hat abgesagt? – Gott weiß was: Aber verstehst Du denn nicht, daß mir das alles herzlich wurscht ist, wenn ich keine Nachricht habe? Daß jede Nachricht besser ist als dies?

---

jüdischen Organisationen als Vertretung der außerhalb Israels lebenden Juden bei den Haager Verhandlungen, die zum Luxemburger Wiedergutmachungsabkommen vom 10.9.1952 führten.

3 »wenn nichts dazwischenkommt«.

4 Hermann Brochs Witwe Annemarie. Der Dichter war am 30. Mai 1951 gestorben.

1 H. A. bekam für das Jahr 1952/53 ein Stipendium der John Simon Guggenheim Memorial Foundation.

Du hast diesen Brief Dienstag, spätestens Mittwoch. Ich bin Donnerstag wieder in Paris, am 10. Schrieb Dir dies bereits von Paris. Falls also, wenn Du diesen Brief erhältst, Du weder hierher so geschrieben hast, daß es mich noch erreicht, noch nach Paris so, daß ich es am Donnerstag vorfinde, kable bitte sofort, und zwar, falls Dich dieser Brief am Dienstag erreicht, nach Basel, und falls er Dich am Mittwoch erreicht, nach Paris. Hotel Angleterre, rue Jacob.

Ich mag von hier, wo es herrlich ist – nach dem ersten Tag, wo es etwas schwierig war –, nicht schreiben. Auch nicht von Zürich und Verlagsverhandlungen[2], die ich gestern hatte. Mir ist nicht danach zumute. Ich kann nicht. Dies Dein Schweigen, wieder, repetiert, da capo, schnürt mir die Kehle zu und stopft mir den Mund. Außerdem hätte ich auch kaum Zeit, da Jaspers so großartig gesund ist, daß ich kaum Zeit habe, irgend etwas anderes zu machen, und auch alles bis ins letzte ausnutzen will. Außerdem geht gerade der Gong für Nachmittagskaffee.

Ergo –

Deine

Eben Expreß-Brief vom Verleger; werde nochmals nach Zürich müssen. Außerdem Jaspers, der partout die Rahel[3] haben will und eben nachfragen kommt, ob ich Dir auch geschrieben habe. Also: ein Manuskript, gebunden, steht in der Bibliothek, neben den Rahelbänden – wenn ich nicht irre. Schick es ihm direkt, gewöhnliche Post.

Falls du das gebundene nicht findest, ungebundene Schreibmaschinenexemplare sind im filing-cabinet, oberstes Fach?

---

2 Die Verhandlungen betrafen H. A.s Totalitarismus-Buch, führten aber nicht zu einem Vertrag.

3 Gemeint ist H. A.s Rahel-Varnhagen-Manuskript, vgl. u. a. S. 63, Anm. 2 (2. Brief).

[Paris,] Hotel d'Angleterre
44 rue Jacob
den 11. April 1952

Mein vielgeliebter Schafskopf –

eben komme ich vom American Express, wo sich denn ja alles aufs schönste aufgeklärt hat: [...] Erstaunlicherweise erhielt ich Deinen zweiten Brief noch in Basel und den ersten heute hier. Telegramm erwartete mich im Hotel. Heißt doch wohl, daß ich den Guggenheim bekommen habe? Dies jedenfalls haben wir gestern – Annchen, Alfred nebst Fräulein[1] (sie ist übrigens ganz reizend geworden; ich gebe meinen Segen) – begossen. Wenn es nicht stimmt, tant pis.

[...]

Dies ist schwierig und schlimm, but I cant help it. Frau Jaspers verliebte sich in meine neue Nylonbluse. Ich kaufte sie in einem kleinen Herrengeschäft auf der Westseite der Fifth Avenue, zwischen 44th und 48th street. Das Geschäft hat zwei Fenster, zwischen denen der Eingang zum Laden ist. Im Fenster southward stehen Damenblusen. Der Fabrikname der Bluse ist: Gabey original, Acetate woven with Nylon. Kauf eine mit langen Ärmeln, weiß natürlich, seize 16 und laß sie direkt vom Geschäft schicken. Schimpf nicht; es ist ein paar Schritte vom Rockefeller Center; wenn Du beim Gumperz bist, geht es mühelos.

[...]

Basel: Wärst Du doch hier; es ist so schwer zu schreiben, und mir ist das Herz ein bißchen schwer. Ich denke (fürchte), Jaspers wird Dir ein paar Zeilen schreiben, die Du weder wirst lesen können noch beantworten. Liebster, ich flehe Dich an, schreib ihm diesmal, falls er schreibt. Es ist absolut notwendig. Er hat ein paar Sachen über seine Beziehung zu mir gesagt, die ich nicht wiederholen mag; aber es ist schon so, wie Du immer vermutetest, nur hat er im Grunde keine Ahnung davon. Was er sich infolgedessen mit Heidegger geleistet hat, der ihm buchstäblich nachgelaufen ist, spottet eigentlich jeder Beschreibung.

---

1 Ann Burstein.

Das Gespräch war ganz großartig, ein einziges Gespräch durch 10 Tage hindurch. Die letzten drei Tage kriegte ich ihn von [Heidegger] nicht mehr los. Er versucht immer das gleiche: Durch endlose Vergleiche und rationale Erhellungen relativiert er alles einzeln Geschehene, z. B. jetzt auch die Gaskammern etc., um dadurch auf das Unbedingte, das sich immer gleich bleibe, die unzerstörbare Substanz zu stoßen. Es ist schließlich wirklich wie ein Spiel. Das Gültige, Maßstab gebende, ist ihm letztlich dann immer wieder die Tradition, und diese oft in ihren klassizistischen Ausprägungen. Es ist z. B. unendlich schwer, mit ihm über, sagen wir, Rilke zu sprechen, weil er ihn sofort an Hölderlin mißt und irgendwie erledigt. (So erledigt er Heidegger mit dem Vergleich mit Nietzsche – nachdem ich ihm immerhin erst habe begreiflich machen müssen, daß dessen neuere Sachen kein »Quatsch« sind, auch wenn alle »vernünftigen Leute« das sagen.) Worauf er eigentlich hinaus will, kommt dann erst zum Vorschein, wenn er plötzlich, nach Erledigung Rilkes durch Hölderlin – Hofmannsthal aus der Tasche zieht. Mit anderen Worten: Er erkennt de facto in der Moderne nur an, was bewußt epigonal ist.

Als ich kam, war ich den ersten Tag fast verzweifelt, so stark hatte das Rationalisieren und Moralisieren zugenommen. Dann habe ich ihn aber wieder gekriegt, weil er ja ein so großartiger Kerl ist, wie man ihn zum zweitenmal nicht sieht. Ich werde im Mai irgendwann wieder da sein. Muß vor allem nochmals nach Zürich, wo der Chefredakteur der Zürcher Zeitung mir bereits einen Verleger verschafft hat, der allerdings auch nur eine gekürzte Fassung bringen kann. Das wird heißen, daß ich eine größere Einleitung neu schreiben muß. Tant pis. Wir wollen die Kürzung im einzelnen im Mai diskutieren. Schrieb ich eigentlich, daß selbiger sehr netter und lebendiger Herr ein Dutzend Exemplare gekauft und verschickt hat?

Ferner aber haben sie[2] mich nach St. Moritz eingeladen, wohin sie diesmal schon Mitte Juli gehen. Was denkst Du davon?

Nun also bin ich in Paris und besoffen; denn es ist Frühling, ein Frühling, wie er selbst für Paris exzeptionell ist. Ganz warm, grüne

[2] Das Ehepaar Jaspers ist gemeint.

Bäume. Die Stadt schöner denn je; die Franzosen wieder glücklich, sehr verändert gegen vor zwei Jahren. – Heute früh war ich gleich auf dem Joint[3]: Die Israelis haben die Beziehungen im Haag[4], wie Du vielleicht weißt, beinahe abgebrochen; offiziell hat der Vertreter des Joint sich solidarisch erklärt. Ich sprach aber hier mit einem der Vizepräsidenten (sehr netter Mann), der ganz anderer Meinung war und voller Sympathie für den deutschen Standpunkt. Die Israelis, die protestieren, daß die Deutschen diese Verhandlungen mit den Schulden-Verhandlungen in London zusammenbringen und sich offenbar überhaupt leicht meschugge benehmen, haben mit Recht Angst, daß sie schließlich und endlich gegen die ganze Welt – die in London vertreten sein wird – stehen werden. Mir scheint es keine Frage, daß die Alliierten einen Druck auf Deutschland ausüben, zwar an die Juden zu zahlen, aber diese Verhandlungen nicht getrennt von den internationalen Schuldenabkommen zu führen. Dies ist logisch und normal; alles andere verrückt. Augenblicklich warte ich auf einen Telefonanruf aus dem Haag, um zu erfahren, ob ich morgen früh (8 Uhr!) dorthin abreisen muß. Denn die erwartete Pessach-Versammlung[5] in Paris ist nicht eingetroffen.

Kaum hatte ich diese Worte zu Ende getippt, als das Telefongespräch da war – hurra, hurra, ich brauch nicht in den Haag.

Bittschön, ruf Baron an und sag ihm: I tried to reach Mr. Leavitt in Holland, but talked to Jerome Jacobson instead. Jacobson was informed of Baron's letter and told me that Kagan is back in New York and supposed to take the whole matter up with Baron. As to the manuscripts lost by the Jewish institutions: it might be wise not to mention those of the Breslau Seminar, because I was told that they are all in Jerusalem. We knew that they were in Poland; I asked already Scholem to confirm this information. As to manuscripts in German institutions the Frankfurt collection was partly sold to New York, partly destroyed; some manuscripts are still

---

3 American Joint Distribution Committee.

4 Vgl. S. 239f., Anm. 2.

5 Einige Teilnehmer der Konferenz waren offensichtlich zum Passah-Fest in Paris erwartet worden.

there; nobody knows which. Hamburg, Munich and Berlin are intact; the Berlin mss. are in Tübingen.[6]

Du kannst Dir gar nicht vorstellen, wie erleichtert ich bin, mit den Haager Verhandlungen nichts zu tun zu haben. Und wirklich nicht nur, weil ich partout jetzt nicht aus Paris fort will. Statt dessen werden wir wohl Montag nach Chartres [fahren]. And to hell with all Jews. (In Basel fand ich einen rührenden Brief von Scholem – mit einer anderen Pessach-Einladung. Du lieber Gott, ich bei diesen national-religiösen Festlichkeiten. Da habe ich mir ansonsten eine böse Suppe eingebrockt, die ich aber auslöffeln werde. Ich Esel!)

Heute war ich bereits auf der Bibliothek; da der Guggenheim doch wohl geworden ist, habe ich gleich mit der Bibliographie[7] angefangen. Zu schön, mal wieder zu arbeiten. Danach habe [ich] für Abendbrot in der rue de Seine und Buci eingekauft. Liebster, besinnst Du Dich auf das Auvergnaten-Geschäft? Da bin ich gelandet; es ist erheblich vergrößert, aber unverändert. Es kam eine Frau mit einem kleinen Jungen um eine Katze betteln. Die Frau ein bißchen verlegen: il ne sera pas malheureux chez nous[8] – der Kater nämlich.

[...]

Bitte doch Rose, sie möchte mir einen richtigen Bericht über den Spektakel[9] schicken. Das wird alles eine Propaganda für Taft[10], der

---

6 »Ich habe versucht, Mr. Leavitt in Holland zu erreichen, habe statt dessen mit Jerome Jacobson gesprochen. Jacobson war über Barons Brief informiert und sagte mir, daß Kagan wieder in New York ist und die ganze Sache mit Baron besprechen soll. Was die verlorenen Manuskripte der jüdischen Institutionen angeht: Es wäre klug, die des Breslauer Seminars nicht zu erwähnen, weil mir erzählt wurde, daß sie alle in Jerusalem sind. Wir wußten, daß sie in Polen waren; ich habe schon Scholem gebeten, diese Information zu bestätigen. Was die Manuskripte in deutschen Institutionen anlangt: Die Frankfurter Sammlung wurde zum Teil nach New York verkauft, zum Teil zerstört; einige Manuskripte sind noch da; niemand weiß welche. Hamburg, München und Berlin sind intakt; die Berliner Manuskripte sind in Tübingen.«

7 Bezieht sich auf das geplante Guggenheim-Projekt »Totalitarian Elements in Marxism«, ein Buch, das nicht zustande kam. Vgl. Hannah Arendt: *Was ist Politik?* Aus dem Nachlaß hrsg. von Ursula Ludz. München 1993, S. 145 f.

8 »er wird bei uns nicht unglücklich sein«.

9 Vgl. S. 247, Anm. 2.

10 Robert A. Taft, 1889–1953, amerikanischer Politiker; bewarb sich 1948 und 1952 vergeblich um die Präsidentschaftskandidatur der Republikanischen Partei.

sich dieser Juden entledigen wird, da er, in schönstem Einverständnis mit den Leuten hier, Stalin wird appeasen wollen. Wir können uns gratulieren.

Annchen ist da. Schluß. Und nimm Dir ein Beispiel, Liebster, wie lang ein Brief sein kann.

Deine Hannah.

[New York,] 12. 4. 52

Liebste,

ich bin traurig, daß Dir die Verspätung meiner Briefe unnötige Kopfschmerzen macht. Es muß an der New Yorker Post und speziell an unserem Postamt liegen, wo ich sie direkt eingeworfen habe. Der erste ging nach Paris, American Express, der zweite nach Basel.

Ich schicke Dir hier die Guggenheim-Dokumente, und Du siehst, daß die Steuerhyänen bereits dabei sind, den Scolaren Seife in die Wurst zu mischen. Ich habe nicht viel Hoffnung, daß die Guggenheimer gegen sie gewinnen werden. Jedenfalls liefere nichts an sie ab, damit man der Steuer die Sache besser als reines Geschenk darstellen kann. Sie selbst legen es ja nahe. Immerhin wird es ja wohl Deine Tage dort etwas sorgenfreier und glücklicher machen. Unser berühmter Schnupper. Dem außerdem eine lange Rede des Rabbi Elmer Berger vor dem American Council for Judaism zugeschickt worden ist, darin der Rabbi geschickten Gebrauch von ihrem Buche macht, um den Zionismus aus dem gleichzeitig und gleichräumig entstandenen tribal nationalism herzuleiten und im israelischen Staate rassische und totalitäre Tendenzen aufzuweisen. »I invite you to an examination of a book to which I have already referred. Hannah Arendt is a Jewish girl (notice the pride of those non-Jews) who has written what some people are beginning to call the most important book since the end of World War II. Not easy reading, it is a profound, detailed and deeply disturbing analysis of the ›Origins of Totalitarianism‹.« See what I mean?[1]

---

[1] »Ich bitte Sie, sich ein Buch anzusehen, das ich bereits erwähnt habe. Hannah Arendt ist eine Jüdin (beachte den Stolz dieser Nicht-Juden), die ein Buch geschrie-

[…]

Die berühmte Konferenz der Vaterlandsretter[2] ist natürlich wie das Hornberger Schießen ausgegangen. Eastman[3] hatte nicht die Mehrheit, was beinahe durch eine Resolution gegen McCarthy[4] erhärtet worden wäre, hätte die Leitungsbande sie nicht geschickt abgewürgt. Sie wird ihnen aber im Committee selbst nicht erspart werden, oder der Laden wird sich spalten. Mary[5] soll sehr gut gewesen sein, und sie sagte mir, sie wollte durchaus Dich dort ersetzen, und darum sei es ihr besser geglückt, als sie selber hoffte.

Meine Vorlesungen gehen gut vorwärts und machen mir Spaß. Ich werde mehr und mehr aktuell, und die Studenten freuen sich daran. Diese Woche bin ich zweimal zum Dinner bei der Clara[6] und habe anschließend einmal zu einer kleinen Gruppe von Businessmen über den Wert der liberal arts und philosophy education und das andere Mal zu einer Gruppe von Intellektuellen und Geschäftsleuten über neue Wege amerikanisch-deutscher Verständigung zu sprechen. You see, she gets me, I am a sucker for this type and like it.[7]

[…]

---

ben hat, das einige Leute das wichtigste seit dem Ende des Zweiten Weltkrieges zu nennen beginnen. Keine leichte Lektüre, es ist eine profunde, detaillierte und höchst beunruhigende Analyse der ›Ursprünge des Totalitarismus‹.« Siehst Du, was ich meine?

2 Am 29. März 1952 fand im Waldorf Astoria Hotel in New York eine Konferenz des American Committee for Cultural Freedom statt, einer Schwesterorganisation des Congress for Cultural Freedom, an dem im Juni 1950 in Berlin etwa 100 westliche Schriftsteller, Künstler und Wissenschaftler teilgenommen hatten.

3 Max F. Eastman, 1883–1939, amerikanischer politischer Schriftsteller und Kritiker; Herausgeber der Zeitschrift *Masses*.

4 Joseph R. McCarthy, 1909–1957, republikanischer Senator von Wisconsin; Vorsitzender des Senatsausschusses zur Untersuchung kommunistischer Umtriebe (1950–54), Committee on Unamerican Activities.

5 Mary McCarthy, 1912–1989, amerikanische Schriftstellerin; enge Freundin von H. A.

6 Clara Mayer war Dekan für Erwachsenenbildung an der New School für Social Research in New York.

7 »Du siehst, sie kriegt mich, ich bin eine leichte Beute für diesen Typ und hab's gern.«

Freue Dich Deiner und der guten Stadt Paris. [...]

So sehr Du dort bist, ich sehe Dich oft hier in Deinem Sessel am Fenster sitzen, oder auch auf dem Radiator [Heizkörper].

Bleib mir gut wie ich Dir. Es sind lausige Zeiten.

Love

Heinrich

[Paris,] den 17. April 52

Liebster,

mir scheint, heute ist Briefschreibe-Tag. Und seitdem die Post aus New York klappt, ist das Leben wieder sehr lebenswert. Dein Brief vom 12. mit der Guggenheim-Einlage ist gut und pünktlich angekommen. Ich hoffe doch noch, daß sie die Steuerhyänen besiegen werden, habe aber zur Sicherheit geantwortet, daß ich das Stipendium ab 1.4. akzeptiere, um European expenses [meine Europa-Spesen] abziehen zu können. Abliefern werde ich ohnehin nichts; dafür bewahre ich mir von jetzt ab alle Hotelrechnungen auf. Tant pis.

Über Dich als money raiser habe ich mich sehr amüsiert. [...]

Montag war ich mit den beiden Kindern in Chartres, d. h. Alfred [Kazin] und seiner Ann [Burstein]. Mensch, ist das schön. Und himmlischster Frühling, dessen Sonne durch die blauen Fenster brach und die Bläue noch blauer machte. Erst jetzt habe ich wirklich Augen für Architektur. Ich habe doch nie gewußt, was für ein vollkommenes Wunder das ist.

Ansonsten: Ich sehe Gott und die Welt. Gestern François Bondy[1], Sekretär der Vaterlandsretter, die aber hier doch anders sind. Er entpuppte sich als ein Prager Jude mit Schweizer Paß und Brandler-Vergangenheit. Er kommt mir so verflucht bekannt vor (kanntest Du einen Franz Bondy?), daß ich Angst bekam, mich näher zu erkundigen. Es war schon alles ein bißchen nahe. Sehr angenehmer, sehr anständiger und auch recht intelligenter Bursche. –

---

[1] François Bondy, geb. 1915, Schweizer Journalist und Essayist. »Vaterlandsretter« bezieht sich auf den Congress for Cultural Freedom, vgl. S. 247, Anm. 2.

Viel erheblicher (dies für Rose!) ist Milosz[2], dessen Artikel über die Balten Du im Februar-Heft von »Preuves«[3] findest. Wir haben es vermutlich, oder Rose kann es Dir geben. Dies ist, glaub ich', wirklich quelqu'un. Jung und verwirrt und ungemein unglücklich und sehr sympathisch; bei allem, ein lieber Junge. Vielleicht kommt er nach Amerika; das hätte wirklich einen Sinn. Hier wird er kaputtgehen.

Hier ist es etwa so: Kojève[4] (Hegel-Mann, tu te rappelles[5]) erklärt, der Mord an 6 Millionen Juden sei ganz uninteressant, da er kein »historisches Ereignis« sei. Was Geschichte ist, bestimmt hier jeder ganz für sich allein; noch der Fakten kann man niemals sicher sein, d. h. der als Geschichte anerkannten Fakten, dafür aber, daß das Schema von Hegel stammt. Das Ganze ist schwachsinnig mit großem oder auch weniger großem Scharfsinn. Alles schreibt und publiziert, überhaupt großes Leben. Und Paris, wie wohl schon gesagt, hat son petit bonheur wiedergefunden – und kein Deibel schert sich darum, wie etwa der Franc steht oder was wird, wenn Amerika mal aufhören sollte zu zahlen. In Chartres hatte ich Zeit, auch durch die Stadt zu gehen – Frauen, die ihre Wäsche im Fluß waschen, Häuser, die nicht nur seit mindestens 300 Jahren (dies sind die neueren) stehen, sondern seit mehr als 100 Jahren auch nicht repariert worden sind. La province ne se meurt plus, elle est morte.[6]

[...]

Zimmer ist wichtig; seit gestern wohne ich wie eine Fürstin, allerdings sous les toits de Paris[7], großes schönes Zimmer mit separatem Eingang und Bad. Habe das hier im Hotel erwischt, ganz billig, weil keiner 4 Treppen laufen mag; was mir wurscht ist. – Vormittags bin

---

2 Czeslaw Milosz, geb. 1911, polnischer Schriftsteller, der damals in Paris lebte und 1958 in die USA auswanderte.

3 Czeslaw Milosz: »Je pense aux Baltes«. In: *Preuves*, Février 1952, S. 13–24.

4 Kojève, ursprünglich Alexandre Wladimirowitsch Kojewnikow, floh nach der Oktoberrevolution aus Rußland nach Deutschland, promovierte bei Jaspers, hielt Anfang der dreißiger Jahre Hegelvorlesungen an der Ecole Pratique des Hautes Etudes in Paris.

5 »du erinnerst dich«.

6 »Die Provinz stirbt nicht mehr, sie ist bereits tot.«

7 Vielleicht Anspielung auf den Chansontitel (»Unter den Dächern von Paris«).

ich regelmäßig in der Bibliothek, nachmittags sollte ich schreiben, habe es aber bisher nicht getan. Liebster, wenn ich dumm werde, macht es doch auch nichts?

[...]

The Council of Judaism liebt mich schon seit geraumer Zeit. So was macht immer ein bißchen Reklame, and God knows, ich kann's brauchen. Über Mary habe [ich] mich sehr gefreut. Kann sie mir ihren speech nicht schicken?

[...]

Deine

[New York,] 18. 4. 1952

Liebste,

die stets vor mir liegende Adressenaufstellung gab als erste Adresse Paris, und ich bin nur der Angabe automatisch gefolgt, statt mir die Daten zu überlegen.

Dein langer Brief ist so herrlich pariserisch, daß sogar ich fast Heimweh bekomme. Da hätte ich wirklich dabeisein mögen, und bei was will ich schon jemals je dabeisein oder auch nur gewesen sein? Alles scheint sich da um Dich herum zu versammeln und nett zu Dir zu sein, Du Allbeliebte. Elke amüsiert sich wohl alleine in der alten Welt herum? Na, nach so einer schrecklichen Krankheit gönne ich es ihr. Und wenn Ihr[1] mir gar noch das Herz der Stadt Paris auf einer Ansichtspostkarte schickt, was kann ich da noch sagen? [...] Die rue Buci und den Auvergnaten sehe ich vor mir, so wie ich Dich wieder an ihm vorbeitraben sehe, um mich an dem Café an der dortigen Ecke ja recht schnell zu treffen. So bist Du nicht nur hier, weil Du aus dieser Wohnung einfach nicht wegzudenken bist, sondern ich bin auch zuweilen da mit Dir, weil wir beide eben da wirklich zusammengewesen sind, und wirklich Dagewesensein konstituiert das Immersein mit. Das Leben wird immer kurioser, wenn man beginnt, es wirklich leben zu können. So trinkst Du also, wo man trinken soll, in Paris, und mit Freunden, so arbeitest Du

---

[1] H. A. und Elke Gilbert (vgl. S. 186, Anm. 5).

also, wo man arbeiten kann, in Paris, mit all den prachtvollen Kerlen der Vergangenheit um sich herum. Und da wäre es ja noch schöner, wenn Du mir nicht lange Briefe schreiben könntest. Weiblich aber ist es, mir daraus einen Strick gleich drehen zu wollen (denke wie der Ariadnefaden zum Gängelband gemacht wird) und nun von mir lange Briefe zu fordern, der ich unter den allem Wahren sich widersetzenden Umständen des modernen Babylon durch die rushhours des nihilistischen Mahlstroms strudle, nur helfend mir, indem ich sie meinen Zeitgenossen wöchentlich zweimal beschreibe.[2]

Dazu hat mich die liebende Clara in drei verschiedene Pläne, die der Schule Geld bringen sollen, verwickelt, und ich sehe lauter fremde Leute und mache Eindruck auf sie. Auch eine philosophische Beschäftigung, von der sich Sokrates nichts hätte träumen lassen. Meine Pläne für den Herbst müssen innerhalb einer Woche nun auch ausgearbeitet sein. Ich will über den Begriff des Politischen, eine Kritik der politischen Vernunft lesen, um die Athene wieder herbeizubeschwören, und dann auch gleich der Aphrodite ein recht neuartiges Loblied singen in »On the understanding of the philosophical Eros«. Um weiterhin die Jünglinge des im modernen Babylon heimlich heranwachsenden modernen Athen zu verführen und nicht zuletzt, hier war Sokrates nicht so glücklich, auch seine Jungfrauen. Wandel der Zeiten, er hatte sie von den Göttern weg und ich habe sie nun wieder zu den Göttern hin zu verführen. Aber wie sind auch die Götter nach ihren bösen Erfahrungen mit uns inzwischen in sich gegangen und haben sich ins Herrlichste transformiert, man weiß eben mit ihnen nie, wessen sie immer wieder fähig sind.

Der »Myth of the Void«[3] im Sommer wird mir viel Lesearbeit machen, und das ist unangenehm, weil ich zu tief in den neuen Plänen stecke bereits. Und wie herrlich könnte es sonst sein. Die Einführung in die Philosophie werde ich zu einem richtigen Schocker ausbauen.

Cézanne-Ausstellung im Metropolitan. Über hundert Meisterwerke in einer Reihe. So wie Bach fast die ganze Musik umfaßt, so

---

2 Gemeint sind H. B.s Kurse an der New School for Social Research.

3 Titel einer Vorlesung H. B.s (»Der Mythos der Leere«).

Cézanne die Malerei. Solche Schau kommt nur einmal in fünfzig Jahren zustande. Schade, daß Du das nicht sehen kannst. Aber ich werde es wohl viermal sehen und Dir beschreiben, wenn Du zurückkommst. Kiesler[4] hat ein Werk großartiger moderner Synthese von Skulptur und Architektur ausgestellt, hat das Problem gelöst, an dem Rodin zerbrach. Er sagt ganz glücklich, daß ich der einzige sei, der es verstanden hat, und macht mir einen großen Schein. Ich werde wohl mit ihm und Holty und ein paar anderen von mir Erwählten im Herbst an der New School ein sensationelles Panel über den Stil der Transformation machen, das ich leiten will.

Inzwischen werde ich einer Gruppe von Businessmen nächste Woche erzählen, daß sie noch gar nicht wissen, was zu ihrer grenzenlosen Überraschung für ein in der Freiheit zusammengebundenes Interesse sie urplötzlich, wie eine Wendung durch Gottes Fügung, an der Existenz solcher Vertreter der liberal arts haben, wie wir es sind. Wie sie gleich uns, den echten freien Intellektuellen, in ihrer Existenz bedroht sind durch den semi-intellectual, der sich anschickt, sich auf den Rücken der Massen zu schwingen und uns in der Masse da zu begraben, wo sie am konzentriertesten ist, im Konzentrationslager.

[...]

Jaspers, ja Jaspers, natürlich hatte ich recht, weil es eben so im besten und herrlichsten Sinne natürlich ist. Was Deine Philosophen Dir alles anrichten. Aber Du hast es gewollt, und »alles geben die Götter«[5], frag mich bloß nicht wie. Wenn Du ein wenig länger bleiben kannst und Deine Sommererholung mit Jaspers in St. Moritz machen, do it by all means. Solche Gelegenheiten kommen nicht oft, und ich will gern auch allein in Palenville[6] sitzen, wenn ich Dich nur dann wieder hier zu Hause habe.

Viele Kläpschen von der besten Sorte

Heinrich

---

4 Frederick J. Kiesler, 1896–1965, geb. in Wien, seit 1926 in New York; Architekt, Bildhauer, Maler.

5 Goethe: »Alles geben die Götter, die unendlichen, Ihren Lieblingen ganz, ...« Hamburger Ausgabe, Bd. 1, S. 142.

6 im Ferienort des Ehepaares.

[Paris,] den 24. 4. 52

Liebster –

heute, scheint mir, ist mein Schreibetag. Ich schwimme durch Paris, das sich leider abgekühlt hat, aber sonst herrlich ist. Dein guter, schöner, langer! (Hauptsache) Brief, der pünktlichst am Dienstag hier ankam.

[...]

Paris nochmals: »Wirkliches Dagewesensein konstituiert das Immersein.« Mein kluger Stups. Superklug, sogar für Businessmen zu gebrauchen. – Ich gehe getreulich in die Bibliotheken, arbeite in den Archiven, viel interessantes Zeug, aber doch nur Zeug.

Meine Philosophen machen mir viel Kummer. Jaspers schreibt so ungefähr alle zwei Tage; nach Freiburg[1] habe ich endlich geschrieben; den habe ich mal erst ohne Adresse von mir sitzenlassen. Ich habe für den 19. Mai festgemacht, dann wird man weitersehen. Er schrieb erleichtert, daß er nun doch wenigstens wisse, wo ich stecke. Schwierigkeiten mit Madame sind ganz offenbar. Sie ist wahrscheinlich auch wütend, daß Jaspers den ihrigen so en canaille behandelt hat, und schiebt das vermutlich irgendwie mir in die Schuhe. Kurz, eine mess, wie wir ja schon in New York wußten.

[...]

Ich sehe Gott und die Welt. Von Milosz schrieb ich wohl schon; den sehe ich Sonnabend wieder zusammen mit Jeanne Hersch[2] und einem Franzosen Rouault; Schriftsteller. Gefallen hat mir auch Herbert Luethy, ein Schweizer, jung, klug und sehr angenehm. Werde ich auch wiedersehen. Camus hat gerade angeläutet, und Raymond Aron[3] und Jean Wahl[4] sehe ich nächste Woche. Heute abend Koyré[5], dem es wohl etwas besser geht. Er ist sehr alt ge-

---

[1] Freiburg steht für Martin Heidegger.

[2] Jeanne Hersch, geb. 1910, Schülerin von Jaspers; seit 1956 Professor für Systematische Philosophie an der Universität Genf.

[3] Raymond Aron, 1905–1963, französischer Soziologe und Publizist.

[4] Jean Wahl, 1888–1974, französischer Philosoph; seit 1927 Professor an der Sorbonne.

[5] Alexandre Koyré, 1892–1964, in Rußland geborener französischer Philosoph; emigrierte während des Krieges in die USA und lehrte an der New School for Social Research in New York.

worden. Sartre et al. will ich nicht sehen; das ist sinnlos. Die haben sich ganz in ihre Theorien verkrochen und leben auf einem hegelisch eingerichteten Mond. War bei Weil im Hegelseminar; ziemlich langweilig und sehr paukerhaft. Gar nichts Besonderes.

Gurian wird ja wohl plötzlich hier irgendwo auftauchen. In Freiburg werde ich mich in acht nehmen und, so Gott will, ein bißchen Glück haben. Mein Besuch in Freiburg als solcher wird sich nicht verheimlichen lassen. Ich werde mindestens erst einmal eine Woche bleiben. Aber ihn wenn es irgend geht mit business umkleiden.

Alfred hielt eine recht gute lecture in der American Embassy, und wir waren alle sehr stolz und zufrieden. Danach sind beide Kinder abgefahren, er über Holland nach Köln, sie [Ann Burstein] kommt zurück. Die Kleine hat schon ziemlich Angst vor ihm; immer dieselbe Geschichte, moody und unberechenbar. Ich habe sie sehr gern, sie liebt den Jungen wirklich.

Von Lasky Einladung nach Berlin, die ich wohl annehmen werde, und aus Tübingen (sag dies Alcopley) Einladung, am Leibnizkolleg zu sprechen.

Zum Schreiben komme ich kaum, ich muß die Zeit in den Bibliotheken ausnutzen. Das einzige, was ich unbedingt machen muß, ist die Sache für die Jaspers-Festschrift, wahrscheinlich über Ideologie und Terror.[6]. Das ist nur eine Zeitfrage und wäre gut zu fixieren, um es dann als Vortrag bereit zu haben.

Liebster, verführ Du man Deine Jünglinge und Jungfrauen zu den Göttern, Deinen Göttern, die Du Dir so schön ins Arbeitszimmer gehängt hast. Ich habe an Jaspers endgültig begriffen, wie grausam und grauenhaft es ist, sich den alten eifersüchtigen Jehova zum Gott auszusuchen, mit seiner Manie, immer der einzige zu sein.

Heute ging an Dich ein oder 2 Bücherpakete ab. Wirst schon sehen. Schreib, wenn Du etwas Besonderes haben willst. Bücher sind verhältnismäßig billig.

Morgen gehe ich mit Annchen zum Thomanerchor aus Leipzig.

Deine

---

[6] Hannah Arendt: »Ideologie und Terror«. In: *Offener Horizont. Festschrift für Karl Jaspers*. München 1953, S. 229–254.

[New York,] 26. 4. 52

Liebste,

wenn Du sous les toits de Paris wohnst und an seinem wiedergefundenen petit bonheur, wie ich sehe, kräftig saufend und kathedralenbesichtigend teilnimmst, so macht es gar nichts, auch mal ein bißchen dumm zu werden vor Glück. Daß Dir das Gefühl für Architektur aufgegangen ist, freut mich tief. Da wird Dir nun Paris doppelt lieb werden.

[...]

Und Ihr alle da, Chartres, Cernay, la Ville, Baumblüte. »Wenn ich solche Worte singe, braucht es da noch großer Dinge, dich zu preisen, Frühlingstag?[1] Du willst mir wohl wirklich Heimweh machen? Aber wie gefeit ich bin. Ich sitze mit den Problemen, frage die Meister, sage den Schülern und bin ganz eingesponnen nun. Na, bald werde ich Dir erzählen, und Du wirst mich unterbrechen, und es wird noch schöner werden. Inzwischen kann ich mich vor Dinnereinladungen nicht retten. [...]

Gratulationen zum Guggenheim laufen ein, und ich danke für Dich.

Heute muß ich nach New Jersey raus und mit einigen Studenten und Malern lehrend durchs Land pilgern. Der reizende alte Jude aus dem Philosophiekurs ist ganz anhänglich geworden, er hat sich als ein New School Associate entpuppt, wird mich besuchen. Selbst aus der Philosophie ergibt sich ein social life. Na ja, er ist entzückend. Es war einige Tage herrlicher Frühling, und nun ist's wieder naß und kalt. Ich hoffe, Paris ist weiterhin im Sonnenglanz und Du auch.

(You did a lousy job with the ribbon of the typewriter.[2])

Dein langer Brief war herrlich.

Dein Heinrich

---

[1] H. B. zitiert die zweite Strophe von Uhlands Gedicht »Lob des Frühlings«.

[2] »Mit dem Farbband hast Du ziemlichen Mist gemacht.«

Paris, den 1. Mai 1952

Mein Liebster –

der erste Mai ist ein offizieller Feiertag, und ich bummele wie nicht klug. Warm und sonnig und was die Pariser drückend nennen, weil sie nicht wissen, was humidity ist. Kurz herrlich.

Deine Briefe sind diesmal besonders schön. So leicht und locker und nun wirklich tief-vergnügt. [...]

Gestern war ich bei Camus; dies ist zweifellos der beste Mann, den es augenblicklich in Frankreich gibt. Alle sonstigen Intellektuellen höchstens erträglich. Dies gilt auch, entre nous, für Raymond Aron, der mich so warm und freundschaftlich empfangen hat, daß ich es nicht laut sagen möchte. Jean Wahl wie immer, l'intelligence d'un lyceen mit einer dicken Schicht sogenannter Poesie überlegt. Heute war ich bei Henry Fresnay, ehemaliger ministre de la résistance, jetzt der Präsident der Europa-Bewegung; er will mein Buch[1] bei Plon[2] unterbringen, wird ihm wohl nicht gelingen. Ausgezeichneter Mann, militärische Schule, St. Cyr, glaube ich, masculini generis. Der einzige, der nach der libération die Macht hätte ergreifen können – und es aus Anstand und Dummheit nicht tat, aber keineswegs dumm ist, sondern präzis und intelligent, Amerika etwas versteht (dies ist direkt unglaublich), ein moderner Mensch ist und eigentlich wirklich Politik machen müßte, statt in diesem ja doch verlorenen Federalistischen Europa-Saftladen sich rumzuärgern. Hat mir sehr gefallen, werde ich sicher wiedersehen. Er erzählte von den politischen Morden, die die Kommunisten sofort nach der Befreiung im Namen der Résistance unter ihren Gegnern in der Résistance begangen haben und die sich nach ihm in die Zehntausende beliefen. In einem einzigen Städtchen im Dept. Garonne wurden gegen 800 Spanier (Anarchisten, Poumleute[3] etc.) ermor-

---

[1] H. A.s Totalitarismus-Buch.

[2] Gemeint ist der von Philippe Henry Plon (1806–1872) gegründete Verlag Librairie Plon.

[3] P. O. U. M. = Partido Obrero de Unification Marxista: Vereinigte Marxistische Arbeiterpartei, eine trotzkistische Organisation während des Spanischen Bürgerkrieges, deren Anhänger nach dem Sieg der Faschisten nach Frankreich flohen.

det. Dies gibt Dir einen Begriff. Damit war die gesamte Résistance im Nu in den Augen aller Leute, d. h. der Bevölkerung, rettungslos kompromittiert. Und sie hatten alle nicht den Mut, diese Sachen schonungslos aufzudecken und sich sofort von den kommunistischen Mördern zu trennen. Voilà. Er meint, dies sei der beinahe wichtigste Grund, daß alles schiefgegangen ist. Ich will diese dunkle Geschichte genau wissen und werde in den nächsten Tagen jemanden treffen, der es mir alles en detail erzählen kann. Man tut für seinen Stups eben, was man kann.

Gestern mit Freikarten in den »Wozzek« von Alban Berg[4], großartige Wiener Aufführung. Annchen meinte, nur die Deutschen könnten Theater spielen. Eine großartige Sache. Selbst die Musik. (Lach nicht.) Morgen wieder Freikarten für ein Stück von einem Österreicher, von dem ganz Paris spricht. On va voir. Sonntag mit Juliette [Stern] zum »Avare«[5]. Letzte Woche der Thomanerchor aus Leipzig. Unwahrscheinlich schön. Dies nur, damit Du siehst, wie ich es treibe. Bin aber jeden Tag brav in der Bibliothek. Trotzdem unwahrscheinlichste Ferien. Sehr schön auch mit Annchen.

Hier ist augenblicklich eine schöne Ausstellung von 50 Jahren französischer Malerei, in der man erst recht sieht, was für eine großartige Entwicklung das ist. Einige sehr schöne Modiglianis und Dein Ochsenkopf von Picasso. Leider gab es überhaupt nicht eine einzige Abbildung, sonst hätte ich Dir am liebsten die ganze Ausstellung geschickt. [...]

Habe eine Menge Bücher teils gekauft, teils angesammelt. Darunter eine trouvaille – »Le systeme de la nature«, von Holbach[6] in einer schönen Ausgabe des 18. Jahrhunderts, für ca. $ 2.50. Was ich mit dem Zeug machen soll, weiß ich nicht; werde mich im Paketpacken üben müssen. Jetzt ist mal erst Schluß, habe keine Franken mehr. Bücher sind hier, sofern es nicht neue sind, wirklich lächerlich billig. Und man findet noch alles.

---

4 Alban Berg, 1885–1935, österreichischer Komponist; schrieb die Oper *Wozzek* (1925) nach Georg Büchners, 1813–1837, Drama *Woyzeck*.

5 Molières Drama *L'Avare*.

6 Paul H. von Holbach, 1723–1789, Philosoph; gehörte zum Kreis der Enzyklopädisten.

Briefe werden bei mir so lang, weil so viel zu erzählen ist. Sie könnten noch viel länger werden. Ich geniere mich ein bißchen. Damit Du aber weißt, wie mir zumute ist, schreib ich Dir ein Gedichtchen, das mir so kam, als wir von Chartres durchs blühende Land fuhren.

Erde dichtet Feld an Feld,
Flicht die Bäume ein daneben,
läßt uns unsere Wege weben
um die Äcker in die Welt.

Blüten jubeln in dem Winde,
Gras schießt auf, sie weich zu betten,
Himmel blaut und grüßt mit Linde,
Sonne spinnt die sanften Ketten.

Menschen gehen unverloren –
Erde, Himmel, Licht und Wald –
jeden Frühling neu geboren
in dem Spiel der herrlichsten Gewalt.

Dies Paradies nimmt nächste Woche ein Ende, und es beginnt der Ernst des Lebens. Ist aber auch höchste Zeit. Glaub mir, leben könnten wir hier nicht mehr. Ein Narrenparadies, aber ein Paradies. Dafür muß man ganz jung oder ganz alt sein. Aber für Ferien, mein Gott, zu schön, um wahr zu sein.

Liebster –

Deine

[...]

[New York,] 3. 5. 52

Liebste,

Deine Briefe sind wirklich eine Notwendigkeit für mich geworden, ich renne nach dem Briefkasten. Man hört Deine Stimme so gut in ihnen, und Du gibst mir wirklich damit die Gelegenheit, ein wenig teilzuhaben an Paris und Europa und mich mitzufreuen. Ich kann mir alles so gut wieder vorstellen.

Gott sei Dank hatten Barons Deinen Brief[1], als ich dort zum Dinner eintraf, und Jeanettes etwas pikierte Miene hatte sich in ein freundliches Lächeln aufgelöst, und Barons Gesicht, das bereits männlich zurückhaltende Gefühle der inneren Verletztheit gespiegelt hatte, zeigte nun tiefe Zufriedenheit. Sie wollen sich mit Dir persönlich verbunden wissen. Wie wirklich abhängig viele Menschen von Deiner Schätzung werden, ist doch verwunderlich und für mich erfreulich zu sehen. Überwinde Dich und schreibe ein paar Postkarten mit herzlichen Zeilen.

[...]

Padover[2] fragt bei Dir an, ob Du an der New School was lesen willst. Ich schicke Dir den Brief Montag mit anderen Sachen. Die Bluse habe ich gefunden und hoffe, sie mit der Rahel[3] Montag abzuschicken.

Für mich ist hier nur die Cézanne-Ausstellung. Sonst viel unnütze Arbeit mit der New School, reading students' papers, preparing examinations, finding suitable books for the summer courses, writing the programs for fall, writing memoranda for the businessmen and designing a program for some work on intercontinental understanding.[4] Wie gut Du mir dabei hättest helfen können. Vielleicht später. Überlege Dir die Sache mit der New School. Du könntest dort vielleicht eine Audience zusammenbringen, die sich mit der meinen gut mischen würde.

[...]

Deine Philosophen[5] entpuppen sich ja herrlich. Aber das Mädchen hat was zugelernt inzwischen, und sie werden sich's besehen. Doch verfahre mir fein säuberlich mit den Knaben, zumal sie sich nun mit so alten Mädchen verheiratet finden, die vor vielen Jahren

---

1 H. A. hatte länger nicht geschrieben.

2 Saul Padover war Professor für Politikwissenschaft an der New School für Social Research.

3 H. A.s Rahel-Manuskript.

4 »die Arbeiten der Studenten korrigieren, die Examen vorbereiten, die richtigen Bücher für die Sommerkurse heraussuchen, die Programme für das Herbstsemester schreiben, Unterlagen für die Manager (Geschäftsleute) verfassen und ein Programm für die Arbeit über interkontinentale Verständigung entwerfen.«

5 Jaspers und Heidegger.

noch nicht so sehr als alte Mädchen erkennbar waren, weil die Natur so gnädig und so lange die Wahrheit vor uns zu verbergen vermag. Es ist schade um die Menschen.

Hier ist es sonnig und kühl, und mir werden dauernd Gelegenheiten geboten, ins Land der Indianer hinauszufahren. Da ich ja aber nicht mal bereit bin, zur guten Sommerszeit ins Land der Franken zu fahren wie Du, so lehne ich meistens ab. Ich bin sehr in der Arbeit, sehe wenig Menschen außerhalb der Klasse und sitze mit neuen Problemen ziemlich fest für den Augenblick, das heißt ich bin nicht gerade hochgemut. Und sehr grantig zu den Leuten, sogar zu Clara Mayer. Rose versucht, mir mit der guten Musik aufzuspielen, hat aber auch nur wenig Erfolg.

Bücher? Natürlich Heidegger, sonst moderne französische Philosophie und sonst, was Du nur immer auch haben willst.

Wie gut, daß es Dich gibt. [...]

Herzlichst

Dein

Heinrich.

[Paris,] den 8. Mai 1952

Liebster –

mit unseren Briefen geht es aber diesmal schön vonstatten. Meine gefallen Dir, und Deine gefallen mir, und alles ist im Rechten. Von Baron hatte ich heute einen sehr lieben kleinen Brief. Ich schreibe ihm in diesen Tagen ausführlich, möchte aber erst alle Leute gesehen haben. Jedenfalls weiß er ja, daß ich am Sonnabend nach Deutschland fahre und mich dort brav unserer Interessen [1] annehmen werde. Um dies vorzubereiten, sehe ich seit gestern nichts wie Juden, sozusagen am laufenden Band. Die französischen Juden spotten ja doch aller Beschreibung. Heute auf der Alliance [2] hatte ich absolut das Gefühl, in einer Operette zu sitzen. Es fehlte nur, daß sie beginnen zu singen.

---

[1] Gemeint ist die Jewish Cultural Reconstruction.

[2] Alliance Israelite Universelle, jüdische Organisation für Bildung und Kultur.

Mit Elke hast Du vermutlich recht.[3] Vor ein paar Tagen schleppte sie mich hier ins Café, wo ein paar der Vergnügungsproduzenten sich auch einfanden. Dies wirklich spottet jeder Beschreibung. Was die augenblicklich an echtem Judenhaß (nicht Antisemitismus) in Deutschland und vor allem Österreich anrichten müssen, geht auf keine Kuhhaut. Ich habe mich verdrückt und Elke auch nicht mehr angerufen. Auch natürlich, weil ich schon sehr knapp mit der Zeit bin.

Unter meinen Juden erschien auch Louis Finkelstein[4] – zum Frühstück um 9 Uhr, sage und schreibe. He unburdened his heart and revealed his soul[5], und was kam raus? Daß das Jewish Theological Seminary the greatest spiritual center of the world werden solle. Dazu sollen wir also alle mithelfen. Dabei läuft er durch Paris mit solcher Blindheit, wie selbst ich es nie für möglich gehalten hätte. Der Organisator eines spiritual centers! Dabei aber nett und freundschaftlich.

Mit Annchen gestern eine ernste Auseinandersetzung über meinen Antisemitismus (sic!). Dabei kam immerhin raus, daß sie der Meinung ist, ich hätte ein Porträt von ihr entworfen.[6] Was ja nun wirklich nicht stimmt. Alle Juden hier sind offenbar sehr böse auf mich, sagen es mir aber nicht. Es scheint, daß Plon an dem Buch interessiert ist. On va voir. Wenn Harcourt Brace sich nur entschließen könnten, den folder mit Kritiken[7] herauszubringen. Ich brauche wirklich irgend so etwas. Habe nicht eine einzige Kritik bei mir. [...]

Alfred[8] mopst sich in Köln und versteht offenbar nicht, daß seine Gelangweiltheit etwas damit zu tun hat, daß er die Sprache nicht kennt. [...]

---

3 Bezieht sich auf nicht aufgenommene Bemerkungen H. B.s über Elke Gilbert im vorigen Brief.

4 Louis Finkelstein, 1895–1991, war Präsident des Jewish Theological Seminary, der 1886 in New York gegründeten Rabbinerlehranstalt.

5 »Er hat mir sein Herz ausgeschüttet und seine Seele enthüllt.«

6 Bezieht sich möglicherweise auf H. A.s Rahel-Interpretation in ihrem Rahel-Varnhagen-Buch, das Anne Weil im Manuskript gelesen hatte.

7 Ein Aktendeckel mit Besprechungen ihres Totalitarismus-Buches.

8 Kazin war zu der Zeit Gastprofessor für Amerikanistik an der Universität Köln.

Ich habe, soweit man das in Paris kann, über Padovers Vorschlag nachgedacht. Für den Herbst kommt es nicht in Frage, und für das Frühjahr hätte man doch noch Zeit. Oder? Wenn, dann möchte ich über Marxismus reden. d.h. eigentlich über Ideologie und einige andere zentrale Elemente wie Arbeit, Geschichte etc. Was hältst Du davon? Vielleicht hat es einen Sinn, das Buch[9] erst mal in 15 lectures zu halten. Andererseits ist mir natürlich bange, daß ich mir wieder zu viel aufhalse und den Guggenheim nicht richtig ausnutze.

[...]

Mit dem Congrès de la culture[10] habe ich nicht mehr viel zu tun gehabt. Die Leute sind besser, weil sie sich solche Idioten nach rechts hier nicht leisten können; dafür sind sie aber korrumpiert durch gutes Leben und überhaupt eine ziemlich unansehnliche Bande von Juden. Mir scheint, daß Nichtjuden da überhaupt nur für Reklamezwecke gelegentlich zugelassen werden. Es lösen sich hier alle derartigen Bestrebungen in reinen Vergnügungsbetrieb auf, wogegen sich weniger einwenden läßt, was aber auch nicht gerade animiert. Au fond liegt dies natürlich an einer Situation, in der buchstäblich alles, was man macht, falsch ist und in der man also am besten gar nichts macht. Gegenkräfte werden dadurch nie im Leben entwickelt werden. On s'amuse, voilà tout.

Jaspers hat mich nun definitiv eingeladen nach St. Moritz; es hing daran, daß er noch nicht wußte, ob er selbst wieder das Häuschen haben würde; und ich habe eben zugesagt. Liebster, das heißt, daß ich nicht vor der zweiten Hälfte August wieder zu Hause sein kann. Ich werde fliegen, war gerade auf dem American Express, wo man mir sagte, daß ich Zeit habe bis Anfang Juli, um zu buchen.

[...]

Paris wimmelt von Amerikanern, die sich – über das Essen beklagen. Du siehst, man lernt nie aus. Aber es gibt Kirschen und Erdbeeren, ganz billig, und ich schwelge.

[...]

Liebster, wenn diese Briefe so sind, wie ich in persona, dann kann

---

[9] Bezieht sich auf das geplante Guggenheim-Projekt; vgl. S. 245, Anm. 7.

[10] Der französische Zweig des Congress for Cultural Freedom; vgl. S. 247, Anm. 2.

ich daraus nur schließen, daß ich meist ziemlich durcheinander rede und nichts in der gehörigen Folge herausbringe.

Laß es Dich nicht kränken, wenn Du ein bißchen festsitzt; das gehört zum Metier. Worum es wirklich geht, wissen ja doch nur wir zwei beide. (Nach dem jüdischen Sprichwort, die Wahrheit ist nur bei Gott und ein bißchen bei mir.) Ich werde überhaupt in meinem ganzen Leben nichts Rechtes mehr zustande bringen.

[...]

Heidegger schickte ein Protokoll einer Diskussion in Zürich. Teilweise recht schön und lebendig; teilweise aber auch – enfin, on verra. Ich schicke sie Dir, wenn ich in Freiburg war.

Deine

Hannah

[New York,] 10. 5. 52

Dear Doctor Arendt,

wie soll ich meinen berühmten Schnupper anders anreden, Liebste, nachdem Du nun von der Universität Princeton[1] für sechs Vorlesungen 1500 Dollar bekommen wirst und so dennoch etwas von dem Rockefeller-Brocken[2] haben sollst? Obgleich ich den Guggenheim wie dieses Angebot nur als spärliche Nachzahlungen für Deine am Buch[3] geleistete Arbeit ansehe, bin ich doch fröhlich, daß Du weiter wirken kannst, und halte den Rahmen, der Dir hier geboten wird, für einen der besten hier im Land. Das wird Dich für dieses Jahr von der New School wohl fernhalten, denn es gibt Dir die gleiche Gelegenheit, Deine neuen Sachen ein wenig an lebenden Subjekten zu erproben, und dauert nur sechs Wochen. So werde ich denn doch im Herbst einen Kursus über die politische Vernunft

---

1 Im Oktober 1953 hielt H. A. sechs Vorträge unter dem Titel »Karl Marx and the Tradition of Political Thought« im »Christian Gauss Seminar in Criticism« an der Princeton University. Sie sind später in H. A.s Buch *The Human Condition* (1958), deutsch *Vita activa* (1960) eingearbeitet worden.

2 Die Universität Princeton, eine Privatuniversität, wurde auch durch die Rockefeller Foundation unterstützt.

3 H. A.s Totalitarismus-Buch.

lesen, den ich sonst für das Frühjahr vertagt hätte, um uns nicht gegenseitig Studenten strittig zu machen. Vielleicht ist Dir dann im Frühjahr nach einem Kursus in der New School zumute.

Es ist gut, daß Dein Buch, wenn auch gekürzt, den Deutschen zugänglich gemacht wird.[4] Warum tut Camus nichts dafür in Frankreich? Die Franzosen brauchen es jetzt am dringendsten und sollten es haben, solange noch Zeit ist. Setz Dich ein wenig dahinter, das ist keine persönliche Angelegenheit.

Wenn schon das Goethesche Leipzig ein Klein-Paris war und seine Leute bildete, wie da erst das richtige große Paris. Architektur, Malerei und nun gar noch moderne Musik bilden also da an Dir herum, und Stupsens Lehren werden realisiert. Wie gut, daß Dir niemals im Leben klarwerden wird, wie großartig Du eigentlich bist, sonst würdest Du am Ende überschnappen müssen. Da aber das griechische Maß Dir eingeboren ist, kannst Du Dir jeden Enthusiasmus erlauben. Zu schön, um wahr zu sein. Sicher. Aber auch zu wahr, um zu dauern. Und dennoch ewig, weil immer wieder erweckbar durch Menschen, solange sie erinnern können und wiederholen wollen, wieder holen.

Robert kann ich mir genau vorstellen und werde ihm einige herzhafte Worte senden.[5] Wer an der Jugend sich festhalten will, wird rückwärts durch die Zeit geschleift, wer dem Alter entgegengeht, nimmt seine Jugend mit sich in die Zukunft. Die armen Sänger fürchten, im Alter die Stimme zu verlieren, doch gerade dann beginnt der eigentliche Gesang.

Dein Gedicht ist so schön wie ein Frühlingslied von Uhland. Ich schlage die Änderung von drei Zeilen vor.

> himmel blaut und grüßt gelinde
> sonne spinnt in warmen ketten
> ...
> im spiel der sanften allgewalt.

---

[4] Hannah Arendt: *Elemente und Ursprünge totaler Herrschaft*. Frankfurt: Europäische Verlagsanstalt, 1955 (ungekürzt). Danach erschien 1958 eine gekürzte Ausgabe, die Kapitel 9–13 des Buches enthielt, ab 1986 im Piper Verlag, München.

[5] H. A. hatte von Gilberts Lebenskrise berichtet und von einer deutschen Freundin, die später seine zweite Frau wurde.

Einige französische Bücher sind gekommen, und ich bin froh damit. Besonders Bergson, Sorel, Proudhon.

Jaspers wird ja nun wegen Guggenheim und Princeton noch viel stolzer auf Dich werden, während Heidegger neuen Grund hat, den Einbruch der Frau in die Philosophie zu bedauern. Schicke mir alles Neue von beiden, damit sie wenigstens einen haben, der sie beide zu verstehen trachtet.

Ich hatte einen Knochen für die letzten Wochen, habe ihn aber heute geknackt und fange wieder an zu glauben, daß ich am Ende vielleicht doch noch denken kann. Wenn ich einen Knochen habe, fehlst Du mir einfach unerträglich. Hoffentlich hast Du keinen in dieser Zeit der Freude dort, sonst würdest Du wahrscheinlich nach dem Stups schreien müssen.

[...]

Wir aber wollen unseren Weg gehen und den Göttern dienen.

Ich habe eine Unmasse technisches Zeug am Semesterschluß zu erledigen. Inzwischen aber mit Clara Mayer wieder zu Cézanne. Wenn ich so denken könnte, wie der malen kann.

Ich grüße die gelahrte Frau, Du wirst sie tüchtig schwitzen machen und dabei doch das kleine Mädchen aus der Fremde[6] bleiben, das mit nichtpassendem Hut mir immer wieder ins Zimmer tritt.

Dein

Heinrich

[New York,] 17. 5. 52

Liebste,

es ist Semesterschluß, und ich bin in lauter technischem Kleinkram drin, muß außerdem andere Sachen außerhalb meines eigentlichen Ressorts fertig machen. Dazu meine Sommerkurse, besonders die

---

[6] Anspielung auf das gleichnamige Gedicht von Schiller. H. A. pflegte sich selbst sowohl im Gespräch wie in Briefen so zu nennen. Vgl. Brief an Heidegger vom 9. Februar 1950: »Ich fühle mich als das, was ich nun eben einmal bin, das Mädchen aus der Fremde.«

Seminarstunde vorbereiten. Über den Eros[1] lese ich nicht im Herbst, sondern ich wiederhole den Religionskursus, weil der dem politischen besser parallel laufen kann. Dann den Eros im Frühling, wo er ja auch eher hingehört und einem neuen Kunstkurs, den ich für Frühling ankündige, sich gut anfügen mag. Titel des neuen Kurses »The World-Image of Modern Art«. In den jetzt abgeschlossenen beiden Kursen habe ich ein begeistertes amerikanisches Mädchen gehabt, die mit einem deutschjüdischen Geschäftsmann glücklich verheiratet ist, der ihr das Studium finanziert.[2] Sie hat alles ganz ausgiebig mitgeschrieben und wird mir alles tippen. Ein großartiger Zufall.

Ich vermute Dich nun in Freiburg und merke es daran, daß ich seit dem Brief vom 8. keine Nachricht habe. Bitte überlege Dir die Sache mit Berlin sehr. Ich habe da ein verfluchtes Vorgefühl. Die Maßnahmen der Russen gefallen mir gar nicht. Sie scheinen Berlin wieder absperren zu wollen und haben außerdem ein Passagierflugzeug beschossen. Ich will nicht, daß Du da plötzlich in der Falle sitzt. Das ist eine Reise nach Berlin nicht wert, und Du hast ja keine Verpflichtungen diesmal. Besser sage dem Lasky ab und berufe Dich auf Deinen Feigling von einem husband. Ich habe Angst, denn ich weiß nicht, was die Russen anstellen werden, um die Westvereinigung[3] zu stören.

Roses Brief ist noch nach Paris gegangen. Sie sendet Dir einen neuen nach Freiburg. Mary [McCarthy] ist gerade hier in der Wohnung für zwei Tage. Sie ist besonders nett und redet gescheit daher. Sie möchte noch mal für drei Jahre auf die Universität, um Law zu studieren und ein richtiger fighter für freedom zu werden. Sie könnte es schaffen, jedenfalls ist sie ein braves Mädchen. Man soll nicht darüber reden, sie will erst versuchen, sich das Geld zusammenzuschnorren.

---

[1] Der Titel der Vorlesung lautete: »Misery and grandeur of the metaphysical Eros. On the concept of philosophical love«. Vgl. S. 276, Anm. 9.

[2] Julius und Ruth Schulz, die später H. B.s Vorlesungen auf Band aufnahm.

[3] Am 26.5.1952 wurde der Deutschlandvertrag unterzeichnet, ein zwischen der Bundesrepublik Deutschland, den Vereinigten Staaten, England und Frankreich geschlossenes Abkommen, das das Besatzungsstatut von 1949 ablöste.

Daß Du auch im August fern sein wirst, kommt [mich hart] an, aber die Gelegenheit ist so großartig, und ich will, daß Du auch das noch hast. Außerdem gönne ich es Jaspers. Aber gehe mir nicht nach Berlin, so sehr Du auch neugierig bist. Schreibe mir genauer über Deine deutschen Pläne, damit ich weiß, wo Du jeweilig sein wirst. Du fehlst mir an allen Ecken und Kanten, und ich will wenigstens genaue Vorstellungen haben. Sei nicht leichtsinnig mit Berlin.

[...]

Liebste, laß Dich nicht kränken. Ich weiß ja, daß Du es mit den Juden nicht leicht hast, und Du solltest darüber lachen.

Tut man was für Milosz? Ich bin sehr besorgt um Robert. Man fängt hier an, diese nach Europa gereisten Theaterfritzen rücksichtslos auszubürgern.[4] Ich bin all around voll von üblen Vorgefühlen. Alles hat sich jetzt gerade aus Müdigkeit in einer trügerischen Sicherheit gewiegt. Das ist sehr verdächtig. Ich hoffe, Du weißt das. Halt die Ohren steif, und look out.

Dein Heinrich

München, den 18. Mai 52

Mein Liebster –

Dein dieswöchentlicher Brief hatte Übergewicht, war nicht richtig frankiert und erreichte mich daher erst gestern. Dafür habe ich aber auch diesmal nicht richtig geschrieben, weil ich buchstäblich nicht dazu kam. (»Der Monat« hatte das Polizei-Kapitel[1] geschickt, das ich natürlich umschreiben mußte. Ist übrigens bereit, die Übersetzungskosten ins Deutsche für das gesamte Buch[2] zu tragen, wenn er Vorabdrucksrechte bekommt.)

Princeton ist in der Tat überraschend, ehrenvoll und sogar ein Gewinn. Ich werde für Frühjahr 1953, ab Mitte April, wenn das

---

4 Bei langen Aufenthalten im Ausland konnten naturalisierte Bürger ausgebürgert werden. Diese unterschiedliche Behandlung amerikanischer Bürger wurde später gesetzlich aufgehoben.

1 Hannah Arendt: »Die Geheimpolizei«. In: *Der Monat* 4, 1952, Nr. 46, S. 370–88.

2 das Totalitarismus-Buch, vgl. S. 264, Anm. 4.

möglich ist, akzeptieren. Dann habe ich reichlich Zeit, dies nämlich muß, wenn möglich, druckreif vorbereitet werden. Ja, Jaspers wird sich freuen, und Heidegger werde ich ja morgen sehen; er wird sich weniger freuen, aber das ist mir wurscht.

Aber Du, bitte schön, laß jetzt mal den »berühmten« Schnupper beiseite und kehre wieder zu Deinem gewöhnlichen Hausteufelchen zurück. Ich mußte lachen, wie überzeugt wir gegenseitig voneinander und der »Großartigkeit« des anderen sind.

Buch in Frankreich: Raymond Aron will es in seine Reihe aufnehmen; ich werde wohl Anfang Juli abschließen können. Camus kann nicht englisch, sagte mir ein paar Liebenswürdigkeiten, aber es war ganz offensichtlich.

Hier ist inzwischen Zilkens[3], meine Eisenbahnbekanntschaft aus Köln, eingetrudelt, der heute abend wieder zurückfährt. Ganz interessant, eigentlich mein erster richtiger Kontakt mit Deutschen.

Aber nun erst mal erzählen: Seit Dienstag früh bin ich hier in München und fahre morgen nach Freiburg. Paris, Paris – war zu schön, so daß mir hier gar nichts mehr richtig gefallen *kann* – und auch sonst nicht würde. (Heute allerdings will Zilkens ein Auto organisieren und mir ein paar Bauten in der Umgebung zeigen.) Dann Nürnberg, worüber ich an Salo [Baron] schrieb; sehr nett und freundschaftlich wieder. Dann München. Aber zurück zu Paris: Mit Annchen war es eben doch herrlich. Schließlich hatten wir eine ganz aufeinander eingespielte Intimität erreicht, die wie ein warmes Tuch über den Schultern war. In Paris sah ich auch noch Lasky vom »Monat« (siehe oben), der einen Vortrag für mich in Berlin arrangieren wird, an der Universität oder an der Hochschule für Politik am 7. oder 8. Juli, und mir alle Reisespesen bezahlen wird. Wenn die Weltgeschichte nicht dazwischenspukt, was sehr sein kann, werde ich also in der ersten Juliwoche in Berlin sein.

München: Viel mit [Jewish Cultural Reconstruction] zu tun gehabt. (Darüber an Baron demnächst ausführlicher, aber sag ihm jetzt schon, weil ich nicht weiß, wann ich zum Schreiben kommen

---

3 Vgl. S. 223, Anm. 1.

werde – er nimmt das sicher nicht übel): Ich sprach ausführlichst und diesmal sehr nett mit dem Münchener Hofmann, Präsident der Bibliothekare, Direktor der Landesbibliothek etc.: Er will diesmal wirklich helfen, setzte mir seine schwierige Position offen auseinander, bot nochmals Aufruf an Bibliothekare an, woraufhin ich ihm vorschlagen werde, alle halbe Jahre einen Aufruf zu veröffentlichen, um immer wieder zu insistieren; er hält künftige discoveries für durchaus möglich. Lud mich ferner zu der jährlichen Bibliothekarstagung nach Mainz ein, wohin die Kollegen aus der Ostzone kommen; also einzige Gelegenheit, die ich natürlich wahrnehmen werde, um mich zu informieren. Er ist bereit, für uns Informationen aus der Ostzone zu zentralisieren, da jede andere Adresse verdächtig und gefährlich wäre, und sie dann nach New York weiterzuleiten. Voilà. – Alles übrige – Verabredung mit Kultusminister, der dann plötzlich in den Landtag gerufen war, Verhandlungen mit Landesverband, die nicht zustande kamen, ging schief. München ist immer noch ein Drecksnest voller Intrigen, Korruption etc. Ich muß alles noch einmal machen und werde dafür eine weitere Woche in diese abscheuliche Stadt müssen – nach dem Tübingen-Vortrag, vom 12.–19. Juni etwa.

[...]

New School: Ich werde also absagen, hatte ja ohnehin nur für Frühjahr geplant. Schreibe selbst an Padover. Aber grüß ihn auch schön, ich habe ihn gern. Und bitte, grüße Gumperz und Clara Mayer.

Gratuliere zum Knochen übrigens, ach Liebster, Du fehlst mir – ist kein Wort dafür. Knochen und keine Knochen.

War gestern bei Piper[4], um Jaspers-Festschrift[5] zu besprechen. Glaube, ich habe ihm noch wichtige Anregungen gegeben. Ein netter Mann.

Grüß Rose und sag ihr, ich habe einen groben Brief an Kristol[6]

---

4 Klaus Piper, geb. 1911, Verleger von Jaspers' und H. A.s Schriften.

5 Vgl. S. 254, Anm. 6.

6 Irving Kristol, geb. 1920, Sozialwissenschaftler; von 1947–52 managing editor von *Commentary*; 1953–58 Mitherausgeber der Zeitschrift *Encounter*; später Professor für Sozialwissenschaft an der New York University.

von »Commentary« geschrieben und Krach wegen unbezahlter Artikel gemacht. Laß das Gesindel machen, was es will, wir werden uns schon auf unsere Weise durchschlagen. Wenn auch nichts möglich wäre wie dies, »unsere Weise« und am Leben bleiben, nämlich nicht verhungern, wäre schon sehr viel gewonnen. Und gelohnt hat es in jedem Fall. Schon deshalb, weil der Gesang beginnt, wenn die Stimme versagt.

Das Unglück, das nicht ruht noch rastet, nämlich in Gurians gigantischer Gestalt, hat gestern von Köln aus angerufen. Wie er meine Adresse, die niemand hat außer Nürnberg, gefunden hat (vermutlich durch Alfred?), weiß ich noch nicht. Aber es scheint, er kommt heute nachmittag angeschwommen. Die Leute scheuen keine Nachtreisen, um mich zu besuchen. Hélas.

Hier sitze ich in einem kleinen, entzückenden Hotelchen, Hotel Marienbad, mit hübschem Zimmer und freundlich-netten Leuten. Sehr angenehm und nicht teuer. Deutschland ist billig, an Frankreich gemessen; München sieht aus wie ein einziger Bauplatz. War bei Guardini[7] im Kolleg, ebenfalls mindestens 1200 Menschen, stehend, liegend, sich drängend. Er liest irgendwie über Ethik; Moralphilosophie auf dem höchsten Niveau und ganz unzulänglich. Ferner hörte [ich] Sedlmayr[8] (dessen Buch[9] Du gelesen hast, ehemaliger – ehemaliger? – Nazi) über die Hagia Sophia. Auch gut besetzt und gutes Niveau. Ferner, ferner, Händels Messias mit den Münchener Philharmonikern; musizieren können sie noch, gestopft voll, sehr schön, obwohl die Solopartien von keiner großen Stimme besetzt waren; musikalisch, anständig, sehr erfreulich. Und was für ein Werk. Das Hallelujah liegt mir noch im Ohr und den Gliedern. Mir wurde zum erstenmal klar, wie großartig das: Es ist uns ein Kind geboren, ist. Das Christentum war doch nicht so ohne.

---

7 Romano Guardini, 1885–1968, italienischer katholischer Theologe und Religionsphilosoph; machte Deutschland zu seiner Wahlheimat, 1948–1963 Professor in München.

8 Hans Sedlmayr, 1896–1984, österreichischer Kunsthistoriker, lehrte 1951–1964 in München.

9 Hans Sedlmayr: *Verlust der Mitte*. 1948.

Ich schreibe genauen Fahrplan von der Schweiz aus, vielleicht auch schon aus Freiburg. Bis dahin, Liebster, schreib mir! Denk, wie ich immer warte.

Deine – *Deine*!

[New York,] 23. 5. 52

Liebste,

wir bleiben besser von unserer gegenseitigen »Großartigkeit« überzeugt und dabei doch Du das Hausteufelchen und ich der alte Poltergeist im Hause. Das ist das einzige, das mich vor dem Unglück Nietzsches und Dich vor dem Zerrissenwerden von der »Jiddischkeit« bewahren kann. Ich habe den Kunstkursus in großer Manier abgeschlossen, und alles war begeistert, obgleich auch da vielen die metaphysische Gräte im Halse steckengeblieben ist. Aber mit der Kunst glauben sich diese matten Seelen noch einigermaßen sicher, und alles kann ins Bildungsphilisterhafte abgebogen werden. Der Schluß des Existenzkurses aber, und das war die größte Vorlesung, die ich bis jetzt gemacht habe, der erste Entwurf absolut unabhängigen und freien Denkens des Menschen, da sind sie in Schrecken geraten. Wie glücklich war Nietzsche, daß er seine Hörer nicht zu sehen brauchte, dies scheint mir der eigentliche Lohn für die Mühen des Schreibenden zu sein. Ich habe ihnen den freien Menschen vorgestellt in seiner metaphysischen Seinswirklichkeit, und sie sind davor zurückgeschreckt wie vor dem Übermenschen und haben deutlich gezeigt, wie sehr sie lieber der letzte Mensch sein wollen als dieser freie Mensch. Die Überwindung der nihilistischen Situation aus ihr selbst heraus, die ich ihnen angekündigt hatte, erwarteten sie als eine Rückkehr zum komfortablen Liberalismus. Zur Jiddischkeit. Nietzsche habe eben die Jiddischkeit nicht verstanden, sagte einer[1] zu Rose, und nun meinen sie wohl zu sehen, wie auch ich eben bloß ein Goi bin und die Jiddischkeit nicht verstehe. Nietzsche hat sie nur zu gut verstanden, es war gerade dieses letzte Menschen-

---

[1] Vgl. S. 278, Anm. 1.

tum, das er in den Urchristen und den russischen Intellektuellen so gründlich verachtet hat. Und wenn sie wüßten, wie ich sie erst verstehe. Der wahre Grund für die Überlegenheit der Juden unter den modernen Intellektuellen und Kulturspießern ist eben, daß sie bereits seit fast zweitausend Jahren Alexandriner sind. Was sie wollen, ist der innere Komfort, auch Tröstung genannt, den der talmudische Jehova oder auch sein Sohn geben können, und gleichzeitig der äußere Komfort, den ihnen Marx versprochen hat. Ich will ihnen beides nehmen. Was ein Wehgeschrei, trotz aller Bewunderung für meine »Brillanz«. Mit den Nichtjuden ist's besser. Der faule Tate, der junge Veteran, der mir stinkig faule Papers schreibt, hat die Sache besser verstanden. Er sagte mir beim Hinausgehen stöhnend: »Now I understand how terribly hard it is to be a free man, oh, damn it all, how much we all like to be slaves, how damned much we all like it.«[2]

[...]

Mit der New School ist es schlecht bestellt. Sie hatten kein Geld für Löwith[3] und haben kein Geld, Kallen[4] oder Riezler[5] zu ersetzen. So erwägen sie nun, meinen Kursen Credit[6] für graduates zu geben. Doch wird das wohl an Angst und Intrigen scheitern. Leider ist Clara Mayer unter Feuer, weil sie nicht indecent genug gegen fellowtravellers[7] vorgehen will. Ich werde sie da durchsteuern müssen. Sie sieht die politische Gefahr zu wenig; weil sie zu angeekelt ist.

---

2 »Jetzt verstehe ich, wie furchtbar schwer es ist, ein freier Mensch zu sein, oh, verdammt noch mal, wie gerne sind wir alle Sklaven, wie verdammt gerne.«

3 Karl Löwith, 1897–1973, Philosoph; emigrierte 1934 über Italien und Japan nach USA (1941); seit 1952 Professor in Heidelberg.

4 Horace Kallen, 1882–1974; Philosoph; lehrte an der New School for Social Research seit der Gründung 1919.

5 Kurt Riezler, 1882–1955, Diplomat, Politiker; emigrierte 1938 in die Vereinigten Staaten, 1938–52 Professor für Philosophie an der New School für Social Research.

6 Bezieht sich auf das Punktsystem der amerikanischen College-Erziehung, das eine bestimmte Anzahl »credit points« sowohl für die »graduation« als »Bachelor of Arts« oder »Bachelor of Science« verlangt wie für die »graduate studies« danach.

7 Mit dem Kommunismus Sympathisierende, deren Stellung zur McCarthy-Zeit (vgl. S. 247, Anm. 4) gefährdet war.

»Commentary« hat die Besprechung[8] schon lange bezahlt, ich vergaß es mitzuteilen. Und Du solltest keine groben Briefe schreiben, weil es unweise ist in der Politik. Man schreit nicht gegen die Menge, sondern wartet, bis sie sich zu verlaufen beginnt und ihres eigenen Geschreis ein wenig müde geworden ist. So wie man nicht gegen den Wind spuckt.

Freue mich, daß das Buch[9] in Frankreich rauskommt. Ja, Princeton ist gut. Das Buch wird die Schreier überdauern, und Du kannst unbesorgt sein. Herr Riesman[10] hat sich gerächt mit einem Seitenhieb auf Dich in einer Besprechung einer Schwarte von der Margaret Mead[11], wo er fand, wieviel substantieller eben diese Art von Arbeit ist als die »mystischen Einsichten von Hannah Arendt«. [...]

Es war schlimm, so lange keinen Brief von Dir zu haben. Nicht, daß ich ängstlich werde oder rasend wie Du, aber freudlos.

Gut, daß Du die vacation mit Jaspers haben wirst. Wenn sich nur die beiden Philosophen besser vertrügen, mein Gott, das Leben ist kurz, und die Philosophie ist lang. Darum wende ich mich ihr nun wieder zu und habe einige politische Fragen mit einem gewissen Herrn Spengler[12] durchzusprechen, der von ihnen mehr verstand als gewöhnliche Zeitgenossen.

Liebes, gutes Teufelchen, mach's gut und sei bis zum äußersten vorsichtig mit Berlin.

Dein

Heinrich.

[...]

---

[8] Hannah Arendt: »The History of the Great Crime«. In: *Commentary* 13, March 1952, S. 300–4. Buchbesprechung von Léon Poliakow: *Bréviaire de la Haine: Le IIIe Reich et les Juifs*.

[9] H. A.s Totalitarismus-Buch

[10] David Riesman, geb. 1909, amerikanischer Soziologe; Professor an den Universitäten von Chicago und Harvard. 1950 erschien sein Buch *The Lonely Crowd. The Changing of the American Character*.

[11] Margaret Mead, 1901–1978, amerikanische Anthropologin. Margaret Mead: *Soviet Attitudes Toward Authority*. New York 1952. Die Besprechung von David Riesman erschien in *Partisan Review*, Bd. 19, 1952, S. 242–46.

[12] Oswald Spengler, 1880–1936, Kulturphilosoph; Hauptwerk: *Der Untergang des Abendlandes*. Wien und Leipzig 1918 ff.

Freiburg, den 24. Mai 1952

Liebster,

inzwischen wirst Du den Münchener Brief bekommen haben, der sich verspätete, teils, weil ich in großer Hetze den Polizei-Aufsatz[1] für den »Monat« fertigstellen mußte, und teils, weil ich ihn dummerweise mit amerikanischer Post schickte, was billiger ist, aber länger dauerte. Ich denke, Baron hat Dich angeläutet, denn an unserm Donnerstag hatte ich eine lange Epistel an ihn zu schreiben.

Dein Brief, mein kluger und weiser Stups, kam zur rechten Zeit. Ich brauchte Dich wirklich dringend. Diese Woche hier war nicht gerade ein Honiglecken, und ich war mehrmals drauf und dran, alles hinzuschmeißen und abzufahren. Die Frau[2] ist halb blödsinnig vor Eifersucht, die sich in den Jahren, in denen sie offenbar dauernd gehofft hat, daß er mich einfach vergessen würde, sehr gesteigert hat. Dies äußerte sich mir gegenüber in einer halb antisemitischen Szene, ohne ihn. Überhaupt sind die politischen Überzeugungen der Dame (ich bringe oder schicke Dir gelegentlich ihre Lieblingszeitung, das ekelhafteste Hetzblatt, das ich bisher in Deutschland sah[3]), von aller Erfahrung ungetrübt und von einer so vernagelten, bösartigen, ressentiment-geladenen Dummheit, daß man alles verstehen kann, was gegen ihn geschieht. Zum Überfluß hat sie es noch für nötig gehalten, mir abschriftlich, von ihm unterzeichnet, seine »Rechtfertigungen«[4] zuzustecken. Kurz und gut, es hat dabei geendet, daß ich ihm eine regelrechte Szene machte, und seither ist alles erheblich besser.

Dies ist vielleicht alles unwichtig. Denn er ist in großartigster Form. Er hat mir die größten Stücke des Kollegs, auf das er sich in rührendster Form vorbereitet, schreibt ein Kolleg immer zweimal, viele Seiten vier- und fünfmal, vorgelesen. Das ist sehr viel akademi-

---

1 Vgl. S. 267, Anm. 1.

2 Bezieht sich auf Heideggers Frau Elfride.

3 Gemeint ist vermutlich die *Nationalzeitung*.

4 Die Papiere befinden sich zusammen mit dem Hannah Arendt / Martin Heidegger-Briefwechsel im Deutschen Literaturarchiv in Marbach.

scher als die »Extrakte«, die er in Vorträgen vorgelegt hat – wie etwa »Das Ding«[5] oder einen herrlichen Vortrag über »Dichterisch wohnet der Mensch«[6], den ich mitbringe –, aber doch nicht mehr akademisch. Es ist, als ob er seine Mitte so sicher gefunden hat, daß er jederzeit anfangen kann, überall, alles hängt zusammen, und nichts setzt das andere voraus. Weder Willkür noch Notwendigkeit des Anfangs, sondern wirkliche Freiheit. Trägt mit großer Ruhe, ganz unpathetisch, eigentlich gelassen vor; der Hörsaal zum Brechen voll, aber er hat eine Reihe mit Sitzen reserviert, so daß keine Schwierigkeit war. Die beiden anderen größten Hörsäle der Universität ebenfalls für die Übertragungen gefüllt.

Stups, ein bißchen klüger bin ich doch geworden, denn sonst hätte ich es nicht geschafft. Ich habe das Gefühl, ich kann es mir leisten; aber auch das Gefühl, daß ich mir weiß Gott ein starkes Stückchen leiste. Dagegen steht nur, mich vollkommen überzeugend, aber niemandem sonst ja eigentlich zugänglich, die Gewißheit einer fundamentalen Gutartigkeit, einer mich immer wieder erschütternden Zutraulichkeit (anders kann ich es kaum bezeichnen), die völlige Abwesenheit, sobald er mit mir zusammen ist, von all den Dingen, die sich sonst wohl leicht vordrängen, seine echte Hilflosigkeit und Wehrlosigkeit. Solange die Produktivität anhält, ist keine Gefahr; Angst habe ich nur vor den bei ihm ja immer wieder eintretenden Depressionen. Dagegen versuche ich jetzt vorzubeugen. Vielleicht erinnert er sich dann, wenn ich nicht mehr da bin.

Die Sache mit Jaspers[7] hat ihn furchtbar getroffen. Er leidet daran, und ich bin ziemlich unglücklich, nichts tun zu können. Da ich von hier nach Lugano fahre, was Du ja weißt, sehe ich Jaspers nächste Woche. Aber es ist wohl hoffnungslos.

Ich bin ganz glücklich, daß sich endlich ein tippendes Mäd-

---

5 Martin Heidegger: »Das Ding«. In: *Gestalt und Gedanke. Ein Jahrbuch*. Hg. von der Bayerischen Akademie der Schönen Künste. München 1951.

6 Martin Heidegger:» ...dichterisch wohnet der Mensch...« In: *Akzente* 1, 1954, S. 57–71.

7 Es war zu einer ernsten Verstimmung zwischen ihnen gekommen. Vgl. auch S. 206, Anm. 5.

chen[8] gefunden hat. Den Eros[9] im Frühling – Liebster, danach werden wir ja wohl das Land verlassen müssen. Was machst Du nun eigentlich im Herbst? Ich warte sehr auf den Politik-Kurs. Habe an Princeton geschrieben, daß ich für den Frühling 53 oder den Herbst 53 annehmen könne. Das gibt mir auf jeden Fall eine lange ungestörte Arbeitsspanne, auf die ich mich freue und nach der ich mich sehne. Ich schreibe gerade an den Vorträgen, Ideologie und Terror, der dann in die Jaspers-Festschrift[10] rein soll. Wird, scheint mir, ganz gut. Ich habe selbst hier immer noch ein paar Stunden für Arbeit gehabt. Wohne in einem netten Hotel, mit Blick direkt auf den Münsterturm.

Jetzt mein itinerary: Ich komme aus der Schweiz nochmals hierher zurück. Fahre dann nach Wiesbaden, wo ich am 3. Juni sein werde und bis zum 5. etwa bleiben werde. Treffe mich dann vermutlich mit Martin heimlichst in der Nähe des Bodensees und bin am 11. in Tübingen. [...]

Berlin. Du hast ganz recht, und wenn die Sache nicht ganz sicher aussieht, werde ich nicht nach Berlin fahren, obwohl ich glaube, daß man mit amerikanischem Paß und eingeladen von Lasky, also amerikanischen Besatzungsbehörden, immer noch rausgeflogen werden wird. Riskieren werde ich nichts, hab keine Furcht.

Liebster, August – ich kann wegen der Verabredung mit Jaspers nicht vor Mitte des Monats abfliegen, bin aber noch nicht sicher, ob ich nicht nochmals irgendwo mit Martin zusammensein werde. Das würde heißen, daß ich erst Ende August zurückkomme. Du müßtest dann allein nach Palenville, ich weiß, das ist ganz und gar abscheulich. Aber was soll ich machen? Vor 2 Jahren werde ich nicht wieder hier sein; das wäre auch nicht gut. Dafür muß ich alles stabilisieren, und schnell geht es nicht. Ich hoffe, daß Martin in der Zwischenzeit das Kolleg, »Was heißt Denken«[11] (nämlich was heißt uns denken, gibt uns das Geheiß zu denken) publiziert. Er will im Winter nicht lesen, um die Publikation vorzubereiten. Es wird noch

---

[8] Vgl. S. 266, Anm. 2.
[9] Vgl. S. 266, Anm. 1.
[10] Vgl. S. 254, Anm. 6.
[11] Martin Heidegger: »Was heißt Denken?« In: *Merkur* 6 (1952), S. 601–611.

dauern. Aber dann ist vermutlich wieder etwas da wie »Sein und Zeit«.[12]

Über Mary habe ich mich sehr gefreut. Mit der trügerischen Sicherheit hast Du mehr als recht. Hier auch, alles normalisiert sich. An Jaspers war das schon so deutlich. Wieder der alte verstunkene Liberalismus. Ach, Liebster, was für ein Glück, daß wir uns gefunden haben und zueinander gehören.

Deine

Deine

Lugano, den 27. Mai 1952

Liebster –

wie es hier ist, kannst Du aus lausigen Karten sicher nicht ersehen. Nach der Gotthard-Fahrt – »Wasser stürzt, uns zu verschlingen, rollt der Fels, uns zu erschlagen, ... Früchte spiegelnd ohne Ende in den alterslosen Seen«[1]. Ich bin besoffen von der Samt-Schönheit der grünen Berge, die sich wohlgefällig in den blauen See neigen und sich oben zugrüßen. Wie schön die Erde ist.

Hier geht alles nach Wunsch. Brody[2], Brochs Verleger, der ihn wirklich liebte, anfing zu weinen, als er von seinem Tod sprach, ist ganz von mir überzeugt. Kahler hat ein dämliches Sammelsurium von Gedichten abgeliefert, schlechte Einleitungen geschrieben, na usw. Ich bringe mal erst alles in Ordnung, arbeite ruhig viele Stunden und bin zufrieden, daß ich doch noch einen Freundesdienst[3] erweisen kann. Morgen früh geht es nach Basel und dann, wie ich schrieb. Dies nur als Zwischengruß.

Deine

---

[12] Martin Heidegger: *Sein und Zeit*. Halle 1927.

[1] Zitat aus Hugo von Hofmannsthals Gedicht »Reiselied«.

[2] Dr. Daniel Brody, 1883–1969, Verleger des Rhein-Verlages, Zürich.

[3] Im Rahmen der *Gesammelten Werke* von Hermann Broch gab H. A. die beiden Nachlaßbände *Dichten und Erkennen* (Essays, Bd. 1) und *Erkennen und Handeln* (Essays, Bd. 2) heraus (Zürich 1955). Zum ersten Band schrieb sie eine Einleitung (S. 5–42).

[New York,] 29. 5. 52

Liebste,

[...]

Es ist hier plötzlich sehr heiß geworden, und das macht mich noch glücklicher, Dich für Deine kommenden Ferien in der Schweiz und am Bodensee zu wissen. Mach Dir keine Gedanken über mich. Nimm die einzigartige Gelegenheit mit gutem Gewissen wahr, Du weißt, wie ich mich mitfreuen und das wirklich realisieren kann. Angesichts der Lage mit Martin wäre es unverantwortlich, nicht alles zu versuchen, um ihn fest zu machen. Also bleibe, solange Du kannst und es Sinn hat. Vergiß die Frau: Wenn Dummheit hartnäckig wird, das ist der Punkt, wo sie in Schlechtigkeit übergeht oder jedenfalls von ihr nicht mehr unterscheidbar wird. Schweigen und vorübergehen. Was heißt uns denken? ist eine der großartigsten philosophischen Fragen nach Gott. So hilf ihm fragen. Ich werde in der heißen Zeit diese zwei anstrengenden Kurse lesen, aber Peter [Huber] wird mich sehr oft für weekends von Donnerstag abend bis Montag früh nach Palenville oder sonstwohin in die Lande fahren, wenn ich will. Und so wird alles gutgehen. Im August werde ich dann wohl in Palenville allein tüchtig an meinen Sachen arbeiten können, ich habe große Lust zur Arbeit. Ein Wunder hat sich ereignet. Der alte Jude[1], ein Mitglied der Schoolgemeinschaft, der so besonders entsetzt über meine Position war, wie ich Dir schrieb, kam zu mir und erklärte, er hätte es nachträglich plötzlich begriffen, und es sei die wahre Freiheit des Menschen und viel radikaler als alles bevor, die Erfüllung des Kantischen Versprechens, und gerade die Juden könnten von mir lernen, die Gerechtigkeit von der Freiheit her wirklich in den Griff zu bekommen und auf Gott als freie Männer zuzugehen. Und es sei die entscheidende Wendung der Philosophie zum wirklichen tätigen Leben, und es mache ihn die bloße Möglichkeit absolut glücklich. Was sagst Du nun?

Im Herbst lese ich den politischen Kursus und wiederhole Religion. Der Frühlingskurs heißt »Misery and grandeur of the meta-

---

[1] Vgl. S. 271, Anm. 1.

physical Eros. On the concept of philosophical love«. Er wird uns keineswegs aus dem Lande jagen, sondern die jungen Leute zur Besinnung bringen helfen. Nachdem die Liebe als ein Mysterium zu Recht zerstört worden ist, haben wir sie zu einer Banalität gemacht. Ich werde zeigen, daß wir erst jetzt anfangen können zu begreifen, daß sie ein schöpferisches Wunder ist. Erstaunlich, daß auch Dir gerade jetzt bei Händel[2] die Ahnung kam, was die frohe Botschaft metaphysisch eigentlich war. Ich werde die ewige Wirklichkeit der unbefleckten Empfängnis, nämlich als der metaphysischen Möglichkeit jeder Geburt nachweisen. Das Mysterium war nur die Ahnung des wirklichen Wunders.

Wenn Du doch die Sache zwischen Jaspers und Heidegger einrenken könntest. Ich träume davon, es wäre zu schön. Und forsche mir nach meinem Robert. Ich sehe nun, daß er wahrscheinlich in Deutschland wird bleiben müssen, und bange mich. Nun will ich schreiben, weil ich fürchte, er kommt nicht hierher zurück, und nun habe ich die Adresse nicht, »gerecht ist das Rad«, wie der Lama sagt.

Daß trotz allem Annchen Dir wieder so nahe ist und noch immer alles zu überbrücken ist in einer wahren Freundschaft[3], daß Du das kannst, macht mich glücklich. Es ist mir manchmal, als könntest Du meine Gedanken viel besser leben, als ich es je vermöchte. Und Du fragst mich immer, ob ich Dich liebe, als ob das noch eine Sache der Entscheidung wäre. Du bist mir ans Herz gewachsen. Und unsere Lebensschritte gehen im Gleichmaß.

Alles, was Du dort vorhast, ist gut, und so tu es fröhlich und unbeschwert.

Dein Heinrich

---

[2] Vgl. S. 270.

[3] Vgl. S. 261.

Basel, den 30. Mai 1952

Liebster –

dies nur ein kurzer Gruß. Ich bin ein wenig herumgewirbelt. Dein guter Brief hier. Und immer wieder die große Freude über das, was Du tust. Hätte ich doch die Existenzphilosophie zu Ende hören können.

Du brauchst Dir ja nun wegen Berlin keine grauen Haare mehr wachsen zu lassen. Unter diesen Umständen[1] fahre ich natürlich nicht, werde auch gleich an Lasky absagen. Jaspers ist auch sehr dagegen, spontan, ohne von Dir zu wissen. Hier war es wieder sehr, sehr schön. Vorgestern ein ganz großartiges Kolleg von Jaspers über Anselms Gottesbeweis.[2] Vielleicht das schönste Kolleg, das ich je von ihm hörte. Alle waren begeistert und schrieben die Lebendigkeit meiner Anwesenheit zu. Habe auch einen seiner Schüler hier kennengelernt, einen reizenden Amerikaner. Ansonsten: Es hat doch etwas geholfen, und ich glaube, er wird die Sache mit Freiburg[3] nun in Ordnung bringen. War doch ein wenig beschämt über das, was er angestellt hat. Aber auch nicht sehr.

[…]

Wie gesagt, in Eile. Ich schreibe kurz bevor mein Zug abgeht. Fahre nach Freiburg.

Sei nicht enttäuscht über dies klägliche Brieflein. Lugano war sehr anstrengend und endete mit einer Liebeserklärung von Brody, dem Verleger, verbunden mit leichter Attacke im Hotelzimmer. Ach, du lieber Gott.

[…]

Hier sieht alles so düster wie nur möglich aus. Alle Völker sind gegen die Amerika-Abmachungen[4] und entschlossen, diese Verträge nicht einzuhalten. It is a mess. Liebster, –

Deine

---

[1] Vgl. S. 266, Anm. 3.

[2] Anselm von Canterbury, 1033–1109, Benediktiner; »Vater« der Scholastik; im »Proslogion« entwickelte er den sog. ontologischen Gottesbeweis.

[3] Anspielung auf die gestörte Jaspers-Heidegger-Beziehung.

[4] Vgl. Anm. 1.

Stuttgart, den 6. 6. 52

Liebster –

hast Du schon mal von einem amerikanischen Feiertag gehört, der sich am 6. Juni [1] abspielt? Hier jedenfalls ist heute alles geschlossen, und höchst kläglich bin ich vom American Express wieder abgezogen. Na, morgen früh. – Hier bin ich ausschließlich für die Juden und habe deren bereits eine Menge gesehen. Morgen beginnt dann die eigentliche Arbeit auf dem Kultusministerium, die ich hoffe, in einem Tag abschließen zu können. Ich fühle mich ein bißchen verloren, wie immer, wenn ich aus gleich welchen Gründen um meinen Wochenbrief gekommen bin.

Frankfurt war ganz hübsch. Alfred mit seiner Ann [2] waren da, im gleichen Hotel, ließen mich aber brav arbeiten. Sternberger etc. habe ich nicht gesehen, aber Gurian ist natürlich aufgetaucht. Hab keine Angst, nach Freiburg ist er mir nicht nachgekommen, und davon weiß er auch nichts. Ansonsten ist seine Geschicklichkeit weniger unheimlich, als seine Mühe, sich immer wieder meine Adresse zu besorgen, rührend ist. Diesmal war er wirklich nett. Das erfreulichste aber war Hellas [Jaensch] 17jähriger Junge, ganz wunderbar geraten, will Landwirt werden und arbeitet sehr schwer als Arbeiter bei einem Bauern. Wir verstanden uns gleich so ausgezeichnet, daß es wirklich zum Verwundern war. Er will nach Amerika, vielleicht, weil es dort Demokratie und Verantwortung gibt. Ist verantwortungshungrig, wie man es kaum an Deutschen kennt. Notabene der erste Deutsche, der mir gegenüber die Adenauer-Politik verteidigte! Dabei sehr fromm, christlich, aber ganz selbstverständlich. Liest die Bibel von A–Z, weil er zu mehr als einem Buch nicht kommt. Das Mädelchen, die kleine Hannah, ist sehr viel problematischer, zweifellos geschädigt, weil sie so viel bei fremden Leuten war; Hella hat sie erst seit April zu sich nehmen können. Mit ihr war ich groß in der besten Konditorei Frankfurts und ließ

---

[1] Mit der Landung amerikanischer und englischer Truppen in der Normandie am 6. Juni 1944 – D-Day – begann die letzte Phase des Zweiten Weltkrieges, die Befreiung Europas.

[2] Alfred Kazin und Ann Burstein.

sie im Hotel mit Aufzug so viel rauf- und runterfahren, daß es selbst ihr zu langweilig wurde. Zu dem Kind hatte ich keinen Kontakt.

Ansonsten war ich wieder bei Franz Böhm[3] (worüber ich an Baron berichten werde) und vor allem zu dieser verdammten Tagung der deutschen Bibliothekare. Ja, cher ami, davon macht man sich keinen Begriff; das muß man erlebt haben. Gott sei Dank war Gisela von Busse da und Eppelsheimer, so daß ich a) meist schwänzen konnte und b) an der Menschheit nicht ganz und gar zu verzweifeln brauchte. Allein die Toiletten der Damen bei dem sogenannten »Festessen«, wo unaufhörlich Reden gehalten wurden übers »schöne Mainz« – das direkt vor unsern Augen als ein furchtbarer, einer der gräßlichsten Trümmerhaufen lag. Dies störte keinen Menschen, nicht in Vers noch in Prosa. Aber ansonsten war es schon gut, daß ich da hingefahren bin.

Mit Gurian habe ich verabredet, daß diese komischen Montesquieu-Reflexionen[4], die er bei mir im Hotel las, bei ihm in der Zeitschrift und dann als Broschüre erscheinen werden. Mir ist dazu noch viel eingefallen, ich bin überhaupt ganz komisch, trotz allen Reisens, im Grunde ganz konzentriert in meinen Sachen drin. Gurian will mir dafür 400,– Dollar zahlen, aus Rockefeller-Geldern. Also doch ganz schön.

Freiburg hat mit erneuten Szenen der Dame[5] geendet; ich weiß nicht recht, was ich machen soll. Das Kolleg war wieder großartig, obwohl er [Heidegger] absolut nicht in Form war und schlecht las. Sein Sohn, mit dem ich in der Vorlesung war, bemerkte nachher: ja, hier weht eine ganz abstrakte Luft. [...] Hat offenbar Angst vor dem Moment, da die Söhne aus dem Haus gehen und die Frau ihren einzigen Lebensinhalt verliert. Denn er sei immer erst in zwei-

---

3 Franz Böhm, 1895–1977, Jurist, Politiker; 1936–38 Privatdozent in Jena, 1940 Entzug der Lehrbefugnis, 1946–62 Professur in Frankfurt/Main. Zur Zeit des Briefes Leiter der Wiedergutmachungsverhandlungen mit Israel und den jüdischen Weltverbänden.

4 Wie aus unveröffentlichten Notizbüchern hervorgeht, trieb H. A. ab Herbst 1951 Montesquieu-Studien, die aber nicht zu der geplanten Veröffentlichung führten.

5 Frau Elfride Heidegger.

ter Linie gekommen – daher hat er seine Ruhe gehabt. Dies aber beginnt sich jetzt zu ändern, weil es absehbar ist, daß die Söhne weggehen. Diese ganze Geschichte ist wirklich eine Tragödie. Denn während sie nicht weiß, was sie tun soll, und einfach bösartig wird, liegen in Meßkirch ca. 50000 ungetippte Seiten, die sie in all den Jahren bequem hätte tippen können. Und die natürlich heute gar nicht mehr aufzuholen sind. Der einzige Mensch, den er wirklich hat, ist sein Bruder. – Am aufschlußreichsten ist die Bibliothek der Dame, die ich mir gründlichst besichtigt habe. Unter etwa 100 Büchern eine komplette Sammlung von Gertrud Bäumer[6] (sic!) und ein Haufen einfachen Schundes. Dazwischen etwa ein Dutzend anständiger Bücher, die alle als Geschenke von ihm inskribiert sind. Hat aber gar nichts geholfen. – Wenn ich mir vorstelle, daß er in dies Milieu zwangsweise zurückfällt, sobald die Produktivität aussetzt, wird mir einfach schwindlig.

[...]

Hier sieht es eher wieder ein wenig ruhiger aus. Ich glaube nicht recht, daß etwas in Berlin geschehen wird, werde aber nicht fahren, obwohl ich brennend gern möchte. Traf hier heute einen Berliner – ist doch immer gleich ganz was anderes.

Aus Frankfurt schickte ich Dir ein paar Nummern einer sehr typischen Zeitung.[7] Heb mir die eine Nummer auf, die mit Tinte angestrichen ist. Die stammt von der Dame Heidegger, nebst Anstreichungen. Die möchte ich mir eventuell noch mal angucken.

Es ist dumm, diesen Brief abzuschicken und morgen vielleicht einen von Dir zu haben. Aber ich mag Dich nicht warten lassen. Bin nicht sicher, daß ich vor München dazu komme, wieder zu schreiben. [Jewish Cultural Reconstruction] plus Vortrag[8] plus Privatleben ist ein bißchen reichlich. Aber Du siehst, ich bin gut beieinander und habe erstaunlicherweise nicht im mindesten den Kopf verloren. Den hast Du mir inzwischen eben doch sehr fest auf die Schultern gesetzt.

Leb wohl, Liebster, mach's gut. Heute bist Du abscheulich weit

---

[6] Gertrud Bäumer, 1873–1954, deutsche Schriftstellerin und Frauenrechtlerin.

[7] Vgl. S. 274, Anm. 3.

[8] Vgl. S. 254, Anm. 6.

weg. Jetzt wird es wirklich Zeit, mal wieder heimzukommen. Ich mag mich gar nicht von diesem Brief trennen, obwohl er ganz und gar fertig geschrieben ist.

Liebster –

Deine

Hannah.

[New York,] 7. 6. 52

Liebste,

der term[1] ist zu Ende, ich habe meine examinations abgehalten, die Resultate sind ganz zufriedenstellend, und ich atme ein wenig auf für die paar Tage, bis ich am 16. das Sommersemester anfange. Leider kommt mir Jonas schon am Mittwoch ins Haus, und ich bin ein wenig bange. Dich nicht hier zu haben, ist schon nicht gerade sehr schön, aber dann noch jemand anderer im Hause, na ja. Holty ist Gott sei Dank für ein paar Tage hier, und so habe ich wenigstens einen Freund, einen Menschen, mit dem ich wirklich zusammensein will, was bei mir immer seltener wird. Diesen Sonntag werden mich einige meiner Studenten in Jersey herumfahren. Das letzte Wochenende in Huntington[2] war mir ganz scheußlich verregnet. Dafür konnte ich Lydia [Gumperz] mit einem Stück aushelfen, in dem sie eine Bombenrolle hat und das nicht ganz auf festen Beinen stand. Die war sehr begeistert über meine Theaterkenntnis, nebbich.

Ich habe dabei den Bert Wolfe[3] getroffen, der mir erzählt hat, daß über Deinen Guggenheim ein deadlock entstanden war und daß er, wie in solchen Fällen üblich, als Unparteiischer von außen herangerufen wurde. Dein Exposé, sagte er, sei sehr sloppy[4] gewesen und von den Leuten nicht in seiner Tragweite verstanden worden. Außerdem hätten sie Dein Buch[5] nicht bis zum entscheidenden dritten Teil gelesen, Kritik sei vorgebracht worden über den

---

[1] Semester.

[2] Wohnsitz von Julian Gumperz.

[3] Bertram D. Wolfe, 1896–1977, amerikanischer Schriftsteller und Kritiker; Mitbegründer der amerikanischen kommunistischen Partei.

[4] salopp, lässig.

[5] H. A.s Totalitarismus-Buch.

mangelnden Zusammenhang mit dem Totalitarismus. Er nun teilte diese Kritik zwar auch, würde gern mal mit Dir darüber diskutieren, habe es für das beste gehalten, das einfach hingehen zu lassen, und ihnen gesagt, was seine Meinung auch sei, daß der dritte Teil das Grundlegendste sei, was über den Totalitarismus je gesagt worden ist und als Handbuch in die Hände jedes amerikanischen Schullehrers obligatorisch gehöre, wenn wir jemals Grund und Boden in unsere Einsichten über das Thema hineinbringen wollen. Das habe die Sache für Dich entschieden, das und die zusätzliche Versicherung, daß niemand den Marxismus besser kritisieren könne als Du. Er habe das alles tun müssen, von sachlicher Überzeugung sehr gegen seinen Willen gezwungen, denn er wußte, daß er damit den von ihm selber vorgeschlagenen Kandidaten wahrscheinlich ausschalten würde, was denn auch geschehen sei. Der Mann scheint mir ein etwas fragwürdiger Schwächling, maßlos eitel und auch etwas schleimig. Aber die Geschichte ist wahr, und ich habe mich sehr bedankt. Seine Frau ist sehr nett und hat Dich besonders gern. Er findet, Du solltest Aron vorschlagen, Dein Buch, wie er es mit dem seinen gemacht hat, in drei Teilen herauszubringen. So würde es sich in Frankreich besser verkaufen. Das halte ich für richtig. Ansonsten verstehen diese ungebildeten Amerikaner natürlich das Problem des negativen Imperialismus nicht, weil sie keine Ahnung von den Panbewegungen haben, wohl auch die Engländer nicht. Glückliche Leute.

[...]

Löwith hat einen neuen Artikel in der »Rundschau« über Heidegger, den Philosophen in dürftiger Zeit, geschrieben[6], der besser ist als der erste. Er zieht Heideggers Geschichtsbegriff in Frage, und da hat er denn, wie ich Dir immer sagte, einen wirklich wunden Punkt. Positiv hat Löwith natürlich wie immer nichts zu sagen, und das macht ja dieses ganze Herumkritisieren an genuinen philosophischen Entwürfen immer so inadäquat, aber was sollen die Philosophieprofessoren machen? Wie ich das alles satt habe. We-

---

[6] Karl Löwith: »Martin Heidegger. Denker in dürftiger Zeit«. In: *Die neue Rundschau*, Jg. 1952, 1. Heft, S. 1–27.

nigstens legt uns Löwith keine der vielen eigenen Professorenphilosophien von Philosophieprofessoren vor, die Schopenhauer so gründlich verachtete. Aber Heidegger hätte allen Grund, auf diese Kritik genau hinzuhören, und vielleicht bietet es Dir eine Gelegenheit, ihm seinen Begriff der Geschichtlichkeit ein wenig fragwürdig zu machen. Leider hat sich Löwith wieder nicht verkneifen können, konkret zu werden, aber warum sollten auch die Juden gerade so schnell vergessen. Tant pis.

Laß Dich das alles nicht verdrießen. Ich freue mich, daß Du Jaspers ein wenig gelockert hast. Laß die man alle eifersüchtig auf Dich sein, hier zu Hause erwartet Dich Dein ganz und gar nicht eifersüchtiger Stups, der Dich dafür aber wirklich liebt nach seiner Façon.

Ich höre gerade, daß Robert in München immer am Gärtnertheater zu erreichen ist. Versuch es bitte.

Dein Heinrich

[München,] den 13. Juni 1952

Liebster,

wenn ich in eine Stadt komme und Dein Brief erwartet mich, wird alles gleich ganz anders. So in Stuttgart, wohin mir Dein Brief aus Wiesbaden nachgereist war, so hier in München. Ja, Liebster, unsere Herzen sind eins ans andere gewachsen und unsere Schritte gehen im Gleichmaß. Und dies Gleichmaß kann nichts stören, obwohl das Leben ja weitergeht. Diese Narren, die glauben, Treue sei, wenn das Leben aufhört und sich gleichsam in den einen festgebissen hat. Sie bringen sich nicht nur um das gemeinsame Leben, sondern sogar um das Leben überhaupt. Wenn es nicht so gefährlich wäre, sollte man der Welt doch einmal erzählen, was eine Ehe wirklich ist.

Und da ich bei diesem Thema bin: Hier sind Alfred und Ann [Burstein] wieder erschienen, die im Juli in Basel heiraten wollen, um mit einem fait accompli nach Hause zu kommen. Er hat sich entschlossen, sein Buch über Amerika (The Western Island[1]) und

---

[1] Das Buch erschien unter dem Titel *An American Procession*. New York 1984.

nicht die Fortsetzung vom Walker[2] zu schreiben. Das wird sicher gut werden, und ich bin froh. Wie das mit der Ehe dann gehen wird, wird man halt abwarten müssen.

Tübingen-Vortrag[3] war richtiger Erfolg und daneben sehr erfreulich. Es scheint, daß die ganz neue Generation, die heute höchstens Zwanzigjährigen, wieder in Ordnung ist. Ich hatte dort einen 19jährigen Jungen, der mit solcher Präzision fragte, daß ich noch ganz entzückt über ihn bin. Auch sonst ein blendender Bengel. Gott schütze ihn, er wird es brauchen. Man will, ich soll in Frankfurt, eventuell auch Heidelberg sprechen. »Dies müßten alle jungen Menschen hören« etc. pp. Was mich freute, war die große Zustimmung von Jungens aus der Ostzone, d. h. Flüchtlingen, die jetzt erst ihre Erfahrungen begriffen. Die Älteren dankten noch sehr ergriffen für die »Wandlung«-Artikel[4], die ihnen damals so sehr geholfen hätten. Kurz, all right. [...]

Über Deinen alten Juden habe ich mich sehr gefreut. Wenn die Juden gut sind – ungefähr so selten wie die Deutschen, Gott sei's geklagt –, sind sie es wirklich. Und menschlich dazu. Die Deutschen nb. auch.

Ja, Deutschland. Das Politische weißt Du ja wohl aus den Zeitungen. Falls Adenauer eine Zweidrittelmajorität für die Ratifizierung des Generalvertrags[5] braucht, können wir der europäischen Verteidigungsgemeinschaft[6] Valet sagen; die kriegt er nie. In Frankreich die gleichen Widerstände. Ich zweifle sehr, ob aus der Sache was wird, und da die Völker so absolut und in Deutschland bösartig nationalistisch (wenn Armee, dann eigene mit absoluter Souveränität, die Europäer werden sich ohne uns doch nicht schlagen, wir aber haben die Chance, mit den Russen in ein Bündnis zu kommen, etc. etc.) dagegen sind, wäre es vielleicht noch am besten, wenn es

---

[2] Alfred Kazin: *A Walker in the City*. New York 1951.

[3] Vgl. S. 254, Anm. 6.

[4] Hannah Arendt: *Sechs Essays*. Heidelberg 1948 (Schriften der Wandlung 3).

[5] Vgl. S. 266, Anm. 3.

[6] Die Europäische Verteidigungsgemeinschaft war ein 1952 unterzeichneter, aber nicht ratifizierter Vertrag zwischen den Beneluxländern, Frankreich und der Bundesrepublik Deutschland zur Bildung einer gemeinsamen Streitmacht; er wurde 1955 ersetzt durch den Beitritt der Bundesrepublik zur NATO.

erst gar nicht zur Unterzeichnung von Verträgen kommt, die doch gebrochen werden werden.

Ich habe in den letzten Wochen viel deutsche kleinste Provinz gesehen. Da ist ein erstaunliches Leben. Überall wird gebaut, überall ist die Landwirtschaft völlig motorisiert, den Bauern geht es glänzend; der Flüchtlingsstrom ist irgendwie doch aufgefangen worden und hat der Provinz neues Leben zugeführt. Die Vitalität des Landes ist erstaunlich. Überall saubere Häuser, anständig gekleidete Menschen, kaum wirkliches Elend, höchstens halbwegs erträgliche Armut. Der Gegensatz mit Frankreich überwältigend und traurig. Vielleicht hat Pinay[7] eine Chance. Vielleicht bleibt ein wenig Zeit. God knows!

Gegen Bert Wolfe habe ich großes Mißtrauen; was er sagt, wird so wohl kaum stimmen. Das ist ein großer Wichtigtuer, etwas dran wird wohl sein. Ich könnte Alfred fragen, mag aber nicht. Aron will das Buch sowieso herausbringen. Ich werde ihn Anfang Juli nochmals sehen.

Löwiths zweiten Artikel las ich bei Jaspers. Bin nicht ganz Deiner Meinung, d. h. schon was Heideggers Geschichtsbegriff anlangt, der lamentabel ist, aber auch augenblicklich bei ihm gar keine Rolle spielt; aber Löwiths Manier, Heidegger mit seinen eigenen Begriffen runterzureißen, halte ich doch für ziemlich sinnlos. Und Löwiths Geschichtsbegriff, d. h. sich mit Overbeck[8] und Christentum irgendwie wieder einzurichten, halte ich nicht gerade für geeignet, mit Heideggers fertig zu werden. Zu sprechen darüber hat kaum einen Sinn. Heidegger ist gräßlich verletzt, teils auch mit Recht. Löwith hätte ihm die Sachen doch mindestens vor Drucklegung schicken können; er hat ihm noch nicht einmal die Artikel selbst geschickt, sondern durch den Verlag schicken lassen. Das geht nicht. Er war schließlich vor zwei Jahren bei Heidegger, tat, als ob nun alles wieder in der Reihe sei – und nun so. Either – or.

---

[7] Antoine Pinay, 1891 – 1995, französischer Politiker; zur Zeit des Briefes Ministerpräsident.

[8] Franz Camille Overbeck, 1837–1905, deutscher evangelischer Theologe; rein historische Betrachtung des Christentums.

Was dabei vermutlich wirklich passiert ist oder sein könnte, ist, daß Löwith mit ganz guten Absichten hinkam und dann irgendeine Äußerung fiel, die wieder alles verdarb. Ich glaube auch, ich weiß, worum es sich handelt. Ich erzähle Dir das dann mündlich; es ist zu langweilig, alles zu schreiben. Ausschlaggebend ist natürlich immer Frau Heidegger, die es ja auch fertiggebracht hat, ihn wieder mit allen, buchstäblichst, zu verfeinden. Er selbst weiß nicht, wie man sich verhält; dreht sich in Wirbeln, in denen sich ihm einmal solche und ein andermal andere Aspekte zeigen. Augenblicklich ist er krank mehr oder minder vor Aufregung, und ich habe nicht vor, nochmals nach Freiburg zu fahren. Die Sache ist absolut nicht zu machen. Ob ich ihn für die nächsten Jahre halbwegs stabilisiert habe, weiß ich nicht. Versucht habe ich es. Ruhe braucht er auf jeden Fall, und die läßt sie ihm nicht, wenn ich auch nur in der Nähe bin. Überschrift: Das Bündnis zwischen Mob und Elite[9], diesmal aufs engste geschlossen. Ein wahrhaft klassischer Fall. Tant pis pour moi. Dies heißt nicht, daß sich zwischen uns irgend etwas geändert hätte; dies scheint nun wirklich nicht mehr möglich.

[...]

den 14.

Inzwischen also »Entführung«: War ganz herrlich, wie es eben doch nur in deutscher Oper möglich ist. Eben Robert: Er kommt nachmittags zu mir, und am Abend gehe ich dann in sein Stück. Darüber im nächsten Brief, denn dieser muß ja weg. – Erhielt hier gerade die Nachricht, daß die Käte Fürst irgendwo in Europa ist; Du weißt, aus Palästina. Mir schwindelt es etwas vor Menschen; das – und nicht das Rumfahren – ist das Anstrengende.

Schluß, weil das Papier zu Ende ist. Was hat »Commentary« gezahlt? Wann ist Dein Sommerterm zu Ende? Hast Du etwas von Deiner Naturalisierung gehört? (Werd nicht bös, ich frag doch bloß.)

Deine –

---

9 Vgl. Hannah Arendt: »The Temporary Alliance Between the Mob and the Elite«. In: Hannah Arendt: *The Origins of Totalitarianism*. New York 1951, S. 318ff.

[New York,] 14. 6. 52

Liebste,

es ist man gut, daß Du Dich immer wieder freust über das, was ich tue, denn ich habe übermorgen die neuen Kurse anzufangen und freue mich natürlich gar nicht, sondern bin in einer fürchterlichen Panik, der Du diesmal Gott sei Dank nicht ausgesetzt bist. Lache nicht, Du weißt, wie es ist. Ich glaube natürlich, alles sei Mist, was ich mir da zurechtgelegt habe, und wenn es schon kein absoluter Mist sein sollte, so werde ich es dazu machen durch völlige Unfähigkeit, die Sache adäquat zu servieren. And so on.

So durcheinander, wie ich bin, wird wohl dieser Brief werden, für den ich unfähig bin, meine Gedanken zu sammeln, weil ich ja natürlich überhaupt eigentlich nicht denken kann und so weiter, na, Du weißt ja. Diese Krisen ohne Dich zu überwinden ist gar nicht so leicht, man braucht den, der einen dabei heimlich auslacht, dringend, weil man sich dann geniert und zusammennimmt.

[...]

Random House hat Dir das Buch von Chambers[1] zugeschickt, das Du wohl Gott sei Dank erst zu lesen brauchst, wenn Du hier wieder gesettled bist. Es ist kaum ein Zweifel, daß seine Angaben wahr sind. Und leider: Dieser Mann konnte nicht anders handeln. Er mußte ein Informer werden. Er entschloß sich dazu beim Hitler-Stalin-Pakt[2], und das war notwendig. Persönlich ist es nichtsdestoweniger ein scheußliches Buch und allgemein politisch ein schädliches, aber nicht wegen schlechten Willens, sondern wegen absoluter Ahnungslosigkeit.

Jonas ist eingetrudelt und läßt Dich herzlich grüßen. Er bedauert natürlich, daß Du nicht nach Israel[3] gegangen bist, seine eigenen Pläne aber zeigen, daß er hinter der kanadischen citizenship her ist,

---

[1] Whittaker Chambers: *Witness*. New York 1952. H. A.s Auseinandersetzung mit dem Buch: Hannah Arendt: »The Ex-Communists«. In: *Commonweal*, Bd. 57, 20. März 1953, S. 595–599.

[2] Am 23.8.1939 schlossen Hitler und Stalin den deutsch-sowjetischen Nichtangriffspakt, der am 22.6.1941 von Hitler gebrochen wurde.

[3] Vgl. S. 237f.

und recht hat er. Ich bin froh, daß Du nicht nach Israel gegangen bist, mir scheint, daß Deutschland Dir bereits genug disgust einflößt. Wie anders klangen die Briefe aus Paris, und wie anders werden wohl die aus St. Moritz wieder klingen. Laß Dich's nicht anfechten. Die Geschichte mit Heidegger ist schrecklich, ganz schrecklich, aber sei unbesorgt, die Produktivität wird nie wieder verschwinden jetzt, es sei denn aus physischen Ursachen. Und so wird es doch gehen trotz alledem. Er braucht ein junges Mädchen für die Manuskripte, und das junge Mädchen oder die jüngere Madame wird ihm auch über den Weg laufen.

Das neue Buch von Camus[4] hast Du, glaube ich, unterschätzt. Es ist wesentlich für die Kritik des Nihilismus, und ich bin in vielem zu ganz ähnlichen Resultaten gekommen. Jedenfalls, das ist ein echter moderner Philosoph, und das ist verdammt tröstlich.

Was ist eigentlich aus den Jaspersschen Plänen für die Geschichtsphilosophie geworden? Oder ist er zu beschäftigt mit dem dicken und dickeren zweiten Band über die »Wahrheit«?[5]

Ich bin ganz konfus und in Panik, Liebste, und muß zurück an die Arbeit, sonst platze ich vor Ungeduld.

Über meine Ferien mache Dir keine Sorgen. Ich habe einen Arbeitsplan, und es wird ziemlich gleichgültig sein, wo ich ihn ausführe. Wahrscheinlich in Palenville. Mir werden dauernd Einladungen gemacht, die ich wohl aber alle besser nicht annehme, weil das heißt, mit den Menschen reden, und dazu habe ich gar keine Lust. Auch den Jonas hier halte ich in dieser Beziehung ganz knapp. Wenn Du nicht around bist, entwickle ich mich zu einem richtigen Teufel.

Rege Dich über die beruflichen jüdischen und die sonstigen deutschen Sachen bloß nicht zu sehr auf, das ist doch alles für uns gar nicht mehr so wichtig, und die Frage, wer wen, interessiert mich in den meisten Fällen heut nur insofern, daß ich hoffe, jeder jeden von den werten Herren.

Drück die Daumen für mich und meine Sommerkurse.

Dein Heinrich

---

4 Albert Camus: *Der Mensch in der Revolte*. 1952.

5 Karl Jaspers: *Von der Wahrheit*. München 1947. Ein zweiter Band ist nicht erschienen.

[München,] den 20. 6. 52

Liebster –

heute früh Dein Brief, und heute abend geht es nach London. Dazwischen eine kleine Unendlichkeit von Ministeriumsbesuchen, die aus mir unbekannten Gründen plötzlich zu funktionieren beginnen. Ausgerechnet wenn ich packen will und das Leben genießen. Na, Baron wird sich freuen und zufrieden sein. Ich, bitte glaube mir, rege mich über diese ganzen Sachen überhaupt nicht mehr auf. Ich wünschte nur, [Jewish Cultural Reconstruction] hätte irgendwann einmal ein Ende; aber allein meine Bemühungen, to put the organization to sleep[1], resultieren immer in neuen Möglichkeiten.

First things first: Nämlich Robert, von dem ich Dir das Zettelchen beilege, das ich eben nebst Abschiedsgeschenk (Unterhaltungen mit Kafka[2]) hier im Hotel fand. Es war ganz und gar herrlich mit ihm, wir ganz vertraut und befreundet, er ganz offen und mit allen seinen Problemen. [...] Daneben die Paß-Sorgen: Nach Amerika zurück und ohne Geld kann er nicht, will er nicht, kann man ihm nicht zumuten. Wie aber sonst? Die Amerikaner werden rigoros, sehr unangenehm.[3] Viele sind zurückgegangen, eine ganze Anzahl aber auch hiergeblieben und haben deutsche oder österreichische Pässe genommen. Er denkt an österreichischen Paß. An seine Tochter denkt er bei all dem kaum, noch nicht einmal, was Geld anlangt. Ich erwähnte sie; er meinte, es wäre schön, wenn er sich mal ein paar hundert Dollar auch für das Kind organisieren könnte. Er meint, es komme viel daher, daß er eben gar keinen Ehrgeiz habe, daß das kleinste Stückchen gelebten Lebens für ihn wichtiger sei als alles Geschriebene, daß er oft lange Gedankenreihen nachts denke, aber sie nicht aufschreiben möge aus purer Freude gleichsam am nächtlichen reinen Denken. Versteht Dich eben doch so wie kein anderer, meint, Du seist die größte geistige Angelegenheit heute, aber ohne alle Tuerei und nicht einmal mit übermäßigem Respekt, auch da

---

1 »die Organisation einzuschläfern«.

2 Gustav Janouch: *Unterhaltungen mit Kafka*. Frankfurt/M. 1951.

3 Vgl. S. 267, Anm. 4.

ganz vertraut damit und sich dazugehörend fühlend. Ich war in seinem Kabarett, recht gut, flott gespielt, zwanziger Jahre. Das Phänomen in Deutschland ist, daß jede Philosophievorlesung mehr Leute auf die Beine bringt als dies »Vergnügen«, das mir übrigens wirklich Spaß machte. Augenblicklich laufen hier vier Filme von ihm plus dem ewigen »Weißen Rößl«, das nun Gott sei Dank auch verfilmt wird. Du siehst. [...]

Vorgestern war ich in der »Zauberflöte«, weniger gut. Sonst habe ich gut gearbeitet, teils in der Bibliothek und teils den englischen Vortrag für Manchester.

Mein Armer, wenn dieser Brief kommt, bist du das Lampenfieber bereits wieder los. Es geht nie ohne das; Frau Jaspers sagte mir, daß Jaspers jedesmal Lampenfieber hätte. Und Martin sagte vor der Vorlesung, ganz verzagt, mit fertigem Manuskript in der Hand: Ich habe immer solche Angst. Und dies alles nach 30jähriger Nicht-Gewöhnung.

[...]

Mit Martin ist eigentlich und vorläufig wenigstens nichts »schrecklich«, sondern nur traurig. Geändert hat sich nichts und wird sich auch nicht. Nur wenn Alfred mir zum Beispiel ganz naiv sagt, der Name Heidegger scheine in Deutschland in akademischen und anderen Kreisen eine Art »cuss word«[4] geworden zu sein, so ist es mir doch leid. Ändern kann ich gar nichts. Er läßt aus reiner Verzweiflung und Unfähigkeit, einen einzigen Brief zu schreiben, alles von der Frau erledigen und setzt seinen Namen unter jedes Schriftstück. Das sind halt die faux frais.[5]

[...]

Mach Dir keine Sorgen; die Vorlesung wird herrlichst gelingen! Was hast Du für den August nun vor? Ich denke, ich werde doch schon Mitte August wieder da sein und diesmal per Flugzeug. Will in Paris für gegen den 15. buchen. Aber das soll Deine Pläne nicht ändern. Mach, wie Du willst, ich kann ja dann immer [hin]kommen, wo Du gerade bist. Hausschlüssel habe ich. Geh nach Palenville,

---

4 »Schimpfwort«.

5 »Nebenkosten«, hier: die unvermeidlichen Begleiterscheinungen.

oder vielmehr, nimm keine Einladungen an aus Ersparnisgründen. Das ist momentan nicht nötig.

Wenn es zu heiß wird, laß Dir Dein Zimmer air-condition! Das kann man abstottern!

Deine

[New York,] 21. 6. 52

Liebste,

heute siehst Du ja wohl Baron und kriegst von Jeanette [Baron] erzählt, was sie Dir so gern erzählen möchte, nämlich daß ich ohne Dich verloren bin und eigentlich absolut nicht leben kann. Und trotzdem, weißt Du ja, daß das in einem tieferen Sinne durchaus wahr ist, und so wird es wohl sehr komisch sein, wenn sie das zu wissen glaubt in dieser Manier der Normalen, bei denen es immer eine ganz gezuckerte Lüge ist und doch ihre Nahrung für ein Leben, das sie nicht erreichen können.

Mach Dir keine Sorgen, ich bin durchaus nicht überarbeitet. Die Sommerkurse gehen fein, und ich fühle mich großartig. Und schwitze gern. Für den Sommer ist die Beteiligung erstaunlich. 30 Studenten (bis zu 40 mit Besuchern) im Kurs über den nihilistischen Mythos[1] und bis zu 20 im Einführungskurs. Lange erregte Diskussionen, für die ich diesmal viel Platz gebe, weil es Sommer ist und weil es diesen speziellen Kursen entspricht. Nach der endgültigen Abrechnung für den letzten Term habe ich doch ungefähr 23 Dollar pro Vorlesung verdient. So viel wird es diesmal nicht werden, aber ich werde es in zwei Monaten verdienen. Tröstet mich ein bißchen und macht mir Spaß.

Über die Anlage von air conditioning konnte ich mich noch nicht entscheiden. Es scheint, daß mir Herman die Sache mit 40% Rabatt verschaffen kann. Das würde schon anders aussehen. Ich möchte nicht schon jetzt Palenville festmachen. Als einzelner kann ich da jederzeit unterkommen, und den Pavillon werde ich nicht nehmen, das wäre herausgeschmissenes Geld, denn ich müßte ja für zwei

[1] Die Vorlesung lautete »The Myth of the Void«; vgl. S. 251, Anm. 3.

zahlen. Das können sich Professoren der New School nicht leisten. Spaß beiseite, ich denke, ich kann mir auch so Ruhe verschaffen. Jonas hier zu haben ist mir viel lästiger. In meiner Wohnung vertrage ich das gar nicht mehr. Weil ich da den anderen nicht einfach negieren kann. Der arme Junge fühlt sich natürlich zum ersten Male frei von der Familie und möchte seine Zeit nützen. Braverweise in der Bibliothek, aber doch eben auch für Leben. Und meines mit all den interessanten Leuten ist natürlich für den geistigen Provinzler sehr verlockend. Mary war für zwei Tage hier, und Du hättest sehen sollen, was er mit ihr aufgestellt hat. Sie war sehr amüsiert, und ich war recht gestört. Er ist so naiv vertraulich und egoistisch, daß man ihm obendrein gar nicht böse sein kann, und singt Dein Lied in hohen Tönen, was natürlich das beste ist, um mich zu appeasen. Also fall um Gottes willen nicht in Mitleidsqualen für Stups, und misch Dich nicht ein. Ich halt's schon aus, aber nie wieder.

Mary scheint sich, sie hat alles wieder und wieder mit mir durchgesprochen, in die Sklaverei des Law Studiums hineinwagen zu wollen.[2] Sie will in jeder Hinsicht und um jeden Preis wirkliche Substanz erringen. God bless her.

Mißversteh mich nicht, ich bin über Löwith ganz und gar Deiner Meinung. Wenn man den Meister nicht überholen kann und Schüler geblieben ist, soll man sich als Interpret des Meisters geben. Und nicht den Meister mit seinen eigenen Steinen beschmeißen. Aber diesen normalen Weg hat ja dieser Meister seinen Schülern, und besonders den jüdischen, abgeschnitten, und so vergiftet sich alles. Natürlich ist die liberal skeptische Müdigkeit das einzige, was dem Löwith geblieben ist, und das in Heideggers Begriffen. Es wäre sehr komisch, wenn es nicht so traurig wäre. Ich meinte nur, daß Löwith hier Heideggers wunden Punkt gefunden hat und daß der Meister besser seinen Schmerz vergäße und darauf aufmerksam würde. Leider spielt nämlich sein fragwürdiger und unterkätiger[3] Begriff des Geschichtlichen noch jetzt eine große Rolle bei ihm. Er sendet jetzt das deutsche Volk in seine Geschicklichkeit; und dieser eine geän-

---

[2] Der Plan wurde aufgegeben.

[3] Vgl. S. 298, Anm. 4.

derte Buchstabe macht die ganze Eiterblase platzen. Das ist recht symbolisch für einen so sprachlichen Denker.

Ich habe der Mayer die Erlaubnis gegeben, Dich für den nächsten Herbst für einen oder zwei Instruktionsabende anzukündigen, in denen amerikanische Studenten, die nach Europa reisen wollen, Weisung und Anleitung für das Machen ihrer Erfahrungen dort gegeben werden soll. Ich habe ihr auch erlaubt, Alfred dafür anzukündigen. Teile ihm das mit, und ich lasse ihn um Verzeihung bitten. Die Sache selbst ist wichtig genug, und dabei müßtet Ihr helfen. Der Abend wird mit 35,– Dollar bezahlt, so weint nicht zu sehr. Außerdem verpflichtet Euch die Ankündigung nicht, Ihr könnt jederzeit aus der Sache heraus.

[...]

Die Russen scheinen diesmal noch nicht ernst machen zu wollen. Aber halt die Augen offen. Deine schwäbischen Ansichtskarten sind herrlich.

Liebste, ich sehe Dich traben, trabe froh und nicht zu schnell, und laß Dich nichts verdrießen. Heidegger tut mir sehr leid, und für Dich ist es wahrlich kein Festessen. Was ein einziges nichtiges Weib alles zerstören kann. Das Nichts nichtet.

Nun, wir werden sehen und vor allem, wir werden wieder uns sehen.

Dein Heinrich

Manchester, den 26. 6. 52

Liebster –

ehe ich mit der Hand schreibe, sollte ich wahrscheinlich lieber gar nicht schreiben. Aber hier sitze ich in Manchester, das weiter von Europa ist als New York, und es ist Donnerstag, und die Maschine habe ich in London gelassen, und den Vortrag[1] habe ich hinter mir; die Engländer konnten beim besten Willen nicht entdecken, what I

---

[1] Es handelt sich vermutlich um die englische Fassung von »Ideologie und Terror«, vgl. S. 254, Anm. 6. Hannah Arendt: »Ideology and Terror: A Novel Form of Government«. In: *The Review of Politics* 15 (1953), Nr. 3, S. 303–327.

am talking about. Dies war nicht meine Schuld. Es ist halt England, und sie haben von den Dingen, die sie beinahe den Hals gekostet hätten und sie möglicherweise noch den Hals kosten werden, nicht die leiseste Ahnung.

Morgen früh gehe ich nach Newcastle oder vielmehr Durham, wo ich bei meiner alten Freundin[2] das weekend verbringen werde. Bei weitem das Beste in London war ein ausführlicher Besuch im Foreign Office (Downing Street, so wahr mir Gott helfe), wo ich mit zwei ganz ungewöhnlich intelligenten Herren aus der Research-Abteilung mich stundenlang unterhielt.

Ansonsten England: the most *civilized* country on earth, aber auch das langweiligste! Es liegt eine dumpfe Angst über dem Land, die aber dadurch gemildert ist, daß sie nun schon so lange zu wenig essen, daß sie den Unterschied kaum noch merken. Dabei ist es faktisch unglaublich. Nicht nur, wie die Geschäfte aussehen – Lebensmittel und andere, alles knapp, alles schlechte Qualität (dies ja ganz neu für das Land) –, sondern auch dieser genius to make life uncomfortable. Alles wie ausgerechnet, dir das Leben zu vermiesen, oder aber dich aufzufordern, so viel cheerfulness aufzubringen, daß alles überwunden werden kann.

Dabei bewundere ich kein Volk so wie die Engländer, als Volk nämlich. Alles, was wir an Amerika so gern haben, die decency, der Mangel an Verlogenheit, sic kein Getue, fairness etc. ist angelsächsisch. Aber all das ohne jeden Elan und auch ohne Vitalität. – Ich sah Georg Lichtheim[3] (dies für Jonas, den ich *herzlichst* zu grüßen bitte), und er meinte traurig, den nächsten Krieg überleben sie nicht. Das gilt aber vielleicht für alle europäischen Völker. Amerika müßte trotzdem alles tun, dies Land zu halten, und mit ihm und nur für es, d. h. nur im Hinblick auf England, europäische Politik machen. Verlaß wird doch immer nur auf England sein, wenn auch die europäischen Länder interessanter sind und produktiver.

So, Liebster, genug gequatscht! *Laß Dir um Himmels willen Dein Zimmer air-condition!* Um Jonas ist es mir sehr leid, dies habe

---

[2] Friede Kronenberger, Jugendfreundin von H. A.

[3] Georg Lichtheim, 1912–1973, geb. in Berlin, Historiker und Politikwissenschaftler; emigrierte 1933 über England nach Palästina (1934); seit 1946 in England.

ich Dir eingebrockt, teils aus Peinlichkeit und teils aus Geldpanik. Also zweimal verrückt. Armer Stups.

Mit Heidegger hast Du vollkommen recht. Die Unterkätigkeit[4] bringt mich auf den Baum, vor allem, wenn sie sich dann so eindeutig in dem ganzen Milieu manifestiert. Denn es ist ja keineswegs nur die Frau, sondern auch die Söhne, und er selbst, obwohl er diesmal sehr offen sprach und fast klagte (was er noch nie getan hat), sieht es, wie es wirklich ist, wohl nur, wenn ich da mitten drin sitze – wie der Hecht im Karpfenteich.

Über New York causeries bin ich zufrieden. 35,– Dollar für das, wo man sich ja nicht vorzubereiten braucht, ist gar nicht schlecht. Und außerdem mache ich das wirklich gern. Alfred sehe ich gegen den 6. Juli in Köln, falls er nicht gerade in Basel ist, um zu heiraten.

[...]

Schimpf nicht wegen Handschrift; ich habe mir Mühe gegeben. Bald bin ich wieder bei Dir, wo ich hingehöre.

Deine –

[New York,] 28. 6. 52

Liebste,

es ist mir eine große Freude, daß Du und Robert so freundschaftlich zusammen waren. Glaube mir doch nun endlich, daß Robert Dich wirklich von Herzen gern hat. Er hat sonst mit niemandem außer mir so über seine Probleme gesprochen. Das einzige, was ich für ihn fürchte, ist Krieg, Verlust der Staatsbürgerschaft. Aber vielleicht gibt es wirklich für sehr lange keinen Krieg. Sonst kann ihm wenig passieren. Er kann sich dort drüben immer durchbringen und seine Lebensform mit all seinen Frauen durchsetzen. Wir ändern uns ja alle nicht in diesen strukturellen Dingen. Wenn man das erst versteht, lebt es sich gut zusammen mit den Menschen, die man liebt, und man wird wirklich aktiv tolerant und compassionate, was denn

[4] unter der Haut eitrig, entzündet; etwas unterschwellig Unreinliches, in übertragenem Sinn: verlogen, unwahr, unaufrichtig.

doch eine der größten menschlichen Möglichkeiten ist. Aber leider kann man dafür keine dummen Frauen gebrauchen, und leider ist Elke [Gilbert] dumm, wenn auch noch nicht direkt bösartig so wie die Martinsche.[1]

Hier ist Natascha[2] zu Besuch bei Minka [Huber] eingetroffen. Es ist furchtbar traurig zu sehen, was diese fanatischen modernen Glaubensbewegungen aus den Menschen machen. Und besonders den Juden, die dafür ja so vorbereitet sind durch den moralischen Idealismus und das vollständige Unverständnis für Freiheit. Diese Mischung von Dienstbarkeit und Herrschsucht, die die ganze Geschichte des Abendlandes, in Europa wenigstens, bereits völlig ruiniert zu haben scheint. Und wie häßlich es ihre Frauen macht. Arme Dinger, es wäre besser gewesen, sie aus der Politik herauszuhalten und ihre Dienstwilligkeit auf ihre Liebhaber zu beschränken. Napoleon hatte recht, es handelt sich darum, ob die Welt republikanisch oder kosakisch wird, und wir hatten nur keine Ahnung, wie die modernen Massen und die alten eingewurzelten »ägyptisch ungesunden Glauben«[3] jeden freiheitlichen Ansatz ins Kosakische zu biegen verstehen. Und das ist nun ein Mensch, der mal auf mich gehört hat. Nichts ist sitzengeblieben, und wie verzerrt sich das Gesicht, wenn meine Götter dem Menschen nicht mehr lächeln. Ich aber werde um so mehr die Jünglinge und die Mädchen des ewigen und meistens unsichtbaren Athen zu ihnen zu verführen versuchen.

Hier waren ein paar schreckliche Hitzewellen, aber die Kurse gehen gut, und heroisch sind sie alle gekommen. Haben sich sogar noch vermehrt. Die New School hält es für den Sommer für eine Rekordbeteiligung. Große und lange Diskussionen. Sie wollen

---

[1] Elfride Heidegger

[2] Natalie Moch, geb. Jefroikyn, russisch-jüdischer Herkunft; H. B. war in zweiter Ehe mit ihr verheiratet. (Seine erste Frau war Lieselotte Ostwald, die Nichte des bedeutenden Chemikers und Philosophen Wilhelm Ostwald.)

[3] In Heinrich Heines Gedicht »Das neue israelitische Hospital zu Hamburg« heißt es:
»Das tausendjährige Familienübel,
Die aus dem Niltal mitgeschleppte Plage,
Der altägyptisch ungesunde Glauben.«

mich gar nicht loslassen. Von einigen der Studenten der vorigen Kurse habe ich rührende Dankbriefe bekommen, und ich bin ein ständiges Gespräch geworden in den Studentenzirkeln. Kleine Diskussionsgemeinschaften bilden sich unter den Leuten. Sie gehen gemeinsam zu Kunstausstellungen und erzählen mir dann, wieviel besser sie nun Kunstwerke zu würdigen wissen. Bekanntschaften und Freundschaften schließen sich, und die jungen Leute werden ganz lebendig. Hab keine Angst, es ist keine Bewegung und keine Partei im Werden, und keine Schwärmerei kann aus meiner Philosophie je kommen, so sehr manche es auch wünschen mögen. Keinerlei Bewegung, aber eine langsame und stetige Belebung. Außerdem wird die Qualität der Audience nun schon zum zweiten Male besser. Die Richtigen scheinen es den Richtigen weiterzusagen. Und das ist die einzige Art von Publizität, die ich mir wünsche.

[...]

Frau Jaspers hat mir einen netten Brief über die Bluse geschrieben. [...]

Du wirst hier allerseits sehr entbehrt. Rose und Holty und Bowden[4] lassen herzlich grüßen. Auch Jonas hätte Dich lieber hier, was ich dem armen Jungen nachfühlen kann. Du weißt, wie asozial ich mich entpuppe, wenn jemand das Pech hat, mal längere Zeit mit mir sein zu müssen. Sie können's alle fast nicht begreifen, was für ein einsames Raubtier so ein Goi sein kann, besonders als ein Philosoph. Aber ich werde mir nun wohl die berühmte und beliebte Jiddischkeit, die seelische Brutwärme mit ihrer schlechten Geistesluft, nicht mehr erwerben können und muß als ein kaltes Luder verbraucht werden. Du siehst, wie nötig Deine Gegenwart ist, um einen warmen Schein auf mich zu werfen und dadurch die armen Seelen wohltätig über mich zu täuschen.

Ich weiß, wie mies Dir sein muß mit der Martinlegende[5], und weiß aber auch, daß Du dennoch fröhlich sein kannst im Grunde, nicht nur weil Du nicht totzukriegen bist, sondern weil Du immer

---

[4] Bowden Broadwater, der dritte Ehemann von Mary McCarthy.

[5] Martin Heidegger ist gemeint, vgl. S. 293.

lebendiger wirst, o Mädchen aus der Fremde[6], Du bist ein gutes Wunder.

Dein Heinrich

29. 6. 52

Liebster –

hab ich recht, von der umstehenden Kathedrale[1] so außerordentlich gefangen zu sein? Jedenfalls schicke ich Dir zur Sicherheit eine Reihe von Postkarten, die natürlich doch kein richtiges Bild vermitteln. Der Innenraum ist unter den schönsten, den ich von romanischen Bauten kenne. Hier in der Nähe gibt es viel Normannisches, das ich aber nicht so gern mag. Dies hingegen –

Ansonsten geht es mir gut. Hab mich herrlichst erholt hier und fühle mich sauwohl. Friedes[2] Mann – Arzt, aus jüdischer Bauernfamilie, erheblich mehr Bauer als Jude – noch angenehmer, als ich ihn in Erinnerung hatte. Kleines englisches Vorortstädtchen zu Newcastle inmitten einer Bergwerksgegend. Aber ganz England sieht aus, als bestehe es wesentlich aus Kohle. Alles ist schwarz von dem Kohlenstaub von 150 Jahren. Den Leuten geht es gut, und der Aufstieg der Arbeiterklasse ist hier viel deutlicher zu sehen als in London. Ich bin sehr froh, daß ich mich entschloß, die Reise in den Norden zu machen und wirklich ein wenig England zu sehen. London ist sehr irritierend, confusing, man findet sich nicht zurecht, das Duodezimalsystem[3] plus verkehrte Fahrtrichtung, aber das sind nur Symptome für diese eigentümliche englische Umständlichkeit, die schwer zu beschreiben ist, aber ganz eklatant in allen Kleinigkeiten des Lebens. Trotzdem kommt man irgendwie zurecht, weil jedermann von einer verblüffenden Freundlichkeit ist. Sehr merkwürdig alles.

---

6 Vgl. S. 265, Anm. 6.

1 Die Kathedrale von Durham. Der Brief war auf Postkarten geschrieben.

2 Friede Kronenberger.

3 Dies Zahlensystem mit der Grundzahl 12 der englischen Währung wurde erst 1971 in das Dezimalsystem umgewandelt.

Heute ist Sonntag, und wir fahren gleich im Auto los in die Umgegend. Ich will das Schloß des Duke von Northumberland sehen und die See. Morgen früh geht es zurück nach London, wo ich nachmittags Herbert Read[4] sehe und abends den Übersetzer von Jaspers[5]. Dienstag fahre ich nach Cambridge und dann am Abend nach Paris. Weltbummelant. Es macht mir doch Spaß.

Liebster, Du mußt mir noch einen Gefallen tun. Käte Fürst aus Palästina ist nicht gekommen, telegrafierte, daß sie nicht kommen könne. Vermutlich wegen einer neuen Steuer, durch die ihnen dort so ziemlich alles Geld über 50 Pfund weggenommen wird. Dies heißt natürlich, daß sie alle noch schlechter dran sind. Ich muß CARE schicken. Es ist ganz einfach: Man schickt einen 10-Dollar-Scheck an Care (ich glaube 25 Broadstreet, bin aber nicht sicher) und gibt die Adresse an. Bitte, tu es gleich und wiederhole es im Juli oder Anfang August. Adresse: Mrs. Käte Fürst, 16 Halevanonstreet, Tel Aviv, Israel.

Gefallen Nr. 2: Abonniere Friede auf ein Jahr für »Harpers Magazine«. Adresse: Mrs. Friede Kronenberger, 52 Hartley Avenue, Monkseaton, Whitley Bay, Northumberland.

Schimpf man nicht.

Ich las über die Hitzewelle. Hoffentlich hast Du Dich für air conditioning endlich entschlossen. Bitte, geh doch gleich aus New York raus, sobald der Kurs fertig ist. Warte nicht auf mich.

Deine –

Hannah.

Ich vergaß: Ich kaufte gestern eine Wollweste für Dich und eine Strickjacke für mich, die direkt, an mich adressiert, nach Hause gehen, weil man auf diese Weise die sehr hohe salestax [Zoll] spart. Also wundere Dich bitte nicht – sondern motte ein! Diese Sachen gibt es hier so schön und billig, daß man wirklich nicht widerstehen kann.

---

4 Herbert Read, 1893–1968, englischer Schriftsteller und Kunstkritiker.

5 Ralph Manheim, vgl. S. 460, Anm. 3.

Cambridge, July 1, 52

Liebster,

in aller Eile, weil ich gerade meine nächsten Adressen erhielt. [...]

Schreiben kann ich hier wirklich nicht. Zwei entzückende Kinder toben um mich herum. Ich bin bei meiner sehr reizenden und auch reizend aussehenden »kleinen« Kusine und ihrem Mann[1], der ein sehr anständiger und vernünftiger Kunsthistoriker ist mit einem Denkmalschutz-Job in Cambridge. Cambridge ist ein Traum und wieder sehr, sehr merkwürdig, wie alles in England. Hier kann man sich gut und vernünftig unterhalten. Es macht mir Spaß.

Abends geht es nach Paris weiter, wo Annchen mich morgen früh erwartet. Dort habe ich dann wieder einen Brief von Dir, und alles ist in Ordnung.

Hier ist eine sog. Hitzewelle, und in London ist es wirklich slightly uncomfortable, was aber wenig ausmacht m. E., bei der ungeheuren Begabung der Engländer, das Leben auf jeden Fall uncomfortable zu gestalten.

[...]

Du schreibst nie über Bücherpakete. Ich hoffe, Du hast alles erhalten. Bestätige doch gelegentlich.

Leb wohl, Liebster, mach Dir air conditioning!!!

Bald, bald –

Deine

Grüß den Jonas.

[New York,] 5. 7. 52

Liebste,

Du siehst, ich habe Deinen kurzen Brief mit Adressenwechsel noch rechtzeitig erhalten. Dieser Brief wird wohl genauso kurz werden wie der Deine, weil hier so eine unerträgliche Hitzewelle gekommen ist, daß ich einfach außer meinen Lectures nichts anderes mehr machen kann. Alles wird unerträglich. Ich habe noch immer kein air

---

[1] Else Bräude, geb. Arendt, 1917–1993, und Manfred Bräude.

conditioning, habe zu lange herumgetrödelt, um es billiger zu bekommen. Und kann mich eigentlich zu nichts entschließen. Die Vorlesungen waren bisher gut, und die Leute sind begeistert, ich aber weiß niemals recht, wie ich es mache und ob ich's recht mache. Bin jedesmal zu erschöpft. Du schickst Wollsachen? Mein Gott, ich habe ja überhaupt noch nichts eingemottet. Habe gleich nachgesehen. Alles scheint noch unverletzt zu sein. Ich müßte Deinen Pelz wegbringen. Nun sitzt der Jonas in meinem Vorderzimmer, wie soll ich ihm den Gestank machen? Ich bin bisher nicht aus der Stadt herausgekommen, weil ich zu unentschlossen war, irgend etwas anzunehmen, und auch aller Menschen zu müde, kann niemand sehen, will nichts hören. Bin tief in der Arbeit, obwohl wegen der Hitze alles so langsam geht. [...] Die widerspruchslose Annahme der neuen fürchterlichen Einwanderungs-bill hat die Besten hier völlig entmutigt, sogar die Toren von der Linken, die sich nach ganz rechts bewegten, sind verdutzt; dabei haben sie es anrichten helfen. Es scheint, daß man nun jeden auf einfache Denunziation hin wieder ausbürgern kann.[1] Und in meiner Sache rührt sich absolut nichts.[2] Diese Staatsbürgerschaft scheint mit einem Schlage die wertloseste der Welt geworden zu sein. Und wie bald werden sie nun aus dem »Born American« die Meisterrasse entwickeln wollen. Du fehlst mir, ich kann mich nicht ausschimpfen, und es ist scheußlich, alles so schweigend schlucken zu müssen. [...]

Ich freue mich, daß die Sache mit dem Engadin[3] nun feststeht. Nehme an, daß Du auch ein bißchen Erholung wirst brauchen können. Besonders nach dem Schock mit den Freiburger Verhältnissen.[4] Du hast sicher alles rechtgemacht, aber es ist eben trostlos, so ein verfahrenes Leben. Und alles aus dummen Vorurteilen und gesellschaftlicher Schwäche. Diese Gesellschaft verdient eben doch,

---

[1] Anfang der fünfziger Jahre (McCarthy-Ära, vgl. S. 247, Anm. 4) verschärften sich die administrativen Verdächtigungen und Untersuchungen einer vermeintlichen kommunistischen Unterwanderung der USA.

[2] Am 7. August wurde H. B. amerikanischer Staatsbürger; vgl. S. 322.

[3] Der Aufenthalt in St. Moritz zusammen mit Jaspers und seiner Frau ist gemeint.

[4] Heidegger.

zum Teufel zu gehen, und es scheint, sie wird. Wenn wenigstens die Manuskripte sichergestellt werden könnten.

Liebste, sei mir nicht böse über diesen verstimmten Brief. Es ist nicht schlimm, Du bist mir, und das genügt.

Dein Heinrich

Schloß Georghausen,
den 7. Juli 1952

Liebster –

es ist wirklich erstaunlich, daß man doch immer wieder irgendwo ankommt. Gestern also kam ich nach einer wirklich ziemlich höllischen Reise – völlig verdreckter Zug bei ca. 95 Grad oder darüber, etwa 38 Celsius – aus Paris in Köln an, wo Alfred und Zilkens auf der Bahn waren. Zilkens fuhr uns dann alle gleich hierher, wo es aber nun auch zur Belohnung einfach himmlisch ist. Barockschloß aus dem Ende des 17. Jahrhunderts, ganz unverändert, herrliche Zimmer (mein Schrank schön datiert 1684) mit allem Komfort der Alt- und Neuzeit. Mein Zimmer, vom rührend guten Zilkens seit Monaten extra bestellt, das schönste im ganzen Haus. Zilkens hat notabene erstens Alfred das Bild von Dir, das immer auf Alfreds Nachttisch steht, entführt und zweitens mir eine herrliche Fotomappe von Zwiefalten für Dich gegeben. Diese werde ich schicken – und wenn Du ein Wörtchen des Dankes je schreiben könntest, wäre es vielleicht nett. Kannst Dir nicht vorstellen, wie rührend der Bursche zu mir ist. Nächsten Sonntag, nach gehabter Erholung, werde ich dort im kleinsten Kreis sprechen. Wirklich ein Freund, und eigentlich noch eher für Dich wegen ganz außerordentlicher Kunstseh-Begabung. Da wir bei Geschenken sind: In einem der Bücherpakete, die aus München kommen werden oder auch vielleicht schon gekommen sind, ist, glaube ich, ein Boethius[1]; dieser ist von Jaspers für Dich.

Alfred und Ann haben in Basel geheiratet. Alfred fährt heute, vor

---

[1] Anicius Mantius Torquatus Severinus Boethius, ca. 480–524, römischer Staatsmann und Philosoph; schrieb im Kerker *Consolatio Philosophiae*.

deutschem Semester-Ende, nach Cambridge, weil er es hier nicht mehr aushält. Dies aber ist eher seine Unruhe, als irgend etwas anderes. Der Junge, augenblicklich im Glück schwimmend, ist ein Problem und wird es bleiben. Die Kleine viel weniger. In Cambridge habe ich ihn zu meiner Kusine geschickt. Die nb. samt Mann sind sehr nette Menschen. Ich sehe immer darauf, daß überall jemand ist, der sich ein bißchen kümmern kann.

Ich muß gleich anfangen, mein Paper für die Festschrift[2] in die »Reinschrift«, wie Martin sagen würde, zu schreiben. Daher will ich nicht von England schreiben, das mich immer noch sehr beschäftigt, weil es mich ablenken würde. Vielleicht lassen wir dies nun schon für das Mündliche. Liebster – ich warte schon sehr. – Also nur, daß Paris wieder wie zu Hause war, diesmal fast noch mehr, weil ich wieder vollkommen spreche und die Stadt so gut kenne wie eben doch keine andere Stadt der Welt. Da weiß ich sogar das Metro-System noch auswendig.

[...]

Die Sache mit Natascha [Moch] tut mir entsetzlich leid. Ich weiß, wie schlimm so was ist. Es sind nicht nur die Juden, die nicht wissen, was Freiheit ist. Im Grunde möchte jeder oder fast jeder sich so gerne zwingen lassen; und wenn zu dem äußeren Zwang des Terrors der innere Selbst-Zwang der Ideologie hinzutritt, sind sie ganz glücklich und bereit, alles zu erleiden. Unsereinen empfindet man dann nur noch als Feind und die äußerste Bedrohung. Du kannst nichts machen, aber Du kannst Deine Kurse machen, und das ist dann auch gleich wieder das Beste und Schönste, was einer machen kann. Die Jünglinge verführen. Wer sich von den Göttern nicht verführen läßt, ist ohnehin verloren.

(Liebster, ich wünschte, Du wärest jetzt sofort und auf der Stelle hier, weil die Frösche so herrlich quaken.)

Ich freue mich auf den Herbst und darauf, regelmäßig zu Dir in den Kurs kommen zu können. Dafür einmal Zeit haben und für Dich zu kochen scheint mir himmlisch. Ausgeruht bin ich natürlich trotz allen Anstrengungen im einzelnen sehr. Anstrengend war nur

---

[2] Vgl. S. 254, Anm. 6.

England – und auch sehr teuer. Was mich ärgert, weil ich es nirgends sonst so unbequem gehabt habe. Als ich nach Paris kam, hatte ich nur noch eine Idee – one square meal[3]. Habe dann mit Annchen regulär gefressen.

[...]

Ich wünschte, Du könntest Dich zum air conditioning entschließen. Ich habe ganz ordentliche Apparate gesehen, die für ein kleines Zimmer nicht mehr als 300.- Dollar kosten. Das in Dein Zimmer, in das Du Dir in den schlimmsten Tagen noch die Couch stellen mußt.

Auf bald, Liebster,

Deine

[New York,] 12. 7. 52

Liebste,

sei bitte nicht besorgt über meinen letzten verstimmten Brief. Du weißt, wie leicht einem hier im Sommer die Nerven reißen können. Da würde auch kein air conditioning helfen. Es ist einfach ein bißchen viel, jeden Tag eine lecture zu machen, und der eine Kursus hat drei Stunden. Und ich kann ja der New School nicht air conditioning schenken. Der Kurs über den »Myth of the Void« schien mir einer der verständlichsten zu sein, die ich gemacht habe; aber er ist bis ins letzte aktuell, und so stoße ich hier oft auf bewundernde Feindseligkeit. Ich versuche den Leuten zuviel von ihren Illusionen zu nehmen. Außerdem sind sie nicht gebildet genug, um die literarische Seite der Sache richtig zu erfassen. Also bessere ich dauernd herum, was mich natürlich anstrengt. Sie sagen mir alle, es sei wunderbar und brillant, aber ich bin nicht so recht zufrieden. Du weißt ja, daß ich eigentlich nur Deinem Urteil wirklich zu trauen vermag, und Deine Kontrolle fehlt mir bei diesem Kursus besonders. Aber es wird schon werden. Jetzt bin ich über die erste Hälfte hinweg und habe nur noch sechs Vorlesungen für jeden Kursus zu halten. Meine Verstimmung stellte sich zudem als eine böse Magenverstimmung heraus, die ich nun hinter mich gebracht habe. Ich fühle mich wie-

---

3 »Eine ordentliche Mahlzeit.«

der großartig in Form, und auch die Hitze macht mir nicht mehr soviel aus.

Ich glaube nicht, daß ich vor Dir nach Palenville gehe. Wenn ich erst am 1. August oder so hier endlich allein bin und die Kurse hinter mir habe, möchte ich mal richtig ungestört arbeiten an meinen Herbstsachen. Das Herumstehen und -gehen eines fremden Menschen[1] macht mich rasend nervös. Ich bin eben nicht mehr jung. Außerdem diese schnüffelnde Taktlosigkeit, die den meisten Juden wegen der plebejischen Familientradition eignet und für die sie ja nichts können. Aber das mir. Ihm geht es gut. Nur daß er die Hitze gar nicht verträgt.

Mary hat mich dringend eingeladen. Würdest Du, wenn ich Dich hier erwarte, mit mir für vier Tage oder so dort an die See gehen und dann nach Palenville? Ich hätte dann immer noch drei Wochen, und das ist übergenug. Jedenfalls laß mich das entscheiden. Wenn ich erst wieder allein bin, wird Dein Arbeitsraum erst richtig verlokkend für mich werden.

Durham Cathedral[2] ist wirklich sehr bemerkenswert. Und nun sitzest Du gar auf einem Barockschloß und wirst dann in St. Moritz sein. Sauge Dich voll, das gerade wollte ich für Dich, eine wirkliche große Freude nach all der Arbeit. Und ich bin gespannt, alles zu hören. Na ja, Paris, ich weiß. Habe manchmal direkt Heimweh. Und besonders natürlich, wenn Du dort bist. Ja, da sind wir wirklich gewesen und zum guten Teil geworden.

[...]

Übrigens der Widerstand in den Kursen ist hauptsächlich wieder auf die alten Juden und die jungen amerikanischen Flachköpfe beschränkt. Die Intelligenteren scheinen um so gründlicher verführt zu sein und bestürmen mich mit Fragen. Ein evangelischer Reverend, Schüler von Tillich, hat sich allerdings nach einer lecture und anschließender Diskussion mit ihm über Religionsprobleme, die ihn sichtlich erschütterte, von mir wie von dem Teufel schleunigst wieder abgewendet. Ja, Philosophieren ist die gefährlichste Sache der Welt, und das merken sie bei mir. Aber die alten Juden lieben

---

[1] Der Hausgast Hans Jonas ist gemeint.

[2] Vgl. S. 301, Anm. 1.

mich trotzdem, so sehr sie sich auch über mich entsetzen mögen. Übrigens nimmt Bertha [Gruner] diesen Kurs und ist sehr begeistert!

Wenn wir bloß erst beide in Palenville sitzen und alles beruddeln können. Der verdammte Taft hat ja nun von seiner eigenen Partei die Quittung für sein Bündnis mit MacArthur[3] und McCarthy[4] bekommen. Das ist ein kleiner Lichtstrahl. Der andere war, wie die Franzosen plötzlich den kommunistischen Bluff gestellt hatten. Jetzt aber sind sie schon wieder schüchtern und legal geworden mit der Bande. Wenn die Amerikaner in Europa und Asien eine fortschrittliche Arbeiterpolitik ihrer eigenen Prägung gemacht hätten, würde der russische Spuk ohne jeden Krieg in zehn Jahren platzen.

Grüße mir Alfred [Kazin] und sein Weib recht herzlich, und ich wünsche alles Beste. Grüße auch die Jaspers und jeden, den Du triffst. Wer ist dieser nette Herr Zilkens? Grüße ihn, und ich lasse ihm danken für seine Bemühungen um Dich. Wirst Du vielleicht Robert nochmals sehen?

Ich arbeite an neuen Sachen und bin selbst sehr neugierig. You take it easy and enjoy yourself. Hier wartet Stups, Wohnung und Freunde auf Dich.

Dein Heinrich

Grüß mir die feine alte Heidelberg. Worüber sprichst Du da? Jedenfalls, sie kann es brauchen. Und was wirst Du auf dem Barockschloß den wenigen Erwählten erzählen? Ich bin ein wenig neugierig auf Deine Arbeit, mein wertes Fräulein. Also laß mal ein paar gelegentliche Worte fallen.

---

3 Douglas MacArthur, 1880–1964, amerikanischer General; 1942 Oberkommandierender der alliierten Streitkräfte im Pazifik, 1945 Oberbefehlshaber der Besatzungstruppen in Japan, 1950 der UN-Truppen im Korea-Krieg, 1951 von Präsident Truman entlassen.

4 Vgl. S. 247, Anm. 4.

Heidelberg, den 18. 7. 52

Liebster –

Was mich an Deinen Briefen besonders bekümmert, ist, daß Du so unglücklich über Einquartierung bist. Ich kann es doch nicht recht verstehen; die Wohnung dürfte doch eigentlich groß genug sein, daß Ihr Euch nicht gegenseitig dauernd ins Gehege kommt. Ja, mit Dir kann man es eben wirklich nicht machen. Mein armer, geliebter, unverstandener Stups.

Hitze muß ja wirklich unerträglich sein dies Jahr. Hier ist in der Hinsicht alles bereits wieder vorüber, und selbst Heidelberg ist so kühl, daß ich meist im Kostüm rumlaufe. Die letzte Woche war recht anstrengend, und ich bin ein bißchen durchgedreht. Erst Köln mit zwei langen Diskussionsabenden bis tief in die Nächte, schließlich von Sekt gefolgt, um mich auch gebührend zu feiern. War sehr nett. Ich spreche überall über »Terror und Ideologie«, was ich wie mir scheint ganz ordentlich für die Jaspers-Festschrift[1] fertiggemacht habe. Mühe habe ich mir jedenfalls gegeben. – Hier empfing mich bereits ein Brief von Jaspers zur Begrüßung. – In Köln war ein Bonner Ministerialrat (oder sowas ähnliches da), der ganz offiziell in Paris für Deutschland verhandelt, sich heftig über französischen Chauvinismus beklagte und im selben Atemzug erklärte, er habe an der »damals reichsdeutschen und heute wieder auslandsdeutschen Universität von Straßburg« studiert. Dies findet man an allen Ecken und Stellen, ohne daß die Leute auch nur wüßten, was sie sagten. – Hier Heidelberg war für mich persönlich ein Erfolg, der bei weitem beste des ganzen Tages; aber auch hier findet sich eine Unzahl von Dingen, die wirklich nur Böses befürchten lassen. Ich komme gerade von einer Diskussion mit den Studenten, die sie selbst veranstalteten (die Fakultät sieht mich natürlich eher mit Mißtrauen an), um den Vortrag weiter zu diskutieren. Gutes Niveau, aber es sind auch eben nur die besten gekommen, etwa 25 Leute aus allen Fakultäten.

Ansonsten gibt es Sektenbildung; an dem Mittwoch sprach ein

---

[1] Vgl. S. 254, Anm. 6.

Pfarrer der Niemöller[2]-Richtung, der sich seine Theologen bereits organisiert wie eine Stoßkolonne mitbrachte. Die Herren scharrten dann wie auf Kommando und trampelten während der Diskussion, bis ich eingriff und die Sache so schwierig machte, daß ihnen beides verging. Gurian ließ sich provozieren und wurde (verständlicherweise) saugrob. Darauf verließen selbige Studenten gehorsamst, gefolgt von dem Dekan (!sic!) und einigen Professoren, den Raum, mit Türenschlagen; dann kamen sie nach einer Weile ohne Türenschlagen ganz zahm wieder an. Solch eine Clique gibt es hier auch für Heidegger – Niveau unter der gesengten Sau; ich hatte ein paar solcher Leute bei mir, saudumm –, und sie macht die Dinge nicht gerade einfacher. Alles orientiert sich an solchen pseudo-politischen Organisationen; gelernt wird in der Philosophie hier nicht viel. Unter diesen Umständen ist Löwith wahrscheinlich doch ganz gut, weil er ja viel weiß und es klarmachen kann. Auf der anderen Seite der Barrikade stehen Leute wie Rüstow[3], mit Sternberger verbündet, die erklären (dies ging gegen mich), »Metaphysik ist ganz überflüssig«. Dieser Rüstow ist noch unmöglicher, als ich aus seinem Buch[4] bereits entnahm. Schwachsinnig. Sternberger ganz verspießert. Löwith sehr nett, ich war bei ihm; aber entschlossen, den Krieg zu führen. Es ist ein blödsinniger Hexenkessel, und ich bin froh, daß mich das alles nichts angeht. – War auch bei Alfred Weber, der leider so »jugendfrisch« ist, daß es von kindisch nicht mehr ganz zu unterscheiden ist. Aber auch dies merkt man hier kaum. Im ganzen bin ich froh, daß ich aus Heidelberg wieder rausfahre.

An diesem Brief merke ich, daß ich verärgert bin. Das ist aber gar nicht persönlich. Die Leute sind reizend zu mir, und die Heidegger-Clique gerade war sogar begeistert. Es sind wirklich ganz objektive Gründe.

Der langen Rede kurzer Schluß: Bloß schon zurück zu Stups und

---

[2] Martin Niemöller, 1892–1984, evangelischer Theologe; im Ersten Weltkrieg U-Boot-Kommandant; 1937–45 im Konzentrationslager; 1947–64 Kirchenpräsident der evangelischen Kirche in Hessen und Nassau.

[3] Alexander Rüstow, 1885–1963, Soziologe und neoliberaler Volkswirtschaftler.

[4] Alexander Rüstow: *Ortsbestimmung der Gegenwart. Eine universalgeschichtliche Kulturkritik*. 1. Bd.: *Ursprung der Herrschaft*. Erlenbach-Zürich 1950.

reden, wie der Schnabel gewachsen, und fragen und hören und nicht allein sein.

Der nette Herr Zilkens, wie Du sagst, ist meine Eisenbahnbekanntschaft und nun bereits ganz »alter Freund«. Er war rührend. Arzt, aus [einer] Kölner alten katholischen Familie, etwa 34 Jahre alt, Weib und Kind, hatte meine Aufsätze gelesen und veranstaltete alles in Köln. Fährt mir im übrigen überallhin irgendwie durch Nächte hindurch nach. Kurz, mein letzter (?) Flirt.

Mary: Einverstanden. See scheint mir sehr schön. Ich muß nur am 25. oder 26. in Buffalo sein, zu einer dämlichen Tagung. Aber das geht ja sehr gut. Nachher komme ich dann noch nach Palenville, wenn das in Deine Pläne paßt. Du brauchst auf jeden Fall mindestens 4 Wochen Luftveränderung und wirkliche Ruhe! Ich brauch es nicht. Bin erholt und habe ja doch die Erholung, die ein europäischer Sommer auf jeden Fall bietet. Dazu noch die Tage in St. Moritz.

Bin auf dem Wege nach Marburg (Jewish Cultural Reconstruction) und einige Sachen einsehen, die ich sonst nirgends auftreiben kann. Danach, Anfang der Woche, Frankfurt, wo ich wohl bei Dolf [Sternberger] wohnen werde.

Air conditioning: Ich bin der Meinung, daß dies wohl helfen würde, und sehe nicht recht ein, warum Du es Dir nicht hast machen lassen. Wir taten es doch nur nicht, weil Finanzen so unsicher waren. Nun sieht es aber doch aus, als ob wir uns ganz gut durchwurschteln werden. Ergo...

Bitte, bitte schön: laß mir meinen Pelz nicht vermotten! Das geht doch nicht. Du brauchst ihn, wenn Du nicht selbst im closet einmotten willst, doch nur runterzubringen. Im übrigen, müßte natürlich überhaupt eingemottet werden, weil wir sonst überhaupt Motten bekommen – vor lauter überhaupts kann ich mich nicht mehr retten.

[...]

Leb wohl, Liebster, mein itinerary[5] hast Du ja. Bald, bald, keinen Monat mehr. Ich bang mich.

Deine

---

[5] Marschroute.

[New York,] 18. 7. 52

Liebste,

dies ist ein Freitagsbrief, weil ich nun heute unbedingt sofort nach Connecticut muß, den neuen Platz von Gumperz zu besichtigen. Die Zeit konnte nicht besser gewählt sein, denn hier ist eine neue Hitzewelle mit so viel Feuchtigkeit diesmal, wie wir es fast noch nie hatten, man kann nicht richtig sehen und schwitzt sich durch die Gegend. In den Kursen sind die Studenten wie der Lehrer mehr tot als lebendig... Bei fast allen Kursen bleiben die Studenten in Massen weg, außer in meinen. Und das grenzt an Heldenmut. An der Spitze allerdings erscheint für den Mythoskurs Clara Mayer nun regelmäßig. Gut, daß ich für zwei volle Tage diesmal aus der Stadt herauskomme. Aber die paar Vorbereitungen dafür und die Bahnfahrt von drei Stunden sind mir schon fast zu viel. Mit air conditioning habe ich für einige Stunden in Clara Mayers Office die trübe Erfahrung gemacht, daß man da auch in dumpfer Luft sitzt und zu schwitzen beginnt, dazu dieses unaufhörliche Summen. Na ja.

Ich muß noch verschiedene Sachen für die Abreise erledigen und wahrscheinlich den Präsidenten Case von Bard College [1] sehen, der mich auf Veranlassung von Kallen heute früh hier gleich anrufen wird. Was mag der wollen? O Gott, ein College mit höheren Gänsen, ich sehe sie schon dummstolz dasitzen und höre sie schnattern, all die chilly-sillies [Dummerchen]. Wenn der Kelch aus Gold ist, werde ich ihn nicht zurückstoßen können, aber vielleicht geht er dennoch an mir vorüber.

Das Carepaket habe ich abgehen lassen. Sonst ist alles noch unerledigt.[2] [...]

Da war nun der Herr Präsident schon mit einer arroganten, lässigen, imitiert angelsächsischen Stimme. Ich muß ihn gleich sehen, die Herren tun immer so beschäftigt, daß sie prinzipiell auf der Zeit beharren, die sie zuerst erwähnt haben, sie können nicht eine halbe Stunde später.

---

[1] Gemeint ist das Liberal Arts College im Staate New York, an dem H.B. von 1952 an Philosophie lehrte. Präsident zu der Zeit: James Case.

[2] Vgl. S. 302.

Nun, Liebste, mußt Du in diesem Brief mit Gefühlen ohne Worte vorlieb nehmen, aber sie sind plenty. Als Ersatz lege ich Dir Geschäftspost der berühmten Dame Schnupperchen bei.

Ich freue mich, Dich bald in St. Moritz zu wissen, und sehe dem 17. August entgegen, der ja nun nicht mehr gar zu ferne ist.

Dein Heinrich

Frankfurt, den 25. 7. 1952

Liebster –

hoffentlich war der Kelch mit der imitierend angelsächsischen Stimme nicht aus Gold und ist an Dir vorübergegangen. Bard College ist, glaube ich, besonders unangenehm, aber Deine Ablehnung des gesamten Geschlechts als Gänse hat mich doch ein bißchen gekränkt.

Ich sitze hier in Frankfurt und wohne bei Sternbergers, die sehr lieb und rührend sind. Ich traf Dolf zufällig in Heidelberg und habe dann hier zusagen müssen. Was natürlich auch sein Gutes hat, obwohl ich nicht recht arbeiten kann, weil zu viel um mich herumschwirrt. In Marburg sah ich noch Bultmann[1] und Krüger[2], letzterer sehr pessimistisch über die politische Entwicklung in Deutschland, ersterer etwas ahnungslos, aber so nett und anständig wie je. Hans [Jonas] muß ihm gleich schreiben, falls er nicht schon geschrieben hat. Er ist ein bißchen gekränkt, und er ist ein zu guter Mann, um gekränkt zu werden. Marburg ist geistig völlig tot, hat noch nicht einmal die Pseudo-Geistigkeit von Heidelberg. Dafür so viele Korpsstudenten, daß man sich am liebsten nicht auf die Straße begibt. Alles, was über 20 Jahre alt ist, ist hoffnungslos, danach allerdings wird es anders.

Gestern saß ich noch bis 1 Uhr nachts mit Fritzchen[3], Hellas Sohn, der nach einem Arbeitstag von ½ 5 früh bis 9 Uhr abends

---

[1] Bei Rudolf K. Bultmann, 1884–1976, hatte H. A. 1924/25 evangelische Theologie studiert.

[2] Gerhard Krüger, 1902–1972, Philosoph.

[3] Fritz Jaensch, der Sohn von Hella Jaensch.

noch rasch in die Stadt kam. Das war wieder ein Lichtblick. Der Junge hat so einen klaren, hellen Verstand und eine Fröhlichkeit, die einem das Herz erwärmt. Gott erhalt sie ihm. Über die Präsidentschaftswahlen[4] weiß er mindestens so Bescheid wie ich und urteilt, ohne es zu wissen, nach ähnlichen Maßstäben.

Aber ansonsten bin ich froh, wieder wegzufahren. Obwohl das jetzt ganz aus der Mode ist. Es gibt hier viele »Rückkehrer« aus Amerika, alles Intellektuelle, die das Land nicht mehr ausgehalten haben und die wirklich guten, wenn auch m. E. temporären Chancen sich hier nicht aus der Nase gehen lassen wollen. Daß ich Löwith sah, schrieb ich wohl. Der ist nur einer von vielen. Aber laß es Dich nicht locken; wir könnten es schlecht ertragen, diesen Maskenball der zwanziger Jahre, der dem Totenball von Proust aufs Haar gleicht. Auch um Heideggers Ruhm bin ich in der Richtung eher besorgt, d. h. besorgt für ihn; das ist eine »Bewegung« und eine »Richtung« geworden, die morgen anders wehen und sich umorientieren kann. Er weiß das im Grunde ganz gut, schwimmt aber doch irgendwie mit, wenn ich ihn jetzt nicht vielleicht doch ein bißchen mißtrauischer gemacht habe. Sehr vorsichtig. Von Jünger z. B., von dem vor zwei Jahren alles sprach, spricht keine tote Katze mehr, seine Bücher liegen nirgends mehr aus, es ist, als gäbe es ihn nicht mehr. Das geht hier von einem Tag auf den anderen. Das gleiche gilt augenblicklich für Jaspers, besagt aber auch nichts. Das ist die augenblickliche deutsche Atmosphäre, in der alles schnell verfliegt. Vielleicht irre ich mich, aber ich glaube nicht.

Auf St. Moritz freue ich mich, und der europäische kühle Sommer tut mir eigentlich auch gut. Ich wünschte nur, ich könnte Dir was davon abgeben. Dies Jahr muß ja blödsinnig gewesen sein und schlimmer als je zuvor. Von den Einwänden gegen air conditioning bin ich nicht recht überzeugt, und daß Du den Pelz nicht eingemottet hast, ängstigt mich wirklich. Das gute teure Stück.

[...]

Ich bin neugierig, was Du nun bezüglich Mary entschieden hast und ob wir gleich dahin fahren. Ich wünschte ja doch, Du würdest

---

[4] Gemeint sind die amerikanischen Präsidentschaftswahlen.

gleich nach Ende des business aus New York herausgegangen sein. Wie geht es Rose? Habe nichts mehr von ihr gehört. Sag man all den Freunden herzlichste Grüße, und sie sollten sich nicht zu sehr an meine Abwesenheit gewöhnen, ich käme zurück und möchte freundlichst empfangen werden.

Ich brenne darauf, richtig und ordentlich wieder zu arbeiten. Ich glaube, ich weiß endlich, what I am doing, und es hat mich wieder mal am Schlawittchen. Ein bißchen Angst macht mir wieder die Sprachenfrage, aber da kann man ja nichts machen. Außer klagen.

Liebster, ich mag nicht mehr ohne Dich und mag auch nicht mehr, daß Du Kurse gibst, in denen ich nicht sitze. Daß Clara da auch erscheint, freut mich sehr. Ja, Stups, der Kluge, Stups, der Weise...

[...]

Leb wohl, Liebster, die Briefe werden nicht mehr richtig, weil das Heimkommen bereits dazwischen und im Wege steht. Es scheint bereits alles überflüssig.

Deine

Übrigens: Krüger erzählte bei Bultmann, mit welcher Begeisterung Jaspers von mir spräche, wie »vorzüglich« er meine Sachen fände etc. Darauf Bultmann: Ja, das meinen wir auch. Darauf Krüger zu mir: Nein, der liebt Sie einfach. Ich kann nur hoffen, daß ich nicht rot wurde.

[New York,] 26. 7. 52

Liebste,

bitte verzeih, daß ich Dir da wegen Jonas den Kopf vollgequengelt habe. Dieser Sommer hier, sagen sie, war bis jetzt der heißeste in history. Es war unvorstellbar. Es ist noch jetzt schlimm, aber kein Vergleich. Die Menschen bekamen alle Selbstmordneigungen. Die hatte ich nun zwar nicht, aber eine schlechte Stimmung nach der anderen. Jedesmal glaubte ich, die lecture verpfuscht zu haben, obgleich sie alle sehr gut waren. Trotzdem habe ich mit gelähmtem Kopf gut gearbeitet und neue Sachen gefunden, die weit tragen werden, wie ich denke. Aber ich bin ohne alle Reserven und jedesmal völlig ausgepumpt. Nach dem air conditioner hatte ich zu lange herumgefragt, um ihn billig und gut zu kriegen. Dann verschwanden sie alle wie mit einem Schlage durch den Stahlstreik, der erst jetzt beendet ist. So nächsten Sommer, und dann auch für Dich. Wenn das Wetter so bleibt wie jetzt, werde ich bestimmt hier auf Dich warten. Ich brauche Zeit, meine neuen Kurse vorzubereiten. Dazu bin ich mit Bard College in schwierige und langwierige Verhandlungen geraten. Der Präsident hat einen ganz ausgezeichneten Plan für einen allgemeinen Freshmen Kurs als Mittelpunkt der Erziehung dort. Er sucht einen Sokratischen Mann und glaubt, ihn in mir gefunden zu haben. Die Fakultät aber fürchtet das und ist für den anderen Kandidaten. Ich muß nun Montag da hin und es mit der Fakultät besprechen. Sie hatten mir bereits einen ihrer Leute in den Kurs geschickt, der seinen fellow traveller[1]-Kopf ernst geschüttelt hat. Keine sehr schöne Situation, wenn ich das Geld bedenke, das mir da entgehen kann. Der Präsident will mir das Spitzengehalt zahlen für ein Jahr, und ich würde nur zu gerne ein Jahr Dein Mäzen sein wollen. Ich müßte in Bard wohnen. Sie wollen auch Dich da haben für ihre sozialen Bedürfnisse, aber ich habe nur Teilversprechungen gemacht. Es muß furchtbar sein. Ich werde es mir Montag ansehen. Muß noch viel an dem Plan arbeiten, das ist meine einzige Chance. Ich will, daß sie erst im Februar beginnen, schlage vor, gratis im Herbst mehrere Male herauszukommen und den Plan mit der Fakultät gründlich vorzubereiten. Will in keinem Fall meine Herbstkurse an der New School einfach fallenlassen. Im Frühling will ich dann bei ihnen wohnen, aber donnerstagsabends abfahren dürfen und freitags meine beiden Kurse in der New School geben. Hältst Du das für richtig?

Oder hätte ich gleich auf alles eingehen sollen? Ich bin ganz unsicher ohne Dich in diesen Sachen, und mir ist mies. Fürchte, etwas verkorkst zu haben. Aber wahrscheinlich wird mich die Fakultät sowieso als Reaktionär betrachten, und ich habe keine Chance. In jedem Fall war es für die New School gut zu erfahren, daß andere bereit wären, mir 7000.- Dollar zu zahlen. Ach, Liebste, wenn ich

---

[1] Bezeichnung für den Sympathisanten einer Partei, besonders der Kommunistischen Partei, ohne Mitglied zu sein.

Dich hier gehabt hätte, ich bin ganz versorgt. Ich will mein Bestes versuchen, den Präsidenten und die Fakultät in dieser Frage zu versöhnen, werde der Fakultät verführerische Konzessionen machen, damit sie sich wichtig fühlen können, kurz, es soll nicht meine Schuld sein, wenn ich das Geld nicht kriege. Aber hätte ich die New School so einfach gänzlich aufgeben sollen? Ich habe doch anscheinend ein wachsendes Auditorium da.

Wenn meine Pläne von Bard College genehmigt werden, könnte auch das eine sehr verführerische Sache für den Philosophen sein. Ich möchte am liebsten beides machen für ein Jahr und mich mal wirklich überanstrengen. Ein komisches Vorhaben, wenn ich meinen jetzigen Zustand betrachte. Aber das ist wirklich nur der Sommer, der mich so fertig gemacht hat. Ich bin ganz sicher, mit einigen Wochen Palenville in Topform zu sein.

Was du aus Deutschland schreibst, klingt triste. Ich hatte mir schon gedacht, daß es da mit dem Eifer für die Philosophie eine nicht ganz koschere Sache ist. Und mir sind meine vierzig Hörer hier bedeutend lieber. Außerdem scheint mir meine Philosophie immer mehr amerikanisch zu werden. Wegen des wirklichen Begriffes der Freiheit, hinter dem ich her bin, Du weißt ja.

Von Jaspers kam soeben ein ganz entzückender Brief.[2] Er dankt mir, daß ich Dich für St. Moritz freigelassen habe. Er spricht in so lieber Weise über die kleinen Meinungsverschiedenheiten mit Dir und freut sich so auf Eure Ferien. Ich werde in den nächsten Brief eine Seite für ihn einlegen, denn dann habe ich das Sommersemester hinter mir, und ich hoffe, die Sache mit Bard ist dann so oder so aus meinem Kopf heraus. Sein Brief hat einen unendlichen Charme. Eine solche Reinheit der Gesinnung und Freimütigkeit der Annäherung. Und eine Unbefangenheit, wie sie nur der Absicht auf das Wahre selbst entspringen kann. Ja, es gibt so etwas wie eine himmlische Sicherheit, er hat sie. Du scheinst ihm ja nun einiges über mich erzählt zu haben. Er ist so neugierig wie die Sonne selbst in seiner Grundleidenschaft des wesentlichen Erhellens. Wenn Bard College was wird, werde ich bei ihm um Rat fragen wegen gewisser Punk-

---

[2] Karl Jaspers an Heinrich Blücher, 21. Juli 1952. In: *Hannah Arendt–Karl Jaspers Briefwechsel.* München 1985, S. 222.

te seines Reformprogramms für die Universität. Leider haben wir die Broschüre[3] hier anscheinend wieder verpumpt und verloren. Kannst Du mir gleich eine senden?

Ich sehe, daß es Dir mit der Zeit schwerer fällt, Briefe an mich zu schreiben. So geht es mir. Man wird ungeduldig mit dem Papier und möchte schon endlich wieder miteinander sprechen und sein. Nun aber ist es nicht mehr lange, und dennoch wird die Ungeduld noch wachsen.

Dein Heinrich

Sei unbesorgt, Dein Pelz ist gerettet, und die anderen Sachen habe ich ständig ein wenig kontrolliert. Sonst geht mir alles drunter und drüber. [...]

St. Moritz, den 1. August 52

Liebster –

ach Stups, nun wirst Du doch ein Professor, und es hat alles nichts genützt. Inzwischen wird es sich ja so oder anders entschieden haben, und ich bin im Grunde froh, daß ich nicht da und dabei war. Bin eigentlich überzeugt, daß Du es selbst am besten machst und auch am besten weißt, wie man solche Leute behandeln muß. Du hast ganz recht, Dich lieber mal zu überarbeiten – obwohl mir davor doch ein wenig graust –, als die New School einfach fahrenzulassen. Schlimm wird es sein, daß wir nur noch halb in New York sind oder ich Dich nur noch halb habe. Auf keinen Fall dürfen wir die Wohnung aufgeben. Was hast Du denn da für Teilversprechen gemacht? Muß ich mit? Werden wir alles zu sehen kriegen. Sage auf jeden Fall – was halb wahr ist –, daß ich für mein neues Buch[1] für Guggenheim unbedingt die Bibliothek von Columbia brauche.

Dein Brief hat mich ein bißchen durcheinandergebracht, aber hier ist es herrlich. Jaspers so in Form, daß ich wieder ein bißchen Angst vor ihm kriege, setzt mir nun gründlichst zu, ein wenig mit

---

[3] Karl Jaspers: *Die Idee der Universität*. Berlin 1946; vgl. auch S. 142, Anm. 3.

[1] Vgl. S. 245, Anm. 7.

der auch ausgesprochenen Vorstellung, wer weiß, ob man sich wiedersieht. Er sieht glänzend aus; wenn Du nur einmal hier sein könntest. Über die Gespräche ist noch nichts zu berichten – ich kam gestern abend an –, aber es ist schon klar, daß alles, was ich für Martin zu erreichen geglaubt hatte, eben doch nicht klappen wird. Da ist nichts mehr zu machen. Er sieht nur das »Unheil« und nicht die andere Seite der Medaille. Oder die andere Seite nur minutenweise, solange ich da bin. Was kann ich tun? Eigentlich gar nichts. Um so mehr, da ich ja leider gar nicht sicher bin, in welche Geschichten der sich bei der nächsten sich bietenden Gelegenheit wieder einläßt. Ich werde schwerlich weiterhin kontrollieren können. Was ich an Heidegger-Einfluß in Heidelberg gesehen und gehört habe, ist wirklich nur verhängnisvoll, wenn es nicht so kotzdämlich wäre. Daß aber die Plattköpfe wie Rüstow und Sternberger oder selbst gute Leute wie Löwith dem wehren können, ist eine Illusion – die sich Jaspers auch nicht macht. Also wer? Jaspers selbst? Würde heute von allen Fakultäten in der bösartigsten Weise an die Wand gedrückt und zwischen den Plattköpfen und dem neumodischen Schwindel glatt zerrieben. Ich habe, wie ich nachträglich noch erfuhr, in Heidelberg einen großen Eindruck gemacht. Aber das besagt in dieser Atmosphäre gar nichts.

Ich bin so neugierig auf Deine neuen Sachen und eigentlich überall und in jeder Hinsicht höchst ungeduldig, endlich wieder bei Dir und zu Hause zu sein. Aber Rumtreiben war doch gut. Das Mädchen hat was zugelernt. Wie es eben zu gehen pflegt. Sah in Deutschland noch einige gute Leute, darunter den Chefredakteur des »Rheinischen Merkur«, der extra nach Frankfurt kam, um mich zur Mitarbeit zu gewinnen. In Zürich habe ich nun endlich für die deutsche Fassung des Buches[2] abgeschlossen, wird mir noch viel Arbeit machen, aber sonst gute Bedingungen. Die französische Version wird dann aus dem deutschen Manuskript übersetzt werden. Es ist doch komisch, daß Du nun schließlich noch der amerikanischere von uns beiden wirst und ich doch immer wieder mich in den deutschen Bereich verlocken lasse. Kann ich nicht anders.

---

[2] Das Totalitarismus-Buch.

A propos Überarbeiten: Ich werde in den nächsten zwei bis drei Jahren rasend zu tun haben, freue mich aber darauf mit der Hoffnung, nicht in den Beruf[3] zurückzumüssen. Das ist ja doch das Entscheidende. Aus meinen Montesquieu-Geschichten[4] sind noch, wie mir scheint, ein paar recht hübsche Dinge herausgekommen, die auch weiterführen könnten. Wird Stups ja dann entscheiden. Ach Liebster, Nietzsche hat gesagt – wie Jaspers gerade berichtete –, Wahrheit gibt es nur zu zweien.[5] Ich allein jedenfalls könnte es nie.

Berichten mag ich nicht mehr, kommt dann alles mündlich raus. Aber Hellas Sohn[6] war noch eine rechte Freude, und dann habe ich noch ganz rasch die Marianne Wendt[7], die Nichte von Furtwängler[8], von der ich Dir erzählte, wiedergesehen, und auch das hat mich gefreut. Von Alfred einen überströmend glücklichen Brief aus Cambridge. Daß er aus Köln so Knall und Fall abgereist ist, ist wirklich schrecklich. Um so mehr, als er – was ich erst jetzt erfuhr – das gleiche vor einem Jahre in Salzburg gemacht hat. Der Junge wird uns noch viel Sorgen machen, aber fallenlassen darf man ihn unter keinen Umständen.

[...]

Nun muß ich ins Nebenzimmer, wo Jaspers sitzt, der wirklich wie die Sonne selbst in seiner himmlischen Neugierde ist. Wir haben wieder einmal ausführlichst über Dich gesprochen, anläßlich Deines Briefes. Nun legst Du aber bitte wirklich ein paar Zeilen für ihn ein. Und das nächste Mal verschleppe ich Dich doch hierher.

Liebster, auf ganz bald.

Deine

Deine

Deine

---

3 Gemeint ist ihre Tätigkeit als Lektorin im Schocken-Verlag und als Direktorin der Jewish Cultural Reconstruction.

4 Vgl. S. 282, Anm. 4.

5 In Nietzsches Werk *Die fröhliche Wissenschaft*. Drittes Buch, 260, heißt es: »Einer hat immer Unrecht: aber mit zweien beginnt die Wahrheit.«

6 Fritz Jaensch.

7 Marianne Wendt, 1907–1959; studierte 1925–29 in Heidelberg Altphilologie und Germanistik und war seitdem mit H. A. befreundet.

8 Wilhelm Furtwängler, 1886–1954, Dirigent und Komponist.

An Rose ließ ich zwei Platten abgehen: einen kleinen Haydn und einen modernen, sehr volkstümlichen Musiker, Orff, den ich Dir vorführen wollte, der mir sehr gut gefällt und den ich durch Heidegger kenne.

[New York,] 2. 8. 52

Liebste,

Montag ist Examen, und dann habe ich diesen arbeitsreichen und völlig verschwitzten Sommer hinter mir. Ich bin diesmal wirklich erledigt. Ich bin trotzdem froh, that I stayed in business. Mein Publikum hier wird sich wahrscheinlich halten, vielleicht sogar noch vermehren. Wenn ich das nächsten Sommer wieder mache, gut, aber nie wieder zwei Kurse und noch dazu einer von drei Stunden.

Jedoch, wie Busch sagt, ein guter Mann kriegt auch was Guts[1], und so werde ich denn nun am 7. August als citizen eingeschworen werden. Das wird Dir die letzten Tage in St. Moritz sicher noch unbeschwerter und fröhlicher machen. Jaspers schrieb: »Wir hoffen auf eine schöne gemeinsame Zeit in St. Moritz, arbeitend, ruhend, in Gesprächen nach Laune und Glück.« Den Satz könnte Goethe geschrieben haben, und so denn möge es mit Euch sein.

Bard College hat meine Bedingungen geschluckt. Der Präsident war überzeugt, daß nur ich seinen Grundgedanken wirklich verstanden habe. Die Mitglieder der Fakultät, mit denen ich dort an Ort und Stelle diskutiert habe (ein herrlicher Platz übrigens landschaftlich), waren alle begeistert von mir. Ich werde also vom 10. September an bis Ende Dezember wöchentlich einmal für einen und manchmal für zwei Tage dort sein und eine Gruppe von Lehrern für das Projekt präparieren, mit ihnen den Plan ausarbeiten. Es handelt sich um einen philosophischen Kursus für freshmen, der ihnen die Bedeutung of ultimate questions beibringen soll und sie gleichzeitig organisch in ihre verschiedenen Studiengebiete hineinleiten wird. Ich will einen ganz modernen Erziehungsplan daraus

[1] Zitat aus Wilhelm Busch: *Maler Klecksel.*

machen, der die progressive education[2] ablösen soll. Ich werde Direktor des Projekts genannt und kriege also a terrific standing[3]. Für diese Arbeit des ersten Semesters zahlen sie mir 1250,– Dollar. Im Februar beginnt dann der Kursus. Ich werde von Montag bis Donnerstag im College sein und Freitag meine beiden Frühlingskurse an der New School an einem Tage geben müssen. Für dieses Semester bis Ende Mai werden sie mir 3250.- Dollar zahlen. Ob dann das Projekt allein laufen wird oder ich für ein weiteres Semester da sein müßte, wird sich herausstellen. Da ich meine Stellung an der New School halten kann, scheint mir die Sache ganz großartig. Ich werde viel Anstrengung haben, aber ich denke, es könnte sich in jeder Hinsicht lohnen. Übrigens ist Bard kein Mädchencollege, sondern coed[4]. Und außerdem hatte ich in meinem Brief nicht von Gänsen schlechthin, sondern von den höheren Gänsen gesprochen. Eine andere Haltung würde ja auch einem American Citizen nicht recht anstehen. Es wird bei der Arbeit viele Widerstände der Fakultät geben, die den Plan des Präsidenten nicht durchwegs billigt, aber ich werde eine verläßliche Gruppe haben, die gerne mit mir arbeitet.

Da ich an der New School erst nach dem 20. September zu beginnen habe und vom 10. ab Bard College wöchentlich einmal besser von Palenville erreichen kann, glaube ich, falls das jetzt kühlere Wetter hier anhält, besser zu tun, auf Dich hier zu warten. Ich muß die neuen Sachen präparieren, und das kann ich am besten hier. Jonas ist weg und läßt herzlich grüßen. Ich war in den letzten Tagen besonders freundlich zu ihm und habe mich entschuldigt, daß ich mich fast gar nicht um ihn kümmern konnte. Aber er hat schon seinen einen Kursus hier kaum durchhalten können, und so glaube ich, er hat verstanden. Wenn ich aber doch vorher nach Palenville oder sonstwohin fahre, so werde ich bestimmt am 17. in New York

---

2 Eine seit dem Ende des 19. Jahrhunderts das Schulwesen in Europa und vor allem in Amerika beeinflussende Denkrichtung, die Erziehung und Unterricht vom Kindergarten bis zur Universität von neuen Grundüberzeugungen geleitet sehen wollte, die u.a. Freiheit von autoritärem Zwang, eigene Erfahrung und Selbstbestimmung der Unterrichtsgegenstände und -ziele betonte.

3 »eine enorme Stellung« (Ansehen).

4 Coeducation.

sein und Dich erwarten. Das ist ein besseres Nachhausekommen, und auf das Fahrgeld kommt es ja einem solchen Großverdiener wie mir natürlich nicht mehr an.

Ich denke, das ist alles ja ganz schön und gut, und ich hoffe, Du denkst das auch, aber vorläufig brauche ich erst einmal zwei bis drei Tage einfach Schlaf und Steaks, schon dieser Brief voll positiver Nachrichten fällt mir im Moment schwer. Ich muß mal wenigstens zwei Tage an nichts denken dürfen. Ich bin wie ins Schwimmen gekommen. Werde mit Rose und einigen freundlichen Studenten den Examensschluß und die citizenship ausgiebigst zelebrieren mit Essen und Trinken.

Schicke mir die Arbeit von Jaspers über die Universitätsreform[5], ich weiß den Titel nicht mehr. Grüße ihn herzlichst, und erzähle ihm ein wenig mehr von mir. Ich werde ihm schreiben, aber etwas später.

Ich warte sehr auf Dich. Bin sehr froh, daß ich die Sache mit Bard nicht verkorkst habe durch ein Insistieren auf der New School. Hätte ein schlechtes Gewissen gehabt.

Liebste, amüsiere Dich nach Herzenslust, und ruh Dich aus.

Dein Heinrich

[St. Moritz,] den 7. August 1952

Liebster –

dies ist nun der letzte Brief, den ich am vorletzten Tag in St. Moritz schreibe. Jetzt, stelle ich mir vor, wirst Du gerade eingeschworen, und daß ich da nicht ängstlich und zitternd dabei sein kann und irgendwie aus Aufregung einen »überhaupt« Konflikt heraufbeschwören, ist mir doch sehr, sehr leid. Jaspers hat sich über die guten Nachrichten so herrlichst mitgefreut, und das ganze St. Moritz ist dadurch noch heller geworden. Wir haben es gut miteinander, d.h. alle miteinander, inklusive einer reizenden Schweizer Arztfrau[1], einer nahen Freundin von Jaspers, die klug und reizend

---

[5] Vgl. S. 319, Anm. 3.
[1] Erika Waltz (genannt Lotte), geb. 1905.

und charmant und sehr witzig ganz dazu paßt. Auch in die Berge bin ich gelaufen, aber mit Maßen, und erzähle von allem bald, bald und schnell, schnell mündlich. Nämlich ab 17. am laufenden Band.

Ich bin ganz stolz auf Stups den Klugen und Weisen, der sogar eine amerikanische Fakultät überzeugen kann. Die Bedingungen sind gut, Liebster, und Du hast es ausgezeichnet gemacht. Ich brauche offenbar nur wegzufahren, damit sich 1. irgendeine Naturkatastrophe – wie Nierenstein oder Bullenhitze – ereignet und 2. Monsieur Karriere macht. Daß Du so viel von Hause fort sein wirst, ist mir sehr unlieb. Wer wird mich ins Bett bringen?? Ernsthaft, ich komme mir schon ganz verlassen vor, nicht nach Hause trabend usw. Es wird schon werden. Überarbeiten darfst Du Dich nicht, mein Herz. So jung bist Du ja doch nicht mehr. Wir werden schon sehen. Ich jedenfalls werde Stipendiat[2] und höre mit der ekelhaften Tüchtigkeit auf. Ich kann auch anders.

[…]

Von hier erzähle ich. Dies sind unvergeßliche Tage, in jeder, oft kaum bemerkbaren, Einzelheit. Ich kann nur wiederholen, was ich immer denke, wenn Jaspers mich richtig hernimmt – »freier durch Widerruf / freut sich die Fähigkeit«[3]. Das nächste Mal aber, mein hochverehrter Monsieur, kommst Du mit! And that is that. – Übrigens: Könntest Du vielleicht doch noch die Rahel[4] abschicken an die Baseler Adresse? Damit sie vor dem Wintersemester kommt, so daß Jaspers einen Blick hineinwerfen kann?

[…]

Schluß, Liebster. Es lohnt nicht mehr.

Deine[5]

---

2 Anspielung auf das Guggenheim-Stipendium.

3 Rainer Maria Rilke: »Briefwechsel in Gedichten mit Erika Mitterer, Dreizehnte Antwort«. In: R. M. R.: *Sämtliche Werke*. Frankfurt 1955 ff., Bd. 2, S. 318.

4 Das Manuskript von H. A.s Rahel Varnhagen-Buch.

5 Handschriftliche Hinzufügung: »Meinen herzlichsten Glückwunsch! Für Ihre großartige Aufgabe phantasiere ich innerhalb dieser einzigen günstigen Chance. Die Einbürgerung ist schön, nach Hannah sogar noch wichtiger.

Alle guten Wünsche
Ihr Karl Jaspers.«

[Zürich, den 9. 8. 1952]

Liebster –

kann mir nicht verkneifen, Dir noch einen Gruß und dies Haus[1] zu schicken. Jaspers und Frau überglücklich mit Deinem Brief.[2] »Was meint er mit dem möglichen Gott?« Sie träumt bereits davon, Dich als seinen Nachfolger in Basel zu sehen! Gestern Baron (der nicht gesund und *sehr* müde ist) und Scholem. Mit letzterem geht alles gut diesmal! Ich bin vergnügt, Zürich ist hübsch.

Deine

[New York,] 11. 8. 52

Liebste,

eingeschworen bin ich nun, und auch das Papier wird ja in einigen Tagen ankommen, und damit ist dann die papierlose, die schreckliche Zeit innerhalb dieses noch schrecklicheren Zeitalters des Papiers erst mal bis zum nächsten Mal vorüber. Morgen bezahle ich den Anwalt und vergesse die ganze Sache.[1]

Ich war über weekend mit zweien meiner Hörer[2], ihr Auto benutzend, in Palenville, wo noch viele Leute sind, die ja aber bald abfahren werden. Ich habe den Bungalow ab 25. gemietet. Bis dahin hoffe ich, mit Dir bei Mary zu sein, die mich heute nochmals herzlich ermahnt hat, mein Versprechen nicht zu vergessen. Leider muß ich schon am 5. September bei Bard beginnen. Aber ich kann von Palenville da einmal die Woche rüberfahren und so bis zum 22. oder so auf dem Lande bleiben, wenn ich will. Ich nahm den Bungalow, weil ich dachte, wir werden beide ein wenig arbeiten wollen. Ich jedenfalls muß es wohl. Du scheinst Dich ja gut in St. Moritz erholt zu haben. Aber doppelt genäht hält besser. Außerdem weiß man meistens erst nachher, wie anstrengend eine so lange Reise gewesen ist.

[1] Kartengruß auf der Rückseite des Nietzsche-Hauses in Sils-Maria.

[2] Brief vom 5. 8. 52. Vgl. *Hannah Arendt – Karl Jaspers Briefwechsel.* München 1985, S. 225 ff.

[1] Vgl. S. 322.

[2] Julius und Ruth Schulz.

Bummle man noch mal richtig in Paris herum, damit Du viel zu berichten hast, auch von guten Dingen. Meine beiden Studenten, mit denen ich in Palenville war (die Frau schreibt meine Kurse mit), wohnen nahe Idlewild[3], und so werde ich Dich am Sonntag gegen 10 Uhr dort empfangen und direkt nach Hause expedieren können. Hier sind die Fenster extra geputzt worden, damit Du New York auch ja richtig wiedersehen kannst, und May[4] wird noch einmal alles auf neu polieren.

Na, denn komm man endlich nach Hause,

Dein Heinrich

[Wellfleet,] den 19. 8. 53

Liebster –

dies hier ist ein Märchenland mit zwei verwunschenen Häusern[1] in einem enorm großen (32 acres, falls dies für Dich etwas besagt) Stück Land mit Wald und Hügeln und Tälern und Heide und wild wachsendem Gras. Ich sitze in einer alten Scheune, die sehr schön hergerichtet ist, mit vier Räumen, ein riesengroßer und drei mittlere. Man sieht und hört niemanden; Mary ist entzückend und alles ganz herrlich. Jetzt warten wir, bis wir zur beach gefahren werden. Alfred und Ann [Kazin] sind beide herzlich und lieb und kommen mit zum Schwimmen. Der Ort ist weit weg, und ich weiß noch nicht genau, wo er liegt, das beunruhigt mich ein bißchen; kam noch zu keinem exploring.

Ich fand hier einen Brief von [»Partisan Review«[2]] vor mit Korrekturbogen für die Rezension des Gurianschen Buches[3] und habe

---

[3] Früherer Name des John F. Kennedy-Flughafens in New York.

[4] Die Haushaltshilfe von H. A.

[1] H. A. verbrachte einige Tage in Wellfleet, Massachusetts, wo Mary McCarthy und ihr Mann Bowden Broadwater die »verwunschenen Häuser« besaßen.

[2] *Partisan Review*: literarische Zeitschrift, 1937 neu gegründet von William Phillips und Philip Rahv.

[3] Hannah Arendt: »Understanding Communism«. In: *Partisan Review* 20, 1953, Nr. 5, S. 580–583. Rezension von Waldemar Gurian: *Bolshevism: An Introduction to Soviet Communism*. 1953.

den Eindruck, daß hier und da Kleinigkeiten nicht stimmen. Mag aber nicht mich damit jetzt beschäftigen. Könntest Du auf einem Schreibtisch in den folders nachgucken und mir die Kopie meines Manuskriptes schicken??? Müßte aber gleich sein, falls Du es nicht findest, bitte schreib ein Wort; dann muß ich es halt so erledigen.

Ich arbeite bereits, wenn auch nicht sehr fleißig; morgen wird es anders. Lese Cicero und bin wohl der erste Mensch, den das fasziniert.

Mary eben sehr bekümmert: Sie hätte solche Sorgen, was immer sie schriebe, wenn es sich überhaupt mit society befasse und nicht nur privat sei, würde ihr unter den Händen undemokratisch. Sie ist wirklich reizend und sieht entzückend aus. Sie ist nie netter und besser, als wenn sie neben ihrer Arbeit noch für ich weiß nicht wie viele Menschen kochen kann. Ihr Sohn ist hier, der auch eine reine Freude ist.

Wie mag es in New York sein? Kommst Du in die Arbeit herein? Und erfreust Dich ein bißchen des Alleinseins? Sieh man genug Westerners, daß es für den Winter langt.

Gruß und Kuß, mein Herz,

Deine

Siebter Teil:
Februar bis Juni 1955

[Von Februar bis Juni 1955 war Hannah Arendt Gastprofessorin im Department of Political Science in Berkeley, der Universität von Kalifornien. Sie hielt ein Proseminar über »Die grundsätzlichen politischen Erfahrungen unserer Zeit« (Brief an Jaspers vom 6. Februar 1955), ein Seminar über Totalitarismus (Brief an Jaspers vom 26. März 55), dazu eine dreistündige Vorlesung über politische Theorie (Machiavelli, Montesquieu).]

[Berkeley,] 4. 2. 55

Liebster –

wenn einer eine Reise tut – ich jedenfalls hätte jetzt bereits so viel zu erzählen, daß Du mich zum Teufel wünschen würdest. Also erst mal die Reise. Ja doch einfach ungeheuerlich. Als ob man Zeuge der Schöpfung würde, wie sich aus den unendlichen Ebenen des ungegliedert Flachen die ungeheuren Berge der Rocky Mountains jäh erheben, ohne allen Übergang, wie das allerunbegreiflichste reine Felsengestein von Kafka. Absurd und auch erhaben, aber ganz und gar unmenschlich. Davor der Mississippi im Mondenschein, was für ein Fluß! Dagegen ist der Hudson uninteressant, gerade weil er, der Mississippi, keinerlei Anhöhe an den Ufern hat, sondern die Fläche als Fläche gliedert, durchschneidet, durchfließt, nein durchströmt. Aber zurück zu den Rocky Mountains. Man fährt tagelang auf der Höhe (ca. 5000–9000 ft) [1500–2700 m] durch Schneewüsten, über die der Wind bläst und die Sonne aufgeht, und die Sterne sind auch da. Und wenn die Sonne aufgeht, weiß man: Da erschuf er Morgenröte. Und es ist wirklich, wie »das All mit Machtgebärde in die Wirklichkeiten brach«[1]. Und wenn man da endlich durch ist, aus dem unbegreiflichen Felsengestein und den unbegreiflicheren Flä-

[1] Goethe: »Wiederfinden« (*West-östlicher Divan*, 2. Strophe).

chen der Ebenen und den furchtbaren Schneestürmen der Wüsten, kommt man – nicht etwa nach Kalifornien –, sondern in die Sierra Nevada, die nun wirklich zauberhaft schön und gegliedert und herrlichst anzuschauen ist. Immer am Fluß entlang – nachdem man schon mit dem Dir sicher bekannten Colorado River über 250 Meilen gereist ist und gesehen hat, wie aus dem kleinen Bergbach der mächtige Strom wird. Ja, ohne die Flüsse wäre die Erde hier verloren. Die Flüsse sind das Entscheidendste. Die lieben Flüsse. Und aus der Sierra Nevada kommt man in das Land der Palmen und des frischen grünen Grases (übrigens lassen die Leute hier ihr Vieh auch mitten im Schnee draußen »weiden«, die Biester fressen höchst emsig, aber ich habe nicht herausbekommen können, was sie eigentlich fressen. Vielleicht weiß Ruth [Schulz[2]] das). Und der blühende Oleander. Und es ist am Tage so warm, daß ich im Seidenkostüm spaziere, und abends gerade frisch und schön, nicht eigentlich kalt. Und das Klima ist ganz offenbar genau so, wie man es beschrieben hat. Keineswegs aber gilt das für die Reise. Denn die ist unvergleichlich grandioser, als man sich vorgestellt hat.

Noch rasch über die Reisebegleiter. Der Herr von gegenüber entpuppte sich am nächsten Morgen als construction engineer, tschechischer Abstammung, aber bereits seit 1923 in den Staaten, gerade zurück aus Frankreich; kannte die ganze Welt und sprach die meisten ihrer Sprachen. Höchst intelligent. Erzählte über die geradezu ungeheuerliche Dummheit der augenblicklichen amerikanischen Generation, schob alles auf progressive education[3], sagte, sie machten sich in der ganzen Welt lächerlich durch Faulheit, Dummheit, Arroganz. Vor allem als Ingenieure taugten sie überhaupt nichts mehr; sie seien noch nicht einmal Mechaniker zu nennen. Wenn sie nach Frankreich kommen und denken, sie werden jetzt den Franzosen beibringen, wie man es macht, müssen sie beschämt abziehen und sich mal erst auf den Hosenboden setzen und verzweifelt nachholen. Dies tun die Besseren. Er sagte: They make the child happy and the man unhappy. Dasselbe auch im Nahen Osten. Dazu und

---

[2] Ruth Schulz stammte aus dem Mittleren Westen.

[3] Vgl. S. 323, Anm. 2.

eng damit verknüpft die idiotische Überbesetzung aller Stellen, aller Büros, aller Jobs. Zum Beispiel: In einem Nest in Belgisch-Kongo, wo die Amerikaner überhaupt keine Interessen haben, unterhalten alle anderen Mächte Konsulate mit 2, höchstens 3 Angestellten, die Amerikaner aber 45 Mann. Und so überall. Vor allem auch in London und Paris. Wenn er was wissen will und Information braucht, geht er zum englischen Konsulat, die sind zwar ironisch, machen es aber so ausgezeichnet, daß man darauf nicht verzichten kann. Große Diskussion danach über Mendès-France[4]. Wenn er die Zeitungen hier liest, muß er lachen. Er glaubt aber auch nicht recht, daß Mendès-France durchkommen wird, und beurteilt Frankreich sehr richtig. Inklusive seiner hohen Meinung von Ingenieuren im Wege- und Eisenbahnbau. Führte als Beispiel für Schlendrian und Verdummung die amerikanischen Autos an; trotz ausgezeichneten prefabricated Teilen taugen sie immer weniger, sind viel schlechter als französische oder deutsche, weil die assembly line nicht mehr klappt. Er fuhr nach Kalifornien, seine Kinder und Enkelkinder wiederzusehen; war sehr besorgt um die letzteren, weil er Angst hatte, sie werden einfach dumm werden.

So, das war mein Ingenieur. Dann hatte ich einmal richtig Dinner im Speisewagen, wo sie ein sog. italienisches Dinner servieren, das sehr beliebt ist und das ich nahm, weil es billiger ist. Mir gegenüber eine Dame aus Rochester – und das hättest Du sehen sollen: Espresso und Knoblauch als der Gipfel der Zivilisation nebst Kriminalroman. Was den Knoblauch anlangt, so hatte der Speisewagen, wohl wissend, was die neueste Mode ist, so viel herangetan, daß es genügt hätte, den ganzen Kontinent zu »zivilisieren«. Wer hätte aber auch geahnt, daß dem Knoblauch noch einmal solch eine Zukunft blühen würde. Die Dame übrigens sehr nett. Aber so typisch, daß ich die Augen aufmachen mußte, um nicht zu glauben, Ruth [Schulz] oder Mary [McCarthy] sitzt mir gegenüber.

Ansonsten habe ich mich nur an den Pullman-Schaffner angeschlossen, mit dem ich den Mississippi bewunderte im Monden-

[4] Pierre Mendès-France, 1907–1982, französischer Politiker; 1954/55 Ministerpräsident.

schein, wir waren wahrhaftig die einzigen. Alles übrige trank Whisky und spielte Karten oder las Kriminalroman (dies die highbrows). Dafür weiß ich nun aber auch ganz genau über das Lohn- und Pensionssystem der Eisenbahnarbeiter Bescheid. Und auch, daß jeder Farmer für jeden Dollar, den er macht, einen von der Regierung dazukriegt, mit dem Erfolg, daß jeder in der Familie sein eigenes Auto hat und der Schwager meines Schaffners sage und schreibe 13 Stück. Sein Schluß war, daß die Eisenbahnarbeiter so was eben auch brauchten – der Mann machte meiner Rechnung nach ca. 7000,–, wenn nicht mehr – und daß die Regierung genausogut die Eisenbahnarbeiter unterstützen könne wie die Farmer und ihre Butter. Interessant war, daß er immer wieder betonte, daß es nicht schuld der Company sei, daß es ihnen so »schlecht« ginge. Wenn er pensioniert wird, kriegt er »nur« 140,- Dollar, wozu dann noch social security kommt. Unter solchen verzweifelten Umständen arbeiten die Herren bis über achtzig. Vor allem diejenigen, die nicht an Golf interessiert sind. Sage und schreibe. Älterer Mann, nb. und ganz sympathisch.

Stups, Du siehst, das Mädchen ist im Zulernen begriffen. Der Zug ist ein Traum, d.h. von Chicago ab. Der schönste Zug der Welt, glaube ich. Und ganz pünktlich. Die Schlamperei ist nur auf Central und Pennsylvania System. Auch nicht zu teuer, man konnte in einem Buffet-Car ausgezeichnet billig essen. Alles viel, viel besser, wenn man aus Chicago draußen ist. Alles wird anders. Und die Leute sprechen so laut, daß Du vergessen würdest, daß Du Onkel Hanemann[5] bist.

Ja, und dann kam ich also ganz pünktlich an und wurde von einem jungen Herrn aus dem Department[6] abgeholt und abgeliefert. Hier ist mein Zimmer genau, wie man sich eine komfortable Mönchszelle vorstellen würde. Sicher kommen in einem Kloster auch alle Mönche unter den verschiedensten Vorwänden einem Neuankömmling auf die Bude gerückt. Die eine will und hat mir

---

[5] Onkel Hanemann ist ein schwerhöriger alter Herr in Kindergeschichten, der durch sein Mißverstehen ständig komische Wortspiele und Situationen produziert.

[6] Department of Political Science.

bereits sämtliche Stadtkarten von San Francisco, Berkeley, dem Campus, timetables etc. unter die Türe geschoben, flehentlich bittend, ich solle sie behalten, und soeben war ein sehr nettes Kind von nebenan hier, um mich zu fragen, ob ich ihre dictionaries wolle, nachdem kurz davor eine der Nonnen betrübt mit ihrem Radio hat abziehen müssen, das sie aus unerfindlichen Gründen gerade an mich, natürlich gratis, loswerden wollte. Die Aufregung ist besonders groß, weil sie mein Buch[7] kennen, oder behaupten. Jedenfalls haben sie offenbar noch nie einen Autor gesehen. Das Schlimmste ist, daß hier irgendwo zwei Deutsche existieren im Kloster, die das ihrige zu der Aufregung beigetragen haben. Ich hörte heute bereits auf dem Korridor deutsch sprechen und habe kurz entschlossen das Zimmer abgeriegelt. Die Sache wird sich bestimmt regeln, sie sind alle nett und anständig, und ich bekomme am Montag ein schönes Office, in der Universität, wo ich incomunicado[8] sein kann.

Ach ja, und dann, stell Dir vor: Ein Brief wartete bereits auf mich. Aber nicht etwa von einem vorsorglichen Stups, keine Rede, sondern von einem retired General, dem augenblicklichen Präsidenten des Commonwealth Club, ob ich dort bitte reden möchte. Dies ist hier der vornehmste Club in diesem Lande, das lousy with clubs ist, club-ridden, wie lice-ridden[9], und gilt als große Ehre. Soll ich zu dem Spaß gehen? Mitglieder sind nur Universitätspräsidenten, Generäle und ähnliches. Der erste Brief von einem pensionierten General – ist doch zu schön.

Heute war ich im Department, alles scheint in Ordnung zu sein. Riesenfabrikbetrieb; wie die Studenten sind, weiß ich noch nicht, außer daß zwei von irgendwelchen griechischen Buchstaben mich kidnappten (d.h. einer der fraternities); natürlich auch sprechen. Truman[10] spräche auch bei ihnen, etc. Ich habe mal erst mit ihnen Kaffee getrunken – der übrigens hier so schlecht ist wie nirgends sonst. Und zwar überall. Ich habe gerade eine eigene kleine elektri-

---

7 H. A.s Totalitarismus-Buch.

8 »nicht erreichbar«.

9 Etwa: »das mit Klubs übersät ist, wie mit Klubs verlaust«.

10 Harry S. Truman, 1884–1972, von 1945–1953 33. Präsident der Vereinigten Staaten.

sche Kaffeemaschine erstanden, sonst komme ich um. Oder werde so dumm, wie der tschechische Ingenieur denkt, [daß es] die junge Generation ist. Eingerichtet bin ich, aber sonst noch zu nichts gekommen. Den Pacific sehe ich aus der Ferne, d.h. die Bucht. Morgen werde ich wahrscheinlich nach San Francisco rüberfahren, mit den Fahrplänen und Stadtplänen bewaffnet. Bevor ich den Pacific nicht gesehen habe, kann ich nicht arbeiten. Schöne, schöne Welt.

Übrigens das Essen im Club anscheinend ausgezeichnet und sehr billig. Alles sehr bequem. Man kommt vom Frühstück ins aufgeräumte Zimmer. Meine Vorlesung ist von 9–10, macht nichts. Ich habe mich durch die Zeitdifferenz gut daran gewöhnt, um 7 Uhr aufzustehen. Und daß mich hier etwas je hindern könnte, Punkt 11 im Bett zu liegen, kann ich mir allerdings nicht vorstellen.

So, Liebster, das ist alles. Im Moment. Und vergiß nicht, mir zu schreiben. Die Telefonnummer ist: Thornwald 5-5084, aber mit Voranmeldung. Ich habe kein Telefon im Zimmer, aber auf dem Korridor.

Gruß und Kuß

DEINE

[New York,] 5. 2. 1955

Liebste,

diesmal habe ich, kaum war der Zug aus der Halle hinaus, sofort mit dem Warten auf Dich angefangen. Wie gut es ist, daß wir so sehr zusammengehören. Es wird ein geduldiges Warten sein, denn alles ist ganz richtig geplant, aber es wird auch ein ununterbrochenes Warten sein.

Dabei habe ich es wohl viel leichter als Du, weil ich ja hier im Hause bin und all das uns Zugehörige dauernd noch freundlich um mich herumsteht. Und dies Vertraute bringt doch auch irgendwie Deine Gegenwart mit.

Hoffentlich hast Du es dort wenigstens bequem genug, um Dich ganz der Arbeit zu überlassen. Und ist es auch das Fremde, so kann es doch auch anregend sein.

Ich bin hier mit Studenten und ihren Anliegen überlaufen, habe das New School Examen hinter mir und bereite das neue Semester vor. Das Examen hat mich sehr betrübt. Wie wenig Denken und wie wenig Verständnis habe ich in denen zuwege gebracht.

[...]

Am Abend werde ich mir bei Lotte [Beradt] die »Zauberflöte« anhören. Morgen kommen Studenten, und ich werde den ganzen Tag lesen und arbeiten.

Ich bin schon ungeduldig zu erfahren, wie Du Dich dort einrichtest und fühlst.

Dein

Heinrich

[Berkeley,] 12. 2. 55

Lieber Liebster –

wie ich auf Deinen Brief gewartet habe, kannst Du Dir gar nicht vorstellen. Das ist das Band, das mir immer wieder klarmacht, daß ich nicht verlorengehen kann. Denn wenn Du nicht da bist, bin ich gleich wieder so verletzbar wie früher. Und dann kann es passieren, z. B., daß ich den Kaufmannschen Viking Portable[1] durchfliege und die wirklich unerhört vulgären Kommentare lese, wie, daß das Lied »Mittag ist's«[2] mit dem unruhig Glück im Spähn und Warten »charming« ist, und vollkommen bis zu Tränen verzweifelt bin, einfach verletzt, als hätte mich einer auf den Kopp gehauen. So ist es, wenn Du nicht da bist. Und gut ist es, zusammenzugehören.

Also lieber der Reihe nach: Ich war in San Francisco, sehr, sehr schön, wie ein ungeheuer vergrößertes Lissabon. Der Pacific ungeheuer – dunkler Sand, stell Dir vor!, und lange gefährliche Wellen. Golden Gate Bridge wie die Washington Bridge, das können sie hier erstklassig. Die Stadt hat eine Eleganz und ist ganz offensichtlich

---

[1] *The Portable Nietzsche, Selected and Translated, with an introduction, prefaces, and notes*, by Walter Kaufmann. New York 1954.

[2] Nietzsches Gedicht »Aus hohen Bergen. Nachgesang« beginnt »O Lebens Mittag! Feierliche Zeit« und enthält die Zeile »Unruhig Glück im Stehn und Spähn und Warten!«. Vgl. Friedrich Nietzsche, *Werke in drei Bänden*. München 1966, Bd. II, S. 757ff.

von Rentnern bewohnt. Das wirkliche Wunder hier ist ja doch das Klima. Es ist ganz unbeschreiblich, ganz egal, was Du anhast, Dir ist nie zu kalt und nie zu warm. Warum das so ist, weiß ich nicht. Alles natürlich immer das ganze Jahr hindurch grün. Dabei sind die Temperaturen gar nicht so hoch, aber es ist stets eine frische Sanftmut in der Luft, die einen ganz verwundert. Der Körper fühlt sich auch ganz anders bzw. man fühlt ihn überhaupt nicht. Es ist schon zu verstehen, daß die Leute hier so meschugge spiritualistisch werden. Das hängt mit dem Klima zusammen. Die Redwoods habe ich noch nicht gesehen. Direkt hinter meinem Haus sind sehr schöne Hügel, die noch zur Universität gehören, mit den herrlichsten Bäumen. Aber nächste Woche, vermutlich Sonnabend, fahre ich bestimmt. Daß man einen Wagen braucht, ist vollkommener Unsinn. Busse fahren so oft wie in New York, und alle Verbindungen sind sehr bequem. Wahr ist nur, daß hier jeder mit einem Auto fährt, auch wenn es nur um die Ecke ist. Nicht so ich.

Hier im Club ist alles ausgezeichnet. Das Essen ein bißchen wie Palenville, bei den Männern ist es sehr viel besser, und ich kann da auch essen. Es ist eigentlich sehr billig, d.h. hier, ansonsten kommt es mir alles eher etwas teurer als New York vor. Die Nonnen belästigen mich nicht mehr, und ein paar von ihnen sind recht nett. Es gibt interessanterweise zwei Fraktionen, eine äußerst liberal-radikale, die sich meiner mit bestem Instinkt sofort bemächtigt hat, und eine McCarthy-Fraktion, die sich um mich auch sehr bemüht. Ich tue, als wüßte ich von nichts; und komme damit auch sicher durch. Dieser Fraktionskampf hat hier sehr gewütet, wie die Liberalen mir mitteilten; dennoch hat dies nichts für persönliche Beziehungen zu besagen. Alles ist von äußerster Höflichkeit, very genteel, sehr gut erzogen, und nach der New Yorker und jüdisch-Brookliner Formlosigkeit eine wahre Erholung. Auch die Studenten sind sehr manierlich, haben gute Formen. Ich atme auf; das ist halt doch wichtig für mich, I can't help it.

Department: Sie haben mir ein herrliches großes Office ganz allein für mich gegeben, wo ich Tag und Nacht reinkann, mit einer Maschine, die ich allerdings erst anfordern mußte, großem Schreibtisch, plus Riesentisch für Ablagen etc. Alles fünf Minuten vom Haus hier entfernt. Was ich tue und treibe, interessiert sie überhaupt nicht, und selbst dies ist noch eine Übertreibung. They could not care less.[3] Der Chef des Departments hat es für völlig überflüssig erklärt, mich auch nur zu sehen. Nicht etwa aus Unfreundlichkeit (wir trafen uns im Office und bei dem regelmäßigen und ganz formlosen Departmental luncheon, das alle 2 Wochen stattfindet), sondern weil er sich unter Sehen und Sprechen nur eine social affair vorstellen kann, zu der er momentan nicht die Zeit hat. Was ich sonst mache, z.B. alle Examina anders, keine mid-term examinations (ich will nicht all das Zeug lesen, will aber auch nicht einen Reader[4] haben) etc., ist vollkommen schnuppe. I should try to be happy – ok I try und mache alles, wie ich will. Die Studenten haben mir bereits wiederholt versichert, that they expect lots of fun. Sie kommen manierlich in mein Office anmarschiert, sofern die vielen Berater des Offices ihnen nicht die rechte Auskunft geben können. Klassen fangen erst Montag an, und ich bin am Dienstag dran, gleich in full business, mit Vorlesung am Morgen (9 Uhr) und Seminar am frühen Nachmittag. Meine Vorlesung, dreistündig, ist von 9–10, und ich stehe sage und schreibe jeden Tag um 7 Uhr auf. Das graduate Seminar ist Mittwoch abends. Dazu zwei Stunden Sprechstunde pro Woche. Es ist ziemlich viel, und ich weiß noch gar nicht, wie ich alles schaffe. Habe auch einfach Angst. Enfin – man wird doch da sehen.

Ansonsten – ein Konzert von Gieseking[5], das die Zeit und das Geld nicht wert war. Heute abend Dinner-Party bei Adrienne Koch, eine Bekannte von Gurian und auch im Department. Unwichtig. Die Leute im Department alle tote Seelen, mit der Ausnahme von Hans Kelsen[6], der 74jährig auf deutsch und englisch seine sehr ausgesprochenen Meinungen zum besten gibt und ganz lebendig ist. Wir werden uns wohl öfter sehen. Kein großer Geist, sehr berühmt, aber eben nicht tot. Von den Kindern sind eine ganze Anzahl offenbar noch lebendig; die werden ihnen das Absterben

---

3 »Es ist ihnen ganz egal.«

4 Gemeint ist ein Assistent, der die schriftlichen Examensarbeiten liest.

5 Walter Gieseking, 1895–1956, deutscher Pianist.

6 Hans Kelsen, 1881–1973, geb. in Prag; Politikwissenschaftler, emigrierte 1933 in die Schweiz, 1940 in die Vereinigten Staaten.

schon noch beibringen. And that nothing matters and that you should try to be happy usw. Übrigens: im Department everybody flatters everybody[7], das ist ihre Art und Weise, miteinander nicht umzugehen. Auch da gibt es zwei erbittert feindliche Fraktionen, die einen sind für Theorie, und die anderen dagegen. Ich stelle mich taub.

Dann war noch der General in meinem Büro. Totkomisch; er möchte wissen, ob ich für oder gegen totalitarianism bin, not that that matters either, nur um zu wissen, wohin er mich tun soll, in seinem Programm. Da man ihm gesagt hat, that I probably will be very popular, möchte er mich doch gleich sich sichern. Was ich dann sage – wieder völlig schnuppe. Ach, Liebster, was für eine phantastische Welt. Schreib mir bloß!!

So Liebster, dies trifft Dich kurz vor Deinem Semester-Beginn. Wie geht es in der New School? Laß die Ohren nicht hängen, die Studenten werden auch wieder besser! Übrigens wird dies Vergnügen hier länger dauern, als ich erwartete; die Examina fangen erst, bei mir wenigstens, am 13. Juni an; ich werde vor dem 18. schwerlich wegkönnen. Brrr...

Denn ich bange mich jetzt bereits.

Deine

[New York, Mitte Februar 1955]

Mein Liebling,

da ich erst einen Brief von Dir, der Schreibgewohnten, habe, wenn auch einen herrlich langen, so nehme ich an, daß Dich dort die Arbeit erst einmal einfach verschluckt hat. Hoffentlich aber sind es nicht die sozialen Verwicklungen.

Der Krach in Rußland[1] hat mich erst recht erschreckt, und ich

---

[7] »Das macht alles gar nichts, und Sie sollten versuchen, glücklich zu sein... jeder schmeichelt jedem.«

[1] Nach einem öffentlichen Bekenntnis der Schuld für Mißstände in der Wirtschaft trat der sowjetische Ministerpräsident Georgij Maximilianowitsch Malenkow, 1903–1988, »freiwillig« von seinem Amt zurück.

wollte Dir schon telegraphieren, daß in irgendwelchem Ernstfalle natürlich Bard unser Treffpunkt ist. Sie scheinen aber wirkliche Agrarschwierigkeiten zu haben und frech zu sein wie immer. Jedenfalls können Totalitäre eben die Zügel doch nicht locker lassen und schon ganz und gar nicht mit den Bauern. Die neue Absetzungsmethode zeigt, daß zwischen den Leitern noch nichts wirklich entschieden ist und daß sie vorsichtiger geworden sind. Der Premier war wahrscheinlich von vornherein als ein figurehead[2] gedacht, den die Gruppe vorschiebt. Jedenfalls ist Bulganin[3] das. Eisenhower ist jetzt ein wahrer Segen. Er manövriert, um aus der asiatischen Sache[4] herauszukommen. Die Russen hätten das sowieso haben können, wollen aber, daß wir dabei mehr Federn lassen. Nehru wird enttäuscht sein, er hatte am meisten auf die Besserung der Totaltoren gehofft.

[...]

Habe das zweite Semester an der New School vor ungefähr vierzig Hörern eröffnet und einen ganz guten Start zuwege gebracht. Jetzt aber zieht Bard wieder dräuend am Horizont auf. Dennoch heiße ich es willkommen, wieder vielbeschäftigt zu sein. Es wird mich Deine Abwesenheit weniger fühlen lassen.

Du fehlst mir buchstäblich an allen Ecken und Kanten, besonders aber in der Mitte meiner Existenz. Gott, sind einem die meisten Menschen langweilig geworden. Hoffentlich ist man nicht ihnen auch so langweilig. Dies aber scheint bisher noch nicht der Fall, sonst würden sie sich nicht so drängen, einen zu langweilen. Da ist denn Bard und die Arbeit dort doch sehr gut.

Inzwischen bin ich wirklich endlich richtig ins Lesen gekommen und arbeite ein paar neue Sachen für Kurse aus. Es macht wieder Spaß. Schick mir den Heidegger[5], sobald Du ihn nicht mehr brauchst.

---

[2] »Repräsentationsfigur«.

[3] Nikolai Alexandrowitsch Bulganin, 1895–1975, war 1952–55 Verteidigungsminister und 1955–1958 Ministerpräsident.

[4] Nach der französischen Niederlage in Vietnam 1954 wurde Ngô Dinh Diêm, von den Vereinigten Staaten gestützt, als Ministerpräsident eingesetzt. Seine Politik trug wesentlich zum späteren Bürgerkrieg bei.

[5] Um welches Buch es sich handelt, ist nicht zu ermitteln.

Ich freue mich, daß Du wenigstens in einem guten Klima bist. Hier ist es einfach scheußlich kalt. Ich habe direkt Angst vor der Kälte in Bard. Aber es kann ja nicht mehr lange dauern.

Hast Du auch genug Gelegenheit, nach San Francisco auszurükken hier und da?

Mach's gut, Herzchen

Dein

Heinrich

[Berkeley,] den 19. Februar 1955

Liebster,

schreib bloß regelmäßig, sonst komm ich Dir hier um. Nicht, daß irgend etwas Schreckliches wäre oder vorfallen wird – ich glaube, das Schlimmste, was ich anstellen kann, wäre [, daß ich] die IBT[1] (oder so was Ähnliches) Maschine, die hier alles regiert, weil sie Registrierkarten schluckt und die Resultate wieder für jeden der Studenten ausspuckt, kaputtmachen könnte, und damit hätte ich ein gutes Werk getan. Diese Maschine ist wirklich interessant. In ihr hat die Bürokratie die Verkörperung ihres Niemand gefunden, so daß wir eine Autokratie haben, in der es nicht einmal einen autós gibt, sondern nur einen autón.[2]

Soeben ist die erste Woche zu Ende gegangen. Der Anfang war: 9 Uhr morgens vor einer Klasse, die dreißig Leute zählen sollte – Theorie hat hier niemals mehr »angezogen« –, und wo die Leute auf dem Korridor standen und ich schreien mußte wie nicht klug. Wir sind heute zum dritten Mal umgezogen und werden nächste Woche endlich einen Klassenraum bekommen, in dem 120 Leute Platz haben, ich nicht schreien und die Mehrzahl nicht stehen muß. Das war die Vorlesung. Dann kam das Seminar für undergraduates, für das man mir versprochen hatte, die Registration auf 35 zu beschränken. Das habe ich schriftlich! Resultat: Außer dem Chairman, der den

[1] Gemeint ist wahrscheinlich der IBM-Computer.

[2] autós – autó: hier: »Er« – »Es«.

Brief unterzeichnet hatte, wußte kein Mensch davon. Ich bin hier über eine Woche rumgestrichen, habe versucht, mit Leuten zu reden, sie zu fragen, mich fragen zu lassen. Niemand ist auch nur auf die Idee gekommen, sich mit mir zu beraten, bevor er die Studenten für meine Klassen registriert. Ergo: Mein Seminar hatte ca. 120 Kinder. Wie die wieder rauskriegen, war das Problem. Meine Vorlesung diesbezüglich kursiert bereits auf dem ganzen Campus, wo man all meine Sorgen sehr lustig findet. I am not amused. Also nach tough speech, außerordentlich tough assignments[3], für die jeder sich melden mußte, etc. pp. ging mehr als ein Drittel raus: Ich machte einen 5-Minuten-break, damit wir sitzen und atmen können. Ich war entzückt, bis eines der zurückgebliebenen Kinder auf die Idee kam, uns zu zählen – Resultat 75. Und das ist das[4] – wenigstens vorläufig. Dann am Mittwoch das graduate Seminar, wo etwa 40 erschienen, oder so ähnlich, ich habe das Zählen aufgegeben; auch dem Department gesagt, ich könne nicht bis drei zählen. Nicht genug Stühle, kein Platz, wir alle ständig bei offener Tür, ein halbes Dutzend von erwachsenen Studenten stehend mitschreibend. Ich sprach zwei Stunden als Einführung. Vielleicht werden es nächste Woche ein paar weniger sein. Wenn das so weitergeht, wird von mir nicht viel übrig sein bis Juni. Das Department ist weniger entzückt von meiner popularity, das kann ich aber im Moment nicht ändern. Ich mag mich auch irren.

Vorigen Sonntag wurde ich hier auf den Hügeln herumgefahren und gestern nacht nochmals, um das Nachtbild zu sehen: Man sieht die Bucht von San Francisco mit den beiden großen Brücken, und die Sache ist traumhaft schön. Die Gebirgs- und Hügelketten schon etwas japanisch (mir scheint es ganz fraglos, daß dies alles einmal zu Asien gehört hat), ganz anders als bei uns; nämlich keine Ketten, kein eigentlicher Gebirgs*zug*, sondern runde Hügel, die unverbunden auseinander oder der Ebene herauswachsen, sich herauswölben eigentlich. Ich kenne solche Landschaft nur von japanischen und chinesischen Bildern.

---

3 »nach harter Rede und außerordentlich schwierigen Semesteraufgaben«.

4 Amerikanismus für »Und das wär's!«

Die parties und lunch-Verabredungen haben begonnen. Vorigen Sonnabend zu einer phantastischen halb New Yorker Boheme party bei Adrienne Koch, wo einer der Beteiligten eine lange Geschichte erzählte, in Anwesenheit seiner Frau, wie sie 13 Jahre lang keine Kinder gehabt hätten und dann zu einer Klinik in Baltimore gefahren seien, wo eben sein Sperma hätte untersucht werden müssen, wie sie also zu dem wissenschaftlichen Behuf in ein Hotel gegangen wären – und dann triumphierend das Resultat: It was not me! Es war einfach zu schön für Worte. Ich lache noch. Dann aber, plötzlich, die Leute vom Department fingen an, mich auszufragen, »wissenschaftlich« what do you mean by this, what do you mean by that? etc. Ich bin ziemlich Schlitten mit ihnen gefahren, was mir bisher (bisher!) gut ausgegangen ist. Der Hauptmacher, Herr Lipson, Engländer aus Oxford, mit einer amerikanischen Frau, die immerzu sagt: Leslie, of course, with his standards from Oxford... Er dumm wie Bohnenstroh und aufgebläht wie ein Frosch. Ich habe ein bißchen reingepickt. Konnte es nicht lassen.

Heute abend wieder so 'ne Angelegenheit, diesmal mit Eric Hoffer[5], dem true believer. Du weißt wahrscheinlich, wer das ist. Wird ja hübsch werden. Aber hier im Club ist es ganz nett. Ich habe eine reizende kleine Nachbarin, aus Wisconsin, sehr intelligent und sehr angenehm. Es hat sich so auch inzwischen herausgestellt, warum sie alle auf mein Zimmer gekommen sind: Es war einfach die »linke Fraktion«, die verhindern wollte, daß ich in die falsche Gesellschaft gerate; ein richtiges Komplott. Sie sind rührend rücksichtsvoll, und es ist himmlische Stille.

Und dann das Klima. Sieh mal, der Witz ist, daß Du Dich immer genau richtig fühlst, ganz gleich, was Du anhast, es ist nie zu kalt und nie zu warm. Es ist wie ein Zaubergarten. Alles was hier von Übel ist in der Natur, ist nicht geradezu, so daß Dir zu warm ist oder Du frierst etc., sondern gewissermaßen hinterrücks – poison

---

[5] Eric Hoffer, 1902–1983. – Dieser außerordentliche Mann hielt später Vorlesungen an der University of California in Berkeley. Sein erstes Buch: *The True Believer*, 1951. Im Februar 1983 erhielt er die Presidential Medal of Freedom, die höchste Zivilauszeichnung der USA. Er selber entgegnete in einem Interview auf die Bemerkung »Sie sind ein Intellektueller?« – »Nein, ich bin Hafenarbeiter.«

oak[6], wo Du es nie vermutet hättest, oder, ich nehme an, Schlangen, oder viel auffälliger sehr viel Leute, die an bösem Asthma leiden, and so on. Heimtückisch.

Wie ist die Klasse in der New School, und wie hat sich Bard angelassen? Rußland: Ich hatte erst auch einen tüchtigen Schreck, aber glaube doch nicht, daß irgend etwas losgehen wird. Daß sie wirkliche Schwierigkeiten haben, glaube ich nicht; aber wenn sie die herrlichen Pläne des Herrn Chruschtschow mit den größeren landwirtschaftlichen Einheiten nicht verwirklichen, haben sie kein Organisationsprinzip für den nächsten purge, und dann sterben ihnen die KZ-Läger aus, und die Polizei verhungert – stirbt ab. Dennoch ist ja nicht zu verkennen, daß die neu-aggressive Politik der Chinesen in engem Zusammenhang mit den russischen Ereignissen steht, und das ist weniger schön. Was sagst Du zu MacArthur?[7]

[...]

Und dann noch was: Du schicktest mir die ersten Korrekturen; aber: haben die nicht auch das Manuskript[8] mitgeschickt? Sie schrieben, sie würden das machen. Bitte, antworte darauf, und falls sie die Manuskriptseiten mitgeschickt haben, schicke sie doch bitte gleich nach. Es ist aber nicht nötig, daß all das per Flugpost geht, es ist zu teuer.

Hier sind eine ganze Reihe deutscher Studenten, von denen sich sicher einer bereitfinden wird, mir die Korrekturleserei abzunehmen.

Schluß, Liebster,

Deine!!!

---

[6] poison oak – giftige Eiche – ebenso wie poison ivy – giftiger Efeu – rufen nach Berührung juckende, schmerzende Ausschläge hervor, die erst nach etwa vier Wochen wieder verschwinden.

[7] MacArthur, vgl. S. 309, Anm. 3.

[8] Vermutlich die deutsche Ausgabe des Totalitarismus-Buches: Hannah Arendt: *Elemente und Ursprünge totaler Herrschaft*. Frankfurt 1955.

[Berkeley,] 21. 2. 55

Liebster,

[...]

Komme gerade todmüde von einer dreistündigen Sprechstunde zurück, die eine Stunde hätte dauern sollen. Ich weiß wirklich nicht, wie es werden wird. Um so mehr, als das Department so unvorstellbar unfähig ist in allen administrativen Sachen, daß man mit dem geringsten Dreck Gott weiß was für Zeit verliert. Du siehst, ich bin richtig wütend. Aber bedenke: Ich warte jetzt seit 2 Wochen auf einen Schlüssel zu dem Gebäude, in dem mein Büro liegt, damit ich abends und feiertags reinkann (z.B. morgen!). Unmöglich: Es muß erst eine form in triplicate[1] ausgefüllt werden... etc. pp. All das im Grunde sehr interessant, aber hoffnungslos. Sei Du bloß glücklich, daß Du an einem kleinen College bist. Dies hier ist noch viel unmöglicher. Man kann sich nicht mehr rühren. Dabei geht der ganze Lehrbetrieb schon darum zum Teufel, weil sich kein Mensch dafür interessiert.

Lernte letzten Sonnabend den Eric Hoffer kennen, Arbeiter, Hafenarbeiter, sehr sympathisch, nicht klug, aber ehrlich und sehr deutsch spinnend. Er wird mir San Francisco zeigen, das ist natürlich bei weitem das beste. Sonnabends kann er nicht, da macht [er] time and a half[2]. – Heute kleines Geschmuse mit meinem Kollegen und Nachbarn, Engländer aus Tibet, formerly Indian Service, zum ersten Mal in Amerika, aber sonst kennt er die ganze Welt, vor allem Asien. Ich bin zu müde...

Sonntags, nicht wissend, daß Du in Bard bist, versuchte ich Dich anzurufen. Nur so, um es mal auszuprobieren. Diesen Sonnabend geht es nach Stanford[3], wo sie also die behaviorial science[4] studieren. Total verrückt, soweit ich bisher gehört habe. Man wird sehen.

Schreib bloß regelmäßig, Liebster. Es ist hier doch die Wüste. So war ich gestern hier zu einem Konzert, voll besucht, begeistertes

[1] Antrag in dreifacher Ausfertigung.
[2] Überstunden.
[3] Gemeint ist die Stanford University in Palo Alto, Kalifornien.
[4] Verhaltensforschung, vgl. S. 131, Anm. 1.

Publikum, wo ich Beethoven so habe spielen hören, wie seit meiner Kindheit nicht – nämlich von total unmusikalischen zehnjährigen Kindern. Das wär woanders, scheint mir, doch nicht möglich. Jeder Triller klang wie Rülpsen. Ich schlich mich davon; es war nicht auszuhalten.

Enfin, alles hat ein Ende. Und lehrreich ist es eben halt doch sehr.

Deine –

[New York, Ende Februar 1955]

Mein Liebling,

in einer halben Stunde gondle ich nach Bard. Muß dieses eine Mal schon am Sonnabend da sein. Du wirst ja inzwischen Deine Studenten gesehen haben und wissen, wie mir mit meinen wieder zumute sein wird ... Immerhin gab es diesmal auch ein paar gute Kinder hier wie in Bard, und es wird sie ja dort bei Dir auch geben. Und so hält man die Sache eben doch immer wieder aus. Ich freue mich, daß man Dich dort von seiten der Fakultät einigermaßen selbständig wursteln läßt. Und Deine Beschreibung des Klimas macht mich direkt neidisch.

Deinen Gurian-Nachruf[1] haben sie also doch gedruckt, und er ist richtig wunderschön. Daß auch andere so denken, siehst Du aus beiliegender Post. [...]

Hier ereignet sich nichts, und so kam ich endlich zum Lesen. Es ist gut, zu Hause zu sein. Nur ist das Haus oft so seltsam leer. Und ich gehe oft für Minuten wie verloren darin herum, finde mich aber doch wieder zurecht. [...]

Kuß mit Kläpschen

Heinrich

---

[1] Hannah Arendt: »The Personality of Waldemar Gurian«. in: *The Review of Politics* 17/1, Januar 1955, S. 33–42; später in: Hannah Arendt: *Men in Dark Times*. New York 1968, S. 251–262; deutsch: *Menschen in finsteren Zeiten*. Hrsg. und übersetzt von Ursula Ludz, München 1989, S. 310–323.

New York, 27. 2. 55

Liebling,

Ich bin ganz glücklich, Deine Stimme wieder gehört zu haben. Sie klang genauso wie damals, als Du mich in Paris von der Schweiz zum ersten Male angerufen hast. Für mich sind wirklich Erfindungen wie das Telefon und das Grammophon und der Tape Recorder notwendig gewesen, da ich so sehr an das gesprochene Wort angeschmiedet bin. Ein paar Worte mit Dir haben den Sonntag wirklich zu einem Sonntag gemacht.

Deine Manuskriptseiten hat der Verleger nicht mitgeschickt. Du mußt ihn mahnen. [...]

In der New School habe ich im zweiten Semester eine bessere Klasse als im ersten. Gute Diskussion. Die Klasse wäre bombenvoll gewesen, hätten sie mir nicht den Kaufmann auf meine Stunde gelegt, der obendrein wendigerweise und mit Hilfe seiner Nase über Psychologie und Philosophie liest. In jedem Falle sind mir dreißig mehr als genug, ich will nur die tausend Dollar Garantie behalten.

In Bard gibt es wieder viele Schwierigkeiten. Der Präsident scheint entschlossen, mit Hilfe des Pfaffen in der Kirche und des Psychiaters auf dem Campus das College immer mehr respektabel zu machen. Wir sind alle sehr besorgt und bekämpfen diesen Trend, weil er uns in Bard auf die Dauer unmöglich und Bard überflüssig machen würde. Ich persönlich hab keine Schwierigkeiten. Die Kinder sind nach wie vor begeistert, aber ich weniger und weniger von ihnen.

Hier in New York kann ich mich vor Einladungen zum Dinner und anderer unbekömmlicher Geselligkeit kaum retten. [...]

Mir fällt plötzlich wieder viel ein, und ich bleibe also lieber allein und denke stundenlang nach, wenn ich irgendwie kann. [...]

Dein Heinrich

[Berkeley,] den 1. März 1955

Lieber Liebster –

so, die Dienstag-Klasse habe ich hinter mir, d.h. das Pro-Seminar, von dem ich so stolz schrieb, daß ich es so runtergebracht hätte. Na, die Kinder sind alle wieder da und gucken mich mit flehentlichen Augen an, sie bitte nicht rauszuschmeißen – was soll ich tun? Immerhin hat mir das Department einen Assistenten bewilligt, den ich wenigstens damit beschäftigen kann, die Korrekturen des deutschen Buches[1] zu lesen. C'est toujours cela. Ich schreibe rasch, jetzt, trotz Müdigkeit, weil ich doch will, daß Du immer Deinen Brief vorfindest, wenn Du aus Bard kommst. Und ich die nächsten Tage nicht dazu komme. Morgen Seminar. Und Freitag nach San Francisco, wo mich der Eric Hoffer, der philosophierende Longshoreman (deutscher Arbeiter, typischer Arbeiter-Intellektueller) rumführen wird. (Sonnabend kann er nicht, da macht er im Hafen time and a half.) Liebster, siehst Du, wie man sich auch dreht und wendet, man fällt immer wieder in die gleichen Konstellationen. Er ist sehr nett und ein bißchen halb tiefsinnig, halb nicht, sehr gescheit. Für mich doch ein bißchen Oase in der Wüste. Wie meine kleine Nachbarin aus dem wilden Westen mit dem Zimmer voll von Aristoteles und Hegel und Gott weiß was. Der San Francisco-Spaß aber heißt, daß ich meine (überfüllte) Sprechstunde am Donnerstag nach der Vorlesung haben muß. So geht mir auch der Donnerstag noch in die Binsen.

Ich sollte von Stanford und den Behavioristen erzählen. Mein Herz, die Maschine sträubt sich. Da war ein sehr berühmter Anthropologist mit Namen Kluckhohn[2] aus Harvard, der uns erzählt hat, wie spät das abstrakte Denken historisch ist, und als Exempel – Aristoteles zitiert hat; der konnte es noch nicht, weil er statt von Zeit und Raum von to pou und to pote, dem Wo und dem Wann, sprach. Erst die Römer, sage und schreibe, hätten es fertiggebracht, abstrakt zu denken. Na, usw. im Text. Gefahren bin ich von einem

---

[1] Das Totalitarismus-Buch.

[2] Clyde K.M. Kluckhohn, 1905–1960, Anthropologe; Professor an der Universität Harvard, Gründer des Russian Research Center dort.

jungen Professor worden, den ich hier gleich am ersten Abend kennenlernte – so eager to make my acquaintance and all that – und der sich langsam als die wahre power behind the throne, nämlich die rechte Hand des Chancellor, entpuppte. Sehr komisch; aber er ist recht nett und sehr intelligent, wie solche Leute ja manchmal sind. In Stanford haben wir alle zusammen Abendbrot bei Stuart Hughes[3] gehabt. Und Cocktails vorher, und es war große Aufregung. Ich hingegen bin aus der Konferenz nach dem Aristoteles-Vorfall verschwunden (mein junger Professor, namens Park, sah mir das Entsetzen an und schlug vor, mich hinzufahren) und in die Hoover-Bibliothek gegangen, die großartig ist, voll von den interessantesten Dokumenten aus der Nazi-Zeit und mit einer einzigartigen Kollektion über Kommunismus und Rußland. Da habe [ich] still und klammheimlich ein paar Stunden gearbeitet, während die anderen sich da ausgequatscht haben. – Die Sache ist ungeheuerlich. Da sind sie also, 38 Scholaren, die sich jeden Morgen ihre Träume erzählen und für all den Quatsch sehr gut bezahlt kriegen. Der Ort sieht aus wie ein hochmodernes Gefängnis für die Rehabilitation hochmoderner Verbrecher. Nicht geschenkt möchte ich dahin. Nicht für alles Geld der Welt könnte ich das aushalten. (Falls Du den Jonas siehst, sag ihm, ich habe dort seinen Freund aus Kanada, Physiologen mit unaussprechbarem Namen, getroffen; und Jonas soll da nicht hin. Das sieht nur paradiesisch aus, es ist die Hölle mit allem Komfort der Neuzeit.) Zu mir sind sie alle sehr nett; warum, kann ich mir nicht vorstellen.

Dann habe ich ferner Herrn Olschki[4] kennengelernt, auf Anregung von Jaspers, der mir einen bezaubernden Brief schrieb. Der nun wiederum, ehemaliger Romanist aus Heidelberg, wo er den Italiener spielte – die Familie ist natürlich aus Ostpreußen –, ist mit seiner Frau der Meinung, daß sie im »Negerdorf« lebten. Und das hat mich denn doch empört. Man muß immer von Zeit zu Zeit die

---

[3] Der Historiker Stuart H. Hughes hatte sich in seinem Essay »Historical Sources of Totalitarianism« in *The Nation* vom 24. März 1951 mit H. A.s Totalitarismus-Buch auseinandergesetzt.

[4] Leonard Olschki, 1885–1961, Romanist; lehrte von 1908–32 an der Universität Heidelberg.

Gebildeten sehen, um zu wissen, wo man unter keinen Umständen zurück will.

[...]

Aber die Sache mit Mailand[5] ist wirklich unbeschreibliches Glück. Meinst Du nicht? Nun geht es wirklich und kostet nicht einmal viel. Mehr Glück wie Verstand. Ich werde morgen gleich schreiben.

Ja, Liebster, die Stimme. Das werden wir uns öfter leisten, vor allem jetzt, wo dieser idiotische Kongreß für Cultural Freedom mir die Überfahrt bezahlt. Mir ist nicht einmal klar, ob ich ein paper zu machen habe. Die sind imstande und bezahlen nur dafür, daß man an der Diskussion teilnimmt. Na, die Bäume sollen auch nicht in den Himmel wachsen, und ich werde ohne zu klagen ein paper schreiben.

Mit Bard ist natürlich traurig, aber hier ist es auch nicht weniger unsinnig, nur auf andere Art. Hier hetzen sie sie mit Examina einfach zu Tode. Bisher habe ich noch keinen wirklich sehr begabten Jungen aufgetrieben, aber es ist schwer für mich, sie herauszufinden. Es sind zu viele. Sie sind ungeheuer lernwillig, arbeitsbereit, aber die Referate sind dann doch nichts Rechtes.

Letzten Sonntag war ich von Löwenthal[6] weit herausgefahren, in die Sierra Nevada, unbeschreiblich schön, unter den blühenden Mimosenbäumen auf die Berge rauf. Löwenthal benutzt mich als Notnagel (er gehört zu der Horkheimer-Clique), und ich geniere mich daher nicht im mindesten, ihn als meinen Chauffeur zu benutzen.

Schluß, mein Herz. Ich muß essen gehen und dann arbeiten.

Deine

---

[5] Eine International Conference Sponsored by the Congress for Cultural Freedom fand vom 12.–17. September 1955 in Mailand statt. H. A. sprach über »The Rise and Development of Totalitarianism and Authoritarian Forms of Government in the Twentieth Century«; vom Kongreß als Schreibmaschinenmanuskript veröffentlicht, dann in: *The Future of Freedom. A compilation of papers submitted to the International Conference on the Future of Freedom by the Congress for Cultural Freedom held in Milan (Italy) from 12 to 17 September 1955*, Bombay 1955, S. 180 bis 206.

[6] Leo Löwenthal, geb. 1900, seit 1926 Mitarbeiter des Instituts für Sozialforschung, Frankfurt; 1941–55 Columbia University; ab 1955 Professor der Soziologie in Berkeley, Kalif.

Lies, wenn Du Zeit hast, Jaspers' Aufsatz über Schelling im »Merkur«[7], den Du im Zeitschriftensaal der Columbia findest. Darüber ein andermal.

[...]

[New York,] 6. 3. 55

Liebling,

sei unter den Umständen und unter der Überlastung dort um Gottes willen nicht zu gewissenhaft. Vor allem wälze Dir alle schriftlichen und statistisch bürokratischen Dinge ab. In den Klassen erledige ich soviel als möglich mit lectures. Man kann mit so vielen kein Seminar machen. Sie haben weniger davon als vom direkten Vortrag.

Ich bin in Bard wieder mit administrativen Dingen zugedeckt. An allen Ecken und Kanten werde ich zu Hilfe gerufen und kann mich nicht entziehen. Das nun sind wieder die Nachteile eines kleinen College. Wo man sitzt, sitzt man falsch, außer zu Hause.

In der New School sind die großen humanistischen Pläne, mich miteinbegriffen, erst einmal völlig von den Bauplänen zugedeckt. Sie haben kein Geld für ihre Library, kein Geld für Lehrer und Kurse, aber sie kriegen Geld für Gebäude. Sie hoffen wohl, daß mit der Erweiterung alles andere dann besser hereinkommt. Vielleicht haben sie sogar recht. Na, wenn Bard nicht im Sommer einfach finanziell zusammenbricht, kann ich ja noch ein Jahr warten. Und nun kommt doch wohl schon die Zeit, wo man es sich angesichts der Geburtenwelle kaum mehr leisten kann, irgendein College einfach zuzumachen. Im Lande wächst die Produktion ständig und mit ihr die Arbeitslosigkeit. Die Robots übernehmen mehr und mehr die Arbeit. Doch vom Lehrermangel ist dauernd die Rede. Sollten wir auch einmal für eine kleine Zeit im richtigen racket[1] sein?

Zu eigener Arbeit komme ich wenig, aber ich habe einige Sachen

---

[7] Karl Jaspers: »Schellings Größe und sein Verhängnis«. In: *Merkur* 9/1955, S. 11–34.

[1] Ironische umgangssprachliche Berufsbezeichnung, eigentlich: Gaunerei, auch: »einträgliches Geschäft«.

beim Wickel, die sich zu lohnen scheinen. Skizzen davon schmeiße ich auf alle Fälle in den New School-Kurs mit hinein, um erst einmal was festzulegen.

[...]

So ein kurzes Gespräch am Sonntag gibt einem doch eine herrliche Nähe zu Dir. Es geht nichts über die Stimme als Vereinigungsmittel.

Halt die Ohren steif

Heinrich

[Berkeley,] den 8. März 1955

Lieber Liebster –

mir werden die Ohren noch ganz steif werden vom Steifhalten. Aber ich werde es schon schaffen. Heute schien mir, daß ich selbst das große Seminar irgendwie zustande bringen werde. Die Leute haben mir hier einen Assistenten gestiftet, so daß ich mit administrativem Kram überhaupt nichts zu tun habe. Da er außerdem deutsch kann, liest er mir auch noch die Korrekturen.

Wenigstens habe ich inzwischen herausgebracht, was mich hier so unglücklich macht. Ich kann einfach nicht fünfmal in der Woche in der Öffentlichkeit stehen, ja sozusagen nie aus ihr herauskommen. Mir ist, als müßte ich mich selbst suchen gehen. Kein Erfolg hilft mir über das Unglück, »im öffentlichen Leben« zu stehen, hinweg. Du wirst sehen: Ich werde das eigentliche Reich des Politisch-Öffentlichen darum noch einmal – wann? egal, irgendwann einmal – beschreiben können, weil niemand so genau die Grenzen eines Territoriums abschreiten kann als der, der von außen ganz um es herumgeht.

So, das ist besser als nichts. Der sogenannte response hier ist gut, man spricht von kaum etwas anderem unter den Studenten, sagen sie jedenfalls. Die Klassen werden nicht kleiner, die Aufmerksamkeit nicht geringer, wenigstens vorläufig noch nicht. Die Anstrengung für mich ist sehr groß, aber das kann ich schaffen. Was ich nicht schaffen kann, ist das auf dem Präsentier-Teller-Stehen und auf ihm dauernd verbleiben. Darum war es idiotisch, im Club zu wohnen, trotz aller conveniences[1]. Ich komme mir vor wie Marx' vergesellschafteter Mensch. Du siehst: Falls dies das richtige racket sein sollte für die nächsten Jahre, es wird kaum mein racket sein können.

Je weniger man über das Department hier sagt, desto größer ist die christliche Nächstenliebe. Ich will sie lieber üben. Schön aber war der Freitag mit dem philosophierenden Hafenarbeiter[2] – wie ein König und großer Herr sein Königreich einem geehrten Gast, so hat er mir den Golden Gate Park und die Brücke und die Werften am Hafen, wo er arbeitet, gezeigt. Heute kam ein kleines Büchlein von ihm an, mit Aphorismen, viele wie von Rochefoucauld abgeschrieben (was er aber nicht weiß), viele sehr, sehr hübsch, keiner wirklich bedeutend. Aber was liegt schon daran. Er spricht besser, voller Bilder. Ein richtiger deutscher Spökenkieker, wie er im Buch steht, auf englisch mit auffallend deutschem Akzent (hat bis zum 15. Jahr nur deutsch gesprochen und war außerdem vom 7. bis 15. Jahr blind). Aber Deutsch kann er natürlich auch nicht.

Ich warte schon auf den Sonntag. Ja, das wollen wir beibehalten. Das wenigstens muß man sich doch noch in seinem Elend leisten können.

[...]

Du schreibst von Arbeitslosigkeit im Lande. Das ist, glaube ich, ein Irrtum. Das Arbeitsheer ist hier ungeheuer gestiegen, eben trotz Robots. Das ist es ja gerade.

Bis Sonntag, mein Herz.

Deine

[New York,] 12. 3. 55

Liebling,

es war gut zu hören, daß sich die Sache dort einigermaßen einzufahren beginnt. Wenn Du Dich nur nicht völlig herunterarbeitest. Im übrigen werden wir uns an der schönen Kette unserer Sonntagsge-

---

[1] Annehmlichkeiten.
[2] Eric Hoffer.

spräche ja wohl über diesen Abgrund der Zeit hinwegschwingen. Wir sollten uns förmlich einen Telegrammgesprächsstil für dieses Telefonieren ausarbeiten, um herauszufinden, wieviel man sich in drei Minuten sagen kann. Jedenfalls hört man ja sofort das Wesentlichste, nämlich Dasein und Befindlichkeit.

[...]

In Bard sind nicht nur der Präsident, sondern auch die anderen mal wieder blödsinnig optimistisch. Ich sehe nur, daß die Studenten nicht in der genügenden Zahl hereinkommen und daß viele aus den verschiedensten Gründen transferieren wollen. Es wird ja jetzt gerade viel Geld für education bereitgestellt von den foundations. Hoffentlich kriegt Bard was davon ab, um das nächste akademische Jahr wirklich leben und zahlen zu können. Die Ford Foundation ist ja endlich mal vernünftig geworden und will den Lehrern Gehaltszuschüsse geben, ungefähr 1958, wie man sagt. Wenn sie das bis dahin organisieren wollen, werden sie ja wohl das Geld für die Organisatoren aufgebraucht haben.

Mit mir sind die Studenten an der New School, aber auch die in Bard, noch immer hochzufrieden, doch gibt es schon Fälle, wo sie mir in Bard Dankbriefe schreiben, sich aber sonst entschuldigen, daß sie das College anderer Gründe wegen verlassen müssen. Die Liederlichkeit der meisten Studenten stößt viele ab, aber auch die Unzufriedenheit mit den in den Naturwissenschaften und der Geschichte gebotenen Kursen. Es wird der Fakultät langsam unmöglich, sich nach dieser finanziellen Decke zu strecken, die nackten Popos gucken an allen Ecken und Kanten heraus. Die besseren Lehrer sind überarbeitet und nervös, die schlechten lassen alles schliddern.

Karl Heidenreich hat eine wunderschöne Ausstellung hier, Holty ist schon wieder auf der lecture-Raserei im Lande. [...] Alle lassen herzlich grüßen.

Kuß und Klaps

Dein Heinrich

[Berkeley,] den 16. 3. 55

Liebster –

ich muß mich ja beeilen, damit Du auch einen Brief hast, wenn Du nach Hause kommst. Heute kam Dein Brief (aber sonst nichts Nachgeschicktes). Ich überarbeite mich nicht; ich kann es gut leisten, wenn, ja wenn ich schlafe. Und das war zum ersten Mal ein richtiges Problem. Die alte Haut wollte sich halt doch nicht auf die neue Tagesordnung umstellen. So habe ich der Lene Grumach[1] geschrieben, und sie hat mir ein Schlafmittel verschrieben, um mich erst einmal in den anderen Schwung einzuschwingen. Das hilft sehr gut, ist leicht, macht mich nicht drowsy [benommen] und das Leben im allgemeinen sehr viel leichter.

Es geht alles gut. Ich habe viele Hörer aus anderen Fakultäten, Physiker, Historiker und so weiter. Die Historiker sind die besten, weil hier die Fakultät sehr gut ist. Unsere Fakultät ist unter der gesengten Sau. Gestern sprach unser Chairman auf dem Campus, und ich ging mit, um mir das mal anzuhören; es war wirklich unbeschreiblich und zwar ganz gleich aus welchem Gesichtspunkt. Die Studenten sind sehr, sehr willig, bereit, sich zu Tode zu arbeiten, aber ein bißchen dämlich. Ganz anders als die Historiker, die wirklich auf dem qui vive sind. Das liegt unter anderem daran, daß die Historiker auf gar nichts rechnen können, als Professor zu werden, kein sehr erhabenes Ziel; da kommen eben nur die, welche wirklich wollen. – Daneben sitzen immer Professoren in meinem Kolleg, manchmal auch im Seminar. Denen gefällt es halt manchmal und manchmal nicht. Wie ihnen und mir die Nase steht. Das Pro-Seminar mit den vielen ganz jungen Kindern fängt an, mir und ihnen Spaß zu machen. Ich krieg sie ganz gut zum Arbeiten und habe gerade da ein paar ausgezeichnete. Gestern z. B. war es wirklich fun. Aber es ist sehr viel. Ich habe eine Sprechstunde, die sich gewaschen hat. Letztens 10 Studenten. Das Theater ist zweimal die Woche, abgesehen von denen, die mit special appointments kommen; und danach bin ich meistens wie durch die Wurstmaschine gedreht wegen dem dauernden Sich-Umstellen.

---

[1] Lene Grumach, geb. Fabian, die Frau des Jugendfreundes Ernst Grumach.

Sonntag war ich wieder in San Francisco mit dem Löwenthal. Es war Abend, erst Dämmerung und dann ganz dunkel. Liebster, glaub mir, das ist eines der schönsten Dinge, die es auf der Erde gibt. Ganz und gar unvergeßlich. [...]

Heute abend ist wieder graduate Seminar und morgen früh Vorlesung. Die schlimmsten Tage sind von Dienstag bis Donnerstag früh. Danach habe ich ein bißchen Ruhe. Dann fange ich mich gewöhnlich an, auf den Sonntag zu freuen, wenn wir uns über alle Abgründe mit Hilfe der modernen Technik hinüberschwingen.

Mit Bard ist es natürlich schlimm. Was Ihr braucht, ist ein neuer Präsident, fürchte ich, der ein paar gute Leute hinholt. Die Liederlichkeit der Studenten sollte man nicht dulden. Hier gibt es eine einfache Regel: Alles hat anständig angezogen zu sein, einfach, aber nicht in Jeans und nicht ungekämmt etc. Das hilft sehr. Sie sitzen auch ordentlich auf den Stühlen und räkeln sich nicht so herum. Bei dem Massenbetrieb ist das absolut erforderlich.

[...] Sahst Du in der Zeitung, daß der Sohn von der Christiane Zimmer[2] (die wir bei Kurt Wolff trafen) in Oxford ermordet worden ist? Was für eine furchtbare und phantastische Geschichte. Ich will versuchen, ihr ein paar Zeilen zu schreiben.

Liebster, *lieber* Liebster, bis Sonntag

Deine H.

Grüß Lotte!!

[New York,] 20. 3. 55

Liebling,

[...]

In Bard mußte einer der besten Studenten (mein wilder Liebermann) herausgeschmissen werden, weil er sich einfach im dormitory der Mädchen einquartiert hatte und dort wie in einem Harem hauste. Die Studenten machen einen regelrechten Aufstand für

---

[2] Christiane Zimmer, 1902–1986, Tochter von Hugo von Hofmannsthal, verheiratet mit dem Indologen Heinrich Zimmer.

ihn, und ich werde die angenehme Aufgabe haben, die Administration zu verteidigen, die ja diesmal wirklich nicht anders handeln konnte. Gegen diese Zustände muß fast drakonisch eingegriffen werden, weil uns viele der besten Mädchen einfach weglaufen und weil eine Atmosphäre herrscht, in der kein Student vor dem permanenten Gequatsche der anderen über Sex und ihre psychologischen Probleme mehr richtig zur Arbeit kommt. Die self-indulgence dieser jungen Generation kennt keine Grenzen. Der Lehrbetrieb wird fast nur ein Vorwand für dieses Leben von intellektuellen Wilden.

Wenigstens habe ich in der New School dieses Semester eine bedeutend bessere Klasse gehabt als im letzten. Ein paar neue, recht intelligente Studenten und nette Erwachsene. In Bard dagegen ein paar Hochbegabte gegen einen dummen und ganz langweiligen Durchschnitt. Na, dort bei Dir scheint ja Intelligenz auch nicht gerade zu blühen.

[...]

Hier wollen Dich die Behörden zum Juror[1] machen. Ich muß hingehen und ihnen die Illusion nehmen.

Auf Wiederhören am Sonntag.

Dein

Heinrich

[Berkeley,] den 24. 3. 55

Lieber Liebster –

wie scheußlich, ich meine die Darmgrippe.[1] Aber jetzt solltest Du Dich doch davon erholt haben. Ich bin ganz zufrieden, daß Du Dich nicht voll von Penicillin hast »schießen« lassen; wenn es ohne das geht, soll man es vermeiden. Schon weil man es ja eventuell mal wirklich brauchen könnte und dann der Organismus sich besser nicht an die Geschichte schon gewöhnt hat. – Die Sache mit Bard ist wirklich ungeheuerlich. Ich habe den Eindruck, daß solche Dinge

---

[1] Geschworener. Jury duty gehört zu den Pflichten amerikanischer Bürger, sowohl bei Zivil- wie Strafsachen als Geschworene Dienst zu tun.

[1] H. B. hatte im vorausgegangenen Brief davon berichtet.

hier nicht vorkommen oder jedenfalls nicht in der Öffentlichkeit, und das ist ja eine erhebliche Differenz. Der Zusammenbruch unserer Welt ist hier noch völlig unbekannt und die Studenten [sind] in gewissem Sinne sehr unschuldig und nicht gerade hervorragend equipped, in unserm Jahrhundert zu leben. Das Unbehagen dagegen ist überall bereits da, und der psychologische non-sense blüht, weil in diesem Land eben aller und jeder non-sense blüht.

Mir geht es ganz gut, aber die Anstrengung ist groß, und ich spüre sie besonders am Donnerstag, wenn ich nach einem Seminar Mittwoch abends morgens um 9 Uhr wieder eine Klasse habe. Es geht, und es geht sogar meistens sehr gut, wie z. B. heute, und die Studenten sind begeistert. Ins Seminar kommen immer mehr Leute, nur um zuzuhören, und das gleiche ereignet sich im Kolleg. Was mich betrifft, so sage ich mir: Nie wieder Krieg.

Dafür ist heute Sommer, und ich bin vom Kolleg direkt nach Hause gegangen, weil selbst mein leichtes Seiden-Kostüm zu warm ist. Ich muß ein Sommerkleid anziehen. Aber es ist nicht etwa zu warm, es ist, als ob man nie vorher gewußt hätte, wie es ist, wenn es gerade richtig ist. Auch sonst habe ich ein bißchen Spaß außerhalb des Lehrbetriebs. So gehe ich in eine Serie von lectures, die der Affen-Köhler[2] hier gibt und die vielleicht gut werden. Bisher nicht übermäßig. Und letztens hat mich mein Assistent, der eine herrliche Plattensammlung hat, zu einer Vorführung der Carmina Burana und der 6. Symphonie eingeladen. Daß Orff ein ganz großer Komponist ist und etwas ganz Neues versucht, wurde mir wieder ganz deutlich, vor allem, weil ich auch die sehr schönen Texte dazu hatte. Man braucht den Text, denn er will ja Musik und Wort verbinden, daher auch der Einfluß des Rezitativs.

Was die Studenten anlangt, so sind die undergraduates besser als die graduates. Gestern hatte ich zwei Seminar-Referate, die eigentlich beide schlecht waren, und bisher habe ich aus diesen graduate students noch nichts wirklich Interessantes herauskriegen können. Etwas anderes ist es mit den Historikern, aber die sind nur in der Vorlesung und nicht im Seminar. [...]

---

2 Wolfgang Köhler, 1887–1967, Psychologe; seit 1924 in den USA; wurde vor allem durch sein Buch *Intelligenzprüfungen an Menschenaffen* (1917) bekannt.

Juror: Hätte mir wahrscheinlich Spaß gemacht, aber ich denke, daß ich als Frau da immer raus kann.[3]

[...]

An Röschen [Feitelson] habe ich immer noch nicht geschrieben. Erklär ihr doch, wie es hier ist. The more popular I am, the harder it gets.[4] Ich habe manchmal richtig Angst, über den Campus in mein Office zu gehen. Dabei sind sie reizend und durchaus rücksichtsvoll und nichts, was man ihnen übelnehmen könnte. Im Grunde zähle ich doch die Wochen bis zur Abfahrt.

[...]

Sonntag ist schon ganz in der Nähe und Deine Stimme und die Sicherheit des Zugehörens. Liebster –

Deine

[Berkeley,] den 30. März 55

Lieber Liebster –

[...] Ich beneide Dich um die Osterwoche; wir kriegen auch eine Woche Ferien, aber erst Ende April, und da werde ich wohl nach Stanford ziehen, um in der Hoover[1]-Library mich umzusehen.

Gestern war wieder Pro-Seminar und ich als Löwenbändiger von 80 übereifrigen Gören. Aber es geht, wenn ich ganz frisch und munter bin, wie gestern. Und die Kinder lernen was, und ein paar von ihnen sind sehr gut. Und es macht Spaß. In der Vorlesung bin ich mit Machiavelli fertig, und falls es ein Jenseits geben sollte, wird dieser Herr mich dort mit offenen Armen empfangen. Das habe ich wirklich gut gemacht. Zum Teil sogar auf italienisch gelesen, was mir wirklich Mühe macht, weil ich es absolut nicht kann.

Die Studenten sind augenblicklich mehr oder minder der Meinung, daß ich »terrific« [fantastisch] bin, nachdem sie am Anfang

---

3 1967 hatte H. A. »für zwei Wochen jury duty«, was ihr »großen Spaß gemacht hat«. Vgl. *Hannah Arendt – Karl Jaspers Briefwechsel*, a. a. O., S. 700.

4 »Je beliebter ich bin, desto schwieriger wird es.«

1 Herbert C. Hoover, 1874–1964, 31. Präsident der Vereinigten Staaten von 1929 bis 33.

doch teils verblüfft, teils offen antagonistic waren, teils der Meinung, daß ich ein Despot sei. Ich bekomme jetzt gute Fragen, allerdings vor allem aus der historischen Fakultät und dort wieder vor allem von einem jungen Herrn mit Namen Haber, den ich im Verdacht habe, der Enkel des Kaiser-Wilhelm-Institut-Haber[2] zu sein. Da kann man nichts machen. Komischer ist, daß überall die Studenten of German origin, die hier in Kalifornien geboren, ohne ein Wort deutsch (man erkennt es an den Namen) aufgewachsen sind, herausstechen, wenn es zu philosophischen oder rein theoretischen Fragen kommt.

Meine Kollegen sind, fürchte ich, weniger begeistert von mir. Ich kann an all dem Quatsch, der hier vor sich geht, nicht teilnehmen, und sie haben es auch nicht gern, daß die Studenten so begeistert sind. Sie machen alle ihre Vorlesungen irgendwie, wie es gerade trifft, und sind im allgemeinen ungeheuer stupid. Im April werde ich zweimal vor den Studenten sprechen müssen, was natürlich nicht gerade eine Erleichterung ist. Aber die Einladungen kommen immer von den Studenten-Clubs, nicht von der Fakultät. I could not care less[3], aber es ist halt eine Tatsache. Ich lehne ohnehin so viel ab, wie ich nur kann.

Von Jaspers hatte ich einen rührenden Brief, und gestern schickte er mir per Luftpost ein Büchlein, in dem über die Vernichtung Königsbergs berichtet wird und über die Lager in der Sowjetunion.[4] Er will offenbar, daß ich auch alles weiß, wenn ich hier unterrichte; und die Hilfe freut und bewegt mich.

Hier im Club habe ich mich jetzt doch einigermaßen eingewöhnt. Die größte Hilfe ist die kleine Zimmernachbarin, von der ich schrieb. Aber auch sonst gibt es hier halt Menschen, und sie unterscheiden sich von denen, die es nicht mehr sind.

Ich freue mich sehr mit den New School Vorlesungen. Ja, Du brauchtest mal einen kleinen leave of absence[5]. Ruth [Schulz]

---

2 Fritz Haber, 1868–1934, Chemiker; entwickelte die Haber-Bosch-Synthese; Nobelpreis 1918.

3 »Das ist mir völlig egal.«

4 Nicht zu ermitteln.

5 Forschungssemester, vgl. S. 367.

nimmt doch wohl getreulich alles Neue auf, so daß ich es dann lesen kann. Übrigens: Wo ist Julius [Schulz]? Er sollte doch herkommen? Hat er sich etwa nicht gemeldet?

Diesen Sonnabend entwische ich wieder nach San Francisco und lasse mich von Eric Hoffer rumführen. Das sind immer die Lichtpunkte.

Auf dem Campus geht viel vor, dauernde Vorträge. Ich gehe zu einer Serie des Affen-Köhler über Psychologie und Physik, ganz interessant, aber nicht aufregend. Im Grunde sind sie über die Anfänge der Gestaltpsychologie doch nicht herausgekommen, obwohl er einige Ansätze hat, die darüber hinausführen sollten. Vielleicht kommt es noch. Übrigens: Mein physikalischer Schwachsinn bessert sich; ich verstehe jetzt eigentlich alles ganz leicht und kann es auch behalten.

Gesundheitlich geht es mir gut. Ich schlafe normal und fast immer ohne Schlafmittel. Habe es mir bereits wieder abgewöhnt und bin morgens nicht mehr so müde. Bis Sonntag – Liebster!

Deine

[New York,] 3. 4. 1955

Liebling,

ich habe drei scheußliche Wochen hinter mir. Ein Rückfall nach dem anderen in die wandernde Virusgrippe ließ mich außer dem Lehren überhaupt nicht zum Arbeiten kommen, und ein ständiger Druck im Kopf ließ mich bereits an meine endgültige Verdummung glauben. Und kein Schnupper, der einem wenigstens diesen Verdacht auszureden versucht. Seit vier Tagen ist das alles wie weggeblasen, und ich habe mich in neue Probleme stürzen können. Sogar in Bard komme ich noch zum Lesen neuer Sachen, und in New York sitze ich acht Stunden hintereinander daran und bin nicht müde trotz des scheußlichen Wetters.

Der Angriff der episkopelischen Pfaffen auf Bard könnte uns eher gut tun, wenn wir nicht diesen stupiden Präsidenten hätten, der wie ein machtbesessener Ochse im Porzellanladen herumtrampelt und dabei von ein paar völlig unfähigen tenure Pensionären[1] der Fakultät unterstützt wird, die sowieso nichts anderes können als Philistermoral daherquatschen. Es wird jetzt ganz deutlich, daß der Herr die Gestalt dieses College ändern will und nur noch dumme respektable Studenten zulassen will. Außerdem hat er begonnen, selber mit den Pfaffen schönzutun, und möchte die idiotische Bestie, die wir da als minister[2] haben, durchaus gegen die ganze Fakultät halten, ihn sogar weiter lehren lassen. Ich bin inzwischen für das nächste Jahr nicht mehr als visiting professor of philosophy, sondern als professor of philosophy angestellt worden, über dessen tenure[3] im Herbst nächsten Jahres entschieden werden soll. Selbst wenn dann das College noch besteht, kann sich das Gesicht desselben so geändert haben, daß für mich da kein Raum mehr ist. Mit der Titelerhöhung [einher] gehen ganze 400 Dollar Gehalt mehr, die obendrein als eine raise dargestellt worden sind von demselben Präsidenten, der nicht mehr weiß, daß ich einen Brief von ihm habe, wo er mir zugesteht, daß ich durch einen Irrtum seinerseits mein volles Gehalt nicht bekommen habe. Dies ist nun noch nicht einmal mein ursprüngliches volles Gehalt, und er stellt es als eine Gehaltserhöhung dar. He not only looks like a crook, he more and more gets to be one.[4] Nun denke aber bitte nicht, daß alles das mich ärgert. Ich bin in allen diesen Sachen dort innerlich nicht mehr im geringsten beteiligt. Ich tu mein Bestes für die Studenten, bringe die ärgsten blunders[5] der anderen in Ordnung, und im übrigen greift mich nichts mehr an. Wenn das College einigermaßen anständig überlebt und mich behalten will, fein. Ich kann das Ding alleine nicht retten und werde es nicht mehr versuchen. Ich manövriere mich uninteressiert durch.

In den New School-Kurs bringe ich dauernd neue Sachen rein, und es macht mir und den Hörern viel Spaß.

[...]

---

[1] Gemeint sind Fakultätsmitglieder mit fester Anstellung, die sich wie pensioniert verhalten.

[2] Geistlichen.

[3] Feste Anstellung als Professor – nicht mehr H. B.s Stellung als Gastprofessor.

[4] »Er sieht nicht nur wie ein Gauner aus, er wird auch immer mehr einer.«

[5] »Schnitzer, Fehler«.

Was war Dein heutiger Besuch[6] bei mir wieder für eine Freude.
Dein

H

[Berkeley,] den 8. April 1955

Lieber Liebster –

daß ich nicht zur rechten Zeit geschrieben habe, ist wohl bei uns auch noch nicht vorgekommen. Es ist halt so, daß von mir wirklich bald nicht mehr viel übrig ist. Die Klassen werden immer noch größer, vor allem aus anderen Departments, Philosophie etc.; es finden sich Studenten, die wirklich begabt sind und denen man helfen muß. Resultat: veritable Privatstunden, von denen eine für eine 19jährige Göre in Philosophie bereits zur wöchentlichen Institution geworden ist. Was tun? Hinzu kommt natürlich der Club, wo das größte Unglück ist, daß die rechte Fraktion, die immerhin 75 % der Mitglieder umfaßte (wir sind hier in Kalifornien!), in voller Auflösung begriffen ist. Was zwar zu unserer aller Erheiterung, aber nicht gerade zu meiner Erleichterung beiträgt. Ich kriege auf diese Weise noch mehr Lebensgeschichten serviert, und Du weißt ja, wie das mit mir ist – ich kann es wirklich nicht. Heute z. B. ein PhD-Examen[1], bei dem der Kandidat nach allen Regeln der Un-Kunst zweieinhalb Stunden geröstet wurde, u. a. von mir. Ich schwöre Dir, ich bin augenblicklich erledigter, als ich es nach meinem eigenen PhD-Examen war. Und so häuft und häuft es sich, und ich kann nur eines sehen: Es hat ein Ende im Juni, und ich darf nach Hause.

Um mich zu trösten, habe ich mir eben Erdbeeren gekauft, und wenn die Kirschen erst dran sind, wird ja sicher alles besser. Und sonntags telefoniert man den Stups an und hört sich an der langen, langen Leine. – Dabei ist es gerade jetzt so herrlich schön hier, und ich komme kaum dazu, es recht zu genießen. Vorlesungen und Seminare sind immer noch gut, und jetzt merke ich bereits die Wirkung. Die Kinder fangen an, hie und da was zu verstehen. Nach-

---

[6] per Telefon.
[1] Doctor of Philosophy: Doktorexamen.

dem sie mich erst »despotisch« fanden (wörtlich), haben sie jetzt ein rührendes Vertrauen.

Mein Herz, ich bin dumm im Kopf. Nimm diesen Brief nicht krumm, auch nicht, daß er zu spät kommt.

Bis Sonntag –

Deine!

[Berkeley,] den 10. April 1955

Liebster,

heute klangst Du aber sehr gut und eigentlich ziemlich ausgeruht. Ich schreibe rasch noch ein paar Zeilen, um den anderen Brief ein bißchen aus der Welt zu schaffen. Ich weiß nicht mehr, was ich schrieb, aber ich war vollkommen erledigt, und das kann schon mal vorkommen, ist aber auch nicht so schlimm. –

Inzwischen denke und wünsche ich über den leave of absence[1] herum. Das wäre einfach zu schön!, genau was Du jetzt brauchst, ein Jahr für Dich und dann wieder den lebendigen Kontakt. Falls Du meinst, daß der Harcourt Brace-Brief[2] dabei helfen kann, schicke ich ihn gerne. Er kam gestern an, und ich dachte bereits, ob man ihn nicht für eine fellowship bei Rockefeller oder sonstwo verwenden könnte.

Ich muß in ein paar Minuten weg, Löwenthal kommt mich holen, zu einer Party. Alles sehr, sehr gut gemeint und alles, alles zu viel. In zwei Wochen gibt es eine Woche Ferien, für die ich nach Palo Alto fahre, um in der Hoover Library zu arbeiten, vor allem aber, um vom Campus runterzukommen. Sonst helfen mir die ganzen Ferien nichts. Vorlesungen etc. sind inzwischen das mindeste. Sag Lotte [Beradt] mit allen (allen!) Grüßen, daß ich niemals steckengeblieben[3] bin, daß die Wahrscheinlichkeit, steckenzubleiben, sich als Unwahrscheinlichkeit erwiesen hat und daß ich immer noch dank-

---

[1] Wie aus S. 367 hervorgeht, hatte Julian Gumperz vor, H. B. ein Forschungssemester zu ermöglichen.

[2] Harcourt Brace war der Verleger von H. A.s Totalitarismus-Buch; der Brief selbst ist im Nachlaß nicht vorhanden.

[3] Gemeint ist Steckenbleiben während eines Vortrags.

bar bin, daß sie mich auch als abysmal failure[4] zurückzunehmen bereit war, dies aber diesmal wohl nichts werden wird. Wir müssen es verschieben.

A propos Löwenthal: Er fliegt für die Ferienwoche nach New York und wird meinen Wintermantel mitnehmen. Er wohnt um die Ecke (90 Morningside Drive). Kannst Du [den Mantel] von dort abholen und zum guten Cleaner bringen? Der ihn bis September behalten soll und reinigen? Er wird Dir vielleicht auch ein bißchen erzählen, wenn Du es hören willst. Er ist dumm und nicht gerade ein Charakter. Ich verhalte mich – zu langweilig zu erklären. Sei einigermaßen höflich und nett. Thanks!

Deine

[New York, 10. 4. 1955]

Mein Liebling,

daß die Sache mit Dir dort so enden würde, wie sie mit mir in Bard geendet hat, nämlich mit einer Masse von unbezahlten Privatstunden, das war zu erwarten. Wir gehören eben nicht auf die Akademie, und meistens trachtet man ja auch danach, uns davon fernzuhalten. Sind wir doch mal zugelassen, so verwandelt sie sich unter unseren Händen sofort und nimmt eine personale[1] Atmosphäre an, die ihr gar nicht steht, den Studenten aber wohl bekommt und uns langsam ruiniert. Auf die Dauer kann keine Administration solche Leute wie uns aushalten, und die Kollegen müssen so gut sein, wie es einige in Bard sind, um nicht vor Neid zu platzen. Es ist viel besser, sich nur gelegentlich an einer Akademie einfinden zu müssen, wie es Dir im beiliegenden Brief Chicago vorschlägt.[2] Dort hast Du ja Gott sei Dank auch nur ein Semester, aber das ist eben bereits fast zuviel.

---

[4] Völliger Versager.

[1] »persönliche«.

[2] Im April 1956 hielt H. A. an der Universität Chicago die Walgreen Lectures, sechs Vorlesungen, die später in ihr Buch *The Human Condition*, Chicago 1958, eingegangen sind; deutsch: *Vita activa oder Vom tätigen Leben*. Stuttgart 1960.

Meine Osterwoche hier kann ich für Arbeit ausnützen, weil ich mich überraschend gut fühle und der warme Frühling hier plötzlich eingetroffen ist.

Also heute gehe ich nach Long Island und finde heraus, ob der gute alte Jude[3] wirklich etwas für die Philosophie tun will oder ob er nur so tut und wie viele Fesseln er mir anlegen möchte für seine Mitzwa[4] und wo der Kowet[5] liegt, den er möchte.

Röschen läßt grüßen, Lotte auch, Bertha habe ich noch nicht erreicht.

Werde morgen wieder versuchen.

Auf Wiederhören

Dein H.

[Berkeley,] den 14. 4. 55

Liebster –

ich bin gespannt, was der alte Jude[1] beschlossen oder angeboten hat. Wie recht Du hast, daß wir für dieses Leben nicht geschaffen sind. Ich fühle mich wie zur Zeit der Jugendalijah[2], nämlich überschwemmt mit Sorgen und Ängsten anderer Menschen. Ich kann mich nicht wehren dagegen, ich kann nur vermeiden, in Situationen zu kommen, in denen das alles so auf mich eindringt. Z. B. gestern – mein bester Student im graduate Seminar erzählte mir von einer »mysteriösen« Krankheit, die er hätte – er weiß nicht, was er hat, aber es ist Leukämie. Ich bin ganz krank, wenn ich daran denke; so ein guter kluger Junge. Und so geht es fort am laufenden Band. Heute nachmittag wieder meine kleine Bergmann für Privatstunden. Wie soll man denn da nein sagen?? Dazu hat sich hier natürlich

---

3 Julian Gumperz, von dem H.B. ein Stipendium für ein unterrichtsfreies Jahr erhoffte, vgl. S. 365, Anm. 1.

4 Gute Tat.

5 Prestige, Ehrung.

1 Vgl. Anm. 3 des vorigen Briefes.

2 Während der Emigrationsjahre in Paris arbeitete H. A. ab 1935 als Generalsekretärin der französischen Abteilung der Jugendalijah, die die Auswanderung Jugendlicher nach Palästina ermöglichte. Vgl. auch S. 101, Anm. 2.

bereits die Women's Brigade gebildet, was das Leben auch nicht leichter macht. Das Schlimme ist, daß die Antisemiten aufhören, Antisemiten zu sein, und die Xenophoben aufhören, die Fremden zu hassen, und die Weiber, welche mir erklärten, daß Intellekt den Charakter verdirbt und wir zu viel »education« in Amerika hätten (und daß dies natürlich den Europäern zu verdanken sei), mir nun sagen: What we need in this country is more brains![3]

Die Walgreen Lectures sind sozusagen eine große Ehre. Die gerade haben noch niemals jemand außerhalb des Akademischen und Respektablen eingeladen. Ich bin ganz verblüfft. Werde natürlich annehmen, obwohl es mich wieder aus anderen Sachen herausbringen wird. Zahlen tun sie wenig, aber da kann man nichts machen. Man kriegt nachher die Royalties.[4] Bald ist es wieder Sonntag. Morgen gebe ich hier eine Party, das arrangiert einem der Club. Sehr bequem. Löwenthal hat mich bereits zu dem 2 Meilen entfernten Liquorstore[5] gefahren, und ich habe Armagnac und Chianti (guten) im Hause. Süffle seither ein bißchen am Abend, was ich mir aus Sparsamkeit bisher nicht geleistet habe. Jetzt muß ich weg, heute ist Faculty lunch; wenn ich mich da auch nicht zeige, werden sie wirklich anfangen, mich zu hassen. Sie sind ohnehin auf dem besten Wege dazu. Das ist mir aber eher recht. Du siehst, ich will nicht mehr beliebt sein. Nun habe ich wirklich die Nase voll. Ach, die ironischen Götter, welche alle Wünsche erfüllen. –

Deine

[New York,] 17. 4. 55

Liebling,

es ist gut, daß Du für eine Woche aus dem Trubel da wegkommst.[1] Ich weiß von Bard, was es heißt, wenn man sich [für die] Studenten erst einmal wirklich interessiert. Und Du bist für das Lehren und

---

[3] »Was wir in diesem Land brauchen, ist mehr Kopf (Ausbildung).«
[4] Honorare.
[5] Spirituosengeschäft.
[1] Vgl. S. 365.

überhaupt für den Betrieb der großen Welt nicht gerade geboren, obgleich Du es, wenn es sein muß, besser kannst als die meisten. Aber es kostet Dich zu viel.

Ich war ein bißchen entsetzt, daß Du überhaupt erwogen zu haben scheinst, jetzt schon wieder in einen Job[2] zu gehen. Meine Befürchtungen für Bard sind doch nur allgemeiner Natur und brauchen ja gar nicht einzutreffen. Vorläufig habe ich ja doch erst mal einen neuen Jahreskontrakt in der Tasche und noch dazu als richtiger Voll-Professor der Philosophie. Dann sind da die Aussichten für den Grant[3], und die sind gar nicht schlecht, obgleich man bei reichen Leuten ja nie wissen kann, was ihnen im nächsten Moment einfällt. So denke ich denn, daß Du nach diesem Job dort erst mal Europa[4] in Ruhe ansehen sollst und dann hier zu Hause als Dein eigener Herr an Deinem Buch[5] arbeiten. Ich bin sicher, daß Du dafür einen Rockefeller[6] bekommen kannst, und wenn Du ihn nicht bekommst, ist es auch noch so. Denn wenn es schon mal eine Zeit gibt, in der ich verdiene, dann muß das auch wirklich ausgenutzt werden, dazu ist das Phänomen anscheinend zu selten.

Bei der jüdischen Geschichte[7], da werden sie Dich als Konsultant sicher gerne nehmen, und da es sich ja wohl hinziehen wird wie Strudelteig, kannst Du ihnen ja Aussichten machen to take a hand in the final completion.[8] So kannst Du Dir vielleicht einen kurzen Job für die kommenden Jahre obendrein offenhalten. Wenn auch die Walgreen Lectures nicht genügend bezahlt sind, 800 Dollar ist auch Geld und dies für Dich der bessere Weg. Und für mich ist es so eine Freude, wenn ich nach Hause komme, dort ein vollendet glückliches Mädchen zu finden, das das Haus und ihre Lebenslage so begeistert zu preisen weiß.

Das Vassar-Mädchen, welches Lotte [Beradt] im letzten Sommer

---

[2] Der »job« scheint beim Telefongespräch erörtert worden zu sein.

[3] Vgl. S. 367, Anm. 3.

[4] Vgl. S. 351, Anm. 5.

[5] Gemeint ist H. A.s Buch *The Human Condition*; vgl. S. 366, Anm. 2.

[6] Ein Rockefeller-Stipendium.

[7] Gemeint ist die Jewish Cultural Reconstruction, wo H. A. von 1949–52 als Direktorin gearbeitet hatte.

[8] »Beim Abschluß mitzuwirken.«

in Palenville besuchte, hatte einen netten Mann, der plötzlich vom Herzschlag getroffen auf der Straße umfiel. Da er genau meine Figur hatte, bin ich nun plötzlich um zwei Sommeranzüge, zwei Winteranzüge und einen Wintermantel reicher. Also ausgestattet wie ein Fürst.

Ich arbeite jetzt meinen Kurs für das nächste Jahr an der New School aus, bin überhaupt in den freien acht Tagen wieder ganz in die Arbeit reingekommen. [...]

Kuß mit Klaps

Dein H

[...]

[Berkeley,] Dienstag [19. 4. 1955]

Liebster –

Eben Dein Brief, d.h. am Vormittag, danach der Zirkus (mein »Seminar« mit 70 Kindern) und jetzt todmüde. Morgen muß ich im Historiker-Club sprechen, Freitag bei den Vereinigten Soziologen und Political Science-Studenten, und irgendwann einmal wird es Sonntag sein und ich [werde] Deine Stimme hören und eine ganze Woche »nur« arbeiten dürfen in Stanford. [...]

Mit dem Job war es nicht so ernst gemeint. Nur möchte ich so gerne, daß Du endlich auch wieder einmal zum Schnaufen kommst. [...]

Leb wohl, Liebster, heute reicht es nicht hin und nicht her. Ich muß ins Bett. Mit dem Buch von TE Lawrence, »The Mint« [1955]. Interessant, aber auch enttäuschend.

Notabene, wenn die mir hier nicht den Kopf verdrehen, dann ist er nicht zu verdrehen. Meine Klassen werden immer noch größer.

Schön, daß Du den neuen Kurs ausarbeitest.

Gute Nacht und

Deine

[New York,] 24.4.55

Liebling,

gutes Gefühl für mich, daß Du jetzt ein paar Tage allein für Dich hast und die ganzen Jöhren mal los bist. Auch das Übelwollen der Kollegen ist eine Stunkatmosphäre, der man gern entrückt ist. Ich bin mitten drin im Midtermtrubel.[1] Ich hatte gerade die Fakultät dazu gebracht, einmütig gekürzte criteria sheets[2] für midterm zu akzeptieren, als die selbstverliebten Studenten einmütig dagegen protestierten und die Feiglinge der Fakultät natürlich sofort nachgaben. Na, meine diesmaligen criteria sheets werden sie sich besehen können, ich werde ihnen mal zeigen, was die richtig angewendete passive resistance von Gandhi für eine liebliche Waffe ist. Unsere Aussichten werden immer schlechter. Jetzt hat sich noch ein romantischer, gänzlich weißer, bildhübscher Negerjüngling eine Kugel in den Kopf geschossen. Es ging durch alle Zeitungen und ist keine Reklame für uns. Niemand wird glauben, daß das Motiv ein jahrelang gehegter Negerselbsthaß gewesen ist, der sich seit Monaten in Selbstmorddrohungen äußerte, die die Studenten uns aus falsch verstandener Solidarität nicht gemeldet haben. Der Präsident ist natürlich optimistisch und behauptet, das Geld für den Etat des nächsten Jahres in der Tasche zu haben. Aber unsere Anmeldungen sind dieses Jahr 10 % weniger als zur gleichen Zeit des letzten Jahres, während alle anderen Colleges bereits von der ansteigenden Geburtenrate profitieren und 10 % Zuwachs melden. Die Corporationen wollen dieses Jahr große Summen für liberal arts education[3] rausschmeißen. Auch davon haben wir noch nichts abbekommen.

An der New School ist alles in Ordnung. Ich werde für das nächste Jahr wahrscheinlich noch den Kursus über die metaphysischen Implikationen der Liebeserfahrung der Menschheit reden. Eine Art philosophy of human relations, das Personale[4], das Soziale und das Politische in ihrer Beziehung zu untersuchen. [...]

---

[1] Zwischenprüfungen nach Ablauf des halben Semesters.
[2] Von der Fakultät anzufertigende ausführliche Studentenbeurteilungen.
[3] Geisteswissenschaften.
[4] Das Persönliche

Laß Dich bloß nicht mit behaviour[5] ein in Stanford, sonst werden sie entdecken, wie völlig unwissenschaftlich Du bist. Hoffentlich siehst Du Dir die Zeitungen nicht zu genau an, was für eine dumme und niederträchtige Welt das heute ist, ich sehe sie mir nur noch sonntags an, und schon das bringt mich um die Möglichkeit, mich wirklich auszuruhen.

Der »New Leader«[6] ist urplötzlich zur Vernunft gekommen, gegen McCarthy und die ganze Administration, für eine englische Asienpolitik. [...]

Gruß, Kuß, Klaps,

Dein H

Stanford, den 26. 4. 55

Mein Liebster –

eben als ich aus der Bibliothek kam, lag Dein Brief da, was doch gleich alles ganz anders aussehen macht. [...] Hier alles in bester Ordnung. Die Dokumente in der Hoover Library hochinteressant. Zum ersten Mal sehe ich aus Aktenstücken aus Himmlers Hauptquartier, welch ungeheure Schwierigkeiten die Herrschaften hatten, im deutschen Volk SS-Leute anzuwerben für Polizeipflichten. Der Prozentsatz derer, die sich absolut weigern, und zwar 1940, als SS-Leute noch nicht an der Front eingesetzt wurden, ist genau so hoch wie später im Jahr 1943 unter den französischen Arbeitern. Zum Beispiel: In Königsberg wird die SA zur Musterung für Polizeiaufgaben bei der SS berufen. Von ungefähr 2000 einberufenen Leuten erscheinen mehr als 1000 einfach nicht, und von den restlichen 1000 können dann auch nur 82 genommen werden: Erschienen sind nur die Blinden, Lahmen und Tauben. Na, usw. Unter Nicht-SA-Leuten (für die SA hätte es eigentlich eine Ehre sein müssen, von der SS auch nur der Musterung gewürdigt zu werden) ist es natürlich noch erheblich schlimmer: Ab 1943 rekrutiert die SS wie die Fremdenle-

---

[5] Gemeint ist die Verhaltensforschung der Universität Stanford.

[6] *The New Leader* war eine sozialistische Wochenzeitschrift.

gion in und außerhalb Deutschlands mit den haarsträubendsten Mitteln. Der Erfolg immer gleich Null, wenn sie nicht einfach die Pistole ziehen. Die HJ z. B., nicht zu bewegen. Jeder will nichts als ins Heer. Unter 300 Jugendlichen finden sie, wenn's hoch kommt, einen Freiwilligen, weil, wie ein Berliner offenbar in einem aufgefangenen Brief bemerkt, die Dummen nicht alle werden. Die französischen Arbeiter, denen sie Geld, Urlaub, herrlichste Stellungen nach dem Siege versprechen, empfangen sie meist mit dem Absingen der Marseillaise und springen dann aus dem Fenster. (Ich lese nur Berichte von SS-Leuten!) Die einzigen Erfolge, die sie noch hie und da haben, sind unter den Auslandsdeutschen, vor allem in Rumänien. Aber auch da weiß man nicht, ob sie nicht einfach erpreßt worden sind. – All das ganz unbekannt; ich fürchte, ich bin der erste Mensch, der sich diese phantastische Sammlung hier überhaupt anschaut. –

Also, Du siehst, mir geht's gut. Ich halte die Schnauze schön geschlossen. Die Behaviorists, die mir nb. das Zimmer hier auf dem Campus besorgt haben, haben angeläutet, aber ich war Gott sei Dank nicht da und bin nur selten zu erreichen. Dafür habe ich heute mit Stuart Hughes geluncht, der aber keine Freude mehr ist. Das Campus hier verrückt gebaut, aber mit ein paar hübschen Innenhöfen und alles unter Palmen. Palo Alto ist sehr reich und hübsch – Palmenstädtchen. Sobald man aber auf den Highway kommt, sieht das Land aus wie ein Heerlager; so häßlich ist selbst die Zufahrt zu New York nicht, aber im selben Stil. Daß Menschen so leben und wohnen können, ist ja doch immer wieder unbegreiflich.

Die letzte Woche in Berkeley mit zwei großen Extra-Vorträgen war recht anstrengend. Aber ich bin bereits darüber hinweg. Bin ja doch immer noch ein Steh-auf. Eine Nacht mit neun statt acht Stunden, und alles ist wieder in Ordnung. Die Vorträge alle auf Veranlassung der graduate students – die Historiker und die Political Scientists und Soziologen. Der Abendvortrag war überfüllt, sie haben noch nie so viele Leute gehabt. Alles Studenten und ein paar der jüngeren Professoren, vor allem aus der Historischen Fakultät. Große Begeisterung allenthalben, danach Studentenparty; sehr nett.

Hier sitze ich von ½ 10 bis 5 in der Bibliothek und danach, wenn alles weiter gut geht, lese ich und lese meine Korrekturen.[1] Ich habe ein nettes Zimmer mit Bad und bin von der Bibliothek fünf Minuten entfernt. Die Cafeteria ist direkt um die Ecke, was sehr wichtig ist, weil man hier sonst nichts zu essen bekommt. Gestern wollte ich um ½ acht Abendbrot essen – Pustekuchen. Ich mußte nach Palo Alto, etwa 2 Meilen entfernt, und auch da habe ich nur noch mit Mühe und Not im besten Hotel noch etwas erwischt. Nach 7 Uhr ist alles wie tot. Sehr provinziell. Den Geist des Herrn Hoover spürt man hier allerorten, nicht nur in der Bibliothek. Der Student, der mich nach Palo Alto fuhr, erzählte mir von seinen »stocks«[2] und daß er hier nur sei, um zu lernen, wie man die ordentlich managed. Tableau! Da ist Berkeley, eine Staatsuniversität für die armen Studenten, doch besser. Hier scheint es mir wirklich abscheulich.

[...]

Leb wohl, Liebster, bis nächsten Sonntag. Aber nun ist es nicht mehr lange. (Übrigens mid-term: Ich habe bei mir alle mid-term exams gestrichen und die Studenten nicht gefragt. Das Department erwartete auch hiervon Proteste. Es ist das gleiche überall. Die Studenten haben nicht protestiert, weil sie wußten, daß es hoffnungslos ist.) Ich rechne so: Noch fünf Wochen regulärer Betrieb, dann großes Schnaufen und zwei verlorene Wochen mit Examina. Dann nach Hause, und nie wieder Krieg.

Deine

[New York,] 1. 5. 55

Liebling,

ich bin schon ganz müde in diesem Semester und kann den Juni gar nicht abwarten. Die vier Klassen in Bard sind eben einfach zuviel, besonders wenn dauernd neue administrative Pflichten hinzukommen. Und jetzt ist die Krise so groß, daß sich alle nur von mir und meiner Rede über den neuen Geist der Akademie Wunder erwarten. Gut, ich werde mein Bestes tun, und dann wird der Präsident vor

[1] Gemeint sind die Korrekturen der deutschen Ausgabe des Totalitarismus-Buches.
[2] Aktien.

Neid nicht schlafen können, und die Professoren werden fürchten, daß ich Dean[1] werden möchte. Die Studenten werden mich als Präsidenten haben wollen, und keiner wird mir glauben, daß ich beides wirklich nicht will.

Es wäre wirklich schade um dieses College. Von Jonas habe ich gar nichts gehört, aber er scheint sehr beschäftigt zu sein. Die New School ist immer noch ganz freundlich zu mir, besonders Clara Mayer, aber von meiner Anstellung ist keine Rede mehr.

[...] Lotte quält sich sehr ab, ihr sinkendes Geschäft zu retten, leidet entsetzlich unter immer wiederkehrenden Kopfschmerzen und tut nichtsdestoweniger alles, um mir das Leben zu erleichtern, wo sie nur kann.[2]

[...]

Dein H.

den 5. Mai 55

Liebster –

nun bist Du doch hoffentlich Deine Rede los und kannst wieder ein bißchen atmen. Hier hat man Gott sei Dank von diesen ja ganz und gar unnötigen Schwierigkeiten keine Ahnung. Die progressive education erstreckt sich nur auf das reine Wissen bzw. Nicht-Wissen, aber »moralisch« sind diese Kinder noch intakt, vor allem was die mores angeht, die eben doch der Anfang und das Ende aller sog. Moral sind. Sie sind wirklich sehr manierlich; wie ich sonst den Zirkus, d. h. mein Seminar mit 70 Kindern, abhalten könnte, wäre mir auch ein Rätsel. Das einzige, was bei Euch helfen kann, ist nicht etwa der minister oder Psychiater, sondern nur Disziplin: Keine Jeans auf dem College, niemand ungewaschen, niemand, der in der Klasse nicht anständig sitzt, etc. pp. Anders ist es nie zu schaffen.

Ich hatte einen Brief von Harcourt Brace und erfuhr zu meiner

---

[1] Dekan.

[2] Lotte Beradt arbeitete als Friseuse in ihrer Wohnung. Während H. A. s Abwesenheit von New York pflegte sie für H. B. Abendessen zu kochen.

Freude und meinem Erstaunen, daß Du Jerry Gross[1] angerufen hast. Ich war Sonntag, blödsinnigerweise, zu einer Cocktail-Party in San Francisco, weil der dort gefeierte Moravia, ein bekannter italienischer Schriftsteller, erklärt hatte, er wolle nur einen Menschen kennenlernen, und das sei ich. Enfin: Wir hatten uns kaum erblickt, als wir auch schon wußten, daß dies ein absoluter Irrtum war; er ist ein eitles dummes Individuum, à la Zweig[2] etc. Ich bin rasch davongelaufen. Aber dabei war auch sein Verleger, der sich für mein Buch in Italienisch interessiert, ein korrupter Roué-Typ, italienischer Graf; sieht so dekadent aus, daß man sich wundert, daß er überhaupt auf den Beenen stehen kann.

[...] Eben komme ich nach Hause von meinen Privatstunden in Kant an den kleinen Wuschelkopp, der mir viel Spaß macht und wirklich was lernt. Unten wartet bereits eine lady auf mich, um mit mir zu speisen; danach muß ich auf eines der sorority Häuser, wo irgendwelche von meinen Kindern mich zu ihrem Tee eingeladen haben. Das passiert hier dauernd, und hie und da muß man annehmen. Dazwischen ruft dauernd das verrückt gewordene Berkeley-Radio an, das offenbar nicht verstehen kann, daß ich weder sprechen noch mich interviewen lassen will. Auch mein retired General ist wieder auf dem Plan. Kurz – Liebster, müde bin ich auch und warte schon sehr, daß dieser Spaß ein Ende nimmt. Aber ein Spaß ist es doch!

[...]

Bis Sonntag, Liebster!

Deine

[1] Gerald Gross, geb. 1921; zur Zeit des Briefes Lektor bei Harcourt Brace, später Vice President der Pantheon Books; ab 1976 Vice President der Boston University.

[2] Arnold Zweig, 1887–1968, deutscher Schriftsteller.

[New York,] 8. 5. 55

Mein Liebling,

heute in meiner Gallenmisere war es besonders tröstlich, Dich zu hören. Nächste Woche werde ich mich röntgen lassen und dann wissen, was zu tun. Vorläufig Gallendiät, die einem Menschen wirklich allen äußeren Spaß am Leben nimmt. [...]

Meine criteria sheets[1] sind nun fertig, und ich fürchte, sie sind ein bißchen galliger geworden als gewöhnlich. Vielleicht ganz gut als letzte Warnung vor Semesterschluß. Der verfluchte Theaterbetrieb in Bard hat mir ein paar gute Studenten verdorben. Ein wirkliches Theater hat an einer Hochschule eben nichts zu suchen. Auch die Gegenwart von Poeten, auch wenn sie ausgezeichnete Lehrer sind, setzt einigen Jünglingen nur Motten in den Kopp, und sie wollen nichts mehr als dichten, wobei sie dann meistens der verhinderte Dichter Bählamm[2] sind, aber vor allem verhindern, etwas zu lernen. Dann gehen sie weg, um zu schreiben. Prost Mahlzeit.

Mit solchen und anderen herrlichen Problemen werde ich mich am Dienstag in meiner Rede herumschlagen. Ich bin nur froh, daß die Arbeit an der New School mit zwei weiteren Vorlesungen vorbei ist. Dann werde ich wenigstens schon am Freitag Luft haben und mich erst mal mit Goethe oder Kant in den Sessel schmeißen.

Ich werde mich nach dem air conditioner und den Konditionen, die er braucht, erkundigen, oder vielmehr Julius [Schulz] wird es tun. Zur Beurteilung der Hausleitung ist ein electrician notwendig. Einer hat schon gesagt, daß dieses Haus nicht mehr als zwei von den Biestern speisen könne.

Nun, ich muß ja nicht unbedingt aufs Land. Aber Du doch wahrscheinlich. Oder ist Dir die Europareise genügend Ersatz? Aber die Stadt wird Dich doch schrecklich nervös machen, und Du willst doch wohl noch arbeiten. Wir werden sehen, wie wir's machen. Die Hauptsache ist erst mal, wieder zusammen zu sein. Ein Gallenkranker langweilt sich besonders leicht mit den Leuten, die schon sonst

---

[1] Vgl. S. 371, Anm. 2.

[2] Die Titelgestalt in Wilhelm Buschs Bildergeschichte *Balduin Bählamm*.

ja leicht langweilig sind, besonders wenn man ihnen ohne Alkohol zuhören soll.

Gruß Kuß Klaps

Dein H.

[Berkeley,] den 13. Mai 1955

Liebster –

sei man nicht zu unglücklich mit der Gallenmisere. Damit kann man wirklich fertig werden, und Diät pflegt ganz gut zu helfen. Und zu Deinem geliebten Whisky wirst Du auch irgendwann einmal wieder zurückkehren können. Ja, ich weiß, es ist schlimm, das Geschwätz ohne Alkohol aushalten zu müssen. Da merkt unsereiner erst, wie asozial er geworden ist. Ich habe hier ähnliche Probleme – ohne allen Alkohol. Und die Bewunderung der Damen fällt mir fürchterlich auf die Nerven. Es vergeht kaum ein Tag, wo ich nicht etwas vor meiner Türe finde – Erdbeeren, Kirschen, Zeitschriften, Gott weiß was. Und: darf ich für Sie bügeln?, waschen?, nähen? Antwort immer: Nein. Aber leben kann man so nicht.

Gestern sprach ich also in dem hochfeinen Commonwealth Club, eingeführt von meinem retired General, der sich als ein Bewunderer McCarthys [1] entpuppte, aber sonst ein außerordentlicher und in seiner Art großartiger Kerl ist. Er glaubt, daß es eigentlich nur zwei Typen auf der Welt gibt, für die es sich lohnt: Soldaten und Dichter. Der speech selbst war recht gelungen und freundlichst aufgenommen. Danach zogen wir, d. h. der General und ich, ein bißchen Saufen, und so gegen fünf bin ich dann ziemlich betrunken hier wieder eingelaufen. Im Suff verstanden wir uns großartig, alter Mann mit etwas zu eng stehenden schönen Augen. Thema: The power of the metaphor. Es ist schon ein komisches Land, wenn man hinter die Fassaden guckt. Er wird wohl wiederkommen, und unseren Freunden werde ich ja wohl nie erzählen können, daß ich Freundschaft mit einem Bewunderer von McCarthy geschlossen habe. (Er hat nicht die leiseste Ahnung von solchen Dingen, glaubt allen Ernstes, es handele sich um »security problems«.)

---

[1] Joseph McCarthy.

Ich bin sehr ferienreif. Mit dem Sommer werden wir sehen. Wenn es sehr heiß ist, wird man ja wohl doch aus New York wegmüssen. Aber Palenville wird unmöglich sein; dort läßt sich, wie Du ja weißt, keinerlei Diät durchführen. Da kommst Du zu sehr runter. Es gibt aber sicher auch Pensionen, wo man Diät haben kann, halt ein bißchen teurer, da kann man nichts machen. Vielleicht in den Berkshire Mountains. Guck Dir mal den »Aufbau«[2] an. Aber das hat ja alles noch Zeit. [...]

Ich werde ziemlich viel noch zu tun haben vor der Europareise. Ich muß für die Mailand-Konferenz[3] ein paper bis Mitte Juli fertig haben. Für das bezahlen sie noch mal extra! Und dann den Broch-Band[4] fertigstellen. Mir ist ein bißchen angst vor all dem. Auch die Korrekturen zum deutschen Buch[5] liegen noch rum. Es ist ein bißchen viel. Heute z. B., sog. freier Tag: Vormittag Sprechstunde, mindestens zwei Stunden. Nachmittag mein kleiner Wuschelkopf für Kant-Lesen. Abends zu einem Vortrag. Morgen wieder Vorlesung und abends mit den Historikern. Und so geht es eigentlich den ganzen Monat durch.

Immerhin: Wenigstens ist das Wetter gut geworden, und das hilft schon ein bißchen.

Diesmal bin ich wieder ein bißchen spät dran. Es war eine verfluchte Woche. Ich schicke dies mit special delivery[6], damit Du es noch kriegst, bevor Du wieder nach Bard gehst.

Mit dem Theaterspielen etc. hast Du vollkommen recht. Hier gibt es das alles nur in kleinem Ausmaß, und die Kinder, die zumeist aus sehr armen Verhältnissen kommen (für amerikanische Begriffe natürlich, nicht wirklich), sind am Lernen mehr interessiert. Ich kann mich gerade bei den undergraduates darüber nicht beklagen. Die tun wirklich ihr Bestes.

Leb wohl, Liebster, bis Sonntag. Diesen Luxus wollen wir uns doch bitte weiter leisten.

Deine –

---

[2] Vgl. S. 195, Anm. 2.
[3] Vgl. S. 351, Anm. 5.
[4] Vgl. S. 277, Anm. 3.
[5] Bezieht sich auf die deutsche Ausgabe des Totalitarismus-Buches.
[6] Eilboten.

[New York,] 15. 5. 55

Liebling,

es ging mir diese Woche bedeutend besser, und ich hoffe, daß sich die Gallengeschichte wieder beruhigt. Ich finde irgendwie heraus, daß es besser ist, viel zu essen. Ich fühle mich dann immer wohler. Besonders große Fleischportionen.

In Bard habe ich einen großen Eindruck mit meiner Rede und mit meinen Reformvorschlägen gemacht. Aber der Weg zur Hölle ist mit guten Vorsätzen gepflastert. Einige Folgen wird es ja jedenfalls haben, und man hat eine Handhabe, hier und da einzugreifen, wenn es zum Schlimmsten kommt. Jedenfalls hat die Majorität der Studenten nicht nur Vertrauen zu mir, sondern ist richtig enthusiasmiert und will sofort etwas tun. Natürlich gibt es auch eine kleine Gruppe, die verbreitet, daß ich mich an die Administration ausverkauft habe und nun eben in Bard alles verloren sein wird für die Studenten.

Gut, daß ich nächste Woche mit der New School-Arbeit fertig bin, das spart doch ein wenig Kraft ein für den immer fürchterlichen Endspurt at Bard. [...]

Mach Dich da bloß nicht kaputt. Aber ich habe den Eindruck, daß es Dir eigentlich doch ziemlich Spaß macht.

Dein

H

[Berkeley,] den 19. 5. 55

Ach Liebster,

wirklich nur noch ein Knopfloch, das hier schreibt. Diese letzten Wochen sind unbeschreiblich. Daß es Spaß macht, ist nicht zu leugnen, aber es ist eben doch der Spaß der Hölle oder besser in der Hölle. Zu schwierig zu erklären. Wird aufs Mündliche verschoben.

Aber letzten Samstag war ich mit dem Löwenthal in the Redwoods, und das war ungeheuer. Als hätte man immer nur Wälder gesehen, aber nie einen Baum in seiner vollen Majestät. Sehr merkwürdiges Wachstum, weil er immer mehrere Stämme aus der Wurzel entläßt, die sich ringförmig anordnen, um dann im Wipfel wieder zusammenzuwachsen. Das hat Goethe nicht gekannt, sonst hätte er sich um des Baumes Blatt, das aus Osten meinem Garten einverleibt[1], gar nicht so sehr gekümmert. Die Stämme wie verwittertes Felsengestein. In der Examenswoche fahre ich wieder hin. Das kann ich mir nicht entgehen lassen.

Meine undergraduates überschütten mich mit Gedichten, Malereien, Essays and what not. Kümmern tue ich mich nur um die kleine Bergmann, mit der ich heute, wie jeden Donnerstag, Kant lese. Von der auch einmal mündlich vielleicht. Schreibt humoristische Kurzgeschichte; da gibt es wenigstens was zu lachen.

Aber eines möchte ich doch noch schnell schreiben, weil es mich so beeindruckt hat: Gestern hatte ich im Seminar für den üblichen Report den Gentleman aus Kenya, vermutlich Mitglied der MauMau[2], der sich hat ins Ausland begeben müssen. Das war der beste Report, der bisher in diesem Seminar gegeben worden ist. Der Bursche hat einfach alles verstanden und dabei eine Souveränität der Anordnung und des Vortrags, gegen die meine sonstigen graduate students wie kleine Pinscher aussehen. Ist das nicht schön, Liebster? Er ist so schwarz, wie man es sich nur wünschen kann, und dabei so bekannt, als stamme er aus ich weiß nicht welchem westlichen Lande. Was ist bloß mit der Welt los, daß das möglich ist! Schöne Welt!

Heute abend habe ich die graduate students der Departments, die mich »quizzen«[3] wollen. Konnte ich nicht nein sagen, da ich es den Historikern zugebilligt hatte, die immer noch zu meinen besten Studenten gehören. (Der beste natürlich ein deutscher Jude.) Morgen muß ich mit einer Gruppe sprechen, die sich besonders für foreign students[4] interessiert und wissen will, wie sie sich benehmen

---

[1] Goethes Gedicht »Gingo Biloba« aus dem *West-östlichen Divan* beginnt mit den Zeilen »Dieses Baumes Blatt, der von Osten
Meinem Garten anvertraut...«

[2] Von den Briten so bezeichnete Bewegung aus Geheimbünden der Kikuyu in Kenia, die sich 1949/50 gegen die britische Kolonialregierung und gegen die Vorherrschaft der Weißen erhoben.

[3] »testen« (necken).

[4] ausländische Studenten.

soll. Und zu allem Unglück fange ich im Kolleg am Sonnabend mit Kant an und habe einen gehörigen Bammel, den schlecht zu machen. Denk bloß! Wenn so was passiert, kann man sich doch eigentlich nur das Leben nehmen. Du siehst – nur noch ein Knopfloch, Betonung auf Ein.

Von der Fakultät sehe ich niemanden mehr. Die haben angefangen, mich regulär[5] zu hassen. Dadurch fallen diese Verpflichtungen wenigstens fort. Einer der Hauptprofessoren der historischen Fakultät sagte mir dagegen (er ist oft in meinem Kolleg), diese Vorlesungen und was ich sonst so hier mache, »is the best that ever happened on this campus«. Die Studenten sind wohl auch mehr oder minder dieser Meinung. Wenn ich in die Klasse komme, sehe ich lauter fröhliche Gesichter. Das ist eben der Spaß – in der Hölle.

Deine –

[New York,] 22. 5. 55

Mein Liebling,

der Professor für political science in Bard geht für ein Jahr mit einem grant[1] nach Indien, und so dachte sich der Präsident das als eine Gelegenheit, Deine Zelebrität an unserem College zu haben. Auch einige Professoren waren eifrig dafür. Für ein paar unserer Studenten, an denen ich besonders interessiert bin, wäre es ein Segen, und ich habe mich seit langem gefragt, ob nicht eine solche Möglichkeit bestände. Aber selbst mit nur einem Kurs wären in Bard advisees[2], senior projects[3] und meetings verbunden. Die Studenten würden die Gelegenheit rücksichtslos ausnützen. So denke ich, es ist besser, wenn Du abgesehen von den Walgreen Lectures[4] im nächsten Frühlingssemester einfach richtig zu Hause sein kannst und machen, was Du willst. Du hattest jetzt genug Studenten auf dem Halse, Du wirst

---

5 »regelrecht« (Amerikanismus).

1 Stipendium.

2 Hier: Studenten, die individuell beraten werden.

3 Forschungsprojekte im letzten Studienjahr.

4 Vgl. S. 366, Anm. 2.

im Herbst in Europa[5] dauernd mit Menschen sein müssen, und dann wird die höchste Zeit sein, Dich wieder ins Haus zurückzuziehen.

Den Kurs an der New School habe ich mit Beifall beendet, und selbst Clara Mayer hat sich, wahrscheinlich das erste Mal in ihrem Leben, dazu gebracht, mir dafür persönlich zu danken.

In Bard geht es wie immer gegen Semesterschluß hoch her, und seit ich den Erfolg mit der Rede hatte, kann ich mich kaum mehr retten vor zusätzlichen Verpflichtungen. Jedenfalls habe ich erreicht, für das neue Jahr einen besseren Stab zu haben. Meine Arbeitslast wird aber angesichts meiner Vollanstellung wohl dieselbe sein. Für die New School mache ich einen alten Kurs neu auf: »Man's Quest for God«[6], weil ich den Neuheuchlern und Neumystikern eins auswischen will. Das wird mir nicht zuviel Arbeit machen, und so wird wenigstens das weekend nächstes Jahr weniger fieberisch sein.

Ich werde nächsten Sonntag höchstwahrscheinlich doch zu Hause sein und Dich zu Hause hören.

Ich verstehe nicht, daß Deine dortigen Kollegen ihren Neid so offen zeigen. Was ist denn das für ein vulgärer Platz? Bringe doch einige Fotos von diesen herrlichen Bäumen mit, ich bin ganz hingerissen von Deiner Beschreibung.

Hast Du eigentlich Nachrichten von Heidegger und von Jaspers? Hier sind keine Briefe durchgekommen, soviel ich mich erinnere.

Nun ist es ja bald soweit, und ich bin schon froh, daß Du wieder zu Hause sein wirst. Ich bin beunruhigt, daß Du Gewicht verloren hast. Das solltest Du Dir nicht mehr leisten. Lieber laß die Studenten ein wenig warten und anspruchsloser werden.

Gruß Kuß Klaps

H.

---

[5] Bezieht sich auf H. A.s Teilnahme am Kongreß in Mailand; vgl. S. 351, Anm. 5.

[6] »Der Mensch als Gottsucher«.

[Berkeley,] den 25. Mai 1955

Liebster –

ich habe mir die Sache mit Bard nochmals gründlich durch den Kopf gehen lassen, aber ich glaube, es ist besser, ich sage nicht zu. Für mich ist die Lehrtätigkeit sofort eine halbe Fürsorgetätigkeit bzw. es frißt mich so auf wie einstmals die Jugendalijah[1] seligen Angedenkens. Eines ist sicher: Ich kann nicht zu gleicher Zeit schreiben und lehren; dies sind zwei Tätigkeiten, die sich fundamental entgegenstehen und die ich zu verbinden nicht das Talent habe. Und wenn ich aus Europa zurückkomme, möchte ich doch erst die Chicago-Sache[2] machen – über Arbeit; Titel: The labor of our body and the work of our hands[3] (Zitat aus Locke) – und dann mein Buch. (Titel: Amor Mundi[4], aber darüber mehr mündlich). Ob es mir gelingen wird, weiß ich nicht, aber das Lehren hat mich überstimuliert; manchmal kommen mir die Gedanken vor wie Fliegen, die sich auf mich setzen und mir das Lebensblut aussaugen – weil ich sie nicht abschütteln kann durch Schreiben. Auch darüber, nämlich über Schreiben und Reden mehr mündlich.

Hier sind die letzten Wochen unbeschreiblich. Die Studenten, die wirklich sehr rücksichtsvoll waren, sind es nicht mehr, was ich auch verstehen kann. Also: Morgen abend ein Abend mit deutschen Studenten, Sonntag mit einer Gruppe meiner graduate students. Nächste Woche: Extra-Seminar mit dem Zirkus über dialektischen Materialismus. Na – usw., bis sie schließlich alle in den Examina sitzen werden und keine Zeit mehr haben. Ihnen sind sogar die Examina gleich. Der ganze Zirkus, alle meine 70 Kinder, verlangten stürmisch, daß wir die letzten Wochen zweimal die Woche Seminar haben sollten. Fast hätte ich es getan, habe aber dann doch gesagt, sie kriegten nichts als die Extra-Sitzung über dialektischen Materialismus. Dabei arbeiten sie wie verrückt. Einer der besten Studenten hat mir gestern einen kurzen 10-Minuten-Report über Camus

---

1 Vgl. S. 367, Anm. 2.
2 Vgl. S. 366, Anm. 2.
3 »Die Arbeit unseres Körpers und das Werk unserer Hände«.
4 Der ursprüngliche Titel von *The Human Condition* war »Amor Mundi«.

gemacht, der sich in einem graduate-Seminar hätte sehen lassen können. Er hat dafür, nur für den Report, 30 Stunden gearbeitet, wie er mir dann sagte. It is a pleasure. Dabei wissen sie, daß ich sie dafür nicht »grade«, sondern nur nach den finals.[5] Sie machen es jetzt aus reinem Spaß und Enthusiasmus. Selbst das graduate-Seminar ist besser geworden, und das war von Anfang an meine größte Sorge. Da sind sie bereits vollkommen verblödet. Etwas anderes wäre es gewesen, wenn ich die gleiche Sache mit den graduate students der historischen Fakultät hätte machen können, die ich aber nur in der Vorlesung habe – und natürlich in unendlichen Einzelbesprechungen, die ich schon darum nicht ablehnen kann, weil sie mir von den Kollegen geschickt werden.

Von Jaspers hatte ich mehrere Briefe direkt hierher. Von Heidegger, dem ich ein paar Zeilen vor ein paar Monaten schrieb, nicht ein Wort. Ich habe keine Ahnung, was los ist. Ich schrieb ihm nicht, daß ich nach Europa komme, weil es damals noch nicht entschieden war. Was er übelnimmt, oder was sein Mißtrauen wieder einmal geweckt hat, weiß ich nicht. I can't help it. Vielleicht ist er auch nur in der Arbeit.

Mit dem Gewichtverlieren ist es nicht weiter tragisch. Es steht mir ganz gut, und ich leiste mir Spaghetti in großen Mengen. Außerdem gibt es hier bereits KIRSCHEN.

Grüß die Lotte. Sie hat mir so ein entzückendes Tüchlein geschickt. Und auch der Goethe-Kalender hat sich als das Richtige erwiesen. Sie hat wirklich einen unglaublichen Instinkt für das, was andere Menschen brauchen. Ich denke oft an sie. Sag ihr das!

Leb wohl, Liebster, bis Sonntag. Übrigens ist die Büchersendung angekommen. Merci.

Deine –

---

[5] to grade – Zensuren erteilen; final – Semester-Schlußexamen.

[New York,] 29. 5. 55

Liebling,

ich bin sehr froh, daß ich die Sache in Bard für Dich abgelehnt hatte. Du hast ganz recht mit dem Lehren und dem Schreiben. Vor allem aber kann man, wenn man mit den jungen Leuten so arbeiten muß, nicht genug die eigenen Dinge verfolgen. Eine ständige Umstellung des Niveaus ist doch immer notwendig, und das reißt einen aus der kontinuierlichen Arbeit heraus. Für mich ist das eher auszuhalten als für Dich, und ich gewinne andere Dinge dabei. Aber das Semester dort scheint Dir doch gut getan zu haben, wenn Du so stimuliert bist, daß Dich die Gedanken wie Insekten umfliegen und auffressen wollen. Die vorgeschlagenen Titel finde ich ganz großartig, und ich bin sehr gespannt, Deine neuen Pläne zu hören. In der Richtung Amor mundi habe ich selbst viel gearbeitet in den letzten Monaten, es ist ja metaphysisch eines meiner Grundthemen.

Die letzten Wochen in Bard werden mir sehr schwer. Ich bin erschöpft wie noch nie und brauche wirkliche Ruhe. Wir hatten zu viel Trubel mit den Studenten, und wenn ich mich da nicht eingemischt hätte, Gott weiß, ob wir diesmal wieder überlebt hätten. Man ist mir sehr dankbar dafür im Augenblick, aber ich weiß nicht, ob es nicht nur den Neid verstärken wird am Ende. Ich muß neue Lehrer für den Kurs ausbilden und werde wohl selbst im Sommer einige Sitzungen in Bard haben müssen. Aber das ist lange hin und macht dann nicht viel Mühe. Jetzt aber stecke ich in der Ausarbeitung des Materials für das nächste Jahr, und diese Dinge werden mir sauer. Besonders die endlosen Buchlisten und die administrativen Vorbereitungen.

[...]

Diese letzten Wochen ziehen sich sehr, aber es sind doch die letzten Wochen, und bald werden wir wieder miteinander sein und reden. Sieh Dir dort man noch alles an in der Landschaft, damit Du was zu berichten hast, und amüsiere Dich ein bißchen in San Francisco.

Auf nächsten Sonntag, mein Liebling.

Dein H

[Berkeley, Anfang Juni 1955]

Liebster –

eben habe ich alles mit meinem Billett erledigt, was immerhin fünf Stunden gedauert hat. Es mußte auf eine andere Eisenbahngesellschaft umgeschrieben werden, und es gibt in ganz Amerika keine Agency, die einem solchen Quatsch erledigt. Aber nun scheint alles sehr prächtig zu sein. Ich fahre hier am Sonnabend, den 18. Juni, morgens ab und fahre erst einmal zum Grand Canyon, wo ich einen Tag bleibe, von dort dann weiter durch New Mexico nach Chicago und nach Hause. Ich komme am Mittwoch, den 22., früh um 9 Uhr am Grand Central mit dem Zug aus Chicago an. Bis dahin habe ich noch so viel zu tun und gedenke noch so viel zu sehen, daß mir etwas schwindlig ist. Morgen nochmals zu den Redwoods. Sonnabend / Sonntag nach Carmel, Montag eine Fußtour mit Eric Hoffer. Dabei liegen bereits 70 papers hier auf dem Schreibtisch und die Korrekturen des deutschen Buches[1], die mein Assistent so schlecht gemacht hat, daß er sie gar nicht hätte zu machen brauchen. Gestern war große Party, ich hatte mein graduate Seminar eingeladen, und es erschienen 40 Leute, denen ich Wein und Cookies servierte. War ganz nett, aber es ist doch eine dumme Bande. Bis auf einen, der allerdings absolut brillant ist, Morrison, und den ich mir für Donnerstag zum Lunch eingeladen habe. Er hat mir ein 80 Seiten langes paper über das Verhältnis zwischen der bolschewistischen Partei und den Sowjets von 1905 bis 1923 geschrieben, das durchaus das Beste ist, was ich zu diesem Thema kenne.

Trotzdem fühle ich mich erleichtert. Im großen und ganzen ist es ja doch vorüber, und ich brauche nicht mehr mich um Vorlesungen und Seminar zu sorgen. Geholfen hat es mir sehr, aber nun ist auch genug. Die letzte Woche mit Extra-Seminaren mit dem »Zirkus« und einfach unbeschreiblichen Sprechstunden hat mich doch ziemlich kaputtgemacht. In der letzten Vorlesung habe ich so ziemlich sämtliche hier üblichen Theorien energischst angegriffen – behaviorism, value theory, psychology, political science as business admini-

---

[1] Das Totalitarismus-Buch.

stration[2] –, damit die Fakultät, die sich ungefähr in diese vier Lager teilt, wenigstens weiß, warum sie gegen mich ist. Denn all dies verbreitet sich auf so einem Campus natürlich mit Windeseile.

Ja, mein Herz, wenn es nur halbwegs möglich ist, wollen wir erst mal zu Hause bleiben und nicht gleich wieder in die Weltgeschichte reisen. Dir ist das ja ohnehin das Liebste, und von Natur habe ich für dieses Jahr jedenfalls ganz genug. Es ist doch ein großer Unterschied, ob man in der New Yorker Steinwüste und ihrem Lärm das ganze Jahr lebt und dann weg will, oder ob man so lange Monate im Freien und Grünen sich aufgehalten hat. Die Stille hier werde ich sehr vermissen. Von den Jetfliegern, deren Rauch wir hoch oben dauernd sehen, hören wir so gut wie nichts.

[...] Jetzt muß ich jede Minute ausnutzen, um meine papers zu korrigieren, denn mit der leichten Achsel ist das so eine Sache, wenn man die Gesichter der Kinder noch so frisch in Erinnerung hat. Nach dem, was ich gesehen habe, haben sie sich wirklich aasige Mühe gegeben. Nämlich der Zirkus, nicht die graduate students. Nächste Woche bekomme ich nochmals 50 papers aus meiner Vorlesung. Na, irgendwann hat auch das alles ein Ende.

Bis dahin, Liebster, erhol Dich schon ein bißchen!

Deine!

[New York,] 12. 6. 55

Liebling,

Gut, daß Du Dich entschlossen hast, doch noch einen Teil der westlichen Welt auf Deiner Rückfahrt zu sehen. Es wird einem ja nicht alle Tage geboten. Hier ist es vorläufig aber kühl, und hoffentlich bleibt es so, damit wir das Haus richtig genießen können. Ich bin bereits tüchtig dabei. Habe in Bard eine Woche früher geschlossen. Die letzte Fakultätssitzung hat nun nach drei Jahren den Common Course endgültig als eine ständige Grundeinrichtung des akademischen Programms von Bard akzeptiert. Einstimmig. Auch von den

---

[2] »Behaviorismus, Werttheorie, Psychologie, Politische Wissenschaften als Unternehmensverwaltung«.

eingefleischten Gegnern wollte keiner das mehr auf seinem Record[1] haben. Also auf der ganzen Linie gesiegt. Jetzt braucht nur noch das College bestehen bleiben, und dann habe ich eine richtige Dauerstellung, was mir auch nicht an der Wiege gesungen worden ist. Aber der Präsident tut ja sein Bestes, uns durch Leichtsinn und inefficiency zu ruinieren. Sicher scheint zu sein, daß wir nächstes Jahr aufmachen können. Gar nicht sicher, ob wir nicht im April dann dieselbe Situation haben wie letztes Jahr. Immerhin können sich bis dahin die steigenden Geburtenzahlen bitte bemerkbar machen.

[...]

Alle Welt fragt hier nach Dir, und Du wirst erst mal kräftig zu tun haben, Deine sozialen Verhältnisse in New York nachzuholen.

But we will take everything easy for a while.[2]

Viel Spaß mit den neuen Landschaften dort und dann mach, daß Du nach Hause kommst.

Looking forward to you

Dein

H.

den 15. 6. 55

Liebster,

eben Dein Brief – der letzte. Gott sei Dank, daß diese Herrlichkeit ein Ende hat. Aber eine Herrlichkeit ist es trotzdem. Ich habe mich viel rumgetrieben, erzähle lieber mündlich. Aber der erste Eindruck, daß die beiden Küstenstriche des Pazifischen Ozeans sich genau so ähneln wie die des Atlantischen! Wenn man nach Carmel kommt und sich von der nicht-existenten Architektur, d. h. der vergeblichen Nachahmung von Pfefferkuchen-Häuschen, nicht irremachen läßt, sieht man sofort, daß man fast schon in China ist.

Aber die Redwoods – von denen ich nun erst wirklich richtige Wälder gesehen habe! Montag war ich auf einer Fußtour mit Eric

---

[1] Hier: »auf seinem Konto«. Gemeint ist, daß auch von den eingefleischten Gegnern keiner mehr dagegen sein wollte.

[2] »Aber eine Zeitlang werden wir alles mal leichtnehmen.«

Hoffer und einem anderen Hafenarbeiter. Ganz herrlich, aber sehr fremd, diese Riesenbäume. Plötzlich kommt man sich vor wie ein Kind, d. h. man erinnert sich, wie riesenhaft die Bäume in der Kindheit waren.

Meine blue books [1] habe ich alle fertigkorrigiert. Habe auch alle Gedichte gelesen, die die jungen Herrschaften teils besser, teils schlechter verfaßt haben. Darunter auch eins direkt auf mich. Du siehst, alles ganz komplett. In den Examens-Papieren stand oft am Ende noch ein richtiger Brief an mich. Ganz kurios. Als seien sie plötzlich alle aus dem Häuschen geraten. Ich hoffe nur, daß sie nicht alle so peu à peu in New York eintrudeln werden. Dann ist es aus mit mir. Auch hier im Club ist große Trauer. Diese verfluchte Beliebtheit. Ich komme mir wie ein abgefeimter Schuft vor, daß ich nichts will wie nach Hause.

[...]

Heute in einer Woche um diese Zeit, Liebster, sind wir wieder zusammen.

Deine

Hannah

---

[1] Amerikanische Studenten schreiben ihre Examina in vom College gelieferte »blaue Hefte«.

Achter Teil:
September bis Dezember 1955

[Hannah Arendts große Europa- und Israelreise, deren Anlaß die Tagung in Mailand (S. 351 und S. 396ff.) war und die vom 1. September bis zum 20. Dezember 1955 dauerte, schloß Aufenthalte in Frankreich, Italien, Griechenland, Israel, der Türkei, der Schweiz, Luxemburg, England und Deutschland ein.]

[Paris, den 2. 9. 1955] *Freitag* – Frühstück

Lieber Liebster –

das mit der Landungsbrücke war doch schön: Wir warteten nämlich auf ein Paar, das aus unerfindlichen Gründen nicht hatte zur Zeit kommen können. Der Trip war ausgezeichnet. Das Flugzeug *leer*, jeder hatte eine ganze Bank mit drei Sitzen zum Ausstrecken und Schlafen. Der Flug viel ruhiger als jede Eisenbahn, vom Auto zu schweigen. Wir kamen pünktlich hier an, wo ich einen Haufen Post vorfand. Darunter Brief von Europäischer Verlagsanstalt, daß *Plon*[1] das Buch[2] haben will. Bin gerade im Begriff, hinzugehen und zu sehen. – Gestern: Paris in großer Herbstschönheit – Picasso-Ausstellung eher enttäuschend, aber ich schicke den Katalog per gewöhnlicher Post. Dann Juliette [Stern], gealtert. Dann außerordentlich nett und freundschaftlich mit *Koyrés* einen langen Abend. Heute sehe ich noch Alcopley und eine Picasso-Zeichnungen-Ausstellung. (Übrigens: die Picassos auf diesen Karten[3] sind *nicht* in der Ausstellung!) Morgen früh um ½6!!! geht es weiter. [...] – Eben Telegramm von Mary [McCarthy] – ob sie mir ein Zimmer finden [kann], scheint mehr als fraglich; Venedig ist offenbar »ausver-

[1] Das Pariser Verlagshaus ist gemeint.

[2] H. A. s Totalitarismus-Buch, das die Europäische Verlagsanstalt auf deutsch veröffentlichte (vgl. S. 264, Anm. 4).

[3] Der Brief ist auf Postkarten geschrieben.

kauft.«[4] Paris – Boom! Es wird auch ein wenig gebaut, ungeheuerliche Preise, nur für Ausländer möglich. Paris verdient sich an den Touristen dumm und dämlich. It is outrageous. Daneben natürlich Elend für jeden, der eine normale Beschäftigung hat. Die Intellektuellen alle fanatisiert und eher läppisch geworden. *Man* ist Kommunist oder Katholik oder – Schluß!

Deine –

Ravenna, Donnerstag, 8. 9. [1955]

Lieber Liebster –

Gott sei Dank, es hat angefangen zu regnen, und ich sitze draußen im Café in Ravenna und ruhe mich von Mosaiken aus. Aber erst Venedig: Ich wohne bei Mary, die eine Wohnung hat und, wie alle Amerikaner, in einem goldenen Ghetto lebt. Scheußlich. *Aber* Venedig – Ich bin ganz Auge und Sehen, herrlichstes Wetter dazu, Italiener reizend und sehr im Aufschwung. Überall wird gebaut, *gut* gebaut. Venedig *das* Touristenparadies, aber kleinere Orte wie (gestern) Ferrara und Ravenna sind nur von Deutschen besucht und positiv *invadés*[1]. Phantastisch, aber *nicht* unangenehm. Italien ist billig, nicht für Amerikaner, aber für jeden, der noch nicht den Verstand verloren hat. – Gestern in Ferrara Fresken von Cossa[2] – kannte ich überhaupt nicht, 15. Jahrhundert. Du kriegst alles höchst ausführlich in Postkarten, die gut und billig sind. Ravenna: eine Offenbarung für jemanden, der nie Mosaiken gesehen hat und nur hier sie alle zusammen kriegt. Und die alte ehrwürdige Stadt zum Städtchen geworden, aber reizend und lebendig. Außerdem: endlich allein! Mary sehr unglücklich, eher unselig, à la recherche de rien du tout[3]. – Koyré, in Paris, nett und freundschaftlich wie immer. Aber Frankreich eher abscheulich und die französischen Intellektuellen ganz in Hegel verkommen.

---

[4] Mary McCarthy machte in Venedig allein Ferien.

[1] »richtig überlaufen«.

[2] Francesco Cossa, um 1435–1478, italienischer Maler; Hofmaler des Herzogs von Este in Ferrara.

[3] »auf der Suche nach gar nichts«.

Du siehst, ich schwimme, und mir schwimmt der Kopf. Wie soll ich schreiben? So bin ich noch nie gereist, und es ist, als zöge man sich einen neuen Menschen an, dem plötzlich alles in die Augen gerutscht ist und das Wort noch nicht einmal im Halse stecken bleibt. Ich schreibe nicht von Venedig, weil es mir noch nicht in die Wortsphäre gerutscht ist. Dazu dies herrliche immer Draußen-Sein und jeder Platz, nicht nur San Marco, wie ein Zimmer. Und die Brücken des Nachts im Vollmond!

Liebster, schreib mir. Wie ist das Semester? Wie hast Du das Lehrerproblem in Bard gelöst? [...]

Deine!

H.

Venedig, den 10. 9. 55

Liebster,

ich hoffe, Du hast inzwischen alle meine Karten und das Briefchen, handgeschrieben, erhalten. Jetzt sitze ich vor Marys Maschine, während sie frühstückt. Ich bin vollkommen durcheinander, bin drei Tage lang einfach rumgefahren, habe mich in dieser unglaublichen, schönen Welt und Landschaft rumgetrieben, bin gestern spät abends wie ein Zigeuner oder Landstreicher in das elegante Venedig gekommen, das wie eine andere Welt ist. Ich war in Ferrara, Ravenna, Bologna und Padua. Morgen früh geht es weiter, über Mantua per Bus nach Mailand. Sag Lotte [Beradt], die Busse sind genau das Richtige. Dazu fühlt man sich in dieser Landschaft nirgends fremd, alles längst bekannt und vertraut, nur vergessen oder nie gekannt. Die Leute behandeln einen wie jemanden, der dazugehört, auch wenn man kein Wort italienisch spricht und sie kein Wort einer anderen Sprache. Europa ist hier irgendwie Wirklichkeit, und zwar nicht in der Herrlichkeit der errichteten Welt, der durchgebauten Landschaft – Weinreben zwischen den Bäumen wie Girlanden, alles mit allem verknüpfend –, sondern in der Alltäglichkeit des Lebens, der kleinen Trattoria, des winzigen Cafés im Städtchen. Alles auch auf dem Lande außerordentlich lebendig, überall wird gebaut. [...]

Ich schicke Dir einen Berg mit Karten und an Lotte ein kleines Büchlein mit den Giotto[1]-Fresken in Padua.

Ängstige Dich nicht, ich gehe nicht so leicht verloren. Himmlischste Rumtreiberei, ohne alle Verantwortung. Bei Mary ist es wie immer reizend. Und war die einzige Lösung, da es in Venedig positiv nicht ein einziges Hotelzimmer gibt.

Leb wohl, Liebster, bleib mir gesund und arbeite schön und nimm Bard nicht zu tragisch, gleich, was passiert. [...]

Deine Hannah.

Mailand, den 12. 9. 55

Liebster –

ich sitze in der ersten Sitzung des Kongresses[1] – Hook redet gerade, und es ist zum Sterben langweilig. Aber daran stirbt man bekanntlich nicht. Gestern traf ich [mich] mit Brody, der, ganz außer sich vor Begeisterung über meine Broch-Arbeit[2], gleich versuchte, mich höchst unliterarisch zu attackieren. Aber es war eher nett. Hier lebe ich in einem Hotel de Luxe mit Balkon auf den Dom. Heute früh reizender Brief von Lotte. Grüß sie, aber ich werde Kärtchen schikken. Hier ist ganz Amerika zusammen – Bell[3], Dwight[4] etc. Ich sitze mit Hans Kohn[5], und wir langweilen uns zusammen im Bewußtsein, Spesen abzusitzen. – Eben eine Einladung zu Berliner Festwochen – all expenses paid –, aber ich kann nicht, ich bin dann gerade in Athen. Ich komme schon noch nach Berlin.

Busreise war herrlich, wieder die Orte, die Schlösser und Brük-

---

[1] Giotto di Bondone, 1267–1337, italienischer Maler und Baumeister in Florenz; u. a. Freskenzyklus in der Arena-Kapelle in Padua.

[1] Vgl. S. 351, Anm. 5; zu den Teilnehmern des Kongresses gehörten Raymond Aron, Sidney Hook, John Kenneth Galbraith, Arthur Schlesinger jr., Friedrich von Hayek, Manès Sperber, Bertrand de Jouvenel, Theodor Litt u. a. m.

[2] Vgl. S. 277, Anm. 3.

[3] Daniel Bell, geb. 1919, Schriftsteller; Soziologe.

[4] Dwight Macdonald, 1906–1982, Herausgeber der Zeitschrift *Politics*.

[5] Hans Kohn, 1891–1971, Historiker; geboren in Prag, seit 1931 in den Vereinigten Staaten, lehrte an verschiedenen amerikanischen Colleges und Universitäten.

ken und Tore und Kirchen in der Landschaft. Heute nachmittag schwänze ich und gehe zu der Brera.[6] Mein Referat ist am Mittwoch, und ich bin sicher, daß ich mich sonst gut drücken kann.

Übrigens à propos deutsche Invasion der Touristen: Eine Person will Karten kaufen, der Verkäufer gibt den Preis auf italienisch, darauf sie – und der Ton! – : »auf deutsch, bitte!« Sic! Mailand hat wunderschöne Geschäfte. Große Versuchung!

Deine!

[Mailand, den 12. 9. 55]
Nachmittag

Wenn man sich durch Langeweile erholt – werde ich mich so erholen, daß ich zur ewigen Ruhe eingehe. Die Sache ist absolut phantastisch – on a grandiose scale. Z. B., wir haben mealtickets für die ersten Restaurants der Stadt, jedes ticket für 2000 Lire, ca. 3.– Dollar. Kein Mensch kann so viel fressen. Ergo, jedesmal, wenn ich eine Mahlzeit einnehme, bekomme ich ein paar *Dollar raus*. Imagine – Schlaraffenland. Von dem Geld, das ich durch Essen verdiene, werde ich einkaufen gehen. –

Hie und da versuche ich zuzuhören – sans succès. Die Franzosen sind noch schlechter als die anderen. Leider verstehe ich ihre Sprache, was mich im Schreiben und Lesen stört.

Und all das – wenn man nur in den Korridor zu gehen braucht, um Lionardos zu sehen, ausgeborgt von der Brera, Zeichnungen, aber auch Bilder.

[Mailand,] den 13. 9. 55

Liebster, schau, eine Schreibmaschine. Es hat doch etwas für sich, im Luxushotel zu wohnen. Heute vormittag habe ich geschwänzt, es war nicht auszuhalten. Abends gestern mit Spender[1] und Dwight

---

6 Palazzo di Brera, ein 1651 erbautes Jesuitenkonvikt in Mailand; seit 1776 Kunstakademie, heute Gemäldegalerie.

1 Stephen Spender, geb. 1909, englischer Schriftsteller.

und Schlesinger[2] zusammen. Dwight soll doch die Zeitschrift »Encounter« bekommen und muß unterstützt werden. Dann todmüde von nichts ins Bett. Diese ganze Sache ein Riesenskandal. Man könnte beinahe auf die Vermutung kommen, die hätten das alles mit Absicht so angestellt, um den Kommunisten Propaganda zu liefern. Alles lebt in einem Luxus, von dem man sich kaum einen Begriff macht. Alle vollkommen und auf das primitivste korrumpiert. Das fährt und frißt und kauft sich dumm und dämlich. Na, mir wird es ja nichts schaden. Aber ernst nehmen kann man es beim besten Willen nicht, und wenn ich mir mein paper ansehe, muß ich wirklich lachen. Niemand weiß es, aber ich sehe es überdeutlich, was für eine komische Figur ich hier mache.

Von Mary schrieb ich, sie ist ins Schliddern gekommen, weiß im Grunde nicht if she is coming or going. Trotzdem hundertmal besser als die Herrschaften hier. Dwight so naiv und rührend, daß er einem richtig Spaß macht. Die Europäer das größte Lumpengesindel, das Gott in seinem Zorn erschaffen hat. Gestern noch Manès Sperber[3] und Raymond Aron usw. und so ferner. Alle mit großer Hochachtung mir gegenüber und ein bißchen Angst. Ich bin übernett aus Furcht, daß mir meine Verachtung aus allen Poren schwitzt.

Eben Brief von Jaspers, der ein Geleitwort zu meinem Buch[4] für Deutschland schreibt. Er schreibt großartig und freundschaftlich, und es freut mich.

Morgen bin ich hier dran, ist mir todwurscht, bin noch nicht mal aufgeregt. [...]

Liebster, schreib mir. Mir ist es eine große Beruhigung, daß Lotte die Adressen hat, und ich war sehr froh, das Briefchen zu haben.

Leb wohl mein Herz.

Deine

Hannah.

---

[2] Arthur Schlesinger jr., geb. 1917, Historiker, einflußreich in der amerikanischen Politik.

[3] Manès Sperber, 1905–1984, französischer Schriftsteller österreichischer Herkunft.

[4] Die deutsche Ausgabe des Totalitarismus-Buches.

den 17. 9. 55
ROMA

Liebster,

eben komme ich todmüde von dem ersten Bummel in Rom ins Hotel – und siehe da, auch sie produzieren eine Schreibmaschine, die allerdings höchst merkwürdige Typenanordnung hat und mit der ich nicht sehr gut zu Rande komme. Immerhin – dies ist ein gutes, aber einfaches Hotel, und die Vorstellung, was mir passieren würde, wenn ich auch nur so eine Frage (und in meinem nicht-existenten Italienisch) in Frankreich fragen würde, macht mich schaudern. Der Flug heute früh von Milano war unbeschreiblich herrlich. Wir flogen über Genua an der Küste entlang, bis Pisa, neben mir ein französischer quicklebendiger alter Priester, der viel reist, die ganze Welt dauernd zum Vergnügen befährt und mir alles erklärte. Genau sagte, was ich absolument in Istanbul sehen müßte, wo es was zu essen gibt usw. Als ich ihn nach einem guten Hotel in Istanbul fragte: er wohne dort immer in einem Kloster, vous comprenez, cela ne me coûte presque rien. J'ai compris.[1]

Donnerstag in Genua. Blumenfeld wirklich eine Art Ruine und doch so herrlich unverändert. Die Frau außerordentlich aktiv aggressiv bösartig geworden; er genau so im Gefängnis, wie wir es uns immer vorgestellt haben. Beide im Grunde hilflos. Kamen dort an ohne deutsche Visen, mußten in einer Stunde weiterfahren, behaupteten, ihre Visen lägen auf dem dortigen Konsulat. Natürlich keine Spur: Also ich mit den Pässen hin, zum Konsul; der stark ostpreußisch sprach; ihm gleich erklärt, wir seien alle Landsleute, worauf ich die Visen sofort erhielt, ohne die Fotos und ohne die alten Leute die fünf Treppen raufzubemühen; der Fahrstuhl war kaputt. Es war wirklich tüchtig. Die Frau typisch israelische Atmosphäre, die ich auch auf dem Kongreß schon ein bißchen in Gestalt der israelischen Delegierten zu spüren bekam. Durch die Herrlichkeiten gehen sie mit verkniffenen Lippen, als seien sie neidisch auf jegliches, was ein anderes Volk gemacht hat: Und hier ist ja einiger Grund, neidisch zu werden.

---

1 »Sie verstehen, das kostet mich fast nichts. – Ich habe verstanden.«

Ach, Liebster, dies Übermaß an Schönheit. Von dem Besten gibt es dann immer keine Karten für den Stups, aber heute früh habe ich doch wieder ein Paket abgeschickt. Wie kann ich Dir denn nur beschreiben, wie es aus dem Flugzeug aussieht; wenn die Wolken nicht mehr den Himmel, sondern die Erde befliegen. Oder wie sich langsam das Grün der Lombardei in das erst helle und dann dunklere Braun verschiebt des Südens und wie das Grün plötzlich dunkler und ernster und schwerer wird. Und die Seen mit den kleinen Felseninseln drin. Und all das nach San Ambroise und Santa Maria delle Grazie in Mailand und dem verschwindenden Abendmahl[2]; das im Schwinden noch glänzt. Und den Kuppelbau von Bramante[3].

Oder eben in Rom den Picino mit der Villa Borghese und Medici. Letztere nb. unsichtbar, d. h. man kann nicht in den Garten, weil die Franzosen sie haben und nur Leuten mit französischen Pässen das Betreten gestatten, außer in gewissen Monaten. Dies ist wortwörtlich wahr. Ich habe mein schönstes Französisch erst höflich und dann sehr unhöflich gebraucht. Und dann die Spanische Treppe und eben das Pantheon noch rasch und die Piazza Navone, oder so ähnlich; den elliptischen Platz mit den drei Springbrunnen, von denen der eine in der Mitte abscheulich ist. Aber was macht es, wenn Wasser plötzlich springt und nicht läuft oder fließt. Und überall springt es in Rom, springt das Leben selbst in die ewige Stadt. Und gerade zufällig, rein blödsinnig und übermüdet in eine Kirche della Pace gestolpert, ein reines, unbeschreiblich schönes Renaissance-Phänomen. Ich weiß überhaupt jetzt erst, was die Renaissance eigentlich ist und was Licht ist. Aber dies Kirchlein, ganz versteckt, schon am Abend. Ich hatte keinen blassen Schimmer, wo ich war, und fragte einen Herrn, der erfreut gleich alles erklärte. So ist es überall, und ich spreche in meinem hundsschlechten, besser: nicht existierenden, Italienisch dauernd alle Menschen an, lasse mir alles zeigen; denn das tun sie dann gleich und erklären, und [ich] verstehe sie meist sehr gut.

Kongreß: Gott sei Dank, daß das ein Ende hat. Ich bin vor dem

---

[2] Bezieht sich auf das Gemälde von Leonardo da Vinci in der Biblioteca Ambrosiana in Mailand.

[3] Bramante, eigtl. Donato d'Angelo, 1444–1514, italienischer Baumeister und Maler; Begründer der hochklassischen Architektur der Renaissance.

Ende ausgerissen. Hatte großen Krach mit Hook, der unglaublich und mit unglaublichem Erfolg herumintrigiert hat, gegen Dwight, versuchte, Gott und die Welt gegen mich zu mobilisieren, was ihm nicht gelang. Ich habe dort[4] regulär Krach geschlagen, und er fühlte sich persönlich angegriffen. Zu langweilig zu erklären. Mary kann berichten, wenn es dann noch einen Hund oder Dich interessiert. Jedenfalls habe ich ein bißchen Leben in die Bude gebracht und bin wieder mal von den Herren des stärkeren Geschlechts um meinen sog. Mut beneidet worden. Dann wollten mich natürlich alle Radiostationen und Zeitungen interviewen, und dies habe ich freundlichst abgelehnt. Dafür habe ich aber eine Einladung nach Stockholm und Göteborg angenommen.[5] Für Ende November oder Anfang Dezember. Das ist doch ganz lustig.

Froh bin ich aber doch, daß das Luxusleben ein Ende hat. Hier mit Julie [Braun Vogelstein], der es glänzend geht, in einem sehr netten und nicht zu teuren Hotel, sehr schön gelegen, bequem, mit allem, was der Mensch braucht, und nicht mit allem, was er nicht braucht. Ich kam mir von dem vielen Essen und Saufen schon ganz korrumpiert vor. Bin es aber nicht.

Morgen geht es erst richtig los. Heute bin ich nur so losgelaufen, auch um endlich einmal allein zu sein. Ich bin schon ganz wirr von all den Leuten. Mary immer wieder für mich das Beste; wenn ich sie allein habe, ohne andere. Dwight rührend und komisch in rosaroten Hemden, als sei er die Karikatur des Amerikaners in Europa. Was er absolut nicht ist. Diese Palme gebührt Dani Bell. – Sehr nett war es mit Franz Böhm, der kein Kirchenlicht ist, aber einer der besten und anständigsten Menschen, die ich kenne.

Viel wichtiger Silone[6], den ich noch sehen werde, der wie ein Fisch auf dem Trockenen oder sonst irgendein großes gefangenes Tier sich da in den Netzen dieser dummdreisten Intriganten und Schmarotzer (selbst Horkheimer hat nicht gefehlt) windet, mit dem schönen Bauerngesicht. Sie benutzen ihn und seinen Namen für

---

4 Vgl. S. 383, Anm. 5.

5 Die Unternehmung kam nicht zustande.

6 Ignazio Silone, 1900–1978, italienischer Schriftsteller, Mitbegründer der italienischen KP, aus der er 1930 austrat. 1930–1944 als Emigrant in der Schweiz.

Linke, betrügen und belügen ihn von oben bis unten, und er hält »Disziplin« so wie in alter Zeit. Sprach viel von Brandler und Thalheimer[7], alles war gleich viel besser. Nur er und seine Frau – die ich aus New York kenne, Engländerin, wie ein Kobold oder so ähnlich, wahrscheinlich irisch; sehr vergnügungssüchtig, intelligent, abenteuerlustig, paßt zu ihm wie die Faust aufs Auge – und ich. Er gefällt mir, er ist nicht klug, aber konkret, ganz ehrlich, durch und durch. Unkorrumpierbar, Dienstag sehe ich sie wieder.

[...]

Und jetzt ins Bett.

Lieber Liebster –

Deine H.

[New York, Mitte September 1955]

Liebling,

der Kongreß muß ja eine wahre Tortur gewesen sein. Besonders, wenn sich so ein Narrentreiben in einer unserer ältesten Städte abspielt. So treiben es diese modernen Lumpenintellektuellen mit Hilfe ihrer Lumpenadministratoren auf Kosten des Volkes in aller Welt, von Amerika über Europa bis Rußland. Eine Affenschande, die die nächste antigeistige Bewegung als eine antiintellektuelle riesig populär machen wird. Wie sagte doch Nietzsche? Verborgen leben, so daß man nicht verwechselt werden kann. Ach, und wie leicht können wir, ich wie Du, verwechselt werden. Du dort, ich in der New School und in Bard. Aber wir müssen uns ja unsere kleine Ecke halten, um uns da hineindrücken zu können. Dafür dürfen wir dann denken und sehen. Du hast jetzt da eine wahre Orgie des Sehens. Man gut, daß ich Dir das gründlich vorgemacht habe. Aber wenn ich so höre und mir vorstelle, wie sich diese moderne kulturlose Masse da durch die aus der Vergangenheit noch glücklicher-

---

7 August Thalheimer, 1884–1948, Parteifunktionär, Publizist; 1919–24 Mitglied der Parteizentrale der kommunistischen Partei; mit Brandler Organisation der rechten Parteiopposition: KPDO; 1941 mit Brandler Flucht aus Frankreich nach Kuba.

weise stehengebliebenen großen Kulturlandschaften wälzt mit dem Grunzen des Bildungsphilisters, dann wird mir übel. Und diese Situation ist es, die unsereinem das Sehen dieser Größe überhaupt ermöglicht. Verrückte Zusammenhänge.

Deine Briefe und Karten sind schön, und irgendwie mache ich alles mit.

Auch von Deinen Erfolgen zu hören ist gut. Es ist mir nun doch langsam ein Wunder, daß in unserer Zeit eine Arbeit wie die Deine einem Menschen doch noch so viel Respekt und manchmal auch direkt Liebe verschaffen kann.

Persönlichkeiten, die alle Zeitumstände hinter sich lassen können, sind eben doch in jeder Zeit da. Freue mich, daß Jaspers das Vorwort[1] schreibt. Nun wird wohl allerdings Heidegger das Buch wirklich niemals lesen.

Sehr guter Anfang in Bard. Überraschend gute Klassen. Ruhiger freundlicher Stab. Die üblichen Dummheiten der Administration.

Wenn ich Lotte erlaube, mich so weiter zu füttern, werde ich trotz Bard fett werden.[2] Aber ich werde sie und mich zu mäßigen wissen. Sie ist sehr froh, daß sie Dir schreiben kann, und wird Deine Kartengrüße sehr zu schätzen wissen. Tillich hat angerufen und mit trauriger Stimme bedauert, daß er Dich jetzt ständig verfehlt. Gesundheitlich geht es ihm besser. Dafür läßt er sich hier am Radio interviewen. Der möchte gar nicht verborgen leben, aber lebt er überhaupt? Dem Robert hat seine neue Dame wahrscheinlich mit höherer Gewalt des weiblichen Selbsterhaltungsinstinkts ein Kindlein geboren, genau zu der Nacht wohl, da ihm jetzt das Enkelkind von seiner Tochter her ins Haus steht. Alles geht kreuz und quer durch die Lebensalter und die Kulturalter hin und her in unserer haltlosen Zeit. Elke [Gilbert] sieht alle Felle wegschwimmen und ist sehr gebrochen.

Du aber halte Dich an die schönen Feste der griechischen Helena, wie Goethe es anriet, und versuche durch sie hindurch das Land der Hellenen zu sehen, statt es mit der Seele zu suchen. Grüße Julie

---

[1] Vgl. S. 398, Anm. 4.
[2] Vgl. S. 375, Anm. 2.

herzlich. Ich freue mich, daß Ihr das zusammen haben könnt. Es ist so passend. Ich weiß nicht, ob Dich dieser Brief in Rom noch erreichen würde. So soll er besser Dich in Athen begrüßen. Sieh Dich ein wenig nach Sokrates um, er wird da schon irgendwo noch herumlungern, und sag ihm, wie sehr er mich erstaunt.

Kuß und Klaps

Dein H.

[Athen,] den 22. 9. 55

Liebster –

eben gut angekommen – aber über Wolken geflogen und nichts gesehen! Griechenland ist sofort Balkan. Tausend Einzelheiten. Dies Luxushotel, in dem ich Gott sei Dank und gegen meinen Willen gelandet bin, unbeschreiblich. Wie die Illustration von oben hui und unten pfui.

Solange ich keine Schreibmaschine habe, kann ich nicht schreiben. Bin auch jetzt zu müde. Sitze in der Bar unter reichen, *ekelhaften* Griechen! Hingegen die Italiener. Mein ganzer Sinn ist noch in Rom. Wo alles sich nach *innen öffnet*, statt sich nach *außen* zu *entfalten*. Wo die Stadt aus Plätzen wie zusammengesetzt, gewachsen, gerundet ist. Jeder Platz eine Art Innenhof für das Außen. Wie das Pantheon.[1] Oder das Grabmal der Constanza.[2] Das Gegenteil von Paris, wo die Straßen aus den Plätzen ausstrahlen, die Plätze das natürliche Ziel der Straßen sind. In Rom biegt man um die Ecke – und schon wieder ein Platz oder ein Plätzchen.

Und über all dem die Traurigkeit der Zypressen, des schwarzen Grüns. Oh, und die Olivenhaine bei Tivoli. Und wie offenbar, daß nicht nur der romanische Stil die direkte Folge des römischen ist, sondern auch, daß die Romantik dadurch entstand, daß das 19. Jahr-

---

[1] Bezieht sich auf den Tempelbau in Rom, das Heiligtum aller Götter (27 v. Chr., erneuert 115–125 n. Chr.).

[2] Konstanze, 1152–1198, Erbtochter des Normannenkönigs Roger II. von Sizilien; durch ihre Vermählung mit dem späteren Kaiser Heinrich VI. kam das sizilisch-unteritalienische Königreich an die Staufer; Mutter Kaiser Friedrichs II.

hundert das Klassische in Rom fand und der römischen Landschaft. Dies ist eigentliche, *echte* romantische Landschaft.

Ich schlaf, und der vom Kongreß geschenkte Tintenstift – ballpoint [Kugelschreiber] – läuft schon von allein über das Papier.

Laß es Dir gut gehen, und arbeite nicht zu viel. Wie ist die New School?

Deine

[New York, Ende September 1955]

Liebling,

[...]

Ich gehe für dieses Wochenende schon nach Bard. Habe da zu tun, werde aber noch einmal nach Palenville rüberspringen, um mir den herrlichen Herbst anzusehen. Die herrliche Beschreibung Deiner Augenweiden da hat mich neidisch gemacht, und ich möchte was für meine Augen tun.

In Bard geht alles gut. Meine erste lecture hat großen Eindruck auf die Kinder gemacht. Es ist ein guter Jahrgang. Sie haben einen netten Respekt vor Lehrern und vor den großen Dingen der Welt. Nächste Woche fange ich in der New School an. Habe Angst wie immer und hoffe auch diesmal über sie wegzukommen.

Du bist inzwischen durch die großen europäischen Jahrhunderte zurückgeflogen und stehst nun auf der Akropolis wie auf dem Olymp der menschlichen Geschichte. Ich freue mich so für Dich und mit Dir. Die Berichte von dieser phantastischen Geistesfahrt sind mir ein Labsal.

Grüß Julie. Der römische Tag, wo Du wie eine Lausejöhre durch die ewige Stadt gerannt bist, muß ja herrlich gewesen sein. Und außerdem die Gelegenheit, sich dort mal wieder mit Franzosen echt französisch zu zanken.

Robert kommt mir langsam wie der Erzvater vor. Er wird ja wohl kaum seine Hagar verstoßen, sollte es aber auch mit der Sarah nicht tun.[1]

---

[1] Anspielung auf S. 403.

Grüß mir Hellas und sage dort, daß ich hier versuche, immer besser und besser über es zu reden.

Kuß und Klaps und sei »gebracht«
Dein H

Athen, den 29. 9. 55

Liebster –

eine Woche in Athen, aber wie soll ich schreiben? Wirklich blind vom Sehen und wußte nie, welche Seligkeit in Augen-Haben liegt. Bin schwarz gebrannt in seliger Hitze. Werde schreiben, sobald ich eine Maschine erwische.

Sitze hier im Freien in einem Konzert-Café, umgeben von mindestens drei Herren, die anzubändeln versuchen. Sehr lustig. Hinter mir eine deutsche Gesellschaft. Lebe *hochfeudal* und leider keineswegs billig. Griechenland ist nicht teuer, aber so unbequem, daß man alles nur im Besten haben kann, wenn man nicht so viel Zeit verlieren will, daß sich alles nicht mehr lohnt. Außerdem hat es gar keinen Sinn, »native« zu leben, wenn man die Sprache nicht spricht. Alle Preise verdoppeln sich sofort, so daß man unbequem und teuer lebt.

Das Hotel ist ganz gut und für hier erstklassig, mit Badezimmer. Ich zahle ca. 3.30 Dollar. Ich mache mit Julie alles in Taxis. Es ist nahezu unmöglich, mit einer Fremdsprache durchzukommen; hinzu kommt, daß das Volk, im Unterschied zu den Italienern, ausgesprochen dumm und primitiv ist.

Julie bewährt sich ausgezeichnet. Ihre Kühle ist hier nur angenehm, und wir vertragen uns ausgezeichnet. Waren Montag in Delphi. Morgen kommt die eingeladene Käte Fürst aus Palästina, und Sonntag geht es auf den Peloponnes – Korinth, Olympia, Epidauros, Mykene, fünf Tage! Ich nehme einen Wagen und Chauffeur, was mich noch nicht 30 Dollar mehr kostet, als wenn ich es so machte. Danach gleich Delos. Dann noch ein paar Tage Athen; denn den Maßstab hat man nur von der Akropolis aus, die viel größer ist, als irgendein Mensch sagen kann. Ich kürze meinen Palästina-Aufenthalt ab, fliege wahrscheinlich erst am 13. 10. Ich muß hier so lange bleiben, wie ich nur irgend kann.

Für Karten gebe ich ein kleines Vermögen aus und kriege doch *so* viele Herrlichkeiten nicht. Julie hat einen Freund, der für sie fotografiert. Wir haben im Museum die Nummern festgestellt und werden vielleicht alles noch kriegen. Was ich überhaupt nicht kriegen kann, ist die Landschaft. Z. B. heute an der Bucht gegenüber von Salamis. Oder *Kap Sunion*, wo das Meer wirklich und wahrhaftig weinrot ist, wie der alte Homer sagt. Aber auch das Theater in Delphi und überhaupt Delphi als Landschaft. Beziehungsweise Tempel und Landschaft so miteinander verschwistert, daß jede Säule die Ewigkeit der Natur in sich aufgenommen hat. Ungeheuer – gar nicht der Überfluß des Schönen wie in Italien, eher karg, aber δεἰνος[1]. Was war bloß mit diesem Volk los? Und trotz allem Ruin nie traurig, nie die römische Melancholie, kommt auch daher, daß die Pinien und Zypressen hier viel *heller* sind, nicht grünschwarz, sondern hell. Und die Olivenhaine. Habe heute eine schwarze direkt vom Baume gegessen. Sie fiel mir in den Mund.

Wir waren zu »Oidipous Tyrannos« im Theater aus der Römerzeit, am Fuße der Akropolis. Keine gute Aufführung, aber einfach durch die Fabel mitreißend. Ich hätte beinahe geheult.

Neugriechisch wäre leicht zu lernen. Ich mache mich verständlich, nicht so gut wie in Italien, aber nur, weil die Leute so dumm sind, daß sie nichts verstehen. Während die Italiener blitzgescheit immer wissen, welches Wort man meint. Z. B. heute gingen wir zum Gefängnis des Sokrates – am Ilissos entlang, wo die Platane des Phädros[2] stand, aber nicht mehr steht –, und ich sprach Sokrates mit Akzent auf der ersten statt auf der zweiten Silbe aus – schon hatte niemand je von dem Mann gehört. Nein, Liebster, dessen Geist ist ausgewandert. Der spukt zwar sicher noch irgendwo rum, aber nicht hier! Die Stadt ist öde und die Leute eher unangenehm.

[…]

Was hältst Du von dem Börsenkrach?[3] Und Eisenhower?

---

[1] stark.

[2] Bezieht sich auf Platons Dialog *Phaidros*, in dem Sokrates und Phaidros unter einer Platane sitzen.

[3] Es handelte sich um eine vorübergehende Baisse.

Dein letzter Brief klang so vergnügt, daß ich ganz glücklich war. Liebster, bleib mir gesund! Und zufrieden.

Deine.

[New York, Ende September 1955]

Liebling,

vorige Woche war ich noch mal mit Lotte in Palenville. Einen Tag Sturm und einen Tag herrlichstes Herbstwetter. Henns[1] waren allein und begeistert, aus ihrer Langeweile herauszukommen. Du hast nun ganz Europa und seine Herrlichkeiten, aber der Herbst hier kann mich für manches entschädigen.

Bard ist nun in vollem Betrieb und nimmt mich wieder sehr in Anspruch. Die neuen Studenten sind sehr nett und lernbegierig. Zum ersten Male höre ich keine Klagen über zu viel Arbeit, sondern Wünsche für mehr. Das aber heißt, mehr Konferenzen für mich. Muß froh sein, wenn ich den Donnerstag-Nachtzug noch erwische.

Die New School hat begonnen. Ich habe eine starke Klasse. Der Anfang war sehr ermutigend. [...] Mit dem Lehren ist es komisch. Je mehr man imstande ist zu geben, desto weniger glaubt man zu wissen. Recht quälend. Und je weniger man zu wissen glaubt, desto mehr kann man wieder geben. Ganz wunderbar.

Mit Deinem Vergleich zwischen Italien und Griechenland hast Du sicher sehr recht. Ich freue mich, daß Dir Rom diesmal so lebendig geworden ist. Mit Hilfe der Ansichtskarten mache ich die Reise ja fast mit. Aber Deine Beschreibungen sind so wichtig. Und sie werden so kurz. Dies ist kein Vorwurf. Desto mehr wirst Du zu erzählen haben. Gut, daß die olympischen Götter sich einmal geeinigt haben und dies für unsere sehlustigen Damen. Dennoch bin ich wegen der modern balkanischen Dämonen in den dortigen Gegenden ein wenig beunruhigt. Wie das wieder brodelt und zischt von Höllendunst über den ehemals so klassischen und hellen Stätten. Sieh Dich gut vor in Griechenland, Türkei und Palästina.

[...]

---

[1] Die Pensionsbesitzer in Palenville.

Ich bin nun wieder richtig in jede Woche eingekeilt und kann mich wenig rühren. Da ist es ein schöner Gegensatz zu wissen, daß Du so frei wie der Vogel die südlichen Lande durchfliegst. Grüß Julie, und schreib ein wenig mehr von Griechenland. Und bitte, bitte überleg Dir die Situation in Palästina täglich. Fahre sofort ab, wenn irgend was brenzlig riecht.

Kuß und Klaps

Dein H

[...]

[Athen,] den 7. 10. 55 (bitte: datiere doch die Briefe)

Liebster –

wie recht Du hast! Diesmal schreibst Du schön und ausführlich. Und ich – ohne Maschine bin ich verloren! Also kann ich erst aus Tel Aviv schreiben.

Gestern vom Peloponnes zurück. Olympia, Epidauros, Mykene, Korinth, Argos, Nauplia. Gebadet in Nauplia. Gesehen, gesehen, gesehen. Glaub mir, wenn Du es auch noch nicht merkst, Dein Mädchen hat was zugelernt. – Das moderne Land ist abscheulich. Die Leute so kotzdämlich wie in Portugal. Arm und faul und dumm! Ist mir ganz piepe! Denn – morgen geht es nach Delos für 4 Tage griechische Inselwelt. Und am 13. nach noch 2 Tagen Athen weiter. Hab keine Angst: Wenn was droht, nehme ich das erste Flugzeug und fahre wieder in zivilisiertere Gegenden.

Nicht mal Karten kriegst Du! Ich habe einen ganzen Schatz gesammelt und kann mich nicht trennen. Sitze wie der »Avare« von Molière und gucke mir meine Stücke an. Olympia ist zum Heulen schön und Mykene unerwartet großartigst.

[...]

Leb wohl, und mach's gut, und werd nicht ungeduldig! Ich schreibe, sobald eine Maschine da ist.

Deine.

[New York, Anfang Oktober 1955]

Liebste,

den Brief gleich nach Tel Aviv zu schicken scheint mir sicherer, weil Du nicht bestimmt wußtest, wann Du noch in Athen sein würdest. Mir ist es gewiß lieber, Du bleibst so lange wie möglich in Griechenland. Es ist doch, wie ich sehe, eine einmalige große Freude, die für ein Leben vorhalten kann und soll. Aber zu Deinem Geburtstag mußt Du ja wohl in der Familie[1] sein, und so sende ich meine Geburtstagsgrüße dorthin. Lotte, Rose, Busch[2], Elke, Holty, Pächter[3], alle senden durch mich ihre Grüße zu Deinem Geburtstag und wünschen Dir das Beste, wünschen aber trotzdem, Du wärest schon wieder hier. Grüße mir alle, die Dich dort feiern werden, und besonders Kurt Blumenfeld. Ich werde an diesem Freitag nach einer lecture mit den zurückgebliebenen Damen auf Dich anstoßen. Dein Geburtstags- und Dein Weihnachtsgeschenk werden schon langsam präpariert. Und nun also gratuliere ich mir selber herzlich zu Deinem Geburtstage und wünsche, Du solltest schon deswegen recht froh über ihn sein. Besonders, da er diesmal in diese hohe Zeit einer solchen Reise durch den Mittelpunkt der menschlichen Kulturwelt fällt. Wie sehr und gut Du mir ans Herz gewachsen bist. Ich mache Deine Reise dort fast mit in Gedanken jeden Tag.

Bard ist in Ordnung, leider werde ich aber mehr zu tun haben, als ich voraussah. In der New School habe ich eine große Klasse, die sehr interessiert und teilweise einfach begeistert zu sein scheint. Jedenfalls sind sie sehr lebhaft in der Diskussion, und das macht die Sache immer ein wenig erfreulicher. Körperlich bin ich noch immer ganz gut in Form. Aber dieses Wochenpensum macht mich doch jedesmal sehr, sehr müde. Hier ist strahlendes Oktoberwetter, und Bard ist darum doch auch ein wenig noch Erholung für die paar freien Stunden dort.

---

[1] Die Familie ihres Vetters Ernst Fürst.

[2] Annemarie Broch, genannt Busch.

[3] Heinz Pächter, 1901–1980, Journalist und Historiker; emigrierte 1933 nach Frankreich, 1941 in die USA.

Eisenhower? Innenpolitisch fürchte ich, daß sich die Nixon[4]-Burschen mehr in die Administration einschleichen werden. Außenpolitisch wird ohne ihn weitergewurschtelt, wie mit ihm gewurschtelt wurde. Die Russen haben wirklich freie Hand, wie sie nur wollen. Es ist schwarz wie immer, und wir müssen unsere eigenen Lichter wachhalten.

[...]

Geburtstagsgruß und Geburtstagsklaps

Nach dem vielen Sehen ergib Dich ein wenig der Ruhe und dem Wohlleben.

Dein Heinrich

[Tel Aviv,] den 14. Oktober 1955

Lieber Liebster,

seit gestern abend in Tel Aviv. Am 11. kam ich von Delos, Mykonos zurück. Das griechisch verdreckte Dampferchen ging um 3 h morgens ab und fuhr in den anbrechenden Tag. Von dieser Inselwelt, in der das Meer sich fängt, das Unendliche gegliedert – endlich wird, macht man sich vielleicht am schwersten einen Begriff; denn die Karten verzeichnen doch immer nur die größeren Inseln, zeigen aber nicht, wie alles ragend sich regt, das ganze Meer wohnbar machend, wie es sonst nur das Land ist. Eigentlich weder Land noch Meer, wie wir es kennen, sondern nur unendliches Felsengewirr im Wasser. Der Abschied von Athen gestern und vorgestern – Wer von dem Schönsten zu scheiden verdammt ist[1] –, aber den abgewendeten Blick erleichterte ein ungeheurer Wolkensturz, der alles überschwemmte. Die Straßen standen alle unter Wasser, und wir hatten Mühe, zum Flugplatz zu kommen. Aber sonst unverschämtes

---

[4] Richard Milhous Nixon, 1913–1994 (von 1969–74 37. Präsident der Vereinigten Staaten), war zur Zeit des Briefes Vizepräsident.

[1] Die ersten Zeilen eines Gedichtes in Goethes »Pandora«-Fragment lauten: »Wer von der Schönen zu scheiden verdammt ist,/ Fliehe mit abgewendetem Blick!« Hamburger Ausgabe Bd. 5, S. 356.

Glück, gerade mit dem Wetter, das dies Jahr in Athen ungewöhnlich schlecht war. In Olympia, auf dem Peloponnes wie in Mykonos war alles herrlichster Sonnenschein.

Hier vorläufig alles in Ordnung. Heute kam Dein Brief, also pünktlichst zum Geburtstag, den ich nicht-feiernd, aber im Schoße der Familie verbrachte. Schönes Bad am Nachmittag. Mein Cousin[2] sehr angenehm und der alte gute Kontakt wie in der Kindheit. Von den beiden Töchtern ist eine, die kleine[3], ganz entzückend. Morgen fahren wir ein bißchen mit dem Auto herum. Ansonsten geht schon das Telefon, aber ich lasse mir erst ein bißchen Zeit. Hier ist es noch sommerlich warm, aber nicht zu heiß und abends erfreulich kühl. Eigentlich gerade richtig. Mit Blumenfeld werde ich vermutlich alles nur mögliche Pech haben, nicht eigentlich Pech, sondern vermutlich sogar sorgsam ausgeklügelte Dispositionen der Dame Jenny.[4] Scholem ist nächste Woche zurück, und ich werde vermutlich ungefähr acht Tage in Tel Aviv und dann 8 Tage in Jerusalem bleiben.

[...]

den 15. 10. 55

Wie ich soweit gekommen war, fielen mir die Augen zu. Jetzt ist frühmorgens, strahlende Sonne, aber nicht heiß, und wir sind im Begriff, ins Emek, das ist die alte Kibbuzim-Strecke, abzufahren. Eine große Familie ist nicht der geeignete Platz für Briefeschreiben. Der Brief aber muß weg, sonst ist gar keine Hoffnung, daß er Dich am nächsten Weekend erreicht. [...]

Liebster, ein kläglicher Brief, und Du bist schon so ungeduldig, einen richtigen zu kriegen. Es wird schon werden.

Bleib mir gesund. Mach's gut! Und grüß.

Deine

---

[2] Ernst Fürst.

[3] Edna Fürst, geb. 1943.

[4] Jenny Blumenfeld, Kurt Blumenfelds Ehefrau.

[Tel Aviv,] den 18. 10. 55

Liebster –

dies Ländchen, wo man immerzu die Grenzen sieht. Es ist trauriger und weniger erbitternd, als ich dachte. Vielleicht, weil meine Umgebung hier verhältnismäßig vernünftig geblieben ist, vor allem auch die sehr reizenden Kinder, von denen die Jüngere etwas Besonderes ist. Die Angst ist sehr groß und überschattet alles, äußert sich darin, daß man nichts sehen und hören will. Schließlich werden natürlich die »aktivistischen Elemente« die Oberhand bekommen. Ruiniert ist schon das meiste. Sonnabends waren wir mit dem Auto in den Kibbuzim, ich sprach alte Bekannte von früher. Der Verfall, die Verwahrlosung überall handgreiflichst zu spüren, bis in die verschmutzten Eß-Säle und die menschlichen Beziehungen. Alles, was überhaupt den Mund aufmacht, erbittert nationalistisch; die Araber, die noch im Lande sind, hätte man auch rausjagen sollen, na usw. Wir fuhren durch arabisches Gebiet, das augenblicklich ruhig sein soll; aber niemand hat sich im Wagen wohlgefühlt außer mir, die das nicht so merkte oder nur langsam anfing zu merken. [...] Ich sehe einen Menschen nach dem anderen, aber dabei immer hier im Hause, wo ich mich eigentlich wie zu Hause fühle. Das kann ich so im einzelnen nicht erklären, aber die Kinder- und Jugendgewohnheiten haben sich ganz bewährt.

[...]

Ach, Liebster, ich bang mich aber gerade ganz scheußlich.

Deine

Gruß, *Kuß*.

[...]

[New York, Mitte Oktober 1955]

Mein Liebling,

ich habe ganze Stöße von Ansichtskarten bekommen, und sie anzusehen ist eine große Freude. Außerdem bin ich sowieso mit meiner schedule[1] zu nichts anderem recht fähig. [...] So ist wenig Zeit für mich übrig, obwohl ich hie und da wenigstens ins Kino gehe und auch etwas Musik höre am Freitagabend. Dennoch ist alles ein wenig öde um mich, seit Du weg bist, oder besser leer. Und obgleich ich Stille mehr und mehr liebe, unsere Wohnung ist mir zu still, seit ich Dich nicht etwas herumtrapsen höre. Auch stört es sehr, wenn Du nicht hie und da mal »stören« kommst.

Ich höre, daß Dir zum Geburtstag so ziemlich alle hier geschrieben haben. Hoffentlich hat's Dich gefreut. Die politische Lage da in dem neuen größeren Balkan sieht mir nach wie vor eklig und brenzlig aus, und ich meine alle Beteiligten. Halt die Augen offen, und hau ab, sowie es Zeit ist. Hoffentlich mußt Du nicht alle die sogenannten Fragen der Herrschaften dort so ernst nehmen, daß Du sie zu diskutieren hast. Ein gefährliches Zeitalter wie unseres, das außerdem jeder Art von Größe außer der strikt persönlichen entbehrt, ist wirklich eine Schande der ganzen Menschengeschichte.

[...]

Mach's gut, Liebling

Dein

Heinrich

Jerusalem, den 22. 10. 55

Liebster –

eben in Jerusalem eingetroffen, wo ich bis Mitte der Woche bleiben werde. Habe viel und viele gesehen. [...]

Aber: das Kind[1] meines Vetters ist, fürchte ich, ein wenig mir nachgeraten. Zwölf, sehr begabt, lebendig; wir sehr befreundet.

---

[1] Stundenplan, Lehrverpflichtungen.

[1] Vgl. S. 412, Anm. 3.

Das Land: Was geleistet ist, oft sehr eindrucksvoll, geht schließlich in den Städten und der Sozialarbeit doch auf deutsche Juden zurück. Was da innerhalb des Schweinestalles, der sich Vorderer Orient nennt, möglich gewesen wäre, ist ungeheuer. Aber das alles spielt keine Rolle! Politisch ist es noch hoffnungsloser, als ich dachte. Man kann sich nur desinteressieren. Alle Leute mit gezählten Ausnahmen von einer verstockten Dummheit, die oft ganz phantastisch ist. Auch die Opposition gegen das Regime Ben Gurions[2] ganz veraltet und verdummt. Ähnliches, aber nicht in diesem Maßstab, habe ich nur in Deutschland gesehen. Die Galut[3]- und Ghetto-Mentalität in schönster Blüte. Dabei ist der Unsinn handgreiflichst klar: Hier in Jerusalem kann ich kaum spazierengehen, weil ich aus Versehen um eine Ecke biegen könnte, die »Ausland« ist, d. h. arabisch. Und das ist eigentlich überall so. Dabei leistet man sich, die Araber, die noch da sind, so zu behandeln, daß dies allein genügen würde, die ganze Welt gegen einen zu mobilisieren. Sieht man ein Auto der United Nations, die hier manches erleichtern, schimpft man. Jeder hat Angst vor dem Krieg *und* ist ein Kriegshetzer. Die Kibbuzim spielen überhaupt keine Rolle mehr. Dabei sind die materiell-wirtschaftlichen und sozialen Leistungen ungeheuer, vor allem auch in der Einordnung der Einwanderungen. Um sich die Bescherung zu erleichtern, hat man auch noch den inneren Terror der Orthodoxie. Wobei das Verblüffende ist, daß niemand wirklich gegen sie ist, so daß die machthungrige schwarze Bande immer frecher wird. Und dies, obwohl die Majorität natürlich nicht fromm ist. Typisch ist, daß der Kampf – soweit man von Kampf sprechen kann – nicht um die Zivilehe und Trennung von Kirche und Staat, sondern um Schinken geht. Dies ist wahr! Und diesen Kampf um das Schweinefleisch hat man vorläufig gewonnen, schon weil es ja die Landwirtschaft sehr verbessert, wenn keine Schweinezucht getrieben wird. Wiewohl man der Meinung ist, daß die ganze Welt gegen einen ist *und* daß dies eben von der Dummheit der Welt

---

[2] David Ben Gurion, 1886–1973, erster Ministerpräsident des Staates Israel.

[3] zentraler Religionsbegriff des Judentums: die gewaltsame Verbannung aus dem Heimatland im Unterschied zur Diaspora, die durch freiwillige Wanderungsbewegungen zustande kommt.

zeuge, ist die Gesetzesmoral des Landes ungefähr so wie in Frankreich: Niemand nimmt Gesetze ernst, nicht einmal, wie mir ein Rechtsanwalt sagte, diejenigen, die sie machen.

Der Druck, unter dem die Leute leben, ist sehr groß, das Klima *sehr* schwer zu ertragen. Selbst jetzt, wo die Wohnungen schon kühl sind und man nachts bereits schlafen kann. Das Land ist *nicht* arm an Mittelmeerländern gemessen; gar kein Vergleich mit Griechenland. Ich komme gerade von einem Bar-Mitzwa-Empfang bei den Mendelssohns.[4] Du besinnst Dich, der Mann war bei uns in New York, und sie wollten Affidavits.[5] So was an »Eleganz« kenne ich sonst nur von den Empfängen der Dorothy Newman.[6] Vermutlich haben sie sich dabei für Monate verschuldet. Aber trotzdem! Ich war da genau eine halbe Stunde und bin weggegangen.

Hab keine Angst, daß ich mir den Mund verbrenne. Ich sage sehr wenig und meistens gar nichts. Aber fragen und zuhören tue ich.

Freitag früh geht es nach Istanbul, und den 31. bin ich wieder in menschlichen Gegenden, nämlich in Zürich und Basel. Von Jaspers hatte ich einen reizenden Brief. Ich freue mich doch schon sehr. Mir ist, als hätte ich seit Monaten den Mund nicht mehr aufgetan. – Jetzt werde ich anfangen, meine Telefongespräche zu erledigen, und dann wird der Trubel ja wohl auch gleich losgehen.

Deine

Istanbul, den 28. 10. 1955

Liebster,

eben aus Palästina hier angekommen, *eher* schon entkommen, erleichtert und traurig aus einer hysterischen, halb panischen, halb forschen Kriegsstimmung, die sich nun schon des ganzen Landes bemächtigt hat. Selbst Jerusalem hat mich nicht gefreut! Und nun

---

4 Vermutlich die Familie von Eva Mendelssohn, geb. Fürst, einer Kusine von H. A.

5 Von amtlicher Seite geforderte eidesstattliche Erklärung, die Bürgschaft inklusive bestimmter finanzieller Verpflichtungen für einen Besucher oder Einwanderer zu übernehmen.

6 Die Ehefrau von H. A. s Anwalt Randolph H. Newman.

plötzlich nach 3stündigem Flug über das griechische Inselmeer, das ich diesmal herrlich sah, am Bosporus, türkischen Café trinkend, französisch sprechend, auf der Hotel-Terrasse sitzend, in der kühlen Dämmerung über den Bosporus ins Goldene Horn blickend – zauberhaft schön. Noch nichts gesehen, wollte rasch schreiben, damit Du Dich nicht beunruhigst. Der Hexenkessel dort ist wirklich nicht von schlechten Eltern, und obwohl ich ziemlich überzeugt bin, daß keiner der edlen Herrschaften den Krieg will oder auch nur im Ernst auf ihn vorbereitet ist, so kann es natürlich bei dem Geschrei doch immer sofort losgehen.

Während ich schreibe, merke ich direkt, wie mir ein Stein um den andern deutlich plumpsend vom Herzen fällt. Habe noch nie so die *physische* Bedeutung des Wortes »Erleichterung« mir klargemacht. Dabei tun mir die Menschen sehr leid, und ich habe auch Angst um sie. (Eben ist der Mond aufgegangen, und so viele Schiffchen! Im Nachbarhaus eine Moschee, auf deren Türmchen ein alter Mann irgendwelche Gebete singt. Stört nicht.) Auch die Klima-Änderung! Hier schon richtig kühl, dort noch recht heiß. Klima + Sprache (Hebräisch, natürlich unerlernbar!) + Armut = Fanatismus.

Jetzt lockt es mich aber doch zu sehen. Brauche auch noch Verschiedenes. Es wird richtig dunkel. Alles *ganz* zart blau-grau –

Montag früh geht es weiter nach Zürich, Dienstag bin ich in Basel!

Liebster, ich bange mich sehr, habe schon ein bißchen genug vom Weltenbummel. Grüß man alle. [...]

Deine.

[Bard College, Ende Oktober 1955]

Liebling,

ich fürchte, daß Dich dieser Brief in Palästina nicht mehr erreicht hätte, und schicke ihn lieber gleich nach Basel. Ich mußte gleich von New York wieder nach Bard, um eine neue Revolution der Mädchen gegen den 12 Uhr curfew [1] zu stoppen. Alles war in heller Pa-

---

[1] Sperrstunde, Ausgehverbot.

nik, denn sie waren bereits mitten in nächtlichem Sitzstreik vor den Türen. Die Fakultät hatte mich einstimmig gewählt, die Sache zu führen. Ich sprach 30 Minuten zu der community, und alles ging zurück an die Arbeit. Aber die Vorbereitungen, die endlosen Diskussionen mit Lehrern und Studenten waren erschöpfend.

[...]

Deine Schilderung der griechischen Inselwelt ist wunderbar, und es tröstet mich sehr, daß Du das alles siehst. Grüß Jaspers und Frau herzlichst.

Dein H.

[Zürich,] den 1. 11. 55

Liebster,

als ich gestern von Istanbul nach herlichem Flug – Korfu, Brindisi, Winter-Alpen – plötzlich die Herbstfarben der Zürcher Wälder sah, hätte ich am liebsten vor Glück *geschrien*. Ich blieb 24 Stunden hier in einem anständigen Hotel, um mich ein wenig auszuruhen vor Basel. Habe Jaspers telefonisch gesprochen und fahre in einer Stunde nach Basel. Istanbul – Hagia Sophia und Sinan[1]-Bauten und Bosporus und die ungeheuren Mauern – war zu kurz. Da habe ich mich verkalkuliert. Aber immerhin! Die Türkei an ihrem Nationalfesttag, ausgerechnet, *sehr* militaristisch, brutal, aber intelligent (kein Vergleich mit Griechenland!), unerschwinglich teuer, wenn man offizielle Türkenpfunde kauft (was ich natürlich *nicht* tat), halbwegs möglich, wenn man auf dem Schwarzen Markt wechselt. Aber unerfreulich. Zürich ist unverändert und für mich im Augenblick das Beste. Genau das Gegenteil von dem sogenannten Vorderen Orient, wo jeder jeden betrügt und dies für der Weisheit letzten Schluß hält.

Jaspers am Telefon ungeheuer munter: Ich müsse aus dem Mailandpaper[2] sofort ein kleines Buch für Piper schreiben. Er habe den Vertrag beinahe schon unterschrieben. – Gestern hier die »An-

---

[1] Sinan, 1489–1578, der größte Baumeister der Osmanen.
[2] Vgl. S. 351, Anm. 5.

tigone« im Theater, Hölderlin-Übersetzung. Die Verse von der Bühne klingen herrlich, obwohl die Aufführung interessant, aber nicht erstklassig war. Du siehst – erst »Ödipus« in Athen, nun auch noch die »Antigone«.

Aber genau so wichtig ist, daß es heute zum Frühstück Pflaumenmus gab! Da ich nur noch 55 Kilo wiege, fresse ich alle Herrlichkeiten in mich hinein. Ferner, daß es endlich draußen kalt und drinnen gut geheizt ist. Habe soeben warme Hosen und auch sonst einiges eingekauft.

Karten: Schön, daß sie Dich freuen. Aus Istanbul gibt es *keine*, alle auf dem Schwarzen Markt verschwunden. Die griechischen Karten will ich noch Jaspers zeigen, dann kriegst Du ein Riesenpaket. – Ich finde wohl einen Brief in Basel, schicke dies aber ab, damit Du schnell Nachricht hast. Grüß *Lotte*.

Deine

[Bard College, Anfang November 1955]

Liebling,

bitte, bitte entschuldige, aber ich mußte wieder vorzeitig nach Bard rauf. Die neue finanzielle Krise ist eingebrochen, und ich sehe nicht, wie wir die überleben werden. Mein Schnupfen hat sich dazu in eine richtige kleine Grippe verwandelt, und dies ist der erste Tag, wo ich ganz fieberfrei bin. Dazu hatte ich die scheußlichsten Grummel[1] und habe mich nur mit Alkohol über Wasser gehalten. Jetzt bin ich wieder mal sachte drüber weg. Sie packen mir einfach zuviel auf. Ich muß dauernd zur Krise sprechen, habe endlose meetings zu meiner sowieso überlasteten schedule. Und jetzt bin ich obendrein wieder mit den verfluchten midterm criteria sheets[2] für wiederum 40 Studenten völlig in der Hölle. Das wird in der nächsten Woche alles besser sein, aber dann werden neue Krisen kommen.

Nur gut, daß Du inzwischen sicher bei Jaspers gelandet sein wirst. Du schriebst gar nichts mehr über Blumenfeld, und das sagt

---

[1] Darmbeschwerden.

[2] Vgl. S. 371, Anm. 2.

genug. Die Bestie[3] hat's geschafft. Ich war immer der Meinung, daß Eifersucht bloß Neid ist und eigentlich fast unter Todesstrafe gestellt sein sollte. Nun hoffe ich, Du erholst Dich in dem menschlichen Klima bei Jaspers. Grüße beide herzlich von mir.

Nachtrag zu Bard. Es besteht eine Möglichkeit, daß »Time« etwas über das letzte progressive College der Staaten bringen wird (Black Mountain[4] hat gerade zugemacht), und natürlich, ich muß mit dem Fritzen sprechen, und der Common Course soll nun Bard retten. Man wird doch da sehen.

Habe Dwight [Macdonald] und Bertha [Gruner] gesprochen. Er ist sehr nett. Hook hat ihm natürlich, nachdem Du den Rücken gekehrt hattest, die Sache[5] mit Hilfe des Geldgebers verpatzt. [...] Aber Dwight wird, was für ihn persönlich viel besser ist, seinen Wohnsitz in London haben für ein Jahr und der roving reporter[6] für Europa sein. Da sein erster Artikel natürlich den Titel trägt: »No miracle in Milan«[7], ist das ja auch alles nicht weiter verwunderlich. [...] Übrigens ist Dwight sehr an Bard interessiert, weil er ein paar Studenten kennt, die von mir begeistert sind. Soll ich das ausnutzen, ihn einen Artikel für den »New Yorker« machen zu lassen? Es ekelt mich ein wenig an. New School ist gut. Die Klasse wächst immer noch. Wie ich es mache, weiß ich nicht, aber ich scheine es zu machen.

Schreib mir mal was langes Freudiges, und nutze Deine Zeit, um Dich richtig zu amüsieren. Es wird mir sehr zugute kommen.

[...]

Kuß, Klaps

Dein H.

---

3 Kurt Blumenfelds Frau.

4 Black Mountain College, ein kleines 1933 gegründetes College in Black Mountain, North Carolina.

5 Der Plan, Dwight Macdonald zum Herausgeber von *Encounter* zu machen; vgl. S. 397f.

6 Unabhängiger Reporter.

7 Bericht über den Mailänder Kongreß, vgl. S. 351, Anm. 5; Dwight Macdonald: »No Miracle in Milan«. In: *Encounter*, Bd. V, Nr. 6, Dezember 1955, S. 68–74.

Basel, den 6. 11. 55

Lieber Liebster –

einen vergnügten Brief zu schreiben, meinem armen, überarbeiteten, verschnupften Stups, ist unter den hier waltenden Bedingungen wirklich nicht schwer. Ich erhole mich rapide von den Schrecken Israels, so rapide unter der gleichmäßigen Helle und Heiterkeit mit Jaspers, daß ich mir schon Vorwürfe mache. Es geht herrlich, er ist ganz frisch, viel frischer als vor drei Jahren, die Frau reizend und unverändert, beinahe jugendlich, aber nicht im schlechten Sinn. Er eher neuen Dingen zugänglicher. Sie sind zu mir beide so bezaubernd und einfach gut, daß es schwer beschreibbar ist. So wird mir nun über alle Proteste hinweg eine neue Tasche gekauft, die ich vorläufig gar nicht brauche, aber zu machen ist da nichts. Augenblicklich sind wir in lange Gespräche über die Atombombe verwickelt. Daneben lese ich sein Schellingbuch[1], das hervorragend geworden ist, bei weitem das Beste, was er in den letzten Jahren veröffentlicht hat. In seiner Weise eine ebenso klassische Arbeit wie die über Nietzsche.[2] Sehr erleichternd für das Lesen von Schelling. Ich bringe es mit oder vielmehr schicke es irgendwann zusammen mit den Karten aus Griechenland, von denen ich mich immer noch nicht trennen kann. –

Liebster, mach Dir doch den Kopf nicht dumm mit den chronischen finanziellen Sorgen von Bard. Black Mountain College ist doch ein anderer Fall. Zu langweilig zu erklären. Selbstverständlich läßt Du Dwight im »New Yorker« schreiben, wenn er das will, und hilfst auch den »Time-Magazine«-Leuten auf die Beine. Du wirst noch berühmt werden, was uns auch schnuppe sein wird. Für Dich ist ein bißchen Propaganda im gedruckten Wort, da Du doch Gedrucktes nicht von Dir gibst, immer nur gut. [...]

Bertha [Gruner] hat mir niemals geschrieben, ich werde ihr auch nicht schreiben. Da kann man nichts machen. Es sind ja wohl u. a.

---

[1] Karl Jaspers: *Schelling. Größe und Verhängnis.* München 1955; vgl. auch S. 352, Anm. 7.

[2] Karl Jaspers: Nietzsche. *Einführung in das Verständnis seines Philosophierens.* Berlin und Leipzig 1936.

auch die Wechseljahre. Falls ich in dem Alter auch überschnappen sollte, wirst du mich gefälligst zurechtstupsen, wie es sich für einen Stups gehört. – Schrieb ich eigentlich, daß ich in Zürich die Hölderlinsche »Antigone« gehört habe? Keine besonders gute Aufführung, aber einmal die Verse von der Bühne. Ganz großartig, schwer zu verstehen, aber eher leichter als im Lesen. Eben doch die einzige Übersetzung, die es gibt.

Nach Hause kommen werde ich sehr reich, da [Jaspers] darauf bestanden hat, mir seine »Schulden« zu bezahlen. Obwohl ich in Griechenland ohne jede Überlegung Geld ausgegeben habe und in Israel alles ordentlich mit Geschenken bedacht habe, stehe ich finanziell immer noch ganz gut da. Mit dem Verleger Piper habe ich hier gesprochen und ihm halb zugesagt, ihm für eine sehr hübsche Reihe von »Einführungen«, die Jaspers mit seiner Einführung in die Philosophie[3] eröffnet hat, eine kurze Einführung in die Politik[4] zu schreiben. Täte ich eigentlich gerne. Möchte auch wieder einmal deutsch schreiben. Das müßte ich dann diesen Sommer tun, gleich nach Chicago.[5]

[...]

Ob dies nun wirklich vergnügt geworden ist, weiß ich nicht. Ich bin vergnügt und so ausgeruht, daß ich bereits saudumm zu werden beginne. Das zeigt sich hier vermutlich auch. Bis ich nach Hause komme, ist es dann wieder besser.

Leb wohl, Liebster. Ich lasse den Brief noch bis morgen liegen, da er Dich ja doch erst am Donnerstag oder Freitag erreicht. Hoffentlich hat das Telegramm Dich nicht erschreckt, ich hatte Angst, Du hättest die ganze Bescherung vergessen, und ich bleibe nur eine begrenzte Zeit hier. So telegrafierte ich, um sicher zu sein. Übrigens werde ich vermutlich, bevor ich ganz wegfliege, hier doch noch einmal vorbeikommen.

Jaspers ruft gerade herauf, ich sollte nicht vergessen zu grüßen.

---

3 Karl Jaspers: *Einführung in die Philosophie. Zwölf Radiovorträge*. Zürich 1950.

4 Die für dieses Buch verfaßten Manuskripte wurden zusammen mit weiteren Fragmenten und ausführlichen Kommentaren versehen posthum veröffentlicht: *Hannah Arendt: Was ist Politik?* Aus dem Nachlaß herausgegeben von Ursula Ludz. München 1993.

5 Vgl. S. 366, Anm. 2.

den 7. 11. 55

Eben Nachricht vom Verleger, soll um den 20. herum in Frankfurt sprechen, das Buch[6] ist draußen: Uff. [...]

Deine –

[Bard College, Anfang November 1955]

Liebling,

Bard geht mir diesmal wirklich nicht vom Nacken, dafür bin ich aber heute nach drei Wochen endlich die Grippe los. Ich bin in einem Zustande von Nervosität, wie ich ihn lange nicht mehr an mir gekannt habe. Wahrscheinlich hockt da auch am Grunde die Angst, das College werde zugrunde gehen und alle Anstrengungen vergeblich gewesen sein. Ich werde doch wohl alt und ängstlich? In der New School geht es sehr gut, aber es strengt mich auch an. Es sieht so aus, als ob die ihr Geld doch noch zusammenschnorren werden, und dann gibt es ja vielleicht dort eine kleine Möglichkeit für mich.

[...]

Ich bin froh, daß Du den Orient hinter Dir gelassen hast und nun in etwas freundlicheren Breiten bist. Willst Du Dich dort wirklich damit abmühen, ein Buch[1] zusammenzustellen? Hat das nicht Zeit für später? Plauder lieber mit Jaspers nach Herzenslust. Was ist mit Heidegger? Blumenfeld hast Du gar nicht mehr erwähnt? Annchen siehst Du wohl nun nächste Woche. Hoffentlich geht das gut.

[...]

Dein H.

---

[6] Die deutsche Ausgabe des Totalitarismus-Buches.

[1] Vgl. S. 422, Anm. 4.

[New York, Mitte November 1955]

Liebling,

wie gut, daß Du aus dem Gewirre von Haß und Dummheit des neuen erweiterten Balkans direkt zu Jaspers fahren konntest. Dein Brief zeigt, wie wohl Dir das getan hat. Wo man nicht lieben kann, da soll man vorübergehen, wie recht Nietzsche damit hat[1], besonders für reifere Leute, man muß nur hinzufügen: Und wo man liebt, da soll man verharren. So bist Du nun bei Jaspers im Hafen gewesen (ich bin sehr neugierig auf das Schelling-Buch[2]) und wirst hoffentlich bei Annchen [Weil] ebensogut aufgehoben sein. Inzwischen näherst Du Dich mir und dem Hause zeitlich wie räumlich bereits wieder, und Deine Ankunft ist nicht mehr so ferne, wie sie mir noch vor einer Woche schien. [...]

Ich bin endlich diese Grippe los und kann wieder vernünftig arbeiten. Muß es aber nun Tag und Nacht und für die nächste Woche, soviel hatte ich aufschieben müssen. Es hatte wirklich nur noch zum unmittelbar Notwendigen gelangt. Ich bin wieder fähig, die Sache mit Bard leichter zu nehmen. Vielleicht wird es sich auch diesmal noch weiterschleichen, aber es scheint mir nun fast, als ob die Quelle allen Übels das wahrscheinlich in diesem Lebensalter und auf solch einem engen Platz unmögliche Ideal der Coeducation ist. Wahrscheinlich hätte auch ich in diesem Alter unter solchen verführerischen Gelegenheiten gar nichts gelernt, sondern mich nur mit dem schönen Geschlecht beschäftigt. Da nun aber diese schon vorher nichts gelernt hatten, wird ihre Sache hoffnungslos.

Was das Arbeiten anbetrifft, ist es in der New School nicht sehr anders. Die Klasse ist gut und kann intelligent diskutieren. Aber im Seminar sind sie sofort lausig, weil sie sich einfach nicht vorbereiten. Sie tun buchstäblich nichts, sondern sperren nur mehr oder minder intelligent die Mäuler auf, um die gebratenen Tauben hineinfliegen zu lassen. Wenn nicht die wenigen, immer wenigeren Jahr für Jahr, Ausnahmen wären, würde man endgültig wissen, daß man schließ-

---

[1] In »Vom Vorübergehen« im dritten Teil von Nietzsches *Also sprach Zarathustra* heißt es: »wo man nicht mehr lieben kann, da soll man – *vorübergehn*! –«

[2] Vgl. S. 421, Anm. 1.

lich doch nur ein Arbeiter in der riesigen modernen Unterhaltungsindustrie ist, und dann obendrein in deren lächerlichster und obendrein am schlechtesten bezahlter Branche, der metaphysischen Vergnügungsindustrie. Wenn das so weitergeht und ich in Bard und im New School-Betrieb bleibe, werde ich mich vielleicht wieder der Wissenschaft zuwenden und einfach versuchen, Geschichte zu lehren for a living. Wie ich mich manchmal danach sehne, politische Geographie zu lehren, damit ich die Studenten mal zwingen kann, sich wirklich auf den Hosenboden zu setzen, statt über den frischen Wiesen ihrer Ignoranz herumzutaumeln.

[...]

Gut, daß Dein deutsches Buch[3] endlich heraus ist. Wenn Dir das deutsche politische Einführungsbuch[4] wirklich Spaß macht, ist nicht einzusehen, warum Du es nicht als eine Art Präludium für das neue Buch[5] machen solltest. Aber laß den Piper ordentlich zahlen dafür.

Kuß und Klaps

Dein Heinrich

Luxembourg (wo sich die Füchse gute Nacht sagen), den 14. 11. 55

Lieber Liebster –

seit vorgestern bin ich hier und schwätze herrlichst mit Annchen. Jetzt ist sie in ihre Hohe Behörde, wie sich die Kohle-Stahl-Union[1] nennt mit ihren 6 Ländern, abgezogen, und ich sitze friedlich hier an der Maschine und versuche, mir die nächsten Wochen zu [ar]rangieren. Hier bleibe ich bis Sonntag; dann holt mich der Kölner[2] ab, und am Dienstag bin ich in Frankfurt für einen Vortrag und über-

---

3 Das Totalitarismus-Buch auf deutsch.

4 Vgl. S. 422, Anm. 4.

5 *The Human Condition – Vita activa*, vgl. S. 366, Anm. 2.

1 Die 1951 gegründete Europäische Gemeinschaft für Kohle und Stahl, auch Montanunion genannt, zur Herstellung und Ordnung eines gemeinsamen Marktes für Kohle und Stahl.

2 Dr. Zilkens.

haupt. Von dort werde ich auch Heidelberg erledigen. Ich hoffe, danach nach Berlin zu kommen, habe aber von Lasky noch keinen Bescheid. Leider habe ich von den Stockholmern[3] nichts gehört; das gerade hätte ich ganz gern gemacht, aber wichtig ist es nicht.

Basel war eigentlich so erfreulich und schön, wie es nur sein konnte. Ich mußte immer denken, wie unrecht Du im Grunde hast, Dich nicht aufzuschwingen. Glaub mir, es lohnte sich, nach Europa zu kommen, um diesen einen Mann zu sehen. Ich dort wie immer, Kind im Haus, ganz dazugehörend; mit diesmal ganz reinen Streitgesprächen; Jaspers viel aufgeschlossener als je zuvor, viel mehr bereit, auch noch etwas dazuzunehmen (nicht zu lernen, natürlich); sie mit 76 Jahren erstaunlich frisch und unverändert.

Heidegger – ich weiß noch nicht, was ich mache, glaube aber nicht, daß ich ihn sehen werde. Die Tatsache, daß gerade jetzt mein Buch[4] rauskommen muß (ich bekam gerade die ersten, sehr anständig aussehenden Exemplare, 800 Seiten), ergibt die denkbar schlechteste Konstellation. Er weiß nicht, daß ich im Lande bin, ich habe aber ohnehin den Eindruck, daß er augenblicklich an einem Wiedersehen nicht sonderlich interessiert ist. Grund – siehe oben. Dazu die ohnehin bestehenden Schwierigkeiten. Ich habe das Gefühl, daß ich da erst einmal wieder ein bißchen Gras wachsen lassen sollte. Vielleicht irre ich mich, vielleicht unterschätze ich von hier aus die Schwierigkeiten des Wiederkommens, wiewohl es mir sehr so aussieht, als ob diesmal nicht drei Jahre vergehen werden. Schon Jaspers' wegen nicht. Und weil die Leute mich haben wollen werden und mir irgendwie die Reise so bezahlen werden, daß ich auch einmal für ein paar Wochen rüberfliegen kann: Jedenfalls stellt es sich mir so dar, und ich kann nichts dagegen tun. Ich bin, wie Du weißt, durchaus bereit, Heidegger gegenüber so zu tun, als ob ich nie eine Zeile geschrieben hätte und nie eine schreiben würde. Und das ist unausgesprochen die conditio sine qua non der ganzen Affäre. Aber augenblicklich gerade und bevor ich die mir wichtigen

---

3 H. A. hatte eine Einladung nach Stockholm und Göteborg angenommen; vgl. S. 401, Anm. 5.

4 Die deutsche Ausgabe des Totalitarismus-Buches.

Dinge aufs Papier und in Sicherheit gebracht habe, kann ich es nur mit allergrößten Schwierigkeiten und habe auch keine Lust. Du siehst, der langen Rede kurzer Sinn: Ich bin im Begriff, das gleiche zu machen, was ich vor 30 Jahren gemacht habe, und kann es irgendwie nicht ändern. Überschrift: nach dem Gesetz, wonach »es« angetreten...

Mach Dir doch nicht solche Sorgen wegen Bard; das geht doch immer irgendwie weiter. Und laß Dich doch nicht so blödsinnig überlasten. So jung bist Du nun wieder nicht. Ich wünschte nur, die Ferien wären erst ran. Wegen der criteria sheets[5] wirst Du wohl doch eines Tages streiken müssen. Hat sich an der New School irgend etwas verändert?

Von Günther [Anders] hatte ich Nachricht, wenn es mir irgend auskommt, werde ich versuchen, mich mit ihm in München zu treffen, obwohl mir davor reichlich mies ist. In Jerusalem sagte mir seine Schwester, daß er wieder geschieden sei. Aber er veröffentlicht viel und ist quasi bekannt geworden.

[...]

Leb wohl, Liebster. Wie, ach wie schön ist es zu Hause. Ich bange mich nun schon sehr, aber nun ist es auch nicht mehr lang. Ich bin so erholt, daß es schon beinahe ein Skandal ist. [...]

Halt die Ohren steif, und sorg Dich nicht, es wird schon irgendwie werden.

Deine

[Bard-College, Mitte November 1955]

Liebling,

wir sind im Endspurt in Bard, ich bin ganz durcheinander, weil sich eine administrative Plage nach der andern auf mich niederläßt. Ich kam einfach nicht rechtzeitig zum Schreiben. Jetzt sind die Fakultätsbewertungen[1] endlich erledigt. Ich bin einmütig für tenure[2] vor-

---

[5] Vgl. S. 371, Anm. 2.

[1] Criteria sheets, vgl. S. 371, Anm. 2.

[2] zur festen Anstellung.

geschlagen. So hätte ich denn, wenn diese kümmerliche Bruchbude sich weiterhin zusammenhält, eine feste Anstellung, sozusagen eine Lebensstellung gefunden. Da kann ich nur sagen »Hänschen, Hänschen, denke daran, was aus dir noch werden kann.« Nämlich ganz offenbar ein Normalspießer.

Die Studenten arbeiten gegen Ende des Semesters wieder besser, und manchmal gibt es recht erfreuliche Klassenstunden. Ich freue mich, daß Du gründlich verbummelt bist, die paar Vorträge wirst Du schon auch so zustande bringen. Gut, daß Du Jaspers noch mal siehst und daß es mit Annchen so schön war. So hat sich die Reise doch auch im andern Wesentlichen, dem persönlichsten, gelohnt.

Und nun bist Du ja bald der Neuigkeiten voll wieder zu Hause. Alle lassen grüßen und erwarten Dich. Röschen offenbar am sehnsüchtigsten.

Gruß, Kuß und Klaps

Dein

H.

[Köln,] den 21. 11. 55

Lieber Liebster,

heute nur einen kurzen Gruß, da ich leider arbeiten muß, meinen Vortrag[1] in Ordnung zu bringen, den ich morgen in Frankfurt, am 1. Dez. in Köln und am 8. in Berlin in der Universität halten soll. Ich bin so gründlich verbummelt, daß Arbeiten direkt eine Art Problem geworden ist, aber kein sehr ernstes. Ich möchte eigentlich nur noch nach Hause, aber jetzt heißt es natürlich mitgefangen, mitgehangen.

Seit gestern abend in Köln. Bei Annchen war es ganz bezaubernd. Wir beide ganz aufeinander eingespielt, ohne viel Reden, uns umeinander drehend, in kleiner Wohnung, höchst gemütlich. Gestern holte uns der Kölner Freund[2] im Wagen ab, und wir fuhren nach Trier und haben die Porta nigra und den Dom und die römische

---

[1] Hannah Arendt: »Was ist Autorität?« In: *Der Monat*, Jg. 8, Heft 89, Februar 1956, S. 29–44.

[2] Dr. Zilkens.

Basilica ganz gehörig, wie es sich schickt, bewundert. Heute hier bei den Freunden ganz ruhig und arbeitend und morgen früh nach Frankfurt, wo ich bis zum 1. Dezember bleibe. Danach bis zum 4. inklusive wieder in Köln, wo ich am 1. in der Universität spreche und am 4. nach Essen zur »Antigone« von Orff fahre. Du siehst: Ich komme nach Hause, aber wirklich: Das Mädchen hat was zugelernt. Deutschland blühend, ein blitzblank nagelneues Land. Jeder Stuhl in jedem Restaurant sieht aus, als sei er gestern erst aus der Fabrik gekommen, und jedes Haus ist neu. Köln eigentlich ganz aufgebaut bereits, und Köln war am schlimmsten. Gut gebaut überall, modern und solide. Allen Leuten geht es gut, das Leben ist teurer, aber es kann sich jeder auch eben viel mehr leisten. Dazu Europa, wie ich es schon in Italien vermutete, nun doch eine Realität. An den Grenzen z.B. steht in allen Sprachen: Sie kommen in [ein] anderes Land, aber Sie bleiben in Europa. Sehr eindrucksvoll. Zoll- und Devisenabfertigung auch dementsprechend. Als handele es sich um Formalitäten, die eigentlich niemand mehr ernst nehmen kann, inkl. der Zollverwaltung und der Beamten.

Eben schrieb ich an Günther [Anders], um zu versuchen, mich mit ihm in der kommenden Woche in Frankfurt zu treffen. Hoffentlich klappt es. [...]

Sei nicht ärgerlich, Liebster, Du bist überarbeitet und ferienreif. Du solltest auf jeden Fall ein bißchen Vitamine schlucken, das ist doch immer sehr günstig. Versuch es doch!

Und schimpf nicht über diesen verunglückten Brief. Sag aber Lotte, daß ich in Trier war. Sie machte sich über meine Bildung Sorgen. Aber gerade was das anlangt, so ist es jetzt ein bißchen besser bestellt. Was die verfluchten Vorträge anlangt, so gilt, was für Berkeley galt: Wieder zurücknehmen, auch wenn unsterblich blamiert!

Liebster, nun ist bald alles vorüber, und ich warte schon sehr.

Deine

Hannah

[New York, Ende November 1955]

Liebling,

mach Dir nur keine Sorgen um mich, ich bin schon wieder ganz in Ordnung, seit die Grippe weg ist. [...]

In Basel scheint Ihr wirklich gute Zeiten gehabt zu haben. Jaspers schrieb mir einen langen, sehr lieben Brief[1], voll von Liebeserklärungen für Dich. Denen hast Du wirklich Freude gemacht.

Ich glaube, Deine Gefühle in der Sache mit Heidegger müssen nicht ganz richtig sein. Abzufahren, ohne ihn wissen zu lassen, daß Du da bist, scheint mir sehr hart, und ich begreife es nicht ganz. Sonst ist es wohl, wie Du sagst. Es besteht eine Möglichkeit, daß die New School einen grant für drei Vorlesungen eines »berühmten« Philosophen bekommt. Die Herren haben die merkwürdigsten Kandidaten vorgeschlagen. Ich erwähnte zu Clara [Mayer] Jaspers oder Heidegger.

Was denkst Du davon? Die Sache ist aber noch nicht spruchreif. Clara wüßte gern, was Du über einen eventuellen Engländer denkst.

Jonas hat mich gerade aufgesucht. War sehr nett und läßt grüßen. [...]

Jaspers schrieb mir, Dein Buch[2] würde in Deutschland eine Sensation werden, und wenn nicht, dann läge es an den Deutschen. Ich bin jedenfalls froh, daß es nun in Deutsch vorliegt.

Kuß und Klaps

Dein H.

[Frankfurt,] den 28. 11. 55

Lieber Liebster –

nun sind es nur noch drei Wochen, und ich bin eigentlich schon recht kribblig, nach Hause zu kommen. Deutschland eigentlich recht interessant, eben blitznagelneu vom Scheitel bis zur Sohle. Die

---

[1] Vgl. *Hannah Arendt – Karl Jaspers Briefwechsel 1926–1969*. München 1985, S. 307f.

[2] Das Totalitarismus-Buch.

Kriegsschäden sieht man überhaupt nicht mehr, aber auch keine Bauplätze (das vorige Mal sah alles wie ein riesiger Bauplatz aus), obwohl immer noch viel gebaut wird. Die Städte sind alle neu aufgebaut, eben alles nagelneu, vom Ziegeldach bis zu jedem Stuhl. Und modern. Ganz kurios. Typisch für die Stimmung ist, daß man allgemein Heidelberg bedauert, das ganz ungebombt davongekommen ist, weil es halt so alt sei, daß man es eigentlich von A bis Z abreißen müsse. Ansonsten eben Wirtschaftswunder weit und breit, und was darunter vorgeht, weiß kein Mensch. Aber das Gefühl, daß alles nur Fassade ist, hat man wieder einmal nirgends so stark wie hier. Ziemlich unheimlich! Alles überdeckt von einer verstunkenen Restauration!

Das Land treibt, wie mir scheint, in ein neues Rapallo[1], aber treibt, niemand will es so eigentlich. Die Fassade so verspießert, daß ich dauernd leise vor mich hersinge: Der Zopf, der hängt ihm hinten.[2] Geistig ist nicht viel los, außer einer starken Renaissance alles Klassischen. Ansonsten immer noch nur Heidegger, aber auch dies ziemlich abscheulich, insofern die Leute es entweder für baren Unsinn erklären oder in der unwahrscheinlichsten Form ihn nachmachen. Wie weit er selbst das begünstigt, weiß ich nicht. Löwith erzählte mir, ohne jede Bösartigkeit (Heideggers Foto hängt bei ihm im Arbeitszimmer), wie er Seminare für Professoren in einem Bauernhof in Todtnauberg veranstaltet und dort richtig seine Philosophie sozusagen »pauke«. Zweifellos ist dies das einzige, was in Deutschland wirklich lebendig da ist, aber in der Wirkung wohl auch eben zweifellos verhängnisvoll. Aber selbst dies ist aus dem öffentlichen Leben verschwunden. In den Bücherstuben liegt weder Jünger noch Heidegger, sondern eher Goethe und nochmals Goethe. Geistig alles etwas eingeschlafen, das Durchschnittspublikum eher verschlafener als in Amerika. Dies gerade aber mag auch an Frankfurt liegen, das ich ja vorläufig allein kenne.

---

[1] Bezieht sich auf den deutsch-sowjetischen Vertrag von Rapallo 1922 über die Aufnahme diplomatischer und wirtschaftlicher Beziehungen.

[2] Eine Zeile in Heines *Deutschland. Ein Wintermärchen* lautet: »Der Zopf, der ehmals hinten hing...«

Inzwischen ist Marianne Wendt eingetrudelt, und mein »Neffe«[3] hat sich nach geglücktem Gang aufs amerikanische Konsulat gerade von seiner »Tante« verabschiedet. Der Bengel wird Dir, glaube ich, Freude machen. Es gibt eben doch auch immer noch dies ganz unabhängige und Vernunft-liebende Deutschland. Anfang März wird er bei uns eintrudeln, um gleich auf eine Farm verfrachtet zu werden. Mit Marianne geht es gut wie immer. Und außerdem Cohn-Bendit[4], der zwar versoffen ist wie eh und je, aber doch sehr viel erfreulicher und mit neuer Freundin. Er ist eigentlich der einzige, der einen Riecher für die politische Entwicklung hier hat. Ihm ist auch nicht wohl dabei. Er lebt, offenbar ganz gut, von Restitutionssachen. Dolf Sternberger sehr, sehr unausstehlich. Aber bezaubernd Karl Reinhardt[5], der bei mir im Vortrag war und dem ich einen Besuch machte. Alter Herr, der gerade in Riezler einen nahen Freund verloren hat. Sachlich nicht sehr ergiebig. Die leben alle von ihrer Opposition zu Heidegger.

Nun zu Heidegger, Liebster, es ist nicht ganz so einfach, wie ich in Verkürzung schrieb. Daß ich nicht fahre, scheint mir wie eine stumme Verabredung zwischen Heidegger und mir. Seit ich nach Berkeley ging, habe ich eigentlich von ihm nichts mehr gehört. Ich gratulierte ihm, wie jedes Jahr zu seinem Geburtstag, aus Griechenland und gab ihm eine Adresse. Er hat mir nicht einmal zum Geburtstag geschrieben. Tu vois... Er konnte sich ja an seinen fünf Fingern abzählen, daß ich nach Deutschland kommen werde. Der Grund scheint mir ganz klar: auf der einen Seite Buch[6] plus professorship[7] (was hier in Deutschland natürlich ausposaunt worden ist), auf der anderen der Betrieb in Freiburg, von dem er weiß, was ich denke, auch ohne daß ich da erst hinkommen muß. Er liest dieses Semester einstündig und hat wohl die Vorstellung, daß mein Besuch nur eine unerträgliche Störung wäre. Und vermutlich wäre es auch

---

[3] Gemeint ist Fritz Jaensch, der Sohn von Hella Jaensch.

[4] Erich Cohn-Bendit arbeitete offensichtlich als Anwalt für Klienten mit Wiedergutmachungsangelegenheiten.

[5] Karl Reinhardt, 1886–1959, klassischer Philologe.

[6] Hannah Arendt: *Elemente und Ursprünge totaler Herrschaft*. Frankfurt 1955.

[7] Bezieht sich auf H. A. s Gastprofessur in Berkeley im Frühling 1955.

so. Da er liest, kommt ein Treffen außerhalb Freiburgs nicht in Frage. Dies aber wäre die einzige Möglichkeit. Ich könnte all dies überwinden und einfach da sein, hinfahren und Schluß. Aber dies gerade kann ich momentan nicht, weil mir meine eigenen Sachen zu sehr im Kopf rumspuken, was er nach 5 Minuten merken würde. Wenn ich erst die ersten Sachen unter Dach und Fach gebracht habe, kann ich es wieder. Und wenn es so geht, wie Piper und Jaspers meinen, dann wird man mich in einem Jahr zu einem Radiovortrag hierher einladen, der mir die Reisespesen deckt. Und dann gehe ich sicher nach Freiburg. Aber schreib, was Du denkst.

Eben ein Brief von Lotte. Sie hat ein Grammophon für mich gekauft und schreibt ganz fröhlich: »Heinrich weiß nichts, wird aber wie über alle Geschenke, und wäre es der Dom, strahlen, an dem haben Sie keine Stütze.« Kannst Du nicht mal wenigstens versuchen zu beweisen, daß sie unrecht hat? Es ist doch einfach nicht recht. Wir können es uns doch wahrhaftigen Gottes[8] eher leisten als sie. Bitte, tu was Du kannst und beteilige Dich wenigstens. Sonst werde ich ihr doch, wie sie bereits fürchtet, als Gegengabe den Kölner Dom mitbringen. Es ist eine Kleinigkeit, da ich übermorgen in Köln bin.

Buch ist raus und liegt hier überall schön aus. Mein Verlag[9] hat sich als ein sehr nettes kleines Unternehmen herausgestellt mit guter politischer Literatur (Mathiez, Französische Revolution, Rosenberg, Weimarer Republik etc.) [...]

Den Vortrag[10] hatten sie hier gut arrangiert, er war sehr besucht und wurde ausführlich von den Zeitungen besprochen. Alles sehr respektvoll und eher angenehm. Sans chichi. [...] Am 1. Dezember spreche ich in Köln in der Universität und am 8. in Berlin in der Serie für Reuter[11], wo vor mir Kennan[12] und Spaak[13] gespro-

---

[8] Bei H. A. »wahrhaftig in Gott«.

[9] Der Verlag des Totalitarismus-Buches war die Europäische Verlagsanstalt, Frankfurt/M.

[10] Vgl. S. 428, Anm. 1.

[11] Ernst Reuter, 1889–1953, sozialdemokratischer Politiker; ab 1951 Regierender Bürgermeister von Berlin. Die Serie hieß »Reuter Memorial Service«.

[12] George Kennan, geb. 1904, amerikanischer Diplomat und Historiker.

[13] Paul Henri Spaak, 1899–1972, belgischer Politiker; seit 1936 mehrfach Außenminister und Ministerpräsident; 1957–61 Generalsekretär der NATO.

chen haben. Im Auditorium Maximum, wovor mir etwas graust. [...]

Schluß. Nun ist es bald zu Ende mit der Briefschreiberei, und ich sitze, wie es sich gehört und wo es sich gehört. Aber ganz schön ist doch so eine Bummelei. Nur hin und [wieder] bin ich ganz ungeduldig und kann es dann gar nicht mehr erwarten. [...]

Eben ruft Hamburg an. Die Universität will auch einen Vortrag haben, und Snell[14], Altphilologe, bittet sehr darum. Das würde heißen, daß ich einen Tag weniger in Berlin bin, was mir traurig ist. Mal sehen, ich habe gesagt, sie sollen mich in einer Stunde noch einmal anrufen.

Du siehst, Bummelei und total verbummelt. Aber nicht unfröhlich und endlich erholt von dem Israeli-Schock.

Deine

Hannah

Frankfurt – Köln, 30. 11. 55

Liebster –

sitze im FD-Zug, fahre den Rhein entlang, kam eben an Rüdesheim vorbei. Schönes Wetter und der von Kähnen wimmelnde Rhein wunderschön. Auch ganz angenehm, mal was zu sehen, was selbst die Deutschen nicht funkelnagelneu machen können.

Aber schreiben tue ich, weil ich die Philosophen-Sache[1] an der New School vergaß. Also, Jaspers kommt bestimmt *nicht*, Gesundheitsgründe.[2] Ob man ihn trotzdem einladen soll wegen der Ehre? Wäre ganz schön. Ich stelle anheim. Heidegger würde natürlich deutsch sprechen. Daß er kommt, halte ich für *sehr* unwahrscheinlich, aber nicht für ausgeschlossen. England: M. E. käme nur Russell[3] in Frage. Das hätte vielleicht einen gewissen Sinn, nämlich einen politischen. Philosophie gibt es in England nicht!

---

[14] Bruno Snell, 1896–1986, Altphilologe; seit 1931 Professor in Hamburg.

[1] Vgl. S. 430.

[2] Jaspers litt an inoperabler chronischer Bronchiektasie.

[3] Bertrand Russell, 1872–1970, englischer Philosoph.

Der Rhein ist zu schön zum Briefeschreiben, und der Zug wakkelt auch bedenklich.

Liebster, Gruß und Kuß

Deine

Günther, dem es offenbar recht miserabel geht, ist nicht gekommen. War im Grunde erleichtert.

[New York, Anfang Dezember 1955]

Liebling,

[...]

Wenn Heidegger Dir gar nicht geantwortet hat, wird wohl Deine Auffassung der Lage richtig sein, und dann kann man halt nix machen. Welche Angst und welche Borniertheit.

Mit Lotte ist wenig anzufangen, aber ich werde sie zu ihrem Geburtstag am 7. einfach so mit kostspieligen Geschenken zuschütten, daß ihr schwarz vor den Augen wird. In dem Bild, das sie sich von [sich] macht, scheinen ihr die paar monströsen Züge gerade so lieb zu sein, daß ich mich hüten werde, da Korrekturen vorzuschlagen. Außerdem habe ich ja wirklich immer gerne allen Dingen ihren Lauf gelassen, solange sie mir nicht in die Quere kamen. Röschen sieht wieder sehr gut aus, ist mit ihrer Stellung ganz zufrieden, liest viel und möchte Dich gerne wieder hier haben. Sie ist wieder mal verflucht stolz auf Dich.

Ich muß nur noch zweimal nach Bard rauf und weiß Gott, es ist die höchste Zeit, daß ich ein wenig Ruhe kriege, um mich mit den Dingen zu befassen, die mir wirklich durch den Kopf gehen.

In Deutschland sind wohl nur die alten Dummheiten nagelneu aufgeputzt, und mehr war auch nicht zu erwarten. Ich höre sie bis hier dumm herumprahlen und halte mir die Ohren zu.

Auf bald

Dein H.

[New York, erste Hälfte Dezember 1955]

Liebling,

der hastige Brief vom alten Rhein war sehr schön. Aber den werden sie auch noch funkelnagelneu machen. Ich bin sehr froh, daß Du noch einmal zu Jaspers fahren kannst, das ist ja doch für Dich das Wichtigste der ganzen Reise, die alten Freunde. Grüß ihn sehr von mir, und ich danke für seinen herrlichen Brief. Ich bin im Fieber des Semesterschlusses, und das wird hier in Bard immer schlimmer statt besser. Alle sind am Rande ihrer Nervenkraft. Aber ich bin eigentlich noch ganz gut in Form. Ich werde natürlich versuchen, die Sache bei der New School Jaspers auf alle Fälle erst mal anbieten zu lassen. Wenn Heidegger deutsch lesen würde, wäre es immer noch eine Sensation. Aber ich möchte dann eigentlich lieber Camus haben wegen der politischen Bedeutung. Und wahrscheinlich wird die ganze Sache doch darauf hinauslaufen, daß Jonas bestimmen wird, wer es sein soll.

Ich werde also doch im nächsten Semester bereits einen Kursus für Senioren[1] lesen und damit den Common Course[2] nach oben abrunden. Freue mich eigentlich darauf, obgleich es eine Hundearbeit sein wird. Aber Du bist ja dann hier, und ich werde ruhiger sein.

Die erfolgreiche Mary ist wieder hier, und sie haben ihr Haus verkauft und ein New Yorker Appartement genommen. [...] Ich bin sehr gespannt auf das Schellingbuch[3] von Jaspers. Es wird mir gerade noch für einige Probleme der Religionsphilosophie zurechtkommen. Ich werde in der field period[4] viel zu tun haben mit dem neuen Kursus für Bard, hoffe aber doch, zu meinen eigenen Sachen ein bißchen zu kommen und auch einfach zu lesen.

Gruß Kuß Klaps

Dein H

---

[1] Gemeint sind die »seniors«, die Studenten im letzten College-Jahr.

[2] Der von H. B. für alle ersten Semester eingeführte Vorlesungs-Kurs, vgl. S. 388.

[3] Vgl. S. 421, Anm. 1.

[4] Längere Ferienzeit zwischen zwei Semestern.

[Hamburg,] den 9. 12. 55

Lieber Liebster,

seit ich mit diesem Kongreß[1] zu tun habe, den ich in Mailand so angepöbelt habe, daß sie gar nicht mehr wissen, was sie nur anstellen sollen, um mich doch noch zu bewegen, kurz gesagt, seit Montag, kann ich nur singen: Nur wer im Wohlstand lebt, lebt angenehm.[2] Wenn es noch zwei Tage länger dauern würde, würde mir die Geduld auch wieder ausgehen. Aber so – morgen mittag geht es nach Basel. Und hier sitze ich, direkt an der Alster, zu schön, um wahr zu sein!

Gestern Berlin: großer Beifall, vor allem auch von Frau Reuter, was mich freute.[3] Sonst unwichtig. Dann heute per Flugzeug hierher, von Snell abgeholt. Jedesmal, wenn ich zum Schreiben ansetzte, Telefon oder junge Männer mit teils Rosen, teils Veilchen – zum Dank für die Artikel[4] in der »Wandlung« – [...]

Berlin war sehr schön wieder. Die einzige Stadt in Deutschland, in der der Gründer-Rummel nicht alles andere überspült und man dem Problem der gestreiften oder schwarzen Hose noch einigermaßen gefaßt gegenübersteht.[5] Ansonsten –

Aber Berlin, nicht Ostberlin, wo ich auch war und wo es ziemlich fürchterlich ist.

Mit Grumach *sehr* nett! Orffs »Antigone« in Essen: *ganz großes Kunstwerk*! [...]

Jetzt Fahrplan: Morgen buche ich *für London* am Mittwoch, den 14., und *für New York* für den 20., so daß ich am *21.* da bin. Aber ich telegrafiere noch meine Ankunft. [...]

Schluß, Liebster. Muß mich anziehen und weg zum Vortrag.

Deine.

---

[1] Der Kongreß für kulturelle Freiheit; vgl. S. 351, Anm. 5.

[2] Brecht-Zitat aus der *Dreigroschenoper*.

[3] Im Rahmen des Kongresses für kulturelle Freiheit in Verbindung mit der Ernst Reuter-Gesellschaft hielt H. A. am 8. Dezember 1955 im Auditorium Maximum der Freien Universität einen Vortrag über »Autoritäre und totalitäre Staatsform«.

[4] Vgl. S. 187, Anm. 2.

[5] Gemeint sind Gesellschaftsanzüge und Sonntagskleidung.

Basel, den 13. 12. 55

Lieber Liebster –

dies ist nun der letzte schriftliche Gruß, und von Basel. Neben mir liegt eine herrliche Straußentasche, wie für Millionäre, darunter, fanden beide, paßte es sich nicht für mich, und Goethes Briefe in vier herrlichen Dünndruckbänden. Und wieder: Jaspers, er müsse Dich sehen und kennenlernen. Es war wirklich herrlich, von einer nie abreißenden Herzlichkeit und Lebendigkeit.

[...]

Hier habe ich noch den überall mit Erfolg gehaltenen Vortrag[1] zum Druck fertig machen müssen. Kriege von überall her Telegramme, im Radio zu sprechen, und ähnlichen Quatsch. Sage natürlich alles ab. Heute nur noch einen Wunsch – nach Hause!

Schluß – und auf gleich. Dies ist Deine letzte Woche, bis ich komme, wirst Du schon wieder ein bißchen erholt sein. Schlaf Dich aus, mein Herz.

Deine

Deine

Deine

Stört bald wieder –

Hannah

---

[1] Vgl. S. 428, Anm. 1.

Neunter Teil:
Oktober bis November 1956

[Auf der Europa-Reise im Herbst 1956 sah Hannah Arendt alte Freunde wieder – Mary McCarthy, Jaspers, Anne Weil, Benno von Wiese –, hielt in Köln zwei Vorträge und suchte, vermutlich im Zusammenhang mit ihrer Arbeit für ihr 1958 erschienenes Buch *The Human Condition*, Bibliotheken in Paris, Genf, Köln und Den Haag auf.]

Amsterdam, den 3. 10. 1956

Liebster –

Himmlischer Sonnenschein vor dem Fenster. Der Flug war nicht sehr komfortabel, da bis London alles überfüllt war. In London oder vielmehr, schon bevor wir nach London kamen, hatten wir ziemliche Verspätung. Es stellte sich heraus, daß ein Jet-Flugzeug aus Australien gerade in London abgestürzt war. Das Feld sah phantastisch aus: Als wir ankamen, war die Hälfte des Feldes in Flammen. Feuer, wie ich es noch nie gesehen habe, knallrot, wie Kinder es malen. Wir hatten nicht landen können, weil die Engländer fast den ganzen Hafen hatten schließen müssen. Dazu London-Nebel, schwarz-grau mit dem Geruch, den es nur in London gibt. Dann wieder anderthalb Stunden Aufenthalt, weil sich so viele Flugzeuge angesammelt hatten, die man nur in Abständen abfahren ließ. Und so nach Amsterdam, wo Mary [McCarthy] mich auf dem Flugfeld erwartete. Arme Mary, hat sich den halben Tag auf dem Flugfeld um die Ohren geschlagen. Wir gleich ins Hotel – von Alfred [Kazin] sehr gut empfohlen, sehr billig, sehr gut, wir haben jeder ein Zimmer mit Bad für etwa 2.50 Dollar, inkl. einem Frühstück, wie es nur in Holland existiert. Dann in die Rembrandt-Ausstellung für eine Stunde, Zeichnungen, wohin wir jetzt gerade im Begriff sind, hinzugehen. Gestern die Gemälde in Rotterdam und das Mauritiushaus im Haag.

Mary entzückend, wir wie zwei alte copains[1], die ganz aneinander gewöhnt sind. Sie ist verändert, ich erzähle Dir davon, nicht jetzt. Sieht richtig schön aus und ist ganz reizend. Ich bin wieder sehr überzeugt in meiner Vorliebe für sie. Die verrückten Luxusideen mit Hotels und Restaurants hat sie sich ganz abgemacht.

Holland – viel netter, als ich erwartete. Die Leute sehr hilfsbereit, they take care of you mit einer erstaunlich zivilisierten, immer gleichbleibenden Freundlichkeit. Straßenbahnschaffner, Kellner, Leute auf der Straße, überall die gleichen freundlichen, einfachen zufriedenen Manieren. Sehr, sehr angenehm. Nirgends ein lautes Wort – außer wenn man das Pech hat, auf deutsche Reisegesellschaften zu stoßen. Sonst kaum Fremde im Land. Das ganze blitzblank gescheuert. Essen gut und billig.

Gestern im Haag: Sul und David[2], wieder so überwältigend wie vor 25 Jahren. In Rotterdam ein unglaubliches Frauenbild, blumengeschmückt. Ein paar Selbstporträts. Aber aus der Eremitage nur ein paar Bilder, das Ganze nicht sehr gut, die Zeichnungen scheinen viel ungewöhnlicher zu sein, ich meine als Zusammenstellung.

Heute nachmittag vielleicht nach Haarlem und Delft. Alles ist ganz nah beieinander, wie Vorortverkehr. Wir fahren nur Straßenbahn, Taxis ganz überflüssig. Laufen viel. Ich bin heute halbwegs ausgeschlafen, noch nicht ganz. [...]

Schluß, mein Liebster. Das Wetter ist zu gut zum Briefschreiben. Ich bin hochvergnügt, treibe mich mit Genuß rum. Grüß Lotte [Beradt]!

Deine

---

[1] Kameraden.

[2] Rembrandts Bild »David vor Saul« im Mauritshuis in Den Haag.

[Paris,] den 9. Oktober 56

Lieber Liebster –

Paris eiskalt und ungeheizt und sehr, sehr schön. C'est malheureux, sagen die Franzosen, nämlich, daß es so kalt ist. Daß man heizen könnte, kommt ihnen nicht in den Sinn. Auch in den Bibliotheken oder Restaurants nicht. Schüchterne Andeutungen unsererseits beantworten sie mit: Mais Madame, c'est beaucoup trop tôt.[1] Ich habe alles an, was ich besitze, und da ich Gott sei Dank ein Zimmer mit Bad habe, und da, Wunder der Wunder, das heiße Wasser wirklich aus der Leitung kommt, nämlich heiß, kann ich mir mein Zimmer sehr schön heizen und sitze in einem angenehm warmen Nebel.

[...] Bibliotheken[2] sehr ergiebig, war doch gut, daß ich fuhr. Im Grunde großer Spaß. Die Bibliothekare nennen mich la mangeuse des livres[3]. Nun zu der Pléiade[4]: Balzac 10 Bände, St. Simon, (Duc) 5, Rabelais 1. Preis: zwischen 5 und 6 Dollar pro Band. Rechne es Dir aus, und schreibe mir, ob Du alle haben willst. Ich habe jetzt nicht genug Francs, kann sie mir aber dann aus der Schweiz mitbringen. Also schreib mir nach Genf oder Basel. Ich bin gegen den 20. in Basel und bleibe dort bis ca. 25.

Mit meiner Familie sehr, sehr nett. Toupi[5] wirklich ganz bezaubernd. Ich lasse mich von ihm ärztlich beraten, und er hat schon angefangen, meinen Rheumatismus zu kurieren und mir Ratschläge für die nächsten Jahre zu geben. Wir sind wirklich en famille. Meine Kusine[6], blendend aussehend, mindestens zehn Jahre jünger, als sie ist, und wirklich sehr nett. Beide sehr tüchtig, sie haben jetzt zwei Fabriken in Indien mit 500 Angestellten.

Holland war wie folgt:

---

1 »Aber Madame, das ist viel zu früh.«

2 H. A. arbeitete an ihrem 1958 erschienenen Buch *The Human Condition*.

3 »die Bücherverzehrerin«.

4 Pariser Verlagshaus.

5 Dr. Toupi Gosh, der Ehemann von Njuta Gosh, H. A.s Kusine.

6 Njuta Gosh.

Grüne, grüne, grüne Wiesen
Kühe fleckig auf den Weiden,
Himmel hängt die schweren Wolken
tief ins Land hinein.

Braunes, braunes, braunes Wasser
fließt quadratisch um die Wiesen
in Kanälen: Zaun und Straße;
stille liegt die Welt.

Menschen knien zwischen Wassern
auf den Wiesen unter Wolken,
hacken nasse schwarze Erde
weite Welt im Blick.

Kurz, wirklich wie ein Bild von Ruysdael.[7]

Ich muß laufen. Leb wohl, Liebster, take good care of yourself [...]

Deine –

[Bard College, Mitte Oktober 1956]

Liebling,

das Gedicht ist sehr schön, man hat die ganze Landschaft vor und in sich. Das kalte Paris wird hoffentlich nicht Rheumatismus bringen, da ja ein Familienarzt zur Hand ist. Gut, daß die Familie Dir noch gefallen kann, so was ist ja selten genug nach so vielen Jahren. Obendrein reiche Familie. Was es nicht alles gibt. [...]

Hier rief ein Professor von Tokio an, der einige Wochen in New York war. Herr Seizo Oe. Läßt Dich sehr grüßen als einer Deiner alten Sprachschüler in Heidelberg. Hatte Dich hier im Telefonbuch aufgestöbert. War traurig, Dich nicht sehen zu können. Er behauptet übrigens, daß Kitayama[1] gar nicht in Japan, sondern noch immer in Prag sei. Was heißt das? Ist der Kommunist geworden?

---

7 Salomon van Ruysdael, ca. 1600–1670, holländischer Landschaftsmaler.

1 Nicht zu ermitteln.

Der Unterricht in Bard macht mir diesmal besonders viel Spaß, dafür ist die Komiteearbeit [...] beinahe unerträglich geworden. Sonst klares Oktoberwetter, gute Luft. Da ich erst Freitag früh zurückfahre, habe ich zum ersten Mal richtig Zeit, in Bard auch zu leben und rumzulaufen. Kann mich auch zwischen den Klassenstunden oder meetings ein wenig ausruhen. Hier in New York gibt's dann bei Lotte gutes Essen und guten Wein. Ich bin dabei, den Schnaps aller Arten ganz zu vermeiden. Fühle mich wohl und bin nicht dicker geworden.

Grüße, Küsse und Kläpschen

Dein

Heinrich

Genf, den 17. Oktober 1956

Liebster –

eben Dein Brief, auf den ich schon etwas gewartet hatte. Immerhin – ich hatte mir eingebildet, Du würdest mir zum Geburtstag schreiben. Dem war nicht so. Hingegen Jaspers, per Eilboten, damit es mich auch ja am Sonntag erreicht. Und Lotte natürlich usw., aber kein Stups. Dies habe ich die Absicht Dir bis an unser seliges Ende unter die Nase zu reiben. Immerhin, falls Du es vergessen hast, ich bin jetzt 50 Jahre.

Paris war noch unbeschreiblich schön, das Licht der Île de Seine, strahlendes warmes Herbstwetter. Aber die ungeheizten Zimmer haben mir einen Schnupfen eingetragen, um den Du mich beneiden könntest. Mir ist es recht, eine Art Versicherung gegen Rheuma.

Das Beste an Paris war Mary, die ich noch nie so reizend und wirklich charmant gesehen habe. Wir waren viel zusammen. Meine Familie war bei näherer Besichtigung doch nicht ganz so schön, wie sie sich zuerst ausnahm. Reich und geizig, und auch sonst. Sonntag war ich in Clamart, wo Kätchen [Mendelssohn] ein phantastisches Diner gekocht und Weil eine Flasche Champagner spendiert hatte. Das hat ihm offenbar so leid getan, daß er plus désagreable war que jamais[1]. Im Grunde sehr komisch, und mir tat nachher nur leid, daß ich niemanden mit dem Bericht dieser »Feier« amüsieren konnte. Annchen [Weil] sah ich natürlich auch, da sie jeden Sonntag von Brüssel nach Paris kommt.

Genf sehr angenehm, geheizt!, aber schlechtes Essen, sehr ruhig und ausruhsam. Ich war ziemlich erledigt und habe mich seither nur der Bibliothek und meinem Schnupfen gewidmet. Mit Genuß. Sonnabend treffe ich mich mit Elke [Gilbert] in Bern, und Sonntag vormittags bin ich in Basel. Bleibe dort bis zum 27., fahre dann über Brüssel nach Köln.

[...]

Oe aus Japan – ich besinne mich dunkel, Kitayama pflegte zu sagen, der Name sei eine in Japan gebräuchliche Abkürzung für Olles Ekel. Kita in Prag verstehe ich nicht, es ist durchaus möglich, daß er Kommunist geworden ist.

Ich vergaß. In Clamart brachte Kätchen einen Toast auf Dich aus.

[...]

Schluß, mein Herz. Verdient hast Du es nicht. Schreib mir bitte umgehend zu Jaspers, was Du von den Pléiade-Bänden haben willst. [...]

Deine –

[New York, zweite Hälfte Oktober 1956]

Liebste,

es ist so schön zu sehen, wie Du nun ein halbes Jahrhundert in Deinen Händen und gewissermaßen zu Deiner persönlichen Verfügung hast. Und da Du nun gerade mitten in Dein Eigentliches hineingelangt bist, kann ich mir ja wohl erhoffen, daß Du es noch dazu bringst, ein ganzes Jahrhundert um Dich herum zu haben.

Es ist ein gutes Gefühl, einen so großen Teil Deines ersten halben Jahrhunderts mit Dir zusammen gewesen zu sein, und ich bin schon darum durchaus für mehr. Wie gut einsam und damit wirklich Einer sein kann, wenn man so wie mit Dir zweisam und richtig Zweie sein kann, es gibt nicht nur tote Zirkel, sondern auch lebendige Spiralen.

---

[1] »unangenehmer als je zuvor«.

Wie das altchinesische produktive Kreisen der Lebensmächte Yin und Yang.

Ist nicht auch die Zeit, in der Du nun da draußen herumfliegst, viel schöner, weil sich mehr und mehr um Dein Zuhause gruppiert hat?

Vom Schnupfen hört man ungern, besonders, wenn man ihn gerade selber nicht hat. Hoffentlich bist Du ihn los und kannst Dich ganz dem Jaspers weihen, den Du mir bitte sehr grüßen sollst.

Die Russen scheinen sich ja Gott sei Dank wirklich einen riesigen Hammer in ihr totalitäres Räderwerk geschmissen zu haben. Es lacht einem das Herz, wenn man sie jetzt in Polen über ihre eigenen Hammelbeene stolpern sieht.[1] Lotte blüht bei dem Schauspiel förmlich auf, und Röschen möchte am liebsten tanzen. Man gut, daß der dicke Chruschtschow, der mitsamt Tito mir jetzt das unappetitlichste Jagdfoto von dicken Männern seit Wilhelm dem Zweiten vorgesetzt hat, daß der Dein Buch nicht gelesen hatte, sonst hätte er sich die Sache vielleicht überlegt.

Eigene Bemühungen um neue Probleme haben mich ein paarmal wieder ganz nahe an Deine Gedankengänge im letzten Manuskript[2] herangebracht. Und ich finde die Sache immer besser und besser. Das hat alles wirklich richtig Substanz und Konsequenz.

Meine administrative »Tätigkeit« enerviert mich mehr und mehr. Aber die Studenten sind gut. Ich arbeite meinen Plan für den Kurs in der New School aus. Auch das macht mir Spaß. Vor allem aber bin ich mit der chinesischen Philosophie wieder einmal völlig beschäftigt und finde einige gute Sachen raus.

Sonst geht alles seinen alten guten Trott. Die Franzosen sind mir viel zu teuer. Einen Balzac haben wir, und den St. Simon kann man besser aus der Bibliothek sich besorgen, wenn man ihn wirklich braucht. Rabelais aber möchte ich wirklich in dieser schönen Aus-

---

[1] Nach dem Posener Aufstand im Oktober 1956 wurde der sowjetische und polnische Marschall Konstantin Konstantinowitsch Rokossowskij, 1896–1968, zum Rücktritt von seinen Ämtern in Polen als Verteidigungsminister und Oberbefehlshaber gezwungen; er kehrte in die Sowjetunion zurück.

[2] Bezieht sich vermutlich auf Hannah Arendt: »Authority in the Twentieth Century«. In: *Review of Politics*, October 1956, S. 403–17.

gabe haben und brauche ihn auch. Sonst wäre nur noch Vauvenargues[3] interessant für mich.

Hoffentlich hast Du dort so gutes Herbstwetter wie ich hier im Hudson-Tal.

In alter, gar nicht rostender Liebe

Dein

Heinrich

Basel, den 24. Oktober 1956

Mein lieber Liebster –

eben Dein Brief – als wir von einer sehr schönen Autofahrt in den Jura zurückkommen. (Der Jura, falls Du es nicht wissen solltest, Felsengebirge mit sehr merkwürdigen Formationen, waldbewachsen, aber überall das alte Felsgestein herauskommend, gehügelte Wiesen, d. h. nirgends glatte Bergabhänge, dahinter die Alpen in majestätischer Herrlichkeit, als kümmerten sie diese kleinen Hügelketten überhaupt nicht.)

So wie ich Vorträge erfunden habe, die erst eine Woche später wirken, hast Du offenbar Geburtstagsbriefe erfunden, die man erst mehrere Wochen nach dem Ereignis schreibt. Da kann man nichts machen, mein Herz; jedenfalls ist es der schönste Geburtstagsbrief geworden, den man sich überhaupt vorstellen kann!

Ja, wir haben es eigentlich recht gut gemacht so weit, und es ist ja wohl anzunehmen, daß wir es weiter halbwegs recht machen werden. Mit dem in der Welt Herumfliegen hast Du auch ganz recht. Mir ist die Lust zum Reisen ja überhaupt erst gekommen, nachdem das Zuhause so ins Zentrum gerückt war, daß man darum herum die ganze Welt gruppieren konnte.

Eben las ich, daß russisches Militär in Ungarn interveniert.[1] Das ist doch großartig; endlich, endlich müssen sie zeigen, wie es wirklich ist. Und wenn die Russen auf der einen Seite, kann ja Tito mor-

---

[3] Luc de Clapiers, Marquis de Vauvenargues, 1715–1747, französischer Philosoph.

[1] Der ungarische Volksaufstand gegen die kommunistische Herrschaft wurde schließlich im November durch russische Truppen blutig niedergeschlagen.

gen auf der anderen intervenieren. Bei der ganzen Geschichte kann natürlich gut herauskommen, daß schließlich Molotow[2] und die alte Stalin-Clique siegen und wieder zum Zug kommen wird. Aber so schön, wie es einmal war, wird es nie wieder sein. Es stellt sich halt heraus, daß zuverlässig nur die Parteien bzw. Länder sind, in denen es autochthone Parteien gar nicht mehr gibt, wo es überhaupt niemanden gibt, der nicht direkt ein Agent Moskaus ist, wie in Frankreich und Ostdeutschland.

Hier geht es sehr gut. Jaspers vollkommen unverändert, beendet gerade den ersten Band von 1000 Seiten seiner großen Philosophen, die er mit den vier »maßgeblichen Menschen«: Buddha, Konfuzius, Jesus und Sokrates anfängt.[3] Gelesen habe ich noch nichts, werde auch hier nicht dazu kommen. Denn ich bin mit meinen Rundfunkvorträgen über Geschichte[4] beschäftigt, die ich natürlich doch umschreibe. Lotte soll nicht schimpfen, ich tue es wie die Katze, die das Mausen nicht lassen kann.[5]

[...]

Jaspers hat vor, jetzt sein Deutschland-Buch[6] zu schreiben. Alles, was wir (aber auch andere) ihm sagten, hat offenbar nur dazu gedient, ihn in seinem Beschluß zu bestärken. Ich sage nichts mehr dazu!

Sie sind beide unbeschreiblich gut zu mir. Sie grüßen Dich auf das allerherzlichste. Jaspers meint, Du würdest ja wohl erst kommen, wenn sie beide nur noch mit den Köpfen wackeln können. Nach dem, was ich hier sehe, hat es aber bis dahin noch sehr lange Zeit.

Mein Liebster und Zuhause, ich grüße und küsse Dich

Deine –

---

2 Wjatscheslaw Michailowitsch Molotow, 1890–1986, sowjetischer Politiker; zur Zeit des Briefes Außenminister.

3 Karl Jaspers: *Die großen Philosophen*. Bd. 1, München 1957.

4 Die Vorträge »Natur und Geschichte« und »Geschichte und Politik in der Neuzeit« erschienen ein Jahr später in: Hannah Arendt: *Fragwürdige Traditionsbestände im politischen Denken der Gegenwart: Vier Essays*, Frankfurt am Main, o. J.

5 Charlotte Beradt hatte die ursprünglich englischen Vortragsmanuskripte ins Deutsche übersetzt.

6 Das Buch kam nicht zustande (vgl. *Hannah Arendt – Karl Jaspers Briefwechsel*, a. a. O., S. 82, Anm. 9).

[Bard College, Ende Oktober 1956]

Liebste,

schade, daß Du gerade diese Woche mir keinen Brief geschickt hast. Ich hatte tagelang Kopfschmerzen ekliger Art, war fast arbeitsunfähig, konnte alles nur gerade so machen. Heute etwas besser. Jedenfalls habe ich mit Ach und Krach mein Kursprogramm fertig gemacht. Hoffentlich bist Du bei Jaspers fröhlich gewesen. Oder hast Du vielleicht meinen Brief nach Basel nicht gekriegt? Ist doch unwahrscheinlich. Oder ist der Brief von Dir verlorengegangen?

Der administrative Dreck lastet schwer auf mir. Ich muß da wieder raus, und sei es durch Unfähigkeitsnachweis.

Paulus [Tillich] hat angerufen und war entsetzt, buchstäblich, Dich nicht sehen zu können. Er rennt wieder zu viel rum und ist erschöpft. Hat auch Gicht und ist ängstlich. Ich habe ihn mit Deiner Gicht getröstet, und er hörte gern, daß Du doch immer wieder trinkst. Sein Rotwein fehlt ihm nämlich sehr. Mary rief fröhlich und noch ganz begeistert an, und so hatte ich denn doch wenigstens Grüße von Dir, wenn auch keine Gewißheit über Dein Befinden. Und die brauche ich, Liebste.

Die von Berkeley[1], bei denen scheint's zu brennen. Sie haben mich sogar in Bard erreicht, um Deine Adresse zu kriegen.

Nächsten Freitag bin ich bei Mary zum Dinner und werde viel von Dir hören. Wie ist denn dort der Rheinwein jetzt?

Paulus läßt wehmütig grüßen, und Lotte wie Röschen schicken die besten Wünsche. Ich auch, aber bitte schreib, sonst werde ich noch unruhiger, als ich sowieso schon bin.

Dein

H.

---

[1] Die University of California in Berkeley versuchte H. A. wiederum für eine Gastprofessur zu gewinnen.

Köln, den 31. Oktober 1956

Lieber Liebster –

[...]

In Basel hatte ich schließlich noch eine Art Generalbesprechung mit Jaspers, wo er mir fast ein Ultimatum wegen Heidegger stellte.[1] Ich wurde wütend und erklärte, ich ließe mir keine Ultimaten stellen. Er hat sofort zurückgezogen, und ich glaube, alles ist ungetrübt geblieben, bin aber nicht ganz sicher. On verra...

Inzwischen ist bei mir alles, selbst die Freude über Ungarn[2], überschattet von den verrückten Israel-Ereignissen.[3] Kannst Du das verstehen? Bitte, bitte schreib mir. Ich werde Dir wahrscheinlich morgen abend telegraphieren, so daß Du es Freitagmorgen hast, denn ich werde vermutlich meine Pläne ändern. Ich werde statt nach Kiel in den Haag gehen, wo eine wichtige Bibliothek existiert, von deren Vorhandensein ich nichts ahnte. Also, erschrick bloß nicht – was für ein unsinniger Satz, den Du ja auf jeden Fall später liest als diesen Brief.

In Brüssel mit Annchen, sehr nett wie immer auch mit den dafür geltenden Einschränkungen. Aber eine unglaubliche Sache: der neue Picasso-Film[4], den Du unbedingt sofort sehen mußt. Da wird es klar, wer der Herr eigentlich ist – nämlich Proteus. Atemberaubend spannend und unglaublich herrlich. Ich war ganz aufgeregt.

Hier sehr nett, sehr viele Menschen, dazu die beiden Rundfunkvorträge[5], dazu gleich in die Bibliothek. Ich bange mich wie verrückt, sobald irgend etwas passiert, was nicht vorgesehen ist, wie jetzt Israel. Komme mir ganz verloren vor. Aber sonst ist Deutschland eher angenehm. Ich wohne hier in einem kleinen und ganz entzückenden Hotel, wo man am Abend einen Apfel auf den Nacht-

---

[1] Die Art des »Ultimatums« im einzelnen bleibt hier ungenannt.

[2] Vgl. S. 448, Anm. 1.

[3] Bezieht sich auf die Suezkrise: Die Verstaatlichung des Suezkanals durch Ägypten führte zum Konflikt mit Israel, England und Frankreich.

[4] Im Spanischen Bürgerkrieg wurde die Stadt Guernica von der deutschen Legion Condor zerstört. Picassos Gemälde »Guernica« ist Ausdruck seiner Abscheu vor Krieg und Brutalität und Gegenstand des gleichnamigen Films von 1953.

[5] Vgl. S. 449, Anm. 4.

tisch gestellt bekommt und ich einen sehr schönen Schreibtisch habe.

Berkeley: Ich sage natürlich ab. Kann die Sache gar nicht verstehen. Ich sagte damals in Palenville schon, daß ich für das nächste Jahr nicht in Frage komme. Ich werde gleich schreiben.

[...] Mein Programm: [...]

Sonnabend, 17. wieder in Paris, alte Adresse.

Und dann Schluß und nach Hause!!

Deine

[New York, Anfang November 1956]

Liebling,

[...]

Das Programm für die New School ist fertig und die criteria sheets sind abgeliefert. Manche alten Leute werden wirklich durch Hartnäckigkeit so vergiftet wie schwer Betrunkene. Das Deutschlandbuch[1] sowohl wie die Heideggerfrage scheinen bei Jaspers eine Art fixer Idee geworden zu sein.

Hier wird der Wahlkampf fast überschattet vom Ausbruch des jüdischen Patriotismus.[2] Mary erzählte mir traurig, daß Rahv und Natalie[3] im Moment militante Juden geworden sind. Gott sei Dank, daß Du nicht hier bist, sondern in Europa, weit vom Schuß in Israel und hier. Dwight [Macdonald] ist ausgerechnet gerade in Ägypten, um Nasser zu interviewen. Laß Dich durch die nationalen Heldenkämpfe der jüdischen Araber und der arabischen Juden nicht so sehr erschrecken. Dies ist keine Massakersituation, sondern ein geschickter englischer Schachzug, und den Engländern war ja durch die Meine-Tante-deine-Tante-Politik der Amerikaner kaum etwas anderes übrig geblieben, als den alten Löwen noch mal brüllen zu lassen, um das Öl für Europa sicherzustellen. Das ist kein Krieg, sondern eine bewaffnete Demonstration von Nationen vor den

---

[1] Vgl. S. 449, Anm. 6.

[2] Bezieht sich auf das israelische Engagement in der Suezkrise.

[3] Philip und Natalie Rahv; Philip Rahv war Mitherausgeber der *Partisan Review.*

Fenstern der UN. Hoffentlich. Allerdings werden die Juden sich so als Sieger fühlen, daß das Massaker näher rückt. Aber – kommt Zeit, kommt Rat.

Ich hatte Dinner bei Mary, und es war ein sehr schöner Abend. Wir tranken auf Dein Wohl, beide[4] waren völlig frei im Gespräch und furchtbar nett zu mir. Sie grüßen herzlichst. Röschen geht es gut. Lotte läßt grüßen.

Du grüß die Wieses und Annchen.

Dein

Heinrich

Münster, den 5. 11. 56

Lieber Liebster –

nun ist uns die Weltgeschichte[1] über den Hals gekommen, als wir es am wenigsten erwarteten. Wie schwer mir das Herz ist, schreibe ich lieber nicht. Auch nicht, daß ich eigentlich abfliegen möchte und es vielleicht auch ganz plötzlich Hals über Kopf tue. Gestern versuchte ich den ganzen Tag, Dich telephonisch zu Hause zu erreichen. Aber Du warst nicht da. Nun werd ich Dir telegraphieren, daß Du mich telegraphisch wissen läßt, wenn Du denkst, es wäre besser, nach Hause zu kommen. Ich glaube im Grunde nicht an eine allzu rasche Zuspitzung und denke, wir Amerikaner kommen immer noch raus. Aber wissen kann man nicht, und ich versuche aufzupassen. Was ohne Dich schwer ist.

Viel schwerer ist es, jetzt ohne Dich zu sein. Sehr schlecht erträglich. Sonst wäre es hier sehr, sehr schön gewesen. Vorgestern und auch gestern Harder[2] – der mein Buch[3] genauer kennt als ich selbst, ganz verschlossen ist und sich offenbar seit vielen Jahren damit beschäftigt, sich ganz systematisch zu bestrafen. Aber mir ist nicht

---

[4] Mary McCarthy und ihr Ehemann Bowden Broadwater.

[1] Vgl. S. 448, Anm. 1.

[2] Richard Harder, 1896–1957, klassischer Philologe; Ordinarius in Kiel, München und Münster.

[3] Das Totalitarismus-Buch.

nach Schreiben darüber zumute. Kommt alles mündlich. Gestern nachmittag hat Benno[4] drei seiner Doktoren[5] hier eingeladen, was wirklich sehr angenehm und lebendig verlief. Die sind politisch so aufgeschlossen, daß man immer wieder denkt, man könnte hier doch etwas in Bewegung bringen. Es war hocherfreulich.

Bei Benno in alter und nun schon wieder ganz selbstverständlicher Freundschaft. Aber im wesentlichen eben doch wieder dies Leben von einer Radiosendung zur anderen.

Liebster, laß bloß jetzt nicht die Verbindung abreißen, und riskiere lieber ein Telegramm zu viel als zu wenig.

Deine –

Eben die Nachrichten. Es wird wohl unmittelbar doch noch nicht zum Krieg kommen, und sei es nur, weil alles in Trümmer gegangen ist, inkl. der Bündnissysteme und der Vereinten Nationen. Das kann sehr gut heißen, daß nun der dritte Weltkrieg wirklich vor der Tür steht; und wenn er kommt, wird er kommen wie die Ereignisse jetzt – keine Kriegserklärung! Aber Monate haben wir wohl sicher noch. Ach, Liebster, wie düster ist die Welt, und wie verloren ich in ihr, wenn wir nicht beisammen sind.

Leb wohl, mein Herz, take good care of yourself, ärger und müh Dich nicht mit Kleinkram ab, der nur im Moment wichtig aussieht, aber es nicht ist.

H.

Hannah [handschriftlich]

---

[4] Benno von Wiese, 1903–1987, Germanist; zur Zeit des Briefes Ordinarius in Münster. H. A. und von Wiese, beide Doktoranden von Jaspers, waren während ihres Studiums in Heidelberg miteinander befreundet.

[5] Es handelt sich um den Kunsthistoriker Max Imdahl, den Philosophen Günter Rohrmoser und den Germanisten Hans Joachim Schrimpf, damals Assistenten an der Universität Münster.

[New York, Anfang November 1956]

Liebling,

da Du nicht telegraphiert hast, hat Dich wohl mein letzter Brief etwas sicherer gemacht, und darum hatte ich Dir gleich eine Einschätzung der Lage geben wollen. Inzwischen hat sich die unmittelbare Gefahr eines dritten Weltkrieges verzogen. Die Russen haben große Truppenbewegungen gemacht, haben große Worte geredet und die Welt erschreckt. Ein neuer Trick: Die Presseerklärungen, die sie über ihre Noten abgaben, waren viel schärfer als diese selbst. Sie wollten Zeit und Ruhe haben, die Ungarn abzuwürgen, und haben es erreicht. Ben Gurion hat den Mund mit großen nationalistischen Worten vollgenommen und ist jetzt beschäftigt, sie wieder herunterzuwürgen. Teilweise, weil der russische Bluff mit den russischen und chinesischen Freiwilligen für Ägypten ihm das Massaker vorgespiegelt hat, und hauptsächlich wohl, weil Eisenhower anfing, zum ersten Mal über amerikanisch-jüdische Gelder zu reden. Es ist nicht ersichtlich, was Nasser eigentlich gemacht hat. Hat er die von ihm aufgewiegelten anderen arabischen Staaten zurückgehalten für eine bessere Gelegenheit? Hat er seine eigene Armee gespart, oder hat sie versagt? Es ist mit ihm wie mit Ben Gurion und vielen anderen, sie können sich nicht entscheiden, ob sie Staatsmänner oder Massenführer sein sollen. Jedes gesunde nationale wie internationale Bestreben wird immer wieder durch rassische oder sozialistische Massengefühle abgelenkt und zunichte gemacht. Die Russen können sich mit einem nationalen nichtkommunistischen Ungarn nicht abfinden, und so wird der rote Terror entfesselt, und die Ungarn antworten mit dem weißen Terror, in den der anfänglich nationale heldische Widerstand ganz wie von selbst übergeht. England hat in Verzweiflung über die völlige Inaktivität der Amerikaner noch einmal den Staatsimperialismus schwächlich demonstriert, und Rußland hat in Ungarn plötzlich gezeigt, was der Massenimperialismus ist. In Ungarn können sie nicht mehr mit ungarischen Kommunisten regieren. Russische Kommunisten müssen es offen tun, damit beginnt der offene Parteiimperialismus, der so lange verborgen war.

Hier ist Eisenhower und eine demokratische Mehrheit in beiden

Häusern gewählt worden.[1] Das ist gar nicht dumm. Eisenhower kriegt mehr Unabhängigkeit von seiner Partei. Leider sind die südlichen Demokraten da, und der Süden wird bereits von Komitees weißer Citiziens regiert und nicht mehr von Washington. Die Rassenbewegung deformiert auch hier die nationale Politik.

Hoffentlich ist der Wein dort gut. Der importierte hier schmeckt auch nicht schlecht. Der Eifer der Kinder in Bard für Laotse[2] ist mir ein großer Trost in der dunklen, kalten Zeit. Außerdem bist Du ja nun bald wieder da, und wir werden uns fest bei den Händen halten müssen.

Dein

Heinrich

---

[1] Durch die amerikanische Präsidentschaftswahl im November 1956 wurde Eisenhower wiederum Präsident der Vereinigten Staaten.

[2] H. B. sprach in seiner Vorlesung u. a. über Laotse, den chinesischen Weisen des 4. oder 3. Jahrhunderts v. Chr.

Zehnter Teil:
Mai bis Oktober 1958

[Hannah Arendt hatte eine Einladung der Stadt München angenommen, während des Internationalen Kulturkritikerkongresses Anfang Juli 1958 einen Vortrag zu halten. Dies und eine Reihe anderer Vorträge waren der Anlaß der Reise (z. T. gemeinsam mit Rose Feitelson), die von Ende April bis Ende Juli dauerte.

Im September 1958 flog sie für ein paar Tage nach Frankfurt, um anläßlich der Verleihung des Preises des Deutschen Buchhandels an Karl Jaspers die Laudatio zu halten.]

Paris, den 4. Mai 1958

Liebster –

dies Briefpapier ist alles, was mir von der Überfahrt verblieben ist. Das ist ein Hiatus, nicht eine Reise, wo man schneller oder langsamer von einem Ort zum anderen gereicht wird. Es ist auch nicht ein Sprung, wie mit dem Flugzeug; es ist, als ob sich das angenehmste Nichts zwischen die Länder oder die Zeiten schiebe; ganz realitätslos, so ohne fühlbaren Widerstand wie das Wasser selbst, diese ungeheuere Wasserwüste, die man Ozean nennt. Aber die Fahrt war sehr schön, ohne Stürme, nur mit einem Tag unruhigen Meeres [...]. Meine Seekrankheitanfälligkeit scheint wieder vorüber zu sein. Wir bekamen sofort eine zweite Kabine, ich blieb in der ersten, und der commissaire weigerte sich, Trinkgeld oder sonst irgend etwas zu nehmen. On nous a bien arrangé.[1] Das war wichtig; zusammen in einem Raum – das wäre schwierig geworden. [...] Wir sind aber täglich geschwommen, in lauwarmem Seewasser, dessen Salzgehalt so groß war, daß man auf dem Rücken liegend positiv[2] einschlafen konnte und Mühe hatte, die Beine runterzukriegen.

[1] »Man hat uns gut untergebracht.«

[2] »richtig, einfach« (Amerikanismus).

Gestern waren wir in der chinesischen Oper – große Sensation hier. Die ganze Sache eine Art populärer sehr lustiger Zirkus mit Varieté, und hie und da ein bißchen sozialistischer Volkstänze, wie europäisches Menuett. Erstaunlich war daran eigentlich nur, wie sehr es dem Marionettentheater glich, nur daß die Puppen eben Menschen waren. Mir hat es wunderbar gefallen, weil ich Puppentheater so gerne habe; aber Kunst ist es nicht. Das einzig wirklich interessante war die Musik, nicht nur Begleitmusik, sondern auch selbständige Stücke, das eine ein Quartett, das Vögel nachahmte, d. h. fünf Leute, deren Führer erst den Vogelruf angab, woraufhin die anderen mit einem Streichinstrument und mehreren Blasinstrumenten Variationen davon spielten. Alles nur Melodie, ohne alle Harmonien, aber sehr, sehr schön und kein bißchen fremd. Danach kam der Herr mit dem Streichinstrument – nur eine oder zwei Saiten – und spielte zwei Soli, die nun schon ungewöhnlich schön klangen. Die Leute sahen alle sehr sympathisch aus, von Peking.

Morgen abend geht es weiter nach Luxemburg. Heute abend gehe ich zu Koyrés, die wir schon gestern zufällig im Theater trafen und [mit denen wir] dann noch lange zusammen waren. Sonst sehe ich nur Ralph Manheim[3] für die Jaspers-Übersetzung und Jean Wahl, mit dem ich eben telephonisch sprach. Koyré sieht ausgezeichnet aus und war in bester Laune. So charmant, wie ich ihn seit vielen Jahren nicht mehr gesehen habe.

Paris ist herrlich, herrlich. Sonne und warm, nicht zu warm, genau richtig. Noch keine amerikanische Invasion, aber viele Deutsche, nicht unangenehm. Die Stadt phantastisch prosperous; in diesem kleinen Hotel z. B. alles renoviert, neue Baderäume und Toiletten. Das ganze sehr lebendig und fröhlich. Als ob es Algerien[4] nicht gäbe und keine Sorgen um die Regierung and what have you. Koyrés erzählten im selben Sinne, jede Concierge hat ihren frigidaire

[3] Ralph Manheim übersetzte Karl Jaspers: *Die großen Philosophen*. Bd. 1, München 1957, ins Englische.

[4] Nach dem Zweiten Weltkrieg nahm der algerische Widerstand gegen die französische Herrschaft zu und löste am 13.5.1958 den Aufstand des französischen Militärs in Algerien aus, der in Frankreich eine Staatskrise zur Folge hatte und den französischen General Charles de Gaulle, 1890–1970, an die Macht brachte.

etc. In diesem sale resistant people ist eine wahre Orgie des Kaufens ausgebrochen. Preise steigen dauernd, und alle kaufen alles.

Mir tut es wohl nach Amerika. Die Zeitungen selbst so intelligent und weltoffen. Man spürt den Mief der Stupidität in Amerika, wenn man hierher kommt, doppelt und dreifach.

[...]

Ich muß Schluß machen. Rose kommt mich holen für eine Modigliani-Ausstellung, die wir uns ansehen wollen.

[...]

Es grüßt und küßt Dich

Deine

[New York,] 4. 5. 58

Liebste,

[...]

Ich bin neugierig, von der Überfahrt zu hören, denn hier war das Wetter oft schlecht. Jetzt scheinen schon die Eisheiligen zu kommen. Hoffentlich hast Du Annchen in Paris nicht verfehlt.

Ich hier trotte den üblichen Trott. Der Kursus in der New School ist in drei Wochen zu Ende. Das wird mir etwas Atem geben, denn Bard wird immer lästiger gegen den Semesterschluß. Einen neuen Kursus über ethical confusion and moral corruption [1] habe ich ausgearbeitet und eingeschickt. Da werde ich einige neue philosophische Frechheiten vorlegen.

Esther [2] sorgt rührend für mich. So natürlich auch Lotte. Also sei ein freies Weib und singe. Bist Du nun erst mal ein wenig erholt, oder hält die Erschütterung durch die Überarbeitung noch immer an?

Es ist ungewohnt, in der nun nur halb bewohnten Wohnung. Aber es geht. Man ist nur manchmal schwer erstaunt, Dich hier und da so absolut nicht vorzufinden. [...]

Mach's gut, mein Liebling and take it easy,

H

---

[1] Der Kurs »Ethische Konfusion und moralische Korruption« war für die New School bestimmt.

[2] H. A.s Haushaltshilfe.

Luxemburg, den 10. 5. 58

Lieber Liebster –

[...]

Hier bei Annchen war es herrlichst. Eine Schwatzorgie, und daneben wir beide zusammen wie eine alte ménage oder ein altes Ehepaar, unbegreiflich aufeinander eingespielt, da wir ja nie zusammen waren. Gestern und heute hatte sie frei. Sie hat eine wunderhübsche Wohnung von drei Zimmern mit den Möbeln aus dem Elternhaus, es sieht genau so aus wie in Allenstein.[1] Und das ist nicht einmal unheimlich. [...]

Paris war schön, schön wie ein Traum, den man längst kennt. Sehr nett mit Koyrés, reizender Abend nur mit den beiden. Ansonsten Jean Wahl, der sehr und wohl plötzlich gealtert ist und mich en grande amitié[2] traktierte. Ganz lustig. Sonst nur noch die Modigliani-Ausstellung. Das ist schade, daß Du es nicht gesehen hast.

Das neue Thema – ethical confusion and moral corruption – gefällt mir sehr, und ich bin richtig neugierig.

[...]

Liebster, laß Dich nicht zu sehr verwöhnen, sonst kannst Du Dich an mich nicht wieder angewöhnen, und das wäre doch schade. [...]

Gerade gab mir Annchen für Dich Fotos vom Pont Royal. Ganz wunderbar. Ich will aber lieber nicht schicken, damit ihnen nichts passiert, und möchte sie auch noch nicht herausgeben. Aber sie sind für Dich! Hingegen schicke ich Dir einen Artikel über Algerien[3], den Du bitte richtig liest. Es sind genau die Dinge, von denen wir keine Ahnung haben. Im Zug nach Luxemburg traf ich einen jüngeren Franzosen, mit dem ich ein sehr angenehmes, beinah freundschaftliches Gespräch hatte. Cela arrive – Es hat mir wieder ein bißchen das Gefühl für das Land wiedergegeben. Mein Französisch ist immer noch ganz ordentlich.

---

[1] Anne Weil stammte aus Allenstein (heute Obzstyn) in Ostpreußen.

[2] »höchst freundschaftlich«.

[3] Nicht erhalten.

Vor den Vorträgen[4] habe ich natürlich immer noch Angst, aber keine Panik mehr. Es wird schon schiefgehen. Von Jaspers und Frau zwei Briefe hier, zur Begrüßung. Ich freue mich doch sehr.

Grüß Esther schön. Und alle anderen, d. h. vor allem Lotte. Take it easy and enjoy yourself.

Deine –

[New York,] 11. 5. 58

Mein Liebling,

wie schön, daß Du so sonnig in die Weltoffenheit dort hereingefahren bist. Paris warm, sonnig, freundlich und fröhlich – das muß ja wunderbar sein. Hoffentlich macht Dir auch Deutschland Spaß – aber die Deutschen in ihrem unsinnigen Ernst haben, wie Du siehst, Dich feierlicherweise in ihre Dichterakademie[1] berufen, und Du wirst wohl, wer kann denn Dichter kränken wollen, ernste Miene zum komischen Spiel machen müssen. Wie lästig ist schon, bekannt zu sein, wie peinlich ist das Berühmtsein, aber anerkannt mit Ehren und Würden, da heißt es wirklich Nerven haben. So'ne Sache muß man hinnehmen wie ein guter Hund einen Regenschauer.

Hier geht alles seinen Trott. Ich lebe recht regelmäßig, trinke wenig und komme zu einigen neuen Sachen. Nach zwei Lektionen werde ich am Ende des Kurses sein, und das tut mir jetzt fast leid. Ich bin noch immer gut in Fahrt damit und kann vielleicht eine gute Überleitung zu dem ethischen Kurs machen.

[...]

Freue Dich viel, und hetze Dich nicht.

Kuß und Klaps

Dein Heinrich

---

4 Vgl. S. 465, Anm. 1 und S. 468, Anm. 2.

1 In die Deutsche Akademie für Sprache und Dichtung in Darmstadt, die H. A. 1967 den Sigmund-Freud-Preis für wissenschaftliche Prosa verlieh.

New York, 18. 5. 58

Liebling,

das war ein schöner, fröhlicher Brief. Ich konnte das sehr brauchen, denn bei uns in Bard waren viele krank, und auch ich fühlte mich ganz miserabel. Das alte Leiden machte mir diesmal mehr als je zu schaffen. Und dann plötzlich alles wie weggeblasen. Ich fühle mich prächtig und freue mich in Bard mit dem diesjährigen herrlichen und langen Frühling. Es ist warm und noch immer nicht heiß.

[...]

Du hast gar nichts von dem politischen Schlamassel in Frankreich[1] geschrieben. Wir hatten wieder eine ganze Woche amerikanischer Niederlage[2] in der Welt. Alles wird immer idiotischer und gefährlicher, und alle sind sie gleichermaßen daran, uns ins Chaos zu bringen.

Darum genieße Dein junges Leben dort, sag ihnen, den wenigen, die zuhören, die Wahrheit, aber tue es ohne Aufregung, sonst hören die auch noch weg. Schöne Aufgaben haben wir.

Grüße alles Grüßbare, [...]

Was hörst Du von Jaspers?

Gruß, Kuß und Klaps

Dein

H

---

[1] Bezieht sich auf die wachsenden Finanzschwierigkeiten und die Militärrevolten in Algerien, die für die Machtübernahme de Gaulles agierten, der am 1. Juni 1958 mit der Regierungsbildung beauftragt und im Dezember zum Staatspräsidenten gewählt wurde.

[2] Bei der Südamerika-Tour des Vizepräsidenten Richard Nixon kam es wiederholt zu antiamerikanischen Demonstrationen und handgreiflichen Attacken gegen ihn und seine Begleitung, die ihn am 15. Mai veranlaßten, seine Reise vorzeitig abzubrechen.

[Köln,] 19. Mai 1958

Lieber Liebster –

Dein Brief kam gut bei Zilkens an, und wir kamen gut in Köln an. Hamburg und Bremen[1] waren recht schön, Röschen spricht gut und ist, seit es wieder Menschen um sie gibt (meine Freunde), erheblich leichter zu ertragen. Gestern waren wir in Aachen und Maastricht in Holland, ganz ungewöhnlich eindrucksvoll und schön. Kannte Aachen nicht. Zilkens fährt uns mit größter Begeisterung überall umher. Augenblicklich aber bin ich im Begriff, nach Bonn zu Benno [von Wiese] zu fahren.

Wegen der Dichterakademie brauchst Du Dir keine Kopfschmerzen zu machen, das ist, wie Benno mir sagte, ein trauriger Verein, und korrespondierendes Mitglied ist nicht richtiges Mitglied; ich habe mich erkundigt, wer sonst noch drin ist, und habe dann ja gesagt, weil es wurscht ist.

Den Brief aus Luxemburg hast Du längst, es sei denn die Post geht ganz und gar kaputt, was man ja auch nie wissen kann. Wir sind natürlich vollkommen mit Frankreich beschäftigt. Las gerade den französischen Express, der mit Recht sagte, Massu[2] habe nun erreicht, die französische Armee in den Dienst der algerischen Kolonialverwaltung zu stellen – was natürlich u.a. bedeutet, daß Frankreich im Moment keine Armee hat. Du siehst, ich brauch nur wegzufahren, und schon passiert was.

[...]

Hier habe ich mit Witsch von Kiepenheuer verhandelt, dem ich nicht traue, aber vielleicht bleibt alles in Ordnung – Rahel mit Anhang von Briefen und Vorschuß.[3] Honorar für das Auswählen, das mir nicht abgezogen wird. [...]

[...]

---

[1] In Bremen hielt H. A. am 13.5.58 den Vortrag »Die Krise in der Erziehung«, der in dem Band *Aktuelle Bildungskritik und Bildungsreform in den USA*, hrsg. von Leonhard Froese, Heidelberg 1968, S. 11–30, veröffentlicht wurde.

[2] Der französische General Jacques Massu, geb. 1908, hatte im Mai 1958 entscheidenden Anteil am Militärputsch in Algerien.

[3] Der Plan, H. A.s Rahel-Buch bei Kiepenheuer und Witsch zu veröffentlichen, wurde aufgegeben.

Hier in Deutschland ist nichts wie Atomrummel[4]; ich bin umgeben von Leuten, die darin nichts als Hysterie und Parteimanöver der SPD sehen, ich bin aber anderer Meinung. Obwohl die Art und Weise, wie diese Herrschaften sich ausdrücken, in der Tat unausstehlich ist. Jaspers' Buch[5] wird überall groß erwartet, wird sicher ein eklatanter Erfolg. Die Leute vom Rundfunk etc. kennen es schon aus den Fahnen.

Deutschland – darüber, wenn ich in der Schweiz bin. Der Unterschied zu Frankreich im allgemeinen Intelligenzstand eben doch traurig frappant. Die Prosperität ganz ungebrochen, es geht den Leuten großartig.

In Hamburg haben wir den Knaben[6] – Lottes [Beradt] Knaben – kennengelernt und haben mit ihm einen ganzen Tag gebummelt. Dies bisher der bei weitem erfreulichste Eindruck und Mensch. Immer die alte Geschichte – in Deutschland die Einzelnen. Der Junge ganz ungewöhnlich nett, klug und, wie mir scheint, ein ausgesprochen guter Mensch. Ich habe ihm von seinem Mädchen[7] ein bißchen erzählt. Die beiden können einem schon Freude machen. Grüß Lotte, das hat sie wirklich hervorragend gut gemacht.[8]

Und, nicht zu vergessen – »Dantons Tod«.[9] Inszenierung und Spiel recht gut, aber nicht überwältigend. ABER: was für ein Stück!

Mein Herz, überarbeite Dich nicht, take it easy.

Es küßt Dich

Deine

---

4 Gemeint sind die Anti-Atom-Aktionen und -Demonstrationen der späten fünfziger Jahre.

5 Karl Jaspers: *Die Atombombe und die Zukunft des Menschen. Politisches Bewußtsein in unserer Zeit.* München 1958.

6 Helmut Barz, geb. 1932, später Facharzt für Psychiatrie und Neurologie.

7 Ellynor Barz, geb. 1931, Helmut Barz' spätere Frau.

8 Lotte Beradt hatte die Bekanntschaft vermittelt.

9 Georg Büchners Drama *Dantons Tod*, 1835.

[New York,] 25. 5. 58

Mein Liebling,

New School ist abgeschlossen. Bis zuletzt besser und besser, wie sie sagen. Großer Beifall. Uff. Vier Wochen mehr in Bard. Zwei zusätzliche Reden diese Woche. Sehr anstrengend. Aber physisch in guter Form.

Ich fange bereits an, meine nächsten Sachen in Betracht zu ziehen. Macht einigen Spaß. Denk mal, ich habe den nächsten Freitag ganz für mich.

[...] Ich habe zu nichts Lust als zu meiner Spintisiererei.

Wie ist denn Benno jetzt? [Lotte Köhler] wird wohl sich Bard nicht gestatten können wegen zu wenig Geld.[1] So ist das sogenannte Leben, wo man immer zu viel oder zu wenig hat, und meistens von dem Unrichtigen.

[...]

Bei den Franzosen, obgleich man bei ihnen nie weiß, wird es ja wohl zu einem skeptischen Faschismus kommen, der sich dann mit den russischen Saubrüdern verständigt. We are all victims here in Algeria[2], hat ein dortiger Dominikaner gesagt, wie traurig wahr. Da sehen wir, wohin das erleuchtete Selbstinteresse führt – in den blinden Haß.

Es ist schade um den Menschen, aber keineswegs um diese Individuen.

Hier wird es kurioser und kurioser mit unseren Führern. Die Steine, die sie auf den amerikanischen Kronprinzen[3] in Südamerika geschmissen haben, machen sogar Herrn Eisenhower und vielleicht eben Herrn Dulles[4] bedenklich, wenn solches möglich wäre, aber die amerikanischen Massen wollen sich nur isolieren, because somebody hurt their feelings.[5] Wenn nur nicht alles in der Welt so ver-

---

1 Bezieht sich auf das Angebot einer gering bezahlten Dozentenstelle am Bard College.

2 »Hier in Algerien sind wir alle Opfer.«

3 Gemeint ist der Südamerikabesuch Nixons. Vgl. S. 464, Anm. 2.

4 John Foster Dulles, 1888–1959, amerikanischer Politiker; 1953–59 Außenminister.

5 »weil jemand ihre Gefühle verletzt hat«.

flucht logisch wäre, so aber produziert sich die Scheiße logischerweise ganz von selbst. Leider braucht sie für diesen Selbstreproduktionsprozeß das Blut der unschuldigen Narren, die gar nicht wissen können, daß sie es auch nicht beser verdienen. […]

Dein benauter[6], aber sonst ganz heiterer

H

Zürich, den 25. Mai 1958

Lieber Liebster –

Dank für den Brief, der mich richtig hier erreichte, wo wir seit Mittwoch abend sind. Elke hatte Blumen, Obst und Konfekt ins Zimmer stellen lassen, und ich bin sehr gerührt. Vielleicht läutest du sie doch mal an und sagst ihr, ich schriebe, sobald ich eine Minute Zeit hätte. Die Wohnung[1] ist recht hübsch, typisch untergemietet, aber für meine Zwecke ideal, sehr ruhig und doch zentral gelegen, Arbeits- und Schlafzimmer mit allem, was der Mensch so braucht.

Seit ich in Zürich bin, ist der Teufel los. Ich war noch kaum angekommen, da ging das Telephon. (Und eben war Jaspers wieder am Apparat, langes Gespräch.) Davon gleich. Um das Unwichtige vorwegzunehmen: Der Vortrag[2] in Zürich war, was man so einen Erfolg nennt; man mußte aus dem Auditorium in die Aula umziehen, was noch nie vorgekommen war – usw. Danach sehr nettes Dinner mit Bretscher, dem Chefredakteur der Zürcher Zeitung, der extra aus den Ferien gekommen war und ein sehr netter, blitzgescheiter Mann ist, voller Humor. (Er schlug vor, die deutschen Atomtod-Massenversammlungen[3] auf Demonstrationen gegen den Tod abzustimmen: Dann kriegte man sicher noch viel mehr Leute auf die Beine.) Nach dem Vortrag Zeitungsleute, aber nette, die mir ins Haus regneten, mit Blümchen. Kurz, sehr lustig. Das Ganze in Ge-

---

6 »verlegen, beklommen, in die Enge getrieben« (plattdeutsch).

1 H. A. wohnte in der Zürcher Wohnung von Elke Gilbert.

2 Der Vortrag, gehalten am 22.5.58, hieß »Freiheit und Politik«. Vgl. S. 476 und Hannah Arendt: »Freiheit und Politik«. In: *Die neue Rundschau*. Jg. 69, H. 4, 1958, S. 670–694.

3 Vgl. S. 466, Anm. 4.

genwart von ausgerechnet Maiblümchen Hans Kohn, der sein sauerstes Gesicht zog, seine Mißbilligung von mir und dem, was ich sagte, nicht oder kaum verhehlte und mir immer wieder versicherte, daß das Beste an meinem Zürcher Aufenthalt sei, daß ich Röschen mitgebracht habe. Aber seit gestern ist doch Ruhe, und ich kann sie brauchen; denn Köln war zwar außerordentlich nett und freundschaftlich mit Zilkens und Benno, aber eben auch ziemlich anstrengend. Außerdem muß ich morgen nach Genf für die Vorträge[4] am Institut International.

Liebster, all das ist schnurz mal piepe. Hingegen: Du hast wohl in der Zeitung gelesen, daß Jaspers den deutschen Buchhändler-Friedenspreis[5] bekommen hat, der feierlich in der Paulskirche verliehen wird. Dazu gibt es dem hiesigen Brauch nach eine sog. Laudatio, also Rühmung des also Geehrten, durch die er soz. eingeführt wird. Und nun – was tut Gott – sind die Herren auf den phantastischen Einfall gekommen, das sollte ich machen!! Und nun, bitte, fange an, sofort, Dir zu überlegen: Soll ich oder soll ich nicht. Jaspers, von dem es nicht ausgeht, hat sich sofort begeistert zustimmend erklärt. Aber das bindet mir eigentlich nicht die Hände. Er rief eben nur an, um mir wieder zu versichern, ich solle mich nicht verpflichtet fühlen und, falls ich ein schlechtes Gefühl bei der Sache hätte (siehe daimonion[6]), es nicht machen. Meine Gründe dagegen allerdings erkannte er nicht an.

Sie sind folgendermaßen: Dies ist ein öffentlich-politischer Akt. Gegen mich spricht 1., daß ich nicht in dieser Reihe der Prominenten stehe. Das wird Dir klar, wenn ich Dir sage, daß die anderen, die in Frage kommen, wenn ich nicht mitmache, Camus sind oder vielleicht Reinhold Niebuhr[7]. 2. Die persönliche Freundschaft zwischen Jaspers und mir hindert; sie hindert aber nur mich, für ihn besteht dieser radikale Unterschied zwischen Privat und Öffentlich nicht. 3. Ich bin eine Frau und eine Jüdin und eine Nicht-Deutsche

---

[4] Vgl. Anm. 2.

[5] Am 28. September 1958 wurde Karl Jaspers der Friedenspreis des Deutschen Buchhandels in der Paulskirche in Frankfurt verliehen. H. A. hielt die Laudatio.

[6] hier: die warnende innere Stimme des persönlichen Daimon.

[7] Reinhold Niebuhr, 1892–1971, amerikanischer protestantischer Theologe.

bzw. eine Emigrantin. All das wird in der Öffentlichkeit einen sehr schlechten Eindruck machen. Jaspers bestreitet dies nicht, aber es macht ihm Vergnügen. (Als ich die Deutschen fragte, wie seid Ihr gerade auf mich verfallen, sagten sie: Es wäre so gut, daß eine Frau zum ersten Mal in der Paulskirche aufträte. (Überschrift: Sommersprossen sind auch Gesichtspunkte!!) 4. Ich habe Angst.

Jaspers sieht in diesen Gründen nur Rationalisierungen, ist kaum bereit, sie auch nur zu diskutieren. Gründe dafür: Es würde ihm eine große Freude sein, vielleicht der einzige Spaß an der Sache, die ihm sonst keinen sonderlichen Spaß macht. Er ist 75 Jahre alt; es ist also eine einmalige Gelegenheit, ihm eine Freude zu machen.

Es kommt natürlich noch ein, vielleicht sogar zwei Gründe hinzu, die ich Jaspers nicht sagen kann. Erstens – Heidegger. Zwar würde diese Geschichte nur festlegen, was ohnehin besteht bzw. nicht besteht – und dies ohne meine Schuld –, aber eben doch mich in eine Eindeutigkeit zwingen, wenigstens dem Anschein nach, die mir natürlich nicht recht ist. Und damit hängt zusammen, daß dies auch eine Art politischen Solidaritätsaktes ist oder als solcher erscheinen könnte, der mir natürlich auch nicht in allem entspricht. Hiergegen könnte man sagen, daß ich ja einen Mund habe und sagen kann, was mir beliebt.

Praktisch sieht es so aus: Ich müßte Ende September für ein paar Tage nach Frankfurt fliegen – kein Unglück. Die Unkosten würden bezahlt werden. Zwei Nächte um die Ohren geschlagen, spielt mir gar keine Rolle.

Nun, lieber Liebster, weißt Du alles. Und was soll der Schnupper tun? Kannst Du telegraphieren oder mich anläuten hier in Zürich? Telephon Nummer: 246745. Ich komme Freitag den 30., abends wieder nach Zürich und bleibe bis Montag früh. Bis dahin muß ich es wissen. Ich bin Dienstag in Heidelberg, wo ich den Leuten sagen muß, was ich entschieden habe.

Ansonsten nur das Wichtigere: Ich verhandele mit Kohlhammer für die »Human Condition«[8] und werde vermutlich alle Bezie-

[8] Hannah Arendt: *The Human Condition*. Chicago 1958, erschien bei Kohlhammer auf deutsch als *Vita activa oder Vom tätigen Leben*. Stuttgart 1960.

hungen zu Kiepenheuer und Witsch, der doch die Rahel[9] machen soll, abbrechen, weil Herr Witsch sehr unzuverlässig ist, typisch deutsch, so daß man nie weiß, woran man ist. Da Piper die Rahel doch haben will, werde ich mich vermutlich entschließen, sie ihm zu geben. Witsch so eine Art Kurt Wolff, nur auf einem viel niedrigeren Niveau. Man warnt allgemein vor ihm, und ich habe keine Lust, nachher mit Anwälten mein Honorar aus ihm herauszukriegen. Kohlhammer ist in Stuttgart, und ich werde am 2. Juni, bevor ich nach Heidelberg fahre, bei ihm vorbeifahren.

[...]

Gestern waren wir hier im Theater, sehr gut gespielte Stücke von Max Frisch, so'ne Art Schweizer Nihilismus, aber in der Form eine französische Gesellschaftskomödie, also wenigstens lustig.

Lieber, verzeih diesen verrückten Brief. Du weißt ja, wie es ist – rumgestrudelt und eigentlich in Panik und nirgends ein Stups, mit dem man es besprechen könnte.

[...]

Mir erzählte hier die Frau Britschgi[10], daß Robert offenbar wieder geheiratet hat, Elke es aber nicht weiß!, und wohl auch zum zweiten Mal Vater geworden ist. Arme Elke, wenn sie sich nur entschließen könnte, einen Beruf zu haben. Hier in der Schweiz geht es nicht, weil sie Ausländerin ist, aber in New York wäre es wohl doch möglich mit der Näherei. Dies zwischen den Kontinenten Herumstrudeln ist ja doch ziemlich miserabel. Glaub mir, mein Herz, die Weiber können nur in einer Ehe leben.[11]

[...]

Deine Deine –

---

[9] H. A.s Rahel-Buch.

[10] Die Wohnungsinhaberin.

[11] Elke Gilbert erhielt später Wohnrecht in Zürich und war erfolgreich als Übersetzerin tätig.

New York, 1. 6. 58

Mein Liebling,

wie gut kann die moderne Technik sein, wenn sie sich wirklich bloß von uns benutzen läßt. So über die Ozeane weg doch wieder zusammen im selben Raum zu sein ist herrlich.

Feierlichkeit ist natürlich immer unangenehm. Aber für einen Freund. Da kann man sich sogar in die Paulskirche stellen, was ja wirklich recht komisch ist. Staatspolitische oder richtungspolitische Fragen sind doch hier gar nicht involviert. Etwas grundsätzlich Politisches aber doch, nämlich daß Jaspers wie Du darin ganz einig seid, daß Ihr Euch um die Zukunft des Menschen kümmert und um sonst nichts. Wie Nietzsche. Und ich. Über den Begriff des guten Europäers sollte man da mal richtig reden. And that is just what Heidegger has coming to him anyhow [1], der Hosenmatzdeutsche.

[...]

Wer die Rahel [2] kriegt, ist mir wurscht, solange sich die deutschen Männer wieder um sie reißen.

[...]

Dieser Freitag war nun schon frei, wunderbar. Noch drei Wochen in Bard, und ich bin allein mit meinen Gedanken.

Grüße, Küsse und Kläpschen

H

[Zürich,] den 1. Juni 1958

Lieber Liebster –

welch ein Wunder und welch ein Glück, plötzlich Deine Stimme hier hören. Ich rief nachher gleich Jaspers an, der ganz erleichtert war. Frau Jaspers rief mich dann noch einmal hier an, ganz aufgekratzt und vergnügt, daß ich auch in Frankfurt sein werde. Du hast natürlich ganz recht – die ganze Sache ist im Grunde gehupft wie gesprungen; und ihm macht es eine Freude.

---

[1] »Und dies nämlich verdient Heidegger sowieso zu hören«.

[2] Vgl. S. 471, Anm. 9.

Vorgestern von Genf zurück, wo ich die Studenten »enthusiasmiert« habe und mich mit einem jungen englischen Studenten sehr gut unterhalten habe. Es war ganz nett. Zürich gefällt mir von Mal zu Mal besser. Gestern waren wir auf dem Dolder und heute große Rundfahrt auf dem See. Ganz herrlich. Eine lebendige, humane, angenehme Stadt. Hier könnte man durchaus leben. Und zwar sehr komfortabel. Hier hatte sich inzwischen das Telephon amüsiert. (Daß Jung[1] mich kennenlernen will, habe ich Dir wohl mitgeteilt. Na, das wird man auch noch überstehen.) Morgen fahre ich über Stuttgart (Kohlhammer, Verleger) nach Heidelberg. [...]

Die De Gaulle-Hysterie[2] scheint erstmal an ihren normalen Abschluß gekommen zu sein. Er macht natürlich ein Parteienkabinett wie alle anderen auch. Grotesk. Das Verhalten der Sozialisten noch um ein bißchen lächerlicher als früher, aber doch alles im gleichen Stil. Ob es nun auch mit den Comités du Salut Public in Algerien ein Ende haben wird? Oder ob die es wagen werden, sich gegen diesen stupiden Retter des Vaterlandes zu stellen? Die Russen jedenfalls liebäugeln schon sehr mit ihm. Und dies zusammen mit der deutschen Atomtod-Bewegung dürfte wohl das Ende von NATO sein. Die Sache in Deutschland ist zwar nicht ernst, aber doch höchst bewegt. In vorderster Reihe marschiert Günther [Anders], und Heidegger, der eben keine Volksbewegung auslassen kann, hat sich auch schon hübsch angeschlossen. Die ganze Sache läuft natürlich darauf hinaus, daß man sich mit der Sowjetunion verständigen müsse. Sobald man die Sache aus der Nähe sieht, ist es ziemlich zum Kotzen. Man könnte sich ja sehr gut eine ernste Bewegung zur Neutralisierung Europas vorstellen. Aber weit gefehlt. Dies ist reinste Hysterie, die nur zeigt, auf wie schwachen Füßen alle gegenwärtigen Regime stehen. Denn in Italien haben ja die Kommunisten und Nenni-Sozialisten[3] auch mehr als 36 % der Stimmen. Worum es sich handelt, ist im Grunde nicht Neutralität, sondern Verständigung mit Rußland und sich Anhängen an den Zug der Geschichte.

---

1 Carl Gustav Jung, 1875–1961, schweizerischer Psychologe und Psychiater.

2 Vgl. S. 464, Anm. 1.

3 Pietro Nenni, 1891–1980, italienischer Politiker; 1949–64 Generalsekretär des Partito Socialista Italiano.

Von dem Blödsinn aus gesehen kann man sogar Jaspers' unbedingten Pro-Amerikanismus verstehen – der an sich natürlich auch Unsinn ist.

Uns bleibt nichts übrig, als zu »spintisieren«. Damit kommen wir noch am besten zu was Vernünftigem. In diesem Mischmasch zu handeln scheint unmöglich. Man kommt nur in falsche Fronten, wie man es auch macht, und wird in verrückte Alternativen gezwungen.

Liebster, ich bang mich eigentlich sehr, auch wenn ich es nicht schreibe. Dazwischen amüsier ich mich auch. Rumtreiben ist eben immer auch schön, man darf nur nicht verlorengehen.

Spintisier du man ruhig so weiter wie im letzten Semester. Ich freu mich schon auf das nächste.

Stups: Trink nicht zuviel.

Deine Deine

Sag Lotte Gruß und Kuß: Ihre Briefe sind herrlich – überall, wo ich hinkomme, ein Zettelchen. Die weiß, daß ich Angst habe, verlorenzugehen, *und* handelt danach. Ich schreib ihr, wenn ich aus Heidelberg zurückkomme. Bin heute zu müde.

[New York,] 3. 6. 1958

Liebling,

gut, daß Du die Sache[1] nun so leicht nimmst, wie sie genommen werden muß. Zürich klingt wirklich recht hübsch in Deiner Beschreibung. Mir kam es immer wie eine Ansichtspostkarte vor, und trotz guten Essens habe ich mich oft gefragt, ob ich da länger als zwei Tage leben könnte. De Gaulle hat sich sehr brav gegen seine Anhänger gestellt. Aber ob es in dieser letzten Minute den Europäern und gerade den Franzosen gelingen sollte, noch einen Fuß in Afrika zu behalten, ist fraglich. Sonst aber rückt der arabische Block mit allen seinen schrecklichen Möglichkeiten näher und näher.

---

[1] Vgl. S. 469, Anm. 5.

Hier ist noch immer klarer und frischer Frühling, ein reines Naturwunder. In Bard ist es herrlich mit der Fülle dieses Jahres in Grün und Blumen. Sonst freilich – aber das ist nun in zwei Wochen auch zu Ende. Die Mehrheit der Fakultät hat sich bereit erklärt, im nächsten Jahre nach dem neuen Four Quarter System[2] zu arbeiten, wenn Ford[3] das Geld für das Experiment gibt, was ich nicht recht glaube. Man wird doch da sehn. Ich mache mir über diese Dinge und die ganze Zukunft meiner selbst wirklich nicht mehr viel Gedanken außer zynischen.

[...]

Wir versuchen in Bard einige Prominente als Stellvertreter für die nächstes Jahr abwesenden Literaturlehrer zu kriegen. Jeden für nur einen Kurs. Alfred [Kazin] hat schon fast zugesagt. Wo ist Mary? Das wäre doch ein Spaß, die nach Bard mal zurückzuhaben.[4] Schreib mir ihre Adresse oder besser, vermittele ihr meine Anfrage. Dwight [Macdonald] werde ich auch fragen. Alfred wußte nicht, daß Du weg bist, und sendet Dir seine Liebe. [...]

Dein H.

Take it easy.

[Zürich,] den 8. Juni 1958

Lieber Liebster –

mein erster ganz ruhiger Sonntag, allein in der Wohnung mit himmlischem Wetter, und das einzige, was erheblichen Krach macht, sind die Vögel. Rose ist gestern weg, war schließlich noch sehr rührend, mit großen Liebesbeteuerungen für mich. [...]

Auch die Vortragsgeschichten sind erst einmal vorüber. Es bleibt nur noch München in drei Wochen, und den Vortrag[1] werde ich

---

[2] Gemeint sind vier Semester in einem akademischen Jahr.

[3] Die Ford Foundation.

[4] Im akademischen Jahr 1945/46 hatte Mary McCarthy am Bard College Literatur gelehrt.

[1] Im Rahmen der 800-Jahr-Feier der Stadt München fand vom 30. Juni bis 5. Juli 1958 der 1. Internationale Kulturkritikerkongreß statt, an dem H. A. teilnahm. –

jetzt in aller Gemütlichkeit schreiben. Über die Frankfurter Paulskirche habe ich mich erstmal beruhigt; ich sprach mit Lambert Schneider in Heidelberg, der augenblicklich Vorsitzender der Buchhändler und Preisstifter ist, und danach habe ich den Eindruck, daß meine schwerste Sorge sein wird: Was ziehe ich an? und wie redet man Heuss an? Beide Probleme werden zu lösen sein.

Günther [Anders] schwimmt selig im Atomtod und hofft, sehr bald nach Tokio mit Seitenabstecher nach Indien und Gott weiß wohin zu fahren. Er wird vielleicht doch noch Ende des Monats herkommen. Schreibt rührend wie immer, ganz unverändert – nämlich er und ich in meinen Reaktionen. Mir ist ziemlich blümerant vor dem Wiedersehen, und heimlich hoffe ich, er wird abschreiben. Andere Vortragsaufträge habe ich erst mal abgelehnt, weil ich die drei Wochen in Zürich in Ruhe sein will. Aber ich habe mir überall offengelassen, Anfang Oktober noch ein paar Vorträge zu machen – natürlich nur, wenn sie dementsprechend bezahlt werden. Ich kann nämlich nicht einfach das verwenden, was ich ohnehin habe. Den Zürcher Vortrag über Freiheit[2] spreche ich nochmal auf Band für den Rundfunk hier. Am besten hat sich die Erziehungskrise[3] rentiert – Köln und Bremen senden, und außerdem wird er irgendwo gedruckt. Köln zahlt mir 1500.– DM. Tu vois – Die Sachen fangen wirklich an, ein bißchen Geld zu bringen.

[...]

Vergessen zu melden hatte ich, glaube ich, daß Benno herzlichst grüßen läßt. Wir hatten einen sehr schönen Tag und einen Abend bei Zilkens zusammen. Aber so ein Professor in Deutschland ist und bleibt ein merkwürdiges animal, auch wenn er so nett ist wie Benno. Dazwischen denke ich immer – bloß nach Hause zu Stups.

Deine

Vgl. Hannah Arendt: »Kultur und Politik«. In: *Untergang oder Übergang. Erster Kulturkritikerkongreß in München*. München 1959, S. 35–66.

[2] Vgl. S. 468, Anm. 2.

[3] Vgl. S. 465, Anm. 1.

New York, 14. 6. 58

Liebling,

hier war es einige Tage feucht und tropisch, aber jetzt ist das herrlichste deutsche Juniwetter. Daß Du Dich in Zürich so wohl untergebracht findest, freut mich. Es wird Dir eine Atempause geben. Günther wie Heidegger kann ich mir genau vorstellen. Alles bewegt sich, und alles dreht sich mal wieder wie im Wackeltopp im Lunapark, und man kann sich in dem Schwindel einreden, daß sich alles um einen selber drehe und [man] etwas für die Welt tue, weil ja die Welt gerade darauf immer gewartet hat. Wann werden wir von den Erlösern erlöst sein?

In Bard geht es hektisch dem Abschluß zu, und die nächste Woche wird furchtbar. Schon jetzt schwitze ich über 60 papers, und dann kommen die criteria sheets [1] – und uff.

Sonst nichts zu berichten, weil ich Gott sei Dank nichts sehe und nichts höre. Mary hat mich vielleicht nicht erreicht. Schade. [...] Ein Riesenpaket kam aus Hamburg. Ich habe es nicht geöffnet. Aber Esther sieht dem guten Geschirr mit Enthusiasmus entgegen. [...] Exemplare des Buches [2] sind endlich angekommen. Sieht sehr gut aus.

Ich werde wohl bald mal zu Schulzes nach Connecticut müssen.

Überanstrenge Dich nicht mit all dem Geldverdienen und den mass media.

Kuß und Klaps

[Zürich,] Sonntag, den 15. 6. 58

Lieber Liebster –

nun ist schon die erste meiner drei Zürcher Wochen um, und es war sehr schön. Ganz, ganz ruhig, kaum einen Menschen gesprochen, außer natürlich Jaspers in Basel, aber auch telephonisch.

---

[1] Vgl. S. 371, Anm. 2.

[2] Hannah Arendt: *The Human Condition*. Chicago 1958.

Auch gut gearbeitet, so friedlich und eigentlich zufrieden. Dies ist wirklich eine Erholung für Jahre. Denn Zürich gefällt mir immer noch sehr gut. Das mit der Ansichtspostkarte ist ein bißchen wahr, aber eben doch eine Art Schönheit. Heute bei Sonne war der See einfach himmlisch mit all den kleinen Segelbooten und den vielen Schwänen und den Bergen im Hintergrund und den Rosen. Und alles so schön sauber, als leckten sie sich jeden Tag wie die Katzen. Als Du hier warst, warst Du für die Stadt zu jung, und sie war auch noch nicht, wie heute, so sehr Carrefour de l'Europe: Frankreich, Deutschland, Italien herumgelagert, in bequemster Reichweite.

Die Sache mit Bard macht mir doch Sorgen. Vielleicht solltest Du Dich nächstes Jahr beurlauben lassen, so daß die Herrschaften ihre Experimente, wenn überhaupt, erst einmal ohne Dich machen. Nächstes Jahr ginge es gut wegen Princeton.[1] Denk mal dran. Ich weiß, Du reagierst erst mit Nein, aber vielleicht hat es doch einen Sinn, einmal nur New School zu machen. Marys Adresse habe ich nicht. Du wirst schon anläuten müssen und Bowden [Broadwater] fragen. [...]

Günther schrieb, daß er doch nicht kommt, da er nach Tokio abfliegt. Schrieb ich wohl schon. Ja, über die Paulskirche kann ich mich momentan nicht aufregen. Lange Diskussion mit Frau Jaspers, was er anziehen soll. Ich: Schwarzer Anzug. Sie: Hat er nicht, und da er schon so alt ist, lohnt sich die Geldausgabe nicht mehr. Der alte blaue, noch aus Heidelberg, ist gut genug. Ich: Woher wissen Sie, wann er stirbt? Sie: Selbst wenn er noch zehn Jahre lebt, braucht er den Anzug nie wieder. Ich: Kann man gar nicht wissen – diskrete Anspielung auf Nobelpreis – und was kostet er denn. Sie: 1000.– frcs (ca. 250.– Dollar)! (mit hörbarem Entsetzen). Ich: Das sind nicht mehr als 10 % des Preises. 10 % Spesen sind normal.

Ich bin neugierig, wer siegen wird. Das Spesenargument schien sie im Moment zu überzeugen. Ich bin auch der Meinung, daß sie

[1] Im Frühlingssemester 1959 war H. A. Gastprofessor im Department of History and Civilisation der Universität Princeton und bezog ein volles Professorengehalt.

ein Kleid braucht, werde das aber mit ihm lieber bereden. Du siehst, es gibt Spaß.

Ich lege Dir die Abschrift eines Briefes[2] an Ralph Manheim bei. Das ist der Übersetzer von Jaspers, der aber auch Heidegger übersetzt hat und zwar die »Einführung in die Metaphysik«.[3] Er schrieb nun an mich infolge eines Gesprächs, das wir in Paris hatten über die Naziaffäre seligen Angedenkens und vor allem natürlich über die Stelle in dem Buch aus Vorlesungen im Jahr 1934, die [Heidegger] noch nicht wegredigiert hatte. Ich versuchte zu erklären – Resultat, ich soll eine Einführung für die amerikanische Ausgabe (Yale Press) schreiben. Darauf habe ich geantwortet. Sag mir, ob Du es auch so richtig findest. Ich hab mir die Sache lange hin und her überlegt und kann zu keinem anderen Resultat kommen.[4]

Neues also gibt es gar nichts zu berichten. Außer daß ich mir den Wunsch of my middle age life erfüllt habe und ein Lorgnon erstanden habe. Macht großen Spaß, sieht aber sehr altertümlich aus. Morgen fahr ich wieder mal nach Basel, und Ende der Woche findet dort ein Vorbereitungstreffen für die Paulskirche statt mit Piper und Lambert Schneider.

[...]

Ach ja, ich muß noch melden, daß die Kirschensaison ganz hervorragend ist, die Kirschen werden jeden Tag billiger und besser, und ich komme kaum mit dem Essen nach. Die Bauchschmerzen habe ich schon gehabt, meine Därme fangen an sich zu gewöhnen. Es schmeckt herrlichst.

Du siehst, I take it easy, do the same!!

Grüß Esther!!

Deine

Vergaß: Ich war zweimal im Theater, einmal Barrault-Truppe[5], die in einem schlechten Stück von Anouilh blendend spielte, und dann

---

2 Der Brief vom 11.6.58 liegt im Hannah Arendt-Nachlaß in der Library of Congress in Washington.

3 Martin Heidegger: *Einführung in die Metaphysik*. Tübingen 1953.

4 H. A. lehnte es ab, die Einleitung zu schreiben.

5 Jean-Louis Barrault, 1910–1994, französischer Schauspieler, u. a. im Film »Kinder des Olymp«, und Regisseur.

Kleists »Amphitrion« – ganz schlecht gespielt, aber das Stück ist nicht totzukriegen.

Deine, Deine

[Zürich,] den 17. Juni 58

Liebster –

eben ein Brief von Mary, die alle möglichen und unmöglichen Schwierigkeiten mit ihrer Photographiererei in Florenz hatte[1] und vielleicht sich nächste Woche hierher erholen kommt. Wäre sehr nett.

[...]

Gestern Basel und morgen wohl wieder. Die Kollegs[2] – Pascal – sind hervorragend, er ist überhaupt in top form. Dazu die beiden alten Leute, die so dankbar sind, daß sie immer noch zusammen sind; und alles ganz ohne Pathetik und Angst vor dem Tode oder mit dem Tode drohen. Das Atom-Buch[3] von ihm habe ich auch, werde es rasch lesen, scheint sehr vernünftig zu sein, und es Dir dann schicken.

Liebster, ich bang mich, das ist auch der einzige Grund, warum ich schreibe. Hier ist auch herrlichstes Wetter; habe heute ziemlich gebummelt, weil ich einen abscheulichen Gichtanfall habe, die linke Schulter nicht mehr recht bewegen kann, daraufhin Atophan nahm, was der Gicht auch gleich geholfen hat, aber mir eine abscheuliche Hautallergie verursachte. Jetzt kann ich mir aussuchen, ob ich lieber mich nicht rühren können will oder mich kratzen. Hab die Nacht also nicht geschlafen, bin aber trotzdem eigentlich vergnügt. Tröste mich mit Kirschen.

Deine – von Überanstrengung ist überhaupt keine Rede!

Deine –

---

[1] Mary McCarthy arbeitete an ihrem Buch *The Stones of Florence*, New York 1959. Die Fotografien lieferte Evelyn Hofer.

[2] Jaspers' Vorlesungen.

[3] Vgl. S. 466, Anm. 5.

[Bard College,] 23. 6. 58

Mein Liebling,

[...]

An Mary kann ich jetzt nicht schreiben, kaum an Dich. Die letzten Tage in Bard waren unbeschreiblich anstrengend und ärgerlich. Die Studenten revoltierten gegen das neue System, die Lehrer haben es aus Nahrungssorgen mit großer Mehrheit angenommen. Niemand weiß, was wird. Ich kann da das nächste Jahr einfach nicht weg, ob ich will oder nicht. Und ich will auch nicht, weil ich vielleicht wirklich helfen kann, den Karren aus dem Dreck zu ziehen. Damit bin ich jetzt beschäftigt. Einige der besseren Lehrer haben bereits Urlaub für das nächste Jahr genommen, und ich will sie durch bessere ersetzt wissen, da man nicht weiß, ob sie überhaupt zurückkommen. So sitze ich nun mit immerhin nur etwas verspäteten criteria sheets hier fest und rauche vor Wut.

Fein, daß Jaspers so gut in Form ist. Auch gut für Dich. Paß auf Dein Rheuma auf. Hier war kaltes und regnerisches Wetter bis jetzt, und man erwartet mehr davon. Ungewöhnlich, aber ganz angenehm.

Kuß und Klaps

Dein H

[...]

[Zürich,] den 24. Juni 58

Lieber Liebster –

es wird und wird hier nicht Sommer. Hie und da ein paar warme Stunden, aber im allgemeinen immer Kostümwetter, und es scheint, so ist eben ein europäischer Sommer, und wir wissen es nur nicht mehr. Mir scheint, da ist unser Klima doch angenehmer. Wenigstens weiß man doch, wozu die Sonne da ist.

Soeben bekam ich einen Brief von Blumenfeld. Jenny[1] ist eben erst aus der Klinik entlassen, und sie können nicht vor dem 16. Juli

---

[1] Kurt Blumenfelds Frau.

hier sein. Das heißt, daß mein schöner Plan, früher nach Hause zu kommen, doch ins Wasser gefallen ist. Ich muß mich mit Kurtchen [Blumenfeld] also nach Jaspers treffen und werde erst in den letzten Julitagen, so um den 29. oder 30. herum, zu Hause eintrudeln bzw. fliegen. Da ich mich sehr bange, ist mir das gar nicht recht. Aber, was soll ich tun?

Inzwischen hat sich hier auch der von Chanan [Klenbort] verschollen gemeldete Cohn-Bendit angefunden. Ich treffe mich mit ihm am Sonntag in München. [...]

Sonst gibt es eigentlich gar nichts besonderes zu melden. Sonnabend war ich mal wieder in Basel, und morgen fahre ich auch wieder. Jaspers ist außerordentlich frisch und munter. Das Atombuch[2] in vielen Partien ganz ausgezeichnet; wenn er nur das Moralisieren lassen könnte, kann er aber nicht, daran gerade liegt ihm natürlich am meisten. Er hat Dir ein Exemplar schicken lassen. Sonnabends bin ich dann noch mit Piper und seiner Frau in Basel herumgetrudelt. Dabei sind wir in die Kirschfelder geraten und haben zu dritt einfach von den Bäumen geholt, was wir konnten – und wir konnten ganz gut. Hätte uns einer gesehen, wären wir alle drei im Baseler Gefängnis gelandet, und Jaspers hätte am Sonntag in der Zeitung lesen dürfen, daß sein Verleger und seine offiziell als Laudatorin Bestellte leider, leider im Moment unabkömmlich sind. Wäre doch lustig gewesen.

Ich richte mir hier noch ein paar Vorträge für den Herbst, damit dabei auch etwas Geld herausschaut. Habe auch die Einladung von Notre Dame[3] angenommen. 300.– Dollar sind 300.– Dollar, und Schnupper will auch wieder mal ein bißchen was nach Hause bringen. Geniert sich sonst.

Ja, das Chicago-Buch[4] ist hübsch geworden und liest sich, glaube ich, gut. Lotte schrieb mir einen bezaubernden Brief – teils dieser- und teils jenerhalb. Damit Du weißt, wie ich hier »wirke«, und damit Du siehst, daß die Kleiderfrage offenbar gut gelöst ist, lege

---

[2] Vgl. S. 466, Anm. 5.
[3] The University of Notre Dame im Staate Indiana.
[4] Vgl. S. 477, Anm. 2.

ich Dir die Kritik des Heidelberger Vortrages[5] bei. Ist doch lustig! Du siehst – bei den deutschen Goien komme ich immer noch an.

[...]

Leb wohl, Liebster. Mach, daß es ein bißchen wärmer wird. Jetzt geht bei Dir das Semester zu Ende, und ich bin nicht da. Kränkt mich doch sehr.

Deine, Deine, Deine

New York, 29. 6. 58

Mein Liebling,

schade, daß es dort nicht richtig Sommer wird. Hier wurde es spät, aber nun auch toll. Was besser ist, weiß man nie. Hoffentlich hast Du kein Rheuma. Dein Leben in Basel klingt immer mehr bukolisch. Bist Du in Zürich mit der vorgehabten Schreiberei weitergekommen, oder hast Du Dich endlich einmal bloß amüsiert? Grüße Cohn-Bendit. Hoffentlich ist er noch grüßbar.

Ich habe nun alle Arbeit aus dem Haus und fange an zu arbeiten. Ich vermisse dieses gute neue deutsche biologische Buch.[1] Kann es nicht finden, wo ich es jetzt gerade so brauche. Hast Du es verpumpt? Hat es vielleicht der neue Naturphilosoph Jonas? Ich mache täglich erst mal Ordnung unter meinen Büchern, und Esther staubt überall ab. Sonst sehe ich mir ein paar Filme an und höre Musik. Die Oper »Die Kluge« von Orff ist auf Platten da, und das ist ganz herrliches neues Theater. Auch Bartok wird mir immer lieber. Ich las ein sehr schönes Stück von Lorca »Die Bluthochzeit«. Es ist als Inselbändchen erschienen. Kaufe es Dir, und bring es mit.

Natürlich ist es notwendig, Blumenfeld zu sehen, und so werden wir doch erst im August nach Palenville kommen.

Grüß die Jaspersschen schön, und schreib mir, wo Du Dich nach

---

5 Vermutlich handelt es sich um die Kritik des Bremer Vortrags, vgl. S. 465, Anm. 1, denn H. A. war während dieser Reise nicht in Heidelberg.

1 Nicht zu ermitteln.

München herumzutreiben gedenkst, um den offiziellen Rummel zu vergessen.

[...]

Gruß und Klaps und Kuß

H

[München, Anfang Juli 1958]

Lieber Liebster –

Was ist denn nur diesmal passiert? Hast Du meine Briefe nicht erhalten oder bist Du durch criteria sheets plus Bard-Ärger ganz aus den Fugen geraten? Auch Dein Brief kam diesmal so spät nach Zürich, daß ich fast gekabelt hätte.

Ich jedenfalls bin auch leicht aus den Fugen. Der Vortrag[1] hier war ein richtiger Erfolg, vor allem bei den Studenten, die zu zischen anfingen, wenn in der Diskussion irgend jemand was gegen mich einwenden wollte. War sehr komisch. Außerdem war Cohn-Bendit hier, mit Herta[2]!, mit der er probeweise wieder zusammenlebt. Er hat im April einen Kollaps gehabt und war halbwegs nüchtern. Am ersten Tag sogar ganz und gar, und sehr intelligent. Der einzige, wirklich, mit dem sich ein politisches Gespräch über Deutschland lohnte. Aber gestern, als sie beide nochmals zu mir zu Mittag kamen, roch er schon wieder sehr bedenklich. Es ist wirklich zum Heulen. Die Ärzte haben ihm ziemlich brutal gesagt, daß die Geschichte nur im Irrenhaus enden könne. Das hat ihm erst einmal einen Schock gegeben. Für wie lange, wissen die Götter. Immer dasselbe: Frage des Selbstbewußtseins etc.

Überhaupt kommen mir hier alle Schichten der Vergangenheit entgegen. Plötzlich die Witwe von Nickel, einem Königsberger Jugendfreund, die mir ein Bild von ihm aus den letzten Jahren brachte. Und die große Liebe von Hänschen Jonas aus der Heidelberger Zeit. Na und so weiter. Daneben immer der Kongreß[3], ziemlich

---

[1] Vgl. S. 475, Anm. 1.

[2] Erich Cohn-Bendits Frau.

[3] Vgl. S. 484, Anm. 1.

miserable, mit Horkheimer und Sternberger und Peter de Mendelssohn, begabter, verkommener Journalist, sympathisch und hoffnungslos. Dazu Piper, mit dem ich mich anzufreunden beginne. Augenblicklich warte ich hier auf eine reizende Person, eine Gräfin Dönhoff[4], deutsche Journalistin, intelligent, so um die vierzig herum, schön und ganz wach.

Übrigens: Der Mann, der mich einführte für meinen Vortrag, verglich mich (irgendsowas muß ja immer sein) mit Rosa Luxemburg und Ricarda Huch. Ich erwiderte, ohne auf die Huch einzugehen, daß es eine große Ehre sei, mit Rosa Luxemburg in einem Atem genannt zu werden. Darauf das junge Gemüse im Saal: spontaner Beifall! Nun sag mir bitte mal, woher wissen die das überhaupt. Nicht ein Buch von ihr ist im Buchhandel zu haben. Piper z. B. hatte kaum eine Ahnung.

Mit den jungen Leuten ist was los; die anderen sind dafür aber auch so unausstehlich, wie man es sich nur träumen kann. Das tönt und donnert und spielt sich auf, wirft den Bauch. Zum Kotzen. Dazu Horkheimer! natürlich scheißfreundlich. Stevenson[5] und Silone hatten abgesagt. Wäre Silone hier, wäre manches anders.

Liebster, ich schrieb aus Zürich ausführlicher und besser. Die Bard-Sache macht mir Sorgen. Nicht so sehr, daß Bard eingeht, als daß Du Dich von der Sache auffressen läßt. Diese neuste Reform scheint mir vollkommen irrsinnig, und ich kann verstehen, daß die Lehrer weggehen. Die Schüler, fürchte ich, werden das Gleiche tun. [...]

Liebster, laß mich nicht ohne Nachricht!

Deine

H.

---

4 Marion Gräfin Dönhoff, geb. 1909, Journalistin; 1968–72 Chefredakteurin, später Mitherausgeberin der Wochenzeitung *Die Zeit*.

5 Adlai Ewing Stevenson, 1900–1965, amerikanischer Politiker; 1948–53 Gouverneur von Illinois; ab 1961 Chefdelegierter der USA bei den Vereinten Nationen.

New York, 6. 7. 58

Mein Liebling,

wie kannst Du nur so wild werden, wenn ein Brief etwas später kommt. Der letzte war erst am Montagabend abgeschickt. Das ist alles. Nun werde ich vielleicht nächste Woche nach Bard zu einer Besprechung müssen. Auch soll ich dann ein weekend bei Schulzes sein und Dwight [Macdonald] besuchen, der sich dort ganz in der Nähe für den Sommer niedergelassen hat. Also erschrick nicht, wenn die Tage für die Briefe ein wenig wechseln.

Ich habe mich über Bard ganz beruhigt, weil es mir nun wurscht ist. Die Ford Foundation hat dem Präsidenten sage und schreibe ganze 15 000 Dollar bewilligt für eine sogenannte pilot operation. Es ist einfach lächerlich. Ich hoffe, er wird sie einstecken und fast nichts dafür tun, sonst wird er das College für diesen Pappenstiel ruinieren.

Ich bin schon merklich erholt und fühle mich wie neugeboren ohne die täglichen Sorgen um die Jöhren. Meine neuen Kursuspläne beginnen Gestalt anzunehmen.

Der Eindruck, den Du auf die Jungen und Mädchen gemacht hast, ist ja höchst erfreulich. Sollte doch wieder aus dem Boden etwas nachwachsen? Auch das Gute geht nie ganz unter, wie das Schlechte nie ganz besteht.

Grüß Jaspers. Ich habe Dich von Rahv zu grüßen, mit dem ich Dinner hatte. Er war sehr nett und fühlt sich lonely.

[...]

Kuß und Kläpschen

Dein

H

Zürich, den 9. Juli 1958

Lieber Liebster –

heute früh bin ich aus Tübingen[1] hier wieder angekommen, mit einem dieser typisch deutschen Züge, die um 7 Uhr morgens abfah-

---

[1] H. A. hatte an der Universität einen Vortrag gehalten.

ren! Aber jetzt habe ich mich ausgeschlafen und beginne mich von München und Tübingen zu erholen. Stell Dir vor, mit Horkheimer, Ludwig Marcuse[2], Wilhelm Herzog[3] und Hermann Kesten[4] zusammen! Da hilft kein Dermatologe[5], der ostpreußisch spricht und alles versucht, herrlichst zu leiten. Die Herren kamen sich in die Frisuren, und wie. Und die Eitelkeit. Wenn dort mal einer Applaus hatte, stand er auf, wie in der Oper, und verneigte sich! Unbeschreiblich. Sowas von Eitelkeit habe ich 25 Jahre nicht mehr gesehen, das heißt so unverblümt. Ich lache noch, wenn ich nachts aufwache und daran zurückdenke. Dein Schnupper war ein bißchen der Star, wegen des »unbändigen Temperaments«, wie die Herren Journalisten das nennen. Die Herren waren also verstimmt, und die Damenwelt, wie immer, sehr zufrieden. Sehr nett, sehr gescheit und angenehm war die Gräfin Dönhoff, die aber nur in der Diskussion sprach und mit der ich mich viel unterhalten habe. Zumeist bestritten wir die Diskussion unter uns und kümmerten uns um die Gokkelhähne, die dort unter dem Namen Männer herumliefen, nicht. Die Herren, wie gesagt, sie sahen es nicht gerne. Im übrigen habe ich die Rahelbriefe[6] in Ordnung gebracht, also ziemlich gearbeitet, alles nochmal kontrolliert, im großen ganzen Lottes Auswahl genommen, aber dazu getan aus den Sachen, die wir in NY nicht auftreiben können. Ferner hat Piper »Die ungarische Revolution« genommen, als Broschüre.[7] Und ich brauche also nun schleunigst ein Separatum meines englischen Textes[8], muß sich zuhause finden, vermutlich im

---

[2] Ludwig Marcuse, 1894–1971, Schriftsteller und Journalist; emigrierte über Frankreich nach USA, dort Professor für Philosophie, später eines der Idole der 68er Studentenbewegung.

[3] Wilhelm Herzog, 1884–1960, Schriftsteller; Emigration 1933.

[4] Hermann Kesten, 1900–1996, Schriftsteller; emigrierte 1933 nach Frankreich, 1940 in die Vereinigten Staaten.

[5] Alfred Marchionini, geb. 1899 in Königsberg; Professor für Dermatologie in München; Leiter des Kulturkritikerkongresses in München, vgl. S. 475, Anm. 1.

[6] Der deutschen Ausgabe von H. A.s Rahel-Buch wurde eine Anzahl Briefe der Rahel Varnhagen beigefügt, vgl. S. 471 und S. 500, Anm. 3.

[7] Hannah Arendt: *Die ungarische Revolution und der totalitäre Imperialismus.* München 1958.

[8] Hannah Arendt: »Totalitarian Imperialism: Reflections on the Hungarian Revolution«. In: *Journal of Politics* 20/1, Februar 1958, S. 5–43.

Office. Bitte, schicke gleich per Luftpost, first class mail, an Jaspers' Adresse.

Mit Jaspers sprach ich eben telefonisch. Sonnabend bin ich da. Sein Atombuch[9] ist ein phantastischer Erfolg in Deutschland. Und es ist ja auch ein außerordentliches Buch. Ein deutscher Kritiker schrieb, Jaspers habe damit eine neue

den 10. 7. morgens

Gerade als ich so weit war, ging das Telefon mit einem »Hier Blumenfeld«. Hatte ich nicht erwartet, da ich dachte, sie kämen erst später und direkt nach Genf. Also lief ich, wie ich ging und stand, ins Hotel, und danach war es auch schon Zeit, Annchen [Weil] von der Bahn zu holen, die von Arosa für die letzten zwei Tage vor der Klausur bei Jaspers[10] [herkommt]. Wir sind sehr vergnügt, und jetzt gerade im Begriff, frühstücken zu gehen. Aber groß schreiben kann ich natürlich nicht. Dies, höre und staune, ist vor dem Frühstück geschrieben. Anne ist noch nicht fertig – und nur, damit Du etwas vorfindest, wenn Du von hoffentlich erträglich-bis-nettem Wochenende zurückkommst. Grüß man Dwight [Macdonald] schön und den trübsinnigen Rahv. Mary ist in Florenz. Ich höre von ihr. Darüber mehr mündlich.

Deine –

New York, 14. 7. 58

Mein Liebling,

ich bin sehr zufrieden, daß die »Ungarische Revolution« in Deutschland herauskommt. Wenn dort die Jungen wieder etwas von der Rosa Luxemburg ahnen, dann wird ihnen dieser erste Versuch, das wirkliche praktische Mittel der politischen Kontrolle durch freie Menschen aufzuzeigen an der Angst, die alle veralteten Mächte haben, gut tun. Das Buch von Jaspers scheint wirklich außerordentlich zu sein, indem hier gewissermaßen Kant zu unserer

---

9 Vgl. S. 466, Anm. 5.
10 H. A. wohnte während des Besuches bei Jaspers.

Zeit spricht. Es ist damit für die neue politische Notwendigkeit der Freiheit eine klare Wiederherstellung der unabdingbaren philosophischen Grundlage der Politik, ohne welche das neue Gebäude nicht errichtet werden kann. Aber der Begriff der Republik muß neu und entscheidender gefaßt werden, wie Du weißt. So stehen wir denn mit Jaspers in der richtigen inneren Verbindung.

Wie gut, daß Du nun Kurt [Blumenfeld] da hast. Ich war sehr froh, seine Handschrift zu sehen. Auch ich, sag ihm, denke ja oft an ihn und stets mit wahrer Freude. Grüß ihn und Annchen. Und drücke Jaspers meine Freude und Dankbarkeit aus für das Buch. Schon der erste flüchtige Eindruck ist genug, den Wert zu erkennen.

Ich bin ein wenig erholt, obwohl ich dauernd mit den Bard-Dingen belästigt werde und viel Zeit verliere. Mein neuer Kursus macht Fortschritte. Es wird auch Gelegenheit geben, die Fragestellungen von Jaspers ein wenig bekannt zu machen. On a sideline.

[...]

Lotte arbeitet sich hier an Deinem Buch fast kaputt, um den Termin einzuhalten und es für Deine Korrektur in Palenville bereit zu haben.[1]

Deine Erfolge, wenn auch die eitlen Gecken sich ärgern, sind mir sehr lieb, weil sie helfen werden, »Die ungarische Revolution« zu befördern.

Bald bist Du nun ja Gott sei Dank wieder hier.

Kuß und Klaps für den

braven Schnupper

Dein H.

---

[1] Charlotte Beradt machte eine Rohübersetzung des Buches Hannah Arendt: *The Human Condition*, das als *Vita activa oder Vom tätigen Leben*, Stuttgart 1960, erschien.

[Basel,] den 16. Juli 1958

Lieber Liebster –

Jaspers ist beim Zahnarzt, und ich habe am Nachmittag Zeit und schreibe rasch mal ein bißchen. Ich bin voll von Geschichten, und es ist höchste Zeit, daß ich nach Hause komme, und sei es nur, weil ich erzählen muß. Hier ist wieder herrlich. Aber ich werde diesmal aus mir unerfindlichen Gründen so verwöhnt, daß ich bestimmt unausstehlich werde. Gestern lange Diskussion bzw. langer Vortrag seinerseits über – Seidensamt. Ich Unselige hatte gesagt, oder erwähnt, was das für ein herrliches Material sei. Nun hatte er sich in den Kopf gesetzt, mir ein Kleid zu schenken, es müsse 2000.– frcs[1] kosten, also ca. 500.– Dollar, und ich sagte ihm höflich, er sei übergeschnappt. Daraufhin eben ein langer Vortrag. Unbeschreiblich charmant. Gott sei Dank hat sich dann herausgestellt, daß es Seidensamt nirgends gibt. Ihm ist der Erfolg mit dem Atombuch, das in Deutschland in der ersten Auflage bereits ausverkauft ist, zu Kopf gestiegen. Aber sie[2] war ganz genau so. Ein silbernes Zigarettenetui habe ich aber doch nehmen müssen, und da ich von Annchen eine silberne Puderdose bekommen habe und mir selbst eine sehr schöne braune Straußentasche – Pendant zu der schwarzen von Jaspers für braune Kleider – in München geleistet habe, werde ich so elegant zurückkommen, daß Du mich nicht mehr erkennen wirst. Über all die anderen Herrlichkeiten will ich lieber schweigen.

[...]

Wenn ich Zeit habe, nicht sehr viel, mache ich die »Ungarische Revolution« zum Druck fertig. Piper schickte gerade den Vertrag. Aber mit der paper [back] edition des »Totalitarianism«[3] ist ein Unglück passiert: Ich wollte Korrekturen lesen, um die Revisionen der neuen Auflage zu checken, kann das nur mit Manuskript, hatte ausdrücklich gefragt, ob ich das Manuskript mitnehmen solle, war

[1] Schweizer Franken.

[2] Frau Jaspers.

[3] H. A.s *The Origins of Totalitarianism* erschien in erweiterter Form 1958 als Taschenbuch im Verlag Meridian Books.

ausdrücklich beruhigt worden – und nun schreiben sie: Manuskriptschicken unmöglich. Mir ist blümerant, und ich versuche nun zu erreichen, daß ich wenigstens die pageproofs[4] bekomme. In New York natürlich.

[...]

So, das ist erst mal alles, weil alles andere zu viel würde. Mir geht es leider unverschämt gut.

Hier grüßt Dich alles wirklich von Herzen. Jaspers sagt: »Ob der Heinrich schreiben wird auf das Atombuch? Einmal hat er mir doch geschrieben, einen so schönen Brief.«[5] Er ist in manchen Kleinigkeiten Dir ähnlich, sagt z. B. empört beim Abendbrot, wo er einen Rest Fleisch aufessen soll, der sich vielleicht nicht hält: Ich bin doch kein Mülleimer! Ist frischer und fröhlicher denn je. Auch sie kaum wie eine Siebzigjährige und ist doch beinah achtzig.

Deine, Deine, Deine

Liebster,

eben Dein Brief – und die Zeitungen. Ich brauche mich offenbar nur über den Ozean zu begeben, und bums geht die Weltgeschichte[1] los. Sieht es Dir nach einem neuen Korea aus?? Schreib doch bitte gleich. Wenn Du diesen Brief am Montag bekommst und gleich schreibst, erhalte ich ihn hier noch, bevor ich nach Gstaad zu Kurtchen [Blumenfeld] fahre.

[...]

Lotte: Was Du schreibst, daß sie in Panik an meinem Buch arbeitet, hat mich in Panik versetzt. Fast hätte ich ihr telegrafiert. Denn: Sie hat mich mißverstanden. Ich komme nicht vor nächsten Sommer dazu, mir die Geschichte anzusehen und für den Druck fertig zu machen. Liebster, Du weißt es doch, wenn Du Dich nur besinnen wolltest: Ich habe Dir doch gesagt, daß die Einführung in die Poli-

---

4 Korrekturfahnen.

5 Heinrich Blüchers Brief an Jaspers vom 14.2.1956 in: *Hannah Arendt–Karl Jaspers Briefwechsel 1926–1969*, S. 313–317.

1 Durch eine Revolution im Irak unter General Kassem wurde die Monarchie gestürzt und König Feisal II. ermordet (14. Juli 1958).

tik[2] erst fertig sein muß, bevor ich an die Vita activa[3] gehen kann. Liebster, was machen wir nur? Mir ist es so peinlich!!!

Ich bange mich so, freue mich so auf Dich. Mein Herz – Ich liebe Dich.

Deine H.

[New York,] 21. 7. 58

Mein Liebling,

gut, daß es Dir so gut geht. Es ist das einzige, was einem in einer so total verfahrenen Weltlage[1] übrig bleibt, und man soll sich dem auch ganz hingeben. Die Verwöhnung durch Jaspers ist herrlich, und bei mir wirst Du sie ja wohl schnell loswerden, wie ich mich kenne. Sein Buch[2] habe ich noch nicht weiterlesen können, kann daher noch nicht mehr sagen. Der Riesenerfolg ist der Not der Zeit geschuldet und wird wohl vorläufig nur als ein Mittel von den Verrannten benutzt werden. Ich habe eine unangenehme Pleuritis und berste vor Nervosität. Trinke seit Wochen nicht einen Tropfen Alkohol und hatte demzufolge eine nette Folge von den bekannten Ausfallserscheinungen. Sie sind sehr komisch. Leider hat meine Arbeit darunter gelitten, und ich habe wenig geschafft für meine Kurse. Ich hole jetzt auf und hoffe, noch einigermaßen bereit zu werden. Da Bard nur die lächerliche Summe von 15 000 Dollar für das »Experiment« mit dem Four Quarter System bekommen hat, werde ich damit wohl gar nichts zu tun haben.[3]

Ich habe mich über die Weltlage im Moment nicht so beunruhigt, daß ich Dich gefährdet glaube. Mir scheint, die Burschen haben im Moment nur Irak[4] sicher haben wollen, und sie haben es geschafft.

---

[2] Vgl. S. 422, Anm. 4.
[3] Vgl. S. 470, Anm. 8.
[1] Vgl. S. 491, Anm. 1.
[2] Vgl. S. 466, Anm. 5.
[3] Vgl. S. 475.
[4] Die der Monarchie folgende Regierung unter General Kassem wandte sich vom prowestlichen Kurs ab.

Es wird Schritt für Schritt weitergehen, aber langsam. Wenn nicht irgendwo – na das kann natürlich immer passieren. Aber bis zum 29. kannst Du wohl noch ruhig da rumleben. Grüße alle.

Der Irrtum mit Lotte tut mir verflucht leid, da ich es ja hätte vermeiden können, wenn ich besser zuhören würde und ein wenig über die anderen nachdenken statt über die Welt.

[...]

Wird schon Zeit, daß wir wieder zusammen sind. Nicht nur, weil Du soviel zu erzählen hast und ich sehr neugierig darauf bin, sondern auch, weil es viel in solcher Lage zu besprechen gibt.

Gruß, Kuß und Klaps   Dein H.

New York, 4. 10. 58[1]

Mein Liebling,

ich bin froh, daß es[2] für Jaspers und Frau eine solche Freude war. Ich freue mich über Deinen Bummel mit Lotte [Beradt]. Und ich habe mich fast krank gelacht über den Diamantendiebstahl[3], dem Du, als ob Du Tiffany wärest, zum Opfer fielst. Die schweren Jungens haben Dich für die reiche Tante aus Amerika genommen. Das kommt davon, wenn man sich mal auch ein bißchen aufspielen will. Leider ist es auch Lottes Verlust, und so zahlt sie wieder einmal das Studiengeld für einen anderen meschuggenen Freund, der so spät im Leben die Lektion zu lernen hat, daß Menschen wirklich stehlen.

[...]

Gruß, Kuß und Klaps   Dein H.

---

[1] Am 24. September flog H. A. nach Frankfurt, um am 28. September die Laudatio für Jaspers zu halten. Ein vermutlich diesem vorausgegangener Brief ist nicht im Nachlaß vorhanden.

[2] Die Laudatio für Jaspers, vgl. S. 469, Anm. 5.

[3] H. A. war gleich nach ihrer Ankunft in Frankfurt ihr gesamter mitgenommener Schmuck, inklusive einer Brosche von Lotte Beradt, im Hotel gestohlen worden.

Elfter Teil:
September bis Oktober 1959

[Der Anlaß der Herbstreise von 1959 war die Verleihung des Lessing-Preises der Stadt Hamburg an Hannah Arendt. Danach flog sie über Berlin, wo sie Wiedergutmachungsansprüche geltend machte, nach Florenz, um dort mit Mary McCarthy zusammenzusein. Ende Oktober besuchte sie wiederum Jaspers in Basel.]

[Paris,] Mercredi [16. 9. 1959]

Liebster

ich komme gerade von Juliette [Stern] zurück, deren Mann gestorben ist. Dort erfuhr ich eigentlich zufällig, daß Cohn-Bendit tot ist. Ich rief in der Pariser Wohnung an, der Sohn – Gabi [1] – meldete sich und bestätigte. Er sagte, es sei Lungencancer gewesen. Ob man das sagt, um die Wahrheit nicht zu sagen, weiß ich nicht. Jedenfalls lebt Herta [Cohn-Bendit] in Frankfurt, und ich werde versuchen, sie zu sehen.

Ich bin traurig. Ruf doch bitte Chanan [Klenbort] an und teile es ihm mit. Ich hatte vor, heute zu schreiben, damit Du noch am Sonnabend Nachricht hast, aber nicht an Dich, sondern an Lotte [Beradt], von der ich gestern! bereits den ersten bezaubernden Zettel hatte. Aber nun ist mir nicht mehr danach zumute. Grüße sie und sage, ich schriebe sehr bald.

Der Flug war sehr schön. Ich hatte eine Bank für mich, lag die ganze Zeit. Das Lutétia [2] ist nicht mehr, was es war, aber immer noch ganz ordentlich. Sehr heruntergekommen. Paris – herrlichst im Herbstlicht. Schönes, mildes Wetter. Sehr viel Arbeit mit Manheim [3], der vorzüglich übersetzt hat. Ganz ausgezeichnet. Gestern

---

[1] Gabriel Cohn-Bendit, der älteste Sohn von Erich und Herta Cohn-Bendit.

[2] Ein Pariser Hotel, in dem H. A. öfter wohnte.

[3] Vgl. S. 460, Anm. 3.

abend kleine Party bei ihm. Sonst eigentlich nur Arbeit. In Hamburg wohne ich im Gästehaus des Senats. Adresse: Haus Wedell, Neue Rabenstr. 31, Hamburg 36.[4]

Du hast mir Robert [Gilberts] Adresse in München nicht gegeben. Versehen? Absicht?

In wenigen Minuten kommt Manheim wieder. Leb wohl, mach's gut, take good care of yourself.

Deine H.

New York, 25. 9. 59

Mein Liebling,

endlich Dein Brief. Scheinst Dich gut zu fühlen, und so bin ich zufrieden. Ich habe noch immer viel Trubel mit den neuen 125 freshmen und den neuen 4 Lehrern im Kurs. Bin aber ganz gut in Form und denke es zu bleiben. Die ganze Vorbereitung des neuen Winter College fällt schließlich doch mir zur Last. Aber Eugenio und Frank Oja[1] sind mir große Hilfen. Ich werd wohl für die nächsten paar Wochen erst am späten Freitag nach New York kommen. Aber das Wetter ist herrlich, und ich werde dafür Zeit für einige kleine Spaziergänge gewinnen.

Es tut mir leid um Cohn-Bendit. Vielleicht hat wirklich schon lange ein Krebs an ihm genagt und ihn mehr und mehr willenlos gemacht. [...]

Kurt Wolff hat Dir einen guten, lieben Brief geschrieben. Ich hoffe, Du kannst ihn treffen, und grüß ihn herzlichst. Mit Robert hatte ich den Eindruck, es sei Dir unbehaglich, ihn aufzusuchen. Ich schreibe ihm heute zu seinem 60. Geburtstag und würde mich natürlich sehr freuen, wenn Du ihn sehen könntest. Robert Gilbert, c/o Lowitz, München 27, Fossartstraße 14. [...]

---

[4] Am 28. September 1959 erhielt H. A. den Lessing-Preis der Stadt Hamburg. Ihr dort gehaltener Vortrag wurde im darauffolgenden Jahr veröffentlicht. Hannah Arendt: *Von der Menschlichkeit in finsteren Zeiten. Rede über Lessing*. München 1960. Später in: *Menschen in finsteren Zeiten*. Hrsg. und übersetzt von Ursula Ludz. München 1989, S. 17–48.

[1] Eugenio Villicana und Frank Oja waren junge Dozenten am Bard College.

Ich richte mich hier und in Bard ganz gemütlich ein und habe sogar schon ein bißchen Zeit für meine neuen Gedanken.

Now take ist easy, darling, hetze Dich nicht, und sieh Dich mit dem Rheumatismus vor.

Gruß und Kuß
und Klaps
und ins Bett gebracht

Dein H

Berlin, [30. 9. 1959]

Liebster

Gerade Dein Brief, den ich noch in Hamburg erhielt. Jetzt mit Mespoche[1] und in Unruhe, weil ich noch nicht geschrieben habe und erst morgen zum Schreiben komme. In Hamburg großer Erfolg.[2] Mehr später. *Berlin*: *aufgebaut*! sieht viel besser aus. Liebster!

Deine –

Berlin, den 2. Oktober 1959

Lieber Liebster –

nun komme ich doch erst heute dazu zu schreiben, und nur, wenn wir sehr Glück haben, bekommst Du diesen Brief am Montag. Zum Glückhaben gehört auch, daß Du den Postkasten aufschließt. Ich mag nicht der Reihe nach vorgehen, nämlich von Hamburg berichten. Berlin – machte gestern eine Stadtrundfahrt. Einfach nicht wiederzuerkennen! Es wächst wieder zusammen, die Wunden heilen, es war nicht tödlich; selbst der Osten sehr verändert. Überall wird wie toll gebaut, und das Leben flutet wieder durch die Straßen, allerdings letzteres nur richtig im Westen. Auch der Zugang zum Osten ganz ungezwungen, die Stadt wächst auch in dieser Hinsicht

---

[1] H. A.s Schreibweise für »Mischpoke«: Gemeint ist die Familie ihres Vetters Ernst Fürst.

[2] Vgl. S. 498, Anm. 4

zusammen. Wenn es doch bloß kein Traum bleibt. Wenn Du noch ein Jahr wartest, wird es schon so aussehen, daß es sich selbst Dir wieder präsentieren kann. Keine Spur mehr vom heulenden Elend. Und, das Wichtigste, es hat das Provinzielle plötzlich wieder verloren. Es ist zwar keine Weltstadt aber doch wieder eine Großstadt. Du siehst: Ich bin ganz begeistert und glücklich, so gute Nachricht zu haben.

[...] In Frankreich geht die Algeriensache[1] pleite; was nun? Deutsche Zeitungen sind schlecht zum Informiertsein, und auch die europäische Ausgabe der »Herald Tribune« ist nicht gut. Und die »Zürcher« muß man dreimal am Tag lesen, um alles mitzubekommen. Ergo: Lotte soll pour l'amour de Dieu weiter berichten; sonst werde ich noch wirklich zur Landpomeranze.

Ich war heute hier beim Anwalt wegen restitution[2], und zwar bei einem Herzberg, der den Anwalt vertritt, der gerade den in Deutschland üblichen Zusammenbruch in irgendeinem Sanatorium auskuriert oder auch nicht. Selbiger Herzberg, von Beruf Richter!, sehr angenehm und genau, was ich brauche und gern habe. Morgen gehe ich erst mal auf den Senat – mit Empfehlung aus Hamburg –, um an die Behörde heranzukommen. Dann wird man weitersehen. Vermutlich werde ich bis Dienstag hier alles erledigen können und Mittwoch weiterkönnen.

Dann also Florenz. Nach München werde ich nicht fahren, weil Piper nicht will, daß ich jetzt im Rundfunk spreche. Er will es um 6 Monate verlegen aus Reklamegründen.[3] Muß Lotte [Köhler] wissen, denn es heißt, daß wir vorläufig nicht bezahlt werden. Dafür will Piper den Hamburger Vortrag[4] in der Piperbücherei getrennt bringen, und dafür muß ich ihn nochmals schreiben. Das werde ich in Florenz tun. Scheint mir zu schön!

---

[1] Vgl. S. 464, Anm. 1.

[2] Das Gesetz von 1953/1956 schrieb bundesdeutsche Zahlungen und Entschädigung für die Opfer der nationalsozialistischen Verfolgung (»Wiedergutmachung«, restitution) vor.

[3] Die »Reklamegründe« beziehen sich auf: Hannah Arendt: *Rahel Varnhagen. Lebensgeschichte einer deutschen Jüdin aus der Romantik*. München, Piper, 1959.

[4] Vgl. S. 498, Anm. 4.

Meine Familie: Darüber besser mündlich, aber es geht ganz gut. Nicht sehr gut!

An Robert schreibe ich zum 60. Vielleicht kann ich ihn in Locarno sehen, wo er ja ein Haus hat. Ich schreibe nach München.

Heute abend »Ariadne auf Naxos«[5] und Sonntag »Galilei«[6] im Osten, vielleicht am Montag noch chinesisches Theater ebenfalls im Osten. Außerdem Pergamonaltar, der am Sonntag feierlich hier eingeweiht wird.[7] Morgen kommt außerdem meine sog. Tante Lotte[8] aus dem Urlaub zurück, und wir werden sie gemeinsam an unser Herz hier drücken. Ernst Grumach ist in Kreta, aber seine Frau sehe ich morgen. Sonst kaum Menschen, eben nur Mespoche. Sehr komisch nach all den Jahren.

Nun doch noch Hamburg: Kannst Du Dir kaum vorstellen, es sei denn unter der Rubrik: beliebter Schnupper.

Liebster, ich muß ins Bad und umziehen und in die Oper – – hurrah!!

Machs man gut. Eben kam der Brief von Eugenio [Villicana]

Deine – Deine – Deine!

Berlin, den 7. Oktober 1959

Lieber Liebster –

Dank für Deinen Brief.[1] Ich habe immer rechtzeitig geschrieben, aber nicht rechtzeitig eingesteckt. Es war fast unmöglich in Hamburg, weil ich ja nicht im Hotel wohnte und die Post ziemlich weit entfernt war und ich immer so hin und her – mit Menschen, Vorträgen, arbeiten, telefonieren und allgemeinem Klimbim.

Eben komme ich vom Entschädigungsamt zurück, wo ich mich

---

5 Oper von Richard Strauss, 1864–1949.

6 Brechts Drama *Galileo Galilei* wurde im Ostberliner Theater am Schiffbauerdamm aufgeführt.

7 Der Pergamonaltar, seit 1929 im Pergamonmuseum in Berlin, war nach 1945 in die Sowjetunion transportiert worden, wurde 1959 dem Pergamonmuseum (Berlin-Ost) zurückgegeben.

8 Charlotte Arendt war die Schwägerin von H. A.s Vater Paul Arendt.

1 Nicht aufgenommen.

für sage und schreibe 45.000,– DM »verglichen« habe. Von Vergleich kann keine Rede sein; dies waren durchaus die höchsten Ansprüche, die ich überhaupt hätte stellen können. Zolki[2] hatte mir geraten, mich mit 20000,– DM zu vergleichen, der hiesige Anwalt meinte, 30000,– DM. Die 45.000,- DM sind einfach von dort mir angeboten worden. Warum, wissen nur die Götter. Das Geld bekomme ich Anfang des nächsten Monats. Leider geht davon 20 % für Anwaltsgebühren ab. Tant pis! Die Einzelheiten berichte ich mündlich. Ich habe, wie man so sagt, einen sehr guten Eindruck gemacht und mein übliches Glück mit Deutschen. Was den Anwalt anlangt – ein netter, anständiger und auch vernüftiger Kerl, der aber das Pulver nicht erfunden hat, dennoch mich sehr gut beraten hat –, so habe ich ihn mit Mühe und Not daran hindern können, mir in den Popo zu kneifen, auch vor Freude, nehme ich an. Er nennt mich Hannah, duzt mich aber noch nicht. Da bin ich doch sehr streng.

Sonst ist das Netteste in Berlin – Tante Lottchen [Arendt]. Dies eigentlich schon der Brief an Lotte [Beradt], erzähl es ihr! Denn Tante Lottchen ist »reich« geworden, ist richtig »ein- und ausgestiegen«, und ist wirklich so ein gutes Tier, daß es einem Freude macht. Dazu war sie in Rom und, wer hätte das gedacht?, ist völlig aus dem Häuschen vor Begeisterung. (Auf ostpreußisch, aber doch immerhin.) War mit ihr bei den »Stachelschweinen«[3], ganz interessant. Gestern Pergamonaltar und überhaupt Ostberlin mit einer netten Berlinerin, deren Namen ich nicht mitgekriegt habe, die mich aber überall hinfährt.

[...]

Ein bißchen durcheinander von dem plötzlichen Reichtum,
machs gut, Liebster,

Deine

---

[2] Henry Zolki, gest. 1962, H. A.s Anwalt.
[3] Berliner Kabarett.

[New York, Mitte Oktober 1959]

Liebes, kleines, großartiges Mädchen,

wie gut, daß Du geboren worden [1] und in die Welt verschickt worden bist, gut für die Welt, wenn sie's auch nicht weiß, besser für mich, der es sehr gut weiß, und vielleicht auch gar nicht so schlecht für Dich gelegentlich. Wärest Du hier, wo Du ja an solch einem Tag eigentlich sein solltest, so würden wir wohl eines unserer immer endloser werdenden Wochengespräche haben und uns immer weiter ineinanderhineinreden. Das Zweitbeste ist natürlich an solchem Tage, zum ersten Male in Florenz zu sein. Das ist wie ein gutes Geburtstagsgeschenk, das die Welt selber Dir macht. (Einer der großen Versuche, eine Republik zu bauen. Gescheitert, aber zum Eingedenken versteinert worden.) Ich werde Dir ein Telegramm [2] senden, das ist so feierlich und vornehm, und Du bist doch nun so reich, daß es Dir direkt zukommt. Was soll ich aber dem reichen Kinde schenken? Ich denke in vielen extravaganten Richtungen nach, aber so was Richtiges, Entzückendes, Ausgefallenes und unnützlich Nützliches, wie es Lotte [Beradt] eingefallen ist, wird mir wohl nicht glücken. Könnte ich es nur mit Dir beraten. So schicke ich erst mal ein ganzes Paket Kläpschen und Wünsche.

In Hamburg hatten sie Dich wohl alle mal wieder sehr gern? Siehst Du, die Rede [3] war doch sehr gut. Hier liegt schon ein Brief vom deutschen Kulturattaché in Washington, der Dich in Hamburg gehört hat, begeistert ist und Dich in New York mal sehen möchte.

[...]

Ich fühle überall Unwetter sich zusammenziehen. Der Stahlstreik hier kann sehr ernst werden. Der amerikanische Export ist fast Null. Kaufleute munkeln über eine möglicherweise unabwendbare Abwertung des Dollars. Das wäre ein Fressen für die Russen.

Grüße mir Robert und Kurt Wolff schön.

Hoffentlich hast Du gutes Wetter in Florenz.

Dein H

---

[1] Zu H. A.s Geburtstag am 14. Oktober.

[2] Das Telegramm lautet: »How much this day has come to mean.«

[3] Vgl. S. 498, Anm. 4.

Florenz, Hotel Helvetia & Bristol
Piazza Strozzi
den 13. Oktober 1959

Lieber Liebster –

Florenz ist unbeschreiblich aufregend, und ich bin ziemlich aus dem Häuschen. Dabei muß ich doch arbeiten und halte mich nur mit der größten Mühe hier fest.

Ich bin seit Freitagabend hier, war einen Abend in Zürich, habe mich aber bei niemandem gemeldet, weil ich todmüde war nach dem Berliner Abenteuer und außerdem in Frankfurt Pech mit den Flugverbindungen hatte. Zürich war vernebelt, und wir mußten alle irgendwo ziemlich schlecht in Wiesbaden übernachten. Tant pis. Immerhin habe ich in Zürich noch sehr schön Uhren für uns gekauft, sage und schreibe morgens um ½9 Uhr. Tüchtig, nicht wahr?

Robert: Ich habe von ihm nichts gehört, obwohl ich nach München schrieb und ihm meine Adresse hier angab. Ich kann gut in Locarno Station machen, aber doch wohl lieber nicht, wenn ich nichts von ihm höre. Was meinst Du? Wenn Du gleich schreibst, erreicht es mich hier noch zur Zeit. Tu es doch bitte! Du kennst mein Mißtrauen mit Menschen, und ohne Dich weiß ich nie, ob ich nicht gerade wieder einmal im Begriff stehe, eine Mordsdummheit zu machen.

Ich wohne hier in einem ausgezeichneten und für Florenz ausgesprochen billigen Hotel, in einem Zimmer, das ein bißchen wie eine Mönchszelle aussieht, im Herzen der Stadt und also allen Verführungen und leider auch einem phantastischen Lärm ausgesetzt. Aber ich bin an verstopfte Ohren[1] ja mehr als gewöhnt. Aber seit Griechenland[2] ist für mich eine Reise dieser Art nicht mehr so wichtig gewesen. Wenn Du nur eben mal hier sein könntest –

[…]

Ich komme nicht zum Schreiben, weil ich entweder todmüde auf dem Bett liege oder am Schreibtisch sitze (sehr hübscher Tisch nb.)

---

[1] Gemeint sind Ohrenstöpsel gegen den Lärm.
[2] Gemeint ist die Reise im Herbst 1955.

oder mit Verwandten[3] behaftet bin oder (und zwar meistens) mich unter Herrlichkeiten herumtreibe.

Leb wohl, mein Herz. Ich schicke dies schon heute ab, obwohl ich hoffe, morgen von Dir ein Briefchen zu haben, alldieweil es mein Geburtstag ist, falls Du es vergessen haben solltest. Ich möchte sicher sein, daß Du dies am Sonnabend hast.

Eben läutet die Verwandtschaft – ist übrigens ganz nett.

Es grüßt und küßt Dich

Deine –

New York, 18. 10. 59

Liebstes Mädchen,

da Du jetzt mit Jaspers bist, bist Du sicher glücklich. Wirst wieder einmal verwöhnt? Das ist der Fluch, den die älteren Herren auf die etwas jüngeren schmeißen können. Na warte, bis Du nach Hause kommst. Ich rauche vor Wut. Es ist einfach unmöglich, Dir alle die verehrenden Briefe, Einladungen und so weiter nachzuschicken, und ich tauge nicht dazu, Dein Sekretär zu werden. (Es ist genug, daß Du nicht meiner hattest werden können.)

Jaspers, grüße ihn herzlichst, liegt mir sehr im Kopf mit seinen etwas verfrühten Plänen über die Reform der Universität.[1] Er hat wirklich entscheidende Grundlagen gelegt mit seiner Unterscheidung von Wissenschaft und Philosophie, aber das ist noch kein Grund, ungeduldig zu werden. Seine Unterscheidung von Religion und Philosophie ist unscharf und zweideutig, von der Kunst nicht zu sprechen. Seine Anstrengung mit der Politik ist großartig, aber »was der Minute ausgeschlagen, bringt keine Ewigkeit zurück«.[2]

---

[3] Die Familie ihres Vetters Ernst Fürst.

[1] Bezieht sich auf Äußerungen Jaspers' in Briefen an H. A. vom 30. Juli und 26. August 1959 über die »Neubearbeitung« seiner »Universitätsidee« von 1946 und Vorstellungen über die »Neugründung einer Universität«. Jaspers antwortete auf H. B.s Bemerkungen in einem Brief an ihn vom 28. Oktober 1959; vgl. *Hannah Arendt – Karl Jaspers Briefwechsel*. München 1985, S. 418ff.

[2] In Schillers Gedicht »Resignation« heißt es: »Was man von der Minute ausgeschlagen, / Gibt keine Ewigkeit zurück.«

Aus meinen kleinen, aber essentiellen Experimenten werde ich versuchen, mit ihm langsam ins Gespräch zu kommen.

Wie war es mit Robert? Oh, bitte, gut.

Es ist Zeit, oh berühmtes Vögelchen, daß Du in Dein Nest zurückkommst und Dich wieder verbergen kannst. Aber erst wirst Du noch zwanzig Briefe beantworten müssen, die nicht wert sind, Dir nachgeschickt zu werden. Es ist wie im Märchen.

Hier ist eine große Aktion der vereinigten Institute[3] im Gange, to improve this most wonderful neighbourhood in the world (they are right, it could be).[4] Die Hauswirte sollen gezwungen werden, ihre Häuser zu verbessern usw. Vielleicht müssen wir nicht ausziehen[5], und das wäre wunderbar, denn ich fühle mich hier so gut.

Mit Bard geht es finanziell schrecklich bergab und akademisch herrlich bergauf. Alles macht mir Spaß.

Gegrüßt, geküßt und geklapst

Dein

Heinrich

Bringe mir bitte, bitte keinerlei Schnaps mit, aber statt dessen hundert von den alten herrlichen Zigarren, die man in Brissago in der Schweiz an der italienischen Grenze macht, die langen Virginias mit dem blauen Band und mit Stroh in der Mitte.

Und, im übrigen, komm nach Hause.

Florenz, den 20. Oktober 59

Lieber Liebster –

versteinert ist das richtige Wort für die Stadt, die immer wunderbarer wird, je länger man in ihr ist. Womit ich meine, der Wunder werden immer mehr. Dieser ungeheure Ausbruch an Genialität,

---

[3] Bezieht sich auf verschiedene Institute der Columbia Universität, in deren Nähe die Wohnung des Ehepaares lag.

[4] »um diese wunderbarste Nachbarschaft noch zu verbessern (sie haben recht, das könnte man).«

[5] Nach H. A.s Rückkehr nach New York im November zog das Ehepaar um in die Wohnung 370 Riverside Drive.

wohin man sieht. Übrigens wird einem nichts hier klarer, als daß die gewöhnliche Einteilung von Mittelalter, Renaissance etc. schierer Unsinn ist. Hier ist oft das 13. und immer das 14. Jahrhundert schon »Renaissance«; und es ist vielmehr der Geist der Stadt als die sogenannte Chronologie oder der Geist der Zeit, den man wirklich sieht.

Sonnabend früh sind die Fürsts abgefahren, und es war bis zum Schluß angenehm, freundschaftlich und ganz harmonisch, da ich wirklich so ziemlich alles Politische vermied, woran sie auch gar nicht sonderlich interessiert sind. Die Kinderbeziehungen halten eben doch vor; man kennt sich auf einer Ebene, die vielleicht nicht ausschlaggebend ist, aber immer noch da ist, in den Bewegungen, den Gewohnheiten usw. Mein Vetter[1] war hier sehr nett, nur in Berlin, gehetzt von verrückten Milchmädchenrechnungen in Wiedergutmachungsangelegenheiten, fiel er mir auf die Nerven. Hier hat er dann alles vergessen in seiner Begeisterung, die ganz echt war. Er hat, glaube ich, zwei Prozesse in Berlin laufen, einen gegen die Behörden und den anderen gegen seinen Anwalt. Verrückt!

Dein Brief, mein Liebster. Fängst Du noch an, mir auf unsere alten Tage Liebesbriefe zu schreiben?

Aber ich muß weiter berichten. Gestern abend ist Bouschi[2] hier eingetroffen, mit Auto und Silky [ihre Katze]. Ja eigentlich rührend, ist zwei Tage gefahren, um dies Treffen möglich zu machen. Heute fahren wir nach Arezzo und morgen nach Siena. Und Donnerstag früh geht es nach Locarno. Auf den zweiten Brief von Wolff[3] hin habe ich mich doch entschlossen. Aber: Robert werde ich nicht sehen. Ich habe alles versucht. Er hat mir selbst nicht geantwortet, nur Elke schrieb, er sei in Zürich. […]

Freitag abend bin ich in Basel und wohne doch wieder bei Jaspers. Sie schrieb: Ich müßte dort wohnen, unbeschreiblich rührend. Wie einsam er sei und niemanden habe, mit dem er sprechen könne. Ich bleibe eine Woche in Basel. […]

---

[1] Ernst Fürst.

[2] Hermann Brochs Witwe.

[3] Wolffs wohnten zu der Zeit in Locarno.

Liebster, ich bange mich, möchte eigentlich jetzt nach Hause. Genug Rumtreiberei, Zeit, es alles genau mit Dir zu besprechen. Ohne diese Möglichkeit bleibt alles stumm. Ich rede eigentlich dauernd mit Dir, während ich mich rumtreibe und durch die Paläste strolche.

Schreib, mein Herz, bleib mir gesund, keine Bauchgeschichten! Überanstreng Dich nicht. Und bitte, denk mal nach, ob Du nicht doch ein ganzes Jahr Urlaub nehmen kannst. Wir können es uns doch leisten.

Deine

H.

Basel, den 26. Oktober 1959

Lieber Liebster –

eine Woche ist hier so lang, daß ich gar nicht recht weiß, wo ich anfangen soll. Jedenfalls bin ich jetzt wieder hier in einer Geborgenheit, die gerade nach solcher Reiserei durch die Länder sich doppelt und dreifach auswirkt. Annchen [Weil] würde sagen: Die Nerven glattstreichen lassen. Mit Jaspers ganz herrlich, aber beide unverändert. Er ganz offen und unbekümmert. Ich las ihm die auf ihn bezüglichen Sachen aus Deinem Brief vor.[1] Er verstand nicht recht, was Du mit »ungeduldig« meinst. Ich sagte, ich werde anfragen. Er: Nein, das tue er lieber selbst. Also wird er schreiben. Ganz glücklich über die Reaktion Deinerseits, gerade auch weil Du Dich kritisch äußerst.

Nun werde ich aber erst berichten. Also: Buschi kam planmäßig nach Florenz und fuhr mich und Silky nach Siena und Arezzo. War unbeschreiblich schön, strahlende Sonne auf allen Herrlichkeiten, die toskanische Landschaft. Du kennst es alles, aber ich kannte es nicht. Über Florenz kein Wort. Weil ich dann ins Schreiben käme. Versteinert, wie Du sagst, aber gewissermaßen gleich so konzipiert. Und jetzt das elende kleine Volk, das sich da angesiedelt hat in den großen Steinen und sich mit Lärm der unglaublichsten Art vergnügt

---

[1] Vgl. S. 505 f.

– affenartig und unheimlich. Über Michelangelo werde ich mich mit Mary gehörig zanken, aber sonst über weniges. Sie hat gut und klug gesehen. Es ist ein schönes Buch.[2]

Danach Locarno bei Wolffs im Esplanade. Wirklich schönes Hotel. Die Wolffs beide, nicht nur er, unglaublich freundschaftlich und direkt liebevoll. Die Kölner[3] waren zufällig da und fuhren uns im Tessin herum. Wieder strahlendes Wetter, ein ganz perfekter Tag.

Und seit Sonnabend eben hier, wo mich heute Scholem abholen kommt, der gerade in Basel ist. […]

Solltest Du Dir noch Kopfschmerzen wegen Geburtstagsgeschenk machen, so schlage ich vor: Die Goethe-Ausgabe des Artemisverlages (wir haben die Briefbände). Was meinst Du? Unsere alten müßten wir dann abstoßen. Aber es ist nicht sehr wichtig.

Manheim, der Übersetzer von Jaspers, wird mir den Rest[4] aus Paris hierher schicken. Falls sich da noch Schwierigkeiten ergeben, könnte es sein, daß ich von Brüssel noch für ein oder zwei Tage nach Paris fahre. Ferner ist zu melden, daß der Vogel aus dem schwarzen Wald[5] sich bei den Kölnern bitter beklagt hat, er habe meine Adresse nicht. (Ich hatte ihm zum 70. ein Geburtstagstelegramm[6] aus Hamburg geschickt.) Schrieb ich, daß ich in Köln den Hamburger Vortrag[7] noch mal in der Universität halte? Enfin, voilà. Ich wollte das Geld noch mitnehmen. Nun planen die einen Empfang mit Essen und Gott weiß was. Und zahlen für das Essen nicht einen Pfennig mehr! Ferner werde ich mich bei dem Deutschen Frauenring herumtreiben.

Sehr viel wichtiger als all diese Schnokes ist, daß Du oder Lotte gleich an Frau Jaspers schreiben müßt, um den Namen Deines Hörgeräts zu melden. Ich hatte ihn vergessen, und mir scheint, dies käme sehr auch für sie in Frage. Lotte kann es gut machen.

Werde nicht ungeduldig mit der dummen Post. Wir werfen alles

---

2 Mary McCarthy: *The Stones of Florence*. New York 1959.

3 Dr. Zilkens und seine Frau.

4 Vgl. S. 497f.

5 Martin Heidegger.

6 Heideggers Geburtstag war der 26. September.

7 Vgl. S. 498, Anm. 4.

in den Papierkorb und zünden nur darum kein Freudenfeuer an, weil wir nicht als Brandstifter ins Gefängnis wandern wollen. Und grüß Esther!

Du siehst, mir geht es gut, und selbst der Stahlstreik kann mir die Laune nicht verderben. Auch nicht ein ungarischer Dichter, der bei Jaspers erschien, und die ganze Revolution so sentimentalisierte, daß einem ganz übel werden konnte. Mach Dir keine Sorgen um Bard, Liebster! Aber rede Dir auch nicht ein, wir könnten wohnen bleiben! Rede lieber mit Gumperz über Geldanlagen. Eventuell Geld in Deutschland lassen? Oder in der Schweiz? In der Form von Papieren? Ich lasse das Restitution-Geld[8] erst einmal an unser Kölner Konto überweisen.

[...]

Jetzt muß ich runter zu Jaspers. Freu mich schon. Unter all dem aber will ich nichts wie zu Dir.

Deine –

---

[8] Vgl. S. 501 f.

Zwölfter Teil:
Februar bis Juni 1961

[Im Frühjahrssemester 1961 lehrte Hannah Arendt an der Northwestern University in Evanston, Illinois, nördlich von Chicago. Danach flog sie am 7. April im Auftrag der Zeitschrift *The New Yorker* als Berichterstatterin zum Eichmann-Prozeß nach Israel. Sie unterbrach den Aufenthalt, um einen Besuch bei Jaspers in Basel zu machen und Freunde in München zu sehen. Nach einem zweiten kurzen Aufenthalt in Jerusalem traf sie am 24. Juni ihren Mann in Zürich, um mit ihm von dort aus Jaspers zu besuchen.]

[Evanston,] den 1. Februar 1961

Liebster –

[…]

Liebster, es war nicht recht, nicht zu kommen. Versprechen muß man halten, selbst wenn man sie an seine eigene Frau gibt. Deine Entschuldigung mit Bard ist komisch, mein Herz. Wenn Du willst, bist Du in genau zwei Stunden in Chicago. Und Deine Abneigung zu fliegen wird Dich nur in eine Situation bringen, in der Du Dich prinzipiell nicht mehr rühren kannst – wie einer, der sich vor 50 Jahren weigerte, mit der Eisenbahn zu fahren. Es wird wirklich Zeit, daß Du es einmal ausprobierst. Mir hat die Geschichte einen Schreck in die Glieder gejagt, weil ich diesmal wirklich nicht gedacht habe, Du würdest dann einfach nicht kommen. Und weil ich Angst habe, daß, wenn ich Dich nicht positiv [einfach] zwinge, was ich ja nicht tun werde, Du im Sommer mit Europa Dich ähnlich verhalten wirst.[1]

[…] Bitte schick den Morgenthau![2] Und: ich hatte Lotte gebeten,

---

[1] Bezieht sich auf die für den Sommer geplante Europa-Reise.

[2] Vermutlich handelt es sich um ein 1960 erschienenes Buch: Hans Morgenthau: *The Purpose of American Politics*. 1960.

mir den »Aufbau«[3] zu schicken, hat sie auch einmal getan, dann aber vergessen. Bitte, schicke ihn. Es ist wichtig wegen der Eichmann-Affäre[4] und hier natürlich nicht zu haben.

Hast Du Günthers Brief an Kennedy gelesen?[5] Komisch, wie man so unrecht haben kann, wenn man andererseits doch auch wieder ganz recht hat. Oder was denkst Du? Die verschiedenen Kennedy-statements[6] sind großartig. Ob es helfen wird? Wird es ihm gelingen, das Land zu überzeugen? Sehr viel schwerer, scheint mir, als es im Moment ausschaut. Jedenfalls weiß er, was los ist, und das ist ja immerhin eine Beruhigung.

Montag waren wir im Kabarett, sehr nett und zum Teil wirklich ganz gut. Auf jeden Fall vergnüglich. Wir waren mit dem Besitzer zusammen, eine ulkige Tüte. Genau so halb-intellektuell, wie diese Leute zu sein pflegten. Überhaupt ist dies Chicago ein kurioses Pflaster; in gewissem Sinne viel intellektueller als New York. Vor allem die Juden haben hier einen ausgesprochen mitteleuropäischen touch. Gott weiß woher, denn sie kommen alle aus Rußland, nämlich ihre Eltern. Allerdings nicht aus Polen oder Galizien! Die alte Geschichte. Ansonsten alles sehr ruhig, weil ich mir diese Tage für Dich frei gehalten hatte. Jetzt wird es weniger gemütlich sein. Eine Reihe von Extra-lectures, die ich aber gern mache, und Extra-Diskussionen mit meinen graduate students, die sehr nett und sehr guten Willens sind. Übrigens im Political Science Department sind sie besser als im Philosophy Department. Das hat mich schon in Columbia erstaunt. Es ist nicht mehr so, daß die Begabten prinzipiell nichts von Politik wissen wollen. Es ist eine andere Gesellschaft und eine andere Generation als vor 5 oder 6 Jahren.

Nun hast Du nichts geschenkt bekommen[7], was die gerechte Strafe wäre, wenn es für Dich eine Strafe gäbe. Daher würde ich

---

3 Vgl. S. 195, Anm. 2

4 Im Mai 1960 war Adolf Eichmann aus Argentinien entführt und in Jerusalem vor Gericht gestellt worden. H. A. flog am 7. April 1961 im Auftrag der Zeitschrift *The New Yorker* als Berichterstatterin zum Prozeß dorthin.

5 Nicht zu ermitteln.

6 Vermutlich die Inaugurationsrede Kennedys, die am 21. Januar 1961 in der *New York Times* veröffentlicht wurde.

7 Bezieht sich auf H. B.s Geburtstag am 29. Januar.

vorschlagen, daß wir Dir einen kleinen Television-Set kaufen; Du wirst ja vermutlich jetzt öfter hören und sehen wollen als bisher. Was meinst Du?

[...]

Leb wohl, Liebster, und bereue Deine Sünden. Von Mary hatte ich übrigens einen lieben Brief. Bowden[8] geht nun wirklich nach Alabama zwecks Scheidung. Lowell[9] schrieb, er war zur Inauguration[10] eingeladen: The world is green again. Ist das nicht merkwürdig?

Deine

[Evanston/Illinois,] den 17. 2. 61

Lieber Liebster –

ich bange mich wirklich plötzlich abscheulich. Es ist eben zu lange. Habe gerade Korrekturen[1] fertig gelesen – Uff! Und hatte einen bezaubernden Brief von Jaspers, der sich sehr entzückt über Kennedy und Deine Fotos äußert.[2] Und natürlich wissen will, wann wir in Basel zu erwarten sind. Mit der Verlegung des Eichmann-Prozesses[3] wird ja alles ganz verrückt. Wenn Du Dich vielleicht doch entschließen könntest, sehr schnell nach Semesterschluß zu kommen, würde es für mich vielleicht das Gescheiteste sein, doch in Europa zu bleiben. Obwohl es ja im Grunde auf die 7 Stunden auch nicht ankommt. Es ist halt doch eine Differenz von ca. 500 Dollar.

[...]

Ansonsten nichts Besonderes. Dies ist à la longue ein ziemlich

---

[8] Vgl. S. 300, Anm. 4.

[9] Robert T. S. Lowell, 1917–1977, amerikanischer Lyriker und Dramatiker.

[10] Gemeint ist die Feier zum Amtsantritt von Präsident John F. Kennedy, 1917 bis 1963, im Januar 1961 in Washington, vgl. S. 514, Anm. 6.

[1] Bezieht sich auf Hannah Arendt: *Between Past and Future. Six Exercises in Political Thought*. New York 1961.

[2] Vgl. *Hannah Arendt – Karl Jaspers Briefwechsel*, a. a. O., S. 460ff.

[3] Das Beweisaufnahmeverfahren dauerte vom 11. April bis zum 14. August 1961; der Urteilsspruch erfolgte im Dezember.

ödes Nest[4], Chicago ist halt doch eine Stunde per Taxi! entfernt, und meine Studenten sind zwar nett, aber nicht ein einziger wirklich begabt. [...]

Deine –

H.

[Tel Aviv,] Sonntag, [9. April 1961]

Lieber Liebster!

Alles herrlichst verlaufen! Blendender Flug, doch noch einmal ganz anders mit Jet, dann in Paris bequemes Hotel mit Bad und heute ein bezaubernder Flug hierher – über das Mont Blanc-Plateau, dann an der italienischen Küste entlang über Kreta. Blendende! Sicht.

Chanan [Klenbort] mit meiner Familie[1] am Flugplatz. Ich werde ihn morgen in Jerusalem sehen. Bin morgen abend bei Kurt [Blumenfeld] und sprach gerade Jenny [Blumenfeld], der es offenbar momentan besser geht. Meine kleine Nichte[2] sehr hübsch und nett. Und auch sonst sozusagen im Schoß der Familie.

Liebster, laß mich nicht ohne Nachricht! In Paris blühten die Kastanien!, der Flieder, die Obstbäume, alles zugleich.

Deine, Deine

[New York, Mitte April 1961]

Liebling,

ich habe bisher nur die Nachricht von Deiner schönen Fahrt und Ankunft. Jeder fragt nach Dir, und ich weiß wenig zu sagen. Lotte S.[1] versteht die schreckliche Lage jetzt sehr gut und benimmt sich wunderbar mit ihrer Tochter. Goldstein[2] meint, sie könnte bald

---

[4] Evanston, Illinois.

[1] Die Familie des Vetters Ernst Fürst.

[2] Edna Fürst, geb. 1943.

[1] Charlotte Klenbort, geb. Sempell, deren Tochter Irene, 1943–1991, an multipler Sklerose erkrankt war.

[2] Dr. Kurt Goldstein, der behandelnde Arzt.

wieder aufs College, allerdings Barnard, New York. Die süße Kleine hat angefangen, mit einer Lehrerin von Brooklyn College das Griechische zu lernen, und ist begeistert. Sie kann vielleicht auch ihre philosophy credits hier machen und wird mich zu Hilfe nehmen. Das eine Auge ist noch fast blind, aber die Symptome lassen nach. Ich denke, Lotte hat ganz recht. Chanans[3] Anwesenheit ist unnötig und würde nur Aufregung und Verwirrung bringen.

Ich werde wohl nächste Woche mit der Arbeit des Eizesgebens[4] bei der Enzyklopädie beginnen.[5] Muß auch noch für ein Wochenende nach Puerto Rico fliegen. In Bard geht alles normal.

Du bist ja wieder wirklich in die finsteren Zeiten rein. Der deutsche Verteidiger[6] könnte von George Grosz erfunden sein.

Der Eichmann sieht aus, als ob es ihn nicht hätte geben dürfen. Und der jüdische Herr Beer[7] hat unter seinem Führer Ben Gurion, oder besser hinter dessen Rücken, wieder einmal demonstriert, wie leicht sich die modernen geheimnisvollen Machtfatzken miteinander verwechseln und sich auswechseln lassen.

Dort wie hier wie allenthalben finster genug.

Da müssen wir wenigstens einander helle Flecke bleiben, so schwer es auch fallen mag in den finsteren Zeiten.

Grüß Kurt Blumenfeld herzlichst. Und natürlich auch Chonne.[8]

Gruß, Kuß und Klaps

Dein

H.

P. S. So sehr Du gegen Publizität bist. In ein philosophisches Wörterbuch (siehe Antrag) müßtest Du wohl rein?

---

3 Chanan Klenbort war zu der Zeit in Israel – vgl. S. 516, Brief vom 9. 4. 1961.

4 Jiddisch: »Ratschläge erteilen«.

5 Das Projekt wurde aufgegeben, als der Verlag in andere Hände überging.

6 Dr. Robert Servatius aus Köln war der Verteidiger Eichmanns.

7 Israel Beer, 1912–1966, Militärkommentator und Sowjetagent in Israel; Mitglied des israelischen Generalstabes, Professor für Militärgeschichte an der Universität in Jerusalem, 1961 des Landesverrates überführt und zu 15 Jahren Gefängnis verurteilt.

8 Chonne war der Kosename für Chanan Klenbort.

den 15. April 1961
Jerusalem
Beit Hakerem
Hotel-Pension Reich

Lieber Liebster –

heute ist es gerade eine Woche, daß ich abgeflogen bin – mir scheint es sehr viel länger. Es ist kalter Frühling in Jerusalem mit schöner, warmer Sonne. Meine Hotelunterkunft war unmöglich, und ich bin, wie Du siehst, umgezogen – raus aus der Stadt, die laut und scheußlich ist, voll von einem orientalischen Mob, wie man ihn eben im Nahen Osten sieht, das europäische Element sehr zurückgedrängt, die Balkanisierung sehr vorgeschritten in jeder Hinsicht. Du wirst den Skandal[1] inzwischen in den Zeitungen gelesen haben; hier große Aufregung und dazu die Furcht, der Prozeß könnte ins Hintertreffen geraten. Der Prozeß selbst: Eichmann wie ein Gespenst, das dazu gerade den Schnupfen hat, in seinem Glaskasten eher noch wie eine Materialisierung in einer spiritistischen Seance. Nicht einmal unheimlich. Er selbst nur darauf bedacht, die Haltung nicht zu verlieren. Der Staatsanwalt[2] mit unzähligen Assistants und vor Bergen von Büchern und Zeitschriften, ein galizischer Jude, der ohne Punkt und Komma spricht, sich dauernd wiederholt und widerspricht, gelehrt tut, wie ein beflissener Schüler, der zeigen will, was er alles weiß. Der Verteidiger[3], ein öliger, geschickter und sicher durch und durch korrupter Herr, aber erheblich gescheiter als der Staatsanwalt. Darüber thronend die drei Richter[4], alles deutsche Juden, und in der Mitte der presiding judge, Moshe Landau, der ganz und gar großartig ist – mit Ironie und Sarkasmus in langmütiger Freundlichkeit. Kurt [Blumenfeld] versprach mir, daß ich ihn bei ihm kennenlernen werde. Würde mich freuen, ganz abgesehen von

---

1 Vermutlich Anspielung auf die Beer-Affäre; vgl. S. 517, Anm. 7.

2 Gideon Hausner, geb. 1915, Generalstaatsanwalt Israels und als solcher Hauptankläger.

3 Dr. Robert Servatius.

4 Moshe Landau, geb. 1912, Mitglied des Obersten Gerichtshofes des Staates Israel: Vorsitzender des Eichmann-Prozesses. Neben Landau Dr. Benjamin Halevi und Yitzhak Raveh.

allem anderen. Vor dem Gerichtshof ein Mob von orientalischen Judenkindern und Peiesjuden[5] – wie er sich zu jeder Sensation zusammenfinden würde. Das Land in Wahrheit gar nicht sehr interessiert, künstlich hochgepeitscht. Dazu überflutet von Deutschen, die so philosemitisch sind, daß einen das Kotzen ankommt. So unter anderem mein Tischnachbar hier, der Frankfurter Bürgermeister mit Frau, die gerade ihren Sohn nebst einem Freund in einen Kibbuz eingeliefert haben. Einer der Journalisten ist mir bereits laut schluchzend um den Hals gefallen – mit einem: das haben wir gemacht etc. Wie im Theater. Ebenfalls zum Kotzen. Daneben die fixen und tüchtigen Herren des Wirtschaftswunders, die im King David wohnen und voller Leutseligkeit und »guten Willens« sind. Ich kann mir nicht vorstellen, daß das ein gutes Ende nimmt. Der einzige Trost, daß es nicht sehr wichtig ist.

Kurt ist sehr verfallen. Ich glaube nicht, daß er es noch lange macht. Jenny (seine Frau) hat Leukämie, es geht ihr im Moment besser. Kurt immer noch der Beste zum Reden; geistig vollkommen in Ordnung. Er spricht viel von Dir und läßt herzlichst grüßen. Mein kleines Nichtchen[6] ist ganz reizend geworden; ich warte gerade, daß sie[7] von Tel Aviv mit dem Wagen raufkommen für einen zweitägigen Ausflug. Habe Baron gesehen, der Ende des Monats aussagen wird im Sinne eines allgemeinen geschichtlichen Überblicks. Der Prozeß wird viele Monate dauern; ich zweifle daran, daß ich beim Ende werde da sein können. Wenn wir das Urteil im August hätten, wäre es ein Wunder. Ich werde also vorerst eine Woche länger bleiben als vorgesehen, bis zum 8. Mai, dann wird man weitersehen. Gestern traf ich hier jenen Fritz Lichtenstein, der Dir damals so imponiert hat mit dem Klavier für seinen Kibbuz. Er ist im foreign Service [Auswärtigen Amt], unverändert, nett und dumm; aber eben anständig und sauber, was hier vermutlich langsam unbezahlbar wird. Ich freunde mich hier mit Matthews[8] an, der für die »Saturday Evening Post« hier ist, ehemaliger Chefredakteur

---

5 »Peiesjuden«: die orthodoxen Juden mit den Schläfenlocken.

6 Vgl. S. 516, Anm. 2 (1. Brief).

7 Die Fürst-Familie.

8 Thomas S. Matthews.

von »Time [Magazine]« dem zum ersten Mal in seinem Leben die Judenfrage aufgegangen ist. Er ist ganz verzweifelt, und ich versuche vergeblich, ihm das ABC beizubringen.

Ich telegrafierte an Lotte [Beradt], als ich umzog, weil ich nicht sicher war, daß das Telegramm Dich erreichen würde. Chanan war sehr traurig und sehr männlich in der ganzen Sache mit Irene; ich glaube, Lotte [Klenbort] braucht keine Angst zu haben, er wird ruhig sein, wie immer es sich entwickeln wird. Er fährt morgen nach Rußland weiter. Ich warte schon sehr auf Deinen ersten Brief, vor allem auch auf Nachricht, ob die Kleine nicht weitere Symptome entwickelt.

Ich wohne jetzt sehr schön, allerdings außerhalb der Stadt, aber in unmittelbarer Nähe der Universität, mitten in den Bergen, hatte bis heute Zimmer mit Bad und Balkon, werde dies allerdings morgen räumen müssen bis nach dem Unabhängigkeitstag[9] Mitte nächster Woche. Es macht nichts. Das Haus ist sehr fromm, aber der Besitzer, aus Böhmen, ehemaliger Chemiker, ein sehr angenehmer, netter und vernünftiger Mann. Mit mir wohnt hier François Bondy – und außerdem die gesamte amerikanische Television crew, dänische Journalisten usw. Das Leben hier ist irrsinnig teuer, und zwar nicht nur Taxis oder Luxusartikel, sondern das Alltäglichste, Seife, Zahnpasta, Fleisch etc. Seit März gibt es hier einen Lehrerstreik an den höheren Schulen, und alle Kinder sind seit Monaten zu Hause und ohne Schule. Der Kampf ist unerbittlich, weil es wirklich um das Nötigste geht. Dabei herrscht auch hier eine gewisse Prosperität, vor allem unter den deutschen Juden mit restitution.[10] Vorläufig sitze ich von morgens bis abends im Gerichtssaal, hoffe aber doch, daß dies in der nächsten Woche nicht mehr so nötig sein wird.

Liebster, schreib mir! Und wenn es nur eine Zeile ist!

Deine

H.

---

[9] Gleichzeitig mit dem Abzug der britischen Truppen aus Palästina (Erlöschen des Mandats) wurde am 14. Mai 1948 vom jüdischen Nationalrat der Staat Israel proklamiert, der Dreiviertel Palästinas umfaßte. Der Unabhängigkeitstag ist der 5. Ijar des hebräischen Kalenders, der auf einem gebundenen Mondjahr mit Monaten verschiedener Länge beruht. 1961 fiel er auf den 20. April.

[10] Vgl. S. 500, Anm. 2.

[Tel Aviv,] den 20. April 1961

Lieber Liebster!

Ich warte schon sehr auf den ersten Brief und war ganz erleichtert, auf einem der nachgeschickten Briefe Deine Handschrift zu sehen. Hier geht alles wie erwartet, ups and downs, mit dem Gespenst in der Glaskiste, das zuhört, wie seine Stimme vom Spruchband erklingt. Daß er sich selbst sehr gerne *öffentlich* erhängen möchte, hast Du vermutlich gelesen. Mir blieb die Spucke weg. Das Ganze stinknormal und unbeschreiblich minderwertig und widerwärtig. Verstehen tue ich es noch nicht, aber mir ist, als ob der Groschen irgendwann einmal fallen wird, nämlich bei mir. Heute sah ich stundenlang den jungen Assistenten von Servatius, Wechtenbruch oder so ähnlich. Der fliegt morgen nach Deutschland, um zu versuchen, Zeugen zu bekommen und vor allem die Deutschen dazu zu bewegen, einen Auslieferungsantrag zu stellen. Es war ganz interessant, typisch vor allem, daß er im Ganzen sehr viel sympathischer war als die Herren, die hier die Bundesrepublik vertreten und an schwerster »Israelitis« leiden, wie man hierzulande den neu ausgebrochenen Philosemitismus zu bezeichnen wünscht. Die Sache wird mehr und mehr zu einer Angelegenheit zwischen Deutschen und Juden, welche von den anderen erstaunt und schockiert betrachtet wird. Hier war große Tankparade[1] heute, die ich mir nicht angesehen habe, und gestern sah ich die jüdische Jugend um das Lagerfeuer sentimental Lieder singen, ganz wie wir es in unserer Jugend gekannt und gehaßt haben. Die Parallelen sind fatal, vor allem in Details.

Bin halbwegs ordentlich untergekommen, in der Nähe der Universität. Dauernd bedrängt von Menschen aus schlechterdings allen Perioden meines Lebens. Gehe regelmäßig zu Kurt, den ich wohl nicht wiedersehen werde. Er ist geistig frisch, aber körperlich nun wirklich sehr verfallen, uralt. Ich zeigte ihm die Bilder von Dir, er möchte so gerne eines haben. In meiner linken Schreibtisch-Schublade im living room findest Du sie, er möchte das freundliche. Ich mag mich von meinem nicht trennen, schick es mir oder ihm direkt

---

[1] Eine Panzerparade, vermutlich im Zusammenhang mit dem Unabhängigkeitstag, vgl. S. 520, Anm. 9.

(P. O. B. 538 Jerusalem) mit ein paar Worten. Es wird das freundliche Wort sein, das ihn von Dir noch trifft. Ich habe hier auch jenen Fritz Lichtenstein[2] wiedergetroffen, dessen Versuche um ein Klavier Dir einst so imponierten. Aber das schrieb ich wohl bereits. das Beste immer die kleine Edna, die mich hier für einen Tag besuchen kam und gerade nach Hause gefahren ist. Wir sind miteinander so vertraut, als hätten wir uns zeit unseres Lebens gekannt.

[...]

Übrigens der Prosecutor[3] wird immer ekelhafter. Jetzt hat er uns erzählt, daß die Juden dem deutschen Volk Emil Ludwig[4] und Kafka (in this order mit noch einem dazwischen) beschert hätten. Und so viele Nobelpreisträger – gar nicht auszudenken. Und daß Hitler der letzte in der Reihe von Pharao und Haman[5] gewesen sei; wobei denn auch jeder meinte, daß der Herr Staatsanwalt das Judenmorden offenbar für eine normale Beschäftigung der Nichtjuden halte. Ghettomentalität mit Tanks und militärischer Parade.

Leb wohl, mein Liebster. Heute ist Briefschreibtag. Ich muß an den schwer verliebten (it is very deep, sic!) Morgenthau[6] schreiben. Ich denke an den Moment, wo ich schließlich auf dem Zürcher Flugplatz stehen werde und auf Dich warte. Aber das liegt noch in weiter Ferne.

Deine, Deine – –

Ich Trottel habe das Wichtigste vergessen: Bei mir hat sich Ricarda Schwerin[7] unter Berufung auf Dich gemeldet. Du weißt, daß der Mann tot ist. Sie sehr nett, sehr interessant, wie man als Nichtjüdin

---

[2] Vgl. auch S. 519, nicht zu ermitteln.

[3] Gideon Hausner.

[4] Emil Ludwig, 1881–1948, deutsch-schweizerischer Schriftsteller effektvoller Biographien

[5] Der Plan Hamans, (5. Jh. v. Chr.), Großwesir des persischen Königs Xerxes, ein Judenmassaker anzurichten, wurde durch die Königin Esther vereitelt.

[6] Hans J. Morgenthau, 1904–1980, deutsch-amerikanischer Politikwissenschaftler; emigrierte 1937 in die Vereinigten Staaten, lehrte an verschiedenen amerikanischen Universitäten.

[7] Ricarda Schwerin, nichtjüdische Frau eines Juden, aus Berlin stammend, dort mit Heinrich Blücher und Charlotte Beradt befreundet.

hier lebt. Wir haben uns angefreundet. Sie hat zwei Kinder, spricht sehr bezaubernd von Dir. Kurz hocherfreulich!

Nun kommt das Ärgerlichste: Ich weiß immer noch nicht, wann ich hier wegkomme. Morgen bekomme ich hier 6 (!) Bände mit den Aussagen Eichmanns, der mehr ausgesagt hat, als sich irgend jemand auch nur vorstellen kann. Die Anklage wird noch ca. zwei Monate so weitergehen, vermutlich länger. Ich will so schnell wie möglich weg, aber auch nicht so, daß ich etwas Wesentliches versäume. Vielleicht fliege ich aber doch um den 1. Mai bereits ab und komme dann irgendwann noch einmal her. Vielleicht bleibe ich auch noch etwas länger. Sobald das Datum meines Fluges feststeht, telegrafiere ich, und zwar wieder an Lotte, da mir das sicherer ist.

[New York,] 23. 4. 61

Liebste

so schön es ist, allein zu sein, so scheußlich ist's, ohne Dich zu sein. Man muß sich doch seinen Ärger gleich vom Magen herunterschimpfen können, wenn sich nun z. B. der Kennedy von dem überlebenden zweiten Dulles[1]-Dussel in dies halbherzige dumme Abenteuer mit Kuba[2] hat reinquatschen lassen. Aber der Magie der Geheimen und Spionagefritzen kann sich anscheinend heute kein sogenannter Staatsmann mehr entziehen. Und Herr Dulles wie Herr Beer[3] und alle diese Geheimfritzen schieben die ganze Welt, wahrscheinlich, weil sie unter den Infantilen die Infantilsten sind. Aber Kennedy ist furchtbar wütend, daß er gegen Bowles[4] und

---

1 Allan Welsh Dulles, 1893–1969, war 1953–61 Chef des amerikanischen Geheimdienstes. Sein älterer Bruder, John Foster Dulles, 1888–1959, war ab 1953 amerikanischer Außenminister gewesen.

2 Gemeint ist der mißglückte Landungsversuch von Exil-Kubanern in der Schweinebucht in Kuba im April 1961, für den Kennedy die Verantwortung übernahm.

3 Vgl. S. 517, Anm. 7.

4 Chester Bowles, 1901–1986, amerikanischer Politiker; zur Zeit des Briefes Staatssekretär im Außenministerium.

Rusk[5] sich hat von Dulles hereinlegen lassen, und will dieser unintelligenten Intelligence Agency[6] jetzt zu Leibe gehen.

[...]

Vom Eichmann trial sieht und hört man hier viel. Es ist grauenhaft. Aber wenigstens schreibt jetzt selbst der »Rheinische Merkur«, wie recht die Israelis damit haben, wie sehr die Welt es braucht, endlich Kenntnis zu nehmen, und er verlangt dringend Erledigung der anhängenden 90 Prozesse in Deutschland gegen die Hauptmörder und die Absetzung der hohen Regierungsbeamten, die Nazis waren (Namen sind genannt).

[...]

Ich habe vier Pfund abgenommen, um Dir eine kleine Freude und mir einen Spaß zu machen.

Sei gegrüßt, geküßt und geklapst

Dein H

[...]

[Tel Aviv,] den 25. April 1961

Lieber Liebster!

Endlich Dein Brief. Um Gottes willen, schick mir nicht alle Post, das kostet ein Vermögen und ist zu nichts gut. Nur first class mail, alles andere hat weiß Gott Zeit, vor allem Besprechungen. Gerade habe ich Baron angeläutet und ihm gesagt, er brauche Dich nicht sofort nach Ankunft anzuläuten und anzuschnauzen wegen Nicht-Schreiben. Ich wollte schon mit sofortiger Rückkehr nach New York drohen.

Von hier zu schreiben ist sehr schwer, weil es einfach zuviel ist. Der Prozeß doch sehr interessant. Heute z. B. der Vater von Grynszpan[1], hat einfach erzählt, wie die Nazis alle polnischen (aber deutsch eingebürgerten) Polen von einem Tag zum andern mit

[5] Dean Rusk, 1909–1994, amerikanischer Politiker; 1961–69 Außenminister.

[6] CIA (Central Intelligence Agency): der amerikanische Geheimdienst.

[1] Zindel Grynszpans Sohn Herschel erschoß am 7. November 1938 Ernst vom Rath, einen Legationsrat der deutschen Botschaft in Paris. Dieser Mord diente den Nazis als Vorwand für die »Kristallnacht«.

10,– Mark an die polnische Grenze stellten. Alter Mann, mit dem Käppchen der Frommen, ganz einfach und direkt. Ohne Gebärden. Sehr eindrucksvoll. Hab ich mir gesagt – wenn es auch nur darum ginge, daß ein einfacher Mensch, der sonst nie eine solche Gelegenheit hätte, die Möglichkeit hat, in 10 Sätzen laut und öffentlich und ohne Pathos zu sagen, was war, hat sich alles gelohnt. Sehr interessant und zum Teil sogar komisch, aber im Ganzen doch grotesk grauslich die Eichmann-Verhöre in 6 Bänden, von denen wir noch nicht wissen, wie wir sie überhaupt transportieren sollen.

Aber all das liegt Dir ja wohl vermutlich in der bekannten linken Peie[2]; die Sache mit Kuba ist unerhört und wie mir scheint à la longue unerhört gefährlich. Sollte unser teurer Präsident[3] vielleicht doch ein Narr sein?? Und die Sache in Algerien[4] ist zum Verzweifeln. Du weiß ja sicher, daß keine Flugzeuge augenblicklich in Orly landen können, und die französischen Journalisten sind nach Zürich und Genf geflogen, um per Eisenbahn zu versuchen, nach Paris zu kommen.

Wann fliegst Du nach Puerto Rico, und wie wird die Sache mit dem Lexikon? Doch vermutlich erhebliche Mehrarbeit. Schreib, schreib, schreib!! Ich bin noch nicht sicher, wann [ich] von hier abfliege. Jedenfalls nächste Woche, vermutlich Donnerstag oder auch Freitag oder Sonnabend. Jedenfalls telegrafiere ich, falls ich meine Pläne ändere. Ich schreibe jetzt an Jaspers und sage mich für ca. den 7. oder 8. an. Am besten schreibst Du dahin (Austraße 126, Basel).

Gestern bei Fania Scholem[5], die eine dinnerparty für mich gab mit lauter Kindern aus meiner Klasse. Sehr lustig. Lernte Martins[6]

---

[2] Vgl. auch S. 519, Anm. 5; jiddische Redensart, die ausdrückt, daß man einer Sache überdrüssig ist.

[3] Kennedy.

[4] Im April 1961 scheiterte ein Putsch französischer Generale in Algerien. In der Folge wurden offzielle Verhandlungen zwischen der französischen Regierung und der algerischen Exilregierung aufgenommen. 1962 Unabhängigkeit Algeriens.

[5] Fania Scholem, geb. Freud, Ehefrau Gershom Scholems.

[6] Martin Rosenblüth, 1886–1963, geb. in Eberswalde, Zionist; Emigration über London nach Palästina, Direktor verschiedener jüdischer Organisationen, seit 1940 in den USA.

(Rosenblüth) Bruder kennen – Justizminister[7]. Sehr angenehm. Außerdem gestern in der Universität lecture und nächsten Montag wieder. Ganz interessant. Dieses Wochenende mit meiner Familie[8] – meine kleine Edna ganz außergewöhnlich angenehm, aber auch sonst erfreulich, Käte [Fürst] sitzt bei mir jetzt im Zimmer – nach Safed und Acco.[9] Kann sehr schön werden. Vorläufig von Hitze keine Rede, sitze dauernd mit Sweater und bin froh, daß ich Wollsachen habe. Abends ist es eiskalt. Keine Übertreibung. Morgen offizielles luncheon in der Universität.

Servatius – nicht ganz von Grosz, aber immerhin! Sein Assistent[10] sehr intelligent, Carl Schmitt[11]-Schüler. Den werde ich vielleicht noch einmal sehen. Von wirklich Arbeiten natürlich keine Rede. Tant pis. Immerhin wird mir mein Manuskript[12] abgeschrieben, und ich hoffe, ich werde in München zur Ruhe kommen. Schrieb an Piper wegen Hotelreservation.

Hier lassen Dich viele Leute grüßen. Vor allem Blumenfeld, zu dem ich jetzt auch wieder hingehe. Aber auch Samburski, der einmal bei uns war. Die Ricarda Schwerin sehe ich Donnerstag wieder. Oft, im Prozeß, denke ich, Lotte [Beradt] sollte hier sein. Die 6 Bände Eichmann bringe ich ihr mit. Da wird selbst sie Bauklötze staunen!

Ich muß Schluß machen. Lieber Liebster, paß auf Dich auf, nimm ab!!, trink nicht oder doch mit Maßen, stell Dich auf die Waage. Überarbeite Dich nicht. Und schreib mir!

Deine –

---

7 Felix Rosenblüth (Pinchas Rosen), 1887–1965, geb. in Berlin, Zionist; 1948–61 israelischer Justizminister.

8 Mit den Fürsts.

9 Im Norden Israels.

10 Dieter Wechtenbruch.

11 Carl Schmitt, 1888–1985, politischer Schriftsteller und Staatsrechtslehrer, zuletzt an der Universität Berlin.

12 Bezieht sich auf Hannah Arendt: *On Revolution*. New York 1963.

[Tel Aviv,] 26. 4. 61

Lieber Liebster –

Eben Dein Brief vom Sonntag.[1] [...]

Gerade habe ich an Jaspers geschrieben und mich für ca. den 8. Mai angesagt. Ich nehme an, es klappt. Gestern war ich [in] Gesellschaft mit Golda Meir[2] zusammen eingeladen, und wir haben uns bis 1 Uhr nachts gestritten – aber, da sie eben doch Amerikanerin ist, nicht zerstritten, es war schließlich fast freundschaftlich. Die Sachen selbst – im wesentlichen die Frage der Verfassung, der Trennung von Staat und Kirche, des Verbots der Mischehen bzw. der existierenden Nürnberger Gesetze[3] zum Teil recht ungeheuerlich. Mein Problem, da ich sehr müde schließlich war, war sehr einfach: Wie bringt man einen Außenminister dazu, ins Bett zu gehen; wenn er bzw. sie partout nicht will. Davor war ich bei Blumenfeld gewesen, wo ich jeden Übertag erscheine; und er hatte den Landau, supreme court und presiding judge, zum Abendbrot eingeladen. Das war außerordentlich angenehem und freundschaftlich. Aber bitte, laß es unter uns, der Mann sieht prinzipiell keine Presse und ist nur gekommen unter der Bedingung, daß ich alle Eide schwöre, daß es nicht publik wird. Er hat hier vor Jahren schon restitution[4] abgelehnt – sehr schwer für ihn, da er drei Kinder hat. Es schickt sich nicht für einen Richter. Heute war gerade offizielles luncheon in der Universität, und Montag gehe ich hier in ein philosophisches Seminar, nachdem ich vorigen Montag in einem historisch-politischen war. Macht mir Spaß. Über Wochenende werden wir uns amüsieren. Du wirst in der Zeitung über Goldmanns Bemühung um eine liberale Partei lesen. Das ist ein totgeborenes Kind. Die haben nichts im Lande hinter sich, was real ist; und Goldmanns Taktik, sich ein

---

1 Vgl. S. 523 f.

2 Golda Meir, 1898–1978, war zu dieser Zeit (1956–65) Außenministerin.

3 Nach den nationalsozialistischen Gesetzen von 1935 war die Eheschließung von Juden mit Angehörigen »deutschen und artverwandten Blutes« verboten. H. A. spielt auf die israelische Diskriminierung von Kindern aus Mischehen zwischen Juden und Nichtjuden an: Kinder von nichtjüdischen Müttern werden nicht als Juden anerkannt.

4 Vgl. S. 500, Anm. 2.

Leben lang als prospective citizen von Israel hinzustellen, ist im Moment schlechterdings unmöglich. Der lebt auch in einer Welt, die nicht mehr existiert. Kein Hahn wird nach ihm krähen. Ein Jammer, denn jetzt wäre vielleicht etwas zu machen. Übrigens war Barons testimony[5] im Gericht viel schlechter noch, als ich dachte; ich schrieb, ohne von der Nachmittagssitzung etwas zu wissen.

Kuba[6] – sehr schlimm! Und Algerien noch schlimmer. Ein Land ohne Armee – das wird bestenfalls dabei herauskommen. Kennedys Blamage ist nur zur Hälfte auf den Herrn Dulles abzuschieben. Abgesehen von allen Geheiminformationen hat er eben nicht realisiert, was eine Revolution ist und im Leben eines Volkes bedeutet. Und dies ist seine Schuld bzw. die Schuld der Arthur Schlesingers, mit denen er sich umgeben hat.

Kannst Du mir den Artikel aus dem »Rheinischen Merkur« ausschneiden? Und Lotte bitten, wieder mal die Augen ein bißchen für mich offenzuhalten? Es ist sehr schwer hier, ausländische Presse zu kriegen. Wenn sie ankommt, ist sie auch schon weg. Und aus Deutschland kommt ohnehin nur weniges.

Wenn Du diesen Brief, vermutlich mit meinem Brief von gestern, bekommst, schreibst Du am besten bereits an Jaspers. Wenn sich etwas ändert, telegrafiere ich.

Deine, Deine – H.

[...]

[New York,] 30. 4. 61

Liebling,

da Briefe nach Israel wegen der dortigen Balkanwirtschaft zwei Wochen und mehr brauchen, schreibe ich lieber gleich nach Basel. Ich hoffe, Du kommst dort zu Atem. Und Jaspers wird wie immer eine Freude sein.

Ja, ich habe mich auf die Lexikonarbeit[1] eingelassen. Die Leute

---

[5] Zeugenaussage.
[6] Vgl. S. 523, Anm. 2.
[1] Vgl. S. 517, Anm. 5.

sind bis jetzt sehr zufrieden. Mir aber wird es eigentlich zuviel. Jedenfalls verdiene ich aber meine Reise.[2] In Bard arbeite ich Umstellung des Programms aus, was mich auch nicht gerade erleichtert. Sonst alles in Ordnung. Blumenfeld schreibe ich heute noch. [...]

Das dämliche und entsetzliche Kuba-Abenteuer hat Kennedy als Konsequenz der lange von Eisenhower eingeleiteten Politik gemacht, dem Druck der idiotischen Pentagon- und Intelligence-Geheimniskrämer und -Besserwisser nachgebend. Es wird uns viel kosten. Dafür ist aber das französische Volk für de Gaulle richtig noch einmal aufgestanden, und die faschistische Armee hat einen schweren Schlag gekriegt.[3] Einige Hoffnung für Israel und Afrika.

[...]

So werde ich Post eher berichten als nachschicken. Eine Sache aber bedarf Deiner Unterschrift, und so schicke ich sie.

Ich habe den Eindruck, daß Dich die Sache doch recht mitgenommen hat. Bitte erhole Dich schnell von dem Schock. Ich sowohl wie auch Lotte, die lange nach ihr gesucht hatte, sind froh, daß Du Ricarda [Schwerin] gefunden hast und sie gut findest. Ich hoffe, sie hat von dem Schwerin-Vermögen bei der Entschädigung genug abbekommen. Wüßte gern genauer, wie es ihr geht und was aus ihren Kindern wird.

Herzliche Grüße an Jaspers und Frau. Nun ist es nicht mehr so lange, daß ich sie sehen werde. Minka [Huber] will, ich soll Natascha [Moch] in Paris sehen. Was denkst Du darüber?

Mach's gut, mein Herz, und halt den Kopf hoch

Dein

Heinrich

---

[2] Gemeint ist die geplante Europa-Reise.

[3] Vgl. S. 525, Anm. 4.

Tel Aviv, den 6. Mai 1961

Lieber Liebster –

eben hat mich Siegfried Moses[1] von Jerusalem heruntergefahren, in einem wirklich sehr schönen Hotel am Airport abgesetzt, und morgen früh in aller Herrgottsfrühe geht es nach Zürich, von wo ich den Brief einstecke, damit Du gleich siehst, daß ich gut angekommen bin. Ich werde entweder morgen noch oder Montag nach Basel fahren, aber diesmal nicht bei Jaspers wohnen, sondern im Hotel. Ich hatte ihn darum halb gebeten; es ist für mich sehr viel angenehmer, wie schön auch immer das Wohnen bei ihnen war. Außerdem habe ich den Eindruck, daß der viele Logierbesuch dort doch allen Beteiligten zuviel ist. Jetzt habe ich gerade Mittag gegessen, wo mich prompt ein Kind aus meiner Klasse ansprach, das ich seit ca. 40 Jahren nicht mehr gesehen habe. Nun warte ich auf die Fürsts, mit denen ich den Tag noch verbringen will.

Ich bin recht froh wegzukommen, wiewohl ich die Zeit nicht missen möchte. Der Prozeß ist ein wirklicher Schau-Prozeß, und es wird viel gezeigt, womit Eichmann nicht das geringste zu tun hatte. Z. B. alle Vorkomnisse in Polen. Der Prozeß wird ganz offenbar durch den Staatsanwalt von Ben Gurion persönlich geleitet. Aber die show ist wirklich sehr eindrucksvoll, am eindrucksvollsten die Frau aus dem Warschauer Ghetto, die den Aufstand mit dirigiert hat. Ohne Theater. Aber die meisten anderen waren sehr mit Theater beschäftigt, oft sehr cheap; aber es wirkt und nicht nur auf die israelischen Zuschauer, die seit Wochen bereits den sonst leeren courtroom füllen, sondern offenbar auch die Journalisten. Der zentrale Fehler – wenn man von so etwas sprechen kann – ist nicht nur, daß Eichmann völlig vergessen ist, sein Name oft für Tage nicht genannt wird (sehr typisch z. B.: Nachdem die Anklage etwa 29 Bände! von Hans Frank[2] auf den Tisch des Gerichts gelegt hatte, erhob sich Servatius und fragte: Kommt in diesen Bänden der Name

---

[1] Siegfried Moses, 1887–1974, geb. in Lautenburg, Jurist, Zionist; seit 1946 in Palästina, 1948–61 Finanzkontrolleur des Staates Israel.

[2] Hans Frank, 1900–1946, nationalsozialistischer Politiker; seit Oktober 1939 bis 1944 Generalgouverneur von Polen; in Nürnberg hingerichtet.

Eichmann vor? Antwort: Nein, sondern vor allem, daß die Juden der Welt ihre Leiden erzählen wollen und darüber vergessen, daß sie ja die Taten darzustellen haben. Natürlich haben sie mehr gelitten, als Eichmann getan hat. Das ist die eigentliche Crux in dem Versuch, einen Prozeß gleichzeitig zu einer Art historischer Bestandsaufnahme zu machen. Und außerdem: So abscheulich die Greuel sind, die sind ja gerade nicht unprecedented[3]; und nicht nur ich, sondern viele haben das unbehagliche Gefühl, daß das Wesentliche untergepflügt wird in einem Wust von Greuel und Gräßlichkeiten.

Ich habe viele Leute gesehen. So z. B. Rosen (Martin Rosenblüths Bruder) noch mehrere Male, Leute vom Außenministerium aller Art. Eines scheint mir offenbar: Goldmann und seine liberale Partei, so nötig sie wäre, hat keine Chancen; totgeborenes Kind. Alles überalterte Leute, die die Welt nicht mehr verstehen. Ben Gurion, so gefährlich verrückt er ist, im Grunde die einzige personality. Seine größte Gefahr ist, daß die Jugend sich gegen ihn empört, aber auch da nur die kleine Schicht der Abiturienten und Studenten. Innenpolitisch dürfte das größte Problem der »ägyptisch ungesunde Glaube«[4] sein, und ich schrieb wohl schon, daß Golda Meir z. B. glatt zugab, daß es sich lediglich um die Rassenfrage handele. Keine Mischehen – um das zu ermöglichen, nimmt man alles in Kauf. Zum Kotzen! Dabei kann man nicht einmal sagen, daß Leute wie Ricarda Schwerin schlecht behandelt werden; es gibt immer noch genug Menschen im Lande, um das Leben zu ermöglichen. Aber wie lange noch?

Die Frage ist: Soll ich noch einmal zur Verteidigung zurückfliegen? Vermutlich ja, aber sicher bin ich nicht. Ich nehme an, der Wechtenbruch, Servatius' Assistent, von dem ich bereits schrieb, wird sich bei mir melden, da er ja zur Vernehmung der Zeugen für die Verteidigung nach Deutschland kommen muß. Und es hängt natürlich auch von den Terminen ab. Am 24. Juni Zürich – das steht bombenfest. [...]

Das Wichtigste habe ich natürlich vergessen: Bitte schicke mir

---

3 »Nie dagewesen, beispiellos«.

4 Vgl. S. 299, Anm. 3.

per air mail oder besser, aber vielleicht auch umständlicher, air freight, Lottes Revolutionsmanuskript.[5] Ich ließ es, glaube ich, im Bibliothekszimmer auf dem Tisch. Und bitte, schick es nach München!! Ich könnte da gut mit der Übersetzung anfangen. Ferner: Sei nicht verblüfft, wenn ein gewöhnliches Paket, aber eingeschrieben, mit englischem revolution manuscript ankommt: Ich mußte die Durchschläge des Textes, den ich mir in Jerusalem abschreiben ließ, loswerden! Hier ist übrigens das Wetter total verrückt: Nämlich ausgesprochen kalt!!! Und eben hat es in Strömen gegossen.

Gestern abend noch bei Blumenfelds, wo es gerade mal wieder etwas besser ging. Er war großartig in Form.

Lieber Liebster – schreib mir. Ich muß Schluß machen. Soeben ist die Familie eingerollt, und sie nimmt die Schreibmaschine wieder mit!!

Deine

Deine

H.

[New York, Mitte Juni 1961]

Liebling

nicht viel zu berichten und nicht viel Zeit.

[...]

Mit Kennedy hast Du leider recht. Allen denen an der Macht geht der gesunde Menschenverstand verloren. Die Unintelligence Agency hat anscheinend auch ihre Hände bei den französischen faschistischen Generälen im Spiel gehabt. Diese Herren werden vor Kommunistenfurcht und Haß einfach schwachsinnig. Rockefeller[1] hat eine Bill unterzeichnet, daß Leute, denen nachgewiesen ist, für den Sturz der Regierung zu sein, keine driver's licence [Führer-

---

[5] Ein Exemplar des Manuskriptes war anscheinend an Lotte Beradt ausgeliehen gewesen.

[1] Nelson A. Rockefeller, 1908–1979, amerikanischer Politiker; 1958–73 Gouverneur von New York.

schein] bekommen sollen in New York. Die »Times« schreibt, es sei unvorstellbar »how such a liberal man could sign such a silly bill«.[2] Noch wird es wenigstens gedruckt. Jetzt hat auch noch Kennedy die Presse zu freiwilliger Geheimnistuerei ermahnt. Viele jubeln Kennedy zu, weil er »is not soft on communists«.[3] Herr Goldwater[4] macht offene Kriegshetze und gewinnt rapid Anhänger, besonders bei der Jugend. Außer der Birch Society[5] gibt es nun schon eine Birch Society for the Common Man, um die Abwehr gegen [den] Kommunismus zu organisieren. Wie die Fanatiker sich alle in die Hände arbeiten und den Bolschewisten Wasser auf die Mühlen treiben. In solch hysterischer Atmosphäre hört jede wirkliche Beurteilung des Feindes auf. Aber so geht es überall. Überall fängt der kleine Mann wieder an zu marschieren.

Wie gut, daß wir miteinander sind.

Dein Heinrich

Grüß Jaspers und Frau.

[Basel,] Montag, den 8. Mai 1961

Lieber Liebster –

Hier sitze ich also, in Basel, in einem kleinen reizenden Hotel mit Zimmer auf den Rhein und erhole mich. Gestern abend bei Jaspers Dein Brief. Diesen bekommst Du vermutlich gleichzeitig mit dem Jerusalemer, den ich von Zürich abschickte. Ein Brief von Jerusalem nach Basel hat 10 Tage gebraucht um anzukommen! Das ist aber nicht Balkanwirtschaft, wiewohl davon mehr als genug zu berichten wäre, sondern Zensur! Es scheint, daß einige der Korrespondenten Nachrichten über Beer[1], die all over town waren, herausgeschickt

---

2 »Wie solch ein liberaler Mann ein derart dummes Gesetz unterzeichnen konnte.«

3 »Weil er den Kommunisten gegenüber nicht lasch ist.«

4 Barry Goldwater, geb. 1909; war von 1952–64 Senator von Arizona.

5 Eine nach John M. Birch, 1918–1945, benannte, aber von Robert H. Welch 1958 gegründete ultrakonservative geheime Gesellschaft, die unter dem Vorwand des Kampfes gegen den Kommunismus Hetzkampagnen gegen ihr unliebsame Personen und Organisationen unternahm.

1 Vgl. S. 517, Anm. 7.

haben, unzensiert; und daß daraufhin alle unsere Post erstmal gründlich gelesen worden ist. Ich bin so froh, wieder in normalen Verhältnissen zu sein, aus der dauernden Aufregung und Hysterie heraus, aus den Betrügereien auf Schritt und Tritt, kurz aus der Balkanwirtschaft, in der sich aber die Juden aller Welt, vor allem auch die amerikanischen, sehr wohl befinden, daß es gar nicht zu sagen ist. Wie es mit dem sog. Aufbau steht, ist schwer zu sagen. Man hat immer wieder das Gefühl, Aufbau ist, was ein Jude dem anderen einredet. Keine Frage, das Geld geht hauptsächlich in die Verteidigung, was ja auch nur natürlich ist. Alles, was mit Militär und Polizei zusammenhängt, macht einen guten Eindruck: auch die Menschen.

Ich gewinne auch etwas Abstand von dem Prozeß. Es ist eine höchst merkwürdige Angelegenheit. Eichmann ist fast vergessen, vor allem weil mir scheint, daß auch die Verteidigung an ihm gar kein Interesse hat. Servatius, ansonsten Steuer- und Wirtschaftsrechtsanwalt für die Industrie, hat offenbar ganz andere Leute im Sinn als gerade ihn. Es scheint sich darum zu handeln, zu verhindern, daß bestimmte Namen genannt werden. (I. G. Farben, die das Gas in Auschwitz lieferten usw.) Seinem Assistenten wiederum, von einem wütenden Haß gegen Adenauer beseelt, liegt wohl umgekehrt daran, gewisse Namen in der Adenauer-Administration abzuschießen, vor allem aber, Deutschland anzuprangern, daß die Auslieferung noch nicht einmal verlangt wurde. Ich sehe gerade, daß die Deutsche Gemeinschaft[2] (radikal rechts) verlangt: ein Internationales Gericht für Eichmann und keine »Schauprozesse wie den in Jerusalem«. Das Schlimmste ist, sie haben recht; dies ist kein Prozeß. Die ganze letzte Woche verging mit Polen, wo Eichmann überhaupt nichts zu tun hatte. Kurz: Der Staatsanwalt klagt nicht Eichmann an, sondern die ganze Welt; der Verteidiger verteidigt Gott weiß welche Interessen hinter den Kulissen, aber nicht Eichmann. Das Urteil weiß jeder ohnehin. Eichmann sitzt da, umgeben von seinen Aktenbündeln, und spielt federführend. Man meinte in Jerusalem, daß Polen ihn nach Abschluß des Prozesses anfordern wird; und ist natürlich erleichtert bei der Vorstellung, um das veritable Aufhängen herumzukommen. –

---

[2] Eine 1949 gegründete politische Splittergruppe.

Jaspers offenbar sehr munter und unverändert. Sie wirklich so gut wie taub; Verständigung sehr schwer, aber immerhin nicht unmöglich. Heute hat er Kolleg und ich daher ganz frei. Das heißt, ich gehe später ins Kolleg. Ansonsten liegen bei mir die 6 Bände gesammelter Werke von Herrn Eichmann[3], die ich mir ja leider ansehen muß. Zum Teil recht interessant. Wechtenbruch, der sich sehr um mich bemüht, hat mir einen der Zettel gegeben, die Eichmann dauernd an seinen Verteidiger schreibt. Die kriegt Hannah Strauss[4] dann.

Bei Jaspers lag auch bereits ein Exemplar des neuen Buches.[5] Ich habe es mir kaum angesehen, scheint aber ganz anständig auszusehen. Werde an Denver[6] schreiben.

[...] – Lexikon: Mir ist ein bißchen mulmig davor, daß Du Dir da mehr übernommen hast, als Du denkst. Solche Sachen haben die unangenehme Eigenschaft, mehr Arbeit zu machen, und nicht weniger, je länger man damit zu tun hat. Vielleicht solltest Du unter diesen Umständen den Spaß in Puerto Rico doch lieber auf den Herbst verschieben.

Ricarda: Ich wußte nicht, daß Lotte sie auch kennt. Sie muß ihr unbedingt schreiben, da Du es ja ohnehin nicht machen wirst. [...] Die Sache ist nämlich die: Sie hat nicht einen Pfennig restitution[7] bekommen, weil es ihr nicht gepaßt hat, den Antrag zu stellen. Es ist mir sehr fraglich, daß jetzt noch etwas zu machen ist. Das Vermögen vom alten Schwerin, der in bitterer Armut gestorben ist, hat vermutlich die JRSO[8] geerbt!! Ricarda ist sehr eigensinnig, und man brauchte Wochen, um sie in Ordnung zu bringen. Ich hatte die Zeit nicht. Denn: Sie weigert sich ebenfalls, Geld von ihrem sehr vermögenden Vater zu nehmen!! Und lebt da in Jerusalem, zwar nicht mehr bettelarm, aber doch sehr schwer!! Mit zwei Kindern, 16 und 20 Jahre alt. Sie lebt und arbeitet mit einem Fotografen Bern-

---

3 Gemeint sind die Aussagen Eichmanns; vgl. S. 523.

4 Hannah Strauss, geb. 1912, Graphologin; mit H. A. befreundet; ihr Mann war Lektor im Schocken-Verlag.

5 Karl Jaspers: *Die Idee der Universität*. Berlin, Göttingen, Heidelberg 1961.

6 Denver Lindley, 1904–1982, Lektor in verschiedenen New Yorker Verlagen, Übersetzer von Thomas Mann und Erich Maria Remarque.

7 Vgl. S. 500, Anm. 2.

8 JRSO = Jewish Restitution Successor Organization.

heim[9], alten Zionisten, aber der ist etwa 75 Jahre alt, und was aus ihr wird, wenn der sterben sollte, wissen die Götter. Vielleicht schreibst Du ihr doch einmal!! Sie hat ursprünglich in Deinem nach Amerika Gehen, bzw. dort Bleiben, einen Verrat an – was, weiß sie selbst nicht mehr – gesehen. Zu mir hat sie ursprünglich und ohne alle Ideologien Vertrauen gehabt; aber es ist keine Frage, daß sie sehr schwierig ist und daß die dortigen Verhältnisse, sie kann kaum Hebräisch, lebt also stumm!!, sie nicht gerade leichter gemacht haben. Deutschen Boden betritt sie nie wieder, na, usw. Kannst Dir ja selbst schon ein Bild machen.

Natascha [Moch]: Wenn Du willst, kann man auf dem Rückweg gut über Paris fliegen. Macht gar keinen Unterschied. Und wäre vielleicht doch ganz schön.

A propos Konto: Bitte schön, alle unsere Konten sind *unsere* Konten; ich habe kein Konto, das nicht auf beide Namen geht.

Über Kuba und Algerien ein andermal. Man denkt oft doch, daß alles vergeblich ist. Wen die Götter verderben wollen, den lassen sie selbst an Kuba scheitern! Aber das ist vermutlich Unsinn.

[...]

Deine –

Hannah

[New York,] 14. 5. 61

Liebling,

gut, daß Du eine längere Pause von da nimmst. Es muß ziemlich furchtbar sein. Gewiß wird wohl die wichtige Frage, was rechtlich in künftigen Fällen zu tun sei, dort jetzt verschüttet. Aber der Prozeß ist doch eine geschichtliche Bestandaufnahme ersten Ranges. Sentimentalität und Theater sind wohl angesichts des Furchtbaren von den meisten dieser Menschen kaum zu vermeiden. Aber über allem wird doch das Gorgonenhaupt dieser ungeheuerlichsten aller gegenmenschlichen Wahrheiten sichtbar. So wird Dein Revolutionsbuch immer wichtiger, setze Dich in Ruhe an die Aufgabe. Das

---

[9] Alfred Bernheim, 1885–1974, Fotograf; emigrierte 1934 nach Palästina.

Manuskript[1] wird Lotte per air freight schicken, und ich lege ihm einen Stoß von mail bei.

Ja, das Lexikon macht mehr Arbeit, als ich erwartete, aber bisher hat es auch ein bißchen Spaß gemacht. Ich habe die ganze Weltgeschichte, die Kunstgeschichte, die Politische Wissenschaft und die Ökonomie völlig umorganisiert, die Weltgeschichte in einer ganz neuen kosmopolitischen Weise, und werde dafür nicht nur Geld, sondern auch den Kredit[2] kriegen.

Chanan [Klenbort] von Rußland zurück[3] und sagt, er sei seit der spanischen Revolution nicht mehr so erregt gewesen. Er konnte mit allen Juden und anderen frei russisch sprechen, obgleich diese nicht wissen, ob es nicht doch aufgeschrieben und später einmal gegen sie verwendet wird. Von Stalin spricht niemand, stummer, furchtbarer Haß gegen ihn sei überall fühlbar. Ich werde nächste Woche mehr hören.

[...]

Gut, daß Du nicht bei Jaspers gewohnt hast. Alte Leute sollen nicht Gastgeber spielen müssen. An Blumenfeld habe ich geschrieben. [...]

Hier ist nach nassem kalten Frühling heute heißer stickiger Sommer eingebrochen. Man schleicht herum. Und so nach Bard morgen, wo alles ganz gut geht im Moment.

[...]

Take it easy

Dein Heinrich

---

[1] Das »Revolutionsmanuskript« vgl. S. 526, Anm. 12.

[2] Gemeint ist engl. »credit«, hier im Sinne von Ansehen, auch als gedruckte Erwähnung.

[3] Chanan Klenbort war nach seinem Israel-Aufenthalt nach Rußland gereist.

[Basel,] den 15. Mai 1961

Lieber Liebster!

Heute, Montag, liest Jaspers am Nachmittag in der Aula, die überfüllt ist, über Chiffren der Transzendenz –.[1] Da habe ich frei bis zum Abend und habe mir daher Elke herkommen lassen. Gestern war Dani[2] hier, mit dem ich Münster und Museum besehen habe und lange gesprochen. Er ist vernünftig und außerordentlich sympathisch. Er meinte: Der Vater wolle die Sache[3] nicht sehen, wie sie ist, und das sei auch besser; die Mutter würde es langsam begreifen. Er selbst wird sich die einschlägige Literatur ansehen und, sobald er in New York ist, allein mit den Ärzten sprechen. Ferner: Wenn wir Glück haben, so wird es doch heißen, daß von nun an die ganze Familie sich immer irgendwie danach zu richten haben wird. Bei einer Familie wie der unsren ist das auch gar nicht schwierig. Wörtlich! Ist doch schön. Meinte auch, daß gerade Irene ein Mensch ist, der mit so einer Sache fertig werden kann. Er selbst wird eine Autostop-Tour nach Italien und Griechenland machen, bevor er nach Hause kommt. Der Junge ist nach wie vor einfach tadellos.

Außerdem kamen die Wolffs extra von Locarno her. Jaspers ziemlich unglücklich, so daß ich ihn dann leicht erkältet meldete, damit er sie nicht zu sehen brauchte. Er war außerordentlich nett und freundschaftlich. Wolff bat mich, das neue Nietzsche-Buch[4] von Heidegger für den Verlag in Fahnen zu lesen; es liegt wohl schon in München. Das weiß Jaspers natürlich nicht, nach dem Grundsatz: Sicher ist sicher. Wolff sagte, das Buch enthalte im ersten Teil vor allem die Vorlesungsmanuskripte.

[...]

Die Entwicklung in Deutschland ist recht unheimlich. Bei allen Kommunalwahlen, wo die Wähler nicht fürs Ausland wählen, kommen alte Nazis wieder ans Ruder. Man hörte es von allen Seiten. Dani erzählte, in der deutschen Bundesbahn gäbe es Plakate

---

[1] Karl Jaspers: *Chiffren der Transzendenz*. München 1970.

[2] Daniel Klenbort, der Sohn von Chanan und Lotte Klenbort.

[3] Gemeint ist die Multiple Sklerose seiner Schwester Irene.

[4] Martin Heidegger: *Nietzsche*. Pfullingen 1961.

und Karten, in denen die Gebiete jenseits der Oder-Neisse-Linie als »z. Z. unter polnischer Verwaltung« fungieren!! Dies hält innerhalb der Bundesrepublik ein jeder für notwendig wegen der 10 Millionen »Flüchtlinge«.[5] Man meint es nicht ernst, solange nämlich, bis diejenigen ans Ruder kommen, die es ernst meinen, und der ganze verlogene Saftladen auffliegt. Aus diesen und anderen Gründen habe ich gerade Zilkens (Kölner Freund) zugesagt, zu seiner diesjährigen Tagung mit den Studienstiftlern[6] an den Rhein zu kommen. Ich bin also während des Wochenendes vom 26.–28. Mai in der Eifel. Anschließend werde ich vielleicht nach Heidelberg fahren; ist aber nicht sicher. Vorläufig versuche ich, Annchen [Weil] für Pfingsten nach München zu kriegen.

Diese eine Woche in der Schweiz hat mich so erholt, daß ich kaum glauben kann, daß es erst eine Woche her ist. Kurios, aus einem »Aufbau«-Land nun wirklich in ein Land zu kommen, das endgültig aufgebaut und fertig ist. So fertig, daß es schon ein bißchen versteinert ist. Größere Gegensätze gibt es gar nicht. Aber schön ruhig ist es, und das Hotel direkt am Rhein ist hübsch und angenehm. Nach den Hotels und den unzähligen Unbequemlichkeiten in ihnen in Israel ist auch das nicht zu verachten. [...]

Leb wohl, mein Herz. Überarbeite Dich nicht mit der Lexikon-Sache, und verschieb Puerto Rico. Es wird ja doch ziemlich anstrengend. Ich war sehr glücklich, daß Hotelreservationen so gut geklappt haben. Ich nehme hier im Hotel eine Reservation für uns für etwa den 11. Juli. Man muß das, wenn es irgend geht, da Hotelspace in ganz Europa knapp ist. Werde auch für die zwei Nächte in Zürich reservieren – – 24. bis 26. Juni. Ach, Liebster, wenn es schon so weit wäre!!

Deine –

Grüß Esther!!!

---

5 Diese Flüchtlinge (»Vertriebene«) waren entweder am Ende des Krieges aus den ostdeutschen Gebieten geflohen oder von den Polen (und anderen osteuropäischen Staaten) ausgewiesen, denen die Gebiete in der Jalta-Konferenz von 1945 zugesprochen waren.

6 Die Studienstiftung des deutschen Volkes gewährt aus Mitteln des Bundes sehr begabten Studenten Stipendien.

Ich schicke an Lotte einen Ausschnitt aus der »Frankfurter Illustrierten«, damit Ihr seht, wie hier heute über den Spanischen Bürgerkrieg berichtet wird. Diese Verherrlichung von Franco ist ja doch allerhand! Noch dazu in einem Land, in dem Hitler Francos Bundesgenosse war und man ohnehin von der ganzen Sache sozusagen nichts weiß. Wir gehen herrlichen Zeiten entgegen!!

[New York,] 21. 5. 61

Liebling

was Du über Deutschland schreibst, bekräftigt meinen Entschluß, das Land zu vermeiden. Ich werde Robert bitten, mich in der Schweiz zu treffen. Schreib mir gleich, welche Daten ich ihm freistellen soll. Ich habe für das Lexikon gute Vorschläge gemacht und schon 300 Dollar einkassiert. Colliers[1] gehen riesig in das paperbound Geschäft und haben Eugenio [Villicana] als Chief counsel [Hauptberater] vorläufig part time engagiert. So wird Lotte Köhler wohl den Auftrag kriegen, eine deutsche Sprachlehre zu machen. Ich habe abgelehnt, dort der Hauptberater für die Bücher aus Deutschland zu werden, und wenn wir Glück haben, kriegt unsere Lotte [Beradt] den Posten. Eugenio weiß, daß Du wie ich ihr helfen werden, und ist optimistisch. Es wäre herrlich für Lotte. Ich habe schon gute Ideen. Eugenio bittet Dich zu sagen, welche Sachen von Dir noch für paperback frei sind. Außerdem, Deine Augen offenzuhalten für neue deutsche Bücher zum Übersetzen.[2]

[...]

Politisch bitte heute nichts. Alles ist entsetzlich. In Angola haben die Schwarzen jetzt einen Gott gefunden, der ihnen befiehlt, alle Menschen anderer Hautfarbe zu zerstückeln, weil man nur so wisse, daß sie nicht wiederkehren können. So lassen sie sich denn

---

[1] New Yorker Verlag.

[2] Die Projekte kamen nicht zur Durchführung, auch die fertiggestellten Bücher erschienen nicht, als der Verlag in andere Hände überging.

ruhig erschießen, weil *sie* ja wiederkommen werden. Ich sah den Hitler-Film[3] und kann nicht darüber wegkommen.

[...]

Mach's gut, und hetze Dich nicht ab

Dein
Heinrich

[München,] den 22. 5. 61

Lieber Liebster –

Hier ist, was es bei uns nicht mehr gibt, nämlich Pfingsten. Annchen [Weil] ist hier, und obwohl das Wetter gar nicht schlechter sein könnte, eiskalt plus tröpfelnder Regen, geht es uns herrlich. Wir sehen uns München an, waren gestern in Nymphenburg, sehr sehr hübsch, gehen in die Museen, besehen uns Schaufenster, können zum Glück nichts kaufen, abends ins Theater oder Kabarett (ziemlich kläglich) und machen uns im übrigen nicht wissendig. Freitags sprach ich einen ehemaligen Kollegen[1], den Du nicht kennst, nicht wichtig, der hier Direktor des Amerika-Instituts an der Universität geworden ist. Der Mann ist so die Treppe heraufgefallen, wie man nur kann. Zu langweilig zu erzählen! Und dennoch – er will nichts wie weg. Erzählt aus Fakultätssitzungen Haarsträubendes. Vor allem der dauernde schwelende Haß aller gegen alle, der sich natürlich daraus erklärt, daß jeder jeden in der Hand hat. Immerhin, Herr Maunz ist bayerischer Kultusminister. Bei dem mußte er erst mal Besuch machen. Ja auch eine phantastische Zumutung. Dabei kann man nicht sagen, daß die Herren sich wohl in ihrer Haut fühlten, aber ihnen liegt natürlich daran, keine Außenseiter in den Saftladen hereinzulassen, und das ist wohl einer der Gründe, warum sie sich mit solcher Wut und solchem Erfolg dagegen sträuben, jüngere

---

[3] Vermutlich der 1960 in San Francisco preisgekrönte Dokumentarfilm von Erwin Leiser »Mein Kampf«, der erfolgreich in vielen Ländern gezeigt wurde.

[1] Friedrich Georg Friedmann, geb. 1912, Professor für nordamerikanische Kulturgeschichte an der Universität München; vgl. Friedrich Georg Friedmann: *Hannah Arendt*. München, Serie Piper 5201, 1985, S. 11.

Kräfte zuzulassen. Ein Beispiel von vielen: Der Münchener Fakultät, die natürlich, wie alle Fakultäten hier, entsetzlich überlaufen ist, so daß die Professoren dauernd stöhnen, werden vom Ministerium drei neue Professuren für Geschichte angeboten, was auch dringend notwendig ist! Daraufhin lange Fakultätssitzung mit dem Ergebnis, daß man sie nicht brauche! Grund: Kolleggelder natürlich, aber auch diese Angst, drei jüngere Kollegen, bei denen man nicht wissen kann. Drei ist zu viel.

Morgen kommt Günther [Anders], das konnte ich diesmal nicht gut vermeiden. Nur für einen Tag, und das wird schon irgendwie gehen. Er war bei Kurt Wolff gewesen, der mir auch ziemlich entsetzt von dem Größenwahn erzählte. Ich werde mich schon arangieren, habe jedenfalls den besten Willen.

In Basel rief mich der neue Mann[2] von Mary [McCarthy] an: Mary in einer Wiener Klinik, in die sie von Warschau mit wahnsinnigen Schmerzen eingeliefert war. Diagnose: collapsed disc between the vertebrae[3], so daß die Nervenenden zusammenstoßen, oder so ähnlich. Dies ist nicht ein slipped disc[4], der ja eine Modekrankheit ist, Mary, die ich gleich anrief, meinte, es sei eine degeneration. Ich habe keine Ahnung. Jedenfalls ist sie wieder in Warschau und hofft, noch nach München kommen zu können. Ich bin schon beinahe nach Wien geflogen. Ich weiß hier keinen Arzt, mit dem ich reden könnte. Jaspers meinte, entweder Tb oder Tumor. Aber Annchen erzählte mir inzwischen, es gebe auch diese Degeneration, nur weiß sie auch nicht, was es ist. Mary sagte selbst, daß es nicht wieder gut werden könne, aber daß man es dahin bringen werde, daß sie keine Schmerzen hat – oder daß die Anfälle sich nicht wiederholen. Du weißt, wie ahnungslos diese Menschen sind. Ich fragte West am Telefon, ob er mit dem Arzt gesprochen habe, aber er verstand offenbar noch nicht einmal, was ich meinte. Im Grunde habe ich diese Geschichte dauernd in the back of my mind.

Eben läutete Zilkens an, ich fahre also Freitag nach Koblenz[5], bin

---

[2] James West, geb. 1914; amerikanischer Diplomat.

[3] Wirbelbruch.

[4] Bandscheibenvorfall.

[5] Vgl. den nächsten Brief, S. 543 f.

aber Sonntag wieder in München. Muß ja endlich mal zur Arbeit kommen. Schrieb ich Dir übrigens, daß Wolff mir das Nietzschebuch von Heidegger zur Ansicht geschickt hat? Und daß sie in Basel waren, um mich zu sehen. Sehr rührend, aber auch ein bißchen merkwürdig. Jedenfalls der Heidegger-Nietzsche: der erste Band die Vorlesungen, ganz ausgezeichnet, darstellend, interpretierend, gewissermaßen einfach. Wie es mit dem zweiten Band steht, weiß ich aber noch nicht.

Annchen, die seit Jahren mein zukünftiges Hobby des Fotografierens hat, wird morgen vormittag mit mir die Minox besichtigen. Wir führen bereits lange und ernste Gespräche über Fotografieren. Ich möchte sie doch sehr gerne haben und versuchen, was ich damit machen kann. In Haines Fall[6] fotografiere ich dann schlechterdings alles! Und in Italien ebenfalls.

Liebster, Schluß. Annchen muß ins Museum. Schreib wieder hierher.

Vor dem 10. Juni fliege ich wohl nicht nach Israel.

Deine –

München, den 28. Mai 1961

Mein Liebster!

Gestern nacht kam ich von der Eifeltagung mit den Studienstiftlern zurück und fand Deinen Brief. Ich fuhr am Freitag 6 Stunden Schnellzug, 2 Stunden Auto (Zilkens, der mich vom Zug holte) und dann Sonnabend wieder zurück. Dazwischen zweimal dreistündige Diskussion mit den Studenten, eine sowohl menschlich wie akademisch sehr ausgesuchte Gesellschaft, die sich bewußt als (kleine) Gegengruppe gegen die anwachsenden Korpsstudenten fühlt. Es war sehr interessant und sehr angenehm. Ganz aufgeschlossen und offen und zum Teil sehr intelligent. Wir sprachen erst über Eichmann-Prozeß und davon ausgehend über Gott und die Welt, aber doch im wesentlichen über Politik. Adenauer sehr unbeliebt, ob-

---

[6] Ein Dorf in den Catskill Mountains nördlich von New York, wo das Ehepaar 1960 und 1961 die Sommerferien verbracht.

wohl die anwesenden Professoren versuchten, ihn zu verteidigen. Sie wissen, sie leben in einem unbeschreiblichen Saftladen. Man könnte mit ihnen was machen, aber es ist niemand da, der mit ihnen wirklich spricht. Sie waren sehr begeistert von mir, aber eben auch darum, weil es wirklich niemanden gibt auf weiter Flur. Der Generationsbruch ist ungeheuer. Sie können mit ihren Vätern nicht reden, weil sie ja wissen, wie tief sie in die Nazi-Sache verstrickt waren. Einige von ihnen waren in Amerika zum Studium und ganz erleichtert, daß ich den anderen halbwegs klarmachen konnte, wie man in Amerika über Politik diskutiert. Das schien ihnen allen wie ein Paradies. Vor allem, daß man nicht übelnimmt, sich nicht versteift, Meinungen ändern kann, andere anhören kann usw. Ich war überhaupt nicht vorbereitet, weil ich erst mal sehen wollte. Dort wurde mir dann gezeigt, was die Professoren gemacht hatten – unwahrscheinlich kläglich. Ich tat dann so, als gäbe es sie nicht. Die einzige Lösung. Einen guten Eindruck machte der Präsident der Studienstiftung[1], mit dem ich vielleicht mich noch einmal treffen werde. Er hat offenbar mit der Sache mehr im Sinn als nur Beihilfe zum Studium. Man müßte versuchen, aus dieser Gesellschaft langsam etwas wie politisches Neuland erstehen zu lassen. Das schwebt dem Mann offenbar auch vor. Großes, angenehmes, offenes Gesicht. Der war ganz glücklich, daß das Professorengequatsche mal aufhörte und ein bißchen frische Luft in die Sache kam.

Von Annchen schrieb ich das letzte Mal. Es war sehr schön. Wir haben uns München und Nymphenburg (sehr bemerkenswert!) in strömendem Regen quietschvergnügt im wahrsten Sinn des Wortes angesehen, und dann zum Schluß sind wir noch gemeinsam zum Kauf der MINOX geschritten, die ich also nun zärtlich bei mir führe. Mit Belichtungsmesser und überhaupt ziemlich fool proof[2], ein neues Modell. Mit dem gleichen Zug, mit dem Annchen nach Paris fuhr, kam Günther [Anders] von Wien an. Das war doch ziemlich erschreckend. Er sieht sehr verändert aus, nicht einmal so

---

[1] Adolf Grimme, 1889–1963, Pädagoge und Politiker. Preuß. Kultusminister a. D., stand der Roten Kapelle nahe (1942–1945 inhaftiert). 1946–1948 niedersächsischer Kultusminister, 1948–1956 Direktor des Nordwestdeutschen Rundfunks.

[2] »kinderleicht zu handhaben, narrensicher«.

viel älter, obwohl er strohweiß geworden ist, als irgendwie indefinable, runtergekommen, mit völlig verkrüppelten Händen, sehr dünn, sehr fahrig. Er denkt an nichts als an seinen Ruhm, völlig unbekümmert, leicht verrückt, vor allem ganz und gar wie seine Mutter, außer aller Realität lebend, alles mit einem Klischee bezeichnend, ungestört in einem château d'Espagne, dem eigentlich nichts Wirkliches entspricht. In Wahrheit ist er finanziell ganz ungesichert, verdient halbwegs, was er unbedingt braucht, aber auch dies wohl nicht immer, lebt von der Hand in den Mund, hat keine eigene Wohnung und schlimmen Ärger mit Zimmervermieterin, kriegt auch irgendwie seine Sachen nicht fertig, erzählte, er schriebe jede Seite 30 Mal!! Dabei fühlt er sich on the top of the world, redet davon, er bekäme nur Stargagen z. B., die sich dann als ungefähr das Übliche hier herausstellen, eher etwas weniger, lebt offenbar sehr bescheiden (nach deutschen Begriffen), fühlt sich gesund, ist es aber sicher nicht. Ihm irgend etwas zu sagen ist vollkommen unmöglich, und ich habe gleich aufgegeben. Damit meine ich nichts Politisches, sondern z. B. über seine Gesundheit, seine finanzielle Lage. Er behauptet, er habe einen Lehrstuhl in Berlin ausgeschlagen. Ich habe keine Ahnung, ob das wahr ist, es könnte immerhin wahr sein. Aber wenn er das wirklich getan hat, so hat er sich bestimmt um die einzige Möglichkeit gebracht, ein halbwegs sorgenloses Alter zu haben. Mir scheint, die schlichte Wahrheit ist, daß er vis-à-vis de rien steht, es aber nicht realisiert. Er bringt einen Briefwechsel mit dem Mann heraus, der die Bombe auf Hiroshima warf (mir ist der Name entfallen[3]), davon verspricht sich Rowohlt offenbar einen Erfolg, ergo glaubt Günther, daß er ein reicher Mann sei. Kurz, er ist verhext, aber das eigentlich Unheimliche war die Ähnlichkeit mit seiner Mutter.

Über Colliers habe ich mich sehr gefreut. Wenn unser Lottchen [Köhler] den Auftrag für eine deutsche Sprachlehre kriegt, wird sie ein reiches Mädchen werden, an so was verdient man Geld. Und sie

---

3 *Off Limits für das Gewissen. Der Briefwechsel zwischen dem Hiroshima-Piloten Claude Eatherly und Günther Anders.* Herausgegeben und eingeleitet von Robert Jungk. Reinbek bei Hamburg 1961.

kann es bestimmt blendend machen. Neue deutsche Bücher: Mir hat man folgendes empfohlen, aber ich habe noch nichts gesehen: Enzensberger[4], der sowohl dichtet wie Prosa schreibt. Anfang der Dreißiger. Nossak, Spirale[5]. Arnold Gehlen[6] (ehemaliger Nazi!), Zeit-Bilder (abgesehen von dem Buch über den Menschen, das wir haben). Christian Geissler, Die Anfrage[7] (nämlich an die Väter), gerade erschienen. Peter Weiss, Abschied von den Eltern[8]. Ich selber aber möchte empfehlen M. L. Kaschnitz, Lange Schatten[9]. Du sahst die herrliche Erzählung im »Merkur«.

Ferner lese ich augenblicklich den Nietzsche von Heidegger, der noch nicht erschienen ist, und zwar für Kurt Wolff. Das ist ein sehr wichtiges und auch ein sehr schönes Buch. Ganz leicht geschrieben, teilweise wie ein Lehrbuch, eine Zusammenstellung von Vorlesungen aus den dreißiger und vierziger Jahren. Daß er das herausbringt, ist merkwürdig. Es zeigt genau, wohin er eigentlich wollte, und ist in gewissem Sinne erheblich ergiebiger als die späteren Sachen, welche dies voraussetzen. Ich werde Wolff dringend empfehlen, das Buch zu bringen, habe aber Jaspers nichts davon gesagt. Sicher ist sicher.

[…]

Ich weiß immer noch nicht, wann ich nach Jerusalem zurück muß, bin hier mit dem Korrespondenten für die »Süddeutsche Zeitung« in Verbindung, der so was natürlich besser herauskriegen kann als ich. Im übrigen ist heute der erste Tag, an dem ich überhaupt keine Verabredungen habe und einfach machen kann, was ich will, also arbeiten. Mein Zimmer ist sehr hübsch, großer Schreibtisch, und wenn das Wetter nicht so infam wäre, kalter Regen, könnte ich in den schönen Garten hier. So ist man dankbar, daß geheizt ist. Ich bin aus meinen wenigen Wollsachen überhaupt noch nicht herausgekommen.

---

4 Hans Magnus Enzensberger, geb. 1929.
5 Hans Erich Nossak: *Spirale. Roman einer schlaflosen Nacht*. 1956.
6 Arnold Gehlen: *Der Mensch*. 1940 und 1960.
7 Christian Geissler: *Die Anfrage*. 1960.
8 Peter Weiss: *Abschied von den Eltern*. 1961.
9 Marie Luise Kaschnitz: *Lange Schatten. Erzählungen*. Hamburg 1960.

Traveller checks: d'accord, ich lasse von dem hiesigen Konto anweisen. Sobald ich nach Jerusalem fliege, telegrafiere ich. Mary habe ich nochmals telefonisch gesprochen und warte jetzt auf einen Brief. Es scheint, sie kann nicht schreiben, nur diktieren. Eine böse Geschichte! Wenn sich nichts sehr plötzlich ändert, fliege ich nicht vor dem 10. Juni und bleibe die nächsten zwei Wochen hübsch hier. Ich habe bereits von der Staatsbibliothek so ziemlich alles, was ich wollte, ins Haus geliefert bekommen. Piper ist in diesen Dingen sehr gut. [...]

Liebster, nimm Dir ein Beispiel an diesem Brief. Der ist doch nun wirklich sehr lang. Von Lotte hatte ich einen großartigen und langen Brief. [...]

Deine

Liebster!

H.

[New York, Anfang Juni 1961]

Liebling,

das war ein erfreulicher Brief, nicht weil er lang ist, sondern weil er Dich in freudiger Stimmung und Beschäftigung zeigt. Ich sehe, wie Du Dich mit Deiner Minox amüsierst, und hatte also recht. Ein Garantieschein für sie ist hier eingelaufen.

Robert werde ich Deine Daten[1] senden. Die Termine sind für meine ursprüngliche Absicht etwas spät. Wir werden dann wahrscheinlich erst direkt Ende Juli zurück sein und gleich nach Haines Falls weiter müssen. Ich brauche dies Minimum von vier Wochen Wald wirklich und hätte lieber fünf gehabt. Der Semesterschluß in Bard nimmt mich wegen Umstellungen für das nächste akademische Jahr diesmal schrecklich her, ich habe kaum mehr Zeit für irgend etwas, wenn ich wirklich am 24. abfahrbereit sein soll; die Arbeit für das Lexikon ist sehr interessant, sie sind begeistert über meine grundneuen Entwürfe, aber ich muß zuviel überwachen, korrigieren, mit ihnen dabbern, und das strengt in der Hitze sehr an.

---

[1] H. A. hatte im vorigen Brief vom 28. 5. 1961 detaillierte Reisedaten angegeben.

Alte Studenten der New School wollen von mir einen Entwurf für meine neue Erwachsenen-Akademie.[2] Vielleicht wird es was. Aber auch das macht Arbeit und frißt Zeit. Deine Studententagung gibt in der Tat einige Hoffnung. Wir wollen all das mit Jaspers besprechen. Er hat gerade sein neues Buch über die Reform der Universität[3] geschickt. Noch nicht gelesen.

Denver [Lindley] hat Dein Buch geschickt.[4] Es ist sehr einfach und sehr schön gebunden. Ich lese es gerade noch mal, weil ich eine Sache für meine Studenten jetzt brauche. Einer meiner besten Studenten je hat das beste senior project je geschrieben. Über Kafka. Seine Oberen aus der Literature Division mögen es nicht, teils aus Dummheit, teils aus purem Neid. Vor allem fehlt die übliche Widmung mit Dank an alle seine illustren Lehrer. Obendrein steht statt dessen auf einer leeren Seite ganz klein unten in der Ecke »To the Gadfly. Bitten, I am grateful.«[5] Wie unakademisch.

Röschen [Feitelson] habe ich gesehen. Sie ist viel besser jetzt.[6] Grüßt. So tut Lotte [Beradt]. Pol[7] hatte mich zu einer herrlichen Bouillabaisse eingeladen und war sehr nett. Wir alle, und nun auch sogar er, sind politisch sehr angstvoll und versorgt. Jeder Tag liefert neue Gründe. Vielleicht ist es doch gut, daß ich schnell noch einmal Europa sehe. Für einen Abschiedsblick.

Sei gegrüßt und geküßt bis zum ersten Klaps auf dem Flugplatz in Zürich

Dein

Heinrich

---

2 Der Plan kam nicht zustande.

3 Vgl. S. 535, Anm. 5.

4 Hannah Arendt: *Between Past and Future. Six Excercises in Political Thought.* New York 1961.

5 »Für den Quälgeist [eigentlich ›die Viehbremse‹]. Gestochen und dankbar.« Vermutlich für H. B.

6 »Ihr geht es jetzt viel besser.«

7 Heinz Pol, 1901–1972, Berliner Journalist; 1933 Emigration über Paris in die USA, schrieb dort für den *Aufbau* und für *Die neue Rundschau*, Frankfurt/M.

[München,] den 4. Juni 1961

Liebster –

[...]

Ja, mit dem Zurückgehen nach Jerusalem. Eben telefonierte ich mit der »Süddeutschen Zeitung«. Die Sachen ziehen sich dort natürlich doch noch hin und her. Augenblicklich sieht es so aus, als ob ich am 17. hinfliegen werde und dann am 24. wieder in Zürich sein werde, um Monsieur Stups abzuholen. Aber nichts Genaues weiß man nicht. Auf keinen Fall ändern wir etwas! Die Sache ist nur die, daß Servatius sich Zeit ausbedungen hat, und niemand weiß in J., was er damit eigentlich genau meint. Er ist natürlich mit Dokumenten nun völlig zugedeckt und graust sich vermutlich erheblich. Die Staatsanwaltschaft besteht aus vier Staatsanwälten, zu denen dann noch unendliche Hilfsarbeiter kommen, kurz ein Institut. Er hingegen mit einem Assistenten, der noch dazu in der Welt herumschwirrt, um Zeugenaussagen aufzunehmen, da die Zeugen nach Jerusalem weder kommen können noch wollen. Was man verstehen kann. Wenn ich nur ein bißchen Glück habe, sollte es in der Woche vom 17. Juni klappen, nämlich Eichmann in den Zeugenstand kommen.

[...]

Heute früh rief Mary an und hörte sich erheblich besser an. Ich werde mich wohl doch noch mit ihr treffen, vermutlich nächstes Wochenende hier in München. Vielleicht fliege ich auch zu ihr nach Zürich, nämlich falls sie sich entschließen sollte, dort in eine Klinik zu gehen, die für solche Sachen sehr berühmt ist.

Falls Du von mir nichts mehr hörst, schreib weiter an die hiesige Adresse. Es sieht ja doch fast so aus, als ob ich die nächsten 14 Tage noch hier sein werde. Mir wäre es schon sehr recht. Es ist zwar bitter kalt, und ich bin zum Kauf von warmen Strümpfen und noch einer Strickweste geschritten, alldieweil man immer mindestens zwei Wollsachen anhaben muß, um nicht zu erfrieren. Es regnet ständig, buchstäblich ohne Aufhören.

Warum ich nicht lieber in Zürich sitze, kann ich Dir sagen: Die Bibliotheksverhältnisse sind hier absolut erstklassig. That is all. Ich arbeite ohnehin ziemlich von morgens bis abends. Sah Voegelins[1], sehr nett, werde bei ihm im Seminar sprechen. Nächste Woche ist überhaupt viel los, aber immer nur abends. Und dies kleine Hotelchen hier, wo ich alle meine Bequemlichkeiten habe, ist sehr angenehm.

[...]

Ich habe das Reiseleben sehr satt und freue mich erstens auf die Italienreise und zweitens auf ZUHAUSE!

Deine

H

[München,] den 12. Juni 1961

Lieber Liebster –

Gerade Mary wieder ans Flugzeug gebracht. Sie war für einen Tag von Warschau gekommen, und es war sehr nett. Es geht ihr wieder besser. Mehr mündlich. Sie hat (oder hätte, wenn sie es verstünde!) große Sorgen; der Mann muß aus Polen weg, offenbar strafversetzt[1], und nach dem, was die da aufgeführt haben, kann man es wirklich verstehen. Gott weiß, wo er nun hinkommt. Aber sie macht sich im Grunde keine Sorgen und weiß noch nicht recht, was es heißt, die Frau eines Mannes aus dem Auswärtigen Amt zu sein. Gesundheitlich geht es ihr keineswegs gut, sie sieht auch nicht gut aus, aber doch erheblich besser.

Außerdem bekam ich eben eine Nachricht aus Israel, daß ich im Hotel Eden in Jerusalem wohnen werde, und habe auch eben für Sonnabend, den 17. gebucht. Bitte gib die Adresse auch Lotte, ich fühle mich sicherer, wenn ich weiß, daß sie meine Adressen auch hat.

[...]

Und eh ich es vergesse, noch rasch, was Jaspers gerade schrieb:

---

[1] Erich Voegelin, geb. 1901, Politologe, Geschichtsphilosoph und Religionswissenschaftler, seit 1938 an verschiedenen Universitäten der USA, seit 1958 Professor in München.

[1] James West wurde nach Paris versetzt, aber nicht »strafversetzt«, wie H. A. nach seiner Scheidungsaffäre vermutete.

»Nun freue ich mich auf Ihren und Heinrichs Besuch im Juli, hoffentlich nicht zu kurz. Es ist merkwürdig: ich meine Heinrich schon gut zu kennen und fast befreundet mit ihm zu sein, und eigentlich kennen wir uns ja noch gar nicht. In der Erwartung habe ich das Glücksgefühl, einem Menschen begegnen zu können, der [...] unter allen Umständen den Kopf aus dem Getriebe heraus ins Freie streckt und unabhängig geblieben ist. Weil die ›Idee der Universität‹ gerade erschienen ist, habe ich sie ihm als dem in solchen Dingen Sachkundigen und Erfahrenen geschickt, aber erwarte *nicht*, daß er es jetzt liest. Wir haben so viel zu sprechen. Möge manche gute Stunde glücken!«[2]

Liebster, auf bald, auf bald!!

Deine

[München,] den 14. Juni 61

Liebster –

heute ist aber ein herrlicher Tag. Erst kam Dein Brief[1], und ich freute mich so, daß ich ganz verblüfft feststellte, daß ich doch immer noch nicht so recht dem Frieden getraut hatte. Dann aber rief Robert an, der für ein paar Tage in München ist, und gerade komme ich zurück nach einem ausführlichen Mittagessen. Er wird wohl ziemlich sicher am 24. am Flughafen sein und in Zürich mit uns bleiben, bis wir dann am Montag nach Italien weiterfahren. [...]

Nun aber zu Robert. Es war sehr, sehr nett, aber er ist ziemlich unglücklich. Er möchte liebend gern von der Frau weg und wäre eher gestern als heute auf und davon, wenn das Kind nicht wäre, an dem er sehr hängt. Die edle Dame droht nämlich nicht nur mit Selbstmord, sondern versichert ihm, sie werde Medea gleich auch das Kind ermorden. Er möchte einfach zu Elke zurück, zu der er einfach gehört. Spricht mit großer Hochachtung von ihr, wie gut sie My Fair Lady[2] mitübersetzt habe usw. Die andere macht ihm das

[2] Vgl. *Hannah Arendt – Karl Jaspers Briefwechsel,* a. a. O., München 1985, S. 475 f.
[1] Nicht aufgenommener Brief mit der genauen Ankunftszeit.
[2] Die Übersetzung des amerikanischen Musicals war von Robert Gilbert.

Leben zur Hölle. Sieh Dir das man ruhig in Locarno von der Nähe an, aber vielleicht solltest Du doch damit rechnen, daß Du ihn dann noch einmal irgendwo sonst, ohne Dame, allein triffst.

[...]

Ich fliege also am Sonnabend nach Israel, wie ich schrieb. Der Prozeß geht zwar erst am 20. wieder los, und ich fürchte sehr, der Hausner wird versuchen, alles noch weiter zu verzögern. Aber ich muß doch wenigstens versuchen, Eichmann on the witness stand zu sehen. Ich habe so zwei Tage in Israel ohne Prozeß, was mir wiederum nicht so unangenehm ist, da ich dann ein paar Leute noch sehen und sprechen kann. Von Kurtchen [Blumenfeld] der bekanntlich kein »Leut« ist, ganz zu schweigen. Ich fliege von dort am Freitag, den 23., ab., entweder direkt nach Zürich oder über Athen – je nachdem.

[...]

Ich muß am 20. in Heidelberg sein, wo ich bei Sternberger im Seminar spreche. Sonst bin ich ganz frei. Allerdings vom 9.–10. in Düsseldorf und am 11. in Köln, wohin du also nicht mitkommen kannst[3], was ja auch im Grunde ganz gleichgültig ist. Wir treffen uns dann in Basel.

Also Schluß und zur Sicherheit nochmals meine Adresse: Hotel Eden, Jerusalem, bis Freitag, den 23. Danach mit Dir: Waldhaus Dolderer, Zürich.

Liebster, wie ich mich freue –

Deine

Grüß Esther herzlichst! Und bezahl sie bis Ende Juli, zweimal wöchentlich.

---

[3] H. B. wollte die Zeit mit seinem Freund Robert Gilbert verbringen.

Dreizehnter Teil:
Februar bis März 1963 und September 1968

[Am 19. März 1962 erlitt Hannah Arendt in New York einen schweren Autounfall: Sie saß in einem Taxi, das mit einem Lastwagen zusammenstieß, und wurde mit Verletzungen in ein Krankenhaus eingeliefert. Die Schadenersatzzahlungen ermöglichten es ihr 1963, mit ihrem Mann und Charlotte Beradt als Gast eine ausgedehnte Reise nach Italien und Griechenland zu machen. Vorher reiste sie allein nach Basel zur Teilnahme an den Feierlichkeiten zu Jaspers' 80. Geburtstag.]

Basel, Hotel Euler,
den 20. Februar 63

Liebster,

eben packte ich die Uhr aus und stelle fest, daß es bei Euch 3 Uhr nachmittags ist. Hier aber ist es 9 Uhr, und ich gehe ins Bett. Flug war schön, und dann ganz pünktlich, soz. auf den Glockenschlag, in Genf und Zürich. Lotte [Beradt] und ich haben mit allen Prognosen für die 1. Klasse unrecht gehabt, nur die Dame mit dem Pudel war [1], alles andere war falscher Schein, auch die Geblitzlichteten. Das Publikum übrigens ziemlich scheußlich. Aber die ganze Nacht hindurch gab es ein unerhört gutes kaltes Buffet, mit Champagner, Kavier, Hummer etc. Das war ganz angenehm. Aus Zürich bin ich dann ganz friedlich mit dem Zügle hierher geschuckelt, auch mit Verspätung, weil alles zugeschneit ist und ausgeschaufelt werden muß. Große Schäden. Im Hotel grüßte mich eine Orchidee von Frau Jaspers, und ich habe auch gleich telefoniert und mir Urlaub bis morgen früh geben lassen. Hotel ist sehr gut, zu fein für mich, aber für die eine Woche doch recht bequem. Eben ausgezeichnet zu Abend gegessen und nun mit Maigret [2] ins Bett! Ich bin müde, aber

[1] »hatte Format«.
[2] Der Polizeiinspektor der Detektivromane George Simenons heißt Maigret.

nicht übertrieben, und eigentlich höchst vergnügt, aus dem *New Yorker* Rummel[3] wegzusein.

Ich schwelge übrigens in Zeitungen, nicht nur das Übliche – – »Neue Zürcher Zeitung«, »Figaro« etc., sondern »New York Times« und »Herald Tribune« überall zu kaufen. Ganz herrlich. Und sehr komisch.

Das einzige, was ich jetzt noch leisten kann, ist diesen Brief abschicken, damit Du noch am Sonnabend Nachricht hast. Ohne Zeitungen weiß Du ja noch nicht einmal, ob wir nicht doch runtergefallen sind.

Deine

H.

[Basel,] den 22. Februar 1963

Lieber Liebster –

dies nur, um Dir eben meine Adressen mitzuteilen. Jaspers hat sehr gebeten, ich solle mich für die freien Wochen nach Basel setzen, und ich tue es sehr gern. Er ist in bester Form, ganz unverändert, heiter, klug, gesprächig, sehr gegen Adenauer, sehr gegen Deutschland, überhaupt in allem Politischen ganz wie wir. Man fühlt sich wieder ganz zu Hause. Ich schlafe und frühstücke im Hotel, gehe dann in die Austraße[1], wo ich mein Arbeitszimmer habe. Beste Regelung! Die Feierlichkeiten[2] morgen werden nicht zu schlimm werden. Und ab Montag ist sicher wieder vollkommene Ruhe. Ich fahre [von] hier am 1. März nach Köln und bleibe dort im Hotel Bristol bis zum 7. früh. Zwei Rundfunkvorträge.[3] Ich fahre am 7. direkt nach Locarno, Hotel Esplanade, und bleibe bei Kurt Wolff bis etwa

---

[3] Gemeint sind die beginnenden Reaktionen auf die fünfteilige Artikelserie von H. A.s »Eichmann in Jerusalem«, die im Februar und März 1963 im *New Yorker* erschien, im gleichen Jahr als Buch und 1964 auf deutsch.

[1] Jaspers' Haus in Basel lag in der Austraße.

[2] Gemeint sind die Feierlichkeiten im Zusammenhang mit Jaspers' 80. Geburtstag am 23. Februar.

[3] In Köln las H. A. das erste Kapitel ihres Eichmann-Buches und nahm am nächsten Tag an einem Streitgespräch im Rundfunk teil; Vgl. S. 561, Anm. 4.

10. oder 11. Danach fahre ich zurück nach Basel und nehme mir wieder ein Hotelzimmer – aber nicht im Euler Hotel, wo ich jetzt bin. Das Zimmer ist sehr klein und unverhältnismäßig teuer. Ich lasse es Dich noch wissen. Gestern erschien hier plötzlich der Kölner Freund, Zilkens, der meinte, er würde mich vielleicht im Auto nach Neapel fahren können. Habe auch Annchen [Weil] angeläutet, die in der zweiten Märzhälfte in Strasbourg ist – zwei Stunden von hier entfernt. Nun hätte ich gern noch besagten Gerhards [Casper[4]] Adresse von Lotte [Beradt]. Elke habe ich noch nicht antelefoniert, aber gerade eine Zeile an Robert geschrieben. Eben ein Brief aus Tel Aviv, daß mein Vetter sich in restitution[5]-Geschichten in Berlin und Bonn herumtreibt. – Wetter sehr kalt und viel Schnee. Daß der Flug so glatt ging, war wirklich Glück.

Liebster, laß mich nicht ohne Nachrichten.

Deine –

[Basel,] den 24. Februar 1963

Lieber Liebster –

also den gestrigen Geburtstag haben wir alle offenbar überstanden. Die Blumengeschäfte in Basel haben ausverkauft, und wir könnten in der Austraße gut und gerne eins eröffnen. Die Telegramme – darunter auch eines von Adenauer, obwohl Jaspers gerade zu großem Ärger von Bonn denen ihren höchsten Orden abgelehnt hat (es passe nicht zu seiner Gesinnung, Orden anzunehmen) – wurden nur noch dutzendweise in großen Umschlägen geliefert, von Briefen ganz zu schweigen. Darunter ein Brief von Heidegger, was ihn dann doch gefreut und selbst Madame leicht gerührt hat. Die Feier mit den Baslern sehr hübsch, der einzige, der aus dem Rahmen fiel, der für selbigen Zweck extra angereiste Rektor der Universität Hei-

---

4 Gerhard Casper, geb. 1937 in Hamburg, wurde 1966 Professor und 1979 Dekan der University of Chicago Law School.

5 Vgl. S. 500, Anm. 2.

delberg. Jeder der Basler sprach von ihrem »Stadt-Staat«, in dem [Jaspers] zwar kein Bürger, aber ein hochangesehener Gast und Freund ist. Eindrucksvoll wegen der bei allen gleichen Gesinnung. Er wurde natürlich gelobt, aber nirgends über die Schnur. Sehr, sehr angenehm. Ich habe Blumen ausgepackt, Briefe und Telegramme geöffnet und geordnet, seine Antwort an die Basler getippt, kurz, mich als sehr nützlich erwiesen. Von Schülern waren Jeanne Hersch und Sternberger erschienen. Zur Feier fuhren Erna[1] und ich zusammen. Abends haben wir dann zu viert – nämlich mit Erna – Sekt getrunken. Danach habe ich jedenfalls bis 9 Uhr durchgeschlafen.

[...]

Bei Jaspers alles ganz unverändert und sehr schön. Nur daß sie (84 immerhin!) jetzt eigentlich fast taub ist. Er hat auf beiden Augen den Star, wie Esther, nur daß dies bei ihm ja inoperabel ist. Aber in diesem Alter entwickeln sich diese Dinge ja langsam.

Hier ist bitter kalt, hoher Schnee, und ich habe mit dem Flug ausgesprochen Glück gehabt. Schreib (und schick Post nach) an Jaspers' Adresse. Wir wollen die Geschichte nicht unnötig komplizieren. Ich komme ja von Köln nach Locarno über Basel, und Erna kann mir dann die Post an den Zug bringen, oder alles nachschikken.

[...]

Alles sieht sehr bequem und vernünftig aus. Ich kann immer alles Gepäck in der Austraße lassen und ganz leicht reisen. Idiotisch war nur, daß ich die Schreibmaschine mitgenommen habe.

Liebster, schreib! Bitte, bitte –

Deine

H.

---

[1] Erna Möhrle, geb. 1920, führte bis zum Tode von Gertrud Jaspers (Mai 1974) den Haushalt. Zwischen ihr und den beiden J. entstand mit der Zeit eine enge Verbundenheit.

[New York,] 4. 3. 63

Liebling

ich bin noch ganz froh, Deine Stimme ist noch in meinen Ohren. Sprechen miteinander: the real thing.

Schön, daß alles so gut geht dort. Mach alles so gelassen wie möglich. Mache Dich ruhig und aufnahmefähig für die große Inspektion der »Weltfundamente«.[1]

Ich lese jetzt neben Jaspers[2] Dein Revolutionsbuch[3] nochmal. Es ist sozusagen noch besser geworden und wirklich, wie Kazin meint, Dein bestes Buch. Klar, wohl abgewogen und politisch urteilskräftig. Wenn es zur Wirkung kommt, wird es eine langwährende sein. Deine vorigen beiden Behandlungsweisen der Geschichte sind hier kräftig vereinigt.[4]

Ich gehe für ein paar Tage nach Bard, um noch etwas nachzuhelfen und zu sehen, was später für mich zu tun sei. Dann aber bereite ich mich auf Griechenland vor.

Ich bin anscheinend an der Grippe vorbeigekommen. Das Wetter ist scheußlich. Die Temperatur schwankt fast täglich um 30 Grad. Man muß eine Pferdenatur haben, um[5].

Grüße mir die Freunde. Hoffentlich kannst Du Robert sehen. Und Elke [Gilbert]. Ohne in Schwierigkeiten zu stolpern.

Machs gut und sei geküßt und geklapst

Dein Heinrich

Locarno, den 8. März 1963

Lieber Liebster –

es war schön, miteinander so nah zu sprechen, ganz herrlich. Noch schöner fast war es, daß ich hier in Locarno bei Wolffs bereits den

---

1 Gemeint sind die kommenden Reiseeindrücke in Italien und Griechenland.

2 Um welches Buch von Jaspers es sich handelt, ist nicht zu ermitteln.

3 Hannah Arendt: *On Revolution*. New York 1963.

4 Gemeint sind die Betrachtungsweisen von *Elemente und Ursprünge totaler Herrschaft* und *Vita activa*.

5 Im Original völlig verwischt.

aus Basel nachgesandten Brief vorfand, so daß ich mich nicht erst noch zu ängstigen brauchte. Jetzt sitze ich also höchst gemütlich hier, wo wir schon feierlich Deiner gedacht und auf Dich angestoßen haben – wie in Basel mit dem geburtstäglichen Sekt. Ich verbessere den Text der Jaspers-Übersetzung[1], leider sehr viel zu tun – und eben klingelt das Telefon und Kurt [Wolff] bittet dringendst zum Apéritif. Er ist übrigens hier auf dem Glatteis hingefallen und hat sich die Hüfte (G. s. D. nicht gebrochen, aber) verzerrt und liegt im Bett. Geht ihm aber sonst recht gut.

Inzwischen war Abendbrot und langer Schwatz und wieder sehr guter Sekt. Und nun werde ich erstmal über Deutschland berichten. Es war irgendwie rührend, weil die Leute, mit denen man überhaupt zu tun hat, ja schlechterdings alles schlucken – mehr oder minder aus Verzweiflung. Deutschland, scheint mir, wartet nur darauf, von de Gaulle endlich besetzt oder, sagen wir, »vergewaltigt« zu werden. Nur dann würde man sich wieder wohl fühlen. Dies gilt für sehr weite Schichten m. E. Natürlich muß de Gaulle wieder nett sein und freundlich sagen – gutes Volk, großes Volk –, so ähnlich, wie man einem Hund freundlich zuredet, bevor man ihn an die Leine legt. Das Vertrauen in Adenauer gibt es nicht mehr, und niemand sonst ist vorhanden. Das einzige – eben de Gaulle! Die Muffigkeit der Atmosphäre, die eigentümliche Künstlichkeit der Menschen, auch der besseren, ist ebenso prägnant wahrnehmbar wie schwer beschreiblich. Am Rundfunk lernte ich außer unserem Wiegenstein[2] auch den Intendanten Klaus von Bismarck[3] kennen, der zu jener Sorte Goien gehört, die mich früher unwiderstehlich fand. Davon ist noch einiges verblieben. Bei dem öffentlichen Vortrag (den sie dann später senden – Streitgespräch[4] mit

---

[1] Bezieht sich auf die amerikanische Ausgabe von *Die großen Philosophen*, 2. Band, (übersetzt von Ralph Manheim): Karl Jaspers: *Three Essays. Leonardo, Descartes, Max Weber*. New York 1964.

[2] Roland Wiegenstein, geb. 1926, Radiojournalist, mit Lotte Beradt befreundet.

[3] Klaus von Bismarck, geb. 1912, war von 1961–1976 Intendant des Westdeutschen Rundfunks.

[4] Das Thema des Streitgesprächs war »Nationalstaat und Demokratie«; vgl. S. 557, Anm. 3.

Kogon[5], der übrigens sehr gut war, aber ganz unzuverlässig ist) war auch – na rate mal – Heinrich Eduard Jacob[6] of all people [ausgerechnet]. Und natürlich gar nicht zu vermeiden, da er direkt hinter mir Platz genommen hatte, wo eigentlich niemand sitzen konnte. Er sprach in der Diskussion als der Vertreter von Buchenwald und Dachau oder so was Ähnliches – sehr peinlich, sehr unausstehlich, da man ja dort in einer Situation ist, in der man sich schlechthin solidarisieren muß. Das habe ich dann zum Vorwand genommen, der deutschen Regierung meine Meinung zu sagen. Wenn die das wirklich senden, kann ich nur Prost Mahlzeit sagen.

[...]

Ich vergaß den Wetterbericht. Selbst hier ist es kalt und neblig, und nur hier und da sieht man die schneebedeckten Berge. Die Seen in der Schweiz positiv [wirklich] zugefroren – mit eigenen Augen gesehen!

Eben bekam ich von Denver [Lindley] die erste Kritik des Revolutionsbuchs. Sehr freundlich. Ich bin sehr glücklich, daß Du es immer noch in Ordnung findest. [...] Ich habe mich nb. blendend erholt, bin sehr frisch und kregel. Mir macht die Reiserei Spaß, vor allem da sie so gut wie ohne Koffer vonstatten geht.

Ab Montag (den 11.) bin ich in Basel.

Deine – H.

---

5 Eugen Kogon, 1903–1987, Politikwissenschaftler und Publizist; 1946 erschien in München sein Buch *Der SS-Staat*.

6 Heinrich Eduard Jacob, 1889–1967, Schriftsteller und Journalist; war 1938–39 elf Monate in den Konzentrationslagern Dachau und Buchenwald; emigrierte 1939 in die Vereinigten Staaten.

[New York, Mitte März 1963]

Liebling,

ich sehe aus Deinem Brief an Lotte, daß es Dir gut geht und daß Du Spaß hast. Hier laufen viele Anrufe[1] für Dich ein. Sei froh, daß Du weg bist. Dorothy Norman[2] konnte gar nicht aufhören zu reden und fiel schließlich in ein begeistertes Stammeln. Es wurde direkt peinlich. Alles, einfach alles wäre sie bereit, für Dich zu tun, wenn Du je etwas wolltest oder brauchtest. Usw. Es war rührend. Von deutschen Professoren in Amerika Protestbriefe, weil Du ihnen die resistance madig machst. Die Israeliten aber scheinen sich erst zu einer Phalanx zu sammeln. Ich schicke Dir alles nach, aber mit einfacher Post das nächste Mal. Die Sache könnte teuer werden, wenn es so weitergeht.

Ricarda [Schwerin] hat mir einen seligen Jungmädchenbrief geschrieben. Mich sehen und dann überhaupt nach acht Jahren die ersten Ferien. [...]

Ich sitze noch immer mit Jaspers und Dir[3], habe aber auch ganz erträgliche Konferenzen mit mir selbst.

Grüße alle Freunde.

Dein Heinrich

[Basel,] den 15. März 1963

Lieber Liebster –

man kann nicht gerade behaupten, daß Du sehr schreibselig bist. Aber ich kann verstehen, daß Dir die Eichmann-Sache zum Halse raushängt, und ich bin wirklich heilfroh, daß ich nicht zu Hause bin. Hier hatte ich viele außerordentlich nette Briefe – darunter einen wirklich schönen von Mary. Der Sturm bei Deutschen und deutschen Juden ist wirklich nur eine größere tempête im Wasserglas, man sollte sich nicht kümmern. War ja unvermeidlich.

---

[1] Im Zusammenhang mit der Eichmann-Serie im *New Yorker*.

[2] Dorothy Norman, geb. 1905, Schriftstellerin und Fotografin; in kulturellen Organisationen tätig.

[3] Vgl. S. 559, Anm. 2 und 3.

Hier geht es Gott sei Dank besser. Jaspers war gestern schon ein paar Stunden auf, recht geschwächt, wie das ja nach Darmgrippen üblich ist, aber nicht mehr wirklich krank. Ihre Herz-Geschichte ist vermutlich viel ernster. Aber was soll man sagen – sie ist 84 Jahre! Seit vorgestern ist Bouchi [Annemarie Broch] hier, fährt aber heute abend ab, was auch dringend notwendig ist, da sie bei mir im Hotel wohnt. Ich kann aber immer in die Austraße flüchten, was ich auch fleißig tue.

Liebster, in ca. einer Woche betrittst Du das Schiff![1] Wie herrlich! Und schön, daß es mit Ricarda geklappt hat, es freut mich sehr. [...]

Mary schreibt in einer Art Arbeitspanik ihren Roman zu Ende.[2] Ich werde sie wohl heute oder morgen anrufen. Vielleicht können wir uns in Rom treffen, bevor ich nach Neapel komme. Sie schrieb, sie wolle ev. nach Rom, falls sie ihre deadline (1.4.) machen kann.

[...]

Leb wohl, mein Herz. Beide Jaspers lassen herzlich grüßen.

Deine
H.

[Tel Aviv,] Mittwoch [23. 8. 1967][1]

Lieber Liebster –
alles in allerbester Ordnung. Schwer beschäftigt. Gestern Jerusalem. Heute in die Wüste. Morgen Gaza. Freitag und Sonnabend Menschen, nur alte Freunde. Nichts Offizielles. Bis Sonntag! Grüß Elke [Gilbert]!

Deine –

---

[1] H. B. und Lotte Beradt fuhren am 23. März mit einem italienischen Linienschiff nach Neapel.

[2] Mary McCarthy: *The Group*. New York 1963; deutsch: *Die Clique*, übers. von M. v. Zedlitz, München/Zürich 1964.

[1] Ende Juli 1967 flogen Hannah Arendt und ihr Mann nach Zürich, siedelten am 1. August nach Basel um und besuchten dort Jaspers und seine Frau. Bevor sie am 30. August per Schiff von Genua aus zurückfuhren, flog H. A., die lebhaften Anteil am Sechstagekrieg im Juni genommen hatte, für etwa eine Woche nach Israel,

[Im September 1968 flog Hannah Arendt in die Schweiz, um Jaspers ein letztes Mal zu sehen. Dieser starb am 26. Februar 1969.]

[Basel, 2. 9. 1968]
Montag

Lieber Liebster –

sehr gut angekommen. Alles in Ordnung außer dem Hexenschuß. Das Flugzeug voll besetzt. Gestern den ganzen Tag bei Jaspers. Es ist alles sehr traurig – Verständigung sehr schwierig –, aber nicht für ihn. Er sagte: Ich bin glücklich. Der Schlaganfall leicht, der Gesamtzustand erheblich verändert; aber doch wieder munter und gesprächig. Er kann kaum gehen, mit einem Gestell. Bräuchte eigentlich einen Rollstuhl. Sie viel besser als voriges Jahr. Ohne alle Bösartigkeiten. Physisch ganz unverändert.

Gestern abend noch langes Gespräch mit Saner.[1] *Sehr* angenehm!

[...]

Die Zeitungen – die Tschechei.[2] Es ist alles schrecklich.

Schreib eine Zeile, wie es in Bard war! Grüß Lotte. Genießt und habt's gut.

Deine –

---

von wo aus sie ihrem Mann (23. August) und Karl Jaspers (26. August) Karten schrieb.

[1] Hans Saner, geb. 1934; war bis zum Tode von Jaspers dessen Assistent.

[2] Am 21. August 1968 besetzten die Sowjetunion und andere Staaten des Warschauer Paktes die Tschechoslowakei, um in der Folge die unter Dubček begonnene Liberalisierung rückgängig zu machen.

[Basel,] den 4. 9. 68

Lieber Liebster –

gestern war ich in Zürich und fuhr dann mit Elke [Gilbert] zurück, um in Basel gemeinsam zu dinieren. Dort alles in Ordnung. Heute rief ich Robert an, der allerherzlichst grüßen läßt. Er hat sich gerade ein Haus gekauft und meinte, wir sollten man auch in die Schweiz kommen zwecks Lebensabend, er könnte uns dort mit allem behilflich sein. Es ist hier trotz allem noch so ruhig, daß es mich momentweise schon sehr lockt.

Jaspers wie immer, leichter zu ertragen als vor einem Jahr, weil er nicht mehr versucht, zu verbergen oder zu verheimlichen. Er ist sich jetzt des Verfalls völlig bewußt, obwohl es auch da plötzlich Ausfälle gibt. Da ist es natürlich alles viel leichter, weil man kein Theater mehr zu spielen braucht. So ist es eben. Dabei genießt er das Leben immer noch. Er sagt: Das Leben war *schön*. Ich sage: Du denkst doch immer noch: Das Leben ist schön. Er sagt: »Du hast recht. Ich weiß, ich bin ein Gerümpel. Es ist mir manchmal peinlich, und es tut mir leid für die anderen. Wie langweilig für Dich. Aber ich für mich bin zufrieden.« So geht es sehr gut.

Mein Hexenschuß hat sich heute etwas beruhigt. Und ich bin auch heute endlich über die Zeitdifferenz weg. (Eben der übliche Kaffee mit Gertrud [Jaspers]. Es geht alles seinen stillen ruhigen Gang zu Ende. Sie ist in sehr guter Verfassung, hört erstaunlich gut, viel besser als er. Mit ihm ist die Verständigung sehr schwer. Die Bösartigkeiten sind momentan ganz weg.)

[...]

Von Heidegger keine Zeile. Werde ich also wohl doch nicht sehen. Vielleicht ist er gar nicht in Freiburg. Tant pis.

Wie war Bard? Wie ist es Dir bekommen? Jetzt ist bei Euch ungefähr Television-Zeit. Mit diesem Farbband ist es zu Ende.

Lieber Liebster –

Deine H.

[Basel,] den 6. 9. 68

Lieber Liebster –

heute schreibe ich nur noch wegen der genauen Reisedaten. Also: Ich fliege Sonntag morgen, wie bereits gemeldet, nach München und wohne dort im Hotel Vier Jahreszeiten, bleibe entweder bis Mittwoch nachmittag oder Donnerstag früh. Von München fliege ich nach Nizza in Frankreich, wo Annchen im Moment ist, und wohne bei ihr. [...] Von dort fliege ich über Paris nach New York. [...] Falls Mary in Paris ist, bleibe ich einen Tag dort. Komme also entweder Freitag oder Sonnabend nächster Woche nach Hause. Bin wohl sicher am 15. in Palenville. Ich bestätige im letzten Augenblick noch telegrafisch.

Hier gedenkt man sehr Deiner. [Jaspers] entbehrt es sehr, daß Du nicht auch gekommen bist. Deine Unbekümmertheit, Deine Treffsicherheit. Auch [Gertrud Jaspers] ist Dir sehr gewogen. Sonst, wie ich Dir schon schrieb. Seit gestern ist er geistig auf einmal sehr frisch – mit Gedächtnislücken, aber nicht so eklatanter Art wie vor einem Jahr. Sie ganz unverändert, und das heißt eben doch ziemlich unerträglich. Gut, daß ich gekommen bin.

Grüß Lotte schön. Habt 'ne schöne Zeit. Und macht's beide gut. Gern wüßte ich, wie es in Bard war.

In Eile

Deine

Hannah

Eine Vorlesung aus dem Common Course

von Heinrich Blücher

Wir haben diese Vorlesungen mit der Feststellung begonnen, daß der Mensch noch nie in einer Lage gewesen ist wie der, in der er sich heute befindet: Er weiß nicht, wer er ist, und er weiß, daß er das nicht weiß. Dieses Nichtwissen ist die Voraussetzung für den Nihilismus; wir leben in einem nihilistischen Zeitalter. Daher haben wir in diesen Vorlesungen ein bißchen mehr über dieses Wesen herauszufinden versucht, das sich Mensch nennt und das sich immer entweder als geschaffen zum Ebenbild Gottes definiert hat oder als zu den Tieren gehörend. Und wir sind dabei so verfahren, daß wir den Menschen in seinem Tun untersucht haben, in seinen Haupttätigkeiten.

Der Mensch hat drei Arten von Werkzeugen hervorgebracht und sich damit von allen anderen Tieren unterschieden; denn Tiere erfinden keine Instrumente. Die erste Art besteht aus Werkzeugen, die zweite aus Waffen, die in der jetzigen Zeit die Erfindung von Werkzeugen weit hinter sich zurückgelassen haben; und die dritte und gefährlichste Art, die er hervorgebracht hat und hervorbringen mußte, um sich zu verständigen, besteht aus Wörtern.

Bei unserm Umgang mit Wörtern haben wir festgestellt, daß Wörter Ideen vor Augen führen. Der Mensch ist ein Ideen-Hersteller, ein verwegener Ideen-Hersteller, denn die Lage, in der wir heute sind, kann auf diese Fähigkeit zurückgeführt werden. Um unser Zeitalter kritisch betrachten zu können, müssen wir zuerst Ideen und Wörter kritisch untersuchen, denn sie sind die Hauptinstrumente, mit denen wir bislang die Welt und bis zu einem gewissen Grade uns selbst zu verändern versucht haben.

Wir haben unsere Analyse mit der Untersuchung des mythischen Denkens begonnen. Das Wesen genannt Mensch ist mit einem Bewußtsein seiner selbst geboren, einem Bewußtsein von der Welt und einer gewissen Vorstellung von der Möglichkeit einer anderen Welt, der Welt der Götter. Mensch-Bewußtsein, Welt-Bewußtsein und Gott-Bewußtsein scheinen ihm von Anfang an gegeben gewesen zu sein. Dies wird zuerst evident auf der mythischen Stufe, die Tausende von Jahren dauerte und während der diese drei Arten des Bewußtseins miteinander verflochten waren. Im mythischen Denken gibt es keine Unterscheidung zwischen Welt-Bewußtsein, Mensch-Bewußtsein und Gott-Bewußtsein. Die nächste Stufe war mit dem Erscheinen des Gedankens der Freiheit erreicht. Wir haben die Entwicklung dieses Gedankens durch die Entwicklung metaphysischer Grundsätze in Griechenland, im Nahen Osten und in Asien, besonders bei Buddha, verfolgt und gesehen, daß dies eine weltweite Entwicklung war, nicht eine plötzliche, zeitlich festlegbare Revolution, sondern eine Entwicklung, die von Menschen hervorgebracht wurde, deren Denken man nachprüfen und kritisch beleuchten kann. Auf diese Weise haben wir uns auf unsere gegenwärtige Zeit vorbereitet, ein Jahrhundert, das mit Recht ein Zeitalter der Kriege und Revolutionen genannt worden ist; darüber hinaus ein Zeitalter, in dem fast alle Wörter in Lügen und oft sogar bewußt in Lügen verkehrt worden sind. Wörter und Sprache sind jene Werkzeuge, mit denen man beides hervorbringen kann, Lügen *und* Wahrheit.

In diesem Zeitalter der Kriege und Revolutionen sind Wörter Lügen geworden, und diese Perversion ist der politischen Situation geschuldet: Die Wörter sind die Werkzeuge der Macht geworden. Wenn wir andererseits auf dieses Jahrhundert zurückschauen, so finden wir, daß sein eigentlicher Triumph im Fortschritt der Wissenschaft besteht, die sich auf eine ungeahnte Weise entwickelt hat. Was der mit Angst vor der Natur erfüllte Mensch von Anfang an wollte, nämlich Beherrscher der Natur zu sein, hat er schließlich erreicht; er hat es gelernt, mit der Natur umzugehen; die Natur ist nicht mehr der Erzfeind des Menschen. Aber kaum hatten wir diesen glänzenden Sieg errungen, als ein anderer Feind auftauchte, ein weit schrecklicherer: der Mensch selbst. Der Mensch ist der schlimmste Feind des Menschen geworden. Während so die Wissenschaft den herrlichsten Erfolg unseres Jahrhunderts darstellt, stellt die Politik sein größtes und gefährlichstes Versagen dar. Ich sage das nicht als Politikwissenschaftler, sondern vielmehr als einfacher citizen, der mit Sokrates davon überzeugt ist, daß die wichtigste Aufgabe des Menschen die Etablierung zwischenmenschlicher

Beziehungen ist, die schließlich die ganze Menschheit umfassen werden, und das ist die Aufgabe der Politik. Es ist zweifellos die politische Aufgabe unserer Zeit, mit der gesamten Menschheit in Verbindung zu kommen und zu Verständigung und Ausgleich, da wir zum erstenmal von der gesamten Menschheit wissen und von ihr abhängig sind. Wenn früher vom Menschen oder der Menschheit die Rede war, blieb es eine Abstraktion oder ein Ideal; heute ist es das Konkreteste von der Welt. Der entlegenste Eingeborenenstamm in einem unentdeckten Winkel der Erde empfängt Besucher, Touristen und Anthropologen, und bald ist alles über ihn bekannt. Auf diese Situation sind wir nicht im geringsten vorbereitet. Und der letzte Traum, nämlich die Vereinten Nationen, scheint nur bewiesen zu haben, wie unfähig wir sind, Menschen zu vereinen.

Diese Unfähigkeit hat ihre Geschichte. In der Renaissance kam uns der Gedanke, daß Politik und Ethik völlig voneinander getrennt sein sollten. Machiavelli war der erste Politikwissenschaftler, der die Politik von allen ethischen Erwägungen loslöste. Und nach ihm kamen viele andere »wissenschaftliche« Denker; der einflußreichste ist immer noch Karl Marx. Aber wir konnten unsere mißliche Lage weiter zurückverfolgen, nämlich genau bis zu dem Zeitpunkt, als die nachsokratische griechische Philosophie, Plato und Aristoteles, die Grundlagen aller späteren Metaphysik legte. Von da an können wir ganz allgemein zwei Bahnen metaphysischen Denkens verfolgen: die von den Hebräern geschaffene, die den Nachdruck auf ein exklusives Gott-Bewußtsein legt, und die von den Griechen geschaffene, die auf eine exklusive Welt den Nachdruck legt oder vielmehr ein Kosmos-Bewußtsein. So wurden wir in zwei Richtungen in die Irre geführt – der Mensch war entweder auf Gott oder auf den Welt-Kosmos bezogen. Und die Menschen sind unverbesserliche und unheilbare Beziehungen-Hersteller, geboren zum Verbinden von allem mit allem, auf verschiedenartige Weisen und in verschiedenen Formen. Dies ist die menschlichste der Passionen des Menschen und etwas Wunderbares, vielleicht sogar die Quelle aller unserer schöpferischen Fähigkeiten. Die Gefahr ist nur, daß wenn der Mensch einmal glaubt, ein Absolutes gefunden zu haben – den Kosmos oder das Sein oder

Gott –, dann kann er nicht mehr aufhören, alles mit diesem einen Absoluten in Verbindung zu bringen. Anstatt sein System der Beziehungen offen zu halten und daher unabgeschlossen, erfindet er ein geschlossenes System, in dem ein für alle Mal alles mit allem anderen in Beziehung gesetzt wird. Ist das nicht fabelhaft?

Beide Wege metaphysischen Denkens wurden zu Ursachen von Unmenschlichkeit. Obwohl sie sich deutlich voneinander unterscheiden – der eine, der in die Religion, und der andere, der in die Wissenschaft führt –, so teilen sie doch beide, metaphysisch gesprochen, daß sie unser Vorauswissen absoluten Wissens darstellen; sie versprechen absolutes Wissen. Man mag vielleicht denken, daß das Versprechen der Religion in dieser Hinsicht ein bißchen schwach ist, verglichen mit dem der Wissenschaft. Aber das Entscheidende ist, daß beide glauben, daß wir absolutes Wissen erreichen können, sei es, daß ein Gott, Jehova oder der christliche Gott, es uns enthüllen wird, oder daß wir es durch unsere eigene Anstrengung erreichen werden. So konnte Marx noch glauben, daß wir uns keine Gedanken über unsere gegenwärtige Ignoranz machen sollten, weil die Menschen in ein paar Millionen Jahren alles wissen werden, was gewußt werden kann. Inzwischen hat die Wissenschaft zu unserem Kummer entdeckt, daß das Universum unbegrenzt ist und daß die Aufgabe nicht gelöst werden kann. Die Wissenschaft wird einfach immer mehr entdecken, es wird sozusagen nie ein letztes Wort geben. Und es wird daher nie möglich sein, uns zu sagen, wie wir unser Leben führen und was wir tun sollen. Weder wird die Religion fähig sein, dieses Problem für uns zu lösen, noch werden es die idealistischen Philosophen und Metaphysiker sein, die auch behaupten, von einem absoluten Prinzip und einer absoluten Idee Kenntnis zu haben. Und während all diese Angebote uns im Stich lassen, kommen immer mehr menschliche Wesen auf die Welt, deren Bedürfnisse wegen der Massenproduktion von Menschen immer dringlicher werden. Diese Massen kümmern sich nicht mehr um Gott, und statt Metaphysik werden ihnen immer billigere Ersatzprodukte angeboten, vor allem Ideologien, die ihren Klienten wiederum ein absolutes – ein natürliches oder ein historisches – Prinzip anbieten, mit dem alles andere in Beziehung gesetzt, jedes Ereignis erklärt und in einem geschlossenen System untergebracht werden kann. Die Voraussetzung ist immer dieselbe – man muß unkritisch und ungeprüft dieses Prinzip annehmen.

Um zu lernen, solche absoluten Systeme kritisch zu beurteilen, gehen wir auf Sokrates zurück, der uns sagt: Glaubt nichts, behauptet nicht zu wissen, was ihr nicht selbst untersucht habt, seid euch klar über das, was ihr nicht wißt. So hat er zu philosophieren angefangen, und Philosophie bedeutet nichts weiter als die Bereitschaft des Menschen, dessen gewärtig zu sein, was er nicht weiß. Der Mensch ist nur zu glücklich, dessen gewärtig zu bleiben, was er weiß, besonders dessen, was er gerade gelernt hat. Aber er hat es immer ein bißchen schwierig gefunden, mit dem zu leben, was er nicht weiß. Das letztere ist nach Sokrates für die Grundsätze menschlichen Handelns von Belang. In diesem Sinne stellt die Philosophie einen dritten Denkweg dar, der sich jeglicher metaphysischen Voraussetzung, sei sie in der Maske der Wissenschaft, der Religion oder der Ideologie, kritisch entgegensetzt. Das einzige Prinzip sokratischen Denkens ist die Kritik selbst, und Sie wissen, wie Sokrates bei der Aufstellung seines kritischen Prinzips vorgegangen ist: Indem er seinen Gesprächspartnern zuerst sagte, wenn ich etwas nicht weiß und ihr wißt es, dann belehrt mich bitte, und dann, indem er sie dadurch widerlegte, daß er sie als Wissen Vortäuschende bloßstellte. Es gibt keine Tradition dieser kritischen Art des Denkens. Was wir gewöhnlich Philosophie nennen, ist tatsächlich nichts als die allgemeine Theorie, durch die alles gegenwärtige Wissen organisiert wird, zu einer Einheitlichkeit gebracht, deren innewohnende Tyrannei, d. h. die Tyrannei, die jedem System innewohnt, sie schließlich zu Fall bringen wird. Heutzutage lernen wir solche Systeme hauptsächlich durch Ideologien kennen, die in unserm Jahrhundert Kriege und Revolutionen verursachen und begleiten. Diejenigen, die glauben, daß wir in Vietnam für Gott Krieg führen oder für die Demokratie oder die Geschichte oder die Natur, sprechen alle von absoluten Prinzipien, von denen sie in Wirklichkeit überhaupt nichts wissen. Und es ist nicht sehr wichtig, ob die eine Seite glaubt, mit der Zukunft zu marschieren, und die andere, mit Gott. Gott oder die Zukunft oder die Geschichte sind, *politisch* gesprochen, alles Nicht-Wirklichkeiten, die dazu beitragen zu verbergen, was wirklich vorgeht. Die politische Atmosphäre von der

Verunreinigung all dieser großen Worte zu säubern, ist die erste und dringendste Aufgabe kritischen Denkens, und wie man bei dieser Aufgabe vorzugehen hat, kann man immer noch am besten am sokratischen Beispiel lernen.

Was wirklich geschehen ist, ist, daß wir zum erstenmal mit der Menschheit als ganzer zu tun haben und daß wir wissen, daß sechzig oder siebzig Prozent aller Menschen auf der Erde im Zustand des Verhungerns oder Fast-Verhungerns leben. Im Elend zu leben bedeutet, zu jenen Drängen und Trieben der menschlichen Natur verurteilt zu sein, die wir mit den Tieren teilen. Unter solchen Bedingungen verhalten sich Menschen wie Tiere, und die einzige Frage wird sein: Wer wird überleben, du oder ich? Kriege werden dieses Problem nicht mehr für uns lösen; zweifellos wird »entweder die Menschheit Krieg abschaffen oder Krieg wird die Menschheit abschaffen«, und ebenso zweifellos werden Ideologen uns nicht helfen, Krieg und Gewalttätigkeit abzuschaffen, denn je ärmer ein Teil der Welt wird, desto größer werden die Chancen der Pseudorevolutionäre, sich und uns dadurch ins Verderben zu führen, daß sie die Menschen zum Kampf gegeneinander aufrufen. Die einzig realistische, vernünftige Frage, die an jeden Glauben gestellt werden muß, sei es ein theologischer, ein metaphysischer oder ein ideologischer, ist: Wie viele Menschen mußten für euren Gott oder euer Prinzip oder eure Ideologie getötet werden? Die Wissenschaft wiederum sagt uns nicht viel mehr, als wie die Zahl der Opfer zu errechnen und wie unsere Zerstörungsmittel zu verbessern sind. Und setzen wir unsere Hoffnung nicht auf die »Gesellschaftswissenschaft«, die zugegebenermaßen rückständig ist im Vergleich zu den Naturwissenschaften, aber ihr Bestes versucht auf dem Gebiet der »gesellschaftlichen Technik« und ähnlichem modernen Zeitvertreib. Der in seinem Fach erfahrene Gesellschaftswissenschaftler, der weiß, was er weiß und was er nicht weiß, kann nur aus der Geschichte lernen, wie die Menschen zu allen Zeiten miteinander auszukommen versucht haben und wie sie immer gescheitert sind. Das praktische Ergebnis dieser ziemlich deprimierenden Erkenntnis kann wiederum nur eine neue Verallgemeinerung oder eine metaphysische Konstruktion sein; ein neuer Aberglaube, denn es ist natürlich reiner Aberglaube, sei es optimistisch, sei es pessimistisch, an die Wissenschaft zu *glauben*. (Ich hoffe, ich werde hier nicht mißverstanden. Ich spreche nicht gegen die Praxis der Wissenschaft, sondern gegen wissenschaftliche Metaphysik, gegen den Glauben, daß die Wissenschaft alles ist und alle Probleme lösen kann. Wer das glaubt, ist gewöhnlich kein Wissenschaftler. Wissenschaftler könnten ihre Arbeit nicht ausführen, wenn sie nicht skeptischer wären.) All solche Glaubenspostulate, selbst wenn sie auf beweisbaren wissenschaftlichen Resultaten basieren, sind Glaubenspostulate von Scharlatanen, die zu wissen behaupten, wie die Zukunft, die nächste Phase der Geschichte sein wird. Was sie uns mitteilen, ist teils wissenschaftliches Ergebnis, teils einfach Unsinn, und teils sind es Halbwahrheiten, die billigen Krücken unkritischen Denkens. Sie werden uns nicht bei der vor uns liegenden politischen Aufgabe helfen, nämlich Wege zu finden und neue Gruppierungen für einzelne und Gruppen zu ersinnen, die Frieden und die humane Entwicklung der Menschheit garantieren.

Während des Common Course haben wir stets darzulegen versucht, daß keine der schöpferischen Fähigkeiten des Menschen ohne die Hilfe aller anderen richtig funktionieren kann, ohne daß sie miteinander verbunden sind und einander unterstützen. Für Sokrates war es evident, daß der Mensch, dieser unheilbare Beziehungen-Hersteller, sich – bevor er versucht, bessere Beziehungen zu den Göttern und bessere Beziehungen zur Natur herzustellen – um die Schaffung humaner zwischenmenschlicher Beziehungen zu kümmern habe. Und dies wiederum kann nach Sokrates nur dadurch erreicht werden, daß der Mensch eine annehmbare und produktive Beziehung zu sich selbst herstellt oder zu seiner Seele. Die Seele war es, die sich mit all diesen Dingen befaßte, für die sich Sokrates interessierte und über die er sprach: Wahrheit, Gerechtigkeit, Liebe, Freundschaft, Mut und so weiter. Dies waren noch keine platonischen Ideen, die man mit den Augen des Geistes sehen und erfassen kann; es sind vielmehr nie erreichbare, nicht einmal genau zu definierende Prinzipien. Und doch geht, wenn man sie aus den Augen verliert und nicht im Hinblick auf sie handelt, alles verloren, was das Leben lebenswert macht. Der gründlich skeptische Sokrates predigte diese Dinge nicht und lehrte sie auch nicht, er glaubte nicht, daß irgend jemand sie »lernen« könne; aber in seinen

Gesprächen mit den Athenern forderte er dazu auf zu versuchen, sie miteinander zu praktizieren. Man kann im Streben nach Wahrheit Wahrheit praktizieren, indem man versucht, bestimmte einzelne Wahrheiten als wahr zu beweisen. Dies ist nicht einfach, und es ist immer gefährlich. Die Untersuchung der Wahrheit der Polis und seine Weigerung aufzuhören, alles im Hinblick auf Wahrheit zu untersuchen, kostete Sokrates das Leben. Tut dasselbe mit der Gerechtigkeit, tut dasselbe mit der Freiheit. Tut dasselbe mit dem, was Sokrates »göttliche Angelegenheiten« nannte. Sie werden immer außerhalb eurer Reichweite sein, außerhalb menschlicher Reichweite. Aber indem er sie verfolgt, wird der Mensch fähig aufzusteigen, sozusagen immer höher, das heißt, seine ethischen Fähigkeiten zu entwickeln. Plötzlich, auf unerklärliche Weise, wird mehr Gerechtigkeit in der Welt sein – und es kann nie genug Gerechtigkeit in der Welt geben –, ein bißchen mehr Freiheit – und es kann nie genug Freiheit in der Welt geben –, ein bißchen mehr Wahrheit – und es kann nie genug Wahrheit in der Welt geben. Dies sind keine Götter, es sind weltliche Wesenheiten, die wir selbst in die Welt setzen müssen; aber sie besitzen die unerklärliche Macht, uns zu helfen, wenn wir sie im Auge behalten.

Für Sokrates gab es drei eng miteinander verbundene Bereiche im Menschen, die nicht wissenschaftlich untersucht werden können – die Beziehung des Menschen zu sich selbst, zu dem Menschen, den er liebt – einem anderen Menschen, den er als Ebenbürtigen anerkennt –, und die Beziehung zur Menschheit als solcher, die die schwierigste von allen ist. Wenn man diese Beziehungen im Geiste der oben genannten Prinzipien verwirklicht, werden die Verhältnisse menschlichen Lebens sich verbessern. Wir haben viele Versprechungen für die Verbesserung menschlicher Lebensbedingungen gehört: wenn man nur die ökonomische Struktur des Landes verändert oder Wissenschaft aufs tägliche menschliche Leben anwendet, wie glücklich wird der Mensch sein! Ich glaube, dieses Jahrhundert hat bewiesen, daß die Menschen es mit all diesen Verbesserungen nur geschafft haben, sich mordsunglücklich zu machen. Der Sozialismus schien zum Beispiel ein hübsches Projekt zu sein, solange er nur eine Theorie war, das gleiche gilt für den Überfluß. Inzwischen haben wir gelernt, daß der Sozialismus (wenn auch nicht notwendigerweise) infernalische Verhältnisse herbeiführen kann, ebenso wie wir gelernt haben, daß Luxus ein Fluch sein kann. Aus Übersättigung und Langeweile, die mit Überfluß Hand in Hand gehen, nehmen die Menschen Drogen, ruinieren und zerstören ihre Wahrnehmungsfähigkeiten – natürlich unter dem Vorwand, sie zu erweitern – und machen sich unfähig, die Wahrheit zu suchen. Sie jagen Erlebnissen nach, die sie niemandem anderen werden mitteilen können, und ruinieren so ihre Sprachfähigkeit. Aber auch dies ist nur eine neue Version einer alten Geschichte. Man könnte sagen, daß die Menschen immer am meisten an Halluzinationen, an Illusionen gelitten haben, denn der Mensch kreiert ständig Illusionen.

Wer immer denkt, daß er weiß, was Gerechtigkeit ist, leidet an einer Illusion, und am besten wird einem das durch die Negation deutlich. Ungerechtigkeit lehrt etwas über die Natur der Gerechtigkeit, so wie man etwas über die Wahrheit gelernt hat, wenn es einem gelungen ist, sich von einer Illusion oder einer Lüge zu befreien. Gerechtigkeit, Wahrheit und »göttliche Angelegenheiten« führen für gewöhnlich ein seltsames Leben; jedesmal wenn man diese Götter verfolgt und ihnen nachjagt, entschlüpfen sie einem aus den Händen. Nicht daß diese »Ideen« nicht-existierend wären: im Gegenteil, sie sind beständiger, um nicht zu sagen ewiger als fast irgend etwas anderes. Aber um sie zu erfahren, muß man unter ihrer Abwesenheit leiden. In einem Konzentrationslager, unter Bedingungen, wo alles verloren ist, wird ein religiöser Mensch an Gott denken und ein philosophischer Mensch an Freiheit, und beide werden besser verstehen, was sie mit diesen Worten meinen. Dies sind strenge Lehrer, und Sokrates war der erste, der uns auf die rauhe Stimme der Wirklichkeit zu hören lehrte. Denn diese Wirklichkeit stellt die zugrundeliegende Einheit dreier schöpferischer Fähigkeiten des Menschen dar und befähigt ihn, überall Beziehungen herzustellen. Er kann seine Beziehung zur Natur auf tausendfache Weise ruinieren, zum Beispiel indem er die Luft verunreinigt, die er atmen muß. Aber danach kann er vielleicht ein bißchen besser über solche Dinge nachdenken, und dann wird er eine geeignete wissenschaftliche Lösung finden. Dies ist verhältnismäßig einfach. Aber wo kann der Mensch eine Lösung für die Aufgabe finden, festzustellen, was der Mensch sein kann und nicht ist, was niemand ist, aber jeder werden kann, da der Mensch nicht nur ein Wesen ist, sondern ein werdendes Wesen, das einzige so geartete Wesen auf der Welt. Es ist die Aufgabe der Philosophie, den Menschen aus einem bloßen Verstandeswesen in eine verantwortliche Person zu verwandeln, die alle dazugehörigen moralischen oder ethischen Eigenschaften hat. Für alle anderen Fragen, die die Philosophie stellen kann, hatte Sokrates keine Zeit; er hatte keine Zeit für die Natur oder das Universum oder das Sein. Vielleicht hatte er recht; vielleicht hätten wir nicht so viel Zeit mit dem Studium dieser faszinierenden Dinge verbringen sollen und damit, noch faszinierendere Theorien darüber aufzustellen. Vielleicht hätten wir unsere Aufmerksamkeit auf die Qualitäten konzentrieren sollen, die man für die wesentlich menschlichen und humanen Tätigkeiten braucht: Philosophie oder die Beziehung des Menschen zu sich selbst, Erotik oder die Beziehung von Mensch zu Mensch, Politik oder die Beziehung des Menschen zur ganzen Menschheit. Wenn diese drei Qualitäten nicht miteinander verbunden sind, wenn es jeder erlaubt ist, sich unabhängig von den anderen zu entfalten, wird jede die Macht entwikkeln, uns niederzureißen, denn aus jeder heraus kann man bestimmte Erfindungen ableiten, die, sich selbst überlassen, wiederum zu absoluten Postulaten werden, von denen man eine jener von mir erwähnten Ideologien herleiten kann.

Sokrates dachte, wie Sie wissen, er könne es sich nicht leisten, sich für die Natur und die Naturwissenschaften zu interessieren, aus dem einfachen Grunde, weil solche Kenntnisse uns nie etwas zur Beantwortung der Frage lehren könnten: Was soll ich tun? Die Antwort auf diese Frage steht nicht in der Natur; dort können wir nur eine Antwort auf die Frage finden: Was muß ich tun, um am Leben zu bleiben? Und diese Antwort gilt für alle Organismen, für Tiere, Pflanzen und Menschen. Die Frage: Was soll ich tun? stellt nur ein Wesen, das einen Begriff von Freiheit hat. Sie ist von allen möglichen metaphysischen, moralischen und religiösen Systemen beantwortet worden. Die Religion beantwortet die Frage mit: Du sollst, und du sollst nicht, mit Geboten und Verboten, und das ist völlig legitim, denn die Religion ruft höhere Mächte an, und höhere Mächte sind es gewohnt, Befehle zu erteilen. Aber man wird dieselbe Form von Geboten auch in moralischen und metaphysischen Systemen finden, nur daß jetzt die Befehle gebende Stimme aus einem selbst kommt – entweder aus dem Gewissen oder der Vernunft oder dem sittlichen Empfinden. Die Ausnahme von diesem Moralpredigen ist Sokrates, der – obwohl er sich fast ausschließlich mit moralischen Fragen beschäftigte – nie eine Aussage in Form eines Befehls machte. Er ging herum und beobachtete die Menschen, sich selbst ebenso wie die Athener, und versuchte herauszufinden, wer dieses seltsame Wesen, genannt Mensch, eigentlich sei; und er fand heraus, daß der Mensch wirklich böse handeln und wirklich gut handeln kann, obwohl er doch schließlich gar nicht wußte, was gut ist oder böse; nur daß es zwischen beiden einen eindeutigen Unterschied gibt. Dieser Unterschied kann helfen festzustellen, was besser ist und was schlechter ist (»Es ist besser, Unrecht zu leiden als Unrecht zu tun«, und nicht: Es ist gut, Unrecht zu leiden, und böse, Unrecht zu tun.). Gut sein bedeutet in diesem Zusammenhang gut *für etwas* zu sein, zum Beispiel für Wahrheit oder für Gerechtigkeit, und nicht die Idee eines absoluten Guten zu kennen wie bei Plato. Statt »gut sein für« könnten wir auch sagen, der Wahrheit getreu, der Liebe getreu, der Schönheit, der Frömmigkeit, der Gerechtigkeit getreu – was alles gefährlich sein wird. Strebt nicht nach dem Absoluten!: die Vollkommenheit ist ein Traum, der in euren Herzen lebendig ist, aber die Vollkommenheit ist nicht für Sterbliche, nur vielleicht für die unsterblichen Götter, von denen Sokrates sagte, er wisse nichts über sie. Dies war seine Weisheit, und in der Tat, diese Weisheit ist Tugend – obwohl wir gewöhnlich hören, daß er lehrte, daß Tugend Wissen sei. Tugend und Weisheit gehören zusammen, sie wachsen zusammen – dies ist der sokratische Grundsatz, ein Grundsatz, gemacht für freie Menschen, kein wie auch immer gearteter Befehl; jeder kann ihn annehmen oder auch nicht. Er sagt nicht: du sollst, er sagt: du kannst, du könntest, du darfst. Sokrates ist nicht der Philosoph als König (philosopher-king), sondern der Philosoph als citizen, (philosopher-citizen), der jedem sagt, daß jeder Mensch ein philosophierendes Wesen sein kann und daß niemand ein guter citizen sein kann, das heißt ein politisches Wesen, ohne auch ein Philosoph zu sein.

Um es anders auszudrücken: was auch immer uns in der Zukunft geschieht, wird von Menschen abhängen, und die Menschheit wird sich nur ändern, wenn die Menschen sich ändern; unser politisches System wird sich nur ändern, wenn die citizens sich ändern. Das bedeutet, bei den Grundlagen anfangen und einen weiten Weg zurücklegen müssen, und ich gebe zu, daß wir es eilig haben, sogar schrecklich eilig. Aber wir könnten jetzt immerhin wissen, daß Abkürzungen nichts nützen und daß die, die uns erzählen, wir brauchen keine freien Menschen, sondern wir brauchen sozialisierte Menschen, wir brauchen keine Menschen, die selbst denken, sondern wir brauchen Rädchen, die gut funktionieren, daß die nicht nur alle menschlichen Werte zerstört haben, sondern auf dem Wege sind, den Menschen zu zerstören, den Werte-Beurteiler selbst, das einzige Wesen, das Werte in die Welt bringen und sich nach ihnen richten kann. So laßt uns den alten Diskurs wieder anfangen, die Diskussion; laßt uns wieder kritisch und prüfend werden und all die alten Fragen wieder aufwerfen: Was ist Gerechtigkeit, was ist Wahrheit?

Um uns bei dieser Tätigkeit zu helfen, haben wir über Sokrates gesprochen, ihn neu zu interpretieren versucht, versucht, ihn für die Zwecke unseres zwanzigsten Jahrhunderts zu gebrauchen, versucht, soviel wie möglich aus ihm herauszuholen. Daß wir so viel aus ihm herausholen konnten, ist bemerkenswert. Sicher, er ist immer noch ein sehr berühmter Mann, aber die größte Ehre, die einem Menschen zuteil werden kann, nämlich von den Dichtern besungen zu werden, ist ihm nicht erwiesen worden. Ihm wurde die zweitgrößte Ehre zuteil – von der Menschheit nie vergessen worden zu sein. Diese Ehre teilt er mit Jesus von Nazareth. Wann immer wir eine neue Philosophie in dem Sinne anfangen müssen, den ich hier dargelegt habe, wann immer wir den Wert unserer Fähigkeiten erneut untersuchen müssen und neue menschliche Verbindungen planen, werden wir auf ihn zurückkommen müssen. Dort liegt die einzige Hoffnung für eine neue Art Humanismus. Um in dieser Richtung tätig zu sein, mag es uns erlaubt sein, alles andere zu vergessen. Die Natur und das Universum zu erklären kann ruhig den Naturwissenschaftlern überlassen werden; sie werden ihr Bestes tun, und obwohl sie das Ende nie erreichen werden, sind sie doch zuverlässig. Uns zu erklären, was Gott von uns will, kann weniger ruhig den Theologen überlassen werden, denn das werden wir nie wissen.

Vielleicht brauchen wir eine neue Gottesvorstellung, eine bessere und höhere, als wir sie bisher hatten. Aber ich interessiere mich nicht dafür, was für eine neue Religion die neuen Theologen hervorzubringen haben. Ich interessiere mich nur für diese Tätigkeit, die Sokrates Philosophieren nannte, und die Vorbedingung für diese Tätigkeit ist politische Freiheit, wie sie es für jede Form höheren Lebens ist; genau diese Tatsache macht uns alle zu Philosophen als citizens (philosopher-citizens) oder sollte uns alle dazu machen. Wir brauchen politische Freiheit mehr als alles andere, denn wir wissen, warum wir sie brauchen und wofür wir sie brauchen. Worauf Sokrates' Lehre letzten Endes hinausläuft, ist, daß der Mensch Freiheit braucht – nicht zum Streben nach Glück, weil kein Mensch herauskriegen kann, was Glück ist, sondern zum Streben nach Weisheit; nicht um weise zu *sein*, sondern um es zu *werden*, ohne es je ganz zu erreichen. Dieser Fortgang im Streben nach bleibenden Zielen hat lange vor dem modernen Fortschrittsbegriff existiert, und in diesem Prozeß ist Sokrates für alle Zeiten ein Führer. Wir können ihm vertrauen, weil er nicht zuviel verspricht, nicht mehr eigentlich, als was jeder wenigstens zum Teil tun kann. Diesen Weg zu gehen wird uns nicht glücklich machen, aber es wird uns das Ausmaß an Befriedigung geben, das ein volles und sinnvolles Leben geben kann. Wir sind nur zu bereit gewesen, das Leben für alle möglichen Sachen zu opfern, die angeblich höher stehen als der Mensch, und das Resultat ist nicht besonders; es ist Nihilismus. Der erste Schritt, um aus dieser Lage herauszukommen, ist, mit dem anzufangen, was Sokrates als erster getan hat: zu philosophieren und zu prüfen, wer der Mensch ist und was er werden kann.

[Abgedruckt im *St. Stephen's Alumni Magazine* des Bard College vom Februar 1968, S. 6 – 13. Der Text wurde eingeleitet mit der folgenden Anmerkung:

Heinrich Blücher ist Professor Emeritus für Philosophie in Bard. Er kam in den frühen fünfziger Jahren zum College, um einen neuen Kurs für das ganze College einzurichten, den Common Course, der von Eugenio Villicana in einer für dieses Magazin verfaßten, kurzen Darstellung beschrieben wurde als »einer der kühnsten Kurse, die ich kenne«.

Dieser Artikel ist eine etwas veränderte und gekürzte Version von Professor Blüchers Schlußvorlesung für den Common Course, die er im Juni [1967] hielt. Sie wurde für die Bibliothek auf Band aufgenommen; von dem Band wurde eine Transkription hergestellt, und Herr Blücher kürzte diese Version passend für das Magazin.

Herr Blücher plant, im September 1968 nach Bard zurückzukehren, um ein Senior Symposium zu halten und einen neu bearbeiteten Common Course.

(Aus dem Englischen übersetzt von der Herausgeberin.)]

Hannah Arendt

1906	14. Oktober: Geburt in Hannover
1909	Übersiedlung der Familie nach Königsberg
1913	Tod des Vaters
1924	Abitur als Externe an einem Humanistischen Gymnasium in Königsberg
	Studienbeginn im Wintersemester in Marburg: Philosophie, Theologie und Griechisch bei Heidegger und Bultmann
1926	Sommersemester in Heidelberg bei Jaspers
1926–1927	Wintersemester in Freiburg bei Husserl
1927–1928	Studium in Heidelberg
1928	Herbst: Promotion bei Jaspers mit einer Doktorarbeit über den »Liebesbegriff bei Augustin« (veröffentlicht Berlin 1929)
1929	Eheschließung mit Günther Stern
1930	Stipendium der Notgemeinschaft der Deutschen Wissenschaft »über das Problem der deutsch-jüdischen Assimilation, exemplifiziert am Leben der Rahel Varnhagen«
1930–1933	Veröffentlichung längerer Aufsätze in Zeitschriften und Zeitungen
1933	Flucht über Prag und Genf nach Paris
1933–1942	Mitglied der World Zionist Organization
1935–1938	Sécrétaire générale der Youth Aliyah in Paris
1935	Im Zusammenhang mit dieser Arbeit drei Monate in Palästina
1936	Begegnung mit Heinrich Blücher
1936–1939	Jährliche Reisen nach Genf
1937	26. August: Scheidung von Günther Stern
1938–1939	Arbeit für die Jewish Agency in Paris
1937–1938	Fertigstellung ihrer Arbeit über Rahel Varnhagen
1940	16. Januar: Eheschließung mit Heinrich Blücher

	Sommer: Internierung im Konzentrationslager Gurs/Südfrankreich
1941	Flucht über Spanien nach Lissabon, mit dem Schiff weiter in die USA
	Mai: Ankunft in New York. Möblierte Zimmer: 315 West 95. Straße. 26. Juni: Ankunft von Martha Arendt
1941–1945	Mitarbeiterin an der Wochenzeitung *Aufbau* in New York
1945–1946	Forschungsleiterin der Commission on European Jewish Cultural Reconstruction
1945–1947	Dozentin für europäische Geschichte am Brooklyn College
1946–1948	Lektorin beim Verlag Schocken Books, Inc., New York
1948	Tod der Mutter
	Sechs Essays, Heidelberg
1949–1952	Geschäftsführerin der Jewish Cultural Reconstruction, Inc.
1949	Sommer: Umzug in eine eigene Wohnung: 130 Morningside Drive
1949–1950	Erste Nachkriegsreise nach Europa
1951	*The Origins of Totalitarianism*
	11. Dezember: amerikanische Staatsbürgerschaft
1955	Februar bis Ende Mai: Gastprofessur in Berkeley in Kalifornien
1957	*Fragwürdige Traditionsbestände im politischen Denken der Gegenwart*
1958	*The Human Condition*
	Rahel Varnhagen. The Life of a Jewess
1959	Lessing-Preis der Stadt Hamburg
	Von der Menschlichkeit in finsteren Zeiten: Gedanken zu Lessing
	Herbst: Umzug in die Wohnung 370 Riverside Drive
1961	*Between Past and Future: Six Exercises in Political Thought*
1963	*Eichmann in Jerusalem: A Report; On Revolution*

1963–1967	Professur an der University of Chicago
1967	Sigmund-Freud-Preis der Deutschen Akademie für Sprache und Dichtung in Darmstadt
1967–1975	Professur an der New School for Social Research in New York
1968	*Men in Dark Times*
1969	26. Februar: Jaspers' Tod
1970	*On Violence*
	31. Oktober: Tod Heinrich Blüchers
1971	*Walter Benjamin – Bert Brecht: Zwei Essays*
1972	*Crises of the Republic*
1973, 1974	Gifford Lectures in Aberdeen in Schottland
	Mai 1974: Herzinfarkt
1975	Sonning-Preis der Universität Kopenhagen
	4. Dezember: Tod in New York.

Heinrich Blücher

1899	29. Januar: Geburt in Berlin. Arbeitermilieu Nach der Volksschule Lehrerseminar in Reichenbach/Oberlausitz. Abgebrochene Ausbildung
1917	Zum Kriegsdienst eingezogen Mitglied des Spartakusbundes, später der Kommunistischen Partei Deutschlands
1918–1920	Besuch von Abendvorlesungen an der Berliner Universität. Eine Zeitlang Angestellter der »Politischen Ost-West Nachrichtenagentur«
1924–1933	Zusammenarbeit mit dem Schriftsteller und Komponisten Robert Gilbert an Kabarett-, Operetten- und Filmprojekten Eheschließung mit Lieselotte Ostwald, bald Scheidung
1932	Eheschließung mit Natalie Jefroikyn
1933	Flucht nach Prag
1934	Ankunft in Paris
1936	Begegnung mit Hannah Arendt
1938	Scheidung von Natalie Jefroikyn
1939	September bis Dezember: französisches Internierungslager
1940	16. Januar: Eheschließung mit Hannah Arendt
1941	Flucht über Spanien nach Lissabon, zu Schiff weiter in die USA. Mai: Ankunft in New York
1941–1951	Während des Krieges Assistent beim Committee for National Morale und Vorlesungen über deutsche Militärgeschichte für das US Army Training Program in Maryland und Princeton. Gelegenheitsverdienste
1950–1958	Vorlesungen über Kunstgeschichte und Philosophie an der New School for Social Research in New York

1952	7. August: amerikanische Staatsbürgerschaft
1952–1968	Professor für Philosophie am Bard College im Staate New York
1961	Juni: zusammen mit Hannah Arendt Besuch bei Karl Jaspers und Frau Gertrud in Basel (Blüchers erste Europareise nach dem Kriege). Weitere Besuche im Hause Jaspers 1963, 1965 und 1967
1969	Sommer: zusammen mit Hannah Arendt Besuch bei Martin Heidegger und dessen Frau Elfride in Freiburg
1970	31. Oktober: Tod in New York.

Hannah Arendts Reisen

1933	Flucht von Berlin über Prag und Genf nach Paris
1935	Drei Monate in Palästina im Zusammenhang mit der Youth Aliyah
1936–1939	Jährliche Besuche bei einer Freundin der Mutter in Genf
1941	Flucht über Spanien nach Lissabon und weiter nach New York
1944–1975	Reisen in Amerika zu Vorträgen, zu Besuchen bei Freunden und zur Erholung. Wiederholte Ferienaufenthalte in Palenville, N. Y.
1949–1950	Erste Nachkriegsreise nach Europa. Hinflug, Rückfahrt mit der Queen Mary von Cherbourg aus. Stationen: Paris, Basel, London, Freiburg, Wiesbaden, Berlin, Nürnberg
1952	März: Schiffsreise mit der Ile de France. Stationen: Paris, Basel, München, Freiburg, Lugano, Stuttgart, München, Manchester, Cambridge, Heidelberg, Frankfurt, St. Moritz, Sils Maria. Rückflug am 16. August
1955	1. September: Flug nach Paris. Weitere Stationen: Venedig, Mailand, Rom, Athen, Israel, Istanbul, Zürich, Basel, Luxemburg, Frankfurt, Köln, Berlin, Hamburg, London. 13. Dezember: Rückflug
1956	30. September: Flug nach Amsterdam über London. Weitere Stationen: Paris, Genf, Basel, Brüssel, Köln, Münster, Kiel, Den Haag, Frankfurt. Rückflug von Paris am 21. November
1958	4. Mai: Schiffsreise mit der French Line. Stationen: Paris, Luxemburg, Bremen, Hamburg, Bonn, Zürich, Genf, Basel, München, Tübingen, Gstaad. 28. Juli: Rückflug von Genf aus 24. September: Flug nach Frankfurt (zur Laudatio für

Jaspers, anläßlich des Friedenspreises des deutschen Buchhandels)

1959 Mitte September: Flug nach Paris. Weitere Stationen: Hamburg, Berlin, Florenz, Locarno, Basel, Frankfurt, Köln, Brüssel. 9. oder 10. November: Rückflug

1961 7. April: Flug nach Paris. Am 9. April weiter nach Tel Aviv. Weitere Stationen: Basel, München, Zürich, Düsseldorf, Köln, Heidelberg. Rückflug Ende Juli

1963 19. Februar: Abflug nach Zürich. Weitere Stationen: Basel, Köln, Locarno, Straßburg, Athen, Israel, Rom, Provence. Rückfahrt mit der Leonardo da Vinci. Ankunft in New York am 8. Juli

1964 2. September: Flug nach Zürich. Weitere Stationen: Basel, München, Frankfurt, Brüssel. Rückflug am 26. September

1965 31. Juli oder 1. August: Flug nach Köln. Weitere Stationen: Italien, Zürich, Basel. 7. September: Rückreise per Schiff von Rotterdam aus

1966 15. September: Flug nach Zürich. Basel. Anfang Oktober: Rückflug

1967 Ende Juli: Abflug nach Zürich. Stationen: Basel, Freiburg, Norditalien, Israel. 30. August: Rückfahrt per Schiff von Genua aus

1968 31. August: Flug nach Zürich. Stationen: Basel, München, Freiburg, Nizza, Paris. Mitte September: Rückflug nach New York

1969 Ende Februar: Flug nach Zürich. Weiter nach Basel: Gedenkrede für Jaspers

Frühsommer: Flug nach Zürich. Erholungsaufenthalt in Tegna / Schweiz

1970 Sommer: in Tegna. Freiburg

1971 Frühling: Flug nach Paris. Sizilienreise mit Mary McCarthy und deren Mann James West. Weitere Stationen: Zürich, Bonn, London

1972 Italien, Tegna

1973 Aberdeen / Schottland, Tegna, Rhodos

1974 Aberdeen und Tegna

1975 Kopenhagen. Tegna.

Register

Hannah Arendt

Eichmann in Jerusalem
Ein Bericht von der Banalität des Bösen. Mit einem Essay von Hans Mommsen. 358 Seiten. SP 308

Elemente und Ursprünge totaler Herrschaft
Antisemitismus. Imperialismus, Totalitarismus. 758 Seiten. SP 645

Ich will verstehen
Selbstauskünfte zu Leben und Werk. Herausgegeben von Ursula Ludz. Mit einer vollständigen Bibliographie. 256 Seiten. SP 2238

Macht und Gewalt
Von der Verfasserin durchgesehene Übersetzung. Aus dem Englischen von Gisela Uellenberg. 137 Seiten. SP 1

Rahel Varnhagen
Lebensgeschichte einer deutschen Jüdin aus der Romantik. 298 Seiten. SP 230

Das Urteilen
Texte zu Kants Politischer Philosophie. Herausgegeben und mit einem Essay von Ronald Beiner. Aus dem Amerikanischen von Ursula Ludz. 224 Seiten. SP 2560

Vita activa oder Vom tätigen Leben
375 Seiten. SP 217

Über die Revolution
426 Seiten. SP 1746

Vom Leben des Geistes
Das Denken – Das Wollen. Herausgegeben von Mary McCarthy. Aus dem Amerikanischen von Hermann Vetter. 506 Seiten. SP 2555

Zwischen Vergangenheit und Zukunft
Übungen im politischen Denken I. Herausgegeben von Ursula Ludz. 440 Seiten. SP 1421

Hannah Arend / Karl Jaspers

Briefwechsel 1926–1969
Herausgegeben von Lotte Köhler und Hans Saner. 859 Seiten. SP 1757

Elżbieta Ettinger

Hannah Arendt Martin Heidegger
Eine Geschichte. Aus dem Amerikanischen von Brigitte Stein. 141 Seiten. SP 1904

Hannah Arendt / Mary McCarthy

Im Vertrauen
Briefwechsel 1949–1975. Herausgegeben und mit einer Einführung von Carol Brightman. Aus dem Amerikanischen von Ursula Ludz und Hans Moll. 583 Seiten. SP 2475

Karl Jaspers

Denkwege

Ein Lesebuch. Auswahl und Zusammenstellung der Texte von Hans Saner. 157 Seiten. SP 385

Diese Auswahl aus dem Gesamtwerk von Karl Jaspers könnte auch den Titel »Jaspers für den Tag« tragen.

»Jaspers, das ist, zumal in der deutschen Philosophie, der seltene Fall eines Denkers, der mit zunehmendem Alter immer weltoffener wurde und dadurch lernfähig blieb.«

Hans Saner

Einführung in die Philosophie

Zwölf Radiovorträge. 128 Seiten. SP 13

Freiheit und Wiedervereinigung

Über Aufgaben deutscher Politik. Vorwort von Willy Brandt. Mit einer Nachbemerkung zur Neuausgabe von Hans Saner. 126 Seiten. SP 1110

Die großen Philosophen

968 Seiten. SP 1002

Kleine Schule des philosophischen Denkens

183 Seiten. SP 54

Die maßgebenden Menschen

Sokrates, Buddha, Konfuzius, Jesus. 144 Seiten. SP 126

Philosophie I–III

Drei Bände in Kassette. Zus. LXVIII, 1056 Seiten. SP 1600
Erster Band: Philosophische Weltorientierung.
Zweiter Band: Existenzerhellung.
Dritter Band: Metaphysik.

»Seit 1924 wurde planmäßig ein Werk vorbereitet, das im Dezember 1931 unter dem Titel ›Philosophie‹ in drei Bänden erschien... Es wurde nicht aus einem Prinzip entworfen, sondern wuchs zusammen. Die Ordnung des Ganzen war zweiten Ranges. Ausgeschieden wurde, was nicht notwendig zur Sache gehörte. Diese Sache war die Frage, was Philosophie sei, in welchen Dimensionen sie sich bewege, dies aber nicht nur im Sprechen darüber, sondern in der Entfaltung konkreter Erfahrungen... Solche Arbeit ist zwar Arbeit mit Planen und Lenken. Aber sie gelingt nur, wenn ständig etwas anderes zur Wirkung kommt: das Träumen... Mir scheint: Wer nicht täglich eine Weile träumt, dem verdunkelt sich der Stern, von dem alle Arbeit und jeder Alltag geführt sein kann.«

Karl Jaspers über seine »Philosophie«

SERIE PIPER

Karl Jaspers

Psychologie der Weltanschauungen
515 Seiten. SP 1988

Die Schuldfrage
Von der politischen Haftung Deutschlands.
89 Seiten. SP 698

Die Sprache · Über das Tragische
143 Seiten. SP 1129

Von der Wahrheit
1103 Seiten. SP 1001

»Hier haben sich wissenschaftliche Spekulation und tiefe Weisheit in einzigartiger Weise vermählt. Mitten zwischen den abstraktesten Untersuchungen finden sich allerorten Formulierungen von einer Tiefsicht und Lebensweisheit, daß sie ohne Vorbehalt in den eigenen Besitz übergehen.«
Südwestfunk

Was ist Erziehung?
Ein Lesebuch. Textauswahl und Zusammenstellung von Hermann Horn. 300 Seiten. SP 1513

Dieses Lesebuch ist der umfassend angelegte und geglückte Versuch, aus dem philosophischen Gesamtwerk von Karl Jaspers alle Aussagen über Erziehung und Bildung in ihrer ganzen Vielfalt zusammenzufassen. Jaspers definiert Erziehung und Bildung als große humane und soziale Aufgabe.

Max Weber
Gesammelte Schriften. Mit einer Einführung von Dieter Henrich.
128 Seiten. SP 799

Was ist Philosophie?
Ein Lesebuch. Herausgegeben von Hans Saner. 416 Seiten. SP 2282

Wohin treibt die Bundesrepublik?
Tatsachen, Gefahren, Chancen. Einführung von Kurt Sontheimer.
281 Seiten. SP 849

Martin Heidegger /
Karl Jaspers

Briefwechsel 1920–1963
Herausgegeben von Walter Biemel und Hans Saner. 299 Seiten mit 4 Abbildungen auf Tafeln.
SP 1260

»Gleichsam unter den Augen des Lesers werden Hoffungen genährt, Erwartungen geweckt, gemeinsame Projekte ins Auge gefaßt, Enttäuschungen bereitet, Verwandtschaft und Fremdheit zum Ausdruck gebracht, Schuld und Versagen einbekannt oder auch geleugnet.«
Süddeutsche Zeitung

Volker Spierling

Kleine Geschichte der Philosophie

50 Porträts von der Antike bis zur Gegenwart. 374 Seiten. SP 983

Wer sich mit der Philosophie beschäftigen möchte, stellt bald fest, daß es kaum eine leichtverständliche Einführung gibt. Volker Spierlings Kleine Geschichte der Philosophie des Abendlandes füllt diese Lücke auf amüsante Weise. Sie präsentiert fünfzig der wichtigsten Philosophen von Thales bis Popper, stellt deren Denken in den Zusammenhang ihrer Lebensumstände und gibt weiterführende Hinweise zum Studium ihrer Werke. Sie setzt nichts voraus als die Bereitschaft zu freiem, spielerischem Denken und ist für junge Leser besonders gut geeignet.
»Philosophie ist für alle da. Ihre Fragen gehen jeden an, und ihre Antworten ermuntern zum Nach- und Weiterdenken, bereichern und gestalten die eigene Geisteshaltung.« Diese Überzeugung ist Volker Spierling aus seiner langjährigen Lehrtätigkeit erwachsen und liegt der »Kleinen Geschichte der Philosophie« zugrunde. Fünfzig Philosophen von der Antike bis zur Gegenwart werden vorgestellt, und es werden die zentralen Punkte ihres Denkens erläutert. Die Auswahl der Philosophen repräsentiert annähernd das gesamte Spektrum der abendländischen Philosophie.

»In der Philosophiegeschichte ist nichts aus zweiter Hand. Volker Spierling entwickelt seine Porträts aus den originalen Texten, und er will die Neugier des von speziellen Vorkenntnissen unverdorbenen Lesers auf das authentische philosophische Wort lenken.«

Albert von Schirnding,
Süddeutsche Zeitung

Die Philosophie des 20. Jahrhunderts

Ein Lesebuch. Herausgegeben von Volker Spierling. 525 Seiten. SP 547

In diesem Lesebuch des Tübinger Philosophen Volker Spierling werden die Positionen der wichtigsten, originellsten, aber auch der bedenklichsten Philosophen beziehungsweise Philosophien unseres Jahrhunderts vorgestellt.

Harro Heuser

Als die Götter lachen lernten

Griechische Denker verändern die Welt. 336 Seiten. SP 2328

Das antike Ionien ist für Harro Heuser das »große Erdbebengebiet des Geistes«. Sein politisches und kulturelles Zentrum, Milet, wird um 600 v. Chr. zur Geburtsstätte der modernen Naturwissenschaften, nachdem in einem von politischen und wirtschaftlichen Umwälzungen erschütterten Griechenland die religiösen Erneuerungsbewegungen von Dionysos und Orpheus die Oberhand gewannen. Thales von Milet sagte erstmals die Sonnenfinsternis des Jahres 585 voraus, die er wissenschaftlich berechnet hatte, und nahm somit diesem Naturphänomen den mythischen Schrecken. Homer schrieb die Odyssee, und Pythagoras erfand seinen berühmten Lehrsatz. Erstmals werden zum Verständnis der Welt nicht mehr Mythos und Magie bemüht, sondern naturwissenschaftliche Beobachtungen. Das neue Denken war rational und wissenschaftlich.

Michael Wittschier

Abenteuer Philosophie

Ein Schnellkurs für Einsteiger. 176 Seiten mit zahlreichen Abbildungen. SP 2366

Philosophie macht Spaß, meint der Autor, und führt seine Leser in das Abenteuer des philosophischen Denkens ein. Dazu stellt er kurze klassische Texte vor – von Sokrates, Descartes, Kant – sowie moderne Autoren und illustriert seinen Philosophiekurs für Einsteiger mit amüsanten Beispielen, witzigen Comics und mit Denksportaufgaben, die es in sich haben.

Ein Reiseführer durch die Welt der Philosophie einmal anders – überschaubar und auf jeder Station voller Anregungen. Ausgehend von alltäglichen Lebenssituationen, animiert Michael Wittschier den Leser zu eigenen Fragen, zu Zweifeln und zu philosophischem Staunen. Zugleich stellt er die Ansichten und Einsichten großer Philosophen zu den Themen Wahrheit, Wirklichkeit, Erkenntnis und Moral so vor, daß man lähmende Schulerinnerungen getrost vergessen kann.

SERIE PIPER

Humberto Maturana

Was ist erkennen?

Mit dem Kolloquium »Systemtheorie und Zukunft«. Herausgegeben und mit einem Essay zur Einführung von Rudolf zur Lippe. Aus dem Englischen von Hans Günter Holl. 256 Seiten. SP 2289

In der Biologie vollzieht sich heute, ähnlich wie Anfang des Jahrhunderts in der Physik eine naturwissenschaftliche Revolution, die unser tradiertes Weltverständnis von Grund auf verändert. Einer der Protagonisten dieses neuen Denkens ist der chilenische Neurobiologe und Erkenntnistheoretiker Humberto Maturana. Die vorliegenden Texte bieten Gelegenheit, zentrale Begriffe des Konstruktivismus und der evolutionären Erkenntnistheorie Maturanas in verständlicher Form kennenzulernen.

Der Biologe verabschiedet das traditionelle naturwissenschaftliche Erkenntnismodell der säuberlichen Trennung von Subjekt und Objekt, Geist und Natur und legt dar, daß das erkennende Ich, das Erkennen als Prozeß und das Erkannte zusammengehören. Die Welt, in der wir leben, ist eine Welt, die wir im Prozeß des Erkennens und im Verwandeln der Erkenntnis in Sprache gemeinsam erschaffen.

Diese Sichtweise ist außerordentlich folgenreich – philosophisch hat sie nur die Konsequenz, daß es keine objektive Wahrheit geben kann, daß niemand das Recht hat, Besitz an der Wahrheit für sich zu reklamieren. Für die Bereiche Gesellschaft und Politik hat Maturana als Biologe und Beobachter der Natur erkannt, daß nicht Konkurrenz und das »Gesetz des Dschungels«, sondern Kooperation und Toleranz die Grundlage aller Lebensvorgänge sein sollten – ein Denkmotiv, das ahnen läßt, warum sich Maturana gerade auch in der alternativen Szene und im Lager des neuen Denkens herumgesprochen hat.

Der kongenialen, vorzüglichen Übersetzung von Hans Günter Holl verdankt der Text Maturanas eine Neuerschaffung in deutscher Sprache, die das Denken Maturanas erstmals adäquat präsentiert: die lateinamerikanische Fabulierkunst, aber auch das Interesse an der Konkretion mit amüsanten Anekdoten und plastischen Beispielen – immer auf dem Sprung, liebgewonnene Denktraditionen und Vorstellungen auf den Kopf zu stellen.

Karl R. Popper

Auf der Suche nach einer besseren Welt

Vorträge und Aufsätze aus dreißig Jahren. 282 Seiten. SP 699

Karl Raimund Popper zählt zu den bedeutendsten Philosophen dieses Jahrhunderts. Sein »kritischer Rationalismus« und seine Konzeption der »offenen Gesellschaft« haben nachhaltigen Einfluß auf die Philosophie, die Wirtschafts- und Sozialwissenschaften und auf die Politik der westlichen Welt ausgeübt – sie tun dies bis heute. Der vorliegende Band – vom Autor selbst gestaltet – versammelt zentrale Vorträge und Aufsätze Poppers aus dreißig Jahren. Die Texte faszinieren durch ihre lebendige und klare Sprache. Sie konfrontieren den Leser mit Poppers großen Themen und mit der Vielfalt seines Denkens.

»Die Textsammlung ist selbst für versierte Popper-Kenner noch anregend und aufschlußreich.«

Das Parlament

»Wer Popper wenig oder nicht gelesen hat, wird hier einen vortrefflichen Überblick über sein Denken gewinnen.«

Die Presse

Alles Leben ist Problemlösen

Über Erkenntnis, Geschichte und Politik. 336 Seiten. SP 2300

Karl Popper hat an diesem Buch bis zu seinem Tod gearbeitet. In den sechzehn Texten kommen noch einmal die großen Themen zur Sprache, die sein Lebenswerk beherrscht haben: Fragen der Erkenntnis und der Beschränktheit der Wissenschaft, der Frieden, die Freiheit, die Verantwortung der Intellektuellen, die offene Gesellschaft und ihre Feinde.

»Karl Popper gehört ... zu den Söhnen der jüdischen Bürgerschicht von Wien, deren Gedanken die geistige Landschaft Europas in diesem Jahrhundert verändert und geprägt haben.«

Frankfurter Allgemeine

Karl R. Popper / Konrad Lorenz

Die Zukunft ist offen

Das Altenberger Gespräch. Mit den Texten des Wiener Popper-Symposiums. Herausgegeben von Franz Kreuzer. Mit Beiträgen von Roman Sexl, Rupert Riedl, Friedrich Wallner, Paul Weingartner, Irene Papadaki, Franz Seitelberger, Marianne Fillenz, Gerhard Vollmer, W. W. Bartley III, Gerard Radnitzky, Ivan Slade, Alexandre Petrovic, Peter Michael Lingens und Norbert Leser. 143 Seiten. SP 340

Albert Einstein
Mileva Marić

Am Sonntag küss' ich Dich mündlich

Die Liebesbriefe 1897–1903. Herausgegeben und eingeleitet von Jürgen Renn und Robert Schulmann. Mit einem Essay »Einstein und die Frauen« von Armin Hermann. 214 Seiten. SP 2652

Als vor wenigen Jahren die Liebesbriefe zwischen Albert Einstein und der Physik-Studentin Mileva Marić gefunden wurden, war das eine Sensation: Die Briefe, die das Genie Einstein als verliebten jungen Mann spiegeln, geben einen ersten Einblick in das Gefühlsleben des großen Physikers, in die Beziehung zu seiner ersten Frau, in seine emotionale und geistige Entwicklung in den Jahren, bevor er die Theorien veröffentlichte, die unser Weltbild veränderten und ihn berühmt machten. Prüfungsängste, die vergebliche Suche nach einer festen Stelle, Konflikte mit Professoren, der Austausch über wissenschaftliche Fragen und schließlich die gegenseitige Liebe – all das spielt eine Rolle in diesen oft überaus originellen Briefen.

Armin Hermann

Einstein

Der Weltweise und sein Jahrhundert. Eine Biographie. 636 Seiten mit 56 Abbildungen. SP 2303

»Es gibt keinen Naturwissenschaftler, über den mehr geschrieben wurde als über Albert Einstein … Es gehört also eine gehörige Portion Mut dazu, eine weitere Einstein-Biographie zu schreiben, wo doch sicher schon ›alles‹ über Einstein gesagt wurde. Tatsächlich hat sich Armin Hermann dieser Herausforderung bravourös gestellt. Im Gegensatz zu vielen anderen Biographen versucht er nicht, einmal mehr Einsteins Physik zu durchleuchten. Vielmehr analysiert er das ›Phänomen Einstein‹ über den Lebenslauf dieser höchst eigenwilligen Persönlichkeit der wissenschaftlichen und politischen Umwelt und nicht zuletzt über Einsteins Beziehung zu Frauen. Damit wird diese Biographie zur Zeitgeschichte des unerhört kreativen, aber auch dekadenten und selbstmörderischen Europa in der ersten Hälfte des 20. Jahrhunderts.«

Neue Zürcher Zeitung

SERIE PIPER

Martin Green

Else und Frieda

Die Richthofen-Schwestern.
Aus dem Amerikanischen von Edwin Ortmann.
416 Seiten. SP 2323

Die Schwestern Else und Frieda von Richthofen, Töchter aus altem preußischem Offiziersadel, imposante Schönheiten von hoher Intelligenz und rebellischem Freiheitsdrang, stehen für zwei entgegengesetzte Ausbruchsversuche aus der patriarchalischen Welt ihrer Zeit. Else, Muse der kritischen Intelligenz, lebte ihre verschwiegene Liebesgeschichte mit Max Weber als geistige Partnerschaft aus. Frieda, Idol erotischer Imagination, heiratete D. H. Lawrence. Und für beide war der radikale Freud-Schüler Otto Groß, der gegen die bürgerliche Sexualität, Ehe und Monogamie zu Felde zog, der erste befreiende Liebhaber gewesen. Vor dem Hintergrund der Lebens- und Emanzipationsgeschichte der Richthofen-Schwestern gelingt Martin Green eine der »scharfsinnigsten Analysen der deutschen Sozial- und Geistesgeschichte der letzten hundert Jahre.«

Merkur

Wolfgang Leppmann

Rilke

Sein Leben, seine Welt, sein Werk.
484 Seiten mit 20 Abbildungen.
SP 2394

Rilkes Leben war lange in ein fast mystisches Dunkel gehüllt. Mit seinem Hang zur Isolation und gleichzeitig seinem Umgang mit Fürstinnen, Gräfinnen, Herzoginnen, die ihn auf ihre Schlösser einluden und aushielten, gab der »unbehauste Salondichter« viele Rätsel auf. Wolfgang Leppmann verbindet die Stationen und Ereignisse von Rilkes Leben zu einem fast romanhaftem Fresko und ergründet auch seine viel beredten Schwächen, darunter seinen pubertären Snobismus, seinen Mutterkomplex, verbunden mit der Fälschung der Vaterfigur, sein Versagen als Ehemann und Vater, seine Schnorrer-Allüren.

»Farbigkeit und Anschaulichkeit der Darstellung, die breite und stets sorgfältige Wiedergabe des Zeithintergrunds und nicht zuletzt die hohe Lesbarkeit zeichnen das Buch dieses gelehrten, aber gelassenen Erzählers aus.«

Marcel Reich-Ranicki

Lesen bildet Meinung.
Mit uns garantiert.
Frankfurter Rundschau
Unabhängige Tageszeitung
Die Zeitung zwei Wochen zum Nulltarif.
☎ 08 00/8 666 8 66